卢嘉锡　总主编

中国科学技术史

论著索引卷

姜丽蓉　主编

科学出版社
2002

内 容 简 介

本书为1900—1997年有关中国古代科学技术史研究的文献索引，分为中文和日文两部分，在每个文种中，又分为论文和图书两部分。内容涉及十几个学科，是研究中国古代科学技术史的重要工具书。

本书可供研究中国古代科学技术史的研究人员及对中国古代科学技术史有兴趣的广大读者阅读、参考。

图书在版编目(CIP)数据

中国科学技术史：论著索引卷/卢嘉锡总主编；姜丽蓉分卷主编. -北京：科学出版社，2001

ISBN 978-7-03-008138-4

Ⅰ. 中…　Ⅱ. ①卢…　②姜…　Ⅲ. 技术史-中国-索引　Ⅳ. N092

中国版本图书馆CIP数据核字(1999)第71326号

科学出版社出版
北京东黄城根北街16号
邮政编码：100717
http://www.sciencep.com
北京厚诚则铭印刷科技有限公司 印刷
科学出版社总发行　各地书店经销
*
2002年7月第 一 版　开本：787×1092　1/16
2021年3月第四次印刷　印张：34 1/2
字数：922 000
定价：245.00元
(如有印装质量问题，我社负责调换)

《中国科学技术史》的组织机构和人员

《论著索引卷》编委会

主　　编　姜丽蓉

副 主 编　赵澄秋　吴佩卿　康小青

本卷编委　（以姓氏笔画为序）

朱　敬　李小娟　李映新　吴佩卿　姜丽蓉

赵澄秋　康小青　程占京

审　　稿　廖育群

总　　序

中国有悠久的历史和灿烂的文化，是世界文明不可或缺的组成部分，为世界文明做出了重要的贡献，这已是世所公认的事实。

科学技术是人类文明的重要组成部分，是支撑文明大厦的主要基干，是推动文明发展的重要动力，古今中外莫不如此。如果说中国古代文明是一棵根深叶茂的参天大树，中国古代的科学技术便是缀满枝头的奇花异果，为中国古代文明增添斑斓的色彩和浓郁的芳香，又为世界科学技术园地增添了盎然生机。这是自上世纪末、本世纪初以来，中外许多学者用现代科学方法进行认真的研究之后，为我们描绘的一幅真切可信的景象。

中国古代科学技术蕴藏在汗牛充栋的典籍之中，凝聚于物化了的、丰富多姿的文物之中，融化在至今仍具有生命力的诸多科学技术活动之中，需要下一番发掘、整理、研究的功夫，才能揭示它的博大精深的真实面貌。为此，中国学者已经发表了数百种专著和万篇以上的论文，从不同学科领域和审视角度，对中国科学技术史作了大量的、精到的阐述。国外学者亦有佳作问世，其中英国李约瑟(J. Needham)博士穷毕生精力编著的《中国科学技术史》(拟出7卷34册)，日本薮内清教授主编的一套中国科学技术史著作，均为宏篇巨著。关于中国科学技术史的研究，已是硕果累累，成为世界瞩目的研究领域。

中国科学技术史的研究，包涵一系列层面：科学技术的辉煌成就及其弱点；科学家、发明家的聪明才智、优秀品德及其局限性；科学技术的内部结构与体系特征；科学思想、科学方法以及科学技术政策、教育与管理的优劣成败；中外科学技术的接触、交流与融合；中外科学技术的比较；科学技术发生、发展的历史过程；科学技术与社会政治、经济、思想、文化之间的有机联系和相互作用；科学技术发展的规律性以及经验与教训，等等。总之，要回答下列一些问题：中国古代有过什么样的科学技术？其价值、作用与影响如何？又走过怎样的发展道路？在世界科学技术史中占有怎样的地位？为什么会这样，以及给我们什么样的启示？还要论述中国科学技术的来龙去脉，前因后果，展示一幅真实可靠、有血有肉、发人深思的历史画卷。

据我所知，编著一部系统、完整的中国科学技术史的大型著作，从本世纪50年代开始，就是中国科学技术史工作者的愿望与努力目标，但由于各种原因，未能如愿，以致在这一方面显然落后于国外同行。不过，中国学者对祖国科学技术史的研究不仅具有极大的热情与兴趣，而且是作为一项事业与无可推卸的社会责任，代代相承地进行着不懈的工作。他们从业余到专业，从少数人发展到数百人，从分散研究到有组织的活动，从个别学科到科学技术的各领域，逐次发展，日臻成熟，在资料积累、研究准备、人才培养和队伍建设等方面，奠定了深厚而又广大的基础。

本世纪80年代末，中国科学院自然科学史研究所审时度势，正式提出了由中国学者编著《中国科学技术史》的宏大计划，随即得到众多中国著名科学家的热情支持和大力推动，得到中国科学院领导的高度重视。经过充分的论证和筹划，1991年这项计划被正式列为中国科学院"八五"计划的重点课题，遂使中国学者的宿愿变为现实，指日可待。作为一名科技工作者，我对此感到由衷的高兴，并能为此尽绵薄之力，感到十分荣幸。

《中国科学技术史》计分 30 卷，每卷 60 至 100 万字不等，包括以下三类：

通史类(5 卷)：

《通史卷》、《科学思想史卷》、《中外科学技术交流史卷》、《人物卷》、《科学技术教育、机构与管理卷》。

分科专史类(19 卷)：

《数学卷》、《物理学卷》、《化学卷》、《天文学卷》、《地学卷》、《生物学卷》、《农学卷》、《医学卷》、《水利卷》、《机械卷》、《建筑卷》、《桥梁技术卷》、《矿冶卷》、《纺织卷》、《陶瓷卷》、《造纸与印刷卷》、《交通卷》、《军事科学技术卷》、《计量科学卷》。

工具书类(6 卷)：

《科学技术史词典卷》、《科学技术史典籍概要卷》(一)、(二)、《科学技术史图录卷》、《科学技术年表卷》、《科学技术史论著索引卷》。

这是一项全面系统的、结构合理的重大学术工程。各卷分可独立成书，合可成为一个有机的整体。其中有综合概括的整体论述，有分门别类的纵深描写，有可供检索的基本素材，经纬交错，斐然成章。这是一项基础性的文化建设工程，可以弥补中国文化史研究的不足，具有重要的现实意义。

诚如李约瑟博士在 1988 年所说："关于中国和中国文化在古代和中世纪科学、技术和医学史上的作用，在过去 30 年间，经历过一场名副其实的新知识和新理解的爆炸"(中译本李约瑟《中国科学技术史》作者序)，而 1988 年至今的情形更是如此。在 20 世纪行将结束的时候，对所有这些知识和理解作一次新的归纳、总结与提高，理应是中国科学技术史工作者义不容辞的责任。应该说，我们在启动这项重大学术工程时，是处在很高的起点上，这既是十分有利的基础条件，同时也自然面对更高的社会期望，所以这是一项充满了机遇与挑战的工作。这是中国科学界的一大盛事，有著名科学家组成的顾问团为之出谋献策，有中国科学院自然科学史研究所和全国相关单位的专家通力合作，共襄盛举，同构华章，当不会辜负社会的期望。

中国古代科学技术是祖先留给我们的一份丰厚的科学遗产，它已经表明中国人在研究自然并用于造福人类方面，很早而且在相当长的时间内就已雄居于世界先进民族之林，这当然是值得我们自豪的巨大源泉，而近三百年来，中国科学技术落后于世界科学技术发展的潮流，这也是不可否认的事实，自然是值得我们深省的重大问题。理性地认识这部兴盛与衰落、成功与失败、精华与糟粕共存的中国科学技术发展史，引以为鉴，温故知新，既不陶醉于古代的辉煌，又不沉沦于近代的落伍，克服民族沙文主义和虚无主义，清醒地、满怀热情地弘扬我国优秀的科学技术传统，自觉地和主动地缩短同国际先进科学技术的差距，攀登世界科学技术的高峰，这些就是我们从中国科学技术史全面深入的回顾与反思中引出的正确结论。

许多人曾经预言说，即将来临的 21 世纪是太平洋的世纪。中国是太平洋区域的一个国家，为迎接未来世纪的挑战，中国人应该也有能力再创辉煌，包括在科学技术领域做出更大的贡献。我们真诚地希望这一预言成真，并为此贡献我们的力量。圆满地完成这部《中国科学技术史》的编著任务，正是我们为之尽心尽力的具体工作。

卢嘉锡

1996 年 10 月 20 日

说　　明

本卷是1900—1997年有关中国古代科学技术史研究的文献索引。分为中文和日文两部分，在每个文种中，又分为论文目录和图书目录两部分。内容涉及数学、物理学、化学、天文学、地学、生物学、医学、农学、技术（矿业、冶铸及金属加工、机械、陶瓷、漆器、食品加工、纺织与印染、造纸与印刷、建筑、水利、交通、军事技术与兵器等）各个学科。是研究中国古代科学技术史的重要工具书。

中文论文部分由赵澄秋负责；中文图书部分由吴佩卿负责，程占京、李映新、李小娟参加；日文部分由姜丽蓉负责，康小青、朱敬参加。在搜集资料的过程中，香港大学冯锦荣先生、台湾清华大学黄一农等先生，提供了非常有价值的资料。

所有目录，均按学科分类。除"科学家"类按其时间先后排列外，其余的，在同一学科中，再按出版时间先后排列。

(1)中文论文部分著录格式为：

论文题目．著者．刊载物名称，发表年　卷　期　起讫页码

该部分中的医学史目录，由于医学专业期刊数量庞大，而且早有中医研究院医史文献研究所编《医学史论文资料索引》和《医学史文献论文资料索引》可供参考，因此医学专业期刊均不收录，所收内容仅限于非医学专业期刊，特此说明。

(2)中文图书部分著录格式为：

书名．编著者．出版地：出版社，出版年．页码．开本　（丛书名）

(3)日文论文部分著录格式为：

论文题目．著者．刊载物名称，卷．期．起讫页码．发表年月

(4)日文图书部分著录格式为：

书名．编著者．出版地．出版社，出版年月．开本．页码　（其他须要说明的事项）

书后所附作者索引，中文部分按汉语拼音顺序排列，日文部分按笔画排列。

有书评的，还著明：书评人姓名．书评刊载物名称，卷．期．起讫页码．发表年月

本卷所收入的文献目录，时间跨度大。鉴于可参考的工具书有限，同时在短时间内，也无法查阅到所有的原文，特别是港台和日文书刊更是如此，因此，难免有缺漏，或者有些内容著录不全，望读者不吝指正或提供线索，待本书再版时予以改正和补充。

目　录

中文论文部分

中文图书部分

日文论文部分

日文图书部分

中文论文部分

综　合　类

总论与综述

我国古代科学上的发明.王治心.协大学术,1930年1期167—179页

我国自然科学发达概观.孙雪亭.科学世界,1934年3卷9期795—799页

中国之古科学.韩云岑.科学的中国,1935年6卷7期3—7页

中国历代科学概观.蒋希益.社会半月刊,1935年1卷18期5—20页

中国科学发达史资料.超然.学术,1940年1期94—123页

中国科学不发达原因检讨.沈锐.青年中国季刊,1940年1卷2期17—27页

论红楼梦及其他小说中之科学史料.严敦杰.东方杂志,1943年39卷9期59—61页

为什么中国古代没有产生自然科学?竺可桢.胜流,1946年4卷3期57—60页.科学,1946年28卷3期137—141页.读书通讯,1946年122期10—13页

论中国科学技术之发展与中断.朱伯康.科学,1947年29卷4期97—100页

从磨的演变来看中国人民生活的改善与科学技术的发达.冉昭德.西北大学学报(人文科学),1957年1期139—158页

十至十三世纪中国科学的主要成就.洪焕椿.历史研究,1959年3期27—51页

中国古代自然科学的发展及其成就.严敦杰.科学史集刊,1960年3期6—34页

古代科技事物四考.史树青.文物,1962年3期47—52页

中国近二十年科学技术史论文索引.期刊股编.国立中央图书馆刊(台北),1970年新3卷1期131—144页

清初的历算研究与教育.王萍.中央研究院近代史研究所集刊,1972年3期下册365—375页

两周的物理、天文与工艺.许倬云.中央研究院历史语言研究所集刊,1973年44本4分733—761页

古代中国科学对世界的影响.李约瑟(Needham, Joseph)著.《抖擞》编辑部 译.抖擞(香港),1974年3期1—12页

北宋劳动人民的发明创造.郅澜.复旦学报(自然科学版),1974年3—4期28—31页

儒法斗争对我国科学技术发展的影响.刘仙洲.中国科学,1974年6期541—544页.北京大学学报(哲学社会科学版),1974年4期59—62页

中国科学对世界之影响.李约瑟(Needham, Joseph).明报月刊(香港),1974年9卷12期33—38页.1975年10卷1期9—13页

儒法斗争和我国古代自然科学.罗嘉昌.中国科学,1975年1期1—11页

英国工程师如何证实中国宋朝的大发明.坎布里治(Combridge, J. H.)著.华谷月 译.明报月刊(香港),1975年10卷1期2—8页

汉武帝的法治路线和科学技术的发展.洪家义.南京大学学报(自然科学版),1975年2期87—92页

略论儒法斗争对我国古代科学技术的影响.洪震寰.物理,1975年4卷6期321—325页

数目字及干支起源考.卫聚贤.人文学报(台北),1976年5期261—306页

中西科学的兴衰比较.陈民耿.东方杂志复刊(台北),1976年9卷10期13—16页

蒙古族在我国古代科学上的贡献.李迪.文物,1977年5期78—81页

笔谈我国古代科学技术成就——略说半坡村人.周建人.文物,1978年1期45—46页

西汉盐、铁、工官的地理分布.杨远.香港中文大学中国文化研究所学报(香港),1978年9卷1期219—245页

简论隋唐科学技术的发展.郑学檬.厦门大学学报(哲学社会科学版),1978年2、3合期30—38页

中国的科学文明.(日)薮内清 著.陈万雄 译.抖擞

(香港),1978年29期36—45页
略论科技史研究的方向与方法.刘珺珺.南开学报(哲学社会科学版),1980年3期18—23页
试论中国古代科技由盛转衰的社会原因.郭正忠,陈绍棣.北方论丛,1980年5期94—101页
故宫博物院所藏科技文物概述.李迪,白尚恕.中国科技史料,1981年2卷1期95—100页
“科学”一词的来历.杨文衡.中国科技史料,1981年2卷2期101—104页
明代封建专制与中国的科学技术.王兴亚.郑州大学学报(哲学社会科学版),1981年3期77—84,94页
科学与哲学的合一.金戈.明报月刊(香港),1981年16卷4期36—37页
从《山海经》看我国原始宗教与巫术科学的特点.唐明邦.大自然探索,1982年2卷2期157—165页
元代的科学技术成就.李迪.内蒙古师院学报(哲学社会科学版),1982年3期58—72页
中国近代自然科学技术为什么落后?.郑公盾.大自然探索,1983年2卷1期151—154页
谈中国近代科学技术落后的原因.戴念祖.大自然探索,1983年2卷1期155—165页
从数学史看中国近代科学落后的原因.梁宗巨.大自然探索,1983年2卷1期172—177页
中国近代农业科学技术落后原因探讨.邹德秀.大自然探索,1983年2卷1期178—183页
关于中国近代科学技术落后原因研究的一些想法.范岱年.大自然探索,1983年2卷2期144—146页
科学技术结构及其历史变迁——论十七世纪之后中国科学技术落后于西方的原因.金观涛等.大自然探索,1983年2卷2期147—158页
试论明末科技发展的限制因素.闻人军.大自然探索,1983年2卷2期158—162页
席文对科学革命及中国科学史研究的见解.杨翠华.汉学研究(台北),1983年1卷2期521—535页
《道藏》经中若干可供研究中国古代自然科学与技术之史料.陈国符.自然科学史研究,1983年2卷3期216—224页
朱明王朝的海禁政策对我国近代科学技术发展的影响.孙寒青.厦门大学学报(哲学社会科学版),1983年4期27—33页
科技与文物.张世贤.故宫文物月刊(台北),1984年2卷1期39—54页
云南少数民族在科技上的贡献.梁多俊,董绍禹.中央民族学院学报,1984年2期34—38页
西藏古代科学技术大事年表.高建国.西藏研究,1984年3期79—91页
晚明科学风气之普及.陈进传.东方杂志(台北),1984年18卷4期39—42页
试论明末清初中国科学技术落后的原因.解学东,张纯成.史学月刊,1984年6期42—47页
论中国传统科技之盛衰.何丙郁.香港大学中文系集刊(香港),1985年1卷1期2—10页
元代科技文化发展管窥.郭建荣.中央民族学院学报,1985年1期56—60页
明清时期安徽的科学发展及其动因初析.张秉伦.自然辩证法通讯,1985年7卷2期39—46页
中国古代的科学技术与理论思维——世界文化宝库的两颗明珠.董英哲.西北大学学报(自然科学版),1985年15卷2期94—102,113页
古代中国在世界上的地位.刘家和.文史知识,1986年1期24—31页
秦代的科技珍闻.王学理.文博,1986年2期31—34页
一个未被重视的科学发展的辉煌时期——评明嘉靖后期开始的百年间我国科学技术的成就.戴念祖.晋阳学刊,1986年2期45—51页
清初几暇格物编中的科学史料.刘昭民.思与言(台北),1986年24卷2期
论中国古代科学技术的发展态势.张涛光.华南师范大学学报(社会科学版),1986年4期42—48页
从岩画看我国少数民族古代的科学技术.李汶忠.中央民族学院学报,1987年2期39—46页
科学文学一线牵——从古典诗文看中国的科技.何丙郁.明报月刊(香港),1987年22卷3期84—91页
北朝科技成就与特点刍议.纪志刚.内蒙古师大学报(哲学社会科学版),1987年3—4期195—202页
试论中国古代科学技术腾飞的历史经验.李祖刚.宁夏社会科学,1987年4期86—89页
隋唐时代我国藏族人民对科学技术的贡献.严敦杰.自然科学史研究,1988年7卷1期1—7页
中国的科学.(美)席文(N. Sivin)著.魏汝霖 译.大自然探索,1988年7卷3期176—181页,4期173—179页.1989年8卷1期113—120页

试谈孔孟的科技知识和儒家的科技政策.薄树人.自然科学史研究,1988年7卷4期297—304页

“格物致知”学说及其对中国古代科学发展的影响.林文照,郭永芳.自然科学史研究,1988年7卷4期305—309页

敦煌石窟中的古代科技成就.王进玉.科学,1988年40卷4期307—310页

1977—1987年中国少数民族科技史研究的进展.李迪.自然科学史研究,1988年7卷4期318—327页

关于科学技术史上的几个问题.黄季力.史学月刊,1988年6期1—5页

敦煌壁画中的科学技术.王进玉.自然杂志,1988年11期862—868页

北宋科技发展重要特色之分析.叶鸿洒.淡江史学(台北县),1989年1期13—31页

文化之起源——中国古代的科学(1).(日)薮内清著.宋念慈 译.故宫文物月刊(台北).1989年7卷1期16—33页

《蒙古风俗鉴》中的科技内容.刘长春.内蒙古师大学报(自然科学汉文版),1989年第1期科学史增刊

敦煌算书透露的科学与社会信息.许康.敦煌研究,1989年1期96—103,87页

论中国古代科技发展中的地域因素.王国忠.大自然探索,1989年8卷1期99—106页

由青铜到铁——中国古代的科学(2).(日)薮内清著.宋念慈 译.故宫文物月刊(台北),1989年7卷2期44—53页

百家争鸣的春秋战国时代——中国古代的科学(3).(日)薮内清 著.宋念慈 译.故宫文物月刊(台北),1989年7卷3期46—57页

易学与传统科学的关系.何丙郁.中央研究院历史语言研究所集刊,1989年60卷3期493—505页

天文与地理——中国古代的科学(4).(日)薮内清著.宋念慈 译.故宫文物月刊(台北),1989年7卷4期42—55页

中国之医药——中国古代的科学(5).(日)薮内清著.宋念慈 译.故宫文物月刊(台北),1989年7卷5期30—41页

中国的几种科学机械——中国古代的科学(6).(日)薮内清 著.宋念慈 译.故宫文物月刊(台北),1989年7卷6期28—37页

中国人之发明——中国古代的科学(7).(日)薮内清著.宋念慈 译.故宫文物月刊(台北),1989年7卷7期36—45页

中国之文化——中国古代的科学(8).(日)薮内清著.宋念慈 译.故宫文物月刊(台北),1989年7卷8期120—125页

元代回回及其历史贡献.李斡,周祉征.黑龙江民族丛刊,1990年1期38—42页

15—16世纪中国自然科学的革命——从徐光启、王锡阐、梅文鼎到康熙帝.张纯成等.史学月刊,1990年2期32—37页

从上古神话研究科学技术的起源.韩府.科学技术与辩证法,1990年2期44—50页

敦煌遗书中的科技文献.孙国华.中国科技史料,1990年11卷2期73—81页

中国古代正统史观中的“科技”.吴彤.内蒙古师大学报(哲学社会科学版),1990年4期60—67页

明清徽商与科学技术的发展.洪璞.安徽师大学报(哲学社会科学版),1990年4期409—416页

敦煌本“观云”、“占气”采图解诂——敦煌科技介绍.苏莹辉.故宫文物月刊(台北),1990年8卷5期98—111页

中华民族的智慧及其创造能力.金惠.东方杂志(台北),1990年23卷9期73—77页

东西方的科学与社会.(英)李约瑟·J.自然杂志,1990年12期818—827页

西汉关中科技文化述略.姚远.唐都学刊(社会科学版),1991年1期15—21, 39页

宋代科学技术梗概.张功耀.大自然探索,1991年10卷1期115—120页

明清徽州科技发展述评.洪璞.安徽史学,1991年2期19—24页

论中国古文明的起源与东夷人的历史贡献.逄振镐.中原文物,1991年2期37—42页

《演繁露》中的科学史料.陈勇.中国科技史料,1991年12卷3期81—86页

中国古代科技文化中心的东移南迁.姚远.自然科学史研究,1991年10卷3期201—210页

晚清社会对科学技术的几点认识的演变.屈宝坤.自然科学史研究,1991年10卷3期211—222页

西夏文物考古的新发现及其研究.白滨.北方文物,1991年4期48—56页

明清之际中国科学的增长:定量描述和动因分析.胡永全.自然辩证法通讯,1991年13卷6期25—33

页

《聊斋志异》中的科学史料. 刘昭民. 科学史通讯, 1991年9期

试论古代与近代上海科技的发展. 沈怡萱. 上海师范大学学报(社会科学版), 1992年1期20—23页

曹雪芹《废艺斋集稿》中的科技史料. 朱冰. 中国科技史料, 1992年13卷3期83—89页

古代科学与现代解释. 郭丰生. 学术月刊, 1992年4期15—17

试论中国古代科学的方法论. 李以渝. 大自然探索, 1992年11卷4期123—127页

关于17、18世纪欧洲人对中国科学落后原因的论述. 韩琦. 自然科学史研究, 1992年11卷4期289—298页

乾嘉学派与清代天算、地学、医学. 张瑞山. 自然辩证法通讯, 1992年14卷5期57—63页

中国古代科学方法的基本模式及其现代意义. 周瀚光. 华东师范大学学报(哲学社会科学版), 1992年6期10—15页

福建科学技术发展的历史轨迹. 周济. 厦门大学学报(哲学社会科学版), 1993年1期100—103页

中国传统哲学的伦理化倾向对古代科技发展的影响——关于中国近代科技滞进的文化思考. 李耕夫. 求是学刊, 1993年2期20—26页

诗词歌赋中的科技史料价值. 张秉伦. 中国科技史料, 1993年14卷2期73—81页

西藏科技发展的历程. 廖家生. 中国藏学, 1993年3期129—140页

科学的发展——从古代中国到现代. 李政道. 西北大学学报(自然科学版), 1993年23卷4期303—316页

试论宋代科学技术兴盛的原因. 王星光, 张达. 郑州大学学报(哲学社会科学版), 1993年5期88—94页

天象异常诠释异同——科学史比较研究一例并议. 吴以义. 大陆杂志(台北), 1993年86卷6期23—31页

浅谈战国时期科技发达的原因. 杨隆高. 文史杂志, 1993年6期52—53页

《诗经》与元代科学. 张祝平. 江海学刊, 1994年1期134—139页

中国科学知识及其思想的发生. 吾淳. 上海师范大学学报(哲学社会科学版), 1994年3期33—42页

南诏大理国的几项科技成就. 李晓岑. 云南民族学院学报(哲学社会科学版), 1994年3期54—58页

明末科技与农业——从桑争稻田、棉争粮田和圈地运动看中西方科技发展. 曾雄生. 传统文化与现代化, 1994年5期71—81页

中国古代科学的认识模式. 张相轮. 自然辩证法研究, 1994年10卷6期9—16页

中国出土文物纪原——科学技术篇. 黄展岳. 故宫文物月刊(台北), 1994年12卷6期13—15页, 7期130—135页, 8期132—136页. 1995年12卷12期134—137页

门巴族的传统科技. 陈立明. 中国科技史料, 1995年16卷1期11—18页

纳西象形文字中科学知识初探. 赵慧芝. 自然科学史研究, 1995年14卷2期102—114页

齐国科技发展原因试析. 戴吾三. 管子学刊, 1995年4期27—33页

中国古代科技史研究失误探源. 管成学. 中国科技史料, 1996年17卷1期3—7页

浅析《墨经》中的观察实验法. 荣伟群, 庄国强. 管子学刊, 1996年1期47—50页

从造纸史看传统文化与近代化的接轨. 潘吉星. 传统文化与现代化, 1996年1期74—83页

中国古代的五元化科学分类理论. 胡化凯. 大自然探索, 1996年15卷2期118—123页

古代壮族的几项科技成就考察与研究. 李世红等. 中国科技史料, 1996年17卷4期11—19页

太乙术数及其对传统科学之影响. 何丙郁. 科学史通讯(台北), 1996年14期1—12页

佛教与藏族传统科技关系简论. 易华. 中国藏学, 1997年1期23—32页

论中国古代科学技术体系的结构. 张涛光. 大自然探索, 1997年16卷1期122—127页

中西文化交流中的差异与碰撞. 敖兰. 内蒙古大学学报(人文社会科学版), 1997年2期104—110页

天儒同异:明末清初中西文化学说述评. 李天纲. 复旦学报(社会科学版), 1997年3期29—34页

用西方理念能揭示中国古代科技的特质吗?. 孔令宏. 大自然探索, 1997年16卷4期119—123页

浅谈中国古代科学技术发展的缺陷. 张卫平. 云南师范大学学报(哲学社会科学版), 1997年5期38—41页

李约瑟难题究竟问什么? 桂质亮. 自然辩证法通讯,

1997年19卷6期55—64页

中国古代"禁方"考论.李健民.中央研究院历史语言研究所集刊(台北),1997年68本1分117—166页

科学思想

中国科学思想论.顾学裘.科学世界,1934年3卷6期521—531页

论科学思想在中国的发展.夏康农.科学时代,1948年3卷3期6—9页

阴阳五行观念之演变及若干有关文献的成立时代与解释的问题.徐复观.民主评论(香港),1961年12卷19期4—9页,20期4—9页,21期5—14页.

李约瑟论道家科学思想.华谷月.明报月刊(香港),1970年5卷5期7—13页

论张载、王夫之的"元气"学说.陈行知.抖擞(香港),1976年17期37—45页

《墨经》中的时、空理论及其在自然科学方面的贡献.杨向奎.社会科学战线,1978年4期36—56页

中国技术思想的历史探索.(日)吉田光邦 著.梁志海 译.科学史译丛,1984年1期42—51页

先秦农家思想初探.朱森溥.四川大学学报(哲学社会科学版),1986年1期49—56页

中国古代思想对西欧启萌运动的影响.沈定平.文史知识,1986年1期59—64页

道教与中国古代科技.丁贻庄.四川大学学报(哲学社会科学版),1987年3期44—47页

先秦天道观与自然科学.李申.孔子研究,1987年3期49—56页

中国古代有机论自然观的现代科学价值的发现——从莱布尼茨、白晋到李约瑟.宋正海.自然科学史研究,1987年6卷3期193—205页

略谈道教与古代科技.李申.文史知识,1987年5期86—89页

《周易》阴阳观的起源及其自然科学基础问题.秦广忱.周易研究,1988年创刊号31—39页

批判中国古代的宇宙模式——兼论其对自然科学的思维方式与研究方法的影响.金春峰.明报月刊(香港),1988年23卷10期42—53页

略论汉代的科学思想.步近智,张安奇.孔子研究,1989年2期74—83页

从《诗经》看科学思想的酝酿.董英哲.西北大学学报(自然科学版),1989年19卷3期103—111页

有机过程论与全息逻辑——中国古代科学和哲学的重新定性.祁洞之.江海学刊,1989年3期115—120页

宋时理学与自然科学.张岂之,董英哲.人文杂志,1989年4期66—74,58页

儒学、儒教与自然科学.李申.文史知识,1989年4期98—101页

先秦理性思维与科学实验的萌芽.黄世瑞.自然辩证法通讯,1989年11卷6期49—56页

试析八卦太极图及其科学意义.李士澂.自然杂志,1989年11期859—864页

机发论——有为的科学观.李志超.自然科学史研究,1990年9卷1期1—8页

杭辛斋《周易》象数思想评介:兼述杭氏象数理论和自然科学的关系.李树菁.周易研究,1990年2期42—50页

《周易》"尚象制器"说与传统科技.贺圣迪.周易研究,1990年2期94—98,112页

传教士与明清之际的思想界.孙明章.浙江学刊,1990年4期61—67页

试论中国古代的科学实验思想.罗长海.大自然探索,1990年9卷4期119—124页

试从另一观点探讨中国传统科技的发展.何丙郁.大自然探索,1991年10卷1期27—32页

中国科学思想史与科技史、思想史与哲学史的几个连结点.姚远,董英哲.科学技术与辩证法,1991年1期50—54页

《周易》与现代自然科学如何关连.李树菁.科学,1991年43卷1期66—68页

汉代儒学与自然科学.董英哲.人文杂志,1991年1期73—79页

隋唐儒学与自然科学.董英哲,姚远.齐鲁学刊,1991年3期41—48页

清初民族思潮的嬗变及其对清代天文-数学的影响.刘钝.自然辩证法通讯,1991年13卷3期42—52页

儒学与中国古代科学技术.范楚玉.大自然探索,

1991年10卷4期121—126页

科学历史的辩证法与辩证唯物的历史观——由吴文俊教授一篇序言引起的思考和讨论. 关士续. 自然辩证法研究, 1991年7卷5期27—31页

科学史研究的一个方法论原则——兼评"科学《易》". 孙宏安. 自然辩证法通讯, 1991年13卷5期62—65页

娥皇女英、鲧禹神话与儒家思想的渗透. 方立. 内蒙古大学学报(哲学社会科学版), 1992年1期126—130页

《周易》中的理论评价标准及其对中国古代科学的影响. 乐爱国. 周易研究, 1992年2期63—66页

马王堆一号汉墓帛画新解. 李建毛. 南方文物, 1992年3期78—85页

喷水鱼洗的纹饰和易经卦易. 王奇. 南方文物, 1992年3期96—97,51页

中西科学技术观的比较及其启示. 曾近义. 华南师范大学学报(社会科学版), 1992年4期1—7页

儒家与中国古代科学技术. 吴彤. 内蒙古大学学报(哲学社会科学版), 1992年4期69—77页

中国科学思想史若干基本问题发微. 周瀚光. 齐鲁学刊, 1992年5期53—56页

阴阳、五行、气观念的形成及其意义——先秦科学思想体系试探. 胡维佳. 自然科学史研究, 1993年12卷1期16—28页

"天行健"与自强哲学——古代科学观对传统思想的影响刍议. 罗见今. 内蒙古师大学报(哲学社会科学版), 1993年1期29—34页

中国古代科技思维方式刍议. 王前. 自然辩证法研究, 1993年9卷3期22—26页

论五行学说的形成. 刘长林. 孔子研究, 1993年4期9—19页

先秦儒学与自然科学的联系. 董英哲, 康凯. 西北大学学报(自然科学版), 1993年23卷4期383—391页

太极图的阴阳观、衍变与现代科学——太极图三题. 柳存仁. 明报月刊(香港), 1993年28卷12期90—95页

五行配伍理论的科学价值初探. 胡化凯. 大自然探索, 1994年13卷2期115—120页

《管子》的阴阳五行说与自然科学. 乐爱国. 管子学刊, 1994年3期9—13页

论易学对科学的影响. 董光璧. 自然辩证法研究, 1994年10卷7期15—20,36页

墨家科学思想及其历史命运. 翟杰全. 自然辩证法研究, 1995年11卷1期51—57页

五行说——中国古代的符号体系. 胡化凯. 自然辩证法通讯, 1995年17卷3期48—55,57页

研究中国传统科学思想. 郭金彬. 科学技术与辩证法, 1995年5期33—37页

古代哲学思想的交流"河图、洛书"、"阴阳五行"、"八卦"在西藏. 王尧. 传统文化与现代化, 1995年5期35—46页

五行说的数学论证. 胡化凯. 科学技术与辩证法, 1995年5期38—42页

试论程朱理学的兴起对中国科技发展的影响. 赵显明. 晋阳学刊, 1995年6期51—53页

安徽古代道家科技思想及科技成就初探. 张青棋. 安徽大学学报(社会科学版), 1996年1期86—88页

中国古代的空间观念. 关增建. 大自然探索, 1996年15卷4期113—117页

论《史记》反映的中国古代科学思想传统. 黄麟雏. 自然科学史研究, 1996年15卷4期297—308页

儒学与科学:一个科学史观点的探讨. 徐光台. 清华学报(台北), 1996年26卷4期369—392页

易学与中国传统科技思想(大纲). 朱伯崑. 自然辩证法研究, 1996年12卷5期5—12页

早期中西宇宙观的冲突与融合. 戴念祖. 物理, 1996年25卷9期572—576页

五行起源新探. 胡化凯. 安徽史学, 1997年1期27—33页

经学独尊对中国古代科学的恶劣影响. 张功耀. 自然辩证法通讯, 1997年19卷2期48—53页

简论道家学术对我国古代科学技术和养生理论的重大贡献. 黄钊. 管子学刊, 1997年3期34—38页

"洛书"数学. 张继桓. 内蒙古社会科学(文史哲版), 1997年4期18—21页

感应论——中国古代朴素的自然观. 胡化凯. 自然辩证法通讯, 1997年19卷4期50—59页

中国传统科学中"取象比类"的实质和意义. 王前. 自然科学史研究, 1997年16卷4期297—303页

略谈儒学对古代科技发展的影响. 何俊华. 文史杂志, 1997年5期52—53页

科技制度、机构与教育

筹算制度考.李俨.燕京学报,1929年6期1129—1134页

珠算制度考.李俨.燕京学报,1931年10期2123—2138页

唐宋元明数学教育制度.李俨.科学,1933年17卷10期1545—1565页

清代数学教育制度.李俨.学艺,1934年13卷4期37—52页,5期49—59页,6期39—44页

唐代的教育管理制度.宋大川.齐鲁学刊,1990年5期35—39页

中国天文学之组织及其起源.(日)饭岛忠夫 撰.陈啸仙 译.科学,1926年11卷6期762—791页

北京古观象台介绍.薄树人.文物,1962年3期5—10页

登封观星台和元初天文观测的成就.张家泰.考古,1976年2期95—102页

我国第一座天文馆的建造.李元.中国科技史料,1980年1卷2期88—98页

一千九百多年前的天文台——灵台.徐金星,高泰山.史学月刊,1983年5期90—92页

北京观象台的考察.蒋忠义.考古,1983年6期526—530页

北京古观象台的考察与研究.伊世同.文物,1983年8期44—51页

超越时空的联系——关于北京古观象台.梁作禄(Lazzarotto,Angelo S.)著.游丽清 译.鼎(香港),1983年16期22—27页

考察古阳城测景台和观景台的回忆.李鉴澄.中国科技史料,1984年5卷1期65—66页

宋代"天文院"考.龚延明.杭州大学学报(哲学社会科学版),1984年2期107—110,126页

唐宋时代的敦煌学校.李正宇.敦煌研究,1986年1期39—47页

北极阁观象台.陈德群.中国科技史料,1987年8卷1期40—42页

坐更台考.伊世同.文物,1991年1期74—79页

中国古代的天文台.李仲均,李卫.文史知识,1992年4期23—27页

《缉古算经》造仰观台题新解.郭世荣.自然科学史研究,1994年13卷2期106—113页

袁州谯楼——从事时间工作的古天文台.谢志杰.南方文物,1994年3期91—92页

简述江南制造局天文台.李迪.中国科技史料,1995年16卷4期59—63页

河南商丘发现帝尧时期的天文观测台遗址.崔振华.天文通讯(台北),1995年261期4—7页

北魏平城明堂初步研究.李海等.科学技术与辩证法,1996年5期35—37页

病坊史略——关于我国医院发展之史料.李承祥.文史杂志,1945年5卷7、8合期48—56页

医院的建立——病坊.任应秋.明报月刊(香港),1970年5卷9期19页

清代太医院.单士魁.故宫博物院院刊,1985年特刊49—53页

宋代的"卖药所"和"医药和剂局".傅维康.中国科技史料,1986年7卷4期47—48,62页

拉卜楞寺医药学院概述.丹曲.西藏研究,1990.年4期123—130页

宋代的医院.高林生.文史知识,1990年10期60—62页

金元之际数学之传授.钱宝琮.国立浙江大学师范学院院刊,1940年1集2册1—9页

祖国古算中的直观性.何洛.数学通报,1956年9期12—16页

中国数学教育简史.严敦杰.数学通报,1965年8期44—48页,9期46—50页

我国古代教育与科学技术的发展.吴希曾.北方论丛,1979年2期20—25页

科学历史的教训(《科学史教篇》白话译文).鲁迅 著.冯其利 译.中国科技史料,1980年1卷2期49—56页

中国数学教育史简论.颜秉海,文晓宇.数学通报,1988年6期27—28,23页

元代数学教育史研究报告.劳汉生.内蒙古师大学报(自然科学汉文版),1990年2期36—45页

清代黑龙江教育初探.梁玉多.北方文物,1990年2期82—86页

《蒙古秘史》中的育人思想.那顺巴图.内蒙古师大学报(哲学社会科学版),1990年4期29—32页

试论中国唐代数学专业教育.马天丽,高希尧.唐都学刊,1993年9卷3期20—25页

唐宋科学教育述要.周川.苏州大学学报(哲学社会科学版),1993年3期122—125页

古代中国两千年间发展科技的普及教育.陈家佶.文史杂志,1994年4期4—5页

藏族古代医学教育初探.丹曲.中国藏学,1995年4期107—112,39页

略论中国古代教育与科学技术的兴衰波动.姜国钧.科学技术与辩证法,1996年2期45—49页

古籍整理与研究

宋应星传与天工开物卷之内容.丁文江.文字同盟,1928年14期1—12页

中国旧工程书籍述略.刘仙洲.清华周刊,1933年39卷10期983—1000页

跋史语所入藏明刊清修本天工开物.黄彰健.大陆杂志(台北),1957年14卷4期8—9页

康熙几暇格物编的法文节译本.陈受颐.中央研究院历史语言研究所集刊(台北),1957年28本下841—851页

西洋番国志书后.饶宗颐.南洋学报(新加坡),1961年16卷1、2期15—17页

墨经笺疑.柳存仁.新亚学报(香港),1964年6卷1期45—139页.1965年7卷1期1—134页

一部具有法家思想的明代科技著作——读宋应星的《天工开物》.王煦.复旦学报(自然科学版),1974年3—4期32—35页

《墨娥小录》辑录考略.郭正谊.文物,1979年8期65—66页

《天问》的科学思想初探.刘文英.社会科学战线,1980年2期45—52页

《天工开物》版本考.潘吉星.自然科学史研究,1982年1卷1期40—54页

敦煌科技书卷丛谈.周丕显.敦煌学辑刊,1982年2期48—58页

北京图书馆藏杨本《天工开物》——兼论《天工开物》旧刊本的若干版本学问题.潘吉星.文献,1982年11辑187—197页

中国十七世纪的工艺百科全书——《天工开物》.梁静波.文史知识,1984年4期68—70页

《考工记》不是齐国官书.刘洪涛.自然科学史研究,1984年3卷4期359—365页

严复在《天演论》中宣扬了些什么——再谈《天演论》.吴德.明报月刊(香港),1984年19卷8期63—68页

《道藏》中科技书著成年代的鉴定.何丙郁.明报月刊(香港),1986年21卷1期79—82页

《格物探原》成书年代初考.刘广定.国立中央图书馆馆刊(台北),1987年20卷2期45—50页

《万物》略说.胡平生,韩自强.文物,1988年4期48—54页

先秦科技文献《作篇》.王玉德.文献,1989年1期281—284页

《管子》与农业.周昕.管子学刊,1990年3期3—7页

《牧民》为管仲遗著考证.李曦.管子学刊,1990年3期51—55,50页

《新校正＜梦溪笔谈＞》标点琐议.李文泽.四川大学学报(哲学社会科学版),1990年3期80—81页

《庄子》书中的循环转化说.姚德昌.自然科学史研究,1990年9卷3期269—274页

达尔文涉猎中国古代科学著作考.潘吉星.自然科学史研究,1991年10卷1期48—60页

楚帛书与"式图".李零.江汉考古,1991年1期59—62页

论"天工开物"的本义及其认识论价值.杨维增.中山大学学报(社会科学版),1991年2期47—53页

《墨经》研究的里程碑.徐克明.中国科技史料,1991年4期12—17页

简论《管子》的技术传授和技术训练.张鸷中.管子学刊,1991年4期27—28页

谈谈《墨经》的研究.杨向奎.文史哲,1991年12卷5期11—12页

科技史上山西人的两部著作.赵擎寰.晋阳学刊,1992年3期98—101页

《考工记》的国别和成书年代.宣兆琦.自然科学史研究,1993年12卷4期297—303页

晚清科学译著杂考.王扬宗.中国科技史料,1994年

15卷4期32—40页

古代科技文献点校疑误举隅.卢家明.中国科技史料,1995年16卷1期84—90页

江南制造局翻译书目新考.王扬宗.中国科技史料,1995年16卷2期1—18页

《管子·轻重》篇的著作年代.赵宗正,陈启智.管子学刊,1995年3期3—6页

《管子》的科技思想及其现代意义.乐爱国.管子学刊,1995年3期21—24页

《考工记》的技术思想.戴吾三,邓明立.自然辩证法通讯,1996年18卷1期39—44页

楚文物与《考工记》的对照研究.后德俊.中国科技史料,1996年17卷1期71—87页

《山海经》:中国科技史的源头.胡远鹏.暨南学报(哲学社会科学版),1996年18卷1期75—85页

论《考工记》的生产技术管理.戴吾三.大自然探索,1996年15卷1期119—124页

《鸡肋编》的科技史价值.黄世瑞.中国科技史料,1996年17卷2期13—20页

《周礼》在科学史上的价值.刘克明等.自然辩证法通讯,1996年18卷2期58—65页

黄宗羲《匡庐游录》的科学价值.杨小明.中国科技史料,1996年17卷2期87—90页

《考工记》与儒学——兼论李约瑟之得失.李志超.管子学刊,1996年4期67—70页

《周易》朴素系统观及其对《天工开物》的影响.何洁冰.中山大学学报(哲学社会科学版),1996年36卷3期28—33页

《经天该》的一个日本抄本.石云里.中国科技史料,1997年18卷3期84—89页

李氏主译《天工开物》始末.赵庆芝.中国科技史料,1997年18卷3期91—94页

《考工记》与科技训诂.李志超.文献,1997年3期235—242页

《齐民要术》的版本.肖克之.文献,1997年3期249—254页

《宣和奉使高丽图经》的史料价值.李宝民.郑和研究,1997年4期26—28页

对二十五史的"艺文志"、"经籍志"中科技书目的统计与分析.查永平.内蒙古师大学报(自然科学汉文版),1997年4期70—76页

中外科技交流

明清之际西学输入中国考略.张荫麟.清华学报,1924年1卷1期38—69页

科学输入中国论.刘朝阳.厦门大学季刊,1926年1卷1期专著1—11页

明季清初西来天算对于清代学术的影响.唐擘黄.中山文化教育馆季刊,1936年3卷2期447—460页

明清之际西洋天文历算诸学传入中国之经过.张维华.经世,1941年1卷4期18—35页

伽里略与科学输入我国之关系——为伽氏逝世三百年纪念作.方豪.思想与时代,1942年15期27—33页

明清间西洋机械工程学物理学与火器入华考略.方豪.学术季刊(台北),1953年2卷1期72—87页

利玛窦等之入华与徐光启等之科学运动.许剑冰.香港大学中文学会会刊(香港),1957—1958年度46—56页

达尔文与"中国古代的百科全书".吴德铎.科学,1959年35卷2期126—127页

中国科学技术的发展及其西传.陈立夫.东方杂志复刊(台北),1973年6卷8期5—9页

笔谈我国古代科学技术成就——吸收国外科技成果是我国的优良传统.金秋鹏.文物,1978年1期67—68页

《天工开物》在日本的传播及其影响.(日)三枝博音.科学史译丛,1980年1期10—15页

明朝末年传入中国的西方中古学术.陆鸿基.明报月刊(香港),1981年16卷3期43—48页

达尔文与中国——纪念达尔文逝世一百周年.枕书.明报月刊(香港),1982年17卷6期90—92页

东西交流:耶稣会士在华(1582—1773)学术研讨会报告.马珍娜(Martin, Mary Louise)著.梁洁芬译.鼎(香港),1982年12期58—62页

西学输入和中国传统文化.叶晓青.历史研究,1983年1期7—24页

清代的中学西渐及其影响论略.何哲.暨南学报(哲学社会科学版),1983年3期17—24页

元代的几项中外科技交流. 刘铭恕. 海交史研究, 1983年5期47—55页

试谈古代四川与东南亚文明的关系. 童恩正. 文物, 1983年9期73—81页

从硫汞论的演进看古代中外学术交流. 孟乃昌. 大自然探索, 1984年1期162—167页

海外博物馆所见中国科技史料. 傅振伦. 中国科技史料, 1984年5卷3期43—52页

中国古代生产技术在日本的传播和影响. 戴禾, 张英莉. 历史研究, 1984年5期152—167页

试论少数民族在中外科学交流中的桥梁作用. 杨玉. 中央民族学院学报, 1985年2期3—14页

简评"西学源于中法"说. 李兆华. 自然辩证法通讯, 1985年7卷6期45—49页

明清之际的中西文化交流. 冯佐哲. 文史知识, 1986年1期54—57页

中土文化交流的历史回顾. 杨兆钧. 思想战线, 1986年2期17—27页

中国同缅甸历史上的文化交流. 陈炎. 文献, 1986年3期215—238页. 1987年1期253—267页

中西科技史的对比研究. 刘文瑞. 安徽史学, 1986年4期3—7页

晚清"西学源于中学"说. 陶飞亚, 刘天路. 历史研究, 1987年4期152—163页

明末清初"西学东渐"评议. 饶良伦. 求是学刊, 1988年1期83—90页

试论清代"西学中源"说. 江晓原. 自然科学史研究, 1988年7卷2期101—108页

"西学中源"说的历史考察. 汤奇学. 安徽史学, 1988年4期28—34页

日文书籍中有关中国古代科技东传日本史事. 沈汉镛. 中国科技史料, 1989年10卷1期85—93页

"西学中源"说探析. 张元隆. 学术月刊, 1990年1期54—60, 19页

也谈"靖康之变"在科学史上的意义——与薮内清先生商榷. 张功耀. 自然辩证法通讯, 1991年13卷1期63—64, 78页

中越历史上天文学与数学的交流. 韩琦. 中国科技史料, 1991年12卷2期3—8页

耶稣会士对中国传统占星术的态度. 黄一农. 九州学刊(香港), 1991年4卷3期5—24页

中国的发明推动了欧洲资本主义的产生. 于传波. 学术月刊, 1991年5期22—23页

基督教的传入与西学东渐. 胡立宪. 史学月刊, 1991年6期29—34页

远古至秦汉时代的中日交流. 蔡凤书. 文史哲, 1992年3期95—103页

17—18世纪"中体西用"说的线索. 樊洪业. 自然辩证法通讯, 1992年14卷6期49—52页

指南针、印刷术从海路向外西传初探. 李晋江. 福建论坛(文史哲版), 1992年6期64—68页

源远流长的中日科技交流. 汪前进. 文史知识, 1993年1期35—41页

中朝科技交流史略. 汪前进. 文史知识, 1993年2期46—52页

"西学中源"说及严复对其批评与反思. 马克锋. 福建论坛(文史哲版), 1993年2期47—53页

中国对欧洲近代科学技术发展的影响. 潘吉星. 中国典籍与文化, 1993年2期108—114页

论明清科技文献的输入. 李素桢, 田育诚. 中国科技史料, 1993年14卷3期12—20页

清初天主教与回教天文学问的争斗. 黄一农. 九州学刊(香港), 1993年5卷3期47—70页

历史上中越科技的双向流播. 汪前进. 文史知识, 1993年4期28—33页

中缅科技交流的历史足迹. 汪前进. 文史知识, 1993年5期33—38页

论宋代浙江与日本的文化交流. 徐吉安. 浙江学刊, 1993年5期100—106页

中柬科技交流史述略. 汪前进. 文史知识, 1993年7期63—67页

中菲科技的因缘. 汪前进. 文史知识, 1993年9期48—55页

近代科学进入中国的回顾与前瞻. 杨振宁 著. 沈良译. 明报月刊(香港), 1993年28卷10期12—18页

关于康熙与西方科学——杨振宁教授《近代科学进入中国的回顾与前瞻》的一点补充. 千家驹. 明报月刊(香港), 1993年28卷12期68—69页

16—19世纪的"中学西传". 黄启臣. 文化杂志(中文版)(澳门), 1993年13、14期合刊本93—103页

明代天主教在中国的传播及其文化效应. 黄启臣. 史学集刊, 1994年2期71—78页

明末西学东渐重评. 宝成关. 学术研究, 1994年3期67—69页

马镫与炼丹术——纪念李约瑟博士援华50周年. 罗

宗真.东南文化,1994年4期7—12页

中国古代四大发明及其西传.于希贤.文史知识,1994年5期62—66页

中国与印度尼西亚的科技交流.汪前进.文史知识,1994年7期41—47页

中泰科技交流的历史回顾.汪前进.文史知识,1994年8期64—69页

从英使马戛尔尼访华看中国传统科学技术之西渐.潘吉星.传统文化与现代化,1995年1期70—84页

十五世纪中国人在印度洋上.李映发.中国文化研究,1995年1期125—134页

“西学中源”与近世学风.阿巍.文史知识,1995年3期19—24页

康熙、梅文鼎和“西学中源”说.王扬宗.传统文化与现代化,1995年3期77—84页

中西科学“研究传统”的差异与会通.张志林.科学技术与辩证法,1995年12卷4期31—34页

《中西见闻录》述略:兼评其对西方科技的传播.张剑.复旦学报(社会科学版),1995年4期57—62页

略论岭南历史上引进外国科技的几个典型案例.黄世瑞.自然辩证法通讯,1995年17卷6期60—63页

中西科学的知识论比较.周昌宗.学术月刊,1995年8期80—84,18页

试论明清之际中西科学文化优势的逆转.辛元欧.船史研究,1995年8期117—124页

《格致汇编》与西方近代科技知识在清末的传播.王扬宗.中国科技史料,1996年17卷1期36—47页

从汤若望所编民历试析清初中欧文化的冲突与妥协.黄一农.清华学报,1996年26卷2期189—220页

十八世纪中国和法国的科学领域的接触.Catherne,Jamj.清史研究,1996年22期56—60,69页

晚明西方科技知识的传入与中国知识界.常绍温.文化杂志(中文版)(澳门),1996年26期93—98页

香港与近代中西文化交流.鲁娜.山东大学学报(哲学社会科学版),1997年2期81—84页

中国古代科技传日史料.廖育群.中国科技史料,1997年18卷4期3—10页

从《四库全书总目提要》看乾隆时期官方对西方科学技术的态度.霍有光.自然辩证法通讯,1997年19卷5期56—65页

中国科技在日本.(日)武田时昌.文史知识,1997年8期33—41页

印度算学与中国算学之关系.钱宝琮.南开周刊,1925年1卷16号4—8页

中算输入日本之经过.李俨.东方杂志1925年22卷18期82—88页

明清之际西算输入中国年表.李俨.图书馆学季刊,1927年2卷1期21—53页

对数之发明及其东来.李俨.科学,1927年12卷2期109—158页,3期285—325页,6期689—700页

九章算术盈不足术流传欧洲考.钱宝琮.科学,1927年12卷6期701—714页

三角术及三角函数表之东来.李俨.科学,1927年12卷10期1345—1393页

欧几里得几何原本元代输入中国说.严敦杰.东方杂志,1943年39卷13期35—36页

算学启蒙流传考.严敦杰.东方杂志,1945年41卷9期31—33页

古希腊译著之介绍〔明清之际西算输入我国新史料(一)〕.严敦杰.上智编译馆馆刊,1948年3卷6期229—233页

中国古算题的世界意义.沈康身.数学通报,1957年6期1—4页

阿拉伯数码字传到中国来的历史.严敦杰.数学通报,1957年10期1—4页

早期输入中国的欧拉学说(欧拉诞生250周年纪念).严敦杰.科学史集刊,1958年1期20—28页

阿拉伯输入的纵横图.李俨.文物参考资料,1958年7期17—19页

从中算家的割圆术看和算家的圆理和角术.李俨.科学史集刊,1959年2期80—125页

阿拉伯数码的历史.钱宝琮.数学通报,1959年9期2—4页

中国古代数学对世界文化的伟大贡献.顾今用.数学学报,1975年18卷1期18—23页

高斯学说传入中国的经过.李迪.内蒙古师大学报(自然科学版),1984年1期55—63页

《几何原本》及其在中国的传播.何艾生,梁成瑞.中国科技史料,1984年5卷3期32—42页

再论中国和阿拉伯国家间的数学交流.杜石然.自然科学史研究,1984年3卷4期299—303页

简评“西学源于中法”说.李兆华.自然辩证法通讯,

1985年7卷6期45—49页

从《视学》看十八世纪东西方透视学知识的交融和影响.沈康身.自然科学史研究,1985年4卷3期258—266页

再谈中国和阿拉伯国家间的数学交流.杜石然.香港大学中文系集刊(香港),1987年1卷2期213—218页

西方传入我国的第一部概率论专著——《决疑数学》.郭世荣.中国科技史料,1989年10卷2期90—96页

关于朱载堉十二平均律对西方的影响问题.戴念祖.自然科学史研究,1985年4卷2期99—105页

南怀仁介绍的温度计和湿度计试析.王冰.自然科学史研究,1986年5卷1期76—82页

欧洲早期望远镜的传入和我国对它的仿制与研究.林文照.中国历史博物馆馆刊,1989年总12期23—27页

温度计、湿度计的发明及其传入中国、日本和朝鲜的历史.潘吉星.自然科学史研究,1993年3期249—256页

近代早期中国和日本之间的物理学交流.王冰.自然科学史研究,1996年15卷3期227—233页

西方物质比重知识在明末清初的传入及影响.王冰.中国科技史料,1997年18卷4期11—19页

中世纪前东西化学接触之一斑.陈文熙.科学,1934年18卷8期1092—1098页

鸦片战争前西方化学传入我国的情况.张子高,杨根.清华大学学报,1964年11卷2期1—13页

火药的发明、发展及西传.冯家昇.化学通报,1954年11期540—545页

火药的发明和西传.梅思.求知(香港),1976年16期29—31页

西方古代的炼丹术.吉仲章.文史知识,1987年5期88—89页

《化学新理》——物理化学在中国传播的起点.张藜.中国科技史料,1996年17卷1期92—95页

印度历算与中国历算之关系.李俨.学艺,1934年13卷9期57—74页,10期51—64页

伊斯兰教与中国历算之关系.李俨.回教论坛,1941年5卷3期3—10页,4期4—11页

七曜历入中国考.叶德禄.辅仁学志,1942年11卷1、2合期137—157页

从越南三邦历法看汉化南行.高平子.大陆杂志(台北),1951年3卷6期

伽利略的工作早期在中国的传布.严敦杰.科学史集刊,1964年7期8—27页

日心地动说在中国——纪念哥白尼诞生五百周年.席泽宗等.中国科学,1973年3期270—279页

西方近代科学传来中国后的一场斗争——清初汤若望和杨光先关于天文历法的论争.林健.历史研究,1980年2期25—32页

元上都天文台与阿拉伯天文学之传入中国.陆思贤等.内蒙古师大学报(自然科学版),1981年1期80页

中国古代天文历算科学在日本的传播和影响.田久川.社会科学辑刊,1984年1期108—117页

《九执历》研究——唐代传入中国的印度天文学.(日)薮内清 著.张大卫 译.科学史译丛,1984年4期1—16页

利玛窦输入地圆学说的影响与意义.林金水.文史哲,1985年5期28—34页

阿拉伯天文学对我国元朝天文学发展的影响.刘法林.史学月刊,1985年6期82—86页

开普勒天体引力思想在中国.江晓原.自然科学史研究,1987年6卷2期164—169页

伽利略望远镜及开普勒光学天文学对《崇祯历书》的贡献.(日)桥本敬造 著.徐英范 译.科学史译丛,1987年4期1—9页

隆哥蒙塔努斯的《丹麦天文学》在中国的影响.(日)桥本敬造 著.徐英范 译.科学史译丛,1988年3期1—3页

十七、十八世纪西方天文学对中国的影响.席泽宗.自然科学史研究,1988年7卷3期237—241页

从太阳运动理论看巴比伦与中国天文学之关系.江晓原.天文学报,1988年29卷3期272—277页

明末来华耶稣会士所介绍之托勒密天文学.江晓原.自然科学史研究,1989年8卷4期306—314页

古埃及天学之问题及其与巴比伦及中国之关系.江晓原.大自然探索,1992年11卷2期120—125页

六朝隋唐传入中土之印度天学.江晓原.汉学研究(台北),1992年10卷2期253—277页

康熙天体仪:东西方文化的证物.伊世同.中国文化,1992年总7期171—183页

元代华夏与伊斯兰天文学接触之若干问题.江晓原.传统文化与现代化,1993年6期72—77页

李朝实录本与四库全书本回回历法的比较.陈静.文

献,1994年1期174—181页

星神画像——域外天学来华踪迹.江晓原.中国典籍与文化,1994年4期111—115页

太阳的隐匿与复出——中日太阳神话比较研究的一个观点.李子贤.思想战线,1994年6期42—48页

对于朝鲜世宗朝创制的观天授时仪器的技术考察.(韩)南文铉.自然科学史研究,1995年14卷1期42—50页

东来七曜术.江晓原.中国典籍与文化,1995年2期100—103页,3期23—26页,4期54—57页

历史上的中国天算在朝鲜半岛的传播.金虎俊.中国科技史料,1995年16卷4期3—7页

毕奥对中国天象记录的研究及其对西方天文学的贡献.韩琦.中国科技史料,1997年18卷1期80—87页

古代中国天文学在朝鲜半岛的流传和影响.石云里.大自然探索,1997年16卷2期119—124页

17、18世纪欧洲和中国的科学关系——以英国皇家学会和在华耶稣会士的交流为例.韩琦.自然辩证法通讯,1997年19卷3期47—56页

中国古代天文学在日本的流传和影响.石云里.传统文化与现代化,1997年3期71—78页

中国历术对日本的影响.王勇.文史知识,1997年12期41—49页

"朝鲜测雨器传自中国"辨.王鹏飞.中国科技史料,1984年5卷3期10—13,18页

中国与欧洲地图交流的开始.曹婉如等.自然科学史研究,1984年3卷4期346—354页

西方地学知识在陕西的传播.石河子,雷援朝.西北大学学报(自然科学版),1988年18卷4期108—109页

最早传入中国的西方气象学知识.刘昭民.中国科技史料,1993年12卷2期90—94页

中外地图交流史初探.曹婉如.自然科学史研究,1993年12卷3期287—295页

历史上中朝两国地图学交流.汪前进.中国科技史料,1994年15卷1期3—18页

东海丝绸之路和中外文化交流.陈炎.史学月刊,1991年1期100—106页

达尔文和我国生物科学——为纪念他诞生150周年及其《物种起源》发表100周年而作.潘吉星.生物学通报,1959年11期517—521页

达尔文生前中国生物学著作在欧洲的传播.潘吉星.生物学通报,1959年11期521—525页

试论我国从"西域"引入的植物与张骞的关系.石声汉.科学史集刊,1963年5期16—33页

进化论在中国的传播和影响.张秉伦,卢继传.中国科技史料,1982年3卷1期17—25页

进化论与神创论在中国的斗争.张秉伦,汪子春.自然辩证法通讯,1982年4卷2期43—50页

人猿同祖论在我国初期的传播和影响.汪子春,刘昌芝.自然科学史研究,1982年1卷2期184—192页

古代从海路引进福建的植物.林更生.海交史研究,1982年4期87—91页

古代从海路外传的植物与生产技术初探.林更生.海交史研究,1988年2期105—109页

中国本草东传日本大事记.沈汉镛.植物杂志,1989年1期41—43页

西方生物学的传入与中国近代生物学的萌芽.刘学礼.自然辩证法通讯,1991年6期43—52页

西方人在中国的动物学收集和考察.罗桂环.中国科技史料,1993年14卷2期14—25页

西方从中国的植物引种及影响.罗桂环.古今农业,1995年1期1—6页

我国三种珍稀动物西流考.罗桂环.中国科技史料,1996年17卷2期28—35页

关于天花传入中国的历史.陶炽孙.学艺,1935年14卷2期31—38页

汉魏南北朝外来的医术与药物的考证.陈竺同.暨南学报,1936年1卷1期59—105页

清末西洋医学传入时国人所持的态度.全汉昇.食货,1936年3卷12期43—53页

中国本草学渊源及日本之流传.徐方干.大陆杂志(台北),1954年8卷5期22—23页

中国和阿拉伯的医药交流.宋大仁.历史研究,1959年1期79—89页

朝鲜《东医寿世保元》与《东医四象新编》中的体质概念及其与我国医学的关系.陈可冀,陈维养.科学史集刊,1963年5期63—66页

波斯的《脉经》.《明报月刊》编辑部.明报月刊(香港),1971年6卷6期23页

英译《黄帝内经》及针灸大会.黎剑文.明报月刊(香港),1975年10卷6期82—83页

西洋医学在中国的传播.赵璞珊.历史研究,1980年3期37—48页

中国和阿拉伯的医药交流. 宋大仁. 海交史研究, 1981 年 2 期 58—62 页

中国古代法医学著作在国外. 贾静涛. 中国科技史料, 1981 年 2 卷 2 期 102—106 页

泉州湾出土宋代海船的进口药物在中国医药史上的价值. 王慧芳. 海交史研究, 1982 年 4 期 60—65 页

从《外台秘要》看印度医学对我国医学的影响. 房定亚等. 南亚研究, 1984 年 2 期 68—73 页

从《回回药方》看中外药物的交流. 江润祥, 关培生. 明报月刊(香港), 1984 年 19 卷 8 期 36—41 页

略谈古代名贵香药——龙诞的传入. 骆萌. 海交史研究, 1986 年 2 期 95—103 页

唐以前的中印医学交流. 蔡景峰. 中国科技史料, 1986 年 7 卷 6 期 16— 23 页

古代的中日医药交流. 周启乾. 史学集刊, 1987 年 3 期 72—73 页

针灸史及它在世界上的传播. 施能涛(Silva, Fernando Costa) 著. 良友 译. 文化杂志(中文版)(澳门), 1988 年 5 期 35—40 页

安徽新安医学的东传及其影响. 卢茂村. 海交史研究副刊, 1988 年 6 期 8—10 页

中国药物西传考. 莫任南. 海交史研究, 1990 年 1 期 8—12 页

历史上的中药在国外. 杜石然. 自然科学史研究, 1990 年 9 卷 1 期 78—90 页

广州洋货十三行行商倡导对外洋牛痘法及荷兰豆的引进与传播. 彭泽益. 九州学刊(香港), 1991 年 4 卷 1 期 73—84 页

论古代阿拉伯医方书与《回回药方》的剂量关系. 宋岘, 冯今源. 回族研究, 1991 年 4 期 82—86 页

《回回药方》与阿拉伯医学主流的亲缘关系. 宋岘等. 明报月刊(香港), 1991 年 26 卷 4 期 87—91 页

宋代中国与东南亚药物交流缕述. 王棣. 暨南学报(哲学社会科学版), 1992 年 1 期 52—60, 78 页

宋代中国与印度洋沿岸各国的医学文化交流. 王棣. 华南师范大学学报(社会科学版), 1992 年 2 期 74—79 页

宋朝的海外药物交流. 王棣. 晋阳学刊, 1992 年 6 期 40—46 页

从医疗史看道家对日本古代文化的影响. 杜正胜. 中国历史博物馆馆刊, 1993 年 2 期 19—25 页

种痘术及其中外交流. 刘学礼. 自然辩证法通讯, 1993 年 15 卷 4 期 45—54 页

中草药传欧述略. 蔡捷恩. 中国科技史料, 1994 年 15 卷 2 期 3—12 页

《回回药方》与古希腊医学. 宋岘, 周素珍. 西域研究, 1994 年 2 期 28—42 页

《本草图经》中有关医药交流的史料. 陈湘萍. 中国科技史料, 1994 年 15 卷 3 期 83—90 页

印度古代药物分类法及其可能对中国医学产生的影响. 廖育群. 自然辩证法通讯, 1995 年 17 卷 2 期 56—63, 55 页

伊斯兰医学对中国医学的影响与贡献. 宋岘. 文史知识, 1995 年 10 期 91—94, 102 页

古代浙江与国外的医药交流. 朱德明. 杭州大学学报(哲学社会科学版), 1997 年 2 期 83—87 页

回回香药渊源. 单于德. 回族研究, 1997 年 4 期 59—64 页

中国医学在日本. (日)小曾户洋. 文史知识, 1997 年 5 期 47—56 页

中国古代生产技术在日本的传播和影响. 戴禾, 张英莉. 历史研究, 1984 年 5 期 152—167 页

中国绿洲——东西亚古代农事交流的纽带. 张波, 张纶. 中国农史, 1993 年 4 期 7—12 页

海上丝路与古代农业科技文化交流. 缪祥山. 中国农史, 1994 年 4 期 100—104, 87 页

玉蜀黍传入中国. 罗尔纲. 历史研究, 1956 年 3 期 70 页

略谈甘藷和《甘薯录》. 王家琦. 文物, 1961 年 3 期 27—29 页

关于甘薯和《金薯传习录》. 吴德铎. 文物, 1961 年 8 期 60—61 页

番薯引种考. 梁家勉, 戚经文. 华南农学院学报, 1980 年 1 卷 3 期 74—78 页

我国引进番薯的最早之人和引种番薯的最早之地. 杨宝霖. 农业考古, 1982 年 2 期 79—83 页

玉米的种植与美洲的发现新探. 王家佑, 史岩. 社会科学研究, 1982 年 3 期 72—78 页

"扶桑"与玉米考辨. 胡昌钰. 农业考古, 1983 年 2 期 100—102 页

我国玉米的种植是明代从外国引进的吗?. 张鸣珂. 农业考古, 1983 年 2 期 103—105 页

甘薯的历史地理——甘薯的土生、传入、传播与人口. 周源和. 中国农史, 1983 年 3 期 75—88 页

日本学者对绳文时代从中国传去农作物的追溯. 张建世编译. 农业考古, 1985 年 2 期 353—357 页

美洲玉米的引进.李芳洲.中国科技史料,1985年6卷6期38—40页
玉米的起源、传播和分布.佟屏亚.农业考古,1986年1期271—280页
番薯在浙江的引种和推广.郭松义.浙江学刊,1986年3期45—49页
番薯入闽史探.陈学文.福建论坛(文史哲版),1987年4期76—78页
从方志记载看玉米在我国的引进和传播.咸金山.古今农业,1988年1期99—111,118页
玉米和番薯传入中国路线新探.曹树基.中国社会经济史研究,1988年4期62—66,74页
试论玉米传入我国的途径及其发展.佟屏亚.古今农业,1989年1期41—48页
玉米传入中国和亚洲的时间途径及其起源问题.游修龄.古今农业,1989年2期1—10页
中国稻作的起源和东传日本的路线.陈文华.文物,1989年10期24—36页
海外农作物的传入和对我国农业生产的影响.闵宗殿.古今农业,1991年1期1—10页
试论占城稻对中国古代稻作之影响.曾雄生.自然科学史研究,1991年10卷1期61—69页
对甘薯的再认识.公宗鉴.农业考古,1991年1期205—218页
甘薯在山东传播种植史略.陈冬生.农业考古,1991年1期219—222页
重大的课题、解决的方法与一种假说——略谈中国早期稻作东传日本诸问题.周晓陆.农业考古,1992年1期47—51页
先薯祠与番薯的传入.李玉昆.古今农业,1992年2期61—62页
明清时期农业科技文化交流述论.陈伟明.海交史研究,1993年1期32—41页
清代两湖地区的玉米和甘薯.龚胜生.中国农史,1993年3期47—57页
回疆玉米考.(日)堀直 著.章莹 译.西域研究,1994年4期62—73页
玉米在新疆种植时间的新发现.齐清顺.西域研究,1994年4期74,53页
中国玉米的早期栽培与引种.向安强.自然科学史研究,1995年14卷3期239—248页
也谈中国栽培稻的起源与东传.张居中等.农业考古,1996年1期85—92页
中国小麦起源与远古中外文化交流.李裕.中国文化研究,1997年3期47—54页
落花生传入中国.罗尔纲.历史研究,1956年2期78页
山东花生栽培历史及大花生传入考.毛兴文.农业考古,1990年2期317—318页
棉花来历之考证.纯安.力行月刊,1942年5卷4期77—81页
明末以前棉及棉织品输入的史迹.石声汉(李凤岐整理).中国农史,1981年试刊号25—32页
棉花是怎样在中国传播开的.袁庭栋.文史知识,1984年2期70—74页
棉花种植及其中外交流.段本洛.江海学刊,1990年2期121—127页
历史文献对班枝花与木本亚洲棉的混淆.赵冈.农业考古,1996年1期207—212页
中国茶传入日本.(日)森 鹿三 著,毛延年 译.茶业通报,1980年1期60—63页
茶业的起源和传播.史念书.中国农史,1982年2期95—105页
关于茶在北亚和西域的早期传播——兼说马可波罗未有记茶.黄时鉴.历史研究,1993年1期141—145页
汉晋之际输入中国的香料.陈连庆.史学集刊,1986年2期8—17页
从广西合浦明代窑址内发现瓷烟斗谈及烟草传入我国的时间问题.郑超雄.农业考古,1986年2期383—387,391页
我国引进糖用甜菜时间的正误.宋湛庆.中国农史,1988年3期103—104页
烟草的发现和传入中国.许子.文史知识,1988年7期54—57页
广东烟草起源考.颜民伟.广东史志,1993年1期56—59页
明清两代烟草种植及对外贸易——兼论“明万历年间烟草传入中国说”有误.刘翔.中国农史,1993年2期48—55页
中国古代对大蒜的引进与利用.王赛时.农业考古,1996年1期182—188页
我国茄果类蔬菜引种栽培史略.叶静渊.中国农史,1983年2期37—42页
论明末西法栽葡萄.王庆余.中国农史,1983年3期89—92页

葡萄及葡萄酒的东传.张玉忠.农业考古,1984年2期239—246页
葡萄何时引进我国?张宗子.农业考古,1984年2期247—250页
甘蓝类蔬菜在我国的引种栽培与演化.叶静渊.自然科学史研究,1986年5卷3期247—255页
中国西瓜五代引种说及历史起源续议.赵传集.农业考古,1988年1期187—188页
福建引种栽培芒果历史小考.林更生.农业考古,1989年1期260—261页
广东外来蔬菜考略.杨宝霖.广东史志,1989年2期7—13页,3期43—49页,4期52—57页
我国"西瓜"种植起源考略.曾维华.上海师范大学学报(哲学社会科学版),1989年2期122—127页
我国甘蓝栽培史探源.梁松涛.农业考古,1991年1期312—315页
我国种植西瓜始时考辨.张宗子.农业考古,1993年3期211—215页
菜用恭菜引入考.张平真.中国农史,1994年1期89—90页
西域瓜果香飘草原——从内蒙古发现我国古代最早的西瓜图谈契丹人的贡献.王大方,张松柏.农业考古,1996年1期180—181页
黄瓜和西瓜引种栽培史.舒迎澜.古今农业,1997年2期37—46页
中兽医学在国外的传播.于船.农业考古,1990年1期351—354页
中国农书在国外.王永厚.农业考古,1983年1期270—274页
陆羽《茶经》在日本.欧阳勋.古今农业,1988年2期74—75页
《耕织图》流传考.(日)渡部武 著.曹幸穗 译.农业考古,1989年1期160—165页
《耕织图》对日本文化的影响.渡部武.中国科技史料,1993年14卷2期11—13页
《耕织图》与日本文化.臧军.东南文化,1995年2期60—65页
阿格里柯拉的《矿冶全书》在明代中国的流传.潘吉星.海交史研究,1981年3期23—29页
皖南古铜矿冶遗址在东亚文明史上的地位.李广宁.文物研究,1993年总8期189—193页
中国铁器和冶铁技术的西传.戴裔煊.中山大学学报(哲学社会科学版),1979年3期44—50页
试谈日本九州早期铁器来源问题.李京华.华夏考古,1992年4期106—109,8页
中国古代铁器及冶铁术对朝鲜半岛的传播.王巍.考古学报,1997年3期285—340页
传统薄金工艺及其中外交流.陈允敦,李国清.自然科学史研究,1986年5卷3期256—265页
中西机械交流.《明报月刊》编辑部.明报月刊(香港),1971年6卷11期51—53页
欧洲机械钟的传入和中国近代钟表业的发展.陈祖维.中国科技史料,1984年5卷1期94—98页
明清时期欧洲机械钟表技术的传入及有关问题.张柏春.自然辩证法通讯,1995年17卷2期38—46页
中国古陶瓷对日本的影响.张文江.南方文物,1995年3期74—77页
景德镇陶瓷的对外交流.曹济仁,曹晓亮.文史知识,1997年5期42—46页
中国古代窑艺在海东和南海地区的传播.唐星煌.郑州大学学报(哲学社会科学版),1993年5期95—99页
葡萄与葡萄酒传入中国考.芮传明.史林,1991年3期46—52,58页
遍访东西洋考察阿剌吉.李映发.郑和研究,1996年1期32—35页
唐太宗与摩揭陀——唐代印度制糖术传入中国.季羡林.文献,1988年2期3—21页,3期232—248页
十三至十五世纪亚洲酿酒技术考察.李映发.中国文化研究,1997年2期52—58页
中日蚕丝科技和文化交流.蒋猷龙.农业考古,1983年2期290—302页
中国丝绢的输出与西方的野蚕丝.戴禾,张英莉.西北史地,1986年1期7—14页
我国古代丝绸生产技术的外传.黄赞雄.海交史研究,1992年1期102—107页
中国丝织技术西传考——从君士坦丁堡到里昂.徐家玲.东北师大学报(社会科学版),1995年6期32页
纸自中国传入欧洲考略.向达.科学,1926年11卷6期735—743页
中国造纸术输入欧洲考.姚士鳌.辅仁学志,1928年1卷1期1—85页
中国纸和造纸法输入印度的时间和地点问题.季羡

林.历史研究,1954年4期25—51页

造纸的发明及其传播.李书华.大陆杂志(台北),1955年10卷1期1—6页,2期17—24页

中国造纸术输入欧洲考.善因.书目季刊(台北),1966年1卷2期53—71页.1967年1卷3期69—90页,4期57—80页

纸的发明和西传.梅思.求知(香港),1975年10期12—14页

关于中国纸和造纸法传入印巴次大陆的时间和路线问题.黄盛璋.历史研究,1980年1期113—133页

中国纸和造纸法传入印巴次大陆的路线.李晓岑.历史研究,1992年2期130—133页

中国造纸技术的西传.张洪恩.中外文化交流,1994年5期34—35页

论日本造纸与印刷之始.潘吉星.传统文化与现代化,1995年3期67—76页

中国印刷术之发明及其传入欧洲考.卡脱(T.E.Carter)著.向达 译.北平北海图书馆月刊,1929年2卷2期103—117页

中国印刷术之发明及其西渐.(美)嘉德 著.张德昌 译.新月,1932年4卷6期书报春秋14—19页

中国印刷术的发明及其对亚洲各国的影响.张秀民.文物参考资料,1952年4期20—50页

印刷术西传运动中的纸牌——中国雕版印刷术的西传之八.Carter,T.F.著 Goodrich,L.C 修订.胡志伟 译.大陆杂志(台北),1965年31卷5期33—35页

纺织物的印染术——中国雕版印刷术的西传之九.Carter,T.F.著 Goodrich,L.C修订.胡志伟 译.大陆杂志(台北),1965年30卷9期8页

印刷术的发明和西传.梅思.求知(香港),1975年12期10—12页

中菲交往与中国印刷术传入菲律宾.戚志芬.文献,1988年4期252—264页

唐印刷术专著《龙树出印法》东传日本考.羽离子.人文杂志,1992年5期95—97页

印刷术在中国的起源、发展及在亚洲的传播.应岳林.复旦学报(社会科学版),1994年2期64—69,74页

论中国印刷术在欧洲的传播.潘吉星.传统文化与现代化,1996年4期67—83页

嘉庆前西洋建筑流传中国史略.方豪.大陆杂志(台北),1953年7卷6期4—9页

中国建筑及庭园艺术远播欧西的史实探讨及其对欧西的影响.贺陈词.大陆杂志(台北),1970年40卷5期1—29页

日本九州大学藏敦煌文书所记窟檐的分析与复原.冯继仁.文物,1993年12期54—68页

再论新疆坎儿井的来源与传播.黄盛璋.西域研究,1994年1期66—84页

古代各国船舶——兼论中国船史与世界船史的关系.邱克.船史研究,1986年总2期65—76页

浅谈中国帆船对日本帆船的影响.金行德.船史研究,1989年总4、5合刊60—62页

清末福建船政局的技术引进.郑剑顺.中国社会经济史研究,1994年4期77—84页

中国古代造船技术在西太平洋地区的传播.王明星.船史研究,1997年11、12合期94—100页

西铳传入中国考.张维华.齐大月刊,1931年1卷6期519—529页,8期775—793页

明末西洋火器流入我国之史料.方豪.东方杂志,1944年40卷1期49—54页

佛郎机火铳最早传入中国的时间考.林文照,郭永芳.自然科学史研究,1984年3卷4期372—377页

火药西传以后——中西方早期火器技术发展的比较.刘戟锋.大自然探索,1985年2期181—184页

明代对佛郎机炮的引进与发展.李映发.四川大学学报(哲学社会科学版),1990年2期91—97页

其 他

西安地区历代行道树及园林树种的研究.段品三.园艺学报,1964年3卷2期181—189页

漫话我国古代的行道树.闽文.植物杂志,1983年2期39—40页

先秦环境保护的若干问题.袁清林.中国科技史料,1985年6卷1期35—41页

唐代长安城绿化初探.罗桂环.人文杂志,1985年2期93—96页

略述我国行道树种植的起源和发展. 罗桂环, 汪子春. 西北大学学报(自然科学版), 1986年16卷1期115—122页

我国古代人工防护林探源. 古开弼. 农业考古, 1986年2期212—215页

行道树小史. 马彦章. 农业考古, 1987年2期254—256页

历史时期不合理的生产活动对生态和农业的影响. 张之恒. 农业考古, 1989年1期115—123页

北宋时期的灾患及防治措施. 石清秀. 中州学刊, 1989年5期122—124, 102页

略论先秦时期的环境保护. 李丙寅. 史学月刊, 1990年1期7—13页

漫谈我国古代城市的绿化. 马彦章. 古今农业, 1991年2期29—33页

略论魏晋南北朝时代的环境保护. 李丙寅. 史学月刊, 1992年1期9—14页

汉宋间文献所见古代南方的地理环境与地方病及其影响. 萧璠. 中央研究院历史语言研究所集刊(台北), 1993年63本1分67—171页

从敦煌汉晋长城、古城及屯戍遗址之变迁简析保护生态平衡的重要性. 殷光明. 敦煌学辑刊, 1994年1期53—62页

《行道树小史》补述. 邢湘臣. 农业考古, 1994年1期306, 309页

试论中国历史上对森林保护环境作用的认识. 倪根金. 农业考古, 1995年3期178—183页

道家的生态智慧与环境保护. 葛荣晋. 传统文化与现代化, 1995年4期74—82页

上古资源保护思想初探. 詹鄞鑫. 传统文化与现代化, 1995年6期50—54页

秦汉环境保护初探. 倪根金. 中国史研究, 1996年2期3—13页

清中期以后的环境失调及治理. 罗桂环. 古今农业, 1996年2期16—22页

槐柳与古代的行道树. 游修龄. 中国农史, 1996年15卷4期87—90页

科　学　家

合　传

道咸以来畴人合赞.赤松.国粹学报,1907年3卷27期文篇6—7页

中国历史上之“奇器”及其作者.张荫麟.燕京学报,1928年3期359—381页

古今科学家对于麻黄之研究.汤伟烈.农事双月刊,1929年7卷5期40—54页.中华农学会会报,1930年73期23—32页

隋唐宋明之建筑名家.中国营造学社汇刊,1930年1卷2期12页

一千五百年前之中国科学家.陈登原.文化月刊,1934年1卷9期65—67页

隋唐之地理学者及其著述.曾了若.文史汇刊,1935年1卷2期87—122页

《清史稿》的地理家传校记(顾祖禹、胡渭、黄仪、梁份).夏定域.禹贡半月刊,1935年4卷7期22页

中国的种种发明家.小慧.同行月刊,1936年4卷11期31—32页

清代算家姓名录.李俨.学艺,1937年16卷2期67—78页

蜀中畴人传.严敦杰.真理杂志,1944年1卷1期97—106页

浙江畴人别记.孙延钊.浙江省通志馆馆刊,1945年1卷1期24—30页,2期19—25页,3期22—27页,4期9—14页

历代治河名人事迹述略.李书田.东方杂志,1947年43卷3期25—30页

明代工匠出身的建筑家.张鸿翔.北京师范大学学报(社会科学版),1959年5期105—116页

阴阳五行家与星历及占筮.王梦鸥.中央研究院历史语言研究所集刊(台北),1971年43本489—532页

科技“小人物”列传.史通.南开大学学报.(哲学社会科学版),1976年4期81—83页

勇于反儒的青年女天文学家.李斌.北京天文台台刊,1976年8期67—70页

我国第一部科学家传记《畴人传》.吴裕宾.书林,1980年3期44—45页

略论方以智、焦循的自然科学思想.唐宇元.安徽师大学报(哲学社会科学版),1981年1期99—104页

徐寿父子年谱.张子高,杨根.中国科技史料,1981年2卷4期55—62页

试论春秋战国时期医药学家的唯物辩证法思想.渠时光.辽宁大学学报(哲学社会科学版),1981年6期38—42页

我国历代数学家在数学上的重要贡献.陈立夫.东方杂志(台北),1981年14卷9期5页

鳖灵凿宝瓶口李冰修都江堰.金永堂.社会科学研究,1982年6期78—79页

徐寿、华蘅芳与近代科技.孙孝恩,修朋月.史学月刊,1983年5期52—57页

安徽历史上主要科技人物及其著述.张秉伦.安徽史学,1984年1期59—66页,2期72—78页,3期78—80页,5期75—封三页

清代部分数学家的成才考察.郭永芳.自然辩证法通讯,1984年6卷5期45—48页

《清史稿》医家传记误述考订.杨士孝.辽宁大学学报(哲学社会科学版),1984年6期83—84页

科学家:徐寿、徐建寅父子.信川.明报月刊(香港),1984年19卷8期70—74页

清代学者对水经注的贡献与胡适重审全赵戴公案.吴天任.东方杂志(台北),1984年17卷11期37—42页

刘徽与祖冲之父子.梅荣照.科学史集刊,1984年11期105—129页

泉州海交史上的人物.庄炳章.海交史研究,1985年1期57—65页

中国近代杰出的造船家——徐寿、华蘅芳.杨晓敏.船史研究,1985年1期72—76页

郑氏家谱首序及赛典赤家谱新证.李士厚.中南民族

学院学报,1985年3期27—32页
略论晋唐时期医学家的哲学观.陈健民.复旦学报(社会科学版),1985年6期26—30页
徐寿父子、祖孙译著简介.徐振亚,阮慎康.中国科技史料,1986年7卷1期48—56页
中国古代农业推广人物志.郭开源.农业考古,1986年1期75—76,98页
先秦儒家与古代数学.周瀚光.齐鲁学刊,1986年5期86—91页
晚明的工匠与工艺.陈进传.东方杂志(台北),1986年19卷9期51—57页
李锐、顾观光调日法工作述评.刘钝.自然科学史研究,1987年6卷2期147—155页
十八世纪清内廷工匠史料纪略.杨伯达.香港中文大学中国文化研究所学报(香港),1987年18卷119—137页
清代扬州学者的数学研究.吴裕宾.自然辩证法通讯,1988年10卷2期51—60页
略论"入唐八家"及中国高僧对于沟通中日文化的卓越贡献.苏渊雷.学术月刊,1988年5期65—68,55页
马德鲁丁父子和回回天文学.陈久金.自然科学史研究,1989年8卷1期28—36页
古代曾为兽医封侯建庙.祝建新.农业考古,1989年1期362—365页
一批明代医学家的传记史料.李迪,梅青田.内蒙古师大学报(自然科学版),1989年1期增刊8—15页
徐寿和华蘅芳关于三棱镜几何光学原理的讨论.季鸿崑.中国科技史料,1989年10卷2期87—89页
李锐与笛卡儿符号法则.刘钝.自然科学史研究,1989年8卷2期127—136页
元代色目人对科学技术的贡献.冯立升.中央民族学院学报,1989年6期24—28页
从"会通以求超胜"到"西学东源"说——论明末至清中叶的科学家对中西科学关系的认识.陈卫平.自然辩证法通讯,1989年11卷2期47—54页
北宋皇帝与医学.李经纬.中国科技史料,1989年10卷3期3—20页
功垂万世 德惠兆民——中国历史上的治水专家.叶蒙.东方杂志(台北),1989年23卷6期71—74页
论清代浙江学者的数学研究及其成就.梁明.东南文化,1989年6期214—220页
唐代的官兽医.张剑光.农业考古,1990年2期348—350页
齐医学派古代人物考略.刘庆文.管子学刊,1990年3期77—83页
隐士与传统数学.徐义保.内蒙古师大学报(哲学社会科学版),1990年3期128—132页
清代满族数学人才传略.黄荣肃.黑龙江民族丛刊,1991年1期66—69页
明清时期中国赴日医师及其对日本汉方医学的影响.史世勤.中国科技史料,1991年12卷1期84—89页
达尔文与康熙帝.潘吉星.农业考古,1991年1期270—275页
清初钦天监中各民族天文家的权力起伏.黄一农.新史学(台北),1991年2卷2期75—108页
汪莱、李锐与乾嘉学派.洪万生,刘钝.汉学研究(台北),1992年10卷1期85—103页
元回回天算家及其天文工作考记.陈静.回族研究,1992年2期36—42页
戴煦、项名达、夏鸾翔对迭代法的研究.王荣彬,郭世荣.自然科学史研究,1992年11卷3期209—216页
徐霞客与王士性.徐建春.浙江学刊,1992年4期89—95页.东南文化,1994年2期243—251页
乾家学派与清代天算、地学、医学.张瑞山.自然辩证法通讯,1992年13卷5期57—63页
徐霞客与上海名士.冯菊年.上海师范大学学报(社会科学版),1993年1期17—19页
康熙朝汉人士大夫对"历狱"的态度及其所衍生的传说.黄一农.汉学研究(台北),1993年11卷2期137—161页
中国宋代之前的占侯家.刘昭民.中国科技史料,1994年15卷2期13—16页
闽北詹余熊蔡黄五姓十三位刻书家生平考略.方彦寿.文献,1994年3期233—242页
南北朝以前陕西天文人物.刘次沅,窦忠.陕西天文台台刊,1994年总17期89—94页
元代的航海世家澉浦杨氏——兼说元代其他航海家族.陈高华.海交史研究,1995年1期4—18页
战国秦汉方士流派考.李零.传统文化与现代化,1995年2期34—48页
陕西古代科技人物述略.姚远.西北大学学报(自然科学版),1995年25卷2期183—188页,3期

259—264 页

隋唐以后医家缘何援《易》入《医》. 薛公忱. 周易研究,1995 年 4 期 87—92 页

魏晋时期的纸史人物. 秦曼华. 纸史研究,1995 年总 13 期 44,43 页

隋唐以来陕西古代天文人物. 刘次沅,窦忠. 陕西天文台台刊,1995 年总 18 期 100—106 页

隐士与中国传统农学. 曾雄生. 自然科学史研究,1996 年 15(1)17—29 页

古荷池精舍的算学新芽——丁取忠学圈与西方代数. 洪万生. 汉学研究(台北),1996 年 14 卷 2 期 135—158 页

梅文鼎学派的主要成员孔林宗. 高宏林. 中国科技史料,1996 年 17 卷 4 期 24—28 页

清代学者对经书中有关天文学的研究. 卢仙文,江晓原. 传统文化与现代化,1996 年 6 期 69—78 页

论应劭、圈称的地名学贡献. 华林甫. 中州学刊,1996 年 6 期 134—138 页

明清怀宁回族马氏闻人考述. 马肇曾. 安徽史学,1997 年 1 期 44—45 页

藏族对传统生产、生活工艺技术的贡献. 张亚生. 农业考古,1997 年 1 期 220—224 页

晚清算家对递加数性质的认识. 特古斯. 内蒙古师大学报(自然科学汉文版),1997 年 1 期 62—68 页

清代梅氏家族的天文历算研究及其贡献. 张惠民. 陕西师范大学学报(自然科学版),1997 年 3 期 113—118 页

宋元数学人才群体之探索. 佟健华. 自然科学史研究,1997 年 16 卷 3 期 197—206 页

中国古代科学家历史分布的统计分析. 戴建平. 自然辩证法法通讯,1997 年 19 卷 6 期 48—54 页

分 传

先秦、秦汉

神农研究. 闵宗殿. 古今农业,1992 年 2 期 17—20 页

大费育稻考. 李江浙. 农业考古,1986 年 2 期 232—247 页

后稷诞生神话之考述. 郭风平等. 中国农史,1997 年 16 卷 1 期 5—9 页

伏羲是"火的发明者和火食发明者"吗——和刘光汉先生商讨. 易谋远. 贵州文史丛刊,1992 年 2 期 35—40 页

"嫘祖"发明养蚕说考异. 周匡明. 科学史集刊,1965 年 8 期 55—64 页

后羿考辩. 王从仁. 中州学刊,1988 年 5 期 83—86 页

后羿传说源流考. 叶正渤. 东南文化,1994 年 6 期 42—43 页

鲧、禹治水及其他. 杨钊. 学术月刊,1994 年 5 期 109,98 页

论鲧治洪水真象兼论夏史研究诸问题. 沈长云. 学术月刊,1994 年 6 期 71—77 页

墨子所见禹之事迹考. 吴恩裕. 东北大学周刊,1928 年 58 期 3—5 页

中国古史上禹治洪水的辩证. 高重源. 国立武汉大学文史哲季刊,1931 年 1 卷 4 期 789—819 页

禹治水传说之推测. 杨宽. 民俗,1933 年 116—118 合期 39—44 页

禹治水故事之出发点及其他. 劳干. 禹贡半月刊,1934 年 1 卷 6 期 30—32 页

大禹治水之科学精神——黄河治本探讨(附图). 沙玉清. 工程,1942 年 15 卷 4 期 31—50 页

治水及其人物. 姜蕴刚. 说文月刊,1943 年 3 卷 9 期 65—68 页

四川治水者与水神. 林名均. 说文月刊,1943 年 3 卷 9 期 77—86 页

四川治水神话中的夏禹. 杨明照. 四川大学学报(社会科学版),1959 年 4 期 1—15 页

关于我国古代洪水和大禹治水的探讨. 马宗申. 农业考古,1982 年 2 期 3—11 页

大禹出生地考实. 陈剩勇. 浙江学刊,1995 年 4 期 11—13,9 页

《水经注》记载的禹迹——再论禹的传说. 陈桥驿. 浙江学刊,1996 年 5 期 105—107,114 页

道家先驱与养生论——彭祖考. 陈广思. 安徽大学学报(哲学社会科学版),1997 年 1 期 47—51 页

杜康其人考略. 杨龙水. 中州学刊,1990 年 2 期

113—116页
孙叔敖造芍陂是附会之谈.徐士传.农业考古,1986年2期180—184页
武丁复兴与农业生产.刘学顺,古月.郑州大学学报(哲学社会科学版),1991年3月51—55页
干将、莫邪考辨——兼及东周吴越铸剑术.钟少异.传统文化与现代化,1994年3期62—67页
老子科技观述评:兼与李约瑟先生商榷.朱亚宗.船山学报,1995年1期101—110,128页
孔子重农的特色.刘兴林.古今农业,1996年1期7—12页
中国物理学家墨子传.觉晨.理学杂志,1907年4期历史1—8页,6期历史9—20页
关于墨子的几个问题.张知寒.东岳论丛,1989年2期88—90页
墨子科学思想的探讨.金秋鹏.自然科学史研究,1984年3卷2期97—104页
再谈墨子里籍应在今之滕州.张知寒.文史哲,1991年2期92—97页
给墨子以应有的学术地位.苗枫林.文史哲,1991年5期3—4页
关于墨子的两个问题.陈之安.文史哲,1991年5期4—6页
墨子的历史地位与当代价值.蔡尚思.文史哲,1991年5期6—9页
论墨子的救世精神与"摹物论言"之学.张岱年.文史哲,1991年5期9—11页
墨子故里滕州说质疑.郭成智.中州学刊,1992年5期136—138,63页
孟子科学思想初探——兼论孟子对墨家科学思想的继承.黄世瑞.自然辩证法研究,1996年12卷7期27—31页
庄子技术论思想评析.刘明.自然辩证法通讯,1995年17卷3期35—41页
试论老庄自然主义科技观.孙逸倩.安徽大学学报(哲学社会科学版),1997年1期38—41页
邹衍年谱.孙开泰.管子学刊,1990年2期56,55页
邹衍的思想和徐福东渡扶桑.蔡德贵.管子学刊,1990年3期27—30页
邹衍"大九州说"考论.常金仓.管子学刊,1997年1期19—26页
西门豹治邺与《西门大夫庙记》碑.武志远,任常中.文物,1974年12期25—30页
蜀中掌故考——李冰伏龙.蒋唯心.国闻周报,1929年6卷44期1—3页
《李冰与二郎神》自序.杨向奎.责善半月刊,1941年1卷19期4—7页
大禹与李冰治水的关系.黄芝冈.说文月刊,1943年3卷9期69—75页
蜀守李冰治水事迹考略.傅振伦.说文月刊,1943年3卷9期87—94页
李冰守蜀治水之伟绩.马兆骧.说文月刊,1943年3卷9期95—106页
中国古代的水利家——李冰.杨向奎.文史哲,1961年3期23—31,62页
东汉李冰石像与都江堰"水则".王文才.文物,1974年7期29—32页
李冰父子、都江堰和青城山.刘济昆.求知(香港),1977年43期35—37页
李冰是"秦蜀守"吗?杨继忠.社会科学研究,1983年1期91—95页
有关李冰与都江堰的几个问题.刘毓璜.南京大学学报(哲学社会科学版),1986年1期152—159页
李冰是蜀地羌人.郭发明.文史杂志,1989年2期37—39页
李冰的生年和姓氏.郭发明.文史杂志,1993年3期34页
试论都江堰修建与李冰崇拜.周九香.中国史研究,1994年1期125—127页
从巫术中解放出来的我国古代医学奠基者——扁鹊.卢南乔.文史哲,1958年10期49—53页
扁鹊、秦越人辨析.李永先.东岳论丛,1988年2期92—96页
杰出的医学大师扁鹊.黎虎.文史知识,1989年3期85—89页
扁鹊对中国医学的贡献.李家振.管子学刊,1990年1期73—75,24页
秦越人里籍与齐派医学考.何爱华.管子学刊,1991年3期66—70页
中国医学奠基者齐国医家秦越人.何爱华.管子学刊,1992年3期72—77页
扁鹊与印度古代名医耆婆.刘铭恕.郑州大学学报(哲学社会科学版),1996年5期100—101页
鲁班的故事.王愚.人物杂志,1946年8期32—34页
古代杰出的民间工艺家——鲁·公输班.卢南乔.文史哲,1958年2期34—39页

公输与鲁班.郑康民.大陆杂志(台北),1961年20卷7期3,12页
荀子重农思想初探.王潮生.古今农业,1989年2期72—76页
秦始皇的农战政策与郑国渠的修凿.李健超.西北大学学报(自然科学版),1975年5卷1期14—19页
徐福故址新考——兼与罗其湘先生商榷.王大均.东岳论丛,1987年1期19—21页
也谈徐福故里及其东渡启航海港.李永先.贵州文史丛刊,1990年3期6—11页
试论徐福的思想和品德.赵志坚,安克骏.管子学刊,1995年3期61—62页
徐福东渡日本研究中的史实、传说与假说.王妙发.中国文化,1995年11期100—108页
关于“徐福东渡”之我见.蔡凤书.山东大学学报(哲学社会科学版),1997年3期97—101页
论徐福和徐福传说.安志敏.考古与文物,1997年5期19—23页
淳于意生平事迹辨证.何爱华.文献,1988年2期102—113页
从“诊籍”看淳于意病因及卫生思想.孙立亭.管子学刊,1997年2期88—89页
试论淮南王刘安对学术文化事业的贡献.陈化新.社会科学研究,1989年5期56—61页
司马迁——我国伟大的天文学家.薄树人.自然杂志,1981年9期685—688页
落下闳与黄门老工考.鲁子健.历史研究,1980年5期138—140页
汉代的农业科学家赵过.韩养民.西北大学学报(自然科学版),1979年9卷1期153—155页
为汜胜之说几句话.李孟扬.文史哲,1962年5期59—62页
“亩收百石”之谜——再为汜胜之说几句话.李孟扬,刘有菊.文史哲,1964年2期54—55,47页
重评刘歆.王铁.华东师范大学学报(哲学社会科学版),1994年2期55—60页
论王充的心理学思想.高汉生.社会科学战线,1983年3期40—49页
王充的哲学思想与汉代的天文学.郑如心.东北师大学报(哲学社会科学版),1990年3期1—6页
论王充的科学精神——评台湾学者对王充的研究.周桂钿.北京师范大学学报(社会科学版),1992年2期74—81页
蔡伦——造纸的发明人.王愚.人物杂志,1947年1期45—46页
蔡伦与中国造纸术的发明.王明.考古学报,1954年8册213—221页
关于蔡伦对造纸术贡献的评价.张子高.清华大学学报,1960年7卷2期23—28页
再论蔡伦对造纸术的贡献(答黄天右同志).张子高.清华大学学报,1962年9卷5期109—112页
造纸术的发明者是不是蔡伦?.江风.文史知识,1981年4期126—128页
蔡伦造纸及其职位的考证.荣元恺.中国造纸,1983年4期60页
蔡伦的墓葬究竟在哪里?蔡桂生,刘德和.中国造纸,1983年6期53页
关于《蔡伦传》的考证.荣元恺.中国造纸,1983年6期51—53页
蔡伦生年考.杨成敏.中国造纸,1984年6期60页
蔡伦葬地在龙亭.杨成敏,周忠庆.中国造纸,1984年4期62—63页
蔡伦发明造纸之争质疑.钟香驹.中国造纸,1985年4期57—58页
蔡伦的才华和发明造纸的基点.毛乃琅.纸史研究专刊一,1985年12月22—26页
蔡伦发明造纸社会原因的探讨.吕作燮.纸史研究,1987年4期16—22页
蔡伦年谱简编.蔡德初.纸史研究,1987年4期23—27页
从《蔡伦传》字里行间来对蔡伦再认识——为纪念蔡伦发明造纸术1882周年而作.王复忱.纸史研究,1987年4期28—29,33页
从虚假的灞桥纸看蔡伦发明纸的历史真实.段纪纲.纸史研究,1987年4期30—33页
蔡伦造纸的历史考察.吕作燮.九州学刊(香港),1989年3卷3期99—110页
蔡伦葬墓在何处.段纪纲.纸史研究,1996年总14期29—32页
后汉王景理水之探讨.李仪祉.水利,1935年9卷2期91—95页.华北水利月刊,1935年8卷5、6合期1—6页
纪元后二世纪间我国第一位大科学家——张衡.张荫麟.东方杂志,1924年21卷23期89—98页
张衡别传.张荫麟.学衡,1925年40期1—13页
张衡著述年表.孙文青.师大月刊,1933年2期

107—120 页. 金陵学报, 1939 年 2 卷 1 期 105—116 页

张衡年谱. 孙文青. 金陵学报, 1933 年 3 卷 2 期 331—426 页

中国古代的最大天文家——张衡. 王愚. 人物杂志, 1946 年 7 期 29—32 页

张衡的科学思想与技术实践. 李啸虎. 史林, 1997 年 4 期 17—24 页

刘洪的生平、天文学成就和思想. 陈美东. 自然科学史研究, 1986 年 5 卷 2 期 129—142 页

华佗(一?? ——二二?). 学风, 1935 年 5 卷 4 期 36—37 页

华佗——中国古代的手术大夫. 王愚. 人物杂志, 1947 年 4 期 40—41 页

"华佗"并非真名. 刘法绥. 社会科学战线, 1983 年 4 期 19 页

华佗之死及其生卒年. 程喜霖. 史学月刊, 1983 年 4 期 30—32 页

《三国志·华佗传》研究. 陈连庆. 安徽史学, 1986 年 6 期 1—6, 53 页

华佗姓名与医术来自印度吗? ——与何新同志商榷. 何爱华. 世界历史, 1988 年 4 期 155—158 页

补后汉书张仲景传. 刘盼遂. 文学年报, 1936 年 2 期 23—24 页

张仲景事迹新考. 陈直. 史学月刊, 1964 年 11 期 37—38 页

张仲景生卒年问题的探讨. 宋向元. 史学月刊, 1965 年 1 期 38—40 页

论张仲景的医疗实践. 朱鸿铭. 文史哲, 1975 年 3 期 48—53 页

伟大医学家张仲景. 姜春华. 自然杂志, 1983 年 6 卷 5 期 375—378 页

东汉医圣张仲景与真人参. 宋承吉. 明报月刊(香港), 1984 年 19 卷 10 期 82—84 页

狐刚子及其对中国古代化学的卓越贡献. 赵匡华. 自然科学史研究, 1984 年 3 卷 3 期 224—235 页

三国、两晋、南北朝

火药的发明人——马钧. 王愚. 人物杂志, 1946 年 4 期 39—40 页

杰出的机械制造家马钧(三国时发明大家之一). 杨荣垓. 文史知识, 1994 年 3 期 80—83 页

一代学者皇甫谧——纪念皇甫谧忌辰一千七百周年. 彭兴. 西北史地, 1983 年 4 期 97—100 页

集文史哲医于一身的杰出医家——皇甫谧. 张丽君. 文史知识, 1993 年 1 期 82—85 页

医学家董奉生平稽考及立传商榷. 林家钟. 福建史志, 1994 年 3 期 58—59 页

古代算学家刘徽的极限观念. 杜石然. 数学通报, 1954 年 2 期 1—2 页

公元三世纪刘徽关于锥体体积的推导. (英)唐·布·瓦格纳 著. 郭书春 译. 科学史译丛, 1980 年 2 辑 1—15 页

关于刘徽研究中的几个问题. 郭书春. 自然科学史研究, 1983 年 2 卷 4 期 289—294 页

刘徽的思想与墨学的兴衰. 周瀚光. 自然辩证法通讯, 1984 年 6 卷 5 期 36—40 页

刘徽简传. 严敦杰. 科学史集刊, 1984 年 11 期 14—20 页

试论刘徽的数学理论体系. 郭书春. 自然辩证法通讯, 1987 年 9 卷 2 期 42—48 页

刘徽与王莽铜斛. 郭书春. 自然科学史研究, 1988 年 7 卷 1 期 8—15 页

刘徽关于无理数的论述. 李继闵. 西北大学学报(自然科学版), 1989 年 19 卷 1 期 1—4 页

试论刘徽建立数学理论体系的方法. 郭金彬. 自然辩证法通讯, 1990 年 12 卷 2 期 49—55 页

刘徽猜想. 罗见今. 科学技术与辩证法, 1992 年 1 期 40—46, 31 页

刘徽祖籍考. 郭书春. 自然辩证法通讯, 1992 年 14 卷 3 期 60—63 页

刘徽的无限思想及其解释. 邹大海. 自然科学史研究, 1995 年 14 卷 1 期 12—21 页

我国古代数学理论的奠基人: 刘徽. 孙永旺. 管子学刊, 1995 年 2 期 72—75 页

中国科学主义的先驱——刘徽. 朱亚宗. 自然辩证法研究, 1995 年 11 卷 6 期 22—26 页

晋代杰出的地图学家——京相璠. 刘盛佳. 自然科学史研究, 1987 年 6 卷 1 期 58—65 页

裴秀及其在地图学史上的地位. 任丽洁. 文史杂志,

1995年5期38—39页
科学家虞喜,他的世族、成就和思想.闻人军,张锦波.自然辩证法通讯,1986年8卷2期56—61页
推进了炼丹术的葛洪和他底著作.袁翰青.化学通报,1954年5期239—244页
试论葛洪对古代化学和医学的贡献.高兴华,马文熙.四川大学学报(哲学社会科学版),1979年4期30—40页
葛洪社会政治思想探析.许抗生.学术月刊,1985年1期27—30页
罗浮山上的科学家葛洪.谈史.学术研究,1985年2期93—94页
采罗浮甘露,献精萃于岭南——神学家、科学家葛洪小传.陈小敏.广东史志,1989年2期32—34页
葛洪生平及其著述考辨.王荣彬.内蒙古师大学报(哲学社会科学版),1989年3期104—109页
释杭州《重建葛洪仙庵碑记》.朱越利.浙江学刊,1990年1期74—77页
葛洪神仙学的哲学思想.李刚.社会科学研究,1991年1期72—77,58页
葛洪对中国古代炼金术和传染病学的贡献.王利器.传统文化与现代化,1993年2期58—63页
窑神碑记综考.李毅华,杨静荣.中国古陶瓷研究,1987年创刊号46—70,43页
东晋伟大的旅行家法显.卢鹰.文史知识,1989年2期86—91页
陶弘景炼丹考.丁贻庄.四川大学学报(哲学社会科学版),1988年3期53—59页
论陶弘景生卒年与遁入道门的原因.程喜霖.学术研究,1994年1期94—98页
何承天改历与印度天文学.钮卫星,江晓原.自然辩证法通讯,1997年1期47—51页
试论贾思勰的思想和他在酿酒发酵技术上的成就.罗志腾.西北大学学报(自然科学版),1976年1期103—108页
贾思勰的林业思想和《齐民要术》中的林业技术.李继华.农业考古,1993年1期181—183,188页
贾思勰与《齐民要术》.李群.自然辩证法研究,1997年13卷2期33—37页
一千五百年前之中国科学家——原文题名为"甲戌文录——书《南史祖冲之传》后".陈登原.人文月刊,1934年5卷7期1—5页
中国算学家祖冲之及其圆周率之研究.严敦杰.学艺,1936年15卷5期37—50页
中国古代数学家祖冲之.王愚.人物杂志,1946年6期33—34页
祖冲之和他的科学成就.郅澜.复旦学报(自然科学版),1974年2期24—29页
祖冲之.高兴春.河北学刊,1983年4期158—159页
羌族建筑家王遇考略.辛长青.文史哲,1993年3期35—38页
天文学史上的梁武帝.江晓原,钮卫星.中国文化,1997年15、16合期128—140页
郦道元之生卒年考.赵贞信.禹贡半月刊,1937年7期1、2、3合期281—284页
郦道元和《水经注》.曹尔琴.西北大学学报(哲学社会科学版),1978年1期77—84页
郦道元生年考.赵永复.复旦学报(社会科学版),1980年增刊135—137页
郦道元与洞穴学.盖山林.内蒙古师大学报(自然科学版),1982年2期
郦道元迁难地小考.刘荣庆.人文杂志,1982年4期86页
郦道元与岩画.盖山林.西北大学学报(哲学社会科学版),1983年1期65—69页
郦道元生平考.陈桥驿.地理学报,1988年3期241—248页
郦道元和《水经注》以及在地学史上的地位.陈桥驿.自然杂志,1990年3期180—182,179页
郦道元的科学思想.杨文衡.科学技术与辩证法,1992年2期1—5页
郦道元的家乡探微.尹钧科.中国历史地理论丛,1992年2期143—151页
郦道元的生平与学术成就.李凭.文献,1994年4期84—95页
祖暅别传.严敦杰.科学,1941年25卷7、8合期460—467页
梁祖暅之伟大科学成就——球积术.刘操南.文史哲,1952年6期24—30页
关于祖暅和他的缀术.钱宝琮.数学通报,1954年3期12页

隋、唐、五代

宇文恺修长城之役考略. 金秋鹏. 中国科技史料, 1989年10卷4期46—48页

略论孙思邈和他对自然科学的贡献. 关中尧. 西北大学学报(自然科学版), 1975年3期127—131, 133页

孙思邈的医学伦理思想和医生的职业道德. 吴信健. 江淮论坛, 1982年5期78—81页

关于孙思邈的出生年代. 曹元宇. 自然科学史研究, 1983年2卷3期213—215页

试论孙思邈对桂枝汤方系的临床研究成就. 谢文宗. 西北大学学报(自然科学版), 1985年15卷1期95—103, 120页

孙思邈在医学中对中国古代文化的继承. 李育华. 人文杂志, 1990年4期101—102页

唐代医学家孙思邈生年考辨. 任育才. 文史学报(台中), 1991年21期85—94页

孙思邈与养生. 聂啸虎. 文史知识, 1993年8期116—119页

唐代天文数学家李淳风. 门蝉. 文史知识, 1988年2期68—72页

论王玄策对中印交通的贡献. 陆庆夫. 敦煌学辑刊, 1984年1期100—109页

霍仲初——瓷器的实验成功者. 王愚. 人物杂志, 1946年5期46—47页

唐人姜师度水利业绩述略. 陈明光. 中国农史, 1989年4期59—61页

僧一行观测恒星位置的工作. 席泽宗. 天文学报, 1956年4卷2期212—217页

一行发起测量子午线长度的问题. 杨志玖. 科学通报, 1956年4期94—95页

僧一行发起的子午线实测. 梁宗巨. 科学史集刊, 1959年2期144—149页

僧一行对日行急舒的认识. 张培瑜. 紫金山天文台台刊, 1982年1卷4期18—22页

也谈一行(张遂)世系. 史国强. 文物, 1982年7期27页

一行禅师年谱——纪念唐代天文学家张遂诞生一千三百周年. 严敦杰. 自然科学史研究, 1984年3卷1期35—42页

一行. 田园. 河北学刊, 1984年3期76—77页

唐代一行编成世界上最早的正切函数表. 刘金沂, 赵澄秋. 自然科学史研究, 1986年5卷4期298—308页

一行著述叙略. 吕建福. 文献, 1991年2期96—108页

一行——唐代的"迦勒底人". 江晓原. 中国典籍与文化, 1994年2期89—91, 88页

鉴真东渡概述. 蒋华. 海交史研究, 1980年2期2—5页

舍身弘法的高僧——鉴真. 王镇. 人文杂志, 1980年2期40页

鉴真和上失明事质疑. 陈垣. 社会科学战线, 1980年4期147—148页

藏族医圣宇妥·元丹贡布宁玛及其藏医学巨著《四部医典》. 苏超尘. 西南民族学院学报(哲学社会科学版), 1985年1期25页

藏医一代宗师——宇妥·元丹贡布. 李鼎兰. 西藏研究, 1986年1期95—99页

唐代天文学家瞿昙谍墓的发现. 晁华山. 文物, 1978年10期49—53页

刘晏与唐代漕运. 付志方. 学术月刊, 1982年6期51—56页

刘晏经济工作中的数学思想研究. 席振伟. 自然科学史研究, 1995年14卷2期132—139页

瞿昙悉达和他的天文工作. 陈久金. 自然科学史研究, 1985年4卷4期321—327页

杜佑农业管理思想初探. 张剑光. 农业考古, 1994年3期126—130页

贾耽及其在地理学上的成就. 尹承琳, 许晓秋. 辽宁大学学报(哲学社会科学版), 1978年4期34—38页

我国古代的茶叶专家——陆羽. 王愚. 人物杂志, 1946年9期39—40页

"茶圣"陆羽. 欧阳勋. 中国农史, 1983年4期78—79页

《全唐诗》中的陆羽史料考述. 史念书. 中国农史, 1984年1期82—92页

陆羽生卒年考述. 阳勋. 茶业通报, 1986年1期37,

40页
“茶神”陆羽.郗志群.文史知识,1989年1期69—72页
陆羽的卒年.陈耀东.文献,1989年4期280—282页
陆鸿渐生平考实.蒋寅.古今农业,1992年2期21—26页
陆羽功成名立于湖州.罗家庆.农业考古,1993年4期7,6页
陆羽在湖州——纪念陆羽诞生1260周年.丁克行.农业考古,1993年4期1—6页
“茶圣”陆羽卒年的新发现.周芾棠.农业考古,1993年4期18页
湖州陆羽故居青塘别业.罗家庆.农业考古,1993年4期8—9页
“茶神”陆羽遗迹觅踪.刘安国.农业考古,1993年4期10—12页
陆羽及其《茶经》.李汉伟.农业考古,1993年4期13—17页
鸿渐未必是陆羽——兼论陆羽的卒年.方健.农业考古,1994年2期269—270页
陆羽在湖州.吕维新.茶业通报,1994年16卷4期45—46页
陆羽何以为生.罗家庆.农业考古,1994年4期69—70页
陆羽青塘别业考述.朱乃良,张葆明.浙江学刊,1994年4期125页
陆羽·茶经·茶道论.雷树田,王弋.农业考古,1995年2期63—68页
唐代潮汐学家窦叔蒙及其《海涛志》.徐瑜.历史研究,1978年6期63—67页
谈谈刘禹锡的医学哲学思想.吴兆华.中山大学学报(哲学社会科学版),1990年2期23—28页
回人马依泽对宋初天文学的贡献.陈久金,马肇曾.中国科技史料,1989年10卷2期3—11页
马依泽与宋初《应天历》及主要后人.马自树,马肇曾.东南文化,1996年2期11—16页

宋、辽、金、元

天妃信仰与古代航海.金秋鹏.海交史研究,1988年2期99—104页
天妃与天妃宫的保护.金秋鹏.中国历史博物馆馆刊,1989年总12期128—134页
古代杰出的工匠——喻皓.李迪.建筑学报,1976年1期43,14页
喻皓建筑天寺塔一事质疑.王士伦.浙江学刊,1981年2期90—91页
喻皓建梵天寺塔质疑.赵一鹤,王士伦.古建园林技术,1995年3期28—31页
陈翥与《桐谱》.潘法连.安徽大学学报(社会科学版),1980年3期107—111页
陈翥及其《桐谱》.熊大桐.农业考古,1987年1期229—233页
陈翥与《桐谱》.明子溪.安徽史学,1988年4期26页
陈翥史迹钩沉.张秉伦.中国科技史料,1992年13卷1期33—36页
陈翥生平事迹考——《五松陈氏宗谱》质疑.杨国宜,路育松.安徽师大学报(哲学社会科学版),1996年24卷1期98—102页
邵雍在数学上的伟大贡献.徐志锐,尹焕森.社会科学战线,1987年2期91—99页
蔡襄及其科学贡献.金秋鹏.自然科学史研究,1989年8卷3期284—292页
蔡襄和他的《茶录》.林更生.农业考古,1993年2期247—249,252页
张载的天论与气论.徐仪明.复旦学报(社会科学版),1993年5期42—47页
苏颂与北宋科学.周日升.福建论坛(文史哲版),1984年6期67—68页
宋代著名科学家苏颂——为纪念水运仪象台创建900周年而作.林家钟.福建史志,1988年4期23—25页
苏颂与苏轼.颜中其.东北师大学报(哲学社会科学版),1988年4期65—70,99页
苏颂和他的《新仪象法要》.管成学.文献,1988年4期165—173页
宋代科学家苏颂籍贯及徙居地考释——纪念“水运仪象台”研制九百周年.周声.福建论坛(文史哲版),1988年5期43—45页
苏颂哲学思想研究.邹旭光.东南文化,1989年1期164—171页

苏颂的政治风格及科学成就. 刘钧鸿. 暨南学报(哲学社会科学版),1990年1期55—61页
苏颂的生平及其主要贡献. 颜中其. 东北师大学报(哲学社会科学版),1990年6期58—62页
中国古代杰出的科学诗人苏颂——初论苏颂科学诗. 李素桢,田育诚. 社会科学战线,1991年1期279—284页
苏颂著述考. 许沛藻. 文献,1991年2期119—129页
有关苏颂生平、家世若干问题的考证——纪念陈垣先生诞辰110周年. 周春生. 暨南学报(哲学社会科学版),1991年3期69—76页
苏颂科学活动与学术思想探究. 刘青泉. 厦门大学学报(哲学社会科学版),1992年1期89—94页
苏颂对我国本草学的贡献. 崔勿娇,林世平. 社会科学战线,1992年4期179—180,190页
论苏颂的医学思想和方法的特点. 蔡景峰. 自然科学史研究,1992年11卷4期358—366页
宋代科学家燕肃. 王锦光. 杭州大学学报(哲学社会科学版),1979年3期34—38页
王安石的政治改革与水利政策——中国农业技术发展史劄记之二. 王兴瑞. 食货,1935年2卷2期37—41页
王安石与梅尧臣唱和农具诗. 王永厚. 农业考古,1984年1期137—140页
北宋沈括对于地学之贡献与纪述. 竺可桢. 科学,1926年11卷6期792—807页
沈括编年事辑. 张荫麟. 清华学报,1936年11卷2期323—358页
沈括的科学成就的历史环境及其政治倾向. 胡道静. 文史哲,1956年2期50—56页
沈括和他的《梦溪笔谈》. 钱君晔. 读书月报,1956年8期22—23页
沈括在古农学上的成就和贡献. 胡道静. 学术月刊,1966年2期48—54页
沈括和他的《梦溪笔谈》. 胡道静. 明报月刊(香港),1971年6卷3期87—93页
评沈括和《梦溪笔谈》. 庆臻. 山东大学学报(自然科学版),1974年2期1—11页
沈括——杰出的法家和自然科学家. 郭永芳. 物理,1974年3卷5期257—260页
沈括和考古学. 夏鼐. 考古,1974年5期277—289页. 考古学报,1974年4期1—15页
法家沈括和他的科学成就. 柳树滋. 中国科学,1974年5期441—447页
沈括对我国古代测绘技术的贡献. 董鸿闻. 测绘通报,1975年1期10—12页
北宋时期的著名科学家——沈括. 史毅. 自然辩证法杂志,1975年1期180—190页
法家沈括在动物学上的贡献. 黄祝坚. 动物学杂志,1975年4期2—3页
沈括的革新思想和他在天文学上的成就. 黄永伟. 北京天文台台刊,1975年4期7—10页
沈括在皖南地区的活动. 刘尚恒. 安徽师范大学学报(哲学社会科学版),1975年4期75—78页
沈括生卒年问题的再探索——兼论《嘉定镇江志》引录《长兴集》逸文《自志》的真伪. 徐规. 杭州大学学报(哲学社会科学版),1977年3期94—97,106页
古人沈括谈化学. 开英. 求知(香港),1977年57期22—24页
沈括的天文研究(一)——刻漏和妥法. 李志超. 中国科学技术大学学报,1978年8卷1期9—14页
沈括和他的《梦溪笔谈》. 杨渭生. 杭州大学学报(哲学社会科学版),1978年2期139—155页
不需要为沈括锦上添花——万春圩并非沈括兴建小考. 邓广铭. 学术月刊,1979年1期60—64页
沈括的天文研究(二)日食和星度. 李志超. 中国科学技术大学学报,1980年10卷1期50—56页
《梦溪忘怀录》钩沉——沈存中佚著钩沉之一. 胡道静,吴佐忻. 杭州大学学报(哲学社会科学版),1981年1期40—55页
试论沈括的科学思想. 李志林. 江海学刊,1982年5期17—21页
关于沈括的生卒年——纪念沈括逝世890周年. 徐规. 史学月刊,1987年1期19—21页
沈括在古代物理学方面的贡献. 魏荣爵等. 中国科技史料,1987年8卷3期33—40页
沈括建梦溪园年代新考. 戴志恭,王重迁. 东南文化,1988年1期40—44,67页
试论沈括科学成就之社会环境. 王国忠. 科学、技术与辩证法,1988年1期52—58页
沈括前半生考略. 徐规,闻人军. 中国科技史料,1989年10卷3期30—38页
论沈括的科学创新精神. 乐爱国. 厦门大学学报(哲学社会科学版),1992年4期101—105页
沈括在自然地理学上的贡献. 褚绍唐. 自然杂志,1993年11、12合期74—77页

沈括建梦溪园年代新考补遗. 戴志恭，王重迁. 东南文化，1994 年 1 期 78—80 页
沈括对中国地学发展的贡献. 艾素珍. 文史知识，1995 年 9 期 36—38，16 页
稀世通才沈括成长道路的启示. 龚延明. 文史知识，1996 年 10 期 92—96 页
沈括与石油. 赵翰生. 自然科学史研究，1997 年 16 卷 1 期 69—76 页
沈括的自然科学成就与他的科学思想. 袁运开. 船史研究，1997 年 11、12 合期 171—192 页
苏东坡与四川"卓筒井". 张学君. 井盐史通讯，1984 年 1 期 66—70 页
苏轼科技活动简论. 庆振轩，车安宁. 甘肃社会科学，1993 年 2 期 109—112 页
毕昇——活字版印刷术的发明者. 王愚. 人物杂志，1947 年 2 期 58—59 页
活字板发明者毕昇卒年及地点试探. 胡道静. 文史哲，1957 年 7 期 61—63 页
毕昇身份及活字材料考辨. 吴式超. 南京大学学报(哲学社会科学版)，1985 年 1 期 114—117 页
毕昇墓地发现及相关问题研究. 吴晓松. 江汉考古，1994 年 2 期 86—90，85 页
毕昇墓地发现及相关问题初步探讨. 吴晓松. 中国科技史料，1994 年 15 卷 2 期 89—96 页
英山毕昇考. 曹之. 历史研究，1996 年 5 期 167—169 页
邹洪与襄阳的水转五磨——北宋农业加工机械的巨大进步. 郭正忠. 江汉论坛，1985 年 8 期 68—72 页
陈旉及其《农书》. 杨德泉. 江海学刊，1962 年 2 期 25—29 页
陈旉的农学思想. 范楚玉. 自然科学史研究，1991 年 10 卷 2 期 169—176 页
陈旉的农学理论和营农思想. 莫铭. 古今农业，1994 年 3 期 11—14 页
贾宪的数学成就. 郭书春. 自然辩证法通讯，1989 年 11 卷 1 期 53—61 页
李明仲(诫)补传. 朱启钤. 文字同盟，1928 年 18—20 合期 15—17 页
李明仲先生墓志铭. 中国营造学社汇刊，1930 年 1 卷 1 期 1—3 页
李明仲先生补传. 中国营造学社汇刊，1930 年 1 卷 1 期 4—6 页
宋徽宗与《大观茶论》. 施由民. 农业考古，1994 年 4 期 169—171，174 页
郑樵图学思想探述. 刘光明. 自然辩证法研究，1992 年 8 期 51—55 页
范成大的地理学成就. 杨文衡. 自然科学史研究，1988 年 7 卷 2 期 191—199 页
朱熹哲学与自然科学. 张之文. 孔子研究，1988 年 3 期 51—62 页
朱熹与科学. 羊涤生. 孔子研究，1992 年 1 期 58—64 页
朱熹的天文气象研究评述. 王成兴. 安徽大学学报(哲学社会科学版)，1997 年 4 期 57—63 页
金代河南名医张子和. 宋大仁. 史学月刊，1965 年 9 期 41—42 页
宋慈及其《洗冤集录》. 诸葛计. 历史研究，1979 年 4 期 87—94 页
宋代杰出的法医学家宋慈. 林永匡，朱家源. 西北大学学报(社会科学版)，1980 年 1 期 75—82 页
《永乐大典》有关宋慈的记载. 朱家源. 社会科学战线，1980 年 4 期 347—348 页
论宋慈与《洗冤集录》研究中的失误及原因. 管成学. 文献，1987 年 1 期 207—221 页
宋慈与中国古代司法检验体系评说. 廖育群. 自然科学史研究，1995 年 14 卷 4 期 374—380 页
中国医学妇产科学奠基者陈自明. 蔡景峰. 自然科学史研究，1987 年 6 卷 2 期 188—192 页
论窦默. 陈高华. 中国史研究，1995 年 2 期 116—125 页
魏岘的事迹和贡献. 闵宗殿. 古今农业，1996 年 4 期 62—68 页
中国南宋大数学家秦九韶——纪念"数书九章"成书 740 周年. 解延年. 数学通报，1987 年 8 期 44—46 页
秦九韶对数学的杰出贡献. 沈康身. 自然杂志，1989 年 1 期 52—56 页
关于秦九韶生平及其成就. 莫绍揆. 自然杂志，1989 年 1 期 57—63 页
回族先民扎马鲁丁的科学贡献. 薄树人. 科学，1986 年 38 卷 4 期 299—304 页
《全芳备祖》辑者陈景沂籍贯考证. 陈信玉. 中国农史，1991 年 1 期 106—107 页
宋代天文学家教育家陈普考略. 黄北文. 福建史志，1994 年 5 期 29—30 页
宋末郑所南和他的矿床思想. 刘昭民. 科学史通讯

(台北),1982年1期

贵州历史上的城建大师冉琎、冉璞.李云飞.贵州文史丛刊,1991年2期32—34页

耶律楚材之生卒年.陈垣.燕京学报,1930年8期1469—1472页

耶律楚材逝世七百年纪念.方豪.东方杂志,1943年39卷1期93—96页

耶律楚材评传.李慎仪.史学月刊,1981年4期20—25页

李冶李治辨.陈叔陶.史学集刊,1937年3期155—164页

李冶李治释疑.缪钺.东方杂志,1943年39卷16期41—42页

李冶在数学上的伟大成就.许莼舫.数学通报,1956年10期9—13页

十三世纪我国数学家李冶.李迪.数学通报,1979年3期26—28页

金元之际的著名学者——李冶.孔国平.自然辩证法通讯,1986年8卷5期57—63,9页

测圆理论的先驱——纪念李冶诞生八百周年.傅仲鹏.数学通报,1992年12期40—42页

简论许衡的科学史地位.劳汉生.内蒙古师大学报(哲学社会科学版),1990年1期122—124页

元世祖重农思想述论.王智兴,孙智萍.农业考古,1992年1期155—163,169页

王祯及其《农书》.朱活.文史哲,1961年2期17—24页

王祯的为人、政绩和《王祯农书》.缪启愉.农业考古,1990年2期326—335页

王祯农学思想略论.郭文韬.古今农业,1997年3期1—7页

我国杰出的少数民族水利家——赛典赤赡思丁.诸锡斌.科学、技术与辩证法,1989年1期49—50页

纳速拉丁与中国.李迪.中国科技史料,1990年11卷4期6—11页

元代著名天文学家郭守敬.齐学源.自然辩证法杂志,1976年3期212—220页

纪念我国天文历法学家郭守敬诞辰750周年.薄树人.中国科技史料,1981年2卷3期11—17页

郭守敬南海测量考.厉国青,钮仲勋.地理研究,1982年1卷1期79—84页

探索郭守敬的科学思想与方法.潘鼐.中国科学院上海天文台年刊,1982年4期335—344页

郭守敬(元).高兴春.河北学刊,1983年1期176页

论我国古代冬至时刻的测定及郭守敬等人的贡献.陈美东.自然科学史研究,1983年2卷1期51—60页

郭守敬与大都水利工程.苏天钧.自然科学史研究,1983年2卷1期66—71页

郭守敬在天文学上的创造.赵庄愚.大自然探索,1984年3卷1期175—178页

郭守敬的水利思想.陈瑞平.自然科学史研究,1984年3卷4期341—345页

《天文汇抄》星表与郭守敬的恒星观测工作.陈鹰.自然科学史研究,1986年5卷4期331—340页

郭守敬就学紫金山考.范玉琪.河北学刊,1987年1期49—52页

元代南海测验在林邑考——郭守敬未到中、西沙测量纬度.曾昭璇.历史研究,1990年5期136—137页

从算法系统的角度谈谈郭守敬废除积年日法的进步意义.曲安京.郭守敬研究,1993年6期23—33页

科学巨人郭守敬.樊善国.中国典籍与文化,1996年2期21—29页

十三世纪中国数学家王恂.白尚恕,李迪.香港大学中文系集刊(香港),1987年1卷2期233—248页

辨黄道婆.王重民.中国棉讯,1947年1卷7期82—83页

黄道婆与上海棉纺织业.张家驹.学术月刊,1958年8期32—34页

历史上黎汉民族团结友谊的光辉篇章——记我国著名女纺织技术革新家黄道婆向黎族人民学习棉纺织技术的事迹.施联朱,容观琼.中央民族学院学报,1977年4期21—27页

中国棉纺织技术革新的鼻祖黄道婆.顾延培.农业考古,1983年2期256—257页

黄道婆的时代和遭遇探索.胡道静.农业考古,1992年3期119—121页

关于黄道婆(13世纪)的传说:从纺织专家到种艺英雄.(德)库恩 撰.胡萍 译.农业考古,1992年3期122—125页

关于黄道婆生平业绩问题的思考.容观琼.中南民族学院学报(哲学社会科学版),1994年2期52—57页

元代水利家任仁发.施一揆.江海学刊,1962年10期45—46页

杨辉与数学教育.孙宏安.数学通报,1995年12期38—39页

朱世杰与"四元术".孙宏安.数学通报,1997年2期45—47页

元代大法医学家王与.杨奉琨.复旦学报(社会科学版),1984年6期107—108页

元代大法医学家王与生平著述考略.杨奉琨.浙江学刊,1985年2期119—121页

维吾尔族农学家鲁明善.阎崇年.中央民族学院学报,1978年2期50,19页

中国地理学家朱思本传略.(日)内藤虎次郎 著.郑师许 译.科学月刊,1931年3卷2期89—101页

地理学家朱思本.(日)内滕虎次郎 著.吴晗 译.国立北平图书馆馆刊,1933年7卷2期11—22页

文学家兼地理学家的元代道士朱思本.王树林.中国典籍与文化,1996年2期47—53页

赵友钦对中国古代光度学的贡献.李鹏举.物理,1985年8期505—507页

元代江西籍铸镜师何德正及其作品.陈定荣.南方文物,1992年1期106—107,105页

元代匠师刘庭秀及其建筑考察.张家泰.中原文物,1981年2期43—46页

元代回回政治家兼学者赡思.马启成.中央民族学院学报,1985年1期61—63页

明

刘基和他的《多能鄙事》.董光璧.中国科技史料,1981年2卷2期100—101页

浅析朱元璋的农本思想和重农政策.叶依能.古今农业,1991年3期21—27页

焦玉的真实身份和他的《火攻书》.成东.中国科技史料,1984年5卷1期73—78页

朱橚和他的《救荒本草》.罗桂环.自然科学史研究,1985年4卷2期189—194页

朱橚生年有史可考.马怀云.中州学刊,1988年6期133页

试论朱橚的科学成就.马万明.史学月刊,1995年3期36—41页

明代制墨名家程君房及其《墨苑》.蔡鸿茹.文物,1985年3期33—35页

王景弘简论.陈琦.海交史研究,1987年1期91—95页

八次下西洋的王景弘.徐晓望.海交史研究,1995年2期23—26页

"郑和下西洋"的一个重要史实探讨.陈有和.南开学报(哲学社会科学版),1980年4期74—76页

寺田隆信谈郑和研究的几个问题.千里.中国社会经济史研究,1982年3期115—116页

郑和下西洋与哥伦布远航之比较.周积明.江汉论坛,1983年4期77—81页

论郑和下西洋.郑鹤声,郑一钧.海交史研究,1983年5期11—31页

关于郑和七下西洋.朱伯康.复旦学报(哲学社会科学版),1984年3期104—107页

郑和永乐三年始行西洋无误.张崇根.史学月刊,1984年3期105—106页

明初对外政策和郑和下西洋.洪焕椿.南京大学学报(哲学社会科学版),1984年4期110—118页

郑和先世与郑和.邱树森.南京大学学报(哲学社会科学版),1984年4期119—128页

郑和下西洋动因初探.范金民.南京大学学报(哲学社会科学版),1984年4期129—135页

明初的物质文明与郑和下西洋.张华.南京大学学报(哲学社会科学版),1984年4期136—143页

郑和是我国开辟横渡印度洋航线的第一个人吗?.孙光圻.海交史研究,1984年6期22—31页

郑和家世及其墓葬考略.王引.海交史研究,1985年1期70—72页

三保太监郑和对我国的贡献以及他的家世渊源和后嗣近况.李士厚.云南文史丛刊,1985年2期126页

郑和幼年流落镇南说——南华发现有关郑和姓郑的记载.杨春茂.云南文史丛刊,1987年2期122—124,65页

郑和——中国东南海洋文化的先驱.庄为玑.东南文化,1988年1期45—48页

《明史·郑和传》对郑和事迹的记录.郑铁巨.中南民族学院学报(哲学社会科学版),1989年5期75—80页

《郑和故里和姓氏由来新说》质疑.徐克明.云南文史

丛刊,1991年2期111—113页
世界航海先驱郑和与西方诸航海家的比较.席龙飞.海交史研究,1992年2期1—12页
郑和生卒年及赐姓小考.谢方.海交史研究,1994年1期56—60页
郑和下西洋对我国海洋地理学的贡献.郑一钧,李成治.传统文化与现代化,1994年1期58—66页
郑和下西洋次数献疑.王玉德.福建论坛(文史哲),1995年1期36—37页
重温《故马公墓志铭》与孙云南先生讨论关于郑和生卒之年与家世.徐克明.郑和研究,1997年4期31—32页
明代药物学家和音韵学家蓝茂及其著述考.王宏凯.文献,1987年4期227—239页
北京故宫建筑的奠基人——蒯祥.孙鹄.古建园林技术,1993年4期45,63页
薛凤翔及其《牡丹史》.潘法连.中国农史,1986年4期45—53页
贝琳与《七政推步》.陈久金.宁夏社会科学,1991年1期26—31页
从现代视觉认知过程观点探讨王阳明的宇宙观.王守益,王慧琴.清华学报(台北),1992年22卷1期65—85页
明代茶文化专家顾元庆.曹国庆.农业考古,1993年2期250—252页
沈啓与《南船纪》.周世德.中国科技史料,1993年14卷1期14—20页
试论李时珍及其在科学上的成就.蔡景峰.科学史集刊,1964年7期63—80页
李时珍和《本草纲目》.史毅.自然辩证法杂志,1974年3期221—228页
李时珍和他的《本草纲目》.胡世林.科学通报,1975年20卷2期57—61页
李时珍光辉的一生.郭新.求知(香港),1975年12期16—17页
明代李时珍在我国古代地质学上的贡献.刘昭民.科学史通讯,1983年2期
李时珍与西洋医学.彭兴.社会科学(甘肃),1983年6期82—83页
伟大医药学家李时珍和《本草纲目》.宋大仁.自然杂志,1983年12期933—936页
李时珍的科学思想和方法——纪念李时珍逝世390周年.蔡景峰.自然杂志,1983年12期937—938,936页
名医李时珍及其本草纲目.吴哲夫.故宫文物月刊(台北),1985年3卷3期122—127页
李时珍分类思想研究.胡良文.辽宁大学学报(哲学社会科学版),1991年6期30—32页
药物学家之王——李时珍.(英)李约瑟 著.潘吉星译.大自然探索,1993年12卷2期100—105页
马一龙与《农说》.桑润生.农业考古,1981年2期154—155页
潘季驯治黄主张之分析与讨论.张广仁.清华周刊,1936年45卷3期50—53页
论徐杲——兼及明代的"匠官".陈绍棣.史学月刊,1984年2期36—39页
赵士桢——明代杰出的火器研制家.洪震寰.自然科学史研究,1983年2卷1期89—96页
赵士桢及其《神器谱》初探.杜婉言.中国史研究,1985年4期59—73页
明徐贞明对发展河北农田水利的贡献.陈家麟.河北学刊,1985年5期81—84页
明代京畿地区治水营田的一次实践——徐贞明及其《潞水客谈》.王永厚.中国农史,1993年3期71—74页
明代音乐家朱载堉,陆敏.安徽史学,1960年2期65—68页
朱载堉之历学.陈万鼐.华冈文科学报(台北),1981年13期89—113页
朱载堉算学之研究.陈万鼐.华冈文科学报(台北),1982年14期45—69页
朱载堉及其对音律学的贡献——纪念朱载堉创建十二平均律四百周年.戴念祖.自然科学史研究,1984年3卷4期304—315页
明代大乐律学家朱载堉的数学工作.戴念祖.自然科学史研究,1986年5卷2期113—119页
朱载堉及其平均律——纪念朱载堉诞生450周年.戴念祖.物理,1986年5期319—322页
明代的科学家和艺术家朱载堉. 戴念祖.自然辩证法通讯,1986年8卷6期37—42页
朱载堉著述考.范凤书.文献,1987年2期204—208页
朱载堉卒日考.戴念祖.自然科学史研究,1987年6卷3期203—205页
朱载堉的生平和著作.戴念祖.中国科技史料,1987年8卷5期41—44,51页

朱载堉生平事略若干问题的探讨——兼论《郑端清世子赐葬神道碑》的史料价值.王兴亚.郑州大学学报(哲学社会科学版),1987年6期105—113页
一颗曾被湮没的文化巨星——明代音乐家和科学家朱载堉.郭孟良.南都学坛,1988年1期28—32页
科学家、艺术家、王子——朱载堉.戴念祖.科学,1988年1期48—53页
朱载堉创立十二平均律的理论探析——试论朱载堉所构建的公理体系.徐飞.大自然探索,1997年16卷1期117—121页
龚廷贤与中日医学交流.史世勤.中国科技史料,1993年14卷1期21—28页
论王士性的地理学成就.杨文衡.自然科学史研究,1990年9卷1期91—97页
王士性及其《广志绎》.徐建春.杭州大学学报(哲学社会科学版),1990年3期51—53页
王士性的家世及其他.梁光军.浙江学刊,1994年1期128—129页.东南文化,1994年2期230—232页
王士性的地理学思想及其影响.周振鹤.东南文化,1994年2期225—229页
王士性与王氏家族闻人述略.丁式贤.东南文化,1994年2期233—235页
王士性研究三题.徐建春.浙江学刊,1994年4期113—119页
瞿汝夔(太素)家世与生平考.黄一农.大陆杂志(台北),1994年89卷5期8—10页
瞿太系的家世、信仰及其在中西文化交流中的作用.沈定平.中国史研究,1997年1期135—146页
明代梅毒学家陈司成及其学术贡献.赵石麟.中国科技史料,1991年12卷2期29—34页
明代地理学家王嘉谟和他的《北山游记》.于希贤.自然科学史研究,1988年7卷4期383—386页
邢云路辨大统历之失.观象丛报,1919年4卷12期17—24页,5卷1期11—15页
徐光启传.黄节.国粹学报,1906年2卷7期史篇7—11页.圣教杂志,1934年23卷6期327—331页
徐光启著述考略.徐景贤.新月,1928年1卷8期1—14页
书徐文定公事.徐景贤.圣教杂志,1931年20卷7期401—410页
划时代的徐文定公.陈展云.宇宙,1933年4卷8期136—146页.圣教杂志,1934年23卷6期364—369页
追念徐文定介绍西学之功.蔡元培.宇宙,1933年8期125—126页
纪念明末先哲徐文定公.竺可桢.宇宙,1933年4卷8期133—136页.国风,1934年4卷1期1—2页.圣教杂志,1934年23卷6期362—364页
徐文定公与中国科学.马相伯.科学,1933年17卷11期1808—1809页.国风,1934年4卷1期10页.圣教杂志,1934年23卷7期414—415页
奉教阁老的传略.徐宗泽.圣教杂志,1933年22卷11期9—19页
奉教阁老与科学.徐宗泽.圣教杂志,1933年22卷11期58—63页
现代中国文化之前驱徐光启.裴司铎 著.赵石经 译.圣教杂志,1933年22卷11期63—70页
奉教阁老著作的存佚.徐宗泽.圣教杂志,1933年22卷11期87—91页
徐光启与利玛窦.丁宗杰.国风,1934年4卷1期11—15页.圣教杂志,1933年22卷11期52—57页
奉教阁老的著作.徐景贤.圣教杂志,1933年22卷11期77—87页.国风,1934年4卷1期16—24页
明贤徐文定公年谱初编.徐景贤.学风,1934年4卷5期1—20页,6期21—36页
近代科学先驱徐光启.竺可桢.圣教杂志,1934年23卷6期332—342页.交大季刊,1934年14期97—106页.申报月刊,1934年3卷3号73—78页
徐光启行略.柏应理 撰.张星曜 编次.圣教杂志,1934年23卷6期322—327页
徐氏家谱文定公传.圣教杂志,1934年23卷7期418—424页
徐氏家谱文定公传.查继佐.圣教杂志,1934年23卷7期424—427页
徐文定公奏议四表叙.徐景贤.圣教杂志,1934年23卷7期409—414页
徐光启对中国近代教育之贡献.徐景贤,严肃.圣教杂志,1934年23卷7期402—407页
徐光启.陆徵祥.新北辰,1935年1卷2期137—150页
徐光启.江苏研究,1935年1卷4期6—7页
徐光启氏水利学说在西北垦荒之效用.王灿如.新北辰,1935年12期1213—1220页

徐文定公之科学观.徐宗泽.圣教杂志,1936年25卷10期578—582页

明代倡导科学的宰相徐光启.王愚.人物杂志,1948年1期18—20页

《农政全书》的作者、时代和特点.刘毓瑔.江海学刊,1961年5期9—14,8页

论徐光启《除蝗疏》.邹树文.科学史集刊,1963年6期46—52页

徐光启研究农学历程的探索.胡道静.历史研究,1980年6期117—134页

徐光启与西方科学.施宣圆.农业考古,1982年1期174—179,80页

徐光启与培根.吴德铎.复旦学报(社会科学版),1982年2期109—110页

毕生献身科学的徐光启.吴德铎.自然杂志,1982年3期202—206页

谈徐光启图像问题答杨振宁教授.牟润孙.明报月刊(香港),1983年18卷2期75页

徐光启的农政思想——纪念徐光启逝世三百五十周年.李长年.中国农史,1983年3期1—8页

试论徐光启在农学上的重要贡献.郭文韬.中国农史,1983年3期19—31页

试论徐光启的治水营田见解.缪启愉.中国农史,1983年3期32—39页

徐光启与风土说.李凤岐.中国农史,1983年3期40—47页

徐玄扈《甘薯疏》辑校.朱洪涛.中国农史,1983年3期60—70页

徐光启的《甘薯疏》.王国忠.中国农史,1983年3期71—74页

试论徐光启的宗教信仰与西学输入者的理想.吴德铎.社会科学战线,1983年4期46—55页

徐光启著译新考.王庆余.学术月刊,1983年10期45—48,72页

徐光启的科学思想.施宣圆.史学月刊,1983年5期34—38页

徐光启对地磁学的贡献.王庆余.自然杂志,1984年1期65—66页

徐光启研究著作、论文索引.王福康,徐小蛮.中国科技史料,1984年5卷2期95—112页

论徐光启引进西方科技中几个问题.王庆余.苏州大学学报(哲学社会科学版),1985年2期92—96页

关于徐光启制造望远镜问题.李迪.自然科学史研究,1987年6卷4期372—375页

论徐光启的史学观.赵毅.史学集刊,1988年2期9—15页

徐光启的科学思想.董英哲.西北大学学报(自然科学版),1988年18卷2期101—109页

科学的创造者与文化的迷失者——徐光启历史角色新探.朱亚宗.自然辩证法通讯,1990年12卷2期62—64页

学习西方自然科学的先驱者徐光启.张友文.文史知识,1990年9期80—85页

徐光启科学思想的基本特征.于化民.东岳论丛,1991年1期39—46页

徐光启与盐业.朱义仁.盐业史研究,1992年2期37—38页

徐光启引进和仿制西洋火器述论.张显清.文化杂志(中文版)(澳门),1993年13、14期合刊本49—61页

徐光启对发展我国农学的贡献.闵宗殿.农业考古,1994年1期152—158页

李之藻传.陈垣.国学,1926年1卷3期1—9页

明代开教名贤之一——李我存先生传略.陈援庵.我存杂志,1933年1卷1期36—44页

李之藻与水利.我存杂志,1934年2卷1期47页

李我存先生故事.徐景贤,杨堤.我存杂志,1937年5卷5期268—271页

李之藻辑刻天学初函考——李之藻诞生四百年纪念论文之一.方豪.华冈学报(台北),1965年2期177—197页

李之藻著述考——李之藻诞生四百年纪念.方豪.大陆杂志(台北),1965年31卷6期1—5页

求索东西天地间——李之藻由儒入耶的道路.梁元生.九州学刊(香港),1988年3卷1期1—14页

有关李之藻制作地球仪的史料.曹婉如,何绍庚.中国科技史料,1991年12卷4期85—87页

泾阳王征传.陈垣.国立北平图书馆馆刊,1934年8卷6期13—15页.真理杂志,1944年1卷2期123—214页

最近发现王征遗文记略.方豪.圣教杂志,1936年25卷3期148—151页

读明末泾阳王征所著额辣济亚牖造诸器图说自记手稿录后.存叜.西北论衡,1941年9卷7期65—68页.真理杂志,1944年1卷2期229—232页

王征与我国第一部机械工程学.刘仙洲.真理杂志,

1944年1卷2期215—224页.机械工程学报,1958年6卷3期148—162页

王征与所译奇器图说.惠泽霖(H. Verhaeren)著.景明译.上智编译馆馆刊,1947年2卷1期26—33页

王征先生简谱.宋伯胤.上智编译馆馆刊,1948年3卷2期68—77页,3、4合期141—144页

王征所制奇器辑佚.李宣义.上智编译馆馆刊,1948年3卷3、4合期139—141页

王征的"天学"与"儒学".宋伯胤.上智编译馆馆刊,1948年3卷6期238—245页

明代科学家王徵和他的《远西奇器图记》.罗澍伟.中国科技史料,1983年4卷3期92—95页

我国明代引进西方力学的先驱者——王征.姚远.西北大学学报(自然科学版),1985年15卷2期103—113页

题王徵《两理略》残本.宋伯胤.文献,1984年21辑92—100页

明代杰出机械学家王徵论评.张中政.社会科学战线,1994年1期150—155页

明泾阳王徵先生行实述评.张中政.史学集刊,1994年4期70—74,50页

明代江西籍畜牧兽医管理专家——杨时乔.张泉鑫.农业考古,1993年3期319—320页

耿桔和《常熟县水利全书》.张芳.中国农史,1985年3期64—73页

记明代造园学家计成氏.陈植.东方杂志,1944年40卷16期34—36页

计成和《园冶》.余树勋.园艺学报,1963年2卷1期59—68页

明代冯可宾与熊明遇论罗岕茶及其它.施由民.农业考古,1994年2期250—251页

中国伟大旅行家徐霞客.方肖矩.东方杂志,1945年41卷9期36—48页

徐霞客佚文考.万斯年.图书季刊,1948年新9卷1、2合期12—22页

徐霞客及其遗迹.江苏省文物管理委员会.文物,1962年3期55—56页

徐霞客及其游记.吴应寿.复旦学报(社会科学版),1979年5期90—96页

徐霞客和《徐霞客游记》.侯仁之.社会科学战线,1980年1期173—180页

徐霞客的地理学方法.褚绍唐.科学史集刊,1982年10期74—81页

地理学家徐霞客及其贡献.徐兆奎.自然科学史研究,1983年2卷4期330—337页

明代伟大的地理学家徐霞客.于希贤.自然辩证法通讯,1983年5卷1期62—72页

徐霞客戊寅夏季的游历路线.周庚鑫.贵州文史丛刊,1984年1期37—42页

徐霞客曾否游川质疑.褚绍唐.华东师范大学学报(哲学社会科学版),1984年2期90—92,85页

徐霞客和他的植物考察.杨文衡.植物杂志,1984年3期40—41页

以身许山水的人——地理学家徐霞客.黄锡之.文史知识,1984年3期100—105页

徐霞客桂东南游程踏勘记.周宁霞,刘英.中国科技史料,1984年5卷4期4—14页

徐霞客和他的游记.金用.书林,1984年5期44—45页

论徐霞客关于中国山脉系统的研究.秦子卿.江海学刊,1984年6期111—112,110页

有关徐霞客的两个问题.杨文衡,唐锡仁.自然科学史研究,1985年4卷2期163—167页

徐霞客在陕西华山一带的地理考察活动.马乃喜.西北大学学报(自然科学版),1985年15卷3期88—92页

关于徐霞客生年问题.张屯,徐俊良.江海学刊(文史哲版),1985年6期77页

论徐霞客对西南喀斯特研究的贡献.缪钟灵.地理研究,1986年4期18—23页

徐霞客《溯江纪源》在地理科学上的贡献与影响.孙仲明.地理科学,1986年1期64—69页

徐霞客与《徐霞客游记》.鞠继武.地理研究,1986年4期12—16页

徐霞客和《徐霞客游记》.吴迪.自然杂志,1987年1期13—16页

徐霞客和他的游记散文.闻璐.辽宁大学学报(哲学社会科学版),1987年1期73—75页

徐霞客对我国喀斯特地形研究的贡献.曾昭璇.自然杂志,1987年1期17—24页

谈徐霞客探珠江源.郑祖荣.云南文史丛刊,1987年2期126—129页

徐霞客与《徐霞客游记》.朱新轩.科学,1987年4期313—314页

明末卓越的旅行家和地理学家徐霞客.唐锡仁.中国

科技史料,1987年8卷6期33—38页

徐霞客在聚落地理学研究方面的贡献.吴金山.南京大学学报(自然科学版)(地理学专辑),1987年总8期231—237页

徐霞客籍贯考.吕锡生.学术月刊,1987年4期70—72页

徐霞客旅行方法研究.郑祖安.史林,1988年2期57—64页

徐霞客对自然旅行资源的考察研究.徐建春.浙江学刊,1988年2期120—125页

从统计数字中看徐霞客的成就.杨文衡.自然杂志,1988年9期696—698页

徐霞客在国土考察和地理学上的主要成就.褚绍唐.自然杂志,1988年9期699—701页

谈徐霞客的研究方法.唐锡仁.自然杂志,1988年9期702—704页

徐霞客探长江源.朱惠荣.历史地理,1990年第9辑294—298页

徐霞客及《徐霞客游记》.吕锡生.文史知识,1990年11期26—30页

徐霞客是长江正源的发现者——谭其骧对丁文江辨正之辨正.朱亚宗.自然科学史研究,1991年10卷2期182—185页

徐霞客贵阳日记简略原因的探讨.李大光.贵州文史丛刊,1991年1期39—44页

发现长江正源的第一人当为徐霞客.朱亚宗.自然杂志,1991年10期783—785页

徐霞客闽行游踪及科学考察拾记.乐爱国.福建史志,1992年2期61—63页

徐霞客旅行研究二题.郑祖安.史林,1992年4期9—14,25页

徐霞客与"李约瑟难题".蒋明宏.浙江学刊,1992年4期96—98页

徐霞客:科学主义的奇人.朱亚宗.自然辩证法研究,1994年3期41—47页

伟大的时代先驱徐霞客.朱惠荣.思想战线,1995年2期24—29页

徐霞客的地理学思想及其未来意义.李晓岑.自然辩证法通讯,1995年17卷3期42—47,41页

徐霞客地理哲学思想述评.白屯.自然辩证法研究,1995年11卷7期46—51页

徐霞客旅行路线研究献疑(二题).蒋明宏.文博,1995年2期101—103页

试论徐霞客的叛逆精神.王圣宝.安徽师大学报(哲学社会科学版),1997年2期265—272页

徐霞客北游、川游问题新识.蒋明宏.华东师范大学学报(哲学社会科学版),1997年4期52—54页

徐霞客《鸡山志》是云南最杰出的山川志.卢永康.云南师范大学学报(哲学社会科学版),1997年5期32—37页

宋应星的尊法反儒思想和科学成就——兼评《天工开物》.中山大学第三期自然辩证法学习班.中山大学学报(哲学社会科学版),1975年4期59—66页.中山大学学报(自然科学版),1975年2期18—27页

宋应星的唯物主义自然学说和对明末的社会批判——读新发现的宋应星佚著四种.邱汉生,邱峰.文物,1975年12期14—25页

论宋应星的思想.何兆武.中国史研究,1979年1期149—160页

宋应星在化学方面的贡献.李迪.内蒙古师院学报(自然科学版),1982年2期68—76页

宋应星的《论气》及其在声学上的成就.张瑞琨,朱新轩.华东师范大学学报(自然科学版),1982年2期113—114页

宋应星及其天工开物.吴哲夫.故宫文物月刊(台北),1985年3卷6期106—111页

"宋学"的发现、发展和前途.胡道静.农业考古,1987年1期313—316页

宋应星生平及其农业思想.王咨臣.农业考古,1987年1期326—333页

宋应星在总结蚕业科技上的贡献.蒋猷龙.农业考古,1987年1期347—353页

宋应星与《天工开物》.金延.科学,1987年4期312—313页

宋应星与《天工开物》.赵承泽,何堂坤.中国科技史料,1987年8卷6期28—32页

宋应星世系考.徐仲济.东南文化,1988年2期90—93页

论宋应星的科学思想.周济,孙飞行.厦门大学学报(哲学社会科学版),1988年3期131—136,124页

论宋应星科学思想的特色.李志林.浙江学刊,1990年1期70—73页

晚明社会思潮与宋应星的科学思想.邢兆良.孔子研究,1990年2期75—83页

张国维和《农政全书》.游修龄.古今农业,1995年2

期 67—69 页
杨光先述论.陈静.清史研究,1996 年 2 期 78—87 页
十七世纪流寓日本的中国名医陈明德事迹.潘吉星.中国科技史料,1990 年 11 卷 1 期 26—29 页
崇祯皇帝与西方科技.李明伟.辽宁大学学报(哲学社会科学版),1986 年 2 期 73 页
薄珏及其千里镜.王士平等.中国科技史料,1997 年 18 卷 3 期 26—30 页
黄宗羲的科学研究.杨小明.中国科技史料,1997 年 18 卷 4 期 20—27 页
二百六十年前理学大家方以智传.公侠.理学杂志,1906 年 2 期历史 1—12 页.1907 年 3 期历史 13—25 页
方密之先生之科学精神及《物理小识》.方竑.国立中央大学文艺丛刊,1934 年 1 卷 2 期 179—199 页
方以智(一六?? —— 一六七一).学风,1935 年 5 卷 3 期 14—17 页
方以智在我国古代物理学上的贡献.汪世清.物理,1978 年 7 卷 3 期 187—190 页
方以智墓葬考证.杨正明.安徽史学,1984 年 5 期 63,72 页
关于方以智和中国传统哲学思想的讨论.杨向奎,冒怀辛.历史研究,1985 年 1 期 33—60 页
方以智和科学哲学思想及其意义.李亚宁.大自然探索,1985 年 4 卷 1 期 181—184 页
我国明末清初杰出的思想家——方以智.窦育男.西北大学学报(自然科学版),1989 年 19 卷 1 期 110—111 页
方以智自然观刍议.关增建.郑州大学学报(哲学社会科学版),1991 年 3 期 86—89 页
方以智对中西文化的比较.陈卫平.江淮论坛,1993 年 2 期 70—76 页
方以智的唯物论思想辨析.王步贵.甘肃社会科学,1994 年 2 期 31—36 页
方以智"通几"与"质测"管窥.关增建.郑州大学学报(哲学社会科学版),1995 年 1 期 11—14 页
王夫之的物质和运动不灭原理.北京师范学院物理系自然辩证法学习小组.物理,1975 年 3 期 177—180,185 页
王船山的宇宙观.许冠三.香港中文大学中国文化研究所学报(香港),1979 年 10 卷上册 161—194 页
王船山天文学思想管窥.吕锡琛.船山学报,1989 年 2 期 63—70 页
王船山贫乏的天文知识及其追求实证的时代倾向.萧汉明.船山学报,1995 年 1 期 34—53 页
王船山学术思想在港、台、海外的传播.罗锡冬.船山学报,1995 年 1 期 72—80 页
孙兰的地理学贡献.韩光辉.自然科学史研究,1992 年 3 期 251—260 页
论吕留良.杨向奎.史学月刊,1984 年 4 期 43—50 页
吕留良著作考.李裕民.浙江学刊,1993 年 4 期 97—100 页
隶首新传——纪念明代数学家程大位逝世三百八十周年.黄淑,郁祖权.数学通报,1986 年 1 期 39—41 页
程大位及《算法统宗》新探.金萍,丁祖荣.西北大学学报(自然科学版),1995 年 25 卷 2 期 91—94 页
晚明夏之臣及其"忽变"说.姚德昌.自然科学史研究,1987 年 3 期 238—242 页
周述学在计时器方面的贡献.白尚恕,李迪.自然科学史研究,1984 年 3 卷 2 期 138—144 页
明代刘大夏的治河与黄河改道.吴缉华.幼狮学报(台北),1960.1 卷 2 期 1—16 页

清

清初火器发明家戴梓.张文才.文史知识,1987 年 7 期 87—92 页
清代火器制造家:戴梓.李鸿彬.社会科学辑刊,1991 年 2 期 107—109 页
清初山东科学家薛凤祚.袁兆桐.中国科技史料,1984 年 5 卷 2 期 88—92 页
揭暄在物理学上的贡献.李迪.自然杂志,1979 年 2 卷 3 期 184—185,188 页
揭暄对天体自转的认识——兼论揭氏在清代天文学史上的重要地位.石云里.自然辩证法通讯,1995 年 17 卷 1 期 53—57,52 页
黄黎洲的地学著述.赵九成.禹贡半月刊,1936 年 5 卷 12 期 25—33 页
宫廷建筑巧匠——"样式雷".单士元.建筑学报,

1963年2期22—23页
样式雷和烫样.蒋博光.古建园林技术,1993年1期45—47,14页
"样式雷"世家新证.王其亨,项惠泉.故宫博物院院刊,1987年2期52—57页
样式雷及样式雷图.苏品红.文献,1993年2期214—225页
清初数学家李子金.高宏林.中国科技史料,1990年11卷1期30—34页
清初光学仪器制造家孙云球.王锦光.科学史集刊,1963年5期58—62页
试论王锡阐的天文工作.席泽宗.科学史集刊,1963年6期53—65页
王锡阐及其《晓庵新法》.江晓原.中国科技史料,1986年7卷6期48—51,61页
王锡阐的生平、思想和天文学活动.江晓原.自然辩证法通讯,1989年11卷4期53—62页
王锡阐年谱.薛斌.中国科技史料,1997年18卷4期28—36页
论屈大均在广东农业文化史上的贡献.彭世奖.中国科技史料,1997年18卷1期29—37页
靳辅治河始末.侯仁之.史学年报,1936年2卷3期43—88页
梅定九先生传.观象丛报,1915年1卷1期79—82页
梅定九学历说.观象丛报,1915年1卷6期25—29页
梅文鼎年谱.李俨.清华学报,1925年2卷2期609—634页
三百年前之算学大家——梅定九先生.龚颠波.学风,1930年1卷2期7—13期
梅勿庵先生年谱.钱宝琮.国立浙江大学季刊,1932年1卷1期11—44页
梅定九年谱.商鸿逵.中法大学月刊,1932年2卷1期19—42页
梅文鼎(一六三三—— 一七二一).学风,1935年5卷3期17—18页
梅文鼎与耶稣会士之关系.郭慕天.上智编译馆馆刊,1948年3卷6期233—235页
梅文鼎在立体几何上的几点创见.沈康身.杭州大学学报(自然科学版),1962年1期1—6页
梅文鼎的历算学.陈嘉欣.文艺复兴(台北),1970年1卷10期35—36页
清初历算家梅文鼎.王萍.中央研究院近代史研究所集刊(台北),1971年2期313—324页
梅文鼎对西方历算学的态度.梁庚尧.食货月刊复刊(台北),1977年7卷1、2期62—73页
清初历算大师梅文鼎.刘钝.自然辩证法通讯,1986年8卷1期52—64页
梅文鼎对西方历算学的态度.杨石隐.东方杂志(台北),1989年23卷1期19—28页
梅文鼎和清代畴人.胡炳生.中国科技史料,1989年10卷2期12—19页
梅文鼎的数学和天文学工作.严敦杰.自然科学史研究,1989年8卷2期99—107页
梅文鼎的中西文化观.汤奇学.东南文化,1991年2期285—288页
陈潢——清代杰出的治河专家.侯仁之.科学史集刊,1959年2期73—79页
蒲松龄及其农学著作.俞荣梁.中国农史,1984年4期105—110页
梁份与《秦边纪略》.韩光辉.自然科学史研究,1989年4期387—392页
李光地与历算大师梅文鼎的交谊.乐爱国.福建史志,1992年6期52—54,41页
试论李光地的中国传统天文学.贺威.自然科学史研究,1995年14卷3期205—214页
君主和布衣之间:李光地在康熙时代的活动及其对科学的影响.韩琦.清华学报(台北),1996年26卷4期421—445页
清代的钟表大师徐朝俊及其《自鸣钟表图法》.陈祖维.中国科技史料,1987年1期43—45,58页
清代满族水利专家齐苏勒.冯立升.中国科技史料,1991年3期31—37页
清初地理学家刘献廷及其学术思想.王祥珩.地理科学,1985年3期254—258页
张鹏翮治河初探.王永谦.中国历史博物馆馆刊,1992年18、19合期156—169,188页
刘应棠和《梭山农谱》.王永厚.农业考古,1984年1期292—293页
古代藏医学卓越的开拓者——第司·桑杰嘉措.李鼎兰.西藏研究,1987年3期91—94页
康熙的医学与养生之道.闻性真.故宫博物院院刊,1981年3期3—11页
康熙与数学.闻性真.北方论丛,1982年2期106—110页

康熙提倡推广的是种人痘不是牛痘——对《康熙的医学与养生之道》一文的一点更正.傅维康.故宫博物院院刊,1982年2期44页
康熙与治河.暴鸿昌.北方论丛,1982年5期29—32页
康熙与农业.闻性真.故宫博物院院刊,1983年1期20—30页
康熙治河.李国梁.史学月刊,1983年3期92—93页
康熙与自然科学.郭永芳.自然辩证法通讯,1983年5卷5期50—58页
康熙帝与西洋科学.潘吉星.自然科学史研究,1984年3卷2期177—188页
康熙与永定河.丁进军.史学月刊,1987年6期33—42页
康熙与自然科学.姚会元.北方文物,1988年4期74—75,81页
康熙帝恢复和发展农业生产的措施.孙智萍,王智兴.中国农史,1989年4期23—28页
论康熙对自然灾害的预防与治理.张天周.中州学刊,1991年3期115—118,71页
康熙皇帝的晚年.王宏钧.中国历史博物馆馆刊,1993年1期72—82,103页
康熙和在华西洋传教士的科学技术活动.晏路.满族研究,1993年3期17—25页
康熙皇帝和他身边的法国耶稣会士.朱静.复旦学报(社会科学版),1994年3期108—112页
关于康熙与西方科学——杨振宁教授《近代科学进入中国的回顾与前瞻》的一点补充.千家驹.明报月刊(香港),1993年28卷12期68—69页
康熙治理黄、淮、运对农业发展的影响.任重.中国农史,1997年16卷1期32—38页
我国十七世纪青年科技家黄履庄.王锦光.杭州大学学报(物理专号),1960年1期1—5页
杨光先著述论略.黄一农.书目季刊(台北),1990年23卷4期3—21页
杨光先与康熙朝"历案"——兼谈明清人士对待外来文化的传统心态.邓建华.社会科学辑刊,1993年4期101—104页
杨燝南——最后一位疏告西方天文学的保守知识分子.黄一农.汉学研究(台北),1991年9卷1期229—245页
清初舆地学家黄仪传.夏定域.国立浙江大学学院集刊,1941年1集114—123页
陈石麟与《鹌鹑谱》.张帆.农业考古,1991年3期346页
图理琛与《异域录》.唐锡仁.科学史集刊,1982年10期87—92页
唐英及其助手的制瓷成就.叶佩兰.故宫博物院院刊,1992年2期18—22页
两件流失海外的唐英铭款青花烛台.刘炜.故宫博物院院刊,1992年2期31—33,22页
杨屾与《豳风广义》.李鸿彬.中国农史,1987年3期101—103页
蒙古族科学家明安图(初稿).史筠.内蒙古大学学报(社会科学版),1963年1期53—88页
明安图在钦天监五十余年工作记略.史筠.内蒙古大学学报(社会科学版),1963年1期89—101页
明安图是卡塔兰数的首创者.罗见今.内蒙古大学学报(自然科学版),1988年2期239—244页
清代热心水利的陈宏谋.张芳.中国科技史料,1993年14卷3期27—33页
陈张翼与《广东农谱》.吴建新.中国农史,1986年2期134—135页
乾隆皇帝和海塘.张芳.中国农史,1990年1期75—80页
乾隆南巡与治河.徐凯,商全.北京大学学报(哲学社会科学版),1990年6期99—109页
乾隆推广番薯——兼说陈世元晚年之贡献.姜纬堂.古今农业,1993年4期32—35页
清代民间兽医专家傅述凤和《养耕集》.杨宏道.农业考古,1982年2期189—190页
赵学敏及其《凤仙谱》的科学成就.魏露苓.中国科技史料,1996年17卷1期56—62页
戴震算学天文著作考.钱宝琮.国立浙江大学科学报告,1934年1卷1期1—21页
戴东原治学简述(附著述简目).萧新祺.古藉整理研究学刊,1987年2期42页
论戴震的朴素辩证法思想.周兆茂.江淮论坛,1988年5期66—71页
戴震自然观的特色.李志林.江淮论坛,1990年1期58—63页
戴震述评.翟屯建.东南文化,1991年2期276—279页
戴震故里行.古槐植.东南文化,1991年2期280—283页
戴震和皖派学术.(日)木下铁夫 著.张赤卫 译.安徽

史学,1991年4期36—42页

戴震著述书目补正.杨应芹.江淮论坛,1994年2期72—80页

段著《东原年谱》疑误考.杨应芹.安徽史学,1994年3期37—41页

戴东原与纪晓岚.周积明.安徽史学,1994年3期42—43页

浅论戴震的治学思想.凌云,敬元沐.安徽史学,1995年4期30—31页

陈定斋论黄河夺淮之害.查一民.农业考古,1986年2期145—189页

从《畿辅见闻录》看黄可润在河北农业发展史上的贡献.张岗.中国农史,1991年4期70—73页,56页

博明和他的光学知识.王锦光,李胜兰.自然科学史研究,1987年6卷4期376—382页

吴明炫与吴明烜——清初与西法相抗争的一对回回天文学家兄弟?.黄一农.大陆杂志(台北),1992年84卷4期1—5页

孔继涵与《水经释地》.陈国忠.中国科技史料,1992年13卷3期29—32页

伯启对勾股形内容三事的研究.那日苏.内蒙古师大学报(自然科学版),1986年2期43—48页

杰出的蒙古医学家罗布桑楚乐特木.额日很巴图.中国科技史料,1990年11卷4期28—31页

关于李潢生平的几个问题考证.洪伯阳,宋述刚.中国科技史料,1994年15卷1期89—91页

对李潢出生年代的考证.刘兴祥.中国科技史料,1994年15卷3期93—94页

孔广森关于高次方程的应用.许义夫.自然科学史研究,1989年8卷2期118—126页

数学家张敦仁传略.张秀琴.中国科技史料,1996年17卷4期32—38页

郝懿行和他的《记海错》.魏露苓.农业考古,1997年1期172—175页

焦里堂年谱.王永祥.东北丛刊,1931年13期专著1—66页

焦循与《加减乘除释》.吴裕宾.自然科学史研究,1986年5卷2期120—128页

论焦循易学.陈居渊.孔子研究,1993年2期88—95页

论焦循《易》学的通变与数理思想.陈居渊.周易研究,1994年2期23—35页

阮元与畴人传.王萍.中央研究院近代史研究所集刊,1974年4(下)601—611页

畴人传研究.刘德美.历史学报(台北),1985年13期145—169页

阮元学术述论.黄爱平.史学集刊,1992年1期32—39,20页

论阮元对乾嘉汉学的贡献.郭明道.史学月刊,1992年2期39—44页

吴邦庆与《畿辅河道水利丛书》.王永厚.古今农业,1993年3期40—43页

祖国清代杰出的医学家王清任.马堪温.科学史集刊,1963年6期66—74页

再论王清任是中国近代"脑髓说"的真正创立者——兼评方以智对"脑髓"的认识.何玉德.复旦学报(社会科学版),1992年4期53—60页

关于汪莱的字、号及其他.郑坚坚,汪宜楷.中国科技史料,1994年15卷1期92—96页

汪莱年谱.郑坚坚.中国科技史料,1994年15卷3期24—34页

汪莱出生年月辨证.汪宜楷,汪晓菡.中国科技史料,1996年17卷4期29—32页

客居吉林的清代女科学家——王贞仪.管成学,关树人.社会科学战线,1988年1期211—214页

清代女科学家王贞仪.李敏.中国科技史料,1997年18卷2期17—27页

清代安徽科学家齐彦槐.郭怀中.安徽师大学报(哲学社会科学版),1993年21卷1期105—109页

清代郑光祖的生物进化观.李斌.大陆杂志(台北),1993年87卷1期13—17页.自然辩证法通讯,1993年3期52—57页

陶澍在江南的水利建设对农业所作的贡献.匡达人.古今农业,1996年3期24—32页

郑复光和他的《镜镜诊痴》.宋子良.中国科技史料,1987年8卷3期41—46页

清代南通的"张衡"——蒋煜.王秉钧.明报月刊(香港),1990年25卷11期109—110页

清代科学家蒋煜及其创造的浑天仪和万年表.王秉钧.中国科技史料,1993年14卷1期29—32页

晚清髹漆艺人卢葵生及其艺术成就.张燕.故宫博物院院刊,1989年4期44—48页

吴其浚的学风与《植物名实图考》.徐萍.古今农业,1989年2期76—78页

吴其浚的科学方法与精神.王星光.中州学刊,1989年2期116—120页

吴其浚的科学精神和科学方法——纪念吴其浚诞辰200周年.王国岭.史学月刊,1989年6期108—110页
项名达数学思想述评.柴慧琤.自然科学史研究,1992年11卷2期120—125页
罗士琳的著述活动及其数学思想.郭世荣.内蒙古师大学报(自然科学汉文版),1986年2期28—34页
清代数学家董佑诚及其《割圆连比例术图解》.甘向阳.数学通报,1992年3期46—47,43页
潘曾沂及其《丰豫庄本书》.王永厚.古今农业,1992年1期54—55页
祁寯藻与《马首农言》.丁福让.农业考古,1984年2期381—383页
清代地理家列传——魏默深.叶瀚.地学杂志,1920年11卷10期说郛12—13页
魏源与地学.周维衍.复旦学报(社会科学版),1991年1期39—43,38页
清代地理学家魏源及其《海国图志》——纪念魏源诞生200周年.鞠继武.地理研究,1994年13卷1期100—103页
魏源的"游山学".梁中效.唐都学刊,1997年4期79—82页
李彦章和《江南催耕课稻编》.王永厚.中国农史,1991年2期115—116页
徐继畬和《瀛环志略》.潘振平.华东师范大学学报(哲学社会科学版),1981年6期31—37页
徐继畬与《瀛环志略》.唐锡仁.自然科学史研究,1983年2卷3期258—261页
戴煦关于对数研究的贡献.李兆华.自然科学史研究,1985年4卷4期353—362页
戴煦对欧拉数的研究.郭世荣,罗见今.自然科学史研究,1987年6卷4期362—371页
丁取忠和《白芙堂算学丛书》.许康.中国科技史料,1993年14卷3期35—42页
略论长沙数学学派领袖丁取忠的功业.许康,张白影.大自然探索,1997年16卷3期125—127页
姜皋和《浦泖农咨》.桑润生.中国农史,1993年3期107—109页
李善兰年谱.李俨.清华学报,1928年5卷1期1625—1651页
天算大家海宁李善兰的著述.顾颉刚,陈槃.国立中山大学图书馆报,1929年7卷4期15—22页
李善兰年谱补录.李俨.学艺,1947年17卷6期30—31页
李善兰:中国近代科学的先驱者.王渝生.自然辩证法通讯,1983年5卷5期59—72页
晚清科学界先驱李善兰.健行.明报月刊(香港),1990年25卷3期109—111页
王韬日记中的李善兰.洪万生.科学史通讯(台北),1991年10期9—15页
李善兰对数论研究.李兆华.自然科学史研究,1993年12卷4期333—343页
史地学家杨守敬.容肇祖.禹贡半月刊,1935年3卷1期16—20页
杨守敬地理著述考.朱士嘉.禹贡半月刊,1935年4卷1期103—119页
杨守敬年谱及水经注疏校记合刊.吴天任,翁一鹤(书评).东方杂志复刊(台北),1975年9卷5期44—45页
历史地理学家杨守敬及其《水经注》研究.陈桥驿.中国历史地理论丛,1990年4期69—82页
杨守敬舆地理著述考辨.郗志群.文献,1994年2期215—228页
徐寿的两封亲笔信.蒋树源.中国科技史料,1984年5卷4期52—54页
我国近代化学先驱者徐寿的生平及主要贡献.杨根.化学通报,1984年4期71—76,61页
徐寿所译化学著作的原本.李亚东.化学通报,1985年3期52—55页
徐寿与《化学鉴原》.张青莲.中国科技史料,1985年6卷4期54—56页
徐寿——引进科学技术的先驱.李亚东.自然杂志,1986年7期544页
邹伯奇对光学的研究.李迪.物理,1977年6卷5期308—313页
邹伯奇首创我国第一架自制的太阳系表演仪及其他.李迪,戴学稷.学术研究,1981年4期29—34页
夏鸾翔在椭圆计算上的若干贡献.刘长春.内蒙古师大学报(自然科学版),1986年2期35页
晚清著名数学家夏鸾翔.刘洁民.中国科技史料,1986年7卷4期27—32页
关于夏鸾翔的家世及生平.刘洁民.中国科技史料,1990年11卷4期47页
王韬早年从教活动及其与西洋教士之交游.王尔敏.东方文化(香港),1975年13卷154—161页

王韬课士及其新思潮之启发. 王尔敏. 东方文化(香港),1976年14卷213—234页

王韬与自然科学. 席泽宗. 香港大学中文系集刊(香港),1987年1卷2期265—272页

论王韬的教育实践. 张海林. 江海学刊,1997年5期137—142页

华蘅芳年谱. 李俨. 学艺,1948年18卷2期27—32页

华蘅芳:中国近代科学的先行者和传播者. 王渝生. 自然辩证法通讯,1985年7卷2期60—74页

徐建寅年谱. 汪广仁. 清华大学学报(哲学社会科学版),1997年12卷3期39—50页

清代地理学家列传——邹代钧. 叶瀚. 地学杂志,1920年11卷7期133—140页

记清季地图学家邹代钧. 葛绥成. 地理之友,1948年创刊号7—8页

清末地理学家王锡祺. 徐兆奎. 科学史集刊,1982年10期82—86页

桐乡劳玉初先生小传. 陈训慈. 文澜学报,1935年1卷1期1—7页

著《寰天图说》建朝斗高台:清代自学成材的天文学家、道士李明彻. 陈泽泓. 广东史志,1994年4期73—76页

外国来华科学家

明末清初天主教士对于吾国天文学上之贡献. 李恒田. 新北辰,1936年2卷8期799—806页

康熙前钦天监以外研究天文之西人. 方豪. 东方杂志,1943年39卷10期27—39页

清代的西方传教士与中国文化. 何哲. 故宫博物院院刊,1983年2期17—27页

谈明清之际入华耶稣会士的学术传教. 史静寰. 内蒙古师大学报(哲学社会科学版),1983年3期73—78,72页

明末清初耶稣会士在西算输入中的重要作用. 张惠民. 西北大学学报(自然科学版),1985年15卷1期110—119页

雍正驱逐传教士与清前期中西交往的中落. 陈东林. 北京师范大学学报(社会科学版),1985年21卷5期8—15,7页

明清之际来华耶稣会士对中西文化交流的贡献. 徐明德. 杭州大学学报(哲学社会科学版),1986年4期121—132页

传教士与中国近代科学. 欧志远. 自然辩证法研究,1987年5期57—63页

清代耶稣会士与西洋奇器. 鞠德源. 抖擞(香港),1983年53期1—14页,54期14—24页. 故宫博物院院刊,1989年1期3—6页,2期13—23,83页

传教士与近代中西文化交流——兼评《剑桥中国晚清史》关于基督教在华活动的论述. 顾长声. 历史研究,1989年3期56—64页

近代西方传教士在华教育活动的专业化. 史静寰. 历史研究,1989年6期28—37页

明清西方传教士的藏书楼及西书流传考述. 施礼康,羽离子. 史林,1990年1期25—33页

传教士和明清之际的思想界. 孙明章. 浙江学刊,1990年4期61—67页

也谈明末清初来华的耶稣会士. 张志斌. 晋阳学刊,1990年4期62—64页

法国在华传教士的科技活动及其影响. 曹增友. 中国科技史料,1991年12卷3期15—23页

近代西学东渐的序幕——早期传教士在南洋等地活动史料钩沉. 熊月之. 史林,1992年4期15—25页

基督教在华传播特点研究. 王忠欣. 北方论丛,1992年4期70—74页

登州传教士与近代中西文化交流. 陶飞亚. 山东大学学报(哲学社会科学版),1992年4期101—108页

明末清初陕西的传教士. 贾二强. 文史知识,1992年6期76—80页

从《中国丛报》看基督教传教士在华的早期活动. 仇华飞. 华东师范大学学报(哲学社会科学版),1993年3期79—83,43页

试评18世纪末以前来华的欧洲耶稣会士. 许明龙. 世界历史,1993年4期,19—27页

基督教传教士与近代中西文化交流. 陶飞亚. 文史知识,1993年4期18—27页

传教士儒士与西学东渐. 易惠莉. 学术月刊,1993年4期55—58,33页

初期来华的耶稣会士与中西文化交流. 朱静. 中南民

族学院学报(哲学社会科学版),1994年4期68—72页

中国的巴罗克:耶稣会士的联系.陈亚瑟(Chen, Arthur H.)著.何岚菁 译.文化杂志(中文版)(澳门),1994年21期160—172页

西方解释中国——耶稣会士制图法.福斯(Foss, Theodore N.)著.北疆 译.文化杂志(中文版)(澳门),1994年21期173—189页

明末清初基督教东传与中西文化交流.杨洪.华夏文化,1995年6期13—14页

传教士与海外中国学的创立.陈君静.贵州文史丛刊,1997年4期25—30页

叶向高、艾儒略与西学初入福建.方宝川.福建史志,1997年6期40—43页

耶稣会士与火器传入.康志杰.江汉论坛,1997年10期47—51页

利玛窦来华始末记.高鲁.观象丛报,1919年4卷11期1—4页.12期9—12页

利玛窦来华之前后.国安.清华周刊,1930年32卷1期27—38页

利公玛窦小传.朱佐豪 译.圣教杂志,1932年21卷9期529—533页

利玛窦年谱初稿.李一鸥.磐石杂志,1935年3卷8期437—444页,9期513—519页

利玛窦的科学教育.裴化行.新北辰,1935年9期941—952页

利玛窦和中国的科学.裴化行.新北辰,1935年1卷10期1055—1068页

利玛窦对中国地理学之贡献及其影响.陈观胜.禹贡半月刊,1936年5卷3、4合期51—72页

利玛窦传.(日)中村久次郎 撰.周一良 译.禹贡半月刊,1936年5卷3、4合期73—96页

利玛窦对西欧科学与艺术的输入.Henri. Bernard(裴化行)著.肖舜华 译.工商学志,1936年8卷1期72—84页

利玛窦与东方科学.矢岛佑利 著.汪宇平 译.时与潮副刊,1942年1卷2期76—78页

利玛窦传.吴寿彭.学艺,1947年17卷3号8—17页

利玛窦等之入华与徐光启等之科学运动.许剑冰.香港大学中文学会会刊(香港),1957、58年会刊46—56页

利玛窦等耶稣会士的在华学术活动.冯天瑜.江汉论坛,1979年4期68—76页

利玛窦来华四百周年.梁作禄(Lazzarotto, Angelo S.)著.李铧玲 译.鼎(香港),1981年2期9—16页

利玛窦——文化交流的先锋.任致远(Jeanne, Pierre)著.梁洁芬 译.鼎(香港),1982年12期36—45页

中华之友——利玛窦.马爱德(Malatesta, Edward)著.梁洁芬 译.鼎(香港),1982年12期15—18页

利玛窦对中国的贡献.汤汉.鼎(香港),1982年12期30—35页

利玛窦在中国的活动与影响.林金水.历史研究,1983年1期25—36页

反省利玛窦来华的历史意义.杨意龙 著.梁洁芬 译.鼎(香港),1983年14期3—5页

利玛窦及其《中国札记》.谢方.文史知识,1984年6期102—107页

利玛窦与中国.李申,何高济.世界历史,1985年3期23—29页

西学东渐第一师——利玛窦.樊洪业.自然辩证法通讯,1987年9卷5期48—60页

利玛窦在认识中国诸宗教方面之作为.(德)弥维礼.中国文化,1990年3期31—38页

从利玛窦到李约瑟的汉学道路.柳存仁.明报月刊(香港),1991年26卷7期82—92页

对中国和日本的文化渗透:利玛窦和陆若汉.潘日明神父(Pires, Benjamin, Videira, S. J.)著.蔚玲 译.文化杂志(中文版)(澳门),1994年18期32—37页

明末天主教儒者杨廷筠研究.刘顺德.鼎(香港),1988年46期28—32页

明末清初传教士传略——龙华民传.仲群.圣教杂志,1934年23卷3期141—145页

明末清初传教士传略——邓玉函传.仲群.圣教杂志,1934年23卷7期549—551页

西方中古学术的使者——艾儒略.陆鸿基 著.梁洁芬 译.鼎(香港),1982年11期9—12页

艾儒略及其《职方外纪》.谢方.中国历史博物馆馆刊,1991年15、16合期132—139页

艾儒略和他的《西学凡》.顾宁.世界历史,1994年5期101—105页

中西文化交流的积极推动者——艾儒略.顾宁.中外文化交流,1994年6期41页

汤若望事略.高鲁.观象丛报,1919年5卷1期1—6页

明末清初传教士传略——汤若望传.仲群.圣教杂

志,1934 年 23 卷 1 期 23—30 页
汤若望司铎年谱. 渠志廉. 磐石杂志,1934 年 2 卷 9 期 11—18 页,10 期 29—34 页,11 期 20—24 页
德国魏特氏(Väth)所著《汤若望传》之第九章第六段. 杨丙辰 译. 新苗,1937 年第十三册 11—14 页
汤若望与中国天历. 曹京实. 中德学志,1943 年 5 卷 1、2 合期 278—309 页
汤若望与中华文化. 田凤台. 东方杂志(台北),1981 年 15 卷 2 期 34—39 页
汤若望简论. 李兰琴. 世界历史,1989 年 1 期 86—96 页
汤若望评议三题. 路遥. 文史哲,1992 年 4 期 29—39,75 页
汤若望在明清鼎革之际的角色意义——为纪念这位历史人物的四百周年诞辰而作. 刘梦溪. 中国文化,1992 年总 7 期 152—159 页
耶稣会士汤若望在华恩荣考. 黄一农. 中国文化,1992 年总 7 期 160—170 页
中德科技交流的先驱——汤若望. 陆敬严等. 中国科技史料,1993 年 14 卷 2 期 36—42 页
"通玄教师"汤若望. 王渝生. 自然辩证法通讯,1993 年 15 卷 2 期 62—76 页
王铎书赠汤若望诗翰研究——兼论清初二臣与耶稣会士的交往. 黄一农. 故宫学术季刊(台北),1994 年 12 卷 1 期 1—30 页
明末在华天主教士金尼阁事迹考. 计翔翔. 世界历史,1995 年 1 期 72—78 页
明末清初传教士传略——罗雅谷传. 仲群. 圣教杂志,1934 年 23 卷 7 期 546—549 页
明末清初传教士传略——南怀仁传. 仲群. 圣教杂志,1934 年 23 卷 2 期 81—87 页
清初南怀仁所带来的气象学识. 刘昭民. 科学史通讯(台北),1986 年 5 期
南怀仁与中国清代铸造的大炮. 舒理广等. 故宫博物院院刊,1989 年 1 期 25—31 页
南怀仁学术思想剖析. 王维. 自然辩证法研究,1989 年 3 期 43—47,35 页
南怀仁(1623—1688)与北京钦天监. 戈尔韦斯(Golvers, Noël) 著. 北疆 译. 文化杂志(中文版)(澳门),1994 年 21 期 190—198 页
关于法国传教士古伯察西藏之行的汉文史料. 耿昇,继光. 西藏研究,1991 年 1 期 109—113 页
傅兰雅在西学传播中的贡献. 刘学照,孙邦华. 香港中文大学中国文化研究所学报(香港),1990 年 21 卷 71—89 页
论傅兰雅在江南制造局译书及其影响. 孙邦华. 香港中文大学中国文化研究所学报(香港),1993 年新第 2 期 39—80 页

数 学 史

总 论

古算名原.黄节.国粹学报,1908年4卷9期政篇1—7页,4卷12期政篇1—9页

中国算学史略.观象丛报,1917年3卷1期41—52页

中国算学史余录.李俨.科学,1917年3卷2期238—241页.东方杂志,1917年14卷11期173—175页

中国数学源流考略.李俨.北京大学月刊,1919年1卷4期1—19页,5期59—74页.1920年1卷6期65—94页

"中国数学源流考略"识语.张崧年.北京大学月刊,1919年1卷4期21—22页

中国近古期之算学.李俨.学艺,1928年9卷4、5合期1—28页

中算史之工作.李俨.科学,1928年13卷6期785—809页

秦以前之数学.刘朝阳.国立中山大学语言历史学研究所周刊,1928年2集19期182—194页

中国数学史导言.李俨.学艺,1933年百号纪念增刊139—160页

中国算学略说.李俨.科学,1934年18卷9期1135—1137页

中国古代算学.严忠铎.交大学生,1935年2卷1期5—7页

古代算学发达史略.马地泰.复旦学报,1935年创刊号247—261页

中算之起源及其发达.李俨.东方杂志,1937年34卷7期81—91页

唐代算学史.李俨.西北史地季刊,1938年1卷1期63—95页

中国算学发展史.一粟 译.新科学,1940年3卷2期161—174页

章用君修治中国算学史遗事.李俨.科学,1940年24卷11期799—804页

中国算学之过去与现在.陈省身.科学,1941年25卷5、6合期241—245页

上古中算史.李俨.科学,1944年27卷9—12期合刊16—24页

三十年来之中国算学史.李俨.科学,1947年29卷4期101—108页

宋元算学丛考.严敦杰.科学,1947年29卷4期109—114页

关于代数及几何的字源.松村勇夫.中国数学杂志,1951年1卷1期18—20页

中国古代数学的伟大成就.钱宝琮.科学通报,1951年2卷10期1041—1043页

中国数学史绪言.李俨.数学通报,1953年10期1—8页

中国数学发展情形.李俨.数学通报,1955年7期1—9页.1956年5期1—11页

易卦爻表现着上古的数学知识.岑仲勉.中山大学学报(社会科学版),1956年1期176—186页

中国数学的历史发展.李俨.数学通报,1959年10期5—11页

我国数学史的研究.陈淳.女师专学报(台北),1972年2期397—416页.1973年2期397—416页

谈谈中国数学史.王尧.数学学报,1975年18卷3期157—161页

中国古代数学的辉煌成就.刘鸿.求知(香港),1976年13期6—7页

从实践经验到科学理论——学习中国数学发展史笔记.沈康身.杭州大学学报(哲学社会科学版),1977年2期89—95页

笔谈我国古代科学技术成就——我国古代数学成就之一瞥.华罗庚.文物,1978年1期46—49页

先秦数学的发展及其影响.陈良佐.中央研究院历史语言研究所集刊(台北),1978年49本2分263—320页

我国远古数学初探.彭曦.考古与文物,1981年2期95—100页

先秦数学与诸子哲学.周瀚光.复旦学报,1981年增辑

明代以后中国传统数学落后的原因.梅荣照.中国科技史料,1981年2卷4期13—17页

关于日本对中国数学史的研究.殷美琴 译.科学史译丛,1982年3期39—41页

近代数学为什么没有在中国产生?.梁宗巨等.自然辩证法通讯,1983年5卷3期49—52页

数学·数学史·数学教师.萧文强.抖擻(香港),1983年53期67—72页

清代八闽数学略论.郭金彬.自然辩证法通讯,1984年6卷2期62—66,54页

传统数学和中国社会.杜石然.自然辩证法通讯,1984年6卷5期30—32页

我国封建社会中数学与天文历法的关系.王渝生.自然辩证法通讯,1984年6卷5期33—36页

"术数"与传统数学.罗见今.自然辩证法通讯,1984年6卷5期40—42页

中国古代数学与封建社会刍议.郭书春.科学技术与辩证法,1985年2期1—7页

巴蜀古代数学源流.蒋术亮,向忠叔.大自然探索,1987年6卷2期181—184页

中国传统数学的程序性.李迪.香港大学中文系集刊(香港),1987年1卷2期219—232页

宋元数学的盛衰.梅荣照.自然科学史研究,1988年7卷3期205—213页

略谈殷代在数学上的成就.郭胜强.史学月刊,1988年4期101—102页

中国传统数学的发展及其特色.王渝生.大自然探索,1988年7卷4期147—153页

希腊与中国古代数学比较刍议.郭书春.自然辩证法研究,1988年4卷6期41—47页

明代数学及其社会背景.杜石然.自然科学史研究,1989年8卷1期9—16页

汉简屯戍记录中的实用数学.郭世荣.内蒙古师大学报(自然科学汉文版),1989年第1期科学史增刊50—57页

从徐光启到李善兰——以《几何原本》之完璧透视明清文化.刘钝.自然辩证法通讯,1989年11卷3期55—63页

若干明清笔记中的数学史料.刘钝.中国科技史料,1989年10卷4期49—55页

中西古代数学构造性之比较.孔国平.自然辩证法通讯,1989年11卷5期43—49,57页

中国数学史的新研究.吴文俊.自然杂志,1989年7期546—551页

中华古算光耀千秋.王渝生.自然辩证法通讯,1990年1期75—77页

关于研究数学在中国的历史与现代——《东方数学典籍〈九章算术〉及其刘徽注研究》序言.吴文俊.自然辩证法通讯,1990年12卷4期37—39页.数学通报,1990年5期封2—1页

中算史导源(之一).黎翔风.社会科学辑刊,1990年4期72—74页

"观阴阳之割裂,总算术之源"——谈谈恩格斯关于数学起源的论述.齐儆.自然辩证法研究,1990年6卷5期33—38,73页

试论中国古代数学史的某些评价观点.王宪昌.科学技术与辩证法,1992年2期6—8页

论中国古代数学的双重意义.俞晓群.自然辩证法通讯,1992年14卷4期51—56页

中国数学通史与古代数学史研究.郭世荣.内蒙古师大学报(自然科学汉文版)(科学史增刊),1993年3期25—28页

宋元数学史研究.郭世荣.内蒙古师大学报(自然科学汉文版)(科学史增刊),1993年3期29—31页

明清数学史研究.郭世荣.内蒙古师大学报(自然科学汉文版)(科学史增刊),1993年3期32—35页

中国古代数学的主要特征及其历史与现实意义.刘钝.自然辩证法通讯,1993年15卷5期47—54页

湖南楚墓巫黔之役与《九章》、《九歌》.冀凡.江汉考古,1994年2期60—63页

谈中国数学史上的正则模型化方法.刘钝.科学月刊(台北),1994年25卷5期385—389页

文化价值观与宋元数学——数学文化史研究的一个案例.王宪昌.大自然探索,1995年14卷1期124—127页

明清时期上海的数学发展.薛迪群.科学技术与辩证法,1995年3期39—43,52页

试论中国古代数学的评价准则.王宪昌.科学技术与辩证法,1995年5期15—18页

李约瑟难题的数学诠释——数学文化史研究的一个尝试.王宪昌.自然辩证法通讯,1996年18卷6期48—53页

宋元数学与珠算的比较评价.王宪昌.自然科学史研究,1997年16卷1期21—27页

中国数学史研究中某些矛盾结论的分析.王宪昌.自然辩证法通讯,1997年19卷6期43—47页

中国数理本原.马哲如.焦作工学生,1933年2卷1、2合期1—18页

中国的数理.李俨.文化建设,1934年1卷1期149—153页

批判曾昭安先生在数学史研究领域内的唯心主义学术观点.杜石然.科学史集刊,1959年2期4—12页

我国古代的一些运筹学思想.车千里.应用数学学报,1977年1期82—89页

易经与数学.董光璧.自然辩证法通讯,1985年7卷3期12—19页

先秦儒家与古代数学.周瀚光.大自然探索,1986年4期149—153页.齐鲁学刊,1986年5期86—91页

关于中国古代数学哲学的几个问题.郭书春.自然辩证法研究,1988年4卷3期40—45页

宋元数学中新的思想、方法和理论.梅荣照.自然科学史研究,1990年9卷1期28—37页

论中国古典数学的思维特征.袁小明.自然科学史研究,1990年9卷4期297—307页

论"挂一"的数学思想及作用.邹三.四川大学学报(哲学社会科学版),1991年2期45—49页

《周易》与中国古代数学.孙宏安.自然辩证法研究,1991年7卷5期49—53页

中国传统数学位与象的结构.陈良佐.汉学研究(台北),1992年10卷1期137—179页

计算工具

缀术与算盘.常福元.观象丛报,1920年5卷12期11—18页

珠盘杂考.严敦杰.新世界,1939年14卷8期8—10页.9期5—7页

算盘探源.严敦杰.东方杂志,1944年40卷2期33—36页

筹算算盘论.严敦杰.东方杂志,1945年41卷15期33—35页

故宫所藏清代计算仪器.严敦杰.文物,1962年3期19—22页

中国算盘源流考.王庭显.文艺复兴(台北),1970年1卷6期39—48页

故宫珍藏的原始手摇计算机.白尚恕,李迪.故宫博物院院刊,1980年1期76—82,86页

从"清明上河图"看中国算盘.殷长生.中国科技史料,1981年2卷4期62—66页

石家庄东汉墓及其出土的算筹.李胜伍,郭书春.考古,1982年3期255—256页

式盘综述.严敦杰.考古学报,1985年4期445—462页

中国珠算盘简史.殷长生.中国科技史料,1987年8卷2期30—31,54页

算筹的产生、发展及其向算盘的演变.张沛.东南文化,1988年6期130—137页

算筹探源.杜石然.中国历史博物馆馆刊,1989年总12期28—36页

算筹溯源.张沛.文博,1992年3期65—72页

试论出土算筹.王青建.中国科技史料,1993年14卷3期3—10页

藏族的两种计算器.李汶忠.中国科技史料,1994年15卷2期98—100页

出土算筹考略.张沛.文博,1996年4期53—59页

比例规在火炮学上的应用.黄一农.科学史通讯(台北),1996年15期4—11页

算 术

大衍(求一术).傅种孙.北京高师数理杂志,1918年1卷1期70—77页

百鸡术源流考.钱宝琮.学艺,1921年3卷3期1—6页

求一术源流考.钱宝琮.学艺,1921年3卷4期1—16页

记数法源流考.钱宝琮.学艺,1921年3卷5期1—6页

大衍求一术之过去与未来.李俨.学艺,1925年7卷2期1—45页

商余求原法(附钱宝琮考证).徐震池.科学,1925年10卷2期174—199页

中算家之纵横图(Magic squares)研究.李俨.学艺,1927年8卷9期1—40页

八卦为上古数目字说.胡怀琛.东方杂志,1927年24卷21期70—72页

中国珠算之起源.吕炯.东方杂志,1928年25卷14期81—84页

释数篇.陈柱.暨南大学文学院集刊,1930年1集1—16页

数名原始.方国瑜.东方杂志,1931年28卷10期83—88页

字马考.梁岵庐.东方杂志,1931年28卷17期97—100页

珠算之起源.袁在辰.钱业月报,1932年12卷1期丛载1—7页

大写数字考.梁岵庐.东方杂志,1933年30卷15期59—63页

广州出土墓砖罗马数字考.容肇祖.辅仁广东同学会半年刊,1934年2卷1期1—2页

读"大写数字考".陈子展.太白,1934年1卷2期105—106页

唐代历家奇零分数纪法之演进.钱宝琮.数学杂志,1936年1卷1期65—76页

唐代大写数字.李俨.陕西文化,1943年1卷2期16—20页

中算家之分数论.李俨.科学,1943年26卷2期183—203页

中算家之平方零约术.李俨.中国科学,1950年1卷2—4合期295—323页

中国古文数名考原.陆懋德.燕京学报,1951年40期151—164页

中算家的素数论.严敦杰.数学通报,1954年4期6—10页,5期12—15页

中国古代分数算法的发展.钱宝琮.数学通报,1954年9期14—16页

中算家的记数法.李俨.数学通讯,1958年6期1—5,20页

我国正负术历史.杰.数学通报,1960年1期4—5页

古代一些近似计算方法.严敦杰.数学通报,1960年6期41页

从"数论乃数学的皇后"谈起.唐文标.明报月刊(香港),1971年6卷2期44—48页

论神秘数学七十二.杨希枚.国立台湾大学考古人类学刊(台北),1974年35、36期12—47页

甲骨文中所见的《数》.张秉权.中央研究院历史语言研究所集刊(台北),1975年46本3分347—389页

我国筹算中的空位——零——及其相关的一些问题.陈良佐.大陆杂志(台北),1977年54卷5期()1—13页

远古传下来的二进数字.陈道生.女师专学报(台北),1977年9期183—212页

数学史上几个问题的检讨——关于符号"0"及印度阿拉伯数字.陈淳.女师专学报(台北),1977年9期213—226页

《张邱建算经》中的等比数列问题.李兆华.内蒙古师院学报(自然科学版),1982年1期106—113页

更相减损术源流.沈康身.自然科学史研究,1982年1卷3期193—207页

《九章算术》少广章中求最小公倍数的问题.梅荣照.自然科学史研究,1984年3卷3期203—208页

二进制数学创始者通辨.徐志锐,尹焕森.历史研究,1985年5期101—106页

《数书九章》大衍类算题中的数论命题.沈康身.杭州大学学报(自然科学版),1986年4期421—434页

戴煦数.罗见今.内蒙古师大学报(自然科学版),1987年2期18—22页

傣族叙事长诗中的奇数.寿轩.思想战线,1988年2期47—51页

中国古代算筹二进制数表和《周易》.张吉良.周易研究,1988年2期67—72,84页

"大衍数"和"大衍术".董光璧.自然科学史研究,1988年7卷3期46—48页

起源于中国——重写现今计数制的历史.(新加坡)蓝丽蓉 著.王冰 译.科学史译丛,1988年4期1—5页

商周以来中国数学0概念表现形式的历史演进.唐建.复旦学报(社会科学版),1989年2期84—92页

《九章算术》与刘徽注中正负数乘除法初探.吴裕宾,朱家生.自然科学史研究,1990年9卷1期22—27页

四进位述原.帆福.史学月刊,1990年6期103—105页

数的缘起.杨国才.中南民族学院学报(哲学社会科

学版),1991年2期10—16页
从深圳出土乘法口诀论我国古代"九九之术".欧燕等.文物,1991年9期78—85页
评宋人陆秉对《周易》"大衍之数"的解说.郭鸿林.周易研究,1992年1期5—8页
"数成于三"解.庞朴.中国文化,1992年第5期167—170页
中国古算符号论略.席振伟.安徽师大学报(自然科学版),1993年第16卷科技史研究专集104—109页
十进位值制——被人漠视的"先知".金屯.文史知识,1993年12期36—40页
语言与位值表数制之形成.陈良佐.清华学报(台北),1995年新25卷3期193—235页
一次同余式组的欧拉解法和黄宗宪反乘率新术.王翼勋.自然科学史研究,1996年15卷1期40—47页
八卦、二进制及其他.王渝生.传统文化与现代化,1997年1期80—88页

代 数

九章问题分类考.钱宝琮.学艺,1921年3卷1号1—10页
方程算法源流考.钱宝琮.学艺,1921年3卷2号1—8页
朱世杰垛积术广义.钱宝琮.学艺,1923年4卷7号1—9页
李邹顾戴徐诸家对于对数之研究.周明群.清华学报,1926年3卷2期1047—1068页
茭草形段罗草补注.汤天栋.科学,1926年11卷11号1535—1558页
中算家之级数论.李俨.科学,1929年13卷9期1139—1172页,13卷10期1349—1401页
中算家之方程论.李俨.科学,1930年15卷1期7—44页
中算家对于数字方程式解法之贡献.金品.光华大学半月刊,1933年2卷3期23—27页,4期39—45页
汉均输法考.钱宝琮.文理,1933年4期45—46页
朱世杰垛积术广义.方淑姝.数学杂志,1939年2卷1期94—101页
垛积比类疏证.章用.科学,1939年23卷11期647—663页
飞九宫考.严敦杰.东方杂志,1946年42卷14期25—27页
中算家的招差术.严敦杰.数学通报,1955年1期4—13页
九章算术方程术校勘记.钱宝琮.数学通报,1955年6期12页
《九章算术》中关于"方程"解法的成就.杜石然.数学通报,1956年11期11—14页
增乘开方法的历史发展.钱宝琮.科学史集刊,1959年2期126—143页
代数的译名来源.严敦杰.数学通报,1960年4期40页
"方程"二字的来历.严敦杰.数学通报,1962年3期30页
朱世杰的"四元消法"和"垛积招差".杜石然.科学史集刊,1962年4期66—80页
纪念刘徽注"九章算术"1700周年(263—1963).沈康身.数学通报,1963年5期6—10页
中国古代天元术的发生与发展.何洛.数学通报,1964年11期45—48,51页
从"刍童"求积谈到"隙积"和"四隅垛"级数.许莼舫.数学通报,1965年2期45—49页
我国古代的代数学.陈淳.女师专学报(台北),1976年6期343—362页
李善兰恒等式的导出.罗见今.内蒙古师大学报(自然科学版),1982年2期
李善兰的有限和公式.(法)J.C.乌尔茨洛夫 著.罗见今 译.科学史译丛,1983年2期1—6页
明安图的级数回求法.何绍庚.自然科学史研究,1984年3卷3期209—216页
汪莱《衡斋算学》的一个注记.钱宝琮.科学史集刊,1984年11期12—13页
《九章算术》和刘徽注中之率概念及其应用试析.郭书春.科学史集刊,1984年11期21—36页
刘徽的极限理论.郭书春.科学史集刊,1984年11期37—46页

刘徽的方程理论.梅荣照.科学史集刊,1984年11期63—76页

关于"调日法"的数学原理.李继闵.西北大学学报(自然科学版),1985年15卷2期5—21页

世界上最古老的三阶幻方——关于组合学起源的讨论.罗见今.自然辩证法通讯,1986年8卷3期49—57,80页

《九章算术》开方术及刘徽注探讨.许鑫铜.自然科学史研究,1986年5卷3期193—201页

我国古代的中心差算式及其精度.陈美东.自然科学史研究,1986年5卷4期289—296页

《孙子算经》首创开方法中的"超位退位定位法".许鑫铜.华东师范大学学报(自然科学版),1987年1期22—27页

中国古代不定分析的成就与特色.李继闵.香港大学中文系集刊(香港),1987年1卷2期249—264页

论秦九韶的"缀术推星".查有梁.大自然探索,1987年6卷4期160—165页

秦九韶是如何得出求定数方法的.梅荣照.自然科学史研究,1987年6卷4期293—298页

秦九韶求"定数"方法的成就和缺陷.王渝生.自然科学史研究,1987年6卷4期299—307页

秦九韶、时曰醇、黄宗宪的求定数方法.王翼勋.自然科学史研究,1987年6卷4期308—313页

明安图公式辨证.罗见今.内蒙古师大学报(自然科学汉文版),1988年1期42—48页

关于中国数学史及单叶函数论的一些研究.李继闵.西北大学学报(自然科学版),1988年2期33—43页

中国剩余定理的历史发展.沈康身.杭州大学学报(自然科学版),1988年3期270—282页

贾宪的增乘开方法——高次方程数值解的关键一步.梅荣照.自然科学史研究,1989年8卷1期1—8页

明安图创卡塔兰数的方法分析.罗见今.内蒙古师大学报(自然科学汉文版),1989年1期增刊29—40页

华蘅芳的内插法.罗见今.内蒙古师大学报(自然科学汉文版),1989年1期增刊41—49页

关于差分术的几个问题.李兆华.自然科学史研究,1989年8卷2期108—117页

古人笔记中的抽屉原则.刘钝.数学通报,1989年2期封底

清代无穷级数研究中的一个关键问题.何绍庚.自然科学史研究,1989年8卷3期205—214页

宋代高次方程数值解法和高阶等差数列求和的成就.张研.史学月刊,1990年1期112—115页

汪莱、李锐畴畆辨.吴裕宾.中国科技史料,1990年11卷3期90—92页

明安图计算无穷级数的方法分析.罗见今.自然科学史研究,1990年9卷3期197—207页

刘祖原理的命名.潘天骥.数学通报,1990年9卷12期42页

四元术的一般性程度.胡明杰.自然科学史研究,1991年10卷1期8—16页

再论宋元时期的天元术.孔国平.自然科学史研究,1991年10卷2期101—109页

中国近代的级数展开式研究.郭金彬.自然辩证法通讯,1991年13卷6期53—59,74页

论明安图级数反演中的计数结构.罗见今.内蒙古师大学报(自然科学汉文版)1992年2期91—102页

《数理精蕴》对数造表法与戴煦的二项展开式研究.韩琦.自然科学史研究,1992年11卷2期109—119页

最小偶数阶幻方的解.沈文基.周易研究,1992年3期59—68页

汪莱方程论研究.李兆华.自然科学史研究,1992年11卷3期193—208页

"商高定理"辨证.李继闵.自然科学史研究,1993年12卷1期29—41页

《九章算术》方程章校证一例.李继闵.自然科学史研究,1993年12卷2期220—224页

《九章算术》与不可公度量.李国伟.自然辩证法通讯,1994年16卷2期49—54页

中国古代历法三次差插值法的造术原理.王荣彬.西北大学学报(自然科学版),1994年24卷6期475—485页

刘卓二次内插算法及其在唐代的历史演变.纪志刚.西北大学学报(自然科学版),1995年25卷2期95—100页

等差级数与插值法.刘钝.自然科学史研究,1995年14卷4期331—336页

清代中算家的递加数.特古斯.自然科学史研究,1995年14卷4期337—348页

边冈逐次分段抛物内插法.曲安京.西北大学学报

(自然科学版),1996年26卷1期1—6页
试论《九章算术》的问题设计. 张钟静. 自然科学史研究,1996年15卷2期107—121页
中国古代历法中的三次内插法. 曲安京. 自然科学史研究,1996年15卷2期131—143页
再评刘徽对无理根数的论述. 王荣彬. 科学技术与辩证法,1996年3期43—46页
华蘅芳的方程论研究. 纪志刚. 自然科学史研究,1996年15卷3期239—247页
试论清代割圆连比例方法. 特古斯. 自然科学史研究,1996年15卷4期319—325页
东亚解高次方程式的变迁:从《杨辉算法》(1275年)到《古今算法论》(1671年)城地. 茂. 科学史通讯(台北),1996年14期35—43页
关于一行《大衍历》的插值法. 王荣彬. 陕西天文台台刊,1996年20卷117—123页
中国古代的二次求根公式与反函数. 曲安京. 西北大学学报(自然科学版),1997年27卷1期1—3页
阿拉伯代数方程求解几何方法的比较研究. 包芳勋. 自然科学史研究,1997年16卷2期119—129页
试论中日"缀术"之异同. 徐泽林. 西北大学学报(自然科学版),1997年27卷4期277—282页

几 何

中国圆周率的略史. 茅以升. 科学,1917年3卷4期411—423页. 东方杂志,1918年15卷4期151—155页
圆周率考. 齐汝璜. 数理杂志,1919年1卷1期69—77页
三角公式之几何作法. 李俨. 科学,1919年4卷7期635—641页
中国算书中之周率研究. 钱宝琮. 科学,1923年8卷2期114—129页. 3期254—265页
中算家之Pythagoras定理研究. 李俨. 学艺,1926年8卷2期1—27页
重差术源流及其新注. 李俨. 学艺,1926年7卷8期1—15页
莽量考. 王国维. 学衡,1926年58期1—5页
中国古代圆周率之算法. 三上义夫. 科学,1927年12卷7期941—944页
明清算家之割圆术研究. 李俨. 科学,1927年12卷11期1487—1520页,12期1721—1766页. 1928年13卷1期53—102页,2期200—250页
新嘉量之校量及推算. 刘复. 辅仁学志,1928年1卷1期1—29页
中算家之Pascal三角形研究. 李俨. 学艺,1929年9卷9期1—15页
莽量函率考. 颜希深. 燕京学报,1930年8期1493—1515页
中国圆周率历代之变迁. 王金印. 励学,1933年1卷1期127—128页
莽权价值之重新考订. 刘复. 国立中央研究院历史语言研究所集刊,1933年第三本第四分507—508页
中国的圆周率. 许莼舫. 科学世界,1933年2卷10期747—756页
故宫所存新嘉量之较量及推算. 刘复. 工业标准与度量衡,1934年1卷4期23—42页
中国隋唐前圆周率之研究. 崔宏. 北强月刊,1934年1卷5期56—60页
新嘉量五量铭释(附图). 励乃骥. 国学季刊,1935年5卷2期71—84页
中国圆周率值之演变. 程纶. 国立武汉大学理科季刊,1935年5卷4期511—550页
新嘉量考释. 马衡. 国立北平故宫博物院年刊,1936年1期17—30页
隋书律历志祖冲之圆率记事释. 严敦杰. 学艺,1936年15卷10期27—57页
中国数学中之整数勾股形研究. 钱宝琮. 数学杂志,1937年1卷3期94—112页
曾纪鸿圆率考真图解评述. 钱宝琮. 数学杂志,1939年2卷1期102—109页
汉规矩砖考. 严敦杰. 说文月刊,1941年3卷4期63—65页
中算家之圆锥曲线说. 李俨. 科学,1947年29卷4期115—120页
毕达哥拉斯定理应改称商高定理. 程纶. 中国数学杂志,1951年1卷1期12—13页
周髀算经上之勾股普遍定理——陈子定理. 章鸿钊. 中国数学杂志,1951年1卷1期13—15页
禹之治水与勾股测量术. 章鸿钊. 中国数学杂志,

1951年1卷1期16—17页
关于商高或陈子定理的讨论.章元龙.数学通报,1952年1卷4期45—47页
祖暅之公理.杜石然.数学通报,1954年3期9—11页
圆周率3927/1250的作者究竟是谁?它是怎样得来的?.钱宝琮.数学通报,1955年5期4—5页
中国古代数学家关于圆周率研究的成就.孙炽甫.数学通报,1955年5期5—12页
π=3927/1250的作者和祖冲之的圆周率算法.李迪.数学通报,1955年11期20—22页
郭守敬球面割圆术.李俨.测绘通报,1956年2卷1期5—10页
中国古代中算家的测绘术.李俨.测绘通报,1956年2卷4期145—147页
中国古代数学家对面积的研究.李迪.数学通报,1956年7期23—25页
张衡灵宪中的圆周率问题.钱宝琮.科学史集刊,1958年1期86—87页
我国古代的体积计算.杜石然.数学通报,1959年5期4—9页
几何不是Geo的译音.严敦杰.数学通报,1959年11期31页
重差术与三角测量.许莼舫.数学通报,1961年7期23—28,12页
十六世纪初叶中算家的弧矢形近似公式.李俨.数学通报,1962年1期43页
中国古代正多边形的实用做法.李俨.数学通报,1962年4期18,17页
从古代铜镜上的花纹探讨古代等分圆周方法.李迪.内蒙古师范学院学报(自然科学版),1977年1期66—71页
赵爽勾股圆方图注之研究.陈良佐.大陆杂志(台北),1982年66卷1期33—52页
π的历史.杨中和.自然辩证法通讯,1982年4卷2期51—57页,3期57—61页
日本数学家(和算家)的平圆研究.李俨.自然科学史研究,1982年1卷3期208—214页
关于第一篇罗氏非欧几何论文.李迪,罗见今.内蒙古师大学报(自然科学版),1983年2期59页
解析几何能在中国产生吗.梅荣照,王渝生.自然辩证法通讯,1983年5卷3期55—58页
李善兰的尖锥术.王渝生.自然科学史研究,1983年2卷3期266—288页
刘徽的体积理论.郭书春.科学史集刊,1984年11期47—62页
刘徽的勾股理论——关于勾股定理及其有关的几个公式的证明.梅荣照.科学史集刊,1984年11期77—95页
从勾股比率论到重差术.李继闵.科学史集刊,1984年11期96—104页
椭圆求周术释义.何绍庚.科学史集刊,1984年11期130—142页
阿基米德、刘徽关于圆的研究之比较.刘钝.自然辩证法通讯,1985年1期51—60页
对李善兰《垛积比类》的研究——兼论"垛积差分"的特色.傅庭芳.自然科学史研究,1985年4卷3期267—283页
《九章算术》勾股章的校勘和刘徽句股理论系统初探.郭书春.自然科学史研究,1985年4卷4期295—304页
九章算术圆田术刘徽注之研究.陈良佐.汉学研究(台北),1986年4卷1期47—80页
托勒密的"曷捺楞马"与梅文鼎的"三极通机".刘钝.自然科学史研究,1986年5卷1期68—75页
"磬折"的起源与演变.闻人军.杭州大学学报(自然科学版),1986年2期166—175页
李善兰垛积术与尖锥术略论.李兆华.西北大学学报(自然科学版),1986年16卷4期109—125页
缀术求π新解.查有梁.大自然探索,1986年5卷4期133—140页
唐代一行编成世界上最早的正切函数表.刘金沂,赵澄秋.自然科学史研究,1986年5卷4期298—308页
中国明清时期对于水流量的计算.李迪.自然科学史研究,1986年5卷4期370—373页
关于人类认识勾股定理和勾股数的早期历史.李文汉.数学通报,1986年5期44—45页
《数书九章》中的几何问题.鲁又文.数学通报,1986年6期40—43页
《数书九章》计浚河渠题分析.白尚恕.数学通报,1986年6期43,33页
九章算术圆田术祖冲之注.陈良佐.汉学研究(台北),1987年5卷1期193—228页
墨翟在阿基米德之前发现了阿基米德公理.黄乘规.自然辩证法研究,1987年3卷6期50—52页

《视学》评析. 刘逸. 自然杂志,1987 年 6 期 447—452 页

关于规矩. 眭秋生. 数学通报,1987 年 9 期 46—47 页

祖冲之圆周率产生的历史条件. 李强. 中国历史博物馆馆刊,1987 年 10 期 47—52,66 页

"宛田"非球冠形. 肖作政. 自然科学史研究,1988 年 7 卷 2 期 109—111 页

对"计作清台"题的探讨. 郭世荣. 内蒙古师大学报(自然科学汉文版),1988 年 4 期 51—58 页

数几在中国的历史.(法)詹嘉玲 著. 聿夫 译. 科学史译丛,1989 年 1、2 合期 1—6 页

周髀算经勾股定理的证明与"出入相辅"原理的关系——兼论中国古代几何学的缺失和局限. 陈良佐. 汉学研究(台北),1989 年 7 卷 1 期 255—279 页

鳖臑与合盖——微积分学前史探索. 沈康身. 自然杂志,1989 年 8 期 612—622,626 页

《缉古算经》勾股题佚文试补. 何绍庚. 中国历史博物馆馆刊,1989 年总 12 期 37—43,54 页

项名达的椭圆求周术研究. 牛亚华. 内蒙古师大学报(自然科学汉文版),1990 年 3 期 53—61 页

关于七巧图及其他. 郭正谊. 中国科技史料,1990 年 11 卷 3 期 93—95 页

中国古代测量的用矩法和重差术. 邢秀凤. 科学技术与辩证法,1990 年 6 期 47—51 页

关于《墨经》中"体"的新解. 郑坚坚. 自然科学史研究,1991 年 10 卷 1 期 29—34 页

《九章算术》环田题" 密率术"考辨. 李继闵. 西北大学学报(自然科学版),1991 年 2 期 1—6 页

"环矩以为圆"之我见——与傅溥等先生商榷. 冯礼贵,张秀琴. 科学技术与辩证法,1991 年 2 期 41—43,64 页

略论梅文鼎的投影理论. 刘逸. 自然科学史研究,1991 年 10 卷 3 期 223—229 页

割圆术近析. 沈康身等. 杭州大学学报(自然科学版),1991 年 3 期 270—281 页

中国传统数学中的平行线. 刘洁民. 自然科学史研究,1992 年 11 卷 1 期 1—8 页

关于勾股形的一个重要定理. 柴慧琤. 中国科技史料,1992 年 13 卷 3 期 66—69 页

中国古代测量天体赤道坐标的方法. 李迪. 内蒙古师大学报(自然科学汉文版),1992 年 3 期 85—90 页

《九章算术》勾股章校证举隅. 李继闵. 西北大学学报(自然科学版),1993 年 23 卷 1 期 1—10 页

关于李淳风斜面重差术的几个问题. 刘钝. 自然科学史研究,1993 年 12 卷 2 期 101—111 页

再探《周髀算经》勾股定理的证明. 陈良佐. 汉学研究(台北),1993 年 11 卷 2 期 113—135 页

《九章算术》环田问题研究. 白尚恕. 自然科学史研究,1993 年 12 卷 4 期 324—332 页

明末测量泰山高程及所用方法. 张江华. 中国科技史料,1995 年 16 卷 2 期 75—80 页

南阳汉画像砖石几何学应用浅见. 魏忠策,高现印. 中原文物,1995 年 2 期 76—82 页

中国古代面积、体积度量制度考. 王荣彬,李继闵. 汉学研究(台北),1995 年 13 卷 2 期 159—167 页

汪莱球面三角成果讨论. 李兆华. 自然科学史研究,1995 年 14 卷 3 期 262—273 页

对一条涉及无穷大的《墨经》条文的考释——兼及与阿基米德公理的比较. 邹大海. 中国科技史料,1995 年 16 卷 4 期 70—76 页

"一中同长"话周率. 金屯. 文史知识,1995 年 11 期 39—42 页

古籍整理与研究

李俨所藏中国算学书目录. 李俨. 科学,1920 年 5 卷 4 期 418—426 页,5 期 525—531 页. 1925 年 10 卷 4 期 548—551 页. 1926 年 11 卷 6 期 817—820 页. 1927 年 12 卷 12 期 1825—1826 页. 1929 年 13 卷 8 期 1134—1137 页. 1930 年 15 卷 1 期 158—160 页. 1932 年 16 卷 5 期 856—857 页,11 期 1710—1713 页. 1933 年 17 卷 6 期 1005—1008 页. 1934 年 18 卷 11 期 1547—1556 页

九章问题分类考. 钱宝琮. 学艺,1921 年 3 卷 1 期 1—10 页

中国数学书籍考. 刘应光. 国立武昌高等师范学校数理学会杂志,1921 年 6 期 51—53 页,7 期 53—56 页,8 期 57—71 页

《商余求原法》考证. 钱宝琮. 科学,1925 年 10 卷 190—198 页

中国算学书目汇编. 裘冲曼. 清华学报,1926 年 3 卷

1期附录43—92页

中国算学书目汇编增补. 曾远荣. 清华学报, 1926年3卷1期附录92—96页

敦煌石室《算书》. 李俨. 中大季刊, 1926年1卷2期1—4页

明代算学书志. 李俨. 图书馆学季刊, 1926年1卷4期667—682页

《九章》及两汉之数学. 张荫麟. 燕京学报, 1927年2期301—312页

中国算学书目汇编质疑. 汤天栋. 学艺, 1927年8卷7期1—3页

永乐大典算书. 李俨. 图书馆季刊, 1928年2卷2期189—195页

近代中算著述记. 李俨. 图书馆学季刊, 1928年2卷4期601—640页. 1929年3卷1、2合期149—200页, 3期367—388页, 4期601—617页

再补裒编中国算学书目. 刘朝阳. 国立中山大学语言历史学研究所周刊, 1928年6集61期27—28页

周髀算经考. 钱宝琮. 科学, 1929年14卷1期7—29页

九章算术补注. 李俨. 北平北海图书馆月刊, 1929年2卷2期127—133页

孙子算经考. 钱宝琮. 科学, 1929年14卷2期161—168页

夏侯阳算经考. 钱宝琮. 科学, 1929年14卷3期311—320页

宋杨辉算书考. 李俨. 图书馆学季刊, 1930年4卷1期1—21页

孙子算经补注. 李俨. 国立北平图书馆馆刊, 1930年4卷4期13—29页

新收陈房伯历算书稿述记. 王献唐. 山东省立图书馆季刊, 1931年1卷1期目录57—69页

增修明代算学书志. 李俨. 图书馆学季刊, 1931年5卷1期109—135页

测圆海镜研究历程考. 李俨. 学艺, 1931年11卷2期1—26页, 6期1—15页, 8期1—36页, 9期1—10页, 10期1—14页. 1932年12卷1期117—134页, 2期85—101页, 3期99—111页, 4期83—93页

九章算术源流考. 孙文青. 女师大学术季刊, 1931年2卷1期1—60页

九章算术篇目考. 孙文青. 金陵学报, 1932年2卷2期321—363页. 师大月刊, 1933年3期37—84页

二十年来中算史论文目录. 李俨. 国立北平图书馆馆刊, 1932年6卷2期57—65页

二十年来中算史料之发见. 李俨. 科学, 1933年17卷1期1—15页

东方图书馆善本算书解题. 李俨. 国立北平图书馆馆刊, 1933年7卷1号7—11页

东方图书馆残本《数学举要》目录. 李俨. 图书馆学季刊, 1933年7卷4期721—726页

测圆海镜分类释术. 夏定域. 浙江图书馆馆刊, 1934年3卷3期2—3页

李俨所藏中国算学书目录续编. 李俨. 科学, 1934年18卷11期1547—1556页

敦煌石室"算经一卷并序". 李俨. 国立北平图书馆馆刊, 1935年9卷1期39—46页

清代文集算学类论文. 王重民 著. 李俨 校. 学风, 1935年5卷2期1—8页

汪莱衡斋算学评述. 钱宝琮. 国立浙江大学科学报告, 1936年2卷1期1—24页

清儒重视编纂算史之考究. 李孔. 新青海, 1936年4卷1、2合期57—63页

算经十书考. (日)三上义夫 著. 杨永芳 译. 新苗, 1936年第八册17—18页

浙江畴人著述记——自宋迄清浙江天文历法算学家的重要著作. 钱宝琮. 国风, 1936年8卷9、10合期41—49页

浙江畴人著述记. 李俨. 文澜学报, 1937年3卷1期1—12页

孙子算经研究. 严敦杰. 学艺, 1937年16卷3期15—31页

上海算学文献述略. 严敦杰. 科学, 1939年23卷2期72—78页

敦煌石室立成算经. 李俨. 图书季刊, 1939年新1卷4期386—396页

南北朝算学书志. 严敦杰 著. 李俨 注. 图书季刊, 1940年新2卷2期196—212页

二十八年来中算史论文目录. 李俨. 图书季刊, 1940年新2卷3期372—391页

清代四川算学著述记. 严敦杰. 图书季刊, 1941年新3卷3、4合期227—244页

蜀贤算学著述记. 严敦杰. 图书季刊, 1943年新4卷3、4合期71—75页

清光绪年蜀刻算书. 严敦杰. 图书月刊, 1943年2卷7期19—22页

居延汉简算书.严敦杰.真理杂志,1944年1卷3期315—319页
抗战以来中算史论文目录——附:二十八年来中算史论文目录补遗.李俨,严敦杰.图书季刊,1944年新5卷4期51—56页
论周髀算经.李鉴澄.宇宙,1944年14卷10—12合期224—230页
宋元算学丛考.严敦杰.科学,1947年29卷4期109—114页
十年来中算史论文目录.李俨,严敦杰.图书季刊,1948年新9卷3、4合期63—67页
罗雅谷比例规解之蓝本.严敦杰.上智编译馆馆刊,1948年3卷3、4合期130—132页
近年来中算珍籍之发现.严敦杰.科学通报,1951年2卷7期719—721页
九章算术著作的年代.陈直.西北大学学报(自然科学版),1957年1期95—97页
方中通《数度衍》评述.严敦杰.安徽史学,1960年创刊号52—57页
《算法纂要》的介绍.李俨.安徽史学,1960年创刊号.58—61,57页
我国第一本微积分学的译本——《代微积拾级》出版一百周年.梅荣照.科学史集刊,1960年3期59—64页
我国第一本概率论的著作.严敦杰.数学通报,1960年5期42页
刘徽《九章算术注》的伟大成就——纪念刘徽《九章算术注》创作1700周年.梅荣照.科学史集刊,1963年6期1—10页
徐译几何原本影印本导言.毛子水.书目季刊(台北),1966年1卷1期15—19页
王孝通《缉古算术》第二题、第三题术文疏证.钱宝琮.科学史集刊,1966年9期31—52页
从《九章算术》看儒法斗争对我国古代数学发展的影响.舒世.复旦学报(自然科学版),1975年2期23—26页
《九章算术》的形成与先秦至西汉时期的儒法斗争.李继闵.数学学报,1975年18卷4期223—230页
我国古代数学名著《九章算术》及其注释者刘徽.白尚恕.数学通报,1979年6期28—33页
《垛积比类》内容分析.罗见今.内蒙古师院学报(自然科学版),1982年1期89—105页
关于《数理精蕴》的若干问题.李兆华.内蒙古师大学报(自然科学版),1983年2期66页
刘徽《九章算术注》中的定义及演绎逻辑试析.郭书春.自然科学史研究,1983年2卷3期193—203页
《几何原本》满文抄本的来源.李兆华.故宫博物院院刊,1984年2期67—69页
《九章算术》在社会经济方面的史料价值.宋杰.自然辩证法通讯,1984年6卷5期43—45页
汪莱《衡斋算学》的一个注记.钱宝琮.科学史集刊,1984年11期12—13页
《测量全义》底本问题的初探.白尚恕.科学史集刊,1984年11期143—159页
《九章算术》方程章刘徽注新探.郭书春.自然科学史研究,1985年4卷1期1—5页
李锐《观妙居日记》研究.郭世荣.文献,1986年2期248—263页
读《九章算术·刘徽注》新议.沈康身.自然科学史研究,1986年5卷3期202—214页
《九章算术》的构成与数理.(日)武田时昌 著.郭书春 译.科学史译丛,1987年1期1—12页,2期9—20页
跋重新发现之《永乐大典》算书.严敦杰.自然科学史研究,1987年6卷1期1—19页
刘徽《九章算术注》逻辑初探.巫寿康.自然科学史研究,1987年6卷1期20—27页
关于武英殿聚珍版《九章算术》.郭书春.自然科学史研究,1987年6卷2期97—103页
《算法大全》与《古今算学宝鉴》初探.劳汉生.文献,1987年3期192—203页
江陵张家山竹简《算数书》初探.杜石然.自然科学史研究,1988年7卷3期201—203页
《西镜录》跋.严敦杰.自然科学史研究,1988年7卷3期214—217页
贾宪《黄帝九章算经细草》初探.郭书春.自然科学史研究,1988年7卷4期328—334页
对数学发展影响最大的七部名著.董张维.自然杂志,1988年6期461—466页
敦煌算书透露的科学与社会信息.许康.敦煌研究,1989年1期96—103,87页
李籍《九章算术音义》初探.郭书春.自然科学史研究,1989年8卷3期197—204页
清初改历斗争与康熙帝天算学术——《御制三角形推算法论》试析.金福.内蒙古师大学报(自然科学

版汉文版),1989年1期增刊16—22页

《几何原本》有关问题研究(四)——几何原本满文抄本的内容及其成书过程.莫德.内蒙古师大学报(自然科学版汉文版),1989年1期增刊24—28页

《数术记遗》及甄鸾注研究.冯立升.内蒙古师大学报(自然科学汉文版),1989年1期增刊58—65页

《孙子算经序》的数学哲理.纪志刚.科学技术与辩证法,1990年1期44—47页

华蘅芳《积较术》的矩阵算法思想.纪志刚.内蒙古师大学报(自然科学汉文版),1990年2期46—51页

《算法统宗》试探.李兆华.自然科学史研究,1990年9卷4期308—317页

《<九章算术>及其刘徽注研究》简介.芗素.数学通报,1990年7期47页

《几何原本》有关问题研究(五)——《数理精蕴》中的几何原本之研究.莫德.内蒙古师大学报(自然科学汉文版),1991年2期50—57页

谈《几何原本》与哲学的关系.董增柱.江淮论坛,1991年3期32—34页

《数理精蕴》中《几何原本》的底本问题.刘钝.中国科技史料,1991年12卷3期88—96页

洛书古今谈.梁培基.自然杂志,1991年6期454—457页

对"周髀研究传统"一文的补注.傅大为.清华学报(台北),1992年22卷1期87—92页

《代微积拾级》的原书和原作者.张奠宙.中国科技史料,1992年13卷2期86—90页

《中西算学大成》的编纂.吴裕宾.中国科技史料,1992年13卷2期91—94页

我国第一部借贷计算论著——《粟布算草》.吴裕宾.中国科技史料,1992年13卷4期14—23页

明代算书《一鸿算法》研究.李迪,王荣彬.自然科学史研究,1993年12卷2期112—119页

《九章算术》新论.王汝发,李德生.贵州文史丛刊,1993年3期54—56页

《九数通考》及其著者.席振伟.中国科技史料,1993年14卷4期19—22页

《墨经》数学今释.张素亮.自然科学史研究,1994年13卷1期1—9页

《测圆海镜》的构造性.孔国平.自然科学史研究,1994年13卷1期10—17页

晋商王文素及其《新集通证古今算学宝鉴》.张正明,高春平.晋阳学刊,1994年1期69—73页

《管子》与古代数学.乐爱国.自然辩证法通讯,1994年16卷2期63—67页

评宋景昌对《详解九章算法》的校勘.郭书春.自然科学史研究,1994年13卷3期193—199页

对李冶《测圆海镜》的新认识.莫绍揆.自然科学史研究,1995年14卷1期22—36页

访台所见数学珍籍.刘钝.中国科技史料,1995年16卷4期8—21页

《算法统宗·算经源流》及其学术价值.郭世荣.中国科技史料 ,1996年17卷2期21—27页

《九章算术》与《几何原本》比较——兼论其对数学发展的历史与现实意义.张维忠.大自然探索,1996年15卷2期124—127页

《周髀算经》——中国古代唯一的公理化尝试.江晓原.自然辩证法通讯,1996年18卷3期43—48页

《割圆密率捷法》残稿本的发现.李迪.自然科学史研究,1996年15卷3期234—238页

《几何原本》前三校本批校者质疑.许康,罗达雄.中国科技史料,1996年17卷4期83—87页

关于《九章算术》及其刘徽注的研究.郭书春.传统文化与现代化,1997年1期73—79页

以物理学观点评中国古代数学著作.戴念祖等.自然科学史研究,1997年16卷2期161—172页

《河防通议·算法门》初探.郭书春.自然科学史研究,1997年16卷3期223—232页

《太西算要》研究.尚智丛..内蒙古大学学报(人文社会科学版),1997年6期81—86页

其　他

学习中国数学史资料札记——《大明历》产生时的斗争与祖冲之数学成就.舒进.数学学报,1974年17卷3期153—155页

数学史的研究概况.严敦杰.中国科技史料,1980年1卷2期121—126页

关于日本对中国数学史的研究.(日)大矢真一 著.殷美琴 译.科学史译丛,1982年3期39—41页

1955——1980年中国古代数学史的研究总结与展

望.(苏)Э·Н·别辽兹金娜 著.肖进 译.科学史译丛,1983年2期86—88页
关于中国数学史的新研究.(苏)А·П·尤什凯维奇著.郭书春 译.科学史译丛,1983年3期23—29页
六十四卦的数学特点.张功耀.自然杂志,1989年4期280—284,248页

物理学史

总论

周末学术史序——理科学史序.刘光汉.国粹学报,1905年1卷3期学篇2—4页

论墨经中关于形学力学和光学的知识.钱临照,科学通报,1951年2卷8期797—801页.物理通报,1951年1卷3期97—102页

古代中国物理学的成就.王锦光.物理通报,1954年9期519—523页

关于我国历史上物理学的成就的参考文件.王锦光.物理通报,1955年1期27—29页.1958年1期25—27页

中国人民在古代关于电和磁的贡献.王先冲.清华大学学报,1955年1期131—137页

墨经中的物理.洪震寰.物理通报,1958年2期73—78页

略论"论衡"中有关物理学知识与记载.王燮山.物理通报,1960年1期23—28,22页

"考工记"中的力学和声学知识.杜正国.物理通报,1965年6期255—257,267页

儒法斗争和王夫之的物质不灭原理.华斌.科学通报,1974年19卷11期481—484页

墨家物理学成就述评.徐克明.物理,1976年5卷1期50—57页,4期231—239页

中国古代物质和运动不灭思想的发展.李迪.物理,1977年6卷2期120—123页

笔谈我国古代科学技术成就——我国古代物理学的成就.戴念祖.文物,1978年1期62—63页

试论中国古代物理学的产生发展及其特点.蔡宾牟等.华东师范大学学报(自然科学版),1981年2期39—45页

中国物理学史略.戴念祖.物理,1981年10卷10期632—639页,12期753—760页

春秋战国时代的物理研究.徐克明.自然科学史研究,1983年2卷1期1—15页

《淮南万毕术》及其物理知识.洪震寰.中国科技史料,1983年4卷3期31—35页

《尚书纬·考灵曜》中的相对论概念.钱临照,戴念祖.物理通报,1983年3期48—49页

中国原子论始末.徐克明.物理通报,1983年5期49—52,64页

中国物理学史研究中的几个问题.戴念祖.中国科技史料,1984年5卷4期24—28页

中国古代物理中的系统观测与逻辑体系及对现代物理的启发.查有梁.大自然探索,1985年4卷1期125—133页

古代四川井盐生产中的物理学成就.张学君.盐业史研究,1986年第一辑108—116页

中国古代地动说的相对性论证及其科学意义.戴念祖.科学、技术与辩证法,1986年3期35—38页

明清时期(1610—1910)物理学译著书目考.王冰.中国科技史料,1986年7卷5期3—20页

我国十七世纪的一部百科全书——方以智的《物理小识》.周瀚光,贺圣迪.中国科技史料,1986年7卷6期41—47页

中国古代有物理学吗?.窦育男,胡新如.西北大学学报(自然科学版),1987年17卷4期110—113页

《墨经》和《物理学》中的时空概念之比较.闵龙昌.科学技术与辩证法,1989年3期59—62页

《墨经》"端"之研究.洪震寰.自然科学史研究,1989年8卷4期315—321页

汉代纬书中的古代相对性原理问题.李鹏举.自然科学史研究,1989年8卷4期322—332页

《玄真子》中的物理知识.杨樟能.中国科技史料,1990年11卷4期88—90页

中国古代存在过原子论吗?.关增建,李志超.自然科学史研究,1991年10卷4期327—335页

《泰西水法》中的物理学知识.杜正国.中国科技史料,1992年13卷2期66—69页

我国早期物理名词的翻译及演变.王冰.自然科学史研究,1995年14卷3期215—226页

我国古代物理学的主要成就.刘昭民.科学史通讯

(台北),1995年13期

《庄子》相对主义与相对论物理学思想之比较.胡化凯.安徽大学学报(哲学社会科学版),1997年1期42—46页

中国早期物理学名词的审订与统一.王冰.自然科学史研究,1997年16卷3期253—261页

力学

唐代乐人关于共振现象的知识.杨宪益.新中华,1946年复刊4卷10期46—47页

十七世纪至十九世纪中叶我国出版的两本有关力学的书籍.王燮山.物理通报,1958年5期273—275页

《考工记》及其中的力学知识.王燮山.物理通报,1959年5期197—200页

墨经中有没有关于运动第一定律与第三定律的记载——与谭戒甫教授商榷.洪震寰.物理通报,1959年11期487—491页

《墨经》力学综述.洪震寰.科学史集刊,1964年7期28—44页

《墨经》力学今释.钱宝琮.科学史集刊,1965年8期65—72页

从《营造法式》看北宋的力学成就.杜拱辰,陈明达.建筑学报,1977年1期42—46,36页

中国古代关于物质和运动守恒科学思想的发展.王祖陶.自然科学史研究,1982年1卷2期97—103页

喷水鱼洗起源初探.戴念祖.自然科学史研究,1983年2卷1期16—23页

我国古代测定的固体比重及其量测方法.王燮山.物理通报,1983年6期47—49页

《考工记》中的流体力学知识.闻人军.自然科学史研究,1984年3卷1期1—7页

先秦杠杆原理钩沉.徐克明.中国科技史料,1984年5卷1期51—57页

《火攻挈要》中的几个弹道学问题.张子文.内蒙古师大学报(自然科学版),1985年1期70页

中国古代所测定的物质比重.王燮山.自然科学史研究,1985年4卷4期305—311页

中国古代火炮射程初探.刘旭.大自然探索,1986年5卷3期181—185页

中国古代运动物理学的成就.(美)程贞一著.徐华焜译.科学史译丛,1988年2期1—5页

喷水鱼洗的起源及其的物理试析.戴念祖.科学月刊(台北),1989年1期58—61页

《费隐与知录》中的热力学流体力学剖析.王艳玉.内蒙古师大学报(自然科学汉文版),1989年1期增刊72—77页

鱼洗喷水原理研究.蒋保纬,沈绍权.杭州大学学报(自然科学版),1989年2期228—229页

半坡尖底瓶的用途及其力学性能的讨论.王大钧等.文博,1989年6期36—41页

再论古代的喷水鱼洗.沈绍权,蒋保纬.浙江学刊,1989年6期115—116页

欹器与尖底瓶考略.孙霄.文博,1990年4期41—48页

关于明清之际中国杠杆力学问题的算法.王燮山.中国科技史料,1991年12卷1期53—62页

中国古代利用动力能源的历史.黄晞.文史知识,1991年11期45—48页

“金属弹簧形器”初论.后德俊.中原文物,1992年2期103—106页

关于喷水鱼洗的一条新史料.关增建.中国科技史料,1993年14卷2期85—86页

中国远古时代力学成就探讨.赵丛苍,刘军社.西北大学学报(自然科学版),1994年24卷1期87—92页

中国古代文献中的弹道学问题.李斌.自然辩证法通讯,1994年16卷3期53—58页

略谈中国历史上的弓体弹力测试.关增建.自然辩证法通讯,1994年16卷6期50—54页

亦谈“艾火令鸡子飞”.张旭敏.中国科技史料,1997年18卷2期70—73页

声　学

淮南子十二律数之正误. 田边尚雄 著. 郑心南 译. 学艺,1921 年 3 卷 9 号 1—2 页

淮南子的乐律学. 杨没累. 民铎杂志,1926 年 8 卷 1 期 1—41 页

平均律算解. 杨荫浏. 燕京学报,1937 年 21 期 1—60 页

天坛中几个建筑物的声学问题. 汤定元. 物理通报,1953年 2 期 53—59 页. 科学通报,1953 年 2 期 50—55 页

史记律书的乐律学——古代史资料之一. 王杏东. 山东大学学报(人文科学版),1957 年 2 期 150—170 页

中国古代乐律介绍. 廖宅仁. 物理通报,1958 年 6 期 329—338 页

梦溪笔谈中的声学知识. 陈茂定. 物理通报,1958 年 8 期 479—480 页

我国古籍中关于共鸣现象的记载. 施试. 物理通报,1958 年 8 期 480 页

《考工记》中的声学知识. 王燮山. 物理通报,1959 年 5 期 200—201 页

律与律管.《明报月刊》编辑部. 明报月刊(香港),1972 年 7 卷 12 期 57 页

我国古代的声学. 戴念祖. 科学通报,1976 年 21 卷 3 期 120—126 页,4 期 166—175 页

用激光全息技术研究曾侯乙编钟的振动模式. 贾陇生等. 江汉考古,1981 年增刊(总 3)期 14—19 页

对曾侯乙墓编钟的结构探讨. 林瑞等. 江汉考古,1981 年增刊(总 3)期 20—25 页

化学成分、组织、热处理对编钟声学特性的影响. 叶学贤等. 江汉考古,1981 年增刊(总 3)期 26—36 页

复制曾侯乙编钟的调律问题刍议. 黄翔鹏. 江汉考古,1983 年 2 期 81—84 页

中国编钟的过去和现在的研究. 戴念祖. 中国科技史料,1984 年 5 卷 1 期 39—50 页

稀世音乐瑰宝"竽律". 柳羽. 明报月刊(香港),1984 年 19 卷 3 期 83—84 页

中国古代已知听觉有频率下限——谈《老子》一书中所说"大音希声". 吕作昕. 物理,1987 年 16 卷 2 期 761—762 页

普救寺塔蟾声的声学机制. 丁士章等. 自然科学史研究,1988 年 7 卷 2 期 142—151 页

五台山显通寺云牌的频谱特性. 丁士章等. 自然科学史研究,1989 年 8 卷 1 期 56—61 页

记载共鸣现象应首推《周易》. 黄来仪. 中国科技史料,1989 年 10 卷 2 期 85—86 页

古代铜鼓调音问题初探. 李世红等. 自然科学史研究,1989 年 8 卷 4 期 333—340 页

洛阳中州大渠出土编磬试探. 方建军. 考古,1989 年 9 期 835—837 页

中国古代在声学上的几项发现. 吕作昕. 物理,1990 年 19 卷 1 期 49—50,55 页

中国历史上弦准的发展. 王允红. 自然科学史研究,1991 年 10 卷 4 期 336—341 页

汉代黄钟律和量制的关系. 孙机. 考古,1991 年 5 期 463—464,428 页

南方古代铜鼓调音刮痕的探讨. 李世红等. 文物,1991 年 10 期 76—80,26 页

汉代黄钟律管与量制的关系问题. 孙机. 中国历史博物馆馆刊,1991 年总 15、16 期 47—48 页

河南哈蟆塔及其蛙声效应的研究. 俞文光等. 自然科学史研究,1992 年 11 卷 2 期 158—161 页

麻江形铜鼓声学特性及雌雄铜鼓的探讨. 李世红,万辅彬. 自然科学史研究,1992 年 11 卷 3 期 237—244 页

中国古代在管口校正方面的声学成就. 戴念祖. 中国科技史料,1992 年 13 卷 4 期 6—13 页

"三分损益"法的起源. 戴念祖. 自然科学史研究,1992 年 11 卷 4 期 325—332 页

古代人知道次声吗?.——与吕作昕同志商榷. 卫中. 物理,1993 年 22 卷 1 期 59—60,43 页

《史记·律书》律数匡正——兼论先秦管律. 董树岩等. 自然科学史研究,1994 年 13 卷 1 期 41—48 页

天坛皇穹宇声学现象的新发现. 吕厚均等. 自然科学史研究,1995 年 14 卷 4 期 359—365 页

三分损益法与十二平均律——我国古代的音律学成就. 王月桂,聂为生. 文史知识,1995 年 6 期 41—45 页

天坛皇穹宇“对话石”声学现象成因及其与“回音壁”关系的研究.黑龙江大学古建筑声学问题研究组,天坛公园管理处.文物,1995年11期86—88页

天坛声学现象的首次测试与综合分析.周克超等.自然科学史研究,1996年15卷1期72—79页

朱载堉十二平均律管的理论验证.徐飞.科学技术与辩证法,1996年4期31—38页

珠海郭氏藏西汉宗庙编磬研究.王子初.文物,1997年5期27—33页

磁学

磁史.汇报科学杂志,1908年5期133—137页,6期169—176页,7期193—197页

中国测验磁力俯角考.鲁廷美.观象丛报,1921年7卷1期25—26页

指南针考.章炳麟.华国,1924年1卷5期学术1—2页

指南车与指南针无关系考.文圣举 译.科学,1924年9卷4期398—408页

中国的罗盘针考.(美)Hirth.F. 著.蒋荫楼 译.国立中山大学语言历史学研究所周刊,1928年3集29期14—20页

罗盘针起源考.Dr. Friedrick Hirth 著.毓瑞 译.中原文化,1935年21期12—19页

司南指针与罗经盘——中国古代有关静磁学知识之发现及发明.王振铎.中国考古学报,1948年3期119—259页,4期185—223页.1951年5期101—176页

指南针的起源.李书华.大陆杂志(台北),1953年7卷9期1—7页,10期1—10页

我国古代关于磁现象的发现.刘秉正.物理通报,1956年8期458—462页

我国古建筑的避雷措施.龙非了.建筑学报,1963年1期28—29页

对《我国古建筑的避雷措施》的我见.蒋博光.建筑学报,1963年9期28页

中国古代磁学上的成就.李国栋.物理,1974年3卷6期342—347页

我国古代对电的认识.戴念祖.物理,1976年5期280—284页

指南针的发现和西传.梅思.求知(香港),1976年14期26—28页

中国古代磁针的发明和航海罗经的创造.王振铎.文物,1978年3期53—61页

摩擦起电的古代史.戴念祖.自然辩证法通讯,1981年3卷3期62—63页

故宫古建筑的避雷针装置.蒋博光.故宫博物院院刊,1983年1期88—93页

指南针是汉代发明.刘洪涛.南开学报(哲学社会科学版),1985年2期66—70页

指南针.胡恩厚.科学、技术与辩证法,1985年3期63—65页

磁罗盘在中国发明的社会因素.林文照.自然辩证法研究通讯,1985年5期49—56页

关于司南的形制与发明年代.林文照.自然科学史研究,1986年5卷4期310—315页

指南针是汉代发明的吗?.刘秉正.东北师大学报(哲学社会科学版),1987年2期30—36页

天然磁体司南的定向实验.林文照.自然科学史研究,1987年6卷4期314—322页

指南针与航海.金秋鹏.文史知识,1987年6期44—48页

南宋旱罗盘的发明之发现.闻人军.杭州大学学报(哲学社会科学版),1988年4期148页

武当山金顶奇观初探.夏宗经等.自然科学史研究,1989年8卷1期63—66页

罗盘及辅助方位盘——关于船用罗盘的装置及使用方法的设想.王冠倬.中国历史博物馆馆刊,1989年总12期88—89,80页

应县木塔的避雷机制.丁士章等.自然科学史研究,1990年9卷2期139—144页

“旁罗”考.华同旭.中国科技史料,1990年11卷3期88—89页

我国古代在电磁学方面的成就.张之翔.物理,1990年19卷11期693—694,646页

南宋堪舆旱罗盘的发明之发现.闻人军.考古,1990年12期1127—1131页

我国古代对雷电的研究.陈浩.物理通报,1991年10期37—39页

自然消雷与五台山古建筑避雷.高策等.科学技术与辩证法,1992年2期9—13页

关于应县木塔的避雷问题——与丁士章等商榷.高策.自然科学史研究,1992年11卷4期333—336页

指南鱼复原试验.李强.中国历史博物馆馆刊,1992年18—19合期179—182页

司南的出现、流传及其消逝.李强.中国历史博物馆馆刊,1993年2期46—49,7页

应县木塔避雷机制的再探讨."应县木塔避雷机制研究"课题组.自然科学史研究,1993年12卷2期146—152页

古代磁性指南器源流及有关年代新探.吕作昕,吕黎阳.历史研究,1994年4期34—46页

光 学

墨经光说三条试解.太微.现代评论,1927年6卷135期5—8页

墨经光学.谭戒甫.东方杂志,1933年30卷13期154—168页

我国十四世纪科学家赵友钦的光学实验.银河.物理通报,1956年4期201—204页

我国古代发明的潜望镜.银河.物理通报,1957年7期394—395页

阳隧.钱临照.文物参考资料,1958年7期28—30页

我国古代的球面镜及其他.洪震寰.杭州大学学报(物理专号),1960年1期7—20页

阳燧非透镜辨——与王燮山、杨宽二教授商榷.洪震寰.物理通报,1960年7期311—314页

《墨经》光学八条厘说.洪震寰.科学史集刊,1962年4期1—40页

解开西汉古镜"透光"之谜.上海博物馆,复旦大学光学系.复旦学报(自然科学版),1975年3期1—10页

西汉"透光"古铜镜研究.上海交通大学西汉古铜镜研究组.金属学报,1976年12卷1期13—22页

西汉透光镜及其模拟试验.陈佩芬.文物,1976年2期91—93页

中国古代对色散的认识.李迪.物理,1976年5卷3期161—164页

阳燧和方诸考.孙传贤,王瀛三.中原文物,1981年特刊96—101页

我国古代对虹的色散本质的研究.王锦光,洪震寰.自然科学史研究,1982年1卷3期215—219页

我国古代的透镜.王燮山.物理,1982年11卷10期632—633页

玻璃·眼镜考及其它.朱晟.中国科技史料,1983年4卷2期79—86页

我国古代桊皮浸出液荧光的发现和应用.邬家林.中国科技史料,1984年5卷3期7—9页

中国古代光学的格术.李志超,徐启平.物理,1985年14卷12期756—758,765页

苏州光学史初探.张橙华.物理,1986年15卷6期381—384页

亳县曹操宗族墓葬出土透镜的初步研究.王燮山.自然科学史研究,1987年6卷1期28—31页

中国古代对海市蜃楼的认识.王锦光.香港大学中文系集刊(香港),1987年1卷2期279—282页

谈中国古代研究透镜的成就——兼议"中国古代透镜知识差"说.吕作昕,吕黎阳.物理,1987年16卷5期308—310,294页

清初章回小说《十二楼》中的一份珍贵光学史料.郭永芳.中国科技史料,1988年9卷2期87—89页

《物理小识》的光学——气光波动说和波信息弥散原理.李志超,关增建.自然杂志,1988年2期144—146页

中国古代对海市蜃楼的记载与探索.王赛时.中国科技史料,1988年9卷4期64—68页

从《论衡》和《谭子化书》探讨我国古透镜自先秦至五代的进展.徐克明,李志军.自然科学史研究,1989年8卷1期47—55页

揭开透光镜的神秘.朱仁星.故宫文物月刊(台北),1989年7卷6期44—49页

中国古籍中有关基本颜色科学的最早记载.董太和,金文英.中国科技史料,1990年11卷2期3—9页

中国古代光学史简介.王锦光.物理通报,1990年2期35—37页

关于"透光"镜的模拟试验.何堂坤,朱寿康.自然科学史研究,1990年9卷3期232—237页

中国古代透镜的出现年代、来源及名称.洪震寰.自

然科学史研究,1990年9卷4期350—356页
眼镜在中国之发始考.洪震寰.中国科技史料,1994年15卷1期71—75页
阳燧小考.李东琬.自然科学史研究,1996年15卷4期368—373页
李大钊谈阳燧和阴燧.杨纪元.文博,1997年2期54—55页
周原出土西周阳燧的技术研究.杨军昌.文物,1997年7期85—86页

热 学

中国古代测温术简史.王锦光,闻人军.物理通报,1982年3期52—55页
中国古代的测温技术和有关热学理论——世界上第一支温度计是伽利略发明的吗?.陈锡光.南京大学学报(自然科学版),1988年4期725—734页
中国最早暖水瓶.伊永文.中国科技史料,1995年16卷1期79—83页
外丹术中的热学知识初探.段异兵.自然科学史研究,1996年15卷3期254—258页

计 量

中国古代量法之一斑.蔡方荫.清华周刊,1921年第七次增刊49—64页
中国历代之尺度.王国维.学衡,1926年57期1—6页
中国历代"度"制沿革.谢彦谈.先导,1932年1卷1期52—56页.1933年1卷2期69—74页,3期60—64页
度量衡制考.谢彦谈.朝晖,1932年11期32—44页
我国度量衡制之史的研究.周仰钊.河南建设,1934年1卷1期47—51页
中国历代度量衡制度之变迁与其行政上之措施.吴承洛.工业标准与度量衡,1934年1卷2期15—20页
汉唐之尺度及里程考.足立喜六 著.吴晗 译.人文,1934年5卷6期1—14页,7期15—30页.北强月刊,1935年2卷3期1—18页
"商鞅量"与"商鞅量尺".唐兰.国学季刊,1935年5卷4期119—126页
河南出土唐代铜尺考证.孙次舟.大学,1942年1卷1期28—41页
明代丈量考略.万国鼎.中农月刊,1945年6卷11期32—39页
古尺考.矩斋.文物参考资料,1957年3期25—28页
升斗辨.贺昌群.历史研究,1958年6期79—86页
汉代大小斛(石)问题.高自强.考古,1962年2期92—94,98页
中国历代尺度概述.曾武秀.历史研究,1964年3期163—182页
从一行测量北极高看唐代的大小尺.王冠倬.文物,1964年6期24—29页
战国度量衡略说.陈梦家.考古,1964年6期312—314页
古代量器小考.紫溪.文物,1964年7期39—54页
商鞅方升与战国量制.马承源.文物,1972年6期17—24页
西汉度量衡略说.天石.文物,1975年12期79—89页
我国度量衡的产生和发展.国家标准计量局度量衡史料组.考古,1977年1期37—42页
杆秤的起源发展和秦权的使用方法——兼论四川、河南出土的汉权.张勋燎.四川大学学报(哲学社会科学版),1977年3期52—60页
西汉称钱天平与法马.晁华山.文物,1977年11期69—73页
古璧和春秋战国以前的衡权(砝码).张勋燎.四川大学学报(哲学社会科学版),1979年1期86—97页
世界上最早的游标量具——新莽铜卡尺.刘东瑞.中国历史博物馆馆刊,1979年1期94—98,93页
谈战国时期的不等臂秤"王"铜衡.刘东瑞.文物,1979年4期73—76页
南宋国家标准的文思院官量和宁国府(安徽宣城)自置的大斗大斛——中国度量衡史专题研度究之

三.张勋燎.社会科学战线,1980年1期207—217页
中国历代度量衡之变迁及其时代特征.梁方仲.中山大学学报(哲学社会科学版),1980年2期1—20页
司马成公权的国别,年代与衡制问题.黄盛璋.中国历史博物馆馆刊,1980年2期103—107页
唐代度量衡与亩里制度.胡戟.西北大学学报(哲学社会科学版),1980年4期34—41页
从王莽量器到刘歆圆率.白尚恕.自然辩证法通讯,1981年3卷1期65页
我国古代度量衡的产生、标准和单位量的增长原因.刘东瑞.史学月刊,1981年3期6—12,46页
王莽卡尺的构造、用法以及在数理上的分析.白尚恕.中国历史博物馆馆刊,1981年3期82—85页
关于新莽铜卡尺的定名与游标原理.邱隆,丘光明.中国历史博物馆馆刊,1981年3期86—87页
试论战国容量制度.丘光明.文物,1981年10期63—72页
试论战国衡制.丘光明.考古,1982年5期516—527页
《考工记》齐尺考辨.闻人军.考古,1983年1期61—65页
汉光和斛、权的研究.高大伦,张懋镕.西北大学学报(哲学社会科学版),1983年4期73—83页
茂陵从葬坑出土铜器度量衡刻铭试析.张静.文物,1983年8期65—66页
唐代衡制小识.杨东晨,卢建国.文博,1984年1期107—110页
汉代亩产量与钟容量考辨.高志辛.中国史研究,1984年1期153—155页
乾隆嘉量考——兼谈黄钟与度量衡的关系.丘光明.故宫博物院院刊,1984年3期41—45页
对我国古代航海史料"更"的几点认识.范中义,王振华.海交史研究,1984年6期68—73页
我国古代权衡器简论.丘光明.文物,1984年10期77—83,89页
"元代铜权"略考.姜涛,李秀萍.中原文物,1985年3期96—98页
从金代的官印考察金代的尺度.高青山,王晓斌.辽宁大学学报(哲学社会科学版),1986年4期75—76,74页
有关新莽权衡的几个问题.何琪.中国历史博物馆馆刊,1986年总9期136页
说古尺度.黄怀信.文博,1987年2期85—87页
从原始计量到度量衡制度的形成.汪宁生.考古学报,1987年3期293—319页
战国时期中山国的陶量.李恩佳.文物,1987年64—66,75页
汉代锺容量考.高维刚.四川大学学报(哲学社会科学版),1987年4期104—106页
秦汉时代"锺""斛""石"新考.王忠全.中国史研究,1988年1期11—23页
宝丰发现秦始皇诏书衡器——铁权.邓成宝.中原文物,1988年2期89页
论莽量尺.胡戟.考古与文物,1988年2期90—92页
太平天国圣库衡器砝码.胡寄樵.文物,1988年5期80—81,29页
中国古代里亩制度概述.闻人军.杭州大学学报(哲学社会科学版),1989年3期122—132页
关于宋代斤两轻重的考订——从宋人的考察古秤论及近年的出土宋衡实物.郭正忠.中国史研究,1990年3期88—100页
《周易》蓍尺制度论略.金其鑫.周易研究,1991年2期58—63页
再谈《衡书》中的几个问题——答黄盛璋同志.洪家义.文物研究,1991年总7辑176—182页
唐代权衡制度考.丘光明.文物,1991年9期86—92页
汉代黄钟律管与量制的关系问题.孙机.中国历史博物馆馆刊,1991年15—16合期47—48页
秦汉时期度量衡的几个问题.吴慧.中国史研究,1992年1期3—14页
试论裴李岗文化的原始数学:兼论我国度量衡的起源.张居中.中原文物,1992年1期6—10页
从法门寺地宫出土金银器谈唐代衡制.王仓西.文博,1992年1期51—60,79页
魏晋南北朝隋唐的度量衡.吴慧.中国社会经济史研究,1992年3期7—18,60页
大地湾古量器及分配制度初探.赵建龙.考古与文物,1992年6期37—41页
度量衡起源.郭伯南.中国历史博物馆馆刊,1992年总17期8—11页
俄罗斯滨海边区赛加古城出土金代权衡器考.冯恩学.北方文物,1993年1期40—41页
唐宋权衡"字"名考.郭正忠.文博,1993年2期35—

38 页
杆秤创行与权衡计量制度的变衍——兼释古衡遽重之谜.郭正忠.河北学刊,1993 年 3 期 67—74 页
中国古代的度量衡标准.丘光明.物理通报,1993 年 5 期 37—39 页
古衡“分”名考——关于近年来唐衡争议的一点浅见.郭正忠.文物,1993 年 5 期 66—71,29 页
《史记·律书》律数匡正——兼论先秦管律.董树岩等.自然科学史研究,1994 年 13 卷 1 期 41—48 页
沅陵楚墓新近出土铭文砝码小识.郭伟民.考古,1994 年 8 期 719—721 页
关于焦作窑藏铜器与其中的杆称.孙机.华夏考古,1997 年 1 期 83—86,82 页
宋钱计量单位及名称小考.程民生.史学月刊,1997 年 3 期 116—117 页
中国最古老的重要单位“寽”.邱光明.考古与文物,1997 年 4 期 46—49 页
从元代官印看元代的尺度.杨平.考古,1997 年 8 期 86—90 页

化 学 史

总 论

中国古代金属原质之化学.王琎.科学,1920年5卷6期555—564页

中国古代金属化合物之化学.王琎.科学,1920年5卷7期672—684页

中国制钱之定量分析.科学,1921年6卷11期1173页

五铢钱化学成分及古代应用铅锡锌腊考.王琎.科学,1923年8卷8期839—854页

中国古代的化学.彭民一.清华周刊,1932年38卷10、11合期47—53页

洗冤录上之化学问题.汤腾汉.国风,1933年3卷12期21—23页

化学肇始在中国何故后世反衰落.倪则埙.科学的中国,1934年3卷7期1—4页

中国古代化学上的成就.王琎.科学通报,1951年2卷11期1142—1145页

我国古代关于"金"的化学.俞崇智.化学通报,1953年2期69—72页

我国古代哲学中有关物质的理论.袁翰青.化学通报,1954年3期144—148页

"马和"发现氧气的问题.袁翰青.化学通报,1954年4期192—195页

我国化学史的研究概况与参考资料.袁翰青.化学通报,1954年10期493—502页

关于发现氧气的几个问题.孟乃昌.化学通报,1955年6期379—381页

答孟乃昌同志.袁翰青.化学通报,1955年6期381—382页

我国古代关于锌、镍的化学.王琴希.化学通报,1955年569—572页

历代几种重要本草中的无机化学知识.袁翰青.化学通报,1956年8期57—69页

再谈发现氧气问题及其他(附录:H.J.克拉普罗特,论八世纪时中国人的化学知识).孟乃昌.化学通报,1957年5期66—72页,28页

中国古代铜合金化学成分变迁趋向的一斑.王琎,杨国梁.杭州大学学报(化学专号),1959年5期43—50页

从明清两代制钱化学成分的研究谈在该时期中有色金属冶炼技术在中国发展情形的一斑.王琎.杭州大学学报(化学专号),1959年5期51—62页

沈括的《梦溪笔谈》中的化学知识.陈茂定.化学通报,1960年4期51—52页

"墨经"中的元素和原子概念.徐克明.物理通报,1960年6期266—269页

中国古代的矿物学知识及其对于化学发展上的影响.王琎.杭州大学学报(自然科学版),1962年1期75—86页

乌铅倭铅水锡和黑锡的研讨——兼论中国用锌年代问题.岳慎礼.大陆杂志(台北),1964年28卷6期28—30页

我国古代朴素的元素论和原子论.李重.物理,1975年4卷2期115—118页

《神农本草经》中的化学知识.周始民.化学通报,1975年3期47—50页

我国古代的一些矿物鉴定知识.周始民.化学通报,1977年2期55—56,21页

我国古代化学的发展.徐贤恭.中山大学学报(自然科学版),1977年3期57—76页

笔谈我国古代科学技术成就——成就卓著的我国古代化学.潘吉星.文物,1978年1期61—62页

明代《墨娥小录》一书中的化学知识.郭正谊.化学通报,1978年4期49—52页

锌在传统上称"倭铅".朱晟.中国科技史料,1981年2卷3期86页

中国古代化学的成就.潘吉星.中国科技史料,1981年2卷4期1—12页

《抱朴子》有关制取单质砷和火药起源的记载.王奎克,朱晟.化学通报,1982年1期56—57页

古代四川井盐生产中的化学成就.张学君.大自然探

索,1982年1卷1期172—176页
砷的历史在中国.王奎克等.自然科学史研究,1982年1卷2期115—126页
单质砷炼制史的实验研究.郑同,袁书玉.自然科学史研究,1982年1卷2期127—130页
我国古代的洗涤剂.何端生.中国科技史料,1983年2期87—88,86页
汉唐消石名实考辨.孟乃昌.自然科学史研究,1983年2卷2期97—111页
我国明清时期关于无机酸的记载.潘吉星.大自然探索,1983年2卷3期134—140页
我国古代关于铅的化学知识.朱晟.化学通报,1983年4期52—55页
研究我国化学史应重视古籍《诗经》.李素桢,田育诚.化学通报,1983年11期54—56页
中国古代的矾化学.赵匡华.化学通报,1983年12期55—58页
我国古代"抽砂炼汞"的演进及其化学成就.赵匡华.自然科学史研究,1984年3卷1期11—23页
中国古代氧气发现之谜.孟乃昌.自然科学史研究,1984年3卷1期31—33页
中国十一世纪的甘露醇.何端生.自然科学史研究,1984年3卷1期34页
台湾土法炼硫考释.赵匡华,郭正谊.中国科技史料,1984年5卷1期58—62页
中国古代对氨及其化合物的认识和利用.李亚东.中国科技史料,1984年5卷2期20—25页
关于我国古代取得单质砷的进一步确证和实验研究.赵匡华,骆萌.自然科学史研究,1984年3卷2期105—112页
再探我国用锌起源.赵匡华.中国科技史料,1984年5卷4期15—23页
我国化学史研究的历史回顾.周嘉华.化学通报,1984年5期56—61页
我国古代的金银分离术与黄金鉴定.赵匡华.化学通报,1984年12期54—57页
中国古代化学中的矾.赵匡华.自然科学史研究,1985年4卷2期106—119页
中国古代的炼金术.赵匡华.文史知识,1985年8期49—54页
北宋铜钱化学成分剖析及夹锡钱初探.赵匡华等.自然科学史研究,1986年5卷3期229—246页
《天工开物》炼锌法模拟实验研究.杨维增,刘文铭.化学通报,1986年4期59—60页
南宋铜钱化学成分剖析及宋代胆铜质量研究.赵匡华等.自然科学史研究,1986年5卷4期321—330页
试论楚国配矿技术中的化学问题.后德俊.江汉考古,1987年1期87—90页
我国什么时候开始使用"化学"一词.袁翰青,应礼文.中国科技史料,1987年8卷3期32页
古铜器表面化学处理的研究.马肇曾,韩汝玢.化学通报,1988年8期59—61页
中国古代的铅化学.赵匡华等.自然科学史研究,1990年9卷3期248—257页
《庄子》书中的循环转化说.姚德昌.自然科学史研究,1990年9卷3期269—274页
苏颂《本草图经》中的化学成就.田育诚,李素桢.化学通报,1990年4期58—61页
中国制取无机酸的历史回顾.朱晟,季鸿崑.中国科技史料,1992年13卷2期9—14页
中国古代试辨硝石与芒硝的历史.赵匡华,赵宇彤.自然科学史研究,1994年13卷4期336—349页
化学与《易经》基本原理——《易经》与我国古代化学.杨明亮.周易研究,1995年1期78—86页
中国用硫史研究——古代纯化硫磺法初探.刘广定.汉学研究(台北),1995年13卷1期197—206页

火 药

中国火药之起源.曹焕文.西北实业月刊,1946年1卷1期14—18页
火药的发现及其传布.冯家昇.史学集刊,1947年5期29—84页
回教国为火药由中国传入欧洲的桥梁.冯家昇.史学集刊,1950年6期1—51页
中国人最先发明火柴——兼谈火柴的制造过程.梅谷.求知(香港),1975年8期26—27,37页
火药发明史料的一点探讨.郭正谊.化学通报,1981年6期59—60页

关于中国文化领域内火药与火器史的新看法.(英)李约瑟,鲁桂珍 著.李天生 译.科学史译丛,1982年2期1—3页

黑火药是用天然硫磺配制的吗.张运明.中国科技史料,1982年3卷1期32—38页

火柴史话.白福臻.明报月刊(香港),1983年18卷11期97—98页

火药发明史的新探讨.郭正谊.中国历史博物馆馆刊,1985年7期72—77,48页

火药源起的新探讨.郭正谊.化学通报,1986年1期55—57页

我国火药发明年代考.袁成业,松全才.中国科技史料,1986年7卷2期30—36,41页

中国古代管形火器发射火药初探.刘旭.大自然探索,1988年7卷1期163—169页

火药发明探源.孟乃昌.自然科学史研究,1989年8卷2期147—157页

中国烟火史料钩沉.郭正谊.中国科技史料,1990年11卷4期74—80页

中国古代火药的理论体系.孟乃昌.自然科学史研究,1991年10卷2期157—164页

宋元明清的"烟火".伊永文.传统文化与现代化,1994年6期58—66页

炼丹术

中国古代金丹家的设备和方法.曹元宇.科学,1933年17卷1期31—54页

葛洪以前之金丹史略.曹元宇.学艺,1935年14卷2期1—12页,3期15—25页

中国炼丹术.大维司,吴鲁强 著.陈国符 译.化学,1936年3卷5期771—784页

中国丹砂之应用及其推演(附中国古代金丹家炼丹图).劳干.国立中央研究院历史语言研究所集刊,1938年第七本第四分519—531页

道家仙药之化学观.薛愚.学思,1942年1卷5期24—31页

从道藏里的几种书看我国的炼丹术.袁翰青.化学通报,1954年7期339—350页

中国外丹黄白术史略.陈国符.化学通报,1954年12期600—607,595页

我国人民用水银的历史.朱晟.化学通报,1957年4期64—69页

"周易参同契"及其中的化学知识.孟乃昌.化学通报,1958年7期443—447页

炼丹术的发生与发展.张子高.清华大学学报,1960年7卷2期35—50页

中国炼丹术中的"金液"和华池.王奎克.科学史集刊,1964年7期53—62页

关于中国炼丹术中硝酸的应用.孟乃昌.科学史集刊,1966年9期24—30页

道藏经中外丹黄白术材料的整理.陈国符.化学通报,1979年6期78—87页

我国金丹术中砷白铜的源流与验证.赵匡华.自然科学史研究,1983年2卷1期24—31页

从《龙虎还丹诀》看我国炼丹家对化学的贡献.郭正谊.自然科学史研究,1983年2卷2期112—117页

关于中国炼丹术和医药化学中制轻粉、粉霜诸方的实验研究.赵匡华,吴琅宇.自然科学史研究,1983年2卷3期204—212页

中国炼丹术的丹药观与药性论.赵匡华.化学通报,1983年7期52—56页

中国炼丹术伏硫黄、硝石、硇砂诸法的实验研究.孟乃昌等.自然科学史研究,1984年3卷2期113—127页

朱砂的溶解——六世纪中国炼丹术一配方的解释.(英)A.R.巴特勒等.自然科学史研究,1984年3卷3期217—223页

中国炼丹术"金液"丹的模拟实验研究.孟乃昌等.自然科学史研究,1985年4卷1期6—21页

我国古代炼丹家对物质守恒定律的实验验证和应用.郭正谊.化学通报,1985年1期61—63页

中国炼丹术研究的过去和现在.孟乃昌.中国科技史料,1985年6卷4期32—40页

中国炼丹家最先发现元素砷.赵匡华,张惠珍.化学通报,1985年10期57—60页

中国金丹术中的"彩色金"及其实验研究.赵匡华,张惠珍.自然科学史研究,1986年5卷1期1—9页

中国古代的炼丹术.赵匡华.文史知识,1986年3期

54—59 页

中国炼丹术朱砂水法模拟实验研究.孟乃昌等.自然科学史研究,1986 年 5 卷 3 期 215—225 页

中国炼丹术和时间控制.N·席文.科学史译丛,1987 年 2 期 1—8 页

中国古代炼丹术中的诸药金、药银的考释与模拟试验研究.赵匡华,张惠珍.自然科学史研究,1987 年 6 卷 2 期 105—122 页

中国炼丹术"还丹"的演变.孟乃昌.自然科学史研究,1987 年 6 卷 2 期 123—130 页

炼丹术——科学与宗教的畸形儿.李亚东.自然辩证法通讯,1987 年 9 卷 3 期 55—58 页

《周易参同契》与气功科学理论.潘世宪.周易研究,1988 年 1 期 58—63 页

中国古代炼丹术及医药学中的氧化汞.赵匡华等.自然科学史研究,1988 年 7 卷 4 期 356—366 页

中国炼丹术中的"黄芽"辨析.赵匡华.自然科学史研究,1989 年 8 卷 4 期 350—360 页

炼丹术为什么不能导致近代化学产生.周秋蓉,韦东庆.科学技术与辩证法,1989 年 6 期 40—44 页

炼丹家为何不研究气体.朱诚身.化学通报,1990 年 1 期 55—56 页

古代性学与气功——兼论评价内丹术的困难.江晓原.大自然探索,1990 年 9 卷 1 期 111—117 页

唐代道教外丹.金正耀.历史研究,1990 年 2 期 53—68 页

论炼丹术中用铅的开始.劳干.大陆杂志(台北),1990 年 80 卷 3 期 1—2 页

易学思想在中国炼丹术中的应用.王祖陶.自然科学史研究,1990 年 9 卷 3 期 238—247 页

中西古代金丹术的比较研究.何法信.自然科学史研究,1996 年 15 卷 3 期 219—226 页

中国金丹术为什么没有取得更大的化学成就——中国金丹术和阿拉伯炼金术的比较.李晓岑.自然辩证法通讯,1996 年 18 卷 5 期 53—57 页

内外丹兴替考.杨立华.传统文化与现代化,1997 年 3 期 64—70 页

古籍整理与研究

中国化学史与化学出版物.谭勤余.学林,1941 年 8 辑 87—110 页

明清时期(1640—1910)化学译作书目考.潘吉星.中国科技史料,1984 年 5 卷 1 期 23—38 页

清代出版的农业化学专著《农务化学问答》.潘吉星.中国农史,1984 年 2 期 93—98 页

关于《化学鉴原》和《化学初阶》.王扬宗.中国科学史料,1990 年 11 卷 1 期 84—88 页

《鱼雷图说》.杜国正.中国科技史料,1981 年 2 卷 4 期 94—96 页

唐以前之参同契.午范.责善半月刊,1940 年 1 卷 9 期 6—7 页

周易参同契考证.王明.国立中央研究院历史语言研究所集刊,1948 年第十九本 325—366 页

周易参同契——世界炼丹上最古的著作.袁翰青.化学通报,1954 年 8 期 401—406 页

《三十六水法》——中国古代关于水溶液的一种早期炼丹文献.李约瑟等 著.王奎克 节译.科学史集刊,1963 年 5 期 67—81 页

丹房镜源考.何丙郁,苏莹辉.东方文化(香港),1970 年 8 卷 3 期 1—23 页

丹房镜源考后记.苏莹辉.大陆杂志(台北),1970 年 41 卷 3 期 32 页

炼丹书《悬解录》试解.孟乃昌.化学通报,1982 年 5 期 53—58 页

炼丹史上最后一部著作《金火大成》.孟乃昌.大自然探索,1983 年 2 卷 3 期 125—133 页

中国科学史上的《周易参同契》.胡孚琛.文史哲,1983 年 6 期 73—81 页

《周易参同契》研究琐谈.胡孚琛.齐鲁学刊,1985 年 2 期 61—65 页

《周易参同契》解题.孟乃昌.学术月刊,1990 年 9 期 41 页

《周易参同契》的哲学基础.乌恩溥.周易研究,1991 年 4 期 8—15 页

《周易参同契》作者考.方春阳.周易研究,1992 年 3 期 33—36 页

《周易参同契》外丹著作考.王祖陶,毕桂欣.自然科学史研究,1993 年 12 卷 2 期 153—158 页

《周易参同契》考述.杨效雷.文献,1997 年 4 期

123—133 页

其 他

古代徽州纸砚墨手工业的发展. 陈学文. 抖擻(香港),1981 年 45 期 45—48 页

中国墨创始年代的商榷. 尹润生. 文物,1983 年 4 期 92—95 页

中国古代的印刷用墨. 丁匀成. 中国科技史料,1984 年 5 卷 3 期 58—63 页

墨里乾坤——试从科学观点探讨古墨的特性. 余敦平. 故宫文物月刊(台北),1987 年 4 卷 11 期 85—88 页

中国墨的起源和发展.(美)钱存训 著. 高祀熹 译. 文献,1989 年 2 期 233—249 页

合肥出土宋墨考. 胡东波. 文物,1991 年 3 期 44—46 页

试论我国古代墨的形制及其相关问题. 王志高,邵磊. 东南文化,1993 年 2 期 78—83 页

中国古墨与现代墨元素成分研究. 承焕生等. 文物保护与考古科学,1997 年 9 卷 1 期 16—19 页

天文学史

总　论

中国最古之天学.问天.东方杂志,1910年7卷9期杂俎33页

东汉以前中国天文学史大纲.(日)新城新藏 撰.陈啸仙 译.科学,1926年11卷6期744—761页.国立中山大学语言历史学研究所周刊,1929年8卷94—96合期12—22页

中国古代天文学成立之研究(答新城博士驳论).(日)饭岛忠夫 撰.陈啸仙 译.科学,1926年11卷12期1654—1675页

中国古代天文学考.湛约翰 著.向达 译.科学,1926年11卷12期1676—1698页

古代中国天文学发达史.(日)新城新藏 著.知儿 译.南开大学周刊,1927年37期11—22页

书经诗经之天文历法.(日)饭岛忠夫 撰.陈啸仙 译.科学,1928年13卷1期18—44页

中国古代社会之天文学.曾铁忱.中国社会,1934年创刊号22—29页

巴比伦与中国古代天文历法之比较研究.陈廷璠.国立中山大学文史学研究所月刊,1934年3卷2期3—13页

纬书与古天文学之关系.沈讱.国专月刊,1935年1卷55—58页

中国古代天文学略考.王石安.学风,1935年5卷10期1—6页

中国的天文学问题.裴化行.新北辰,1935年1卷11期1137—1152页

古代中国的天文学(刘歆改窜《左传》说的证实).爱伯华 著.方志浵 译.研究与进步,1939年1卷2期27—31页

中国上古天文学史发凡.束世澂.史学季刊,1941年1卷2期59—76页

中国天文学史初论.陈遵妫.宇宙,1945年15卷1—3合期9—14页

中国古代天文鸟瞰.张钰哲.宇宙,1946年16卷4—6合期17—25页

我国上古的天文历数知识多导源于伊兰.岑仲勉.学原,1947年1卷5期34—54页

上古天文材料.陈梦家.学原,1947年1卷6期88—99页

中国古代天文学鸟瞰.高平子.大陆杂志(台北),1950年1卷2期

中国古代在天文学的伟大贡献.竺可桢.科学通报,1951年2卷3期215—219页

中国古代天文历法史研究的矛盾形势和今后出路.刘朝阳.天文学报,1953年1卷1期30—82页

中国天文事业的古代成就和近来情况.张钰哲.科学通报,1953年3卷3期11—13页

写给董作宾先生.鲁实先.民主评论,1955年6卷7期2—5页

天文学思想的发展.席泽宗.自然辩证法研究通讯,1956年创刊号51—52页

评刘朝阳先生"中国古代天文历法史研究的矛盾形势和今后出路".曾次亮.天文学报,1956年4卷2期235—256页

春秋时代天文学和老子的唯物主义思想.任继愈.北京大学学报(人文科学版),1959年4期9—16页

《淮南子》在天文学上的贡献.吕子方.安徽史学,1960年创刊号49—51页

中国天文学的历史发展.席泽宗.科学,1960年36卷1期1—4页

陈著《中国古代天文学简史》的质疑(陈遵妫著).岑仲勉.中山大学学报(社会科学版),1960年3期48—56页

中国天文学史的几个问题.席泽宗.科学史集刊,1960年3期53—58页

朝鲜朴燕岩《热河日记》中的天文学思想.席泽宗.科学史集刊,1965年8期73—76页

《诗经》中的天文诗.郑衍通.南洋大学学报(新加坡),1969年3卷29—38页

台湾之天文学史事初探.陈汉光.台湾文献(台北),

1969年20卷4期137—141页

中国古代的天文和历法. 钱伟长. 明报月刊(香港), 1970年5卷10期26—32页

先秦两汉儒法斗争和我国古代天文学的发展. 石可. 天文学报,1974年15卷2期104—112页

从我国古代天文学与气象学的发展看儒法斗争. 陈世训. 中山大学学报(自然科学版),1975年1期32—37页

沈括的《梦溪笔谈》和我国古代天文学. 南京大学天文系科学史研究组. 南京大学学报(自然科学版), 1975年2期1—4页

沈括《梦溪笔谈》天文条目评注. 南京大学天文系科学史研究组. 南京大学学报(自然科学版),1975年2期4—26页

儒法斗争和我国古天文学的发展. 理论学习小组. 北京天文台台刊,1975年4期1—6页

从我国古代神话探索天文学的起源. 郑文光. 历史研究,1976年4期61—68页

中国古代天文学一览. 刘济昆. 求知(香港),1976年20期19—22页

从二十八宿看中国早期天文学的发展. 郑文光. 北京天文台台刊,1977年10期48—66页

笔谈我国古代科学技术成就——我国古代天文学的优良传统和独到成就. 陈美东. 文物,1978年1期58—59页

天文学的起源. 鹿羊. 中国科技史料,1980年1卷2期65—71页

中国天文历法概说.(日)薮内清 著. 杜石然 译. 科学史译丛,1981年2期6—13页

中国古代天文计算方法.(日)薮内清 著. 杜石然 译. 科学史译丛,1982年3期1—21页,4期1—19页

《授时历之路》一书的前言和结语.(日)山田庆儿著. 赵严 译. 科学史译丛,1982年3期34—38,98页

古代东方天文学对现代天体物理学的影响. 方励之, 鹤田幸子. 物理通报,1982年4期8—14页

中国天文学史纂要. 陈万鼐. 故宫季刊(台北),1982年16卷4期79—114页,17卷1期41—72页

从文物资料探索我国原始社会的天文学. 盖山林. 内蒙古师大学报(自然科学版),1983年2期49页

论"天数在蜀". 刘佳寿,刘德仁. 大自然探索,1984年3卷1期179—185,140页

中国清朝初期的天文历算学.(日)桥本敬造 著. 那静坤 译. 科学史译丛,1984年2期39—43页

从《崇祯历书》看科学革命的一个过程.(日)桥本敬造 著. 曲扬 译. 科学史译丛,1984年3期20—29页

戴震天体论中的科学与哲学. 王茂,王克迪. 江淮论坛,1985年4期33—41页

阴阳五行八卦起源新说. 陈久金. 自然科学史研究, 1986年5卷2期97—112页

战国时期天文学的成就. 辛夷. 史学月刊,1986年2期104—105页

中国古代地动说的相对性论证及其科学史意义. 戴念祖. 科学、技术与辩证法,1986年3期35—38页

山东莒县史前天文遗址. 杜升云. 科学通报,1986年9期677—678页

哈萨克族的天文与历法. 苏北海. 西北史地,1987年3期52—60页

十七、十八世纪中国天文学的三个新特点. 江晓原. 自然辩证法通讯,1988年12卷3期51—56,33页

中国古代历法与星占术——兼论如何认识中国古代天文学. 江晓原. 大自然探索,1988年7卷3期153—160页

望文生义——科学技术史研究的歧途. 金祖孟. 大自然探索,1988年7卷3期182—185页

天文学在中国传统文化中的地位. 席泽宗. 科学, 1989年41卷1期90—96页

北宋仁宗时(1022—1063)的天文学研究. 李迪. 内蒙古师大学报(自然科学汉文版),1989年1期科学史增刊1—6页

《墨经》和《物理学》中的时空概念之比较. 闵龙昌. 科学技术与辩证法,1989年3期59—62页

阴阳螺旋和中国古代的时间概念. 杨学鹏. 科学, 1989年41卷3期218—220页

中国古代天文学鸟瞰. 吕明智. 东方杂志(台北), 1989年22卷9期50—56页

中国古代关于控制行星运动的力的思想. 薄树人. 中国历史博物馆馆刊,1989年总12期4—11页

天文对中国古代政治的影响——以汉相翟方进自杀为例. 张嘉风,黄一农. 清华学报(台北),1990年新20卷2期361—378页

金文中的历算知识. 孔国平. 中国科技史料,1990年11卷3期3—10页

河南濮阳西水坡45号墓的天文学研究. 冯时. 文物, 1990年3期52—60,69页

二十四节气之占与传统文化反思.李勇.大自然探索,1990年9卷3期119—124页

巴比伦——中国天文学史上的几个问题.江晓原.自然辩证法通讯,1990年12卷4期40—46页

中国古代天文成就.席泽宗.天文通讯(台北),1990年38卷5期2—9页

《周髀算经》中天文学思想评述.郭盛炽.天文学报,1991年2期208—213页

清初民族思想的嬗变及其对清代天文—数学的影响.刘钝.自然辩证法通讯,1991年13卷3期42—52页

明代回回族的天文历算成就.冯立升.中央民族学院学报,1991年3期53—56页

上古天文考——古代中国天文之性质与功能.江晓原.中国文化,1991年总4期48—58页

中国古代的时间观念.关增建.自然辩证法通讯,1991年13卷4期50—56页

康德的星云假说·机械论·形而上学——关于我国科学思想史研究中一些问题的思考.林定夷.自然辩证法通讯,1991年12卷5期53—61页

科学中混沌概念的演化.陈立群.自然杂志,1991年8期619—624页

中国传统地动说及其引起的分歧与争论.石云里.自然辩证法通讯,1992年14卷1期43—49,78页

中国天学的起源:西来还是自生?.江晓原.自然辩证法通讯,1992年12卷2期49—56页

陕西关中古代天文遗存.刘次沅.陕西天文台台刊,1992年15卷2期111—120页

红山文化三环石坛的天文学研究——兼论中国最早的圜丘与方丘.冯时.北方文物,1993年1期9—17页

阿昌族天文初探.李维宝.云南天文台台刊,1993年1期51—56页

谈历朝「私习天文」之厉禁.江晓原.中国典籍与文化,1993年1期97—100页

《日书》四方四维与五行浅说.刘信芳.考古与文物,1993年2期87—94页

从周文王赶建灵台谈起.江晓原.中国典籍与文化,1993年2期104—107页

简述藏族天文算中的汉藏文化交流.阿旺次仁.西藏研究,1993年2期108—111页

中国传统思想中时空概念的比较研究.张会翼.自然科学史研究,1993年12卷3期201—206页

清前期对"四余"定义及其存废的争执——社会天文学史个案研究.黄一农.自然科学史研究,1993年12卷3期240—248页,4期344—353页

"日食求言"的渊源及意义.江晓原.中国典籍与文化,1993年4期40—43页

观象授时五千年——中国天文学的传统.伊世同.天文通讯(台北),1993年251期4—6页

唐代学术文化发展述论.叶茂.南都学坛(哲学社会科学版),1994年14卷1期66—75页

明政府对回回天算人才的任用.陈静.回族研究,1994年3期35—38页

中国古代的异常天象观.徐凤先.自然科学史研究,1994年13卷3期201—208页

山戎等北方民族天文学知识的萌芽.蔡·尼玛.中国科技史料,1995年16卷1期3—10页

日食观念与传统礼制.关增建.自然辩证法通讯,1995年17卷2期47—55页

十七世纪中国的准哥白尼学说——黄道周的地动理论.石云里.大自然探索,1995年14卷2期122—127页

中国古代天文学的成就.阮国全.天文通讯(台北),1995年259期2—6页

论我国古代天文学与气象学之关系.刘昭民.科学史通讯(台北),1996年15期22—26页

《物理小识》的天文学史价值.关增建.郑州大学学报(哲社版),1996年3期63—68页

西南边陲的天文学.张柏荣.云南天文台台刊,1997年3期3—9页

清代钦天监暨时宪科职官年表.屈春梅.中国科技史料,1997年18卷3期45—71页

《周髀算经》与古代域外天学.江晓原.自然科学史研究,1997年16卷3期207—212页

谈需求与引进——从故宫所藏西方天文仪器论及.刘潞.清史研究,1997年4期54—62页

从黄道周到洪大容——17、18世纪中期地动学说的比较研究.石云里.自然辩证法通讯,1997年19卷4期60—65页

中国古代关于空间无限性的论争.关增建.自然辩证法通讯,1997年19卷5期48—55页

宇宙论

中国发明地圆说.姚明辉.地学杂志,1915年6卷5期论丛12—13页,6期论丛1—2页,7、8合期论丛17—18页

列子书中之宇宙观.传铜.四存月刊,1921年7期1—3页,8期4—5页,11期6—11页

中国古代对于天的观念.定民.中法大学月刊,1931年1卷2期65—71页

中国古代的宇宙学说.范予.大陆,1932年1卷1期9页

《墨经》宇宙论考释.杨宽.大陆,1933年1卷7期115—127页

中国古代"天"的观念之发展.陈高傭.暨南学报,1936年2卷1期83—122页

对陈遵妫先生《中国古代天文学简史》中关于盖天说的几个问题的商榷.唐如川.天文学报,1957年5卷2期292—298页

盖天说源流考.钱宝琮.科学史集刊,1958年创刊号29—46页

盖天说和浑天说.席泽宗.天文学报,1960年8卷1期80—87页

张衡等浑天家的天圆地平说.唐如川.科学史集刊,1962年4期47—58页

先秦儒法在宇宙观念上的斗争.孙显元.中国科学技术大学学报,1975年5卷1期29—34页

人类对地球形状和大小的认识发展.杨东.科学通报,1975年20卷3期120—127页

先秦时期宇宙理论上的儒法斗争.孙显元.物理,1975年4卷3期133—135,140页

宣夜说的形成和发展——中国古代的宇宙无限论.席泽宗.自然辩证法杂志,1975年4期70—85页

试论浑天说.郑文光.北京天文台台刊,1975年6期60—73页.科学通报,1976年21卷6期265—271页

中国古代的宇宙论.郑延祖.中国科学,1976年1期111—119页

《列子》的宇宙理论.谭家健,李淑琴.北京天文台台刊,1976年8期61—66页.辽宁大学学报(哲学社会科学版),1978年4期29—33页

试论《淮南子》的宇宙观.于首奎.文史哲,1979年5期68—73页

古代中国和现代西方现代宇宙学的比较研究.席泽宗.大自然探索,1982年1卷1期167—171页

朱子易学的宇宙论.曾春海.辅仁学志(文学院之部)(台北),1983年12期289—309页

《西南彝志》的宇宙观试探.冯利.中央民族学院学报,1985年1期35—38页

铜鼓的纹饰、造型和壮族祖先的宇宙观.梁庭望.中央民族学院学报,1985年2期59—63页

试评"张衡地圆说".金祖孟.自然辩证法研究通讯,1985年5期57—60页

中国古代传统地球观是地平大地观.宋正海.自然科学史研究,1986年5卷1期54—60页

论中国古代的大地形态概念.李志超,华同旭.自然辩证法通讯,1986年8卷2期51—55页

佛藏所见之大地球形说.严耕望.大陆杂志(台北),1986年72卷4期5—6页

浑盖通说.李申.自然辩证法通讯,1986年8卷5期48—56页

天文学史上的水晶球体系.江晓原.天文学报,1987年28卷4期403—409页

天圆地平说的世界性和地方性.金祖孟.地理研究,1988年1期12—36页

远古神话传说的宇宙论背景.金祖孟.华东师范大学学报(哲学社会科学版),1988年4期11—13页

论邵雍的"天圆而地方".金祖孟.自然科学史研究,1989年8卷3期214—218页

再谈《周髀算经》中的盖天说——纪念钱宝琮先生逝世十五周年.薄树人.自然科学史研究,1989年8卷4期297—304页

中西古代宇宙理论的对比.江晓原.文史知识,1990年2期40—44页

汉代宇宙演化理论评述.关增建,华同旭.自然辩证法通讯,1990年12卷3期45—49,79页

重新评价盖天说.金祖孟.华东师大学报,1990年地理科学专辑7期16—22页

《山海经》中的浑天说.金祖孟.历史地理,1990年8期77—82页

长沙楚帛书与中国古代的宇宙论.连劭名.文物,

1991年2期40—46页

“式图”与中国古代的宇宙模式.九州学刊(香港),1991年4卷2期49—76页

三谈《周髀算经》中的盖天说.金祖孟.自然科学史研究,1991年10卷2期111—118页

“式”与中国古代的宇宙模式.李零.中国文化,1991年总4期1—30页

“亚”形与殷人的宇宙观.(英)艾兰.中国文化,1991年总4期31—47页

中国古代的多种大地形态观——兼论中国古代有无大地球形观.陈瑞平.科学技术与辩证法,1991年5期50—54,49页

汉画伏羲女娲的形象特征及其意义.李陈广.中原文物,1992年1期33—37页

河图、洛书的开放体系及宇宙演化模式.林方直.内蒙古大学学报(哲学社会科学版),1992年2期27—39页

《历学会通》中的宇宙模式.胡铁珠.自然科学史研究,1992年11卷3期224—231页

地圆思想与哥伦布的航海实践.浦根祥.科学,1992年6期53—55页

《天文性理》所反映出的回回宇宙观.陈久金.回回研究,1993年1期23—28页

李淳风等人盖天说日高公式修正案研究.曲安京.自然科学史研究,1993年12卷1期42—51页

浑天说与老庄思想.张国祺,王素清.大自然探索,1993年12卷1期129—132页

盖天说与汉画中的悬璧图.吕品.中原文物,1993年2期1—9页

中国古代的宇宙膨胀说.陈美东.自然科学史研究,1994年13卷1期27—31页

《易传》的宇宙图景与三个理论层面.崔大华.中州学刊,1994年1期71—77页

中国古代宇宙生成学说的演变.关增建.大自然探索,1994年13卷1期114—118页

从“两仪”释“太极”.李存山.周易研究,1994年2期15—22页

浑天说杂议:兼评《浑天说与老庄思想》.周桂钿.甘肃社会科学,1994年3期104—109页

中国古代宇宙学说的历史地位.郭盛炽.中国科学院上海天文台台刊,1994年15期256—262页

平天说.陈文熙.科学技术与辩证法,1995年2期42—47页

论宇宙学起源的多元性.李志超.科学技术与辩证法,1995年3期13—15页

创世神话——原始初民的宇宙观——柯尔克孜族创世神话探析.张产平.西域研究,1995年3期61—66页

《淮南子·天文训》“太昭”说再探.李鹏举.自然科学史研究,1996年15卷2期97—106页

慎到浑天说真伪考.陈兴伟.文献,1996年2期185—191页

《周髀算经》盖天宇宙结构.江晓原.自然科学史研究,1996年15卷3期248—253页

论贵州少数民族古歌中的朴素唯物主义宇宙观.王路平.贵州文史丛刊,1997年1期70—75页

宣夜说与稷下道家.王胜利.大自然探索,1997年16卷2期125—127页

中国古代到底有没有地圆学说.江晓原.中国典籍与文化,1997年4期84—88页

《周髀算经》的盖天说:别无选择的宇宙结构.曲安京.自然辩证法研究,1997年13卷8期37—40页

读各家释七衡图、说盖天说起源新例初稿.石璋如.中央研究院历史语言研究所集刊(台北),1997年68本3分787—815页

历 法

夏小正条考.沈维钟.国粹学报,1908年4卷3期博物篇6—10页,4期博物篇4—7页,6期博物篇1—4页,9期博物篇1—4页.1909年5卷4期博物篇1—4页,5期博物篇1—4页,6期博物篇5—7页,9期博物篇1—3页.1910年6卷2期博物篇1—4页

古历管窥.刘师培.国粹学报,1910年6卷12期经篇1—10页.1911年7卷1期经篇1—9页

历家积年甲子异同辨.观象丛报,1915年1卷3期33—38页

春秋时历考余.观象丛报,1915年1卷4期35—42页

历元考论.观象丛报,1915年1卷5期33—36页

回回历辨证.常福元.观象丛报,1915年1卷6期21—24页

太阳历与太阴历.蔡钟瀛.东方杂志,1915年12卷7期24—28页

周历典.刘师培.中国学报,1916年复4期1—8页

改元考同.观象丛报,1916年1卷7期35—40页

中国历代治历考略.高鲁.观象丛报,1916年1卷11期1—7页

三统历揭要.观象丛报,1916年1卷11期8页

说干支.周良熙.观象丛报,1916年1卷11期9—14页

林业纪历.观象丛报,1916年1卷11期43—56页,12期43—53页

阳历考.陆殿扬.东方杂志,1918年15卷4期157—165页

月令日躔释义.观象丛报,1918年3卷7期23—26页

春秋以来冬至考.观象丛报,1920年5卷10期27—36页,11期41—46页,12期51—58页.1920年6卷1期25—31页

汉书律历志补注订误自序.周正权.学衡,1922年8期9—10页

中国历法史初稿序.高均.中国天文学会会务年报,1924年20—24页

中国诸历岁实朔实表.高均.中国天文学会会务年报,1924年25—42页

《尔雅》岁阳岁名出于颛顼考.鲍鼎.学衡,1925年46期1—5页

释干支.陈启彤.中大季刊,1926年1卷3期1—13页

星历斗历考.高鲁.中国天文学会会刊,1927年57—68页

中国历法源流.朱文鑫.中国天文学会会刊,1927年69—83页

中国古代纪年之研究.(日)新城新藏 撰.陈啸仙 译.科学,1928年13卷2期185—199页

殷周之际年历推证.吴其昌.国学论丛,1929年2卷1期149—241页

春秋长历.(日)新城新藏 著.沈璿 译.学艺,1929年9卷6期1—32页,7期1—35页

金文历朔疏证.吴其昌.燕京学报,1929年6期1047—1128页

战国秦汉之历法.(日)新城新藏 著.沈璿 译.学艺,1929年9卷8期1—28页.1930年10卷2期1—19页,4期1—23页

中国东汉以前时月日纪法之研究.钱宝琮.国立中山大学语言历史学研究所周刊,1929年94—96合期23—38页

月霸论(古历衡论之三).赵曾俦.史学杂志,1930年2卷2期1—18页

汉初正朔考.敖士英.国学季刊,1930年2卷4期791—796页

地支与十二禽.邓尔雅.岭南学报,1931年2卷1期117—121页

见于《春秋》、《左传》之历法.士心.齐大月刊,1931年2卷2期183—194页

卜辞中所见之殷历.董作宾.安阳发掘报告,1931年3期481—522页

干支论(古历衡论之四).赵曾俦.史学杂志,1931年2卷5期1—19页

十二支之新解释.高均.宇宙,1931年2卷5期65—73页

殷历质疑(评作宾“卜辞中所见之殷历”一文).刘朝阳.燕京学报,1931年10期2009—2059页

金文历朔疏证续补.吴其昌.国立武汉大学文哲季刊,1932年2卷2期325—367页.1933年2卷3期597—641页,4期739—810页

说十三月.孙海波.学文,1932年5期19—22页

殷商无四时说.商承祚.清华周刊,1932年37卷9、10合期22—23页

再论殷历.刘朝阳.燕京学报,1933年13期89—152页

太平天国历法考(附太平新历与阴历阳历对照表).谢兴尧.史学年报,1934年2卷1期57—106页

读殷商无四时说.郑师许.岭南学报,1934年3卷2期140—144页

秦末汉初之正朔闰法及其意义.陈振先.国闻周报,1934年11卷4期1—8页,5期1—9页,6期1—10页,7期1—14页,10期1—10页,13期1—10页,16期1—12页,18期1—10页,20期1—9页,23期1—9页,26期1—8页

丛甲骨金文中所涵殷历推证.吴其昌.国立中央研究院历史语言研究所集刊,1934年第四本291—329页

殷历中几个重要问题.董作宾.国立中央研究院历史

语言研究所集刊,1934年第四本331—353页
六历甄微.孙诒让.瓯风杂志,1934年11期1—3页,12期4—6页.1935年13期7—9页,14期10—12页,15、16合期13—17页,17、18合期18—20页
中国历代历法述略.朱安恕.师大月刊,1934年15期139—143页
周初岁朔日名考.曾运乾.文史汇刊,1935年1卷1期39—67页
古代中国的历法.王宜昌.食货,1935年2卷3期19—23页
汉人月行研究.钱宝琮.燕京学报,1935年17期39—57页
卜辞历法小记.孙海波.燕京学报,1935年17期89—124页
月令的来源考.容肇祖.燕京学报,1935年18期98—105页
阳历甲子考.章用.数学杂志,1936年1卷1期42—56页,2期39—56页.1937年1卷3期51—56页
与董作宾论殷商历数书.高均.宇宙,1936年7卷2期35—37页
三论殷历(驳董作宾先生对于殷历诸说).刘朝阳.史学专刊,1936年1卷2期67—131页
大宋宝佑四年丙辰岁会天万年具注历诸名家跋文辑.白焦校录.人文,1936年7卷4期1—12页
西周历朔新谱及其他.莫非斯.考古学社社刊,1936年5期209—269页
春秋周殷历法考——附春秋历朔新谱.莫非斯.燕京学报,1936年20期263—329页
古书所见之殷前历法.刘朝阳.史学专刊,1937年2卷1期73—106页
秦汉改月论.俞平伯.清华学报,1937年12卷2期435—443页
敦煌本历日之研究.王重民.东方杂志,1937年34卷9期13—20页
中西历法之演进.杨天惠.科学的中国,1937年9卷12期6—15页
僰夷历法考源.董堂彦.西南边疆,1938年3期55—71页
三正考.卫聚贤.说文月刊,1939年1卷5、6合期97—113页
僰夷佛历解.章用.科学,1939年23卷9期518—528页
释丙子.郭沫若.说文月刊,1939年1卷10、11合期20—22页
"稘三百有六旬有六日"新考.董作宾.华西协合大学中国文化研究所集刊,1940年1卷98—104页
三正说之来源.刘朝阳.宇宙,1940年11卷1、2合期1—6页
越历朔闰考.章用.西南研究,1940年1期25—34页
金乙未元历朔实考.鲁实先.金陵学报,1940年10卷1、2合期165—170页.文史哲季刊,1943年1卷2期105—109页
回教徒对于中国历法的贡献.刘风五.青年中国季刊,1940年1卷4期240—245页
清初新旧历法之争.周良熙.宇宙,1940年10卷11期159—162页
历数脞谭.王易.文史季刊,1941年1卷1期8—28页
月令考.杨宽.齐鲁学报,1941年2期1—36页
敦煌残历疑年举例(附表).章用.华西协合大学中国文化研究所集刊,1941年1卷29—33页
"四分一月"说辨证.董作宾.华西协合大学中国文化研究所集刊,1941年2卷1—22页
宋张奎乾兴历积年日法考.鲁实先.责善半月刊,1941年2卷12期2—3页
一甲十癸辨.胡厚宣.责善半月刊,1941年2卷19期4—5页
天历发微.董作宾.读书通讯,1942年41期3—6页,42期3—6页
关于太平天国历法之讨论.罗尔纲,董作宾.读书通讯,1943年59期14—16页
宋史历志之校算.严敦杰.读书通讯,1943年72期6—7页
金乙未元历朔实考辨疑.鲁实先.东方杂志,1944年40卷1期27—30页
东魏李业兴九宫行棋历积年考.鲁实先.真理杂志,1944年1卷1期49—52页
周初历法考.刘朝阳.华西协合大学中国文化研究所集刊,1944年乙种第二册1—112页
宋宝佑四年会天历跋.鲁实先.说文月刊,1944年4卷合订本275—296页
顺治刻本西洋新法历书四种题纪.方豪.东方杂志,1944年40卷8期19—21页
跋红楼梦新考内西洋时刻与中国时刻之比较.严敦杰.东方杂志,1944年40卷16期27—30页
四分一月说辨正商榷.鲁实先.东方杂志,1944年40

卷21期31—41页

宋乾兴历积年日法朔余考.鲁实先.东方杂志,1944年40卷24期37—39页

太平天国历法讨论之二.罗尔纲,董作宾.读书通讯,1944年82期12—14,6页

关于殷周历法之基本问题.刘朝阳.华西协合大学中国文化研究所集刊,1945年4卷1—85页

晚殷长历.刘朝阳.华西协合大学中国文化研究所集刊,1945年乙种第三册1—136页.图书集刊,1945年6卷3、4合期51—52页

殷历谱.董作宾.图书季刊,1945年新6卷3、4合期

月令之渊原与其意义.蒙季甫.图书集刊,1945年6期79—98页

宋乾兴历积年日法朔余考申考.严敦杰.东方杂志,1945年41卷7期43—44页

金乙未元历命算日及岁实朔实考.鲁实先.东方杂志,1945年41卷12期44—48页

金乙未元历斗分考.严敦杰.东方杂志,1945年41卷22期30—32页

北齐董峻郑元伟甲寅元历积年考.严敦杰.
志学月刊,1945年23期14—16页
东方杂志,1946年42卷18期29—32页

董峻郑元伟甲寅元历积年考题记.鲁实先.志学月刊,1945年23期17—19页

殷历余论.刘朝阳.宇宙,1946年16卷1—3合期5—7页

北齐张孟宾历积年考.严敦杰.东方杂志,1946年42卷16期23—26页

汉简永元六年历谱考.董作宾.现代学报,1947年1卷1期69—73页

中国古代农村的行事历——月令,夏小正,及其他同性质材料的综合研究.薛凝嵩.中农月刊,1947年8卷9期18—23页

豳诗徵历.任铭善.思想与时代,1947年49期25—28页

辽历志疑.严敦杰.读书通讯,1947年127期12—13页

跋康熙甲午瞻礼斋期表.严敦杰.上智编译馆馆刊,1948年3卷3、4合刊133—136页

释干支——殷契辨疑之一.陈书农.学原,1948年2卷4期44—52页

天历与阴阳历对照考.罗尔纲.学原,1948年2卷6期39—62页

殷历谱后记.董作宾.国立中央研究院历史语言研究所集刊,1948年第十三本183—207页

回历甲子考.严敦杰.科学,1949年31卷10期291—296页

敦煌所出北魏写本历日.苏莹辉.大陆杂志(台北),1950年1卷9期

中国古历法与世界古历.董作宾.大陆杂志(台北),1951年2卷1期

殷历谱"旬谱"补.严一萍.大陆杂志(台北),1951年3卷7期

大龟四版之四卜旬版年代订——殷历谱闰谱三武丁五十年改为闰谱一小乙三年.董作宾.大陆杂志(台北),1951年3卷7期

汉简历谱.赵荣琅.大陆杂志(台北),1951年2卷10期

古今交食周期比较论.高平子.中央研究院历史语言研究所集刊(台北),1951年23本上

殷代日至考.饶宗颐.大陆杂志(台北),1952年5卷3期

正日本薮内清氏对殷历的误解兼辨"至日".严一萍.大陆杂志(台北),1952年5卷9期

西周年历谱.董作宾.中央研究院历史语言研究所集刊(台北),1952年23本下

汉历因革异同及其完成时期的新研究.高平子.大陆杂志(台北),1953年7卷4期1—5页,5期13—19页

殷代的纪日法.董作宾.文史哲学报(台北),1953年5期385—390页

汉简式日历释义.高平子.大陆杂志(台北),1953年7卷12期28页

汉历五星步法的整理.高平子.国立中央研究院院刊(台北),1954年1辑419—454页

明郑所刊之"永历大统历".向达.台湾风物(台北),1954年4卷4期1—12页

殷历谱的自我检讨——联合国中国同志会第一百次座谈会纪要.董作宾.大陆杂志(台北),1954年9卷4期21—34页

春秋历连置两个闰正误.吴缉华.大陆杂志(台北),1954年9卷5期15—19页

殷历之新资料.饶宗颐.大陆杂志(台北),1954年9卷7期7页

读《殷代的纪日法》后.齐如山.大陆杂志(台北),1955年10卷1期7—8页

一论"殷历谱纠诉".严一萍.大陆杂志(台北),1955年10卷1期19—29页

汉历五星周期论.高平子.中央研究院院刊(台北),1955年二辑下193—224页

殷历谱气朔新证举例.许倬云.大陆杂志(台北),1955年10卷3期8—16页

雅美族的历.陈国钧.大陆杂志(台北),1955年10卷7期34页

历法约说.高平子.大陆杂志(台北),1955年10卷8期1—11页,9期6—9页,10期4—13页

我对于殷历之争的感想.苞桑.民主潮(台北),1955年5卷9期15—16页

授时历法略论.钱宝琮.天文学报,1956年4卷2期193—209页

关于殷历的两三个问题.(日)薮内清 著.郑清茂 译.大陆杂志(台北),1957年14卷1期1—7页

答薮内清氏"关于殷历的两三个问题".严一萍.大陆杂志(台北),1957年14卷1期8—13页

卜辞四方风新义.严一萍.大陆杂志(台北),1957年15卷1期1—7页

试论超辰和三建.赵宋庆.复旦学报(人文科学版),1957年1期39—45页

尧典天文历法新证.董作宾.清华学报(台北),1957年新1卷2期17—40页

《七月》诗中的历法问题.华钟彦.历史研究,1957年2期87—94页

关于"中国年历总谱".董作宾.大陆杂志(台北),1957年14卷4期28—34页

"二十史朔闰表"补.董作宾.大陆杂志(台北),1957年15卷5期1—7页

明嗣藩颁制永历二十五年大统历考证——附论明清历法.黄建中.大陆杂志(台北),1957年15卷10期1—4页

中国古代的黄赤道差计算法.严敦杰.科学史集刊,1958年1期47—58页

释初吉.黄盛璋.历史研究,1958年4期71—86页

"戊辰直定"说.董作宾.大陆杂志(台北),1959年16卷6期1—3页

大唐同光四年具注历合璧.董作宾.中央研究院历史语言研究所集刊(台北),1959年30本下(历史语言研究所集刊30周年纪念专号)1043—1062页

中国年历总谱年世类说明(一)——(七).董作宾.大陆杂志(台北),1960年19卷2期1—4页,3期5—8页,4期9—12页,5期13—16页,6期17—20页,7期21—24页,8期25—28页

从春秋到明末的历法沿革.钱宝琮.历史研究,1960年3期35—67页

么些人的干支纪时.李霖灿.大陆杂志(台北),1960年18卷5期4—8页

岁、时起源初考.于省吾.历史研究,1961年4期100—106页

中国古代的丰收祭及其与"历年"的关系.管东贵.中央研究院历史语言研究所集刊(台北),1961年31本191—270页

蜜日考.庄甲.中央研究院历史语言研究所集刊(台北),1961年31本271—301页

论后汉四分历的晷景、太阳去极和昼夜漏刻三种记录.李鉴澄.天文学报,1962年10卷1期46—52页

干支和庚子.于今.艺林丛录(香港),1962年每一编195—199页

论尔雅淮南子史记之岁阴.叶芝生.大陆杂志(台北),1962年23卷12期26,30页

雅美历置闰法.林衡立.中央研究院民族学研究所集刊(台北),1962年12期41—74页

《授时历》中的白道交周问题.薄树人.科学史集刊,1963年5期55—57页

明季修改历法始末.黎正甫.大陆杂志(台北),1963年27卷10期7—12页,11期18—21页,12期26—30页

汉简年历表叙.陈梦家.考古学报,1965年2期103—147页

魏晋南北朝朔闰考.赖明德.台湾省立师范大学国文研究所集刊(台北),1967年11号(下)241—532页

汉朔闰考.王甦.国立台湾师范大学国文研究所集刊(台北),1968年12号(上)159—324页

辽金元朔闰考.蔡信发.国立台湾师范大学国文研究所集刊(台北),1970年14号537—720页

五种祭祀的新观念与殷历的探讨.许进雄.中国文字(台北),1971年41册11页

宋朔闰考.杜松柏.国立台湾师范大学国文研究所集刊(台北),1972年16号下册855—1103页

周初年代问题与月相问题的新看法.劳干.香港中文大学中国文化研究所学报,1974年7卷1期1—26页

汉代儒法斗争对我国历法改革的影响.南天史.南京大学学报(自然科学版),1974年2期1—6页

从祖冲之的历法改革看儒法斗争.北京师范大学天文系.天文学报,1974年15卷2期101—103页

临沂出土汉初古历初探.陈久金,陈美东.文物,1974年3期59—68页

历法改革与反儒斗争.李之田.天文学报,1975年16卷1期1—5页.考古,1975年3期149—152页

世界上最早的太阳视运行轨道椭圆学说——读沈括《梦溪笔谈》第128条.杨纪珂.中国科学技术大学学报,1975年5卷1期23—28页

殷历谱订补.严一萍.中央研究院历史语言研究所集刊(台北),1975年47卷1期75—135页

太平天国在历法上的反儒斗争.武伟.文物,1975年5期48—51页

由卜辞探讨殷代的历法.杜松柏.女师专学报(台北),1975年6期389—395页

由卜辞探讨殷代的历法.杜松柏.女师专学报(台北),1976年6期389—395页

殷末历谱重建的方法问题.潘武肃.食货月刊复刊(台北),1976年6卷8期6—12页

汉历干支与傣历干支.陈久金.中央民族学院学报,1977年1期50—55页

我国少数民族丰富多彩的天文历法.张元生.中央民族学院学报,1977年4期28—33页

傣历概述.宋蜀华,张公瑾.中央民族学院学报,1977年4期34—49页

傣历中的干支及其与汉历的关系.张公瑾,陈久金.中央民族学院学报,1977年4期50—55页

西双版纳大勐笼的傣文石碑和碑首的九曜位置图.张公瑾,陈久金.中央民族学院学报,1977年4期56—60页

中西历法.雅灵.求知(香港),1977年40期41—44页

"火历"初探.庞朴.社会科学战线,1978年4期131—137页

论十二辰与十二次.郑文光.北京天文台台刊,1978年12期101—118页

傣历中的纪元纪时法.张公瑾.中央民族学院学报,1979年3期63—76页

论二十四史天文历法两志的整理.苏晋仁.中央民族学院学报,1979年3期77—84页

评乾嘉间关于太岁太阴的一场争论.何幼琦.学术研究,1979年5期102—108页

中国古代的历法.王力.文献,1980年1辑91—104页

左氏"日南至"辨惑.何幼琦.中山大学学报(哲学社会科学版),1980年1期109—112页

关于"摄提·庚寅"的推算与屈原的生辰问题.何幼琦.学术研究,1980年2期67—72页

屈原生年考.陈久金.社会科学战线,1980年2期267—271页

关于岁星纪年若干问题.陈久金.学术研究,1980年6期82—87页

藏历原理研究.陈久金.西藏研究,1981年创刊号51—64,128页.1982年1期21—30,38页

"楚历"小考——对《楚月名初探》的管见.(日)严势隆郎.中山大学学报(哲学社会科学版),1981年2期107—111页

屈原的生年和诞辰.何幼琦.江汉论坛,1981年2期

岛邦男对于历谱祀谱批判的批判.严一萍.中国文字(台北),1981年3期105—143页

历术推步简述.何幼琦.江汉论坛,1981年6期115—124页

藏历中的重日和缺日是怎么回事?.陈久金,黄明信.自然杂志,1981年6期467,453页

周初历法与周初年代——惟一月壬辰死霸史日考证.郑天杰.史学汇刊(台北),1981年11期9—40页

民族历法与节庆活动简介.陈久金.自然杂志,1982年1期62—66页

中国历史上对岁差的研究.白尚恕,李迪.内蒙古师院学报(自然科学版),1982年1期84—88页

藏族天文历法史略.催成群觉,索朗班觉 著文.却旺,陈宗祥 校释.西藏研究,1982年2期22—35页

"九道"概述.王胜利.历史研究,1982年2期91—101页

九道术解.陈久金.自然科学史研究,1982年1卷2期131—135页

关于沈括用晷、漏观测发现真太阳日有长短的探讨.钱景奎.自然科学史研究,1982年1卷2期140—143页

论彝族太阳历.陈久金,刘尧汉.中央民族学院学报,1982年3期73—78页

波斯古历甲子考.严敦杰.自然科学史研究,1982年

1卷3期237—241页
授时历·步五星法.车一雄.紫金山天文台台刊,1982年1卷4期23—31页
论《夏小正》是十月太阳历.陈久金.自然科学史研究,1982年1卷4期305—319页
郭守敬的《授时历草》和天球投影二视图.刘钝.自然科学史研究,1982年1卷4期327—332页
我国古代的时制.全和钧.中国科学院上海天文台年刊,1982年4期352—361页
关于唐曹士蒍的符天历.(日)薮内清 著.柯士仁 译.科学史译丛,1983年1期83—93页
藏族古代曾以麦熟为岁首.陈久金.西藏研究,1983年1期116—118页
中国古代时制研究及其换算.陈久金.自然科学史研究,1983年2卷2期118—132页
试探三统历和太初历的不同点.薄树人.自然科学史研究,1983年2卷2期133—138页
西汉历法及史实年代三议.杨武泉.中南民族学院学报(哲学社会科学版),1983年3期74—78页
关于日夜出.庄天山.天文学报,1983年24卷3期293—299页
殷历概述.张培瑜.紫金山天文台台刊,1983年4期45—51页
关于《何尊》的年代问题.何幼琦.中原文物,1983年4期59—61,16页
观测实践与我国古代历法的演进.陈美东.历史研究,1983年4期85—97页
隋唐历法中入交定日术的几何解释.刘金沂.自然科学史研究,1983年2卷4期316—321页
"殷正建未"说.郑慧生.史学月刊,1984年1期13—20页
"火历"三探.庞朴.文史哲,1984年1期21—29页
试论殷代历法的月与月相的关系.张培瑜等.南京大学学报(哲学社会科学版),1984年1期65—72页
藏传时宪历源流述略.黄明信,陈久金.西藏研究,1984年2期68—84页
汉武帝元光元年历谱.陈万鼐.故宫文物月刊(台北),1984年2卷2期122—125页
调日法研究.陈久金.自然科学史研究,1984年3卷3期245—250页
麟德历交食计算法.刘金沂.自然科学史研究,1984年3卷3期251—260页
关于云南小凉山彝族十月太阳历的调查及其初步分析.阿苏大岭等.自然科学史研究,1984年3卷3期261—265页
日躔表之研究.陈美东.自然科学史研究,1984年3卷4期330—340页
殷周金文中干支纪日和十干命名的统计.周法高.大陆杂志(台北),1984年68卷6期1—7页
甲子纪年有"三元说"小考.李世瑜.社会科学研究,1984年6期55—56页
藏传时宪历研究.陈久金,黄明信.自然科学史研究,1985年4卷1期22—34页
西周月名日名考.陈久金.自然科学史研究,1985年4卷2期120—130页
我国古代对五星近日点黄经及其进动值的测算.陈美东.自然科学史研究,1985年4卷2期131—143页
麟德历行星运动计算法.刘金沂.自然科学史研究,1985年4卷2期144—158页
阿斯特克太阳石(历)及其文明.宋宝忠,王大有.社会科学战线,1985年3期140—149页
崇玄、仪天、崇天三历晷长计算法及三次差内插法的应用.陈美东.自然科学史研究,1985年4卷3期218—228页
春秋鲁国历法与古六历.张培瑜等.南京大学学报(哲学社会科学版),1985年4期64—71页
读授时历札记.严敦杰.自然科学史研究,1985年4卷4期312—320页
中国古代一项特殊的农业季度问题——论《素问》的农业季节历.秦广忱.自然科学史研究,1985年4卷4期333—341页
彝族星回节源流考.李世忠,孟之仁.思想战线,1985年6期79—80页
古代历法的置闰.张闻玉.学术研究,1985年6期117—122页
中国古代对太阳位置的测定和推算.江晓原.上海天文台台刊,1985年7期91—96页
论楚国之历.何幼琦.江汉论坛,1985年10期76—80,封三页
回回历法中若干天文数据之研究.陈美东.自然科学史研究,1986年5卷1期11—21页
旧历改用定气后在置闰上出现的问题.陈展云.自然科学史研究,1986年5卷1期22—28页
后汉《四分历》中两个庞大年数及有关数据的勘误和补遗.唐如川.自然科学史研究,1986年5卷1期

29—33页
西盟佤族的“星月历”.鲁国华.云南民族学院学报,1986年1期31—33页
符天历研究.陈久金.自然科学史研究,1986年5卷1期34—40页
再论彝族历法是阴历不是太阳历.罗家修.西南民族学院学报(社会科学版),1986年2期79—86页
我国古代的中心差算式及其精度.陈美东.自然科学史研究,1986年5卷4期289—297页
沈括的圆法、妥法初探.郭盛炽.上海天文台台刊,1986年8期9—15页
跋吐鲁番文书中的两件唐历.邓文宽.文物,1986年12期58—62页
论中国旧历行用年代悠久的原因和辛亥革命后改用阳历的必然性(节要).陈展云.云南天文台台刊,1987年2期101—107页
月离表初探.陈美东,张培瑜.自然科学史研究,1987年6卷2期135—146页
西周七铜器历日推算及断代.张闻玉.社会科学战线,1987年2期152—156页
《周易·乾卦》六龙与季节的关系.陈久金.自然科学史研究,1987年6卷3期206—212页
中国古代太阳视赤纬计算法.陈美东.自然科学史研究,1987年6卷3期213—223页
论我国古代五星会合周期和恒星周期的测定.李东生.自然科学史研究,1987年6卷3期224—236页
云梦秦简＜日书＞初探.张闻玉.江汉论坛,1987年4期
《云梦秦简＜日书＞初探》商榷.王胜利.江汉论坛,1987年11期76—80页
中国古代月亮极黄纬计算法.陈美东.自然科学史研究,1988年7卷1期16—23页
古代物候观测与西藏历法.阿旺次仁.中国藏学(汉文版),1988年创刊号149—155页
《管子》三十时节与二十四节气——再谈《玄宫》和《玄宫图》.李零.管子学刊,1988年2期18—24页
古文物中的十二生肖.陈安利.文博,1988年2期41—50页
楚国纪年法简论.刘彬徽.江汉考古,1988年2期60—63页
敦煌文献S2620号“唐年神方位图”试释.邓文宽.文物,1988年2期63—88页
论沈括历法不适宜用作现代民用历.陈展云.云南天文台台刊,1988年2期91—96页
天干十日考.陈久金.自然科学史研究,1988年7卷2期119—127页
关于楚国历法的建正问题.王胜利.中国史研究,1988年2期137—142页
中国古代有关历表及其算法的公式化.陈美东.自然科学史研究,1988年7卷3期232—236页
黑城新出天文历法文书残页的几点附记.张培瑜.文物,1988年4期91—92页
再评清代学者的调日法研究.李继闵.自然科学史研究,1988年7卷4期335—345页
“初吉”简论.王和.史学月刊,1988年5期1—4页
西周纪年议析.杨宝成.史学月刊,1988年6期12—17页
骆宾基二十八宿源于中国新证.蒋重跃.社会科学辑刊,1988年6期107—109页
敦煌文献中的天文历法.邓文宽.文史知识,1988年8期48—53页
火历钩沉——一个遗失已久的古历之发现.庞朴.中国文化,1989年总1期3—23页
皇佑、崇宁晷长计算法之研究.陈美东.自然科学史研究,1989年8卷1期17—26页
日历·月历·星历与文化思想——读《火历钩沉》.金克木.中国文化,1989年总1期24页
我国古代天文学史上的儒历之争和王船山对“儒家之历”的批判.刘润忠.孔子研究,1989年1期54—56页
敦煌古历丛识.邓文宽.敦煌学辑刊,1989年1期107—118页
汉简甲子纪日错乱考.李振宏.中原文物,1989年2期45—49页
回历日月位置的计算及其运动的几何模型.陈久金.自然科学史研究,1989年8卷3期219—229页
金文月相的定点析证.王文耀.社会科学战线,1989年4期171—176,206页
孔子生卒年的中历和公历日期.张培瑜.天文学报,1989年4期409—414页
论回历十二宫日期的推算方法.陈久金.宁夏社会科学,1989年6期73—77页
我国隋代以前月行迟疾资料精度分析.郭盛炽.上海天文台台刊,1989年10期210—217页
敦煌残历定年.席泽宗,邓文宽.中国历史博物馆馆

刊,1989年总12期12—22页

殷历岁首研究.冯时.考古学报,1990年1期19—42页

西周历法的月首、年首和记日词语新探.王胜利.自然科学史研究,1990年9卷1期38—46页

敦煌岁时掇琐.谭蝉雪.敦煌研究,1990年1期43—53页

中国古代昼夜漏刻长度的计算法.陈美东,李东生.自然科学史研究,1990年9卷1期47—60页

苗族十月历初探.刘炳泽.贵州文史丛刊,1990年2期

《太玄》与西汉天文历法.黄开国.江淮论坛,1990年2期61—66页

回历日月食原理.陈久金.自然科学史研究,1990年9卷2期119—131页

殷历月首研究.冯时.考古,1990年2期149—156页

再谈楚国历法的建正问题.王胜利.文物,1990年3期66—69页

《七月》历法探微.翟相君.河北学刊,1990年3期78—82页

"岁在"纪年辨伪.何幼琦.西北大学学报(哲学社会科学版),1990年3期86—93页

壮族传统新年初探.李维宝,陈久金.云南天文台台刊,1990年3期88—91页

中国古代五星运动不均匀性改正的早期方法.陈美东.自然科学史研究,1990年9卷3期208—218页

大衍历与苏利亚历的五星运动计算.胡铁珠.自然科学史研究,1990年9卷3期219—231页

古代藏族的记年方式——附:夏历、藏历、公历年代互换表.杨伯明.西藏研究,1990年4期131—134,103页

秦至汉初一直行用颛顼历——对《中国先秦史历表·秦汉初朔闰表》质疑.唐如川.自然科学史研究,1990年9卷4期318—333页

巴比伦与古代中国的行星运动理论.江晓原.天文学报,1990年31卷4期342—348页

元光历谱之研究.张闻玉.学术研究,1990年5期78—84页

中国民历溯源.陈万鼐.故宫文物月刊(台北),1990年7卷10期70—83页,11期102—117页

《天文放马滩秦简综述》质疑.刘信芳.文物,1990年9期85—87,73页

长沙楚帛书与卦气说.连劭名.考古,1990年9期849—854页

《吕氏春秋》之历法.庄雅州.国立中正大学学报(人文分册)(台北),1991年2卷1期1—21页

二十四节气及其推算.蒋南华.贵州文史丛刊,1991年1期90—98页

择日之争与康熙历狱.黄一农.清华学报(台北),1991年21卷2期247—280页

古代行事历法管窥.李君靖.郑州大学学报(哲学社会科学版),1991年3期47—50页

乾卦的"六龙季"太阳历.秦广忱.周易研究,1991年3期47—54页,4期58—67页

秦封宗邑瓦书及其相关问题的考辨.黄盛璋.考古与文物,1991年3期81—90页

汉简的几个年代和伏腊建除注历问题.张培瑜.南京大学学报(哲学社会科学版),1991年3期97—103页

秦至汉初历法是不一样的.张培瑜.自然科学史研究,1991年10卷3期230—234页

回历行星运动几何模型之研究.杨怡.自然科学史研究,1991年10卷3期246—258页

唐宋历法演纪上元实例及算法分析.曲安京.自然科学史研究,1991年10卷4期315—326页

东汉到刘宋时期历法上元积年计算.曲安京.天文学报,1991年4期436—439页

北斗观象授时系统.李勇.南京大学学报(自然科学版),1991年4期653—659页

北魏太平真君十一年十二年残历读记.刘操南.敦煌研究,1992年1期44—45页

东汉到刘宋时期历法五星会合周期数源.曲安京.天文学报,1992年1期109—112页

释利毁铭文兼谈西周月相.李仲操.考古与文物,1992年2期75—77页,12页

西周铜器分期研究中的历象方法.夏之民.中原文物,1992年2期78—80,86页

宣明历定朔计算和历书研究.张培瑜等.紫金山天文台台刊,1992年11卷2期121—155页

中国史历表朔闰订正举隅——以唐《麟德历》行用时期为例.黄一农.汉学研究(台北),1992年10卷2期305—332页

古历"十九年七闰"闰周的由来.李鉴澄.中国科技史料,1992年13卷3期14—17页

《世俘》、《武成》月相辨正——兼说生霸、死霸及西周

月相纪日法．黄怀信．西北大学学报(哲学社会科学版)，1992年3期59—63页

《黄帝内经·气交变大论》"五星"析．郝葆华．自然科学史研究，1992年11卷3期217—223页

敦煌本具注历日新探．黄一农．新史学(台北)，1992年3卷4期1—56页

回历岁首曜日三种推算方法的数学释意．马肇曾，柳孟辉．回族研究，1992年4期25—33页

说卜辞中的"至日"、"即日"、"截日"．张玉金．考古与文物，1992年4期82—83页

秦汉时制刍议．曾宪通．中山大学学报(社会科学版)，1992年4期106—113页

宋历步交会术中"三差"的计算方法．傅健，李志超．自然科学史研究，1992年11卷4期307—315页

《诗·十月之交》应为七月之交说．赵光贤．人文杂志，1992年5期72—73页

汉简考历．俞忠鑫．中国文化，1992年总5期

晚殷周祭卜辞缀合补遗．冯时．大陆杂志(台北)，1992年84卷6期

商代春秋季节与岁建问题．谢元震．东南文化，1992年6期212—213页

农历议．罗尔纲．学术月刊，1992年9期65—67页

傣族历法中年长度的四则运算．张公瑾．云南民族学院学报(哲学社会科学版)，1993年1期31—33页

敦煌历日研究的几点意见．邓文宽．敦煌研究，1993年1期69—72页

殷代农季与殷历历年．冯时．中国农史，1993年1期72—83页

新出麹氏高昌历书试析．柳洪亮．西域研究(新疆文物特刊)，1993年2期16—23页

甲子钩沉．金景芳，吕绍纲．传统文化与现代化，1993年2期39—44页

秦简日书"建除"与彝文日书"建除"比较研究．高明，张纯德．江汉考古，1993年2期65—76页

再论秦封宗邑瓦书的日辰与历法问题．饶尚宽．考古与文物，1993年2期95—99页

中国传统候气说的演进与衰颓．黄一农，张志诚．清华学报(台北)，1993年23卷2期125—147页

古今水族历法考略．韦忠仕．贵州文史丛刊，1993年3期33—37页

敦煌吐鲁番历日略论．邓文宽．传统文化与现代化，1993年3期40—48页

"干支"记事刻辞及其相关问题．郭振录．华夏考古，1993年3期94—102，34页

哈尼族历法的演变．李维宝等．云南天文台台刊，1993年4期59—64页

良渚文化陶文释例——最古的太阳星历记录．陆思贤．考古与文物，1993年5期51—57页

年由火来——岭南古越人对时间的知觉方式．白耀天．思想战线，1993年5期71—77页

秦汉时制研究．宋会群，李振宏．历史研究，1993年6期3—15页

布依族的天文历法．黎汝标．贵州文史丛刊，1993年6期86—89页

论包山楚简之历．何幼琦．江汉论坛，1993年11期66—69页

西南民族授时方法与历法系统初探．廖伯琴．自然杂志，1993年11、12合期53—56，67页

试论宋代改历中反映的科技成就．胡道静．上海师范大学学报(哲学社会科学版)，1994年1期78—84页

李朝实录本与四库全书本回回历法的比较．陈静．文献，1994年1期174—181页

殷历岁首新论．王晖．陕西师大学报(哲学社会科学版)，1994年23卷2期48—55页

论彝族新年．李维宝．云南天文台台刊，1994年2期49—60页

从曾侯乙墓箱盖漆文的星象释作为农历岁首标志的"农祥晨正"．王晖．考古与文物，1994年2期94—96页

中国历代日月交食周期的研究．李鉴澄．自然科学史研究，1994年13卷2期114—122页

殷卜辞四方风研究．冯时．考古学报，1994年2期131—153页

中国古代历法中的计时制度．曲安京．汉学研究(台北)，1994年12卷2期157—172页

黑城出土残历的年代和有关问题．张培瑜，卢央．南京大学学报(哲社·人文·社会科学版)，1994年2期170—174，164页

新旧《唐书》本纪干支比误．任爽．古籍整理研究学刊，1994年3期37—42，36页

"继秦八年岁在涒滩"释惑——兼论秦汉时代与历法相关问题．赵光贤．人文杂志，1994年3期70—73页

从羲和"生日"探索十月太阳历产生的时代．唐楚臣．思想战线，1994年3期82—84页

“与阴阳俱往来”——古历与性生活.江晓原.中国典籍与文化,1994年3期108—111页
王睿、至道、乾兴、乙未四历历元通考.曲安京.自然科学史研究,1994年13卷3期222—235页
罗睺、计都天文含义考源.钮卫星.天文学报,1994年35卷3期326—332页
刘焯《皇极历》插值法的构建原理.王荣彬.自然科学史研究,1994年13卷4期293—304页
《皇极历》中等间距二次插值方法术文释义及其物理意义.刘钝.自然科学史研究,1994年13卷4期305—315页
麟德历晷影计算方法研究.纪志刚.自然科学史研究,1994年13卷4期316—325页
中国古代历法中的朔望月常数的选择.曲安京.西北大学学报(自然科学版),1994年24卷4期323—329期
《古本竹书纪年》之白、方,畎、蓝诸夷考略.李德山.古籍整理研究学刊,1994年5期23—26,22页
中国古代历法三次差插值法的造术原理.王荣彬.西北大学学报(自然科学版),1994年24卷5期475—480页
《水书》中的干支初探.刘日荣.中央民族大学学报,1994年6期80—86页
睡虎地秦简日书注释商榷.刘乐贤.文物,1994年10期37—42页
“苗甲子”考.陈久金,徐用武.贵州文史丛刊,1995年2期76,78,65页
从敦煌汉简历谱看太初历的科学性和进步性.殷光明.敦煌学辑刊,1995年2期94—105页
干支纪年如何从太岁纪年脱胎而来.马向欣.文献,1995年2期281—282页
《天文大成管窥辑要》中的黄赤道差与白道交周算法.曲安京.中国科技史料,1995年16卷3期84—91页
中国古代历法推没灭术意义探秘.王荣彬.自然科学史研究,1995年14卷3期254—261页
傣历算法剖析.何玉囡.天文学报,1995年36卷3期321—330页
中国古代历法的中心差算式之造式原理.王荣彬.西北大学学报(自然科学版),1995年24卷4期283—288页
《授时历》的研究.景冰.自然科学史研究,1995年14卷4期349—358页
郭沫若在古史研究中的几点失误——兼论三代纪年.吴晋生,吴薇薇.贵州文史丛刊,1995年5期
解开“闰八月”的引号.陈万鼐.故宫文物月刊(台北),1995年13卷8期42—55页
阴历、阳历及我旧历的简介.蒋德勉.天文通讯(台北),1995年259期11—15页,260期7—9页
道教文献中历法史料探讨.李志超,祝亚平.中国科技史料,1996年17卷1期8—15页
秦汉及以前的古历探微.莫绍揆.自然科学史研究,1996年15卷1期48—59页
彝族十月历新证.李维宝.云南天文台台刊,1996年1期75—81页
西周年代辨析.吴晋生,吴薇薇.贵州文史丛刊,1996年2期
魏晋南北朝时期的历法.(日)薮内清.自然科学史研究,1996年15卷2期122—130页
崇祯改历过程中的中西之争.石云里.传统文化与现代化,1996年3期62—70页
少昊与中国古代的“鸟历”.尹荣方.农业考古,1996年3期83—88页
夏商周时代的农时与农历.陈振中.古今农业,1996年4期3—25页
西周“257”年考辨.吴薇薇,吴晋生.人文杂志,1996年4期64—67
从《日书》看十六时制.尚民杰.文博,1996年4期81—85页
金文初吉等四个记时术语的阐释与西周年代问题初探——$(4\times9)\times10+5=365$假说.王占奎.考古与文物,1996年5期32—45页
南汉历法初考.张金铣.学术研究,1996年10期85—86页
对武王克商年份的更正——兼论夏商周年代.李仲操.中原文物,1997年1期1—14页
秦九韶演纪积年法初探.王翼勋.自然科学史研究,1997年16卷1期10—20页
西周年代历法与金文月相纪日.张培瑜.中原文物,1997年1期15—28,90页
包山楚简历法新探.武家璧.自然科学史研究,1997年16卷1期28—34页
西周纪年再探析.吴晋生,吴薇薇.贵州文史丛刊,1997年2期22—25页
敦煌、居延若干历简年代考释与质疑.罗见今,关守义.汉学研究(台北),1997年15卷2期37—50页

子犯编钟的年份问题.白光琦.文物季刊,1997年2期53页

再论西周月相和部分王年——兼与王占奎同志商榷.李仲操.文博,1997年2期74—79页

晋侯苏钟笔谈.王世民等.文物,1997年3期54—66页

云梦《日书》十二时名称考辨.尚民杰.华夏考古,1997年3期68—75,79页

西历演变概要.刘文立.中山大学学报(社会科学版),1997年3期77—82页

关于成王的纪年.张闻玉.中原文物,1997年3期116—120,115页

《大衍历》晷影差分表的重构.曲安京.自然科学史研究,1997年16卷3期233—243页

论"岁星纪年"及屈原生年之研究.潘啸龙.安徽师大学报(哲学社会科学版),1997年25卷3期317—325页

孔子生卒年月日新考.吴晋生,吴红红.贵州文史丛刊,1997年4期50页

春秋子犯编钟纪年研究——晋重耳归国考.冯时.文物季刊,1997年4期59—65页

今古本《竹书纪年》之三代积年及相关问题.陈力.四川大学学报(哲学社会科学版),1997年4期79—85页

癸卯元历与牛顿的月球运动理论.鲁大龙.自然科学史研究,1997年16卷4期329—336页

晋侯稣钟与西周历法.冯时.考古学报,1997年4期407—442页

殷历月首研究.常玉芝.传统文化与现代化,1997年5期26—38页

初吉等记时术语与西周年代问题申论——答李仲操先生.王占奎.文博,1997年6期55—68页

论我国古历新年元旦多始于0点——兼论24小时及其序号均非外来制度.黄任轲.学术月刊,1997年7期104——107页

战国楚历谱复原研究.刘信芳.考古,1997年11期70—77页

史记<甲子篇>历谱及其<太阳历>的比较.刘次沅.陕西天文台台刊,1997年20卷107—112页

星图与星表

恒星图说第一.汇报科学杂志,1908年第一年1期1—4页

中西对照恒星录.常福元.观象丛报,1921年7卷2期副刊217—256页

乾隆间在北平所测之恒星录.李铭忠.国立中央研究院院务月报,1930年2卷4期128—133页

宋淳佑石刻天文图记.高均.中国天文学会会报,1928年78—79页

苏州的天文图.(日)新城新藏 著.林化贤 译.文化建设,1936年3卷3期90—93页

浑天仪上的星象图.董作宾.大陆杂志(台北),1953年6卷8期1—2页

古新星新表.席泽宗.天文学报,1955年3卷2期183—195页

苏州石刻天文图.席泽宗.文物参考资料,1958年7期27页

洛阳西汉壁画墓中的星象图.夏鼐.考古,1965年2期80—90页

敦煌星图.席泽宗.文物,1966年3期27—38页

洛阳北魏元X墓的星象图.王车,陈徐.文物,1974年12期56—60页

南阳汉画象石中的几幅天象图.周到.考古,1975年1期58—61页

最古的石刻星图——杭州吴越墓石刻星图评介.伊世同.考古,1975年3期153—157页

杭州、临安五代墓中的天文图和秘色瓷.浙江省文物管理委员会.考古,1975年3期186—194页

中国古代的星图.刘际宇.求知(香港),1975年7期16—17页

辽代彩绘星图是我国天文史上的重要发现.河北省文物管理处.河北省博物馆.文物,1975年8期40—44页

中国古代的星图.佩刚.求知(香港),1976年20期24—27页

马王堆汉墓帛书中的彗星图.席泽宗.文物,1978年2期5—9页

南阳汉画像石中的神话与天文.吴曾德,周到.郑州大学学报(哲学社会科学版),1978年4期79—88

页
常熟石刻天文图. 中国科学院紫金山天文台古天文组等. 文物,1978年7期68—73页
涵江天后宫的明代星图. 福建省莆田县文化馆. 文物,1978年7期74—76页
曾侯乙墓出土的二十八宿青龙白虎图象. 王建民等. 文物,1979年7期40—45页
浙江临安晚唐钱宽墓出土天文图及"官"字款白瓷——二、天文图. 浙江省博物馆,杭州市文管会. 文物,1979年12期19—21页
临安晚唐钱宽墓天文图简析. 伊世同. 文物,1979年12期24—26页
曾侯乙墓中漆箧上日、月和伏羲、女娲图像浅释. 郭德维. 江汉考古,1981年总3期(增印本)97—101,117页
试论王寨汉墓中的彗星图. 长山,仁华. 中原文物,1982年1期26—27页
明代天文图墨. 临沂地区文物店. 文物,1982年1期74—75页
大河村新石器时代彩陶上的天文图像. 李昌韬. 文物,1983年8期52—54页
大河村天文图象彩陶试析. 彭曦. 中原文物,1984年4期49—51页
羲和御日画像考. 李锦山. 东岳论丛,1986年2期20—21页
最远古的天文图. 康世杰. 社会科学(甘肃),1988年5期92页
汪忍波獐皮书中的傈僳太极图. 陈久金,木玉章. 中国科技史料,1988年9卷2期79—86页
苏州石刻＜天文图＞新探. 黄一农. 清华学报(台北),1989年19卷1期115—131页
西安交大西汉墓二十八宿星图与《史记·天官书》. 呼林贵. 人文杂志,1989年2期85—87页
曾侯乙墓天文图象研究. 张闻玉. 贵州文史丛刊,1989年2期92—100,88页
含山出土玉片图形试考. 陈久金,张敬国. 文物,1989年4期14—17页
中国早期星象图研究. 冯时. 自然科学史研究,1990年9卷2期108—118页
关于汉"四神星象图"的方位问题. 刘道广. 文物,1990年3期70—71页
西安交通大学西汉壁画墓发掘简报. 陕西省考古所,西安交通大学. 考古与文物,1990年4期57—63页
明《崇祯历书》中的《赤道南北两总星图》——十七世纪初世界首屈一指的恒星图. 潘鼐. 科学,1990年42卷4期275—280页
河北宣化辽金墓天文图简析——兼及邢台铁钟黄道十二宫图像. 伊世同. 文物,1990年10期20—24,71页
梵蒂冈藏徐光启《见界总星图》考证. 潘鼐. 文物,1991年1期65—73,25页
西安交通大学西汉墓葬壁画二十八宿星图考释. 雒启坤. 自然科学史研究,1991年10卷3期236—245页
中国人借助望远镜绘制的第一幅月面图. 石云星. 中国科技史料,1991年12卷4期88—91页
论太极图是原始天文图. 田合禄. 晋阳学刊,1992年5期23—28页
论含山凌家滩玉龟、玉版. 李学勤. 中国文化,1992年总6期144—149页
将军崖大石星图考. 王洪金. 东南文化,1993年5期45—52页
含山玉龟玉片补考. 王育成. 文物研究,1993年8期28—36页
试论罐山汉墓中的彗星图. 魏仁华,韩玉祥. 南都学坛(哲学社会科学版),1994年14卷5期17—19页
关于盱眙东阳西汉木椁墓天文图. (日)林巳奈夫著,蔡凤书译. 东南文化,1994年5期79—85页
黄道与盖天说的七衡图. 曲安京. 自然辩证法通讯,1994年16卷6期55—60页
星图三家三色事. 江晓原. 中国典籍与文化,1995年1期105—108页
河图洛书是新石器时代的星图. 曾祥委. 周易研究,1995年4期46—57页
《崇祯历书》星表和星图. 孙小淳. 自然科学史研究,1995年14卷4期323—330页
北斗祭——对濮阳西水坡45号墓贝塑天文图的再思考. 伊世同. 中原文物,1996年2期22—31页
中国古代星表数据的误差. 郭盛炽. 中科院上海天文台年刊,1997年18期235—240页
《七曜攘灾诀》木星历表研究. 钮卫星,江晓原. 中科院上海天文台年刊,1997年18期241—249页

天象观测与记录

古今月食表. 叶青. 观象丛报,1915 年 1 卷 1 期 19—26 页,2 期 31—38 页,3 期 25—32 页,4 期 27—34 页,5 期 21—28 页,6 期 37—44 页. 1916 年 1 卷 7 期 41—48 页,8 期 27—34 页,9 期 35—42 页,10 期 37—44 页,11 期 27—34 页,12 期 17—24 页,2 卷 1 期 35—42 页,2 期 25—32 页,3 期 31—38 页. 1917 年 2 卷 8 期 19—26 页,9 期 31—38 页,10 期 21—28 页,11 期 25—32 页,12 期 17—24 页,3 卷 1 期 21—28 页,2 期 19—26 页,3 期 15—22 页,4 期 19 页

中国历代流星陨石表. 胡文耀. 观象丛报,1916 年 1 卷 12 期 37—42 页,2 卷 1 期 49—54 页,2 期 51—54 页,3 期 53—58 页. 1917 年 2 卷 8 期 13—18 页,9 期 23—28 页,10 期 33—38 页,11 期 33—38 页,12 期 25—30 页,3 卷 2 期 39—44 页. 1918 年 3 卷 7 期 27—32 页,8 期 23—28 页

二十八宿考. 高鲁. 观象丛报,1917 年 2 卷 8 期 1—4 页,9 期 1—6 页,10 期 1—6 页,11 期 1—6 页,12 期 1—6 页,3 卷 1 期 5—10 页,2 期 1—6 页,3 期 1—6 页,4 期 1—4 页,6 期 1—6 页. 1918 年 3 卷 7 期 1—4 页,8 期 1—6 页,9 期 1—4 页,10 期 1—6 页,11 期 1—6 页,12 期 1—6 页,4 卷 1 期 3—8 页,2 期 1—6 页,3 期 1—4 页,4 期 1—4 页,5 期 1—4 页

日月合璧、五星联珠正义. 高鲁. 观象丛报,1919 年 5 卷 6 期 1—4 页

中国陨石之研究. 谢家荣. 科学,1923 年 8 卷 8 期 823—828 页

《中国陨石之研究》附表. 谢家荣. 科学,1923 年 8 卷 9 期 920—934 页

论以岁差定《尚书尧典》四仲中星之年代. 竺可桢. 科学,1926 年 11 卷 12 期 1637—1653 页. 史学与地学,1928 年 2 期 1—18 页

周髀北极璇玑考. 高均. 中国天文学会会刊,1927 年 43—56 页

二十八宿之起源说. (日)新城新藏 著. 沈璿 译. 学艺,1928 年 9 卷 4、5 合期 1—23 页

中国史之哈雷彗. 朱文鑫. 中国天文学会会报,1929 年 6 期 1—14 页

日有食之. 郭笃士. 国立中山大学语言历史学研究所周刊,1929 年 6 集 67、68 合期 44—56 页

中国日斑史. 朱文鑫. 中国天文学会年报,1930 年 7 期 22—29 页

中国日全食史. 朱文鑫. 中国天文学会年报,1930 年 7 期 30—35 页

南北朝史日蚀表. 张鸿翔. 师大史学丛刊,1931 年 1 卷 1 期 1—10 页

二十八宿之传来. (日)饭岛忠夫 著. 郑师许 译. 科学月刊,1931 年 3 卷 3 期 24—29 页

春秋日食考. 朱文鑫. 中国天文学会年报,1931 年 8 期 65—71 页

历代日食统计. 朱文鑫. 中国天文学会年报,1931 年 8 期 72—77 页

荆楚岁时记所载织女牵牛两星位置辨误. 王维克,高均. 宇宙,1932 年 3 卷 10 期 154—155 页

太一考. 钱宝琮. 燕京学报,1932 年 12 期 2449—2478 页

参商略考. 祁开智. 安徽大学月刊,1933 年 1 卷 5 期 1—4 页

两汉日食考. 朱文鑫. 中国天文学会会报,1933 年 9 期 46—56 页

关于《两汉日食考》. 均. 宇宙,1933 年 4 卷 9 期 161 页

辰马考. 高鲁. 宇宙,1934 年 5 卷 4 期 49—52 页

汉人月行研究. 钱宝琮. 燕京学报,1935 年 17 期 39—57 页

岁星辨正. 前人. 船山学报,1936 年新 12 期讲演 4—6 页

诗经的星. (日)野尻抱影 著. 张我军 译. 北京近代科学图书馆馆刊,1938 年 5 期 54—59 页

春秋以前之日食记录. 陈遵妫. 学林,1941 年 6 辑 49—60 页

中国历史上的日蚀. 高鲁. 科学世界,1941 年 10 卷 6 期 327—333 页

甲骨文中之天象记录. 胡厚宣. 责善半月刊,1941 年 2 卷 17 期 2—6 页

三代之火出时间. 刘朝阳. 华西协合大学中国文化研究所集刊,1943 年 3 卷 40 页

二十八宿起源之地点与时间.竺可桢.气象学报,1944年18卷1—4合期1—30页
汉以前恒星发现次第考.吴其昌.真理杂志,1944年1卷3期273—306页
中康日食.董作宾.史学集刊,1944年4期49—61页
殷末周初日月食初考(附表).刘朝阳.中国文化研究汇刊,1944年4卷(上)85—119页
二十八宿起源之时代与地点.竺可桢.思想与时代,1944年34期1—25页
甲骨文之日珥观测记录.刘朝阳.宇宙,1945年15卷1—3合期15—16页
夏书日食考.刘朝阳.中国文化研究汇刊,1945年5卷1—32页
Oppolzer及Schlegel与Kühnert所推算之夏代日食.刘朝阳.宇宙,1945年15卷4—6合期29—32页
前汉流彗纪事.陈遵妫.宇宙,1945年15卷7—9合期43—48页
金文月相新考.黎东方.中国史学,1946年1期70—78页.大陆杂志(台北),1951年2卷1期
卜辞癸未月食的新证据.张秉权.中央研究院院刊(台北),1946年3辑239—250页
卜辞癸未月食辨.严一萍.大陆杂志(台北),1946年13卷5期1—5页
卜辞甲申月食考后记.张秉权.大陆杂志(台北),1946年12卷6期7—10页,7期25—27页
论卜辞癸未月食的求证方法.张秉权.大陆杂志(台北),1946年13卷8期1—6页
卜辞甲申月食考.张秉权.中央研究院语言研究所集刊(台北),1946年47本175—182页
玄武之起源及其蜕变考.许道龄.史学集刊,1947年5期223—240页
殷人祀岁星考——附释斗释火释叙释月释杀释伐.章鸿钊.学艺,1947年17卷9期12—25页
论二十八宿之来历.钱宝琮.思想与时代,1947年43期10—20页
日月食周期知识的演化.高平子.大陆杂志(台北),1950年1卷9期
甲午月食龟版.平庐.大陆杂志(台北),1950年1卷10期
八月乙酉月食腹甲的拼合与考证的经过.严一萍.大陆杂志(台北),1954年9卷1期17—21页
从中国历史文献的记录来讨论超新星的爆发与射电源的关系.席泽宗.天文学报,1954年2卷2期177—183页
两宋月食考.严一萍.大陆杂志(台北),1954年9卷3期12—15页,4期12—16页,5期20—29页
论卜辞八月乙酉月食.鲁实先.民主评论(香港),1954年5卷16期9—11页
我国历史上的新星纪录与射电源的关系.席泽宗.科学通报,1955年1期93—94,9页
中国古代太阳黑子记录分析.程廷芳.南京大学学报(自然科学版),1956年4期51—59页
《尧典》的四仲中星和《史记天官书》的东宫苍龙是怎样错排的.岑仲勉.中山大学学报(社会科学版),1957年1期171—181页
中国古代的恒星观测.薄树人.科学史集刊,1960年3期35—52页
《诗经》上的"星".蔡懋棠.大陆杂志(台北),1961年21卷8期22—26页
甲骨文中的日月食.赵却民.南京大学学报(天文学),1963年1期35—46页
中朝日三国古代的新星记录及其在射电天文学中的意义.席泽宗,薄树人.天文学报,1965年13卷1期1—21页.科学通报,1965年5期387—401页
中国古代流星雨记录.庄天山.天文学报,1966年14卷1期37—58页
论商代月蚀的记日法.周法高 著.赵林 译.大陆杂志(台北),1967年35卷3期26—28页
汉以前恒星发现次第考.夏靳.幼狮学报(台北),1967年6卷3期54页
公元1054年中国对超新星的记录及其在现代天文物理学上的意义.任之恭.抖擞(香港),1974年5期1—11页
甲骨文日月食纪事的整理研究.张培瑜.天文学报,1975年16卷2期210—223页
儒法两家在日月食问题上的论战.李启斌.北京天文台台刊,1975年4期11—13页
蟹状星云是1054年天关客星的遗迹——中国古代天文学成就研究之一.薄树人等.北京天文台台刊,1975年4期14—27页
我国明代的一条黄道光记载.卞毓麟.北京天文台台刊,1975年6期57—59页
我国古代的极光记载和它的科学价值.戴念祖.科学通报,1975年20卷10期457—464页
从宣化辽墓的星图论二十八宿和黄道十二宫.夏鼐.考古学报,1976年2期35—56页

我国历代太阳黑子记录的整理和活动周期的探讨.云南天文台古代黑子记录整理小组.天文学报,1976年17卷2期217—227页

中国古代对陨石的记载和认识.黄时鉴.历史研究,1976年4期69—76页

从我国古代极光、地震记录的周期分析看太阳黑子周期的稳定性.罗葆荣,李维宝.云南天文台台刊,1977年1期51—60页.科学通报,1978年23卷6期362—366页

1054年天关客星的历史记载.王德昌.天文学报,1977年18卷2期248—254页

汉河平元年黑子记录日期考订.李天赐.天文学报,1977年8卷2期273—274页

古代太阳活动各种周期峰年.丁有济等.云南天文台台刊,1978年1期17—27页

哈雷彗星的轨道演变的趋势和它的古代历史.张钰哲.天文学报,1978年19卷1期109—118页

天鹅座X—1—1408年超新星遗迹.李启斌.天文学报,1978年19卷2期210—212页

殷武丁乙卯日食.刘渊临.大陆杂志(台北),1978年57卷5期1—10页

邹伯奇的猜测——太阳系中哪几个行星有环?.李迪.自然杂志,1978年1卷7期443页

从我国的太阳黑子观测看太阳二千多年的活动.邹仪新.北京天文台台刊,1978年12期87—90页

我国黄道光的最早记载应上推至元初.卞毓麟.北京天文台台刊,1978年13期123—126页

超新星再次爆发的历史记录.王健民.北京天文台台刊,1979年1期69—71页

二十八宿释名.刘操南.社会科学战线,1979年1期153—162页

从中国地方志中太阳黑子记录看17世纪的太阳活动.徐振韬,蒋窈窕.南京大学学报(自然科学版),1979年2期31—38页

根据我国古代日食记录探讨古代地球自转速率的变化.李致森等.北京天文台台刊,1979年3期41—51页

《周易》丰卦和世界上最早的太阳黑子记录.徐振韬.天文学报,1979年20卷4期416—418页

《清史稿》中的几条陨石资料的错漏.禤锐光,夏晓和.历史研究,1980年3期150—152页

银河星系的自转及膨胀.戴文赛等.南京大学学报(自然科学版),1981年1期75—81页

论张衡《灵宪》中的"微星之数".金祖孟.华东师范大学学报(哲学社会科学版),1981年2期57—58页

伽利略前2000年甘德对木卫的发现.席泽宗.天体物理学报,1981年1卷2期85—87页

壬午月食考.严一萍.中国文字(台北),1981年4期1—12页

论殷墟卜辞的"星".李学勤.郑州大学学报(哲学社会科学版),1981年4期89页

"四灵"浅论.吴曾德.郑州大学学报(哲学社会科学版),1981年4期91—99页

德效骞的"安阳月食表".严一萍.中国文字(台北),1981年4期119—140页

关于Maunder极小期之前的太阳自转.林元章等.科学通报,1981年5期288—291页

木卫的肉眼观测.刘金沂.自然杂志,1981年4卷7期538—539页

西周月相解释"定点说"刍议.庞怀靖.文物,1981年12期74—78页

中国早期的日食记录和公元前十四至公元前十一世纪日食表.张培瑜等.南京大学学报(自然科学版)A辑,1982年2期371—409页

中、朝、越、日历史上太阳黑子年表(公元前165年——公元1648年).陈美东,戴念祖.自然科学史研究,1982年1卷3期227—236页

古代太阳活动各种周期峰年.丁有济等.天文学报,1982年23卷3期287—298页

民间二十四时制与魏晋迄隋的天象记录.王立兴.天文学报,1982年23卷4期409—415页

历史上的五星联珠.刘金沂.自然杂志,1982年5卷7期505—510页

公元1181年超新星及其遗迹.刘金沂.自然科学史研究,1983年2卷1期45—50页

从秦戈皋月谈《尔雅》月名问题.饶宗颐.文物,1983年1期73—74页

木星在增亮吗?.刘金沂.天体物理学报,1983年2期89—91页

中国古代日食时刻记录的换算和精度分析.陈久金.自然科学史研究,1983年2卷4期303—315页

利用中国古代中心食记录得到的地球自转速率变化参数.韩延本等.天体物理学报,1984年4卷2期107—113页

最早的太阳黑子记录.松竹辑.中国科技史料,1984年5卷3期31页

二十八宿的四象划分与四季天象无关. 王胜利. 天文学报, 1984年25卷3期304—307页

让古代科学瑰宝重放异彩——浅谈中国古代天文记录在地球自转研究中的应用. 李致森. 自然杂志, 1984年4期298—300页

古代客星记录与超新星遗迹的关系. 刘金沂. 北京天文台台刊, 1984年9期68—71页

我国古代交食的时刻记录与地球自转的长期不规则性. 李致森, 杨希虹. 中国科学(A), 1985年2期163—170页

殷周天象和征商年代. 张钰哲, 张培瑜. 人文杂志, 1985年5期68—75页

请看哈雷"秀". 陈万鼐. 故宫文物月刊(台北), 1985年3卷9期15—25页

哈雷彗星在中国——浅谈古代典籍中的彗星记录. 冯明珠. 故宫文物月刊(台北), 1985年3卷9期26—38页

中国古代的行星位置记录. 吴守贤, 刘次沅. 陕西天文台台刊, 1986年1期1—4页

由南北朝以前月掩恒星观测得到的地球自转长期加速. 刘次沅. 天文学报, 1986年27卷1期69—79页

《白狼歌》反映的古代天象与历法. 陈宗祥. 西南民族学院学报(社会科学版), 1986年2期72—78页

由月亮掩犯记录得到的五十颗黄道星的东晋南北朝时期星名. 刘次沅. 天文学报, 1986年27卷3期276—278页

世界上最早的太阳视运行轨道椭圆学说——读沈括《梦溪笔谈》第128条. 杨纪珂. 文献, 1986年4期1—11页

《天文汇抄》星表与郭守敬的恒星观测工作. 陈鹰. 自然科学史研究, 1986年5卷4期331—340页

我国对哈雷彗星的历史记载. 张培瑜. 中国科技史料, 1986年7卷6期3—15页

山东莒南大型石——铁陨石的发现. 王鹤年等. 科学通报, 1986年18期1408—1411页

商朝的日食和月食记录. 郭胜强. 史学月刊, 1987年1期94—95页

莫高窟第285窟窟顶天象图考论. 贺世哲. 敦煌研究, 1987年2期1—13页

关于《晋书·天文志》等书中的大、小星问题. 薄树人. 香港大学中文系集刊(香港), 1987年1卷2期21—26页

古代客星记录与超新星遗迹的关系. 刘金沂. 香港大学中文系集刊(香港), 1987年1卷2期27—32页

中国古代火流星记录的统计分析. 柳卸林. 天体物理学报, 1987年3期220—229页

甲骨文中的"甲午月食"问题. 张秉权. 中央研究院历史语言研究所集刊(台北), 1987年58卷4期743—754页

二十八宿源于中国(参商篇)——兼评李约瑟《中国科学技术史·天文》. 骆宾基. 东北师大学报(哲学社会科学版), 1987年6期26—35页

中国古代的天象记录. 江晓原. 文史知识, 1987年8期39—42页

二十四史行星掩星考证. 刘次沅, (美)赛德曼. 自然科学史研究, 1988年7卷2期128—134页

中国所见的De. Cheseaux彗星. 庄天山. 天文学报, 1988年29卷2期199—208页

殷商西周时期中原五城可见的日食. 张培瑜. 自然科学史研究, 1988年7卷3期218—231页

东汉中平客星——历史上最早的超新星记载?. 黄一农. 科学月刊(台北), 1988年19卷6期407—411页

中平客星新解. 黄一农. 汉学研究(台北), 1989年7卷1期283—303页

北宋恒星观测精度刍议. 郭盛炽. 天文学报, 1989年30卷2期208—216页

漫谈古籍中的五大行星. 徐传武. 文献, 1989年2期250—254页

古代天象记录与应用历史天文学. 刘次沅. 陕西天文台台刊, 1990年13卷1期1—8页

中国古代相对于恒星背景的天象观测. 刘次沅. 陕西天文台台刊, 1990年13卷2期31—38页

楚帛书天象再议. 饶宗颐. 中国文化, 1990年总3期66—73页

《春秋》"日食"研究的新发现. 何幼琦. 管子学刊, 1990年3期84—86, 94页

古籍星宿用语辨析. 徐传武. 文献, 1990年4期242—252页

中国古代的分野观. 李勇. 南京大学学报(哲学社会科学版), 1990年5、6合期169—175页

历代二十八宿距星考. 郭盛炽. 中国科学院上海天文台年刊, 1990年11期192—198页

狮子座流星雨历史记录的新发现及其意义. 庄天山. 自然科学史研究, 1991年10卷2期133—144页

论太极图的形成及其与古天文观察的关系.李仁澂.东南文化,1991年3、4合期9—31页
中国古代的月食食限及食分计算法.陈美东.自然科学史研究,1991年10卷4期297—314页
五星合聚与历史记载.张培瑜.人文杂志,1991年5期103—107,91页
中国古代月掩犯记录与地球自转长期变化.刘次沅.中科院陕西天文台台刊,1991年14卷11—72页
华夏族群的图腾崇拜与四象概念的形成.陈久金.自然科学史研究,1992年11卷1期9—21页
对中国古代恒星分野和分野式盘研究.李勇.自然科学史研究,1992年11卷1期22—31页
浅析《春秋》"漏记"日蚀的原因.郑志瑛.贵州文史丛刊,1992年1期54页
极星与古度考.黄一农.清华学报(台北),1992年新22卷2期93—117页
殷卜辞乙巳日食的初步研究.冯时.自然科学史研究,1992年11卷2期139—150页
对中国古代月掩犯资料的统计分析.刘次沅.自然科学史研究,1992年11卷4期299—306页
关于狮子座流星雨的周期.庄天山.自然科学史研究,1992年11卷4期316—324页
中国古籍中天狼星颜色之记载.江晓原.天文学报,1992年33卷4期408—412页
中国古代星官命名与社会.关增建.自然辩证法通讯,1992年14卷6期53—61页
中国的古客星记录与现代天文学.汪珍如.传统文化与现代化,1993年1期54—58页
中国古代月食记录的认证和精度研究.张培瑜.天文学报,1993年34卷1期63—79页
由中国古代月掩犯记录得到的地球自转长期变化.吴守贤,刘次沅.天文学报,1993年34卷1期80—88页
对中国古代陨石学说的再评价.关增建.大自然探索,1993年12卷1期124—127页
关于月相与记月问题.蒋南华.贵州文史丛刊,1993年2期78—80页
关于1572年超新星的一条新史料.乔晓华.中国科技史料,1993年14卷2期87—89页
四象探源.张仁旺.天文通讯(台北),1993年42卷3期6—12页
武王伐纣时的天象.江晓原.中国典籍与文化,1993年3期103—107页
殷商彗星记事考.徐振韬,蒋窈窕.自然科学史研究,1993年12卷3期235—239页
东皇太一为大火星考.李炳海.辽宁大学学报(哲学社会科学版),1993年4期32—35页
从甲午月食讨论殷周年代的关键问题.劳干.中央研究院历史语言研究所集刊(台北),1993年64本3分627—638页
周懿王元年"天再旦于郑"为日食说质疑.赵光贤.人文杂志,1993年4期92—93页
宋濂《楚客对》中的月食知识和地形观.吴一琦.中国科技史料,1994年15卷1期19—21页
1533年狮子座流星雨亮度的有关研究.庄天山.自然科学史研究,1994年13卷1期32—40页
天狼星颜色之谜——中国典籍的惊人价值.江晓原.中国典籍与文化,1994年1期55—59页
汉代石氏星官研究.孙小淳.自然科学史研究,1994年13卷2期123—138页
真仁时期学者对天异现象的反应.吴以义.学术月刊,1994年3期80—86页
再论隋代前后的太阳视运动理论.曲安京.大自然探索,1994年13卷3期104—110页
北斗星斗柄指向考.陈久金.自然科学史研究,1994年13卷3期209—214页
平星考——楚帛书残片与长周期变星.伊世同,何琳仪.文物,1994年6期84—93页
甲骨文中所见廿八宿星名初探.沈建华.中国文化,1994年总10期77—87页
中国古代正史31次日全(环)食记录的研究.李勇.南京大学学报(自然科学版),1995年2期227—236页
八世纪前中国纪时日食观测和地球转速变化.张培瑜,韩延本.天文学报,1995年36卷3期314—320页
超新星在中国的历史记载.钟鸣乾.大自然探索,1995年14卷4期119—122页
《诗·小雅·十月之交》日食考.关立言.史学月刊,1995年6期30—31,5页
《授时历》交食推步研究.李勇.南京大学学报(自然科学版)1996年321期16—24页
中国与朝鲜古代星座同异溯源.潘鼐.自然科学史研究,1996年15卷1期30—39页
古历"金水二星日行一度"考证.钮卫星.自然科学史研究,1996年15卷1期60—65页

对中国古代关于彗星认识的研究. 邓可卉. 内蒙古师大学报(自然科学汉文版),1996 年 1 期 69—72 页

古天象记录镵、背僪及叙考证. 余健波. 杭州大学学报(哲学社会科学版),1996 年 26 卷 1 期 85—89 页

为什么中国人未能发现哈雷彗星. 宋正海. 自然辩证法通讯,1996 年 18 卷 3 期 18 (3)38—42 页

利簋的岁字不释岁星. 白光琦. 文博,1996 年 5 期 45,53 页

受禅与中兴:魏蜀正统之争与天象事验. 范家伟. 自然辩证法通讯,1996 年 18 卷 6 期 40—47 页

《隋书·天文志》天象记录选注. 刘次沅. 陕西天文台台刊,1996 年 19 卷 124—135 页

中康日食的认证. 赵恩语. 安徽史学,1997 年 1 期 25—26 页

月行九道考. 周靖. 科学技术与辩证法,1997 年 14 卷 1 期 47—50 页

西安碑林的《唐月令》刻石及其天象记录. 刘次沅. 中国科技史料,1997 年 18 卷 1 期 88—94 页

中国历史上的天象记录在现代科学上的价值. 李迪,邓可卉. 中国科技史料,1997 年 18 卷 2 期 3—7 页

中国古代日月五星右旋说与左旋说之争. 陈美东. 自然科学史研究,1997 年 16 卷 2 斯 147—160 页

吐鲁番文献所见古突厥语行星名称. (德)茨默 著. 桂林,杨富学 译. 敦煌研究,1997 年 2 期 179—184 页

“三焰食日”卜辞辨误. 李学勤. 传统文化与现代化,1997 年 3 期 32—34 页

马王堆帛画中“八个小圆”是苍龙星象. 刘宗意. 东南文化,1997 年 3 期 106—107 页

“利簋”铭文中“岁”字表示木星. (日)成家彻郎 著. 吕静 译. 文博,1997 年 4 期 25—27,24 页

试论陶文“[illegible]”“[illegible]”与“ 大火”星及火正. 王震中. 考古与文物,1997 年 6 期 30—37,62 页

中国经纬度之测量. 朱广才,鲁若愚. 国立北平研究院院务汇报,1933 年 4 卷 4 期报告 1—7 页

论古代测景与地中. 郭豫才. 河南博物馆馆刊,1936 年 2 期 1—6 页

论圭表测景. 高平子. 宇宙,1937 的 8 卷 1 期 2—18 页

牵星术——我国明代航海天文知识一瞥. 严敦杰. 科学史集刊,1966 年 9 期 77—88 页

我国历史上第一次天文大地测量及其意义——关于张遂(僧一行)的子午线测量. 陕西天文台天文史整理研究小组. 天文学报,1976 年 17 卷 2 期 209—215 页

元朝的纬度测量. 厉国青等. 天文学报,1977 年 18 卷 2 期 129—137 页

我国地理经度概念的提出. 厉国青等. 北京天文台台刊,1978 年 14 期 114—117 页

我国测影验气的历史发展. 金祖孟. 华东师范大学学报(自然科学版),1982 年 1 期 83—91 页

古代天象记录中尺寸与度的对应关系. 王健民. 自然科学史研究,1982 年 1 卷 2 期 136—139 页

郭守敬等人晷影测量结果分析. 陈美东. 天文学报,1982 年 23 卷 3 期 299—304 页

我国古代天文大地测量发展及取得成就的原因初探. 钮仲勋. 科学史集刊,1982 年 10 期 47—52 页

论我国古代冬至时刻的测定及郭守敬等人的贡献. 陈美东. 自然科学史研究,1983 年 2 卷 1 期 51—60 页

古观星台测景结果精度初析. 郭盛炽等. 自然科学史研究,1983 年 2 卷 2 期 139—144 页

重差术及测定日距方法考. 刘操南. 杭州大学学报(哲学社会科学版),1984 年 14 卷增刊 135—144 页

我国古代的弧度测量. 熊介. 测绘学报,1985 年 4 期 300—304 页

仿古测影探索. 崔石竹,李东生. 自然科学史研究,1987 年 6 卷 4 期 332—341 页

中国古代天象记录中的尺寸丈单位含义初探. 刘次沅. 天文学报,1987 年 4 期 397—401 页

明清之际西方测绘技术对中国的影响. 钮仲勋. 历史地理,1990 年 9 期 312—318 页

元代高表测景数据之精度. 郭盛炽. 自然科学史研究,1992 年 11 卷 2 期 151—156 页

中国古代对误差理论的探索. 关增建,刘治国. 测绘学报,1992 年 3 期 233—239 页

高昌、西州时期量制考. 徐庆全. 河北学刊,1992 年 5 期 66—71 页

颜家乐测量纬度方法及李善兰的改进. 厉国青等. 自然科学史研究,1993 年 12 卷 2 期 128—135 页

天文仪器

北京观象台仪器残缺记. 常福元. 观象丛报, 1919 年 4 卷 12 期 1—8 页

玉盘日晷考. 高鲁. 中国天文学会会刊, 1927 年 111—112 页

延熹土圭考. 高鲁. 中国天文学会会刊, 1927 年 113—116 页

中国古代天文仪器释义. 黄万里. 交大唐院季刊, 1931 年 2 卷 1 期 68—77 页

西汉时代的日晷. 刘复. 国学季刊, 1932 年 3 卷 4 期 573—610 页

明制简仪上之日晷盘考. 高均. 宇宙, 1934 年 5 卷 5 期 65—71 页

时节日晷说明书. 常福元. 国学季刊, 1935 年 5 卷 1 期 1—5 页

天文钟. 李铭忠. 新北辰, 1935 年创刊号 99—100 页

刘半农的西汉日晷. 高鲁. 宇宙, 1935 年 6 卷 2 期 17—37 页

谈漏壶. 王丙爔. 宇宙, 1943 年 14 卷 4—6 期 159—160 页. 1944 年 14 卷 7—9 期 159—160 页

皇极殿铜壶滴漏. 赵连珍. 文献专刊(故宫博物院十九周年纪念), 1944 年 10 月杂俎 1—2 页

中国在计时器方面的发明. 刘仙洲. 天文学报, 1956 年 4 卷 2 期 219—232 页. 清华大学学报, 1952 年 3 卷 2 期 57—69 页

中国的天文钟. 李约瑟等 著. 席泽宗 译. 科学通报, 1956 年 6 期 100—101 页

我国现存唯一完整的一件元代铜壶滴漏. 胡继勤. 文物参考资料, 1957 年 10 期 43—46 页

跋六壬式盘. 严敦杰. 文物参考资料, 1958 年 7 期 20—23 页

齐彦槐所制的天文钟. 史树青. 文物参考资料, 1958 年 7 期 37—38 页

清代计时用的"水漏壶". 徐文璘, 李文光. 文物参考资料, 1958 年 7 期 39—40 页

揭开了我国"天文钟"的秘密——宋代水运仪象台复原工作介绍. 王振铎. 文物参考资料, 1958 年 9 期 5—9 页

谈清代的钟表制造. 徐文璘, 李文光. 文物, 1959 年 2 期 34—35 页

中国最早的假天仪. 王振铎. 文物, 1962 年 3 期 11—16 页

漏刻的迟疾与液体粘滞性. 李广申. 科学史集刊, 1963 年 6 期 29—33 页

中国古代的天文仪器——"璇玑"和"璧".《明报月刊》编辑部. 明报月刊(香港), 1970 年 5 卷 1 期 46—47, 52 页

"土圭"(玉器): 中国古代天文仪器.《明报月刊》编辑部. 明报月刊(香港), 1970 年 5 卷 5 期 48—49 页

略谈故宫博物院所藏"七政仪"和"浑天合七政仪"——纪念哥白尼诞生五百周年. 刘炳森等. 文物, 1973 年 9 期 40—44 页

英国工程师如何实证中国宋朝的大发明——开封皇宫天文钟的仿制与实验. 坎布里治(Combridge, J. H.) 著. 华谷月 译. 明报月刊(香港), 1975 年 10 卷 1 期 2—8 页

南京的两台古代测天仪器——明制浑仪和简仪. 潘鼐. 文物, 1975 年 7 期 84—89 页

从帛书《五星占》看"先秦浑仪"的创造. 徐振韬. 考古, 1976 年 2 期 89—94, 84 页

对郭守敬玲珑仪的初步探讨. 李迪. 北京天文台台刊, 1977 年 11 期 65—69 页

量天尺考. 伊世同. 文物, 1978 年 2 期 10—16 页

关于西汉初期的式盘和占盘. 严敦杰. 考古, 1978 年 5 期 334—337 页

西汉汝阴侯墓的占盘和天文仪器. 殷涤非. 考古, 1978 年 5 期 338—343 页

西汉计时器"铜漏"的发现及其有关问题. 王振铎. 中国历史博物馆馆刊, 1980 年 2 期 116—125 页

托克托日晷. 孙机. 中国历史博物馆馆刊, 1981 年 3 期 74—81, 91 页

清代苏州的钟表制造. 陈凯歌. 故宫博物院院刊, 1981 年 4 期 90—94 页

我国古代漏壶的理论与技术——沈括的《浮漏议》及其它. 陈美东. 自然科学史研究, 1982 年 1 卷 1 期 21—33 页

正方案考. 伊世同. 文物, 1982 年 1 期 76—77, 82 页

从三辰公晷仪到玑衡抚辰仪. 白尚恕, 李迪. 中国科技史料, 1982 年 3 卷 2 期 85—90 页

试探有关郭守敬仪器的几个悬案.薄树人.自然科学史研究,1982年1卷4期320—326页

宋代天文测时、守时仪器的最大观察误差的分析.全和钧.中国科学院上海天文台年刊,1982年4期345—351页

刻漏精度的实验研究.李志超,毛允清.中国科学技术大学学报,1982年增刊27—31页

康熙朝刻漏壶.白尚恕,李迪.故宫博物院院刊,1983年1期69—74,68页

指南针与日晷.李国栋.故宫博物院院刊,1983年2期53—59页

释《张衡传》中的一个难点.钱文辉.北京师范大学学报(社会科学版),1983年2期96页

古代藏族的测时仪器.崔成群觉等.西藏研究,1983年3期56—58,55页

宋代民间计时小仪器漏盂的复原.王立兴.自然科学史研究,1983年2卷3期225—233页

现存明仿制浑仪源流考.潘鼐.自然科学史研究,1983年2卷3期234—245页

我国古代航海用的几种水时计.韩振华.海交史研究,1983年5期56—64页

我国现存完整的铜壶滴漏.力成.故宫博物院院刊,1983年6期31页

浅谈古代的计时和报时.崔汉林.故宫博物院院刊,1983年6期32—33页

张思训的"太平浑仪".李迪.内蒙古师大学报(自然科学版),1984年2期50—57页

康熙朝地球仪.李迪,白尚恕.故宫博物院院刊,1984年2期64—66,69页

元代圭表复原探索.伊世同.自然科学史研究,1984年3卷2期128—137页

所谓玉璇玑不会是天文仪器.夏鼐.考古学报,1984年4期403—412页

我国古代航海用的几种火时计.韩振华.海交史研究,1985年2期1—4页

张衡创制的是"浑象"还是"演示用浑仪"?.郑一奇.社会科学战线,1985年143—145页

关于西汉漏刻的特点和刻箭的分划.全和钧,阎林山.自然科学史研究,1985年4卷3期212—217页

中国古代的几种记时器.管成学.文史知识,1985年6期62—67页

仰釜日晷和仰仪.伊世同.自然科学史研究,1986年5卷1期41—48页

陈起元漏壶的复原.王立兴.自然科学史研究,1986年5卷4期341—344页

玑衡抚辰仪.童燕等.故宫博物院院刊,1987年1期28—35页,48页

关于黄道游仪及熙宁浑仪的考证和复原.李志超.自然科学史研究,1987年6卷1期42—47页

清真大寺日晷初探.白尚恕.西北大学学报(自然科学版),1987年17卷2期10—13页

船用水时计及泉州出土椰壳等讨论.华同旭.海交史研究,1987年2期85—92页

科学史在内蒙古的发展.李迪.内蒙古师大学报(自然科学版),1987年3期46—56页

覆矩图考.刘金沂.自然科学史研究,1988年7卷2期112—118页

为璇玑正名.曲石.文博,1988年5期28—33页

明"万历"年后的钟表.施志宏.东南文化,1988年6期142—147页

我国古代计时器和近代机械钟.陈尔俊.文史知识,1988年12期36—40页

马上刻漏考.李强.自然科学史研究,1990年9卷4期334—339页

仪象创始研究.李志超.自然科学史研究,1990年9卷4期340—345页

中国古代窥管考.黄一农.科学史通讯(台北),1990年8期28—37页

"明清"圭表实测与形制探讨.朱楞.东南文化,1991年1期67—71页

仪征汉墓出土铜圭表属于道家用器.李强.文物,1991年1期80—81页

"璇玑"新探.尤仁德.考古与文物,1991年6期102—108页

中国先秦时期的地形测量工具——"规仪".王克陵.自然科学史研究,1992年11卷3期270—277页

史前日晷初探——试释含山出土玉片图形的天文学意义.李斌.东南文化,1993年1期237—243页

关于张衡水运浑象的考证和复原.李志超,陈宇.自然科学史研究,1993年12卷2期120—127页

故宫交泰殿铜壶滴漏制造年代辨误.刘月芳.文物,1993年11期79—81页

常州天宁禅寺清代日晷及其复原设计.郭盛炽.中国科学院上海天文台年刊,1993年14期303—309页

《新仪象法要》中的"擒纵机构"和星图制法辨正. 胡维佳. 自然科学史研究,1994 年 13 卷 3 期 244—252 页

"土圭"仪器非土制. 徐传武. 文献,1994 年 4 期 276—277 页

璇玑玉衡考. 鲁子健. 社会科学研究,1994 年 5 期 85—88 页

浑仪、简仪制作技术的研究. 吴坤仪等. 东南文化,1994 年 6 期 97—111 页

南怀仁:《新制灵台仪象志》(关于观象台新造天文仪器之论文). 哈尔斯巴戈(Halsberghe, Nicole) 著. 夏莹 译. 文化杂志(中文版)(澳门),1994 年 21 期 199—215 页

汤若望进呈顺治皇帝的新法地平日晷. 顾宁. 中国科技史料,1995 年 16 卷 1 期 72—78 页

关于马上漏刻的第四第五种推测. 薄树人. 自然科学史研究,1995 年 14 卷 2 期 185—189 页

马上漏刻辨. 郭盛炽. 自然科学史研究,1995 年 14 卷 2 期 190—193 页

北魏铁浑仪考. 李海,张兰英. 科学技术与辩证法,1995 年 4 期 41—44 页

庐山"璇玑玉衡"的用途初析. 郭盛炽. 中国科学院上海天文台年刊,1995 年 16 期 186—192 页

细说水运仪象台. 吴建德. 天文通讯(台北),1995 年 262 期 5—12 页

关于中国古代计时器分类系统的探讨. 李迪,邓可卉. 内蒙古师大学报(自然科学汉文版),1997 年 4 期 66—70 页

齐彦槐及所制天文仪器. 张江华. 文物,1997 年 8 期 85—89 页

关于轮漏的解释. 邓可卉,李迪. 中国科技史料,1997 年 18 卷 4 期 88—92 页

古籍整理与研究

虞书之研究.(日)桥本增吉 著. 陈遵妫 译. 中国天文学会会报,1926 年 40—62 页

《汉魏丛书》本《星经》跋尾. 吴其昌. 清华周刊,1927 年 26 卷 14 期 979—982 页

《史记天官书》之研究. 刘朝阳. 国立中山大学语言历史学研究所周刊,1929 年 7 集 73、74 合期 1—60 页

中国天文学史之一重大问题——《周髀算经》之年代. 刘朝阳. 国立中山大学语言历史学研究所周刊,1929 年 94—96 合期 1—11 页

《史记天官书》大部分为司马迁原作之考证. 刘朝阳. 国立中山大学语言历史学研究所周刊,1929 年 94—96 合期 39—50 页

明译《天文书》译名摘要. 高均. 宇宙,1930 年 1 卷 2 期 23—24 页

从天文历法推测《尧典》之编成年代. 刘朝阳. 燕京学报,1930 年 7 期 1155—1187 页

驳《尧典》四仲中星说及论尧典与尧舜禅让之非伪. 吴贯因. 东北大学周刊,1930 年 108 期 10—13 页,109 期 9—12 页

关于《竹书纪年》《诗书》《春秋》《左传》的几椿公案. 陈振先. 国闻周报,1933 年 10 卷 14 期 1—9 页

据天文历法以考古籍真伪年代之方法. 王丙爔. 民大中国文学系丛刊,1934 年 1 卷 1 期 26—34 页

《新唐书历志》校勘记. 钱宝琮. 浙江图书馆馆刊,1935 年 4 卷 6 期 1—15 页

百衲本《宋书律志》校勘记. 钱宝琮. 文澜学报,1936 年 2 卷 1 期 1—14 页

《淮南子天文训》札记二则. 金德建. 厦门图书馆声,1936 年 3 卷 7—9 合期 8—10 页

崇祯历书. 徐宗泽. 圣教杂志,1938 年 27 卷 6 期 382—388 页

《宋史历志》之校算. 严敦杰. 读书通讯,1943 年 72 期 6—9 页

敦煌本"大历序"跋. 严敦杰. 图书月刊,1945 年 3 卷 5、6 合期 37—38 页

明郑在台刊行之"永历大统历". 陈汉光. 台湾风物(台北),1960 年 9 卷 1 期 18—20 页

《淮南子·天文训》述略. 席泽宗. 科学通报,1962 年 6 期 35—39 页

《寰有诠》题记. 方豪. 国立中央图书馆馆刊(台北),1970 年新 3 卷 1 期 6—9 页

中国天文史上的一个重要发现——马王堆汉墓帛书中的《五星占》. 刘云友. 文物,1974 年 11 期 28—36 页

《五星占》附表释文. 马王堆汉墓帛书整理小组. 文

物,1974年11期37—39页
马王堆帛书《天文气象杂占》内容简述.顾铁符.文物,1978年2期1—4页
试论《五星占》的时代和内容.何幼琦.学术研究,1979年1期79—87页
《崇祯历书》与《新法历法》.朱家溍.故宫博物院院刊,1980年4期39—41页
睡虎地秦简《编年记》的作者及其思想倾向.商庆夫.文史哲,1980年4期65—72页
新发现的抄本《神道大编历宗通议》.李迪,白尚恕.内蒙古师大学报(自然科学版),1981年2期
关于《五星占》问题答客难.何幼琦.学术研究,1981年3期97—103页
一部罕见的象形文历书——耳苏人的原始文字.刘尧汉等.中国历史博物馆馆刊,1981年3期125—131页
《浑天仪注》非张衡所作考.陈久金.社会科学战线,1981年3期139—146页
《三统历》理校.金祖孟.华东师范大学学报(哲学社会科学版),1982年5期78—81页
《浮漏》考释.李志超.中国科技大学学报,1982年增刊33—39页
关于利玛窦的《两仪玄览图》.(日)鲇泽信太郎 著.康小清 译.科学史译丛,1983年3期14—21页
标点本《汉书·三统历》勘误七则.刘洪涛.南开学报(哲学社会科学版),1983年6期32—37页
关于马王堆三号汉墓出土的"五星占".(日)薮内清.科学史译丛,1984年1期52—57页
崇祯历书剖析.车一雄.紫金山天文台台刊,1984年3卷1期66—70页
战国楚帛书考.陈梦家.考古学报,1984年2期137—157页
《石氏星经》的观测年代.(日)薮内清 著.孔昭君 译.中国科技史料,1984年5卷3期14—18页
张衡《浑天仪注》新探.陈美东.社会科学战线,1984年3期157—159页
补《北齐书·历志》.严敦杰.自然科学史研究,1984年3卷3期236—244页
《灵台仪象志》评价.刘金沂.中国科技史料,1984年5卷4期101—107页
修正《殷历谱》的新观念和新设计.劳干.新亚学报(香港),1984年14卷1—65页
研讨推定斯坦因收集的敦煌遗书中的历书年代的方法.(日)薮内清 著.朴宽哲 译.西北史地,1985年2期115—118页
我国古代的通俗天文著作《步天歌》.张毅志.文献,1986年3期239—246页
《夏小正》星象年代考.赵庄愚.自然杂志,1986年4期297—300页
《夏小正》的内容和时代.何幼琦.西北大学学报(哲学社会科学版),1987年1期23—30页
《史记》"天官书"和"历书"新注释例.陈久金.自然科学史研究,1987年6卷1期32—41页
李淳风的《历象志》和《乙巳元历》.刘金沂.自然科学史研究,1987年6卷2期156—163页
《帛书·四时篇》读后.蔡成鼎.江汉考古,1988年1期69—73页
先秦两汉占候云气之著作述略.何冠彪.中国史研究,1988年1期133—139页
《康熙御制汉历大全蒙译本》考.黄明信,申晓亭.文献,1988年2期272—284页
《新仪象法要》版本源流考.管成学.古籍整理研究学刊,1988年3期2—4页
《南齐书·天文志》补校.彭益林.古籍整理研究学刊,1988年3期19—23页
《日书·星》释议.杨巨中.文博,1988年4期71—72,74页
吐鲁番新出土的唐代写本历书.张培瑜.考古与文物,1988年4期91—94,37页
论《尚书·尧典》四中星的年代.王铁.华东师范大学学报(哲学社会科学版),1988年5期57—61页
郭守敬《新测二十八宿杂坐诸星入宿去极》考证.潘鼐.中国科学院上海天文台年刊,1988年9期9—22页
天水放马滩秦简综述.何双全.文物,1989年2期23—31页
《史书·历书·历术甲子篇》剖析.赵定理.天文学报,1989年30卷2期217—224页
放马滩出土竹简《日书》刍议.任步云.西北史地,1989年3期82—88页
关于陈垣《二十四史朔闰表》的评价问题.徐朔方.杭州大学学报(哲学社会科学版),1989年4期154页
比《步天歌》更古老的通俗识星作品——《玄象诗》.邓文宽.文物,1990年3期61—65页
滇南十月历文献《天文历法史》的发掘和研究.李维

宝,陈久金.中国科技史料,1990年11卷4期12—18页

康熙朝涉及"历狱"的天主教中文著述考.黄一农.书目季刊(台北),1991年25卷1期12—27页

秦简《日书》校补.林剑鸣.文博,1992年1期63—68页

汤若望《新历晓或》与《民历补注解惑》二书略记.黄一农.国立中央图书馆馆刊(台北),1992年新25卷1期151—157页

一份遗失的占星术著作——敦煌残卷占云气书.何丙郁 著.台建群 译.敦煌研究,1992年2期85—88页

秦简中的楚国《日书》试析.刘信芳.文博,1992年4期49—52页

吐鲁番出土《唐开元八年具注历》释文补正.邓文宽.文物,1992年6期92—93页

《四民月令》新论.李成贵.古今农业,1993年1期48—51页

新发现的杨光先《不得已》一书康熙间刻本.黄一农.书目季刊(台北),1993年27卷2期3—13页

新发现的敦煌写本杨炯《浑天赋》残卷.邓文宽.文物,1993年5期61—65页

《石氏星经》观测年代初探.郭盛炽.自然科学史研究,1994年13卷1期18—26页

律历与《易经》.(泰)郑彝元.周易研究,1994年总19期59—61页

邵辅忠《天学说》小考.黄一农.国立中央图书馆馆刊(台北),1994年新27卷2期163—166页

《元光元年历谱》考释.刘操南.古籍整理研究学刊,1995年1—2合期8—11页

近年来秦简《日书》研究评介.张强.文博,1995年3期105—112,104页

《革象新书》提要.刘操南.古籍整理研究学刊,1995年5期1—6页

《史记·律书·历书》考释.刘操南.古籍整理研究学刊,1996年1期1—3页

《史记——历术甲子篇》探讨.刘次沅.天文学报,1996年37卷1期105—112页

吐鲁番新出《高昌延寿七年历日》考.邓文宽.文物,1996年2期34—40页

《淮南子天文训补注》评介.徐凤先.中国科技史料,1996年17卷2期81—86页

通书——中国传统天文与社会的交融.黄一农.汉学研究(台北),1996年14卷2期159—186页

《七曜攘灾诀》传奇.江晓原.中国典籍与文化,1996年3期42—45页

《崇祯历书》的前前后后.江晓原.中国典籍与文化,1996年4期55—59页.1997年2期112—116页

新见明抄本《天文节候躔次全图》述介.段异兵,景冰.文献,1997年1期192—197页

早期阴阳学说的重要文献——《阴阳时令占候之书》初探.陈乃华.文献,1997年1期216—224页

云梦《日书》与五行学说.尚民杰.文博,1997年2期33—38页

《居延新简——甲渠候官》中的月朔简年代考释.罗见今.中国科技史料,1997年18卷3期72—83页

东海尹湾汉墓术数类简牍试读.刘洪石.东南文化,1997年4期67—73页

明末熊明遇《格致草》内容探析.冯锦荣.自然科学史研究,1997年16卷4期304—328页

梅文鼎的早期历学著作《历学骈枝》.卢仙文,江晓原.中科院上海天文台年刊,1997年18期250—256页

星占学

中国的星占术.詹鄞鑫.文史知识,1987年1期43—49页

式盘中的四门与八卦.连劭名.文物,1987年9期33—36,40页

云梦秦简《日书》占卜术初探.张铭洽.文博,1988年3期68—74页

《天文书》及回回占星术.陈鹰.自然科学史研究,1989年8卷1期37—46页

星占、谶纬、天文及禁令.朱锐.自然辩证法通讯,1989年11卷1期62—64页

中国古代的占星术和占星盘.(日)成家彻郎 撰.袁岚 译.文博,1989年6期67—78页

"天道"考释.冯禹.管子学刊,1990年4期65—70页

古代中国的行星星占学——天文学、形态学和社会

学的初步考察.江晓原.大自然探索,1991年10卷1期107—114页
易卦与天象的关系——郑氏爻辰初探.李勇.大自然探索,1991年2期105—108页
星占、事应与伪造天象——以“荧惑守心”为例.黄一农.自然科学史研究,1991年10卷2期120—131页
从“《左传》所言星土事”看中国古代星占术.李勇.天文学报,1991年32卷2期215—221页
天文·巫咸·灵台——天文星占与古代中国的政治观点.江晓原.自然辩证法通讯,1991年3期53—58页
睡虎地秦简《日书·玄戈》.(日)成家彻郎 著.王维坤 译.文博,1991年3期65—76页
试论中国古代占星术及其文化涵义.刘韶军.华东师范大学学报(哲学社会科学版),1992年32卷2期59—64页
卜筮起源及筮法.乾元亨.周易研究,1992年3期78—80页
历书起源考.江晓原.中国文化,1992年总6期150—159页
记商承祚教授藏长沙子弹库楚国残帛书.商志𫍯.文物,1992年11期32—33,35页
睡虎地秦简日书“四法日”小考.刘乐贤.考古,1993年4期365—366页
云梦秦简《日书》所见法与习俗.(日)工藤元男 著.莫枯 译.考古与文物,1993年5期105—112页
睡虎地秦简《日书》所见行归宜忌.王子今.江汉考古,1994年2期45—49页
日象四卦解.乌恩溥.周易研究,1994年2期62—70页
《开元占经》中的巫咸占辞研究.李勇.自然科学史研究,1994年13卷3期215—221页
睡虎地秦简《日书·玄戈》篇新解.刘乐贤.文博,1994年4期74—76页
“人日”考辨.胡文辉.中国文化,1994年总9期90—92页
《周易》起源于“占月术”.张文.周易研究,1995年1期12—20页
新疆尼雅出土“五星出东方利中国”彩锦织文初析.于志勇.西域研究,1996年3期43—46页
《博局占》与规矩纹.李学勤.文物,1997年1期49—51页

地　学　史

地　理　学

地理历史学上之观察.丁义明.地学杂志,1912年3卷9、10合期说郛1—6页

述大兴刘献廷先生之地理学说——读《广阳杂记》.姚士鳌.地学杂志,1922年8、9合期论丛1—44页

宋代之地理学史.吴其昌.国学论丛,1927年1卷1期37—96页

清儒西北地理学述略.唐景升.东方杂志,1931年28卷21期61—82页

中国古代地理学之发展.钟道铭.国立中山大学文史学研究所月刊,1933年1卷1期63—75页

汉以后中国人对于世界地理知识之演进.贺昌群.禹贡半月刊,1936年5卷3、4合期121—136页

吾国地理部类之沿革.傅振伦.禹贡半月刊,1937年7卷1—3合期341—344页

近二百年国人对于中亚地理上之贡献.祥伯.中央亚细亚,1943年2卷4期9—28页

地理学之历史演变.黄秉维.真理杂志,1944年1卷2期237—245页

中国古代之土壤地理.施雅风.东方杂志,1945年41卷9期33—36页

珠穆朗玛的发现与名称.林超.北京大学学报(人文科学版),1958年4期144—163页

十七、十八世纪中国自然地理学思想的特征.曹婉如.科学通报,1960年20期622—626页

我国地理经度概念的提出.厉国青等.北京天文台台刊,1978年14期114—117页

中国地理学史研究三十年(1949—1979).唐锡仁,郑锡煌.自然科学史研究,1982年1卷1期55—62页

中国古代地理学史的几个问题.曹婉如.自然科学史研究,1982年1卷3期242—249页

对我国古代生物地理分布知识的初步探讨.杨文衡.科学史集刊,1982年10期116—124页

古代中西地理学思想源流新论.杨吾扬,(美)怀博.自然科学史研究,1983年2卷4期322—329页

论郦学研究及其学派的形成与发展.陈桥驿.历史研究,1983年6期51—61页

大九洲说——中国古代一种非正统的海洋开放型地球观.郭永芳,宋正海.大自然探索,1984年3卷2期144—148页

中国古代传统地理学的形成和发展.宋正海.自然辩证法研究,1985年1卷3期65—70页

郦学概论.陈桥驿.文史哲,1987年5期3—15页

论先秦时期的人地观.唐锡仁.自然科学史研究,1988年7卷4期311—317页

中国古代研究西北自然地理的思想.陈瑞平.西北大学学报(自然科学版),1989年19卷4期85—91页

论西汉时期中国地理学的发展.赵荣.中国史研究,1990年2期92—106页

中国汉代地理学特点简析.赵荣.西北大学学报(自然科学版),1990年20卷3期91—97页

中国风水地理的起源与发展初探.于希贤.中国历史地理论丛,1990年4期83—95页

汉唐时期南阳地区农业地理研究.龚胜生.中国历史地理研究,1991年2期89—100页

我国历史上农业地理的一些特点和问题.王毓瑚.中国历史地理论丛,1991年3期1—22页

地学思维史简论.白屯.自然辩证法研究,1991年7卷8期7—13页

试论中西古典地理学思想渊源.鞠继武.地理研究,1992年1期1—13页

试论影响隋唐地理学发展的原因.赵荣.自然科学史研究,1992年11卷4期376—380页

古希腊与同时期中国的区域地理思想之比较.张九辰.自然科学史研究,1993年12卷1期64—72页

中国历史上"人水争让地盘论"的发展.陈瑞平.自然科学史研究,1993年12卷1期73—81页

"地理大交流"与中国古代地学思潮之嬗变.白屯.自然辩证法通讯,1993年15卷4期55—61,9页.大

自然探索,1993年12卷3期123—127页
魏晋南北朝时期的中国地理学研究.赵荣.自然科学史研究,1994年13卷1期65—74页
中国古代科学思想对地学未来发展的影响.张家诚.地理研究,1994年4期59—64页
中国古代关于太阳对地理环境作用的认识.陈瑞平.自然科学史研究,1994年13卷4期367—373页
中国先秦两汉时期的医学地理学思想.龚胜生.中国历史地理论丛,1995年3期163—180页
《五藏山经》记载的植物地理学.陈国生,高荫岐.中国历史地理论丛,1995年3期181—196页
春秋战国时期兵书中的军事地理思想.张九辰.自然科学史研究,1995年14卷3期274—279页
《管子》地学思想初探.陈隆文.管子学刊,1996年3期8—14页
试论中国古代地学与自然和社会环境的关系.杨文衡.自然科学史研究,1997年16卷1期1—9页

地 质 学

中国古代之地质思想及近十年来地质调查事业之经过.章鸿钊.地学杂志,1922年13卷2期说郛55—62页
中国地质学之过去及未来.章鸿钊.史地学报,1922年1卷4期141—144页
我国古代学者关于化石起源的正确认识.陈桢.生物学通报,1956年4期1—3页
儒法斗争与我国地质科学.张忠英.南京大学学报(自然科学版),1974年2期7—14页
中国地质学史工作的述评.夏湘蓉.中国科技史料,1981年2卷2期33—38页
我国古代对化石的认识.甄朔南.中国科技史料,1982年3卷3期69—73页
我国古代关于"海陆变迁"地质思想资料考辨.李仲均.科学史集刊,1982年10期16—21页
"地质"一词何时出现于我国文献.李鄂荣.中国科技史料,1984年5卷3期53—57,93页
地质学史研究中的几个理论问题.吴凤鸣.大自然探索,1985年4卷4期167—172页
古代四川井盐生产中的地质学成就.张学君.盐业史研究,1993年3期25—34,79页
我国古代对化石的认识.张平.文史知识,1993年11期40—42页
中国古代对滑石的认识和利用.杨文衡.自然科学史研究,1994年13卷2期185—191页
清代中后期井矿盐地质科学初步的形成.刘德林.盐业史研究,1995年4期57—67页
中国宋代以前矿泉的地理分布及其开发利用.龚胜生.自然科学史研究,1996年15卷4期343—352页
地震之研究——地震之科学的解释及念四史五行志中之地震观(附历代地震一览表).存吾.地学杂志,1921年12卷4期论丛1—23页,5期论丛1—20页,6、7合期论丛1—66页
论张衡候风地动仪造法之推测.王振铎.燕京学报,1936年20期577—586页
张衡候风地动仪的复原研究.王振铎.文物,1963年2期2—9页,4期1—20页,5期12—26页
我国古代对地震的认识和地震史上两条路线的斗争.严敦杰.历史研究,1976年5期85—94页
我国古代与地震灾害的斗争.狄学思.科学通报,1976年21卷9期410—413页
介绍一千八百年前的张衡地震仪.王振铎.文物,1976年10期67—70页
我国古代人民同地震斗争的历史.李迪.科学通报,1977年4、5合期195—199页
我国古代地震科学的伟大成就.王仁康.复旦学报(社会科学版),1980年增刊138—144页
对1854年四川南川县陈家场地震的认识.朱皆佐,江在雄.考古与文物,1983年2期105—107页
一种古地震岩石记录的发现.王尔康等.科学通报,1986年5期365—368页
古代大地震的记录——女娲补天新解.王黎明.求是学刊,1991年5期74—77页
从西藏地震史料看藏族人民对地震的认识与防范.邹洪灿.中国科技史料,1992年13卷1期84—89页
东汉张衡所造"候风地动仪"补论.史延廷.郑州大学学报(哲学社会科学版),1994年3期42—52页

水 文 学

漫谈钱塘潮研究. 杨金森. 中国科技史料, 1981 年 2 卷 2 期 90—93, 65 页

唐宋时代潮汐论的特征——以同类相引思想的历史变迁为例. (日)寺地尊 著. 姜丽蓉 译. 科学史译丛, 1982 年 3 期 68—79 页

四川涪陵白鹤梁石鱼题刻是古代"水位站". 胡人朝. 考古与文物, 1983 年 6 期 48—52 页

我国古代的潮流预报. 李文渭, 徐瑜. 自然科学史研究, 1984 年 3 卷 1 期 43—51 页

中国古代海洋潮汐学研究. 宋正海. 自然辩证法法通讯, 1984 年 6 卷 3 期 50—56 页

中国古代潮汐表. 宋正海, 赵叔松. 大自然探索, 1987 年 6 卷 2 期 175—179 页

湖南郴县水文崖刻. 龙福廷. 农业考古, 1988 年 2 期 240—241 页

中国古代对潮汐的观察及近距作用的观念. 戴念祖. 物理, 1988 年 4 期 245—247 页

揭暄的潮汐学说. 石云里. 中国科技史料, 1993 年 14 卷 1 期 90—96 页

开创性的潮时推算图——唐窦叔蒙《涛时图》. 艾素珍. 文史知识, 1995 年 5 期 35—38 页

陕西泾阳北宋丰利渠口发现石刻水尺. 秦建明等. 文物, 1995 年 7 期 86—93 页

长江万城堤荆州杨林矶志桩水尺. 汪耀奉 . 中国科技史料, 1996 年 17 卷 3 期 93—96 页

三峡库区川江水文石刻与古代巴渝禊习俗. 胡昌健. 文史知识, 1997 年 4 期 118—124 页

气象与气候

中国古代之气象知识. 陈展云. 中国气象学会会刊, 1928 年 4 期 45—69 页

二十四气与七十二候考. 宛敏渭. 气象杂志, 1935 年 11 卷 1 期 24—34 页, 3 期 119—131 页

前清北京之气象纪录. 竺可桢. 气象杂志, 1936 年 12 卷 2 期 65—68 页

甲骨文四方风名考. 胡厚宣. 责善半月刊, 1941 年 2 卷 19 期 2—4 页

商代卜词中的气象记录. 魏特夫 著. 陈家藏 译. 大学, 1942 年 1 卷 1 期 19—27 页, 2 期 31—47 页

甲骨文四方风名考补证. 丁声树, 胡厚宣. 责善半月刊, 1942 年 2 卷 22 期 22—23 页

魏特夫, 商代卜辞中的气象记录. 董作宾. 华西协合大学中国文化研究所集刊, 1943 年 3 卷 81—88 页

殷文丁时卜辞中一旬间之气象记录. 董作宾. 气象学报, 1943 年 17 卷 1—4 合期 1—3 页

中国古代之军事气象学. 卢温甫. 思想与时代, 1943 年 19 期 34—40 页

中国过去在气象学上的成就. 竺可桢. 科学通报, 1951 年 2 卷 6 期 571—573 页

我国古代的物侯. 崔读昌. 农业学报, 1959 年 10 卷 1 期 52—58 页

我国古代物候与气候. 卢庆盛. 大陆杂志(台北), 1961 年 20 卷 3, 28 页

我国古代对大气湿度的测定法. 王锦光, 洪震寰. 科学史集刊, 1966 年 9 期 20—23 页

古代气候趣谈. 慧庵. 求知(香港), 1977 年 41 期 5—8 页

论殷墟卜辞的星. 李学勤 . 郑州大学学报(哲学社会科学版), 1981 年 4 期 89—90 页

我国古代对台湾海峡的气象知识和水文的认识. 陈瑞平. 科学史集刊, 1982 年 10 期 106—115 页

中国古代农业气象的成就. 李迪. 农业考古, 1984 年 1 期 70—77 页

中国和朝鲜测雨器的考据. 王鹏飞. 自然科学史研究, 1985 年 4 卷 3 期 237—246 页

漳州一千年来气象灾害规律探讨. 林耀泉. 中国农史, 1987 年 3 期 8—14 页

凡农之道. 候之为宝——我国古代物候观测的科学依据. 王福寿. 故宫文物月刊(台北), 1987 年 5 卷 3 期 62—69 页

中国古代的气象观测. 潘耀昆. 文史知识, 1987 年 11 期 37—41 页

李约瑟原著, 郑子政译《中国之科学与文明》气象学

部分商榷. 刘昭民. 科学史通讯(台北),1988年7期

吕氏春秋之气候. 庄雅州. 国立中正大学学报(人文分册)(台北),1990年1卷1期1—26页

中国古代对晕的认识. 王锦光,张子文. 自然科学史研究,1990年9卷1期62—66页

我国古代对蜃景现象之认识. 刘昭民. 中国科技史料,1990年11卷2期11—21页

《吕氏春秋》中有关气候论述的科学意义. 张家诚. 自然科学史研究,1990年9卷4期378—384页

中国最古老的天文理论及其基地——山东莒县凌阳河文化遗址和日出旸谷. 张佩琪. 农业考古,1991年3期240—245页

正本溯源话二至. 韩涛. 农业考古,1991年3期246—249,266页

"王狩"辩正. 韩涛. 农业考古,1991年3期250—252页

我国古代诗赋中的气象和气候资料. 刘昭民. 科学史通讯(台北),1991年9期

中国二十四方位观念之传承及应用. 王尔敏. 香港中文大学中国文化研究所学报(台北),1992年新1期1—23页

台湾古代的气象谚语. 刘昭民. 中国科技史料,1992年13卷2期15—21页

"龙"可招云致雨的性能成因考——兼说古谚"虎啸而谷风至,龙举而景云属". 王晖. 人文杂志,1992年3期87—93页

台湾原住民早期的气象知识. 刘昭民. 科学史通讯(台北),1992年10期

中国传统候气说的演进与衰颓. 黄一农,张志诚. 清华学报(台北),1993年新23卷第2期125—147页

古代中国人对凝霜及其与农业的关系的认识. 肖璠. 中央研究院历史语言研究所集刊(台北),1993年63本3分455—495页

《诗经》中的气象先兆民俗举隅. 周蒙. 东北师大学报(哲学社会科学版),1993年4期31—36页

试论《山海经》与中国远古气候学史关系的若干问题. 刘恭德. 大自然探索,1993年12卷4期128—132页

风力等级和二十四方风的记述早于唐代. 陈瑞平. 中国科技史料,1994年15卷3期74页

略谈中国古代气象学史之特征. 刘昭民. 科学史通讯(台北),1994年12期

中国古代气象学术后来落后的原因. 刘昭民. 科学史通讯(台北),1994年12期

五行说对中国古代气象学的影响. 胡化凯. 管子学刊,1997年3期30—33页

地图与测量

中国地图学发明之原始及改良进步之次序. 陶懋立. 地学杂志,1911年2卷11、12合期论丛1—9页,13、14合期论丛1—9页

中国地图之沿革. 胡树楫. 东方杂志,1919年16卷1期183—185页

中国地图学史. 李贻燕. 学艺,1920年2卷8期1—14页. 9期1—9页

三百年前之古地图. 申. 科学,1923年8卷3期338—339页

中国古代地图之比较. 张怡. 地理杂志,1929年2卷5期39—40页

清初测绘地图考. 翁文灏. 地学杂志,1930年18卷3期405—483页

中国地图学之发达. (日)小川琢治 著. 黄喜嘉 译. 科学月刊,1930年2卷7、8合期130—145页. 9期100—109页

先秦两汉地理图籍考略. 沂支. 地学杂志,1931年19卷3期457—461页

中国地图史料辑略. 王庸. 国立北平图书馆馆刊,1932年6卷5期71—112页

读故宫博物院重印乾隆内府舆图记. 翁文灏. 方志月刊,1932年5卷4期67—72页. 国风,1932年1卷8期1—9页

明代海防图籍录. 王以中. 清华周刊,1932年37卷9、10合期141—162页

乾隆内府铜版地图序. 朱希祖. 国立中山大学文史学研究所月刊,1933年1卷1期1—8页

中国舆图制绘史年表. 镜怀. 清华周刊,1933年40卷1期111—121页

《山海经》图与职贡图. 王以中. 禹贡半月刊,1934年

1卷3期5—10页
中国地图史略.褚绍唐.地学季刊,1934年1卷4期45—49页
“《山海经》图与职贡图”的讨论.贺次君.禹贡半月刊,1934年1卷8期28—34页
桂萼的《舆地指掌图》和李默的《天下舆地图》.王庸.禹贡半月刊,1934年1卷11期10—12页
地志与地图.王以中.禹贡半月刊,1934年2卷2期6—12页
《禹迹图》说.桂薑园.禹贡半月刊,1935年3卷1期43—46页
清内府藏京城全图年代考.文献特刊,1935年10月报告37—38页
中国舆图制绘史年表之检讨.越锋.文化建设,1936年2卷12期80—88页
山海经图与外国图.王以中.史地杂志,1937年创刊号23—26页
汉隋间之山川图记.王庸.文澜学报,1937年3卷2期1—12页
中国舆图学之过去和现状.葛绥成.学林,1941年3辑69—90页
康熙时代耶稣会教士所绘之中国地图.(德)福克司著.顾华 译.中德学志,1941年3卷3期433—441页
明代地图之研究.(日)青山定雄 著.林丝 译.中和,1941年2卷10期42—51页
卧云楼收藏西北沿边图籍志.龙骧.中央亚细亚,1942年1卷1期62—65页,2期65—71页
西北沿边图籍寓目记.张绍典.中央亚细亚,1943年2卷3期50—55页,4期83—90页.1944年3卷1、2合期22—27页
我国古代科学家在测绘史上的历史荣誉.陈述彭.测绘通报,1955年1卷2期33—36页
台湾地图之演进.陈正祥.地理与产业(台北),1958年2卷1号1—10页
郑和航海图中“航海名词”之诠释.徐玉虎.大陆杂志(台北),1959年17卷5期18—21页
现存的职贡图是梁元帝原本吗?.岑仲勉.中山大学学报(社会科学版),1961年3期42—47页
明清两代全国和省区地图集编制概况.高儁.测绘学报,1962年5卷4期289—306页
试论我国地图的数学要素和表示方法的演进特色.高儁.测绘学报,1963年6卷2期120—135页
华夷图和禹迹图的几个问题.曹婉如.科学史集刊,1963年6期34—38页
我国古代测量技术的成就.沈康身.科学史集刊,1965年8期28—41页
宋版书上的美洲地图.卫聚贤.明报月刊(香港),1974年9卷11期12—13页
二千一百多年前的一幅地图.谭其骧.文物,1975年2期43—48页
马王堆汉墓出土的守备图探讨.詹立波.文物,1976年1期24—27页
有关马王堆古地图的一些资料和几方汉印.周世荣.文物,1976年1期28—32页
中国古代地图学之发展.陈正祥.香港中文大学中国文化研究所学报(香港),1976年8卷1期131—168页
峡江图考叙.国璋.四川文献(台北),1977年165期75—76页
笔谈我国古代科学技术成就——谈谈我国古代地图的科学成就.曹婉如.文物,1978年1期66页
中国古代第一部历史地图集——裴秀《禹贡地域图》初探.陆连开.中央民族学院学报,1978年3期76—84页
南宋《桂州城图》简述.桂林市文物管理委员会.文物,1979年2期79—82,48页,图版九
清初手绘台湾地图考释.吕荣芳.文物,1979年6期61—65,90页
元朝政府编辑全国地理志和绘制彩色地图的经过.李迪.内蒙古师大学报(自然科学版),1980年1期58—62页
黄河上游的历史地理问题与测绘地图新考.黄盛璋.考古与文物,1980年创刊号133—143页
“计里画方”是起源于裴秀吗?.卢良志.测绘通报,1981年1期46—48页
关于中国古地图资料的总汇和发现.(日)榎一雄著.冯佐哲 译.科学史译丛,1981年2期14—19页
战国中山王墓《兆域图》的初步探讨.孙仲明.地理研究,1982年1卷1期86—92页
北宋石刻“九域守令图”.郑锡煌.自然科学史研究,1982年1卷2期144—149页
关于栗棘庵所藏舆地图.(日)青山定雄 著.邢复礼译.科学史译丛,1982年4期20—35页
一幅蜀石刻北宋地图的校读和研究.邓少琴.科学史

集刊,1982年10期29—30页
“九域守令图”地名订误.郑锡煌.科学史集刊,1982年10期40—46页
康熙和乾隆时期我国地图测绘事业的成就及其评价.任金城.科学史集刊,1982年10期53—64页
现存最早的一部历史地图集——《历代地理指掌图》.曹婉如.科学史集刊,1982年10期65—73页
中国古代地图绘制的理论和方法初探.曹婉如.自然科学史研究,1983年2卷3期246—257页
中国现存利玛窦世界地图的研究.曹婉如等.文物,1983年12期57—70,30页
清雍正十排《皇舆图》的初步研究.于福顺.文物,1983年12期71—75,83页
关于杨子器跋舆地图的管见.郑锡煌.自然科学史研究,1984年3卷1期52—58页
马王堆汉墓出土地形图拼接复原中的若干问题.张修桂.自然科学史研究,1984年3卷3期266—274页
康熙《皇舆全览图》的测绘考略.冯宝琳.故宫博物院院刊,1985年1期23—31,35页
明代绢本南京(部分)府县地图初探.刘建国.文物,1985年1期48—52页
东汉城市局部地图的研究——成都市西郊东汉墓出土市井画像砖.曹婉如.自然科学史研究,1985年4卷2期159—162页
宋代版刻地图考录.黄燕生.文献,1985年2期175—188页
《佛祖统纪》中三幅地图初探.郑锡煌.自然科学史研究,1985年4卷3期229—236页
明彩绘本《九边图》研究.王绵厚.北方文物,1986年1期26—37页
《元经世大典地图》探源.胡逢祥.西北史地,1986年1期35—37页
记几种不同版本的雍正《皇舆十排全图》.冯宝琳.故宫博物院院刊,1986年4期73—78页
马王堆《驻军图》测绘精度及绘制特点研究.张修桂.地理科学,1986年4期357—366页
流失在国外的一些中国明代地图.任金城.中国科技史料,1987年8卷1期23—28页
试论道教的五岳真形图.曹婉如,郑锡煌.自然科学史研究,1987年6卷1期52—57页
元代版刻地图考录.黄燕生.文献,1987年2期134—144页
再论《禹迹图》的作者.曹婉如.文物,1987年3期76—78,59页
国外珍藏的一些中国明代地图.任金城.文献,1987年3期123—134页
景定《健康志》和至正《金陵新志》中的地图初探.胡邦波.自然科学史研究,1988年7卷1期24—37页
景定《健康志》、至正《金陵新志》中的地图的绘制年代与方法.胡邦波.自然科学史研究,1988年7卷3期280—287页
《永乐大典》地图考录.黄燕生.文献,1988年4期145—164页
试论桂林宋代摩崖石刻《静江府城池图》在地图史上的意义.马崇鑫.历史地理,1988年6期251—257页
也谈《禹迹图》的作者.张沛.文博,1989年1期70—73,55页
从宋《平江图》看平江府域的规模和布局.杜瑜.自然科学史研究,1989年8卷1期90—96页
天水放马滩秦墓出土地图初探.何双全.文物,1989年2期12—22页
漫谈我国古代的地图.徐审.文史杂志,1989年2期32—33页
《永乐大典》所辑“潮州城图”考略.陈香白,郑锡煌.自然科学史研究,1989年8卷3期272—279页
从“封疆”之义探西周时期的土地测量.王克陵,徐肇忠.测绘学报,1989年4期277—288页
《平江图》的地图学研究.汪前进.自然科学史研究,1989年8卷4期378—386页
有关天水放马滩秦墓出土地图的几个问题.曹婉如.文物,1989年12期78—85页
《皇舆全图》的乾隆年印本及其装帧.冯宝琳.故宫博物院院刊,1990年2期93—96页
中国古代的水准测量技术.冯立升.自然科学史研究,1990年9卷2期190—196页
唐代的十道图和图经.张纪亮.四川大学学报(哲学社会科学版),1990年3期101—106页
近四十年来中国地图学史研究的回顾.曹婉如.自然科学史研究,1990年9卷3期283—289页
《禹迹图》考辨.刘建国.东南文化,1990年4期40—55页
西安碑林《华夷图》《禹迹图》探秘.贺忠辉.文史杂志,1990年5期36—37页

论裴秀“制图六法”的产生——兼答李约瑟的疑问. 王琳. 晋阳学刊,1990年6期84—86页

记英国国家图书馆所藏《清雍正北京城图》. 侯仁之. 历史地理,1990年9期38—48页

天水《放马滩地图》的绘制年代. 张修桂. 复旦学报(社会科学版),1991年1期44—48页

《广舆图》的学术价值及其不同版本. 任金城. 文献,1991年1期118—133页

圆明园、绮春园、长春园三园地盘河道全图. 王淑芳. 故宫博物院院刊,1991年43卷2期91—96页

世界上最早的地图:天水《放马滩地图》. 张修桂. 科学,1991年43卷2期128—130页

台湾的名称确定及其早期地图的绘制. 林其泉. 中国史研究,1991年2期151—158页

关于中国古代定量制图学史的问题. 羽离子. 自然科学史研究,1991年10卷2期177—181页

康熙铜版《皇舆全览图》投影种类新探. 汪前进. 自然科学史研究,1991年10卷2期186—194页

方志地图的起源和发展. 唐雅芝. 社会科学战线,1991年3期342—346页

放马滩战国秦图与先秦时期的地图学. 朱玲玲. 郑州大学学报(哲学社会科学版),1992年1期61—67页

最早一幅西夏地图——《西夏地形图》新探. 黄盛璋,汪前进. 自然科学史研究,1992年11卷2期177—187页

当前考古所见最早的地图——天水《放马滩地图》研究. 张修桂. 历史地理,1992年10期141—161页

石刻《六经图》综考. 汪前进. 自然科学史研究,1993年12卷1期83—89页

《静江府城图》与宋代桂林城. 苏洪济,何英德. 自然科学史研究,1993年12卷3期277—285页

《静江府城图》的成图时间、作者及地图要素. 汪前进. 自然科学史研究,1993年12卷4期384—388页

宋代地理图碑研究. 张晓旭. 东南文化,1993年6期141—152页

中国古代航海图发展简史. 朱鉴秋. 海交史研究,1994年1期13—21页

古图之最与测量学创始人. 王继光. 甘肃社会科学,1994年1期72—74页

中西地图学史的比较研究. 吕患成. 地理研究,1994年2期82—88页

宋刻《平江图》的比例. 钱玉成. 文物,1994年4期80—81页

现存最早的一部尚有地图的图经——《严州图经》. 曹婉如. 自然科学史研究,1994年13卷4期374—382页

规矩镜和汉代的测量技术. 董鸿闻等. 考古与文物,1995年6期63—65页

华表与古代测量术. 秦建明. 考古与文物,1995年6期73—77,72页

中国古代志书地图绘制准则初探. 阙维民. 自然科学史研究,1996年15卷4期334—342页

中国古代测绘科技体系的形成. 董鸿闻等. 测绘通报,1997年4期16—18页

中国古代的特种地图. 吴宏岐. 文史知识,1997年4期63—67页

古籍整理与研究

大唐西域记地理考证. 丁谦. 地学杂志,1915年6卷2期说郛9—16页,3期说郛22—33页,4期说郛5—16页,5期说郛11—17页,6期说郛74—97页

穆天子传地理考证. 丁谦. 地学杂志,1915年6卷7、8合期说郛133—148页,9期说郛1—9页,10期说郛53—65页,11期说郛1—5页

丁氏穆天子传注证补. 叶浩吾. 地学杂志,1920年11卷5期说郛11—14页

禹贡三江考. 杨逊斋. 地学杂志,1920年11卷6期说郛9—13页

历代地理志评议. 姚士鳌. 地学杂志,1921年12卷1期论丛1—18页,2期论丛1—21页

历代地理志评议——馀谈. 姚士鳌. 地学杂志,1921年12卷3期论丛9—19页

宋明间关于亚洲南方沿海诸国地理之要籍. 王庸. 史学与地学,1928年1期1—11页. 方志月刊,1933年6卷8期20—26页

汉唐间西域及海南诸国地理书辑佚(第一辑). 佛驮耶舍. 史学杂志,1929年1卷1期1—7页

山海经中的水名表. 朱兆新. 中国文学季刊,1929年

1卷1期1—20页
汉唐间西域及海南诸国古地理书叙录.向达.国立北平图书馆馆刊,1930年4卷6期23—36页
《山海经》在科学上之批判及作者之时代考——附《书后》(郑德坤).何观洲.燕京学报,1930年7期1147—1380页
禹贡三江说论辨.陈慎登,徐炎东.学风,1933年3卷5期21—32页
读尔雅释地以下四篇.顾颉刚.史学年报,1934年2卷1期247—266页
《禹贡》等五书所记薮泽表.杨毓鑫.禹贡半月刊,1934年1卷2期16—17页
《汉书·地理志》水道与《说文》水部水道比较表.王振铎.禹贡半月刊,1934年2卷3期13—31页
说《禹贡》州数用九之故.张公量.禹贡半月刊,1934年1卷4期14—17页
从夏禹治水说之不可信谈到《禹贡》之著作时代及其目的.许道龄.禹贡半月刊,1934年1卷4期18—20页
禹贡之沇水.袁钟姒.禹贡半月刊,1934年1卷8期13—15页
《水经注》经流枝流目(河水).贺次君.禹贡半月刊,1934年2卷8期27—34页
重印四库全书所收地理书目专号.方志月刊,1934年7卷8、9合期1—131页
重印四库全书所收地理书目专号书后.郑鹤声.方志月刊,1934年7卷8、9合期132—136页
水经注版本考.郑德坤.燕京学报,1934年15期207—233页
《水经注》经流支流目(汾水——济水).贺次君.禹贡半月刊,1935年3卷1期38—43页
中国地理学史上之书目.吴锡瑞.地学季刊,1935年2卷1期98—101页
水经注引书类目.郑德坤.厦大图书馆报,1935年1卷2期13—17页,3期35—40页
《水经注》经流支流目(清水——洹水).贺次君.禹贡半月刊,1935年3卷2期34—38页
水经注水地考序.谢慧文.厦大图书馆报,1935年1卷4期10—11页
禹贡黑水考.滇人.地学杂志,1935年22卷4期15—21页
《史记货殖列传新诠》地理正误.贺次君.禹贡半月刊,1935年3卷4期29—31页
《汉书·地理志》中所释之《职方》山川泽寖.侯仁之.禹贡半月刊,1934年1卷5期19—23页
《史记》三家注所引地理书考.徐文珊.禹贡半月刊,1935年4卷7期13—21页
《水经注》经流支流目(浊漳水——易水).贺次君.禹贡半月刊,1935年3卷7期42—45页
《水经注》经流支流目(滱水——巨马河).贺次君.禹贡半月刊,1935年3卷11期37—40页
禹贡地理沿革考略.杨大铋.安大季刊,1936年1卷2期113—143页,3期197—220页,4期77—92页
方舆胜略中各国度分表之校订.陈观胜.禹贡半月刊,1936年5卷3、4合期165—194页
禹贡地理论.李兆民.协大学术,1936年4期1—14页
禹贡三江考.杨敏曾.史地杂志,1937年创刊号18—22页
山海经地理今释校勘记.贺次君.书林,1937年2卷3期11—12页
《海外四经》《海内四经》与《大荒四经》《海内经》之比较.侯仁之.禹贡半月刊,1937年7卷6、7合期319—326页
《禹贡山水泽地所在篇》中之熊耳山.孟森.禹贡半月刊,1937年7卷6、7合期353—356页
禹贡山水杂说.钱穆.齐鲁学报,1941年1期207—211页
由禹贡至职方时代之地理知识所见古今之变.蒙文通.图书集刊,1943年4期1—10页
水经延存温溳四水条文举疑.唐钺.东方杂志,1943年39卷9期56—59页
《水经注》西南四水注文举疑.唐钺.东方杂志,1943年39卷10期41—43页
水经注温水条校讹.唐钺.东方杂志,1943年39卷11期55—57页
水经注若水绳水孙水辨——附诸葛武侯渡泸考.朱偰.东方杂志,1943年39卷14期40—44页
禹贡地理今释(杨大鈊编著).周桓.燕京学报,1948年35期258—260页
穆天子传西征地理概测.岑仲勉.中山大学学报(社会科学版),1957年2期26—48页
五藏山经和禹贡中的地理知识.曹婉如.科学史集刊,1958年1期77—85页
诸罗县志的地理学评价.陈正祥.台湾文献(台北),

1959 年 9 卷 4 期 67—69 页

噶玛兰斤志的地理学评价. 陈正祥. 台湾文献(台北),1961 年 11 卷 2 期 1—16 页

淡水厅志的地理学评价. 陈正祥. 台湾文献(台北),1962 年 11 卷 4 期 1—13 页

《水经注》的地理学资料与地理学方法. 陈桥驿. 杭州大学学报(自然科学版),1964 年 2 卷 2 期 138—149 页

论禹贡著成的时代. 屈万里. 中央研究院历史语言研究所集刊(故院长朱家骅先生纪念论文集),1964 年 35 本 53—86 页

谈康熙的《地震》. 阎立钦,杨懋源. 文物,1978 年 11 期 83—85 页

我国方志中的地理资料及其价值. 唐锡仁. 南开大学学报(哲学社会科学版),1982 年 3 期 44—47 页

《水经·江水注》研究. 陈桥驿. 杭州大学学报(哲学社会科学版),1984 年 3 期 109—115 页

《山海经》及其相关的几个问题. 杨超. 大自然探索,1984 年 3 卷 4 期 167—172 页

中国《山海经》学术讨论会上的一些新观念和争议问题. 段渝. 大自然探索,1984 年 3 卷 4 期 173—174 页

《海经》新探. 何幼琦. 历史研究,1985 年 2 期 46—62 页

《元史·河渠志·济州河》辨析. 陈有和. 南开学报(哲学社会科学版),1985 年 3 期 18—21,10 页

《水经注》经注出自郦氏一手吗?. 靳生禾. 华东师范大学学报(哲学社会科学版),1985 年 3 期 47—51 页

宋刻珍本《禹贡论》《山川地理图》及其作者程大昌简论. 丁瑜. 文献,1985 年 3 期 74—77 页

明清两代几本地质译著简评. 吴风鸣. 自然辩证法研究,1985 年 1 卷 4 期 67—69 页

被忽视了的秦代《水经》——略论《山海经·海内东经·附篇》的写作年代. 周振鹤. 自然科学史研究,1986 年 5 卷 1 期 49—53 页

港台《水经注》研究概况评述. 陈桥驿. 史学月刊,1986 年 1 期 44—48 页

《山海经》的作者及著作年代. 孙致中. 贵州文史丛刊,1986 年 1 期 78—82 页

《至正河防记》今释. 杨持白. 农业考古,1986 年 1 期 219—232 页,2 期 194—201,193 页

试论《禹贡》与《五藏山经》的关系. 赵荣. 西北大学学报(自然科学版),1986 年 16 卷 2 期 108—113 页

《水经注文献录》序. 陈桥驿. 杭州大学学报(哲学社会科学版),1986 年 3 期 47—52 页

《水经注》水道记述试析. 赵建黎. 西北大学学报(自然科学版),1989 年 19 卷 1 期 105—107 页

三国至隋唐占候云气之著作考略. 何冠彪. 汉学研究(台北),1989 年 7 卷 2 期 123—135 页

读《山海经校注》偶记. 蒋礼鸿. 文献,1990 年 1 期 162—170 页

《三辅黄图》的成书及其版本. 何清谷. 文博,1990 年 2 期 28—32 页

读《两种海道针经》札记. 周益群. 海交史研究,1990 年 2 期 62—67 页

《沙州城土镜》之地理调查与考释. 李并成. 敦煌学辑刊,1990 年 2 期 84—93 页

《水经注校》书名号缺误举要. 孙佩君. 古籍整理研究学刊,1991 年增刊 43—46 页

敦煌遗书中地理书卷的学术价值. 李并成. 地理研究,1992 年 3 期 41—49 页

一批珍贵的古代地理文书——敦煌遗书中的地理书卷. 李并成. 中国科技史料,1992 年 13 卷 4 期 86—95 页

宋代砚石文献的地学价值. 霍有光. 中国科技史料,1993 年 14 卷 2 期 3—10 页

明清商人地域编著的学术价值及其特点. 杨正泰. 文博,1994 年 2 期 94—100 页

王锡祺《小方壶斋舆地丛钞三补编》. 刘镇伟,王若. 中国科技史料,1994 年 15 卷 4 期 69—73 页

清末自然地理著作的翻译和出版. 艾素珍. 中国科技史料,1995 年 16 卷 3 期 17—25 页

关于《水经注疏》始撰起因及时间的探讨. 郗志群 . 文献,1995 年 3 期 201—212 页

藏文《世界广论》对于中国地理学的贡献. 房建昌. 中国历史地理论丛,1995 年 4 期 221—227 页

《职方外纪》的地理学地位及当时地理知识的中西对比. 霍有光. 中国科技史料,1996 年 17 卷 1 期 16—25 页

清末人文地理学著作的翻译和出版. 艾素珍. 中国科技史料,1996 年 17 卷 1 期 26—35 页

《周礼》与古代图学. 刘克明,周德钧. 文献,1997 年 1 期 181—191 页

《海经》的作者及记述的地理与时代. 王宁. 古籍整理研究学刊,1997 年 5 期 4—8 页

地理探险与考察

元代客卿马哥博罗游记地理补注.丁谦.地学杂志,1915年6卷6期说郛61—69页,7、8合期说郛95—122页

马哥博罗游记补注改订.丁谦.地学杂志,1917年8卷8、9合期说郛4—12页,10期说郛5—10页,11、12期说郛4—11页.1918年9卷1期说郛8—12页,2、3合期说郛17—23页,4、5合期说郛12—16页,6期说郛6—9页,7、8期说郛6—9页

星槎胜览所载郑和航海行经诸地考.徐玉虎.大陆杂志(台北),1960年18卷10期14—20页,11期17—23页,12期24—28页

南山经地理考释.卫挺生.东方杂志复刊(台北),1969年3卷1期39—44,38页

郑和时代航海术语与名词之诠释.徐玉虎.人文学报(台北),1970年1期217—267页

明郑和航海图中针路之考释(上)——从中国南京下关至马来半岛.徐玉虎.人文学报(台北),1973年3期391—449页

明郑和航海图中针路考释(下)——从马来半岛至非洲东海岸之针路.徐玉虎,人文学报(台北),1975年4期231—248页

北朝隋唐滏口壶关道考——兼论其南北诸谷道.严耕望.中央研究院历史语言研究所集刊(台北),1980年51本1分册53—69页

徐霞客游记在历史地理研究中的科学价值.于希贤.社会科学战线,1980年1期181—184页

元代辽阳行省驿道考略——兼考明代"海西东水陆城站".郭毅生.北方论丛,1980年2期89—97页,4期74—82,100页

汉唐时代中西交通概述.步履.西北大学学报(社会科学版),1980年2期94—97页

从内蒙古昆都仑沟几个古城遗址看汉至北魏时期阴山稒阳道交通.王文楚.复旦学报(社会科学版),1980年增刊113—117页

公元前后的中西古航线试探.李成林.学术月刊,1980年3期77—81页

历史上的子午道.李之勤.西北大学学报(哲学社会科学版),1981年2期38—41页

明代东北驿站考.李健才.社会科学战线,1981年2期182—188页

汉代中国与东南亚和南亚海上交通路线试探.朱杰勤.海交史研究,1981年3期1—4页

唐代渤海人出访日本的港口和航线.王侠.海交史研究,1981年3期5—11页

从几幅宋画上的车谈宋代的陆路交通.朱家源,何高济.故宫博物院院刊,1981年3期76—79页

《公元前后的中西古航线试探》质疑.汶江.学术月刊,1981年6期58—61,封三页

古代南海交通史上的"海""洋"考释.陈佳荣.厦门大学学报(史学专号),1981年增刊110页

赤水河航道开发史略.谢尊修,谭智勇.贵州文史丛刊,1982年4期103—110页

宁夏境内"丝绸之路"——兼论唐长安、凉州北道的驿程及走向.鲁人勇.宁夏社会科学,1983年2期50页

中国航海史概要.丁正华.中国科技史料,1983年4卷4期14—20页

略论唐代的漕运.杨希义.中国史研究,1984年2期53—66页

秦汉"复道"考.王子今,马振智.文博,1984年3期20—23页

相思埭思运河及其开发.高言弘.学术论坛,1984年3期78—81页

先秦时期运河考略.王育民.上海师范学院学报(社会科学版),1984年3期114—121页

秦汉时期山西水运试探.石凌虚.晋阳学刊,1984年5期68—72页

玻璃输入与"海上丝绸之路".周庆基.海交史研究,1985年1期7—11页

论元代海外交通的发展.陈得芝.江海学刊(文史哲版),1985年1期71页

清代东北的驿路交通.丛佩远.北方文物,1985年1期80—91,46页

我国古代的驿站和烽燧.王世厚.文献,1985年1期251—263页

东海"丝绸之路"初探——唐代以前的东海航路和丝绸外传及其影响.陈炎.海交史研究,1985年2期5—14页

略论明代中后期福建的对日交通.陈自强.海交史研究,1985年2期46—50页
陇山古道考.吴永江.西北史地,1985年2期93—95,96页附图
唐五代洛阳开封的交通路线.陈有忠.郑州大学学报(哲学社会科学版),1985年3期65—73页
元代的驿站(站赤).陈高华.文史知识,1985年3期67—70页
陕西古代交通概述.王开.人文杂志,1985年3期94—97页
海上"丝绸之路"与文化交流.常任侠.社会科学战线,1985年3期327—333页
先秦时期山西交通述略.李广洁.晋阳学刊,1985年4期48—51页
青海古道探微.赵荣.西北史地,1985年4期56页
唐代西蜀经吐蕃通天竺路线考.冯汉镛.西藏研究,1985年4期77—82页
清代河南漕运述论.邓亦兵.中州学刊,1985年5期115—118,128页
宋代泉州港的崛起与港口分布.傅宗文.厦门大学学报(哲学社会科学版),1985年增刊87—96页
释《郑和航海图》引言.严敦杰.自然科学史研究,1986年5卷1期60—63页
两京古道考.胡德经.史学月刊,1986年2期1—7,79页
论唐代对外贸易的四大海港.沈福伟.海交史研究,1986年2期19—32页
清代吉林乌拉通往瑷珲驿站设置变迁考.姜涛.北方文物,1986年3期78—87页
《徐霞客游记》的科学性和时代性——怒江、腾冲地区的实地验证.陈述彭.地理研究,1986年4期1—10页
唐宋时期中国东南亚之间的航路综考.高伟浓.海交史研究,1987年1期32—41页
青海南疆间的古代间道.徐兆奎.自然科学史研究,1987年6卷1期48—51页
《徐霞客游记》的美学地理学初探.高泳源.自然科学史研究,1987年6卷4期342—350页
元代云南驿传的特点及作用试探.方铁.思想战线,1988年1期63—69页
古桥门与秦直道考.王北辰.北京大学学报(哲学社会科学版),1988年1期117—123页
略论我国古代航海图的发展与海上交通贸易的关系.朱鉴秋.海交史研究,1988年1期193—196页
登州港的变迁及其在历史上的作用.李步青,王锡平.海交史研究,1988年2期87—91,42页
太仓元、明航海史迹考略.吴聿明.海交史研究,1988年2期92—98页
金上京城的水陆交通.景爱.北方文物,1988年4期61—66页
北宋汴河漕运新探.程民生.晋阳学刊,1988年5期71—73页
河南元代站赤交通及意义.贾洲杰.郑州大学学报(哲学社会科学版),1988年5期93—98页
秦汉长城与北边交通.王子今.历史研究,1988年6期91—105页
料器与先秦的楚滇关系和中印交通.张正明.江汉论坛,1988年12期68—72页
关于《徐霞客游记》的主要增订资料.周宁霞.中国科技史料,1989年10卷1期74—79页
北宋时期中西交通考述——兼述吐蕃在中西交通史上的地位和作用.顾吉辰.西藏研究,1989年2期43—49页
秦汉黄河津渡考.王子今.中国历史地理论丛,1989年3期127—134页
古代陇南山区道路建设.林启东.西北史地,1989年4期58—60页,57页
唐代陕北和鄂尔多斯地区的交通.李辅斌.中国历史地理论丛,1990年1期135—142页
嘉陵江上游古代航运的发展特点.李之勤,李进.西北大学学报(社会科学版),1990年2期26—33页
明清时期我国与爪哇海上针路.徐云根.海交史研究,1990年2期54—61页
唐敬宗宝历年间裴度重修的斜谷路及其所置驿馆.李之勤.中国历史地理论丛,1990年3期39—50页
南宋两种长江游记的自然地理学价值.周宏伟.自然科学史研究,1990年9卷3期275—282页
唐宋时期的海州与海上"陶瓷之路".刘洪石.东南文化,1990年5期201—205页
古代连云港地区的对朝交通:海上丝路的东延.李洪甫.东南文化,1990年5期206—209页
吴地的造船和水运.辛元欧.文史知识,1990年11期62—67页
汉代中国"海上丝绸之路".曾昭璇,曾宪珊.广东史志,1991年2期46—49页

五代宋辽金时期的中西陆路交通.莫任南.西北史地,1991年3期43—50页

论历史时期岭南地区交通发展的特征.陈代光.中国历史地理论丛,1991年3期75—96页

先秦时期黄河航运的初步研究.于希贤.中国历史地理论丛,1991年4期15—30页

秦汉时期的近海航运.王子今.福建论坛(文史哲版),1991年5期61—64,72页

两汉六朝岭南海外交通的发展及其影响.吕名中.中南民族学院学报(哲学社会科学版),1991年6期68—71,77页

秦汉时期的东洋与南洋航运.王子今.海交史研究,1992年1期1—8页

《徐霞客游记》钞本流传始末.钟成模.贵州文史丛刊,1992年1期44,74页

黄骅——徐福船队的出发港.王杰.海交史研究,1992年1期65—76页

中国古代栈道的类型及其兴废.蓝勇.自然科学史研究,1992年11卷1期68—75页

蓝田县的两个石门与唐长安附近蓝武道北段的水陆联运问题.李之勤.中国历史地理论丛,1992年2期63—70页

明代内地与西藏的交通.赵毅.中国藏学,1992年2期64—75页

中西远洋航行的比较研究.宋正海等.科学技术与辩证法,1992年3期1—5页

古代于阗的南北交通.殷晴.历史研究,1992年3期85—99页

敦煌交通地理文书考释:兼谈唐代敦煌通西域道之情形.张国藩等.西北史地,1992年4期24—30页

马王堆汉墓古地图交通史料研究.王子今.江汉考古,1992年4期65—70,49页

绍兴古纤道类型发展及构造.梁志明.东南文化,1992年6期274—276页

我国古代的栈道及隧道.李仲均,李卫.文史知识,1992年10期26—31页

六朝隋唐时期长江流域航运交通的开发.何荣昌.苏州大学学报(哲学社会科学版),1993年2期91—96,85页

古代西南的"黄金之路".张明.贵州文史丛刊,1993年6期47—50,52页

陕西洛河汉代漕运的发现与考察.彭曦.文博,1994年1期24—27页

对福建古代交通道路变迁的几点看法.林汀水.中国社会经济史研究,1994年1期24—30页

唐五代敦煌新开道考.郑炳林.敦煌学辑刊,1994年1期43—48页

历史上南阳盆地的水路交通.龚胜生.南都学坛(哲学社会科学版),1994年1期104—108页

《九章算术》汉代交通史料研究.王子今.南都学坛(哲学社会科学版),1994年2期1—8页

千童城遗址和徐福东渡出海港考辨.李永先.海交史研究,1994年2期17—24页

登州与唐代的海上交通.樊文礼.海交史研究,1994年2期25—34页

汉灵关道辨证.杨立伟.文博,1994年2期77—86页

略论金代的漕运.吴宏岐.中国历史地理论丛,1994年3期81—94,166页

金代东北主要交通路线研究.庞志国,刘红宇.北方文物,1994年4期40—48页

对元都实考察河源几个问题的新认识.冯立升,李迪.中国科技史料,1994年15卷4期65—68页

关于丝路吐蕃道的交通路线问题.多杰才旦.传统文化与现代化,1995年4期45—54页

明代入藏道路站点考释.庞琳.西藏研究,1995年4期72—76,87页

秦汉时期蜀滇身毒道的形成与汉文化在西南地区的传播.萧安富.中国典籍与文化,1996年1期108—111页

古代刘家港崛起与衰落的探讨.林承坤.地理研究,1996年15卷2期61—66页

宗嘎唐代汉文摩崖碑铭补考——兼述吐蕃古道.巴桑旺堆.西藏研究,1996年3期56—63页

公元8—9世纪新罗与唐的海上交通.孙光圻.海交史研究,1997年1期30—42页

明朝初期与朝鲜海上交通考.陈尚胜.海交史研究,1997年1期43—52页

《徐霞客游记》版本考.朱钧侃.文献,1997年1期246—257页

古代福建与中原的交通及王审知兄弟入闽路线.陈名实,吕秋习.福建史志,1997年2期38—41页

唐代的西北交通.孙晓林.文史知识,1997年3期10—18页

秦直道新论.李仲立.西北史地,1997年4期1—6页

元甘肃行省诸驿道考.胡小鹏.西北史地,1997年4期40—46页

汉代以前的中西交通小识. 钟伯清. 中央民族大学学报(社会科学版),1997年6期69—71页

《郑和航海图》概论. 朱鉴秋. 航史研究,1997年11、12合期120—129页

其 他

东南风水初探. 何晓昕. 东南文化,1988年3、4合期96—106页,5期116—133页

论中国古代风水的起源和发展. 尹弘基. 自然科学史研究,1989年8卷1期84—89页

论风水的地理学基础. 杨文衡. 自然科学史研究,1992年11卷4期367—375页

风水. 拉蒙·赖·马佐(Mazo,Ram' on Lay). 文化杂志(中文版)(澳门),1992年9期41—52页

风水与古代中国绿化. 倪金根. 古今农业,1994年3期45—54页

风水中的"地母崇拜"和女阴象征. 刘沛林. 自然科学史研究,1995年14卷1期69—75页

论两汉时期中国地名学的奠基. 华林甫. 中国史研究,1996年2期14—25页

从《姑苏城图》看清末苏州的城市景观. 高泳源. 自然科学史研究,1996年15卷2期161—169页

千古之谜——般人是否横渡了太平洋? 嵇立群. 华夏文化,1996年4期14—16页

论唐代的地名学成就. 华林甫. 自然科学史研究,1997年16卷1期35—49页

"上郡塞"与"堑洛"长城辨. 瓯燕,叶万松. 考古与文化,1997年2期56—63页

论所谓"法显航渡美洲"说. 张箭. 世界历史,1997年2期98—106页

生物学史

总论

毛诗动植物今释．薛蛰龙．国粹学报，1908 年 4 卷 1 期博物篇 1—5 页，2 期博物篇 5—7 页，3 期博物篇 1—5 页，4 期博物篇 1—7 页，5 期博物篇 1—5 页，7 期博物篇 1—3 页，8 期博物篇 1—5 页，10 期博物篇 1—3 页，11 期博物篇 1—5 页．1909 年 5 卷 6 期博物篇 1—4 页，7 期博物篇 7—9 页，8 期博物篇 1—5 页，11 期博物篇 1—5 页

中国生物学发达史．吴子修讲．刘咸记．农学，1923 年 1 卷 3 期演讲 7—16 页

中国古代之怪生物．斯东．清华周刊，1930 年 33 卷 12、13 合期 127—130 页

中国上古生物学史述要．章韫胎．国立北平研究院院务汇报，1931 年 2 卷 5 期特载 1—6 页

中国学者之生物进化观．郭熙．协大学术，1932 年 2 期 1—14 页

中国古代生物学．李毓镛．科学，1941 年 25 卷 9、10 合期 541—548 页

中国生物分类学史简述．张孟闻 ．思想与时代，1942 年 10 期 39—46 页

中国生物分类学史述论——为中国科学社生物研究所二十周年纪念作．张孟闻．科学，1943 年 26 卷 1 期 62—93 页

我国生物学之始萌——中国生物学史拟稿之一．张孟闻．真理杂志，1944 年 1 卷 1 期 123—126 页

中国古代关于进化论的贡献．陈桢．生物学通报，1953 年 9 期 305—308 页

关于中国生物学史．陈桢．生物学通报，1955 年 1 期 3—7 页

批判胡适所谓"庄子书中的生物进化论"．谭彼岸．生物学通报，1956 年 8 期 1—3 页

我国在达尔文以前关于遗传性、变异性和人工选择的研究．方宗熙．生物学通报，1956 年 10 期 1—6 页

探索《齐民要术》中的生物学知识．石声汉．生物学通报，1957 年 1 期 1—7 页

我国古代对生物变异性的记载与论述．李集临．生物学通报，1957 年 8 期 54—57 页

从《本草纲目》看我国古代生物科学的发展．曾文彬．厦门大学学报(自然科学版)，1975 年 2 期 12—18 页

沈括的《梦溪笔谈》和我国古代生物科学．南京大学生物系科学史研究组．南京大学学报(自然科学版)，1975 年 2 期 27—32 页

笔谈我国古代科学技术成就——我国古代的生物学和农医实践．汪子春．文物，1978 年 1 期 55—56 页

也谈我国古代的生物分类学思想．荀萃华，许抗生．自然科学史研究，1982 年 1 卷 2 期 167—175 页

我国古籍中记载的几种无脊椎动物化石、植物化石及其成因．李仲均．自然科学史研究，1982 年 1 卷 2 期 179—183 页

再谈《淮南子》中的生物进化观．荀萃华．自然科学史研究，1983 年 2 卷 2 期 145—153 页

我国古代的生态学思想及有关记载的探讨．王勋陵．西北大学学报(自然科学版)，1984 年 14 卷 1 期 113—119 页

《尔雅》、"雅学"与中国古代生物学刍议．高建．大自然探索，1984 年 3 卷 1 期 168—174 页

孟德尔以前中国对遗传现象及其本质的认识．姚德昌．自然科学史研究，1984 年 3 卷 2 期 151—157 页

华侨在植物引种方面的贡献．李芳洲．植物杂志，1984 年 4 期 38—39 页

《齐民要术》一书中的生态学知识．陈良文．农业考古，1985 年 2 期 380—388 页

先秦生态认识举隅．高健．大自然探索，1985 年 3 期 180—184 页

《本草图经》中的生物学知识．刘昌芝．自然科学史研究，1986 年 5 卷 2 期 154—158 页

中国古生态学研究的历史和现状．潘云唐．大自然探索，1986 年 5 卷 2 期 180—185 页

中国生物分类学史述论.张孟闻.中国科技史料,1987年8卷6期3—27页

从《本草纲目·释名》看中国古代动植物命名的方法.兰毅辉.自然科学史研究,1989年8卷2期166—170页

论中国古代生殖文化与传统生命哲学.袁钟.大自然探索,1989年8卷3期131—137页

中国古代对生物遗传性和变异性的认识.汪子春.自然科学史研究,1989年8卷3期257—267页

中国《易经》与遗传密码周期律.萧景霖.大自然探索,1989年4期75—81页

郑和下西洋引进的珍稀动植物研究.刘昌芝.海交史研究,1990年1期13—17页

中国古代作物结构的演变及其原因.张家炎.古今农业,1990年1期110—115页

我国古代的生态学思想和理论.唐德富.农业考古,1990年2期8—17,20页

试论我国先秦时代生态环境保护思想.鞠继武.自然科学史研究,1990年9卷2期184—189页

历代荔枝专著中的植物学生态学生理学成就.周肇基.自然科学史研究,1991年10卷1期35—46页

先秦两汉之自然生态保育思想.王尔敏.汉学研究(台北),1992年10卷2期1—26页

宋应星《气论》中的生物学知识.王明美,黄永松.中国科技史料,1993年14卷4期15—18页

化生说与中国传统生命观.赵云鲜.自然科学史研究,1995年14卷4期366—373页

中国古代有生物进化思想吗?.李思孟.自然辩证法通讯,1997年19卷3期57—63,46页

植　物　学

说文植物古名今证.胡先骕.科学,1915年1卷6期666—671页,7期789—791页.1916年2卷3期311—317页

中华植物学进步史.龚启鋈.博物杂志,1919年1期讲演48—56页

补《植物名实图考》.吴续祖.博物杂志,1920年2期研究9—11页,3期研究3—4页

中国植物学发达史略.方文培.科学世界,1932年1卷2期125—130页

述植物名实图考所记报春之种类及其植物名称.陈封怀.中国植物学杂志,1936年3卷4期1263—1265页

略论中国古代的植物科学.中国植物学杂志社.中国植物学杂志,1951年5卷3期75—76页

我国古籍中关于菌类的记述.刘波.生物学通报,1958年6期19—22页

本草纲目中所记桔梗科植物辨正.于景让.大陆杂志(台北),1961年21卷1、2期3—7页

《尔雅》中所表现的植物分类.夏纬瑛.科学史集刊,1962年4期41—46页

《齐民要术》在植物学上的成就.王正周.植物学杂志,1975年2卷3期1—2页

古代西北黄土高原的几种代表植物.夏纬瑛.植物杂志,1979年3期30—31页

广西宾阳发现十万年前的花生化石.彭书琳,周石保.农业考古,1981年创刊号17—20页

广西花生化石之谜.赵仲如.农业考古,1982年1期50—53页

历代综合性本草书中所收录的植物品种的考察.(日)森村谦一 著.徐进 译.科学史译丛,1982年3期42—67页

食用菌栽培历史考.刘波,刘茵华.农业考古,1983年2期250—252页

中国食用菌栽培探源.陈士瑜.中国农史,1983年4期42—48页

中国古代的地植物学.(英)李约瑟,鲁桂珍 著.董恺忱,郑瑞戈 译.农业考古,1984年1期264—274,39页

古籍里的植物与光知识.周肇基.植物杂志,1984年3期37—38页

谈"植物学"一词在中国和日本的由来.潘吉星.大自然探索,1984年3卷3期167—171页

中国近2500年来植物重花历史记录之物候研究.汪子春,高建国.农业考古,1985年1期195—198页,2期191—203,234页

《本草图经》中的植物学知识.刘昌芝.植物杂志,1985年2期38—39页

《夷坚志》中有关年轮的知识.李强.自然科学史研

究,1986年5卷3期226—228页

我国古代对固氮植物的认识和利用.梁述等.植物杂志,1986年4期40页

先秦植物文献评述.邱泽奇.大自然探索,1987年6卷3期165—171页

略述我国古代对于植物雌雄性的认识.夏纬瑛.自然科学史研究,1988年7卷1期66—67页

西人对福建植物的考察述略.罗桂环.海交史研究,1989年1期60—67页

"本草"与植物学.周宗运.植物杂志,1989年5期40—41页

古农书与植物生理学.周肇基.农业考古,1990年1期366—374页

古植物学发展简史与中国古植物学发展概况.李星学.大自然探索,1991年10卷2期93—99页

中国古籍中对植物生化他感现象的认识.夏武平等.中国科技史料,1992年13卷1期73—76页

略述百越人对衣用纤维植物开发利用的贡献.彭世奖.古今农业,1992年3期18—23页

中国方志中所见古代菌类栽培史料.陈士瑜.中国科技史料,1992年13卷3期71—81页

中国栽培植物起源与发展简论.李璠.农业考古,1993年1期49—54页

《山海经》与古代植物分类.丁永辉.自然科学史研究,1993年12卷3期268—276页

《万物》中部分植物名称古今考.董源.中国科技史料,1995年16卷4期77—83页

新旧唐书所载若干植物名实考.萧正洪.陕西师范大学学报(哲学社会科学版),1996年25卷3期129—132页

中国古代对植物物质运输的认识和控制.周肇基.自然科学史研究,1997年16卷3期263—271页

两汉三国时期岭南生长的几种观赏植物.王川.南都学坛(哲学社会科学版),1997年5期1—3页

动 物 学

尔雅虫名今释.刘师培.国粹学报,1907年3卷4期博物篇7—11页,5期博物篇1—3页,8期博物篇1—2页,9期博物篇1—2页,12期博物篇6—8页.1909年5卷1期博物篇1—3页,2期博物篇1—3页,4期博物篇5—6页

今禽经.薛凤昌.国粹学报,1909年5卷7期博物篇1—6页

尔雅梁山产象考.叶国庆.国立第一中山大学语言历史学研究所周刊,1928年2集14期42—45页

关于本草中的几种昆虫.乔峰.自然界,1928年3卷2期171—182页,3期267—278页

本草中的"鳞类".建霞.自然界,1931年6卷6期453—461页

本草中的"禽类".建霞.自然界,1931年6卷8期606—612页

用科学解释中国古人对于昆虫生活史上几点错误.邹树文.科学的中国,1933年1卷1期19—20页

中国古代昆虫学之文献.汪仲毅.浙江省建设月刊,1936年9卷8期史料7—11页

图书集成昆虫名考.胡经甫.文学年报,1940年6期315—330页

本草纲目中两栖动物之研究.丁汉波.福建文化,1947年新3卷2期65—68页

中国古代动物分类(Prelinnean Systematic Zoology).王友燮.大陆杂志(台北),1954年8卷12期3—4页

由毛诗中"螟蛉有子蜾蠃负之"所引起的我国古代昆虫学研究和唯心与唯物两派的见解.陈桢.生物学通报,1956年6期1—4页

毛诗蜉蝣虫名疏证.邹树文.生物学通报,1956年12期6—10页

从分类学观点对本草纲目鳞部鱼类的探讨(一).成庆泰.学艺,1957年9期2—4页

从分类学观点对本草纲目鳞部无鳞鱼类的探讨(二).成庆泰.学艺,1957年12期4—6,8页

我国古书中有关海洋动物生态的一些记载.丘书院.生物学通报,1957年12期27—29页

我国明代学者对鱼类的研究.洪惠馨.生物学通报,1958年2期21—22页

本草纲目中的有蹄类.赵肯堂.生物学通报,1962年1期5—6页

"蠃"非兽类辨.苟萃华.科学史集刊,1963年5期13—15页

我国古籍中关于非洲动物的记载.唐锡仁.生物学通

报,1965年2期33—34页

《本草纲目》的鸟类.庞秉璋.动物学杂志,1976年2期35—37页

我国养鸽历史及其与进化论的关系.谢成侠.动物学杂志,1979年1期34—38页

曾侯乙墓出土鱼骨的初步研究.周春生等.江汉考古,1981年1期93—96页

古脊椎动物学在中国的发展.甄朔南.中国科技史料,1981年2卷1期72—75页

甲骨文中有关野生动物的记述——中国古代生物学探索之一.毛树坚.杭州大学学报(哲学社会科学版),1981年2期70—77页

山东兖州王因新石器时代遗址中的扬子鳄遗骸.周本雄.考古学报,1982年2期251—259页

汉"南陵"大熊猫和犀牛探源.王学理.考古与文物,1983年1期89—92,42页

"犁牛之子骍且角"辨析.姚德昌.自然科学史研究,1984年3卷4期355—358页

泉州湾宋代海船上贝类的研究.李复雪.海交史研究,1984年6期101—109,79页

蒙古高原史前动物蹄印岩画探索.盖山林.北方文物,1985年3期43—46页

中国古代的动物环志.刘敦愿.农业考古,1988年1期219—223页

元谋蝴蝶、腊马古猿头骨化石的初步研究.张兴永等.思想战线,1988年5期55—61,18页

中国非桑蚕类吐丝昆虫的利用历史和成就.蒋猷龙.古今农业,1988年2期61—68页

建国以来安徽发现的第四纪哺乳动物及相关问题的探讨.韩立刚.文物研究,1988年总4期21—34页

安徽巢县猫儿洞哺乳动物群.郑龙亭.文物研究,1988年总4期35—46页

关于我国文献上麋鹿名称混乱错误的问题.夏经世.自然科学史研究,1989年8卷3期268—271页

我国古代对猛犸化石的认识.刘昭民.科学史通讯(台北),1989年8期

禄丰古猿的发现与研究.张兴永.云南文史丛刊,1990年4期20—30页

读《水经注》札记——谈注中所言的几种动物.陈桥驿.明报月刊(香港),1990年25卷7期90—93页

《山海经》"孟极"即"雪豹"考.周士琦.中国科技史料,1991年12卷2期84—86页

开远古猿的发现与研究.张兴永.云南文史丛刊,1991年2期91—100页

我国发现最早的飞行鸟化石.侯连海.生物学通报,1992年7期19—20页

西方人在中国的动物学收集和考察.罗桂环.中国科技史料,1993年14卷2期14—25页

中国食虫史话.关培生.明报月刊(香港),1993年28卷9期58—60页

有关禄丰古猿的几个问题.祁国琴.考古,1994年2期135—139,170页

从古代诗歌看我国古代农业昆虫学的水平.谢辅义.农业考古,1994年3期174—175页

我国古代绘画中的域外动物.张之杰.中国科技史料,1996年17卷3期84—92页

中国动物学史简介.郭郛.生物学通报,1997年9期43—44页

微生物学

我国古代认识和利用微生物的成就.门大鹏,程光胜.微生物学通报,1978年5卷1期39—41页

《齐民要术》中利用微生物的科学成就.缪启愉.古今农业,1987年1期7—13页

《本草纲目》中的真菌学知识.李思孟.自然科学史研究,1988年7卷2期184—190页

中国微体古生物学研究的历史回顾.郝诒纯.大自然探索,1991年10卷3期1—4页

古籍整理与研究

《植物名实图考》在植物学史上的位置.周建人.自然界,1926年1卷4期358—362页

汉唐间之异物志.王庸.史地杂志,1937年1卷2期47—51页

谈谈《植物名实图考》.黄胜白,陈重民.植物杂志,1978年5期42—44页

中国早期传播植物学知识的著作《植物学》.汪子春.中国科技史料,1981年2卷1期86—87页
中国现存的几部古代动植物志.刘昌芝.中国科技史料,1982年3卷4期91—94页
我国现存最早的水产动物志——《闽中海错疏》.刘昌芝.自然科学史研究,1982年1卷4期333—338页
我国古代重要植物学著作——《救荒本草》.罗桂环.植物杂志,1984年1期37—38页
试论《南方草木状》的著者和著作年代.刘昌芝.自然科学史研究,1984年3卷1期59—60页
《本草纲目》及其对训古学的价值.詹鄞鑫.文史知识,1984年4期46—49页
也谈《南方草木状》一书的作者和年代问题.荀萃华.自然科学史研究,1984年3卷2期145—150页
《南方草木状》的诸伪迹.缪启愉.中国农史,1984年3期1—12页
世界最早的地区植物志——《南方草木状》.林枫林.植物杂志,1985年3期40—41页
汉魏六朝岭南植物"志录"考略.邱泽奇.中国农史,1986年4期89—101页
如何看待今本《南方草木状》.胡道静.香港大学中文系集刊(香港),1987年1卷2期99—102页
《南方草木状》辨伪.马泰来.香港大学中文系集刊(香港),1987年1卷2期103—126页
我国早期的两本植物学译著——《植物学》和《植物图说》及其术语.罗桂环.自然科学史研究,1987年6卷4期383—387页
汉魏六朝岭南植物"志录"的历史地位.邱泽奇.古今农业,1988年2期76—83页
戴震佚著《经雅》的发现.方利山.文献,1989年1期276—278页
对《南方草本状》著作及若干有关问题的探索.梁家勉.自然科学史研究,1989年8卷3期248—256页
中国古典园艺植物学名著《花镜》新探.周肇基.古今农业,1990年2期38—44页
关于今本《南方草木状》的思考.罗桂环.自然科学史研究,1990年9卷2期165—170页
对《南方草木状》作伪于南宋时期之质疑.张宗子.中国科技史料,1990年11卷4期81—87页
我国最早的救荒专著——《救荒本草》.周肇基.植物杂志,1990年6期43—44页
《促织经》:世界第一部关于蟋蟀研究的昆虫专著.周琦.东南文化,1990年6期179—182页
戴凯之《竹谱》探析.荀萃华.自然科学史研究,1991年10卷4期342—348页
《竹谱》略论.王建.贵州文史丛刊,1992年1期40—43页
中国古代第一部果树专志《荔枝谱》.蔡庆发.福建史志,1996年2期54—55页
中国古籍在全球生物多样性保护与持续利用中的价值.李春泰.科学史通讯(台北),1996年15期46—53页
古代一部重要的生物学著作——《毛诗草木鸟兽虫鱼疏》.罗桂环.古今农业,1997年2期31—36页

其　他

中华博物学源流篇.薛凤昌.博物学杂志,1914年1卷1期11—23页
二十四史之中国人体研究.李广平.力行月刊,1943年7卷2期62—66页
对人体认识的两种世界观斗争.金卫.中国科学,1975年1期108—115页
大墩子和王因新石器时代人类颌骨的异常变形.韩康信,潘其风.考古,1980年2期185—191页
中国古代对手纹的认识和应用.张秉伦,赵向欣.自然科学史研究,1983年3卷4期347—351页
蔚县夏家店下层文化颅骨的人种学研究.张家口考古队.北方文物,1987年1期2—11,20页
和县、巢县人类化石研究综述.方笃生.文物研究,1988年总4期3—10页
博物与本草——中国传统的分类学.刘君灿.文史知识,1989年9期39—41页
陕西渭南北刘遗址庙底沟类型墓葬人骨的研究.高强.文博,1990年4期96—105页
元谋人胫骨化石的研究.周国兴等.考古与文物,1991年1期56—60页
我国古代居民颅骨的聚类分析和主成份分析.陈铁梅.江汉考古,1991年4期46—51页

女娲神话中一个关键细节的复原.钟年.中南民族学院学报(哲学社会科学版),1993年4期71—74页
关于人类起源的几个问题.龚缨晏.世界历史,1994年2期95—98页

二千一百多年的不朽女尸——关于最近出土的长沙利仓侯妻汉墓的奇迹.邝凯迎.明报月刊(香港),1972年7卷9期21—24页
日本考古界对中国二千年前完整尸体出土的反映.明报月刊编辑部辑.明报月刊(香港),1972年7卷9期26—27页
马王堆一号汉墓女尸研究的几个问题.《文物》通讯员.文物,1973年7期74—80页
从古籍记载试论长沙汉墓女尸不腐之原因.苏莹辉.故宫季刊(台北),1975年10卷2期1—19页
马王堆一号汉墓古尸肌肉等组织保存程度的研究.中国科学院上海生物化学研究所.湖南医学院马王堆古尸研究小组.中国科学,1976年2期168—178页
谈西汉软体尸保存问题——从马王堆到凤凰山.商承祚.学术研究,1978年1期136页
试论西汉古尸的保存原因.后德俊.江汉考古,1981年1期110—115页
关于宋、元、明墓葬中尸体防腐的几个问题.霍巍.四川大学学报(哲学社会科学版),1987年4期94—102页
论宋、元、明时期尸体防腐技术发展的社会历史原因.霍巍.四川大学学报(哲学社会科学版),1990年1期89—97页
古墓内尸体与随葬品不腐原因的生物学探讨.马淑芹.华夏考古,1996年2期102—104,101页

中医药学史*

中医学总论

中国医药.米景贤.清华周刊,1928年30卷4期21—29页

中国的医学.焦易堂.文化建设,1934年1卷1期155—162页

中国医学之起源及其发达之状况.陈邦贤.东方杂志,1937年34卷7期119—133页

医史丛话.侯宝璋.学思,1942年1卷1期15—19页,2期18—21页

中国古代之医学.赵少卿.学思,1943年3卷11期17—21页

中国医学之起源考略.严一萍.大陆杂志(台北),1951年2卷8期,9期

中国古代医学和哲学的关系——从黄帝内经来看中国古代医学的科学成就.任继愈.历史研究,1956年5期59—74页

中国医学发展的几个阶段.孟昭威.科学通报,1957年11期324—328页

玺印木简中发现的古代医学史料.陈直.科学史集刊,1958年1期68—76页

阴阳五行对于两汉医学的影响.李汉三.大陆杂志(台北),1965年30卷1期6—11页,2期21—26页

西医发展史与中医.关在,关再.明报月刊(香港),1971年6卷6期26—33页

泛论中西医学.邱泉滨.明报月刊(香港),1971年6卷10期35—41页,11期25—29页

从西安南郊出土的医药文物看唐代医药的发展.陕西省博物馆文管会写作小组.文物,1972年6期52—55页

两晋南北朝时期沙门的医药知识.曹仕邦.食货月刊复刊(台北),1975年5卷8期13—17页

唐代的医学.邓宝辉.食货月刊复刊,1977年7卷8、9合期85—99页

中国古代的医药成就.梅雅.求知(香港),1977年44期26—28页

笔谈我国古代科学技术成就——解放后出土文物在医学史上的科学价值.马继兴.文物,1978年1期56—58页

也谈《黄帝内经》的阴阳学说与对立统一规律——与刘长林、车离等同志商榷.马伯英.社会科学战线,1980年1期52—57页

《黄帝内经》的形神论.郑如心.东北师大学报(哲学社会科学版),1981年1期92—97页

古代中医学与无神论.夏文等.江汉论坛,1981年2期107页

藏医学和藏医学史——评甲白究桑的《西藏医学》.蔡景峰.西藏研究,1982年3期53—62页

医事纪年.公戈.中国科技史料,1982年3卷1期106—112页,2期109—112页,3期108—112页

从考古发现看河北从商至西汉的医药学成就——兼论战国时河北民间良医扁鹊对祖国医学的贡献.杨木.河北学刊,1982年4期154—159页

何家村出土医药文物补证.吴德铎.考古,1982年5期528—531页

瑶医简述.胡起望.中央民族学院学报,1983年1期78—82页

解放后考古发现的医药资料考述.戴应新.考古,1983年2期180—186页

后汉初期医学的一个断面——以王充的《论衡》为中心.(日)赤堀昭 著.杨合林 译.科学史译丛,1984年2期31—38,43页

中国古代时间医学成就和现代研究进展.吴今义.大自然探索,1984年3卷4期27—34页

试探《内经》的思维桥梁.王庆宪.学术月刊,1984年6期24—26页

《难经》对祖国医学的贡献.梅青田.内蒙古师大学报

---

* 因篇幅所限,只收非医药学期刊中有关中医药学史的论文。

(自然科学版),1985年2期62页
敦煌石窟医学史料辑要.赵健雄等.敦煌学辑刊,1985年2卷总8期115—121页
论《内经》阴阳说的罗辑思维模式.周瀚光.学术月刊,1985年12期31—36页
中医"阴阳五行"学说中的科学思想初探.陈德坤等.自然杂志,1985年12期861—863页
《内经》哲学思想探讨.周国钧.中山大学学报(哲学社会科学版),1986年3期67—73页
略论汉代医药学中朴素的唯物辩证法思想.梁时光.辽宁大学学报(哲学社会科学版),1987年4期86—87页
中医与易学象数.武晋.周易研究,1988年1期52—57页
医易溯源.夏克平.周易研究,1988年2期80—84页
《易经》的医学价值浅探.黄贤忠.周易研究,1989年2期83—88页
中国少数民族传统医学.李经纬.科学,1989年41卷3期183—188页
抱朴子的自然观.李志超.自然辩证法通讯,1989年11卷4期50—52页
齐派医学简论.何爱华.管子学刊,1990年1期76—78页
略说《易》与《医》.周仰贤.周易研究,1990年2期87—90页
考古发掘中出土的医学文物.傅芳.中国科技史料,1990年11卷4期67—73页
人命至重——谈中国早期的医学成就.吴璧雍.故宫文物月刊(台北),1990年8卷9期75—85页
论"管子·白心、心术上下、内业"四篇的精气说与全心论——兼论其身体观与形上学的系联.杨儒宾.汉学研究(台北),1991年9卷1期181—209页
从人类学角度研究回回医药文化.马伯英.回族研究,1991年2期92—94页
佤族医药的产生和发展.锐芳.云南民族学院学报(哲学社会科学版),1992年1期25—28页
道教与传统医学的关系及其研究——兼论日本学者的新成果.杨宇.四川大学学报(哲学社会科学版),1992年3期105—111页
《福乐智慧》与古代维吾尔医学.夏雷鸣 .西北史地,1992年4期47—57页
道家与中国古代医学.辛智科.科学史通讯(台北),1992年11期46—49页
道家道教对中医学发展前期的影响.陈森镇.厦门大学学报(哲学社会科学版),1993年1期65—70页
试论《太平经》的疾病观念.林富士.中央研究院历史语言研究所集刊(胡适之先生百岁诞辰纪念文集)(台北),1993年62本2分225—263页
《黄帝内经》的唯物论思想.周桂钿.甘肃社会科学,1993年3期18—23页
先秦医巫的分流和斗争.李建国.文史知识,1994年1期39—42页
古代维吾尔族时间医学的文化透视.夏雷鸣.西北史地,1994年2期47—51页
东汉时期医学发展之研究.廖育群.传统文化与现代化,1994年3期68—77页
道与中国医学.陈乐平.上海师范大学学报(社会科学版),1994年4期46—48页
五行学说与早期中医学.陈国清,韩玉琴.自然科学史研究,1995年14卷1期76—82页
史前藏医史发展线索研究.宗喀·漾正冈布.西藏研究,1995年2期127—135,137页
古代民俗与中医治法的起源.王振国.中国典籍与文化,1995年2期104—107页
从眉寿到长生——中国古代生命观念的转变.杜正胜.中央研究院历史语言研究所集刊(台北),1995年66卷2期383—487页
阴阳家、阴阳学说与中国传统医学.廖育群.传统文化与现代化,1995年5期74—81页
试从古代哲学的影响看中医学发展的应取道路.伍学治.自然辩证法研究,1995年11卷6期43—47,56页
道教与中国医药.柳存仁.中国文化,1995年11期53—57页
医易研究元问题与医易研究的方法及意义——对医易研究的反思兼与萧、李二先生商榷.张其成.周易研究,1996年2期83—88页
吐蕃诸邦部时代的藏医学(公元前7、8世纪—公元6世纪).宗喀·漾正冈布.西藏研究,1996年4期85—95页
医《易》会通与文化进化论——与李申兄再商榷.肖汉明.周易研究,1997年1期73—84页
公元前6世纪至公元10世纪的西藏医药学纪年.宗喀·漾正冈布.中国藏学,1997年4期96—111页
宋元福建中医医药学的发展.陈荣佳.福建史志,1997年6期44—46页

基础理论

中医脏腑经络学的沿革.谢恩增.科学,1921年6卷1期12—24页

我国古代关于人体解剖生理学的成就.程宝绰.生物学通报,1956年12期1—5页

中医基础理论的历史发展.关在,关再.明报月刊(香港),1971年6卷2期18—25页

中医发展史面面观——有关"中医基础理论的历史发展"一些问题的商榷.叶青.明报月刊(香港),1971年6卷6期17—22页

记孟河医派.任免之.明报月刊(香港),1984年19卷1期99—100页

内经素问形寿观商榷——兼论素问智慧、知识之来源.陈钦铭.逢甲学报(台中),1984年17期527—562页

中西医解剖学的历史特征及其形成原因的探讨.马伯英.自然杂志,1986年2期143—148页

古代解剖知识在中医理论建立中的地位与作用.廖育群.自然科学史研究,1987年6卷3期244—250页

古代中医的诊断方法.廖育群.文史知识,1988年3期47—50页

试论《本草纲目》中内服艾叶治疗疾病的机理.谢文宗.西北大学学报(自然科学版),1990年20卷1期105—111页

望诊:人体脏器疾患在体表的有序映射.张秉伦,黄攸立.自然科学史研究,1991年10卷1期70—80页

胆:中国脏象学说的历史.孟乃昌.自然辩证法研究,1991年7卷1期121—126页

变蒸论:一项传统生理假说的兴衰始末.熊秉真.汉学研究(台北),1993年11卷1期253—267页

中国传统医学的运气学说.廖育群.自然辩证法通讯,1993年15卷2期53—60页

元气学说的科技史价值.关增建.文史知识,1993年3期50—54页

关于晚清完备的中医"脑髓说"的创立问题.何微,王登云.内蒙古大学学报(哲学社会科学版),1993年3期60—64页

藏医三因学初探.格桑赤来.西藏研究,1993年4期69—74页

中国古代医学对呼吸、循环机理认识之误.廖育群.自然辩证法通讯,1994年16卷1期42—49页

祟病与"场所"——传统医学对祟病的一种解释.李建民.汉学研究(台北),1994年12卷1期101—148页

藏医三因学初探.尕藏陈来.西藏研究,1995年1期95—100页

秦汉颅脑解剖在《内经》医学理论创立中的作用.严健民.自然科学史研究,1995年14卷2期162—167页

西汉人体经脉漆雕考——兼谈经脉学起源的相关问题.何志国.大自然探索,1995年14卷3期116—121页,故宫文物月刊(台北),1995年13卷6期62—71页

论《医林改错》的解剖学——兼论解剖学在中西医学传统中的地位.王道还.新史学(台北),1996年6卷1期95—112页

双包山汉墓出土的针灸经脉漆木人形.马继兴.文物,1996年4期55—65页

双包山汉墓出土的针灸经脉漆木人型的研究.马继兴.新史学(台北),1997年8卷2期1—57页

《四部医典》中的"病因"学说初探.赵健民.西藏研究,1997年3期114—116页

东汉魏晋南北朝房中经典流派考.李零.中国文化,1997年15、16合期141—158页

卫生与保健

中国古代生理卫生学说.袁善徵.中庸,1933年1卷8期19—21页

两晋前后的一些优生经验.李树青.华年,1935年4卷33期656—657页,34期673—676页,35期695—698页

中国古代健身术杂考.常斌元.新东方,1940年1卷

6期124—143页

中国古代医药卫生考. 束世澂. 中国文化研究汇刊, 1944年5卷85—94页

马王堆三号汉墓帛画导引图的初步研究. 中医研究院医史文献研究室. 文物, 1975年6期6—13, 63页

中医"食疗学". 苏珣. 明报月刊(香港), 1982年17卷12期66—67页

古代农业与祖国医学的食物疗法. 程剑华. 农业考古, 1984年2期370—380页, 1985年1期378—385页

中国古代食疗. 王明伟. 自然杂志, 1984年6期460—463页

食疗及食疗古籍评要. 关培生, 江润祥. 明报月刊(香港), 1986年21卷3期60—64页

食疗谈补. 江润祥, 关培生. 明报月刊(香港), 1987年22卷1期54—55页

中医营养学发凡. 关培生, 江润祥. 明报月刊(香港), 1989年24卷3期37—42页

"营养"词义考. 培生. 明报月刊(香港), 1989年24卷3期42页

人痘与牛痘接种术. 汤学良. 文史知识, 1989年6期41—45页

论高濂之《遵生八笺》与养生思想. 关培生, 江润祥. 明报月刊(香港), 1991年26卷9期100—104页

中国古代养生观说略. 郑杰文. 文史哲, 1992年2期19—23页

《时轮根本摄续》及其气功医学. 许得存. 西藏研究, 1992年2期73—81页

道教养生思想的特点与方法. 黄渭铭. 厦门大学学报(哲学社会科学版), 1993年1期71—76页

中国早期胎教思想试探. 郑玉光. 中国史研究, 1993年3期123—130页

《管子》养生思想钩沉. 孙立亭. 管子学刊, 1993年4期11—13, 10页

我国古代房室养生术——来自自然的启迪. 龚胜生. 自然杂志, 1993年6期26—28页

导引行气的源与流. 郝勤. 文史知识, 1993年8期19—25页

中国古代养生保健和古希腊养生法的比较. 乐祖光. 文史知识, 1993年8期99—104页

胎教探源. 傅荣. 文史知识, 1993年10期46—49页

《管子》养生思想论略. 玉香. 管子学刊, 1994年3期24—29页

中国古代儒家思想与养生观念之探讨. 周京安. 文史哲学报(台北), 1995年42期103—152页

浅谈藏医传统养生理论. 丁玲辉. 西藏研究, 1997年1期81—83, 23页

试论《黄帝内经》及其阴阳气候学. 刘恭德. 大自然探索, 1997年16卷3期115—119页

中医学各科

太医院针灸铜像沿革考略. 国立历史博物馆丛刊, 1926年1卷1期1—5页

中国牙医学史之检讨. 侯宝璋. 学思, 1942年2卷3期9—16页

殷人疾病考. 胡福林. 学思, 1943年3卷3期1—8页, 4期9—21页

读胡厚宣殷人疾病考. 杨树达. 志学月刊, 1945年23期7—12页

历代对于伤寒学研究的概述. 陈邦贤. 科学史集刊, 1958年1期59—67页

中国古代外科成就. 李经纬. 科学史集刊, 1963年5期1—12页

肺病由中国人最先发现?. 钟国仁. 明报月刊(香港), 1971年6卷3期30—31页

阴阳观念与针灸学. Lavier, J. A. 著. 周安桥 译. 明报月刊(香港), 1971年6卷10期42—46页

汉画象石上的针灸图. 刘敦愿. 文物, 1972年6期47—51页

针灸学在儒法思想的斗争中发展. 李仑. 中国科学, 1975年4期335—339页

考古发掘中所见砭石的初步探讨. 马继兴, 周世荣. 文物, 1978年11期80—82, 52页

针灸发展史. 傅维康. 中国科技史料, 1981年2卷3期80—85页

《外台秘要》对针灸医学的贡献. 梅青田. 内蒙古师大学报(自然科学版), 1983年2期82页

中医外科史话. 傅维康. 中国科技史料, 1983年4卷1期73—78页

从导引图谈我国古代的运动医学.周西伯.故宫文物月刊(台北),1984年2卷2期110—117页
吐蕃藏文针灸图释.黄颢.西藏研究,1984年3期73—78页
论殷人治疗疾病之方法.胡厚宣.中原文物,1984年4期27—30页
我国蒙古民族的传统正骨技术.包金山.内蒙古师大学报(自然科学版),1985年1期
中国古书中关于潜水和潜水医学萌芽的记载.倪国坛.中国科技史料,1986年7卷1期42—43,64页
中国十世纪前的性科学初探.江晓原.大自然探索,1986年5卷2期173—178页
中国医学史上的一个奇迹——唐朝的一例假眼按装手术.齐心.史学月刊,1987年4期79页
真珠入药源考——兼谈真珠养珠治眼疾的问题.江润祥,关培生.明报月刊(香港),1988年23卷3期18—21页
针灸古今谈.廖育群.文史知识,1989年2期44—47页
居延汉简中所记吏卒病伤述略.徐元邦.中国历史博物馆馆刊,1989年总12期44—54页
魏晋南北朝的中医外科医术.朱大渭.文史哲,1990年4期24—29页
中国古代的外科手术.曾国富.文史知识,1990年9期42—45页
明代的幼科医学.熊秉真.汉学研究(台北),1991年9卷1期53—69页
秦汉之际针灸疗法理论的建立.廖育群.自然科学史研究,1991年10卷3期272—278页
中国古代主要传染病辨异.马伯英.自然科学史研究,1991年10卷3期280—287页
中国古代祝由疗法初探.袁玮.自然科学史研究,1992年11卷1期45—53页
古代注(疰)病及禳解治疗考述.万方.敦煌研究,1992年4期91—98页
中医外科的内科化及其历史文化原因.常存库.大自然探索,1992年11卷4期128—133页
中国古代呪禁疗法研究.廖育群.自然科学史研究,1993年12卷4期373—383页
《金瓶梅》性学史料初探——兼谈著名汉学家高罗佩先生的一个考证失误.徐飞.大自然探索,1994年13卷4期120—124页
敦煌《灸经图》残图及古穴的研究.张侬.敦煌研究,1995年2期146—158页
中国古代的物理疗法.黄健,郭丽娃.中国科技史料,1996年17卷2期3—12页
从临淄商王村一号墓出土的陶熨具谈我国古代的熨帖术.徐龙国.管子学刊,1996年3期93—96页
汉唐之间医书中的生产之道.李贞德.中央研究院历史语言研究所集刊(台北),1996年67本3分册533—654页
论《灵枢》的针灸理论.唐赤容.大自然探索,1997年16卷3期120—124页
《幼幼新书》与古代儿科学.张长民.文史知识,1997年9期108—112页

中药学总论

武威汉代医药简牍在医学史上的重要意义.中医研究院医史文献研究室.文物,1973年12期23—29页
对武威汉医药简的一点认识.罗福颐.文物,1973年12期30—31页
"人参"简史.潘吉星.中国科技史料,1981年2卷1期88—89,49页
人尿中所得秋石为性激素之检讨.刘广定.科学月刊(台北),1981年5期
补谈秋石与人尿.刘广定.科学月刊(台北),1981年6期
三谈秋石.刘广定.科学月刊(台北),1981年8期
秋石试议.关于中国古代尿甾体性激素制剂的制备.孟乃昌.自然科学史研究,1982年1卷4期289—299页
藏药学史暨"晶珠本草"概论.罗达尚.西藏研究,1984年4期102—106页
古上党人参是今之药用人参——与柴田承二博士商榷.宋承吉.明报月刊(香港),1984年19卷9期83—84页
敦煌曲子中的药名词.饶宗颐.明报月刊(香港),1985年20卷9期68—69页

《山海经》药物新探.江润祥,关培生.明报月刊,1987年22卷6期73—79页

用鹿简史.江润祥,关培生.明报月刊(香港),1988年23卷1期121—124页

汤液论.江润祥,关培生.明报月刊(香港),1988年23卷5期89—91页

我国古籍中记载六芝的初步考证.赵继鼎.微生物学通报,1989年3期180—181页

《山海经》有关药物的记载.赵仕光.贵州文史丛刊,1990年2期75—76页

汉代内服药的剂型演变与"汤液"研究.廖育群.自然科学史研究,1990年9卷2期178—183页

藏医"树喻"曼汤研究.洪武娌.自然科学史研究.1995年14卷3期280—286页

本 草 学

李时珍本草纲目书未收之内府秘本.朱启钤.文字同盟,1928年18—20合期43—51页

本草学的起源及神农本草经.小川塚治 著,郑师许译.科学月刊,1930年2卷7、8合期113—129页

宋元以后本草药理论概要.余云岫.科学,1933年17卷9期1377—1382页

敦煌石室古本草之考察.朱中翰.浙江图书馆馆刊,1935年4卷5期1—6页

中国本草学史略.顾学裘.科学世界,1936年5卷9期754—760页

巴黎伦敦所藏敦煌残卷叙录——新修本草(P.3714).王重民.图书季刊,1939年新1卷1期8—10页

本草与中药.经利彬.国立武汉大学理科季刊,1940年7卷3、4合期1—15页

《滇南本草》考证.经利彬.东方杂志,1945年41卷14期44—46页

中国本草新论.石子兴.科学时报,1946年11卷1期23—27页,2期54—60页,3期32—44页,4期50—53页,5、6合期55—69页,12卷7期69—76页,8期82—94页,10期77—90页

我国先代本草学的简单介绍.盛诚桂.生物学通报,1958年1期36—39页

赵学敏《本草纲目拾遗》著述年代兼论我国首次用强水刻铜版事.张子高.科学史集刊,1962年4期106—109页

中国本草学起源试测——山海经与神农本草经.于景让.大陆杂志(台北),1962年23卷5期1—8页

唐本草考.陈铁凡.大陆杂志(台北),1970年40卷10期1—10页

《神农本草》研究.陈椽.茶业通报,1982年6期10—13页

介绍几部本草学的代表作.刘昌芝.植物杂志,1983年4期38—39页

试论《本草纲目》在我国古代中医急救学和外科治疗学方面的贡献.谢文宗.西北大学学报(自然科学版),1984年14卷2期97—104页

敦煌本"无名本草"残卷考.谭宗达.敦煌研究,1987年4期96—99页

《救荒本草》的通俗性实用性和科学性.周肇基.中国农史,1988年1期99—110页

敦煌残卷食疗本草摘误.刘广定.国立中央图书馆馆刊(台北),1989年22卷1期71—86页

论《食疗本草》在中国医药学上的贡献——敦煌古写本食疗本草残卷简介.苏莹辉.故宫文物月刊(台北),1990年8卷7期92—96页

旷世巨著《本草纲目》.周肇基.植物杂志,1991年1期41—43页

关于《大元本草》的史料.薄树人.中国科技史料,1995年16卷1期68—71页

《救荒本草》与我国食用本草及本草图谱的探讨.刘振亚,刘璞玉.古今农业,1995年2期46—52页

从葡萄的历史谈到《神农本草经》的成书年代——读《神农本草经辑注》笔记.闵宗殿.中国农史,1997年16卷4期92—96页

方 剂

我国现已发现的最古医方——帛书《五十二病方》.钟益研,凌襄.文物,1975年9期49—60页

《苏沈内翰良方》楚蜀判 ——分析本书每个方,论所属的作者:"沈方"抑为"苏方".胡道静.社会科学战线,1980年3期195—210页

中国古代的神仙方术.胡孚琛,李庆臻.大自然探索,1985年4卷3期166—171页

汉代疡科"五毒方"的源流与实验研究.赵匡华,张惠珍.自然科学史研究,1985年4卷3期199—211页

试析孙思邈有关桂枝汤方系与四物汤合方及其临床使用要点.谢文宗.西北大学学报(自然科学版),1988年18卷1期114—120页

"秋石方"模拟实验及其研究.张秉伦,孙毅霖.自然科学史研究,1988年7卷2期170—182页

澳门古老秘方.安娜·玛丽亚· 阿马罗(Amaro,Ana Maria)著.葡语林 译.文化杂志(中文版)(澳门),1988年5期19—27页

敦煌古药方《神仙粥》剖析.谭真.敦煌研究,1991年2期95—98页

敦煌《脉经》七方考.张侬.敦煌研究,1991年4期96—98页

对《普济方》和《本草纲目》中的回回医方的考证.宋岘,宋莉.回族研究,1992年2期31—35页

药方洞石刻药方考.邵殿文.中原文物,1993年4期49—57页

中国古代"禁方"考论.李健民.中央研究院历史语言研究所集刊(台北),1997年68本1分117—166页

汉唐之间求子医方试探——兼论妇科滥觞与性别论述.李贞德.中央研究院历史语言研究所集刊(台北),1997年68本2分283—368页

古籍整理与研究

历代旧医学史评之一 ——灵素.陈方之.学艺,1924年6卷4期1—10页

历代旧医学史评之二— ——素问.陈方之.学艺,1925年6卷7期1—7页

张仲景《伤寒杂病论》的成书探讨.范行准.科学史集刊,1962年4期59—65页

唐人写绘灸法图残卷考.马继兴.文物,1964年6期14—23页

论《纯阳吕真人药石制》的著作年代.何丙郁,陈铁凡.东方文化(香港),1971年9卷181—229页

马王堆汉墓出土医书释文.马王堆汉墓帛书整理小组.文物,1975年6期1—5页,9期35—38页

马王堆帛书《却谷食气篇》考.唐兰.文物,1975年6期14—15页

藏医学《四部医典》浅析.西藏自治区藏医院.西藏研究,1981年1期77—84页

《针灸甲乙经》.梅青田.内蒙古师大学报(自然科学版),1981年2期

现存最早的灸法专著——《敦煌古藏医灸法残卷》.洪武娌,蔡景峰.西藏研究,1983年3期48—55页

灸疗学专著——《针灸资生经》.梅青田.内蒙古师大学报(自然科学版),1983年

祖国医药学史的重要文献——《吐鲁番出土文库》学习札记.戴应新.文献,1984年2期71—74,34页

本院珍藏医药图书.吴哲夫.故宫文物月刊(台北),1984年2卷6期90—93页

《伤寒杂病论》成书后一千年的命运.李伯聪.自然辩证法通讯,1985年7卷3期55—59页

对《月王药诊》的研究概论.罗达尚.西藏研究,1985年4期69—76页

《家藏经验方》作者陈晔考.冯汉镛.福建论坛(文史哲版),1986年3期72,77页

藏医学《四部医典》初探.罗达尚.西藏研究,1986年4期94—101页

从两部《千金》看医书中的史料.冯汉镛.文献,1987年1期222—227页

《黄帝内经》的成书.(日)山田庆儿 著.廖育群 译.科学史译丛,1987年3期1—10页

敦煌写本张仲景《五脏论》简析.赵健雄.敦煌研究,1987年4期100—101,99页

简述藏医学名著《四部医典》及其影响. 丹曲. 中央民族学院学报,1987年6期88—91页

列宁格勒藏《孙真人千金方》残卷考索. 李继昌. 敦煌学辑刊,1988年1、2合期119—122页

《秘传外科方》作者考. 官桂铨. 文献,1988年2期271页

《万物》略说. 胡平生,韩自强. 文物,1988年4期48—54页

今本《黄帝内经》研究. 廖育群. 自然科学史研究,1988年7卷4期367—374页

《黄帝内经》的整体观. 宋丹凝. 文史知识,1989年2期70—72页

《经方小品》研究. 李经纬,胡乃长. 自然科学史研究,1989年8卷2期171—178页

敦煌写本《伤寒论·辨脉法》考析. 赵健雄. 敦煌研究,1989年4期106—107,90页

江陵张家山汉简《脉书》初探. 连劭名. 文物,1989年7期75—81页

《马王堆汉墓医书校释》序. 李学勤. 四川大学学报(哲学社会科学版),1990年2期102—103页

论《伤寒杂病论》成书的气候因素. 杨万章,李惠林. 自然科学史研究,1990年9卷4期376—377页

张家山汉简《引书》初探. 彭浩. 文物,1990年10期87—91页

江陵张家山汉简《引书》述略. 连劭名. 文献,1991年2期256—263页

《回回药方》与几种阿拉伯古代医书. 宋岘. 西域研究,1991年3期79—85页

敦煌遗书医学卷考析. 赵健雄,苏彦玲. 敦煌研究,1991年4期99—102页

中国最早的人体解剖图——烟萝子《内境图》. 祝亚平. 中国科技史料,1992年13卷2期61—65页

《吴医汇讲》非连续出版物考辨. 苏铁戈. 九州学刊(香港),1992年5卷2期127—138页

考订《名医别录》及其与陶弘景著述的关系. 廖育群. 自然科学史研究,1992年11卷3期261—268页

孙思邈《明堂三人图》尺度考辨. 孙忠年. 自然科学史研究,1993年12卷1期58—63页

传统医学宝库的稀世珍宝——藏医"曼汤". 蔡景峰. 科学,1993年45卷2期48—52页

中国满文古医籍译著考述. 于永敏. 中国科技史料,1993年14卷4期91—97页

汉代医学简的价值及其研究. 沈颂全. 西北史地,1994年3期21—23页

马王堆汉墓帛书"禹藏埋胞图"笺证. 李建民. 中央研究院历史语言研究所集刊(台北),1994年65卷4期725—832页

中国中医药古籍文献概说. 余瀛鳌. 传统文化与现代化,1995年2期56—62页

为什么这个错误传播了四十余年——科技古籍研究刍议. 管成学. 清华大学学报(哲学社会科学版),1995年10卷3期97—102页

朱肱《内外二景图》考. 靳士英. 中国科技史料,1995年16卷4期92—96页

《存真图》与《存真环中图》考. 靳士英,靳朴. 自然科学史研究,1996年15卷3期272—284页

《鸡峰普济方》作者考. 张宗栋. 文献,1997年3期204—217页

其　他

明代医疗器械的初步考察. 益公. 文物,1977年2期44—47,43页

世界上最早的提取、应用性激素的完备记载. 杨存钟. 化学通报,1977年4期64—65,59页

从北宋人提炼性激素说谈科学对科技史研究的重要性. 刘广定. 文史哲学报(台北),1981年30期363—376页

广西贵县汉墓出土银针的研究. 蓝日勇. 南方文物,1993年3期64—66页

中国医药化学宝贵遗产——再论古代麻醉药酒. 孙晓云等. 化学通报,1994年2期54—59页

试探新石器时代的医药:对仰韶文化. 盉形器用途之推测. 王克林. 文物季刊,1994年4期28—31页

农 学 史

总 论

农史随笔八则.万国鼎.金陵学报,1932年2卷2期589—594页

中国农业技术发展史.王兴瑞.现代史学,1935年2卷3期82—108页,4期1—22页.1936年3卷1期1—90页

关于整理祖国农业学术遗产问题的初步意见.王毓瑚.北京农业大学学报,1955年1卷1期165—172页

祖国农学遗产中的优异事例.王德邻.生物学通报,1957年3期27—29页

我国古代农学发展概况和若干古农学资料概述.胡道静.学术月刊,1963年4期22—28页

法家路线和秦汉农业科学技术的发展.谭谦.自然辩证法杂志,1975年1期32—41页

笔谈我国古代科学技术成就——高度发展的我国古代农业科学技术.范楚玉.文物,1978年1期51—52页

我国早期农业发展中的若干问题初探.范楚玉.中国农史,1982年1期60—68页

关于中国农业技术史上的几个问题.闵宗殿,董恺忱.农业考古,1982年2期12—22页

中国汉代农业技术和农业改革.(英)弗·布雷 著.郑瑞弋 译.农业考古,1982年2期23—31页

中国历史上的农业技术发展.李长年.自然科学史研究,1982年1卷3期273—282页

从马王堆出土古文字看汉代农业科学.周世荣.农业考古,1983年1期81—90页

从世界看我国传统农业的历史成就.董恺忱.农业考古,1983年2期23—29页

试论农史研究与农业现代化.彭世奖.农业考古,1984年1期9—18页

古代诗词与农史研究.黄世瑞.农业考古,1984年1期126—136页

我国少数民族在农业科技方面贡献.李根蟠.农业考古,1984年1期275—279页,2期351—360页.1985年2期272—280页.1988年1期306—317页,1989年1期300—307页,2期321—335页

中国农业科学技术史年表(公元前6000年—公元前1712年(夏)).闵宗殿编.农业考古,1984年1期294—301,153页,2期390—398页.1985年1期387—387,383页,2期400—409页.1986年2期424—430,438页

农史研究三十年.中国农史编辑部.中国农史,1984年3期111—114页

我国古代农业生产中的天时、地宜、人力观.范楚玉.自然科学史研究,1984年3卷3期275—283页

试论我国古代重农轻工商思想的产生与形成.宋超.史学月刊,1984年4期1—7页

战国时期燕国农业生产的发展.石永士.农业考古,1985年1期113—121页

从云梦秦简看秦国的农业生产.陈振裕.农业考古,1985年1期127—136页

东晋南朝浙江农业生产发展的原因述议.王志邦.浙江学刊,1985年2期23—27页

农业科学技术史研究的蓬勃发展.杨直民.中国农史,1985年3期55—63页

从出土文物看汉代农业生产技术.陈文华.文物,1985年8期41—48页

先秦生态认识与先秦农学.高建.农业考古,1987年1期32—41,44页

《天工开物》的农学体系和技术特色.游修龄.农业考古,1987年1期319—325页

凉山古代农业的初步研究.游乐业.中国农史,1987年2期1—9页

中国传统农学与实验农学的重要交汇——就清末《农学丛书》谈起.杨直民.香港大学中文系集刊(香港),1987年1卷2期139—152页

春秋战国时期农业生产中的天时、地宜、人力观.范楚玉.香港大学中文系集刊(香港),1987年1卷2期273—278页

关于宋代岭南农业生产的若干问题——与漆侠先生商榷.陈伟明.中国农史,1987年4期62—64,108页

农史研究的方法论问题.游修龄.中国农史,1988年1期1—6页

吴、越农业初论.林华东.农业考古,1988年2期145—160页.1989年2期195—201页

论中国传统农业技术及其向现代技术跃迁.郑炎成.农业考古,1989年1期1—10页,2期1—7页

试论清代河套灌溉农业的兴起.杜心宽.古今农业,1989年2期45—48页

先秦农业生产保护法初探.程宝林.求是学刊,1989年2期47—51页

再论中国稻作农业的起源.严文明.农业考古,1989年2期72—83页

金代农业技术初探.禾女.中国农史,1989年3期41—45页

五行之理与战国秦汉人的四时教令说.殷南根.中国农史,1990年1期54—57页

《汉志》神农学派源流考析.李景焉.中国农史,1990年1期58—62页

清代农学的成就和问题.游修龄.农业考古,1990年1期158—164页

中国古代的重农思想与重农政策.彭治富,王潮生.古今农业,1990年2期10—19页

《管子》与农业.周昕.管子学刊,1990年3期3—7页

《管子》关于充分利用土地及其他自然资源发展农业生产的思想.曹旭华.管子学刊,1991年1期24—28页

敦煌文物中的农史资料.王进玉.古今农业,1991年2期34—39页

《管子》的农学思想初探.乐爱国.管子学刊1991年4期19—22,18页

《管子》论农业生产的发展.曹旭生.中国农史,1992年1期8—17页

中国传统农业技术发展滞缓的原因简析.李成贵.古今农业,1992年3期6—9页

农史研究与历史语言及外来词.游修龄.中国农史,1992年4期11—14页

略论中国古代农学思想史的研究.赵敏.大自然探索,1993年8卷4期119—122页

再论先秦的重农思想.李成贵.中国农史,1993年2期14—19页

中国古代农时观初探.赵敏.中国农史,1993年2期73—78页

粟的驯化细节与农业起源——兼论《诗·大雅·生民》.游修龄.中国农史,1994年1期72—77页

中国古农学中的生理生态学思想.莫翼翔等.农业考古,1994年1期140—142,134页

西藏原始农业初探.徐旺生.古今农业,1994年2期18—22页

华侨引种福建的作物及对农业科技发展的贡献.陈喜乐.福建史志,1994年4期39—41,47页

明清桑争稻田、棉争粮田和西方圈地运动之比较.曾雄生.中国农史,1994年4期39—49页

宁夏古代农业考略.杨新才,普鸿礼.古今农业,1994年4期49—56页.1995年1期31—41页

甘肃农业历史发展概要(古代至清代).侍建华.古今农业,1995年1期23—29页

秦霸西戎的农史学观察.樊志民.敦煌学辑刊,1995年1期100—104页

继承中国传统有机农业与发展中国生态农业.王在德,籍增顺.古今农业,1995年2期1—10页

中国古代农业技术哲学思想初探.葛松林.科学技术与辩证法,1995年2期14—18页

重农思想与古代农业科学.史继忠,姚娱贵.贵州文史丛刊 ,1995年3期1—6页

再论中国农业起源与传播.王在德,陈庆辉.农业考古,1995年3期30—42页

唐诗中的农事活动.常丽华,王乃迪.农业考古,1995年3期253—262页

论农谚.游修龄.农业考古,1995年3期270—278页

农谚与播种期.张家炎.农业考古,1995年3期279—283页

近古代农谚探微.柯继承.农业考古,1995年3期284—286页

《论衡》中的农学.闻宗殿.古今农业,1995年4期1—4页

儒学与中国传统农学.曾雄生.传统文化与现代化,1995年6期55—62页

中国传统农业哲学略论.郭文韬.古今农业,1996年1期1—6页

清代宁夏南部山区雨养农业发展述略.卜凤贤,李智.古今农业,1996年1期13—17页

《吕氏春秋》与中国传统农业哲学体系的确立.樊志民.农业考古,1996年1期113—118页

农业起源的农神说和单中心说商榷.张箭.中国农史,1996年15卷2期5—10,33页

《吕氏春秋》与秦国农学哲理化趋势研究.樊志民.中国农史,1996年15卷2期22—28页

长江中游史前稻作农业的起源和发展.张绪球.中国农史,1996年15卷3期18—22页

试论鸟田农业和大禹治水的关系.郑云飞.农业考古,1996年3期78—82页

《数书九章》与农学.曾雄生.自然科学史研究,1996年15卷3期207—218页

明清植物谱录中的农林园艺技术.魏露苓.农业考古,1996年3期228—234页

元代汪古部的农牧业技术.盖山林,盖志毅.农业考古,1997年1期202—205页

彝族经典中的原始农林牧业与煮茶酿酒的起源.刘志一.农业考古,1997年1期215—219页

浅析三国时期魏国的重农政策.叶依能.古今农业,1997年3期21—27页

南北朝时期及魏孝文帝的农业政策思想.钟祥财.古今农业,1997年3期28—31页

中国稻作农业起源新探——兼析稻在先秦居民饮食生活中的地位.姚伟钧.南方文物,1997年3期44—47页

东北亚民族史前农业的起源与发展.姜艳芳,汤海清.黑龙江民族丛刊,1997年3期119—122页

试论南诏的农牧业技术.廖国一,李福宏.农业考古,1997年3期216—221页

论汉代农业科学技术.陆宜新,张金虎.南都学坛(哲学社会科学版),1997年17卷4期12—15卷

三至六世纪:中国南方农业发展原因探析.郭宁生.安徽史学,1997年4期14—17页

农艺

中国植物栽培的起源.于景让.大陆杂志(香港),1952年4卷5期

我国古书中有关春化法的记载和我国农民的冬小麦自然春化法.江幼农.生物学通报,1954年2期1—7页

从"齐民要术"看我国古代的作物栽培.游修龄.农业学报,1956年7卷1期13—23页

我国二千二百年前对于等距密植全苗的理论与方法.万国鼎.农业学报,1956年7卷3期269—274页

古代相传的作物区田栽培法.张履鹏.农业学报,1957年8卷1期90—93页

农史文献中所见的农作制.万国鼎.中国农报,1962年2期31—33页

有关战国时代牛耕的几个问题.达人.文史哲,1963年1期51—54页

我国古代的二牛耕田法.谢忠梁.江海学刊,1963年5期24—29页

中国古代农作制之史的考察.郭文韬.中国农报,1963年9期41—48页,10期33—39页

中国古代农作制度发展规律探讨.郭文韬.中国农报,1964年1期43—48页,2期50—53页

我国古代药用植物引种栽培的记载.盛诚桂.科学史集刊,1965年8期42—54页

中国牛耕技术的起源.何烈.大陆杂志(台北),1977年55卷4期36—43页

我国历代轮种制度之研究.陈良佐.中央研究院历史语言研究所集刊(纪念李济、屈万里两先生论文集)(台北),1980年51本2分

马、牛耕的兴起在什么时候?.祝瑞开.人文杂志,1980年2期62页

云南牛耕的起源.李昆声.考古,1980年3期266—270页

从门巴、珞巴族的耕作方式谈耦耕.胡德平,杜耀西.文物,1980年12期67—70页

略论山东汉画像石的农耕图像.蒋英炬.农业考古,1981年2期42—49页

"地力"与"人功"——用、养结合的优良传统.梁家勉.中国农史,1982年1期1—8页

我国最早的作物栽培法——畦种法.胡锡文.中国农史,1982年1期9—11页

中国古代的农作制.郭文韬.中国农史,1982年1期55—59页

中国牛耕的起源和发展.曹毓英.农业考古,1982年2期96—101页

关于牛耕起源的探讨.卫斯.农业考古,1982年2期

102—106页
耦耕遗风一例.郭仁.农业考古,1982年2期152—154页
我国传统的种子处理.周肇基.植物杂志,1982年3期35页
历代综合性本草书中新收录的植物品种的考察.(日)森村谦一 著.徐进 译.科学史译丛,1982年3期42—67页
西周农事诗中反映的粮食作物选种及其发展.范楚玉.自然科学史研究,1982年1卷3期267—272页
中国包衣种子的发生与发展.朱培仁.中国农史,1983年1期17—21页
我国古代的地力说——兼及中西古代地力说的比较分析.杨直民.中国农史,1983年1期33—38页
中国古代的嫁接技术.刘之恒.植物杂志,1983年1期37—38页
垄作探源.闵宗殿.中国农史,1983年1期40—45页
试论我国原始农业的发展阶段——兼谈犁耕和牛耕.范楚玉.农业考古,1983年2期145—150页
金代的粫种.郑绍宗.农业考古,1983年2期196—198页
从民族学资料看耦耕.宋兆麟.中国历史博物馆馆刊,1983年总5期33—39页
试论我国古代耕作制度的形成和发展.孙声如.中国农史,1984年1期1—9页
袖珍形的耕织图——兼谈我国昔日农耕方式.似熹.故宫文物月刊(台北),1984年2卷1期11—17页
唐代主粮生产的轮作复种制.林立平.暨南大学学报(哲学社会科学版),1984年1期41—48页
我国传统农业田间管理技术的发展.王达.农业考古,1984年2期121—129页
殷商牛耕说献疑.夏麦陵.农业考古,1984年2期139—144页
论牛耕在秦汉封建社会中的作用.张春辉.中国农史,1984年3期53—61页
对战国后期耕作方法中几个问题的探讨.刘驰.中国农史,1984年4期64—66页
论栽培植物选种史及其发展方向.孙国伦,刘世清.中国农史,1984年4期67—75页
我国古代的播种技术.宋湛庆.中国农史,1985年1期24—34页
耦耕新探.李则鸣.中国史研究,1985年1期103—109页
牛耕始于春秋说质疑.王益强.厦门大学学报(哲学社会科学版),1985年1期111—114,102页
"火耕水耨"与楚国农业.黄崇岳.中国农史,1985年3期1—8页
牛耕早在赵过之前.韩国磐.社会科学战线,1985年4期261—263页
从语言学角度看栽培植物史.游汝杰,周振鹤.农业考古,1986年2期33—41页
商代的农耕活动.郑慧生.农业考古,1986年2期42—45页
浅析我国古代旱作栽培管理技术.彭治富,王潮生.农业考古,1986年2期72—78页
耦耕新探.吴郁芳.文博,1986年4期14—16,24页
中国古代的"免耕"法.郭文韬.中国科技史料,1986年7卷5期21—27页
周畿求耦——关于古代耦耕的实验、调查和研究.张波.农业考古,1987年1期18—25页
谷类及食用豆类之起源与早期栽培.张德慈 著.王庆一 译.农业考古,1987年1期273—282页
"火耕水耨"辨析.彭世奖.中国农史,1987年2期10—18页
中国北方旱地耕作的历史经验.郭文韬.中国科技史料,1987年8卷4期8—14页
漪漪嘉禾惟谷之精——我国农业栽培历史.王福寿.故宫文物月刊(台北),1987年5卷7期102—113页
试述我国中耕除草技术的起源与发展.王达.古今农业,1988年1期40—45页
畜力的使用及其在农业史上的地位.孙声如.中国农史,1988年1期40—49页
论汉代推行"代田法"在农业技术改革中的作用.张履鹏,赵玉蓉.中国农史,1988年1期50—53页
汉代的代田法和区田法.范楚玉.文史知识,1988年2期36—39页
甲骨文中所见之耖田术.徐云峰.农业考古,1988年2期58—67页
从卜辞地名看商代的耕田规模.顾音海.农业考古,1988年2期76—80页
辔田新解.陈文华.农业考古,1988年2期81—85页
耕层构造史初探——虚实并存耕层是古农业"精耕"的继承和发展.迟仁立,左淑珍.农业考古,1988年2期86—103页

清代陕南种植业的盛衰及其原因.萧正洪.中国农史,1988年4期69—84页.1989年1期74—82页

中国古代耕作制度的若干问题.李根蟠.古今农业,1989年1期1—7页

我国古代匀苗整枝理蔓技术简述.王达.古今农业,1989年1期76—77页

我国和世界其它地区农耕起源的比较研究.廖平原.农业考古,1989年2期50—56页

新疆农业畜力利用简史.周元.自然辩证法通讯,1989年11卷2期60—66页

略论中国古代南方水田的耕作体系.郭文韬.中国农史,1989年3期34—40页

也论"亩收百斛"——区种法的增产原因探讨.陈正奇.中国农史,1989年4期15—22页

试论犁耕的推广与曲辕犁的使用.王星光.郑州大学学报(哲学社会科学版),1989年4期91—98页

就北魏以来几部农书论中国农业技术的发展.黄耀能.历史学报(台南),1989年15期143—170页

我国传统农业的间套混种与当代立体农业的新发展.孙声如.古今农业,1990年1期19—27页

论两汉时期的"火耕水耨".杨振红.中国史研究,1990年1期41—47页

试论康乾时期南方的耕作改制.郭文韬.中国农史,1990年1期63—69页

"象耕鸟耘"探论.曾雄生.自然科学史研究,1990年9卷1期67—76页

训"耦"——兼训"多、丽、欺".黄新生.农业考古,1990年1期141—147页

力、耒和踏锄.李学勤.农业考古,1990年2期22—24页

论两汉时期的"火耕水耨"与"千金之家".郭开农.江汉论坛,1990年2期65—68页

中国古代的农时管理思想.叶世昌.江淮论坛,1990年5期27—32页

华北原始土地耕作方法:科学、训诂互证示例.(美)何炳棣.农业考古,1991年1期110—113页

"象田"、"鸟田"考.刘志一.中国农史,1991年2期1—11页

中国牛耕起源研究述评.彭明瀚.江西文物,1991年3期30—32,35页

略论中国原始农业的耕作制度.郭文韬.中国农史,1991年4期32—36页

"象耕鸟耘"再论.曾雄生.中国农史,1992年1期1—5页

西周农业生产和耕作方法探论.杨善群.史林,1992年1期1—8,36页

我国传统农业中对生物间相生相克因素的利用.彭世奖.农业考古,1992年1期139—146页

再论中国古代的垄作耕法.郭文韬.中国农史,1992年2期77—80页

《本草纲目》的药用植物栽培学成就.周肇基.古今农业,1992年3期24—29,36页

"象田"、"鸟田"补考——兼答《"象耕鸟耘"再论》问.刘志一.中国农史,1992年4期15—22页

踩耕与稻作文化.郑若葵.农业考古,1993年1期113—115页

中国旱地农业耕作技术传统研究.王在德,王爱民.古今农业,1993年2期1—9页

两汉六朝"火耕水耨"的再认识.刘磐修.农业考古,1993年3期111—121,131页

中国古代选种育种的成就.范楚玉.文史知识,1993年6期32—35页

新干大洋洲商墓中的铜铧犁、商代的犁耕和甲骨文中的"犁"字.杨升南.南方文物,1994年1期33—34,32页

中西耕作制度发展史的比较研究.郭文韬.古今农业,1994年3期3—10页

中国嫁接技艺的起源和演进.周肇基.自然科学史研究,1994年13卷3期264—272页

从象耕看远古先民对畜力能源的利用.雷玉清.中国农史,1994年4期88—93,62页

六道、首种、六种考.曾雄生.自然科学史研究,1994年13卷4期359—366页

说亩——兼谈我国垄作的起源.莫铭.文史知识,1994年7期90—92页

从云梦秦简《日书》的良、忌日看《氾胜之书》的五谷忌日.贺润坤.文博,1995年1期65—68,74页

关于我国牛耕的一点看法.钱晓康.农业考古,1995年1期180—182页

关于"甽亩法"的辨析.郭文韬.中国农史,1995年2期21—24,10页

论华北平原二年三熟轮作制的形成时间及其作物组合.李令福.陕西师大学报(哲学社会科学版),1995年24卷4期119—124页

西周农耕政道与《诗经》农事诗歌.李山.中国文化研究,1997年3期55—61页

明清时期农业生产技术备荒救灾简述.叶依能.中国农史,1997年16卷4期27—34页

农 作 物

粮食作物

分类始於五谷说.沈维钟.国粹学报,1907年3卷7期博物篇1—4页

五谷考.夏成吉.中华农学会丛刊,1919年1卷2集论说1—4页

中国作物原始.丁颖.农声,1927年83—85合期22—34页

谷类名实考.丁颖.农声,1928年99期3—8页,100期30—33页,101—102合期5—7页,103—104合期9—11页,105—107合期17—22页,108—109合期31—33页,110—112合期17—24页,114期19—21页,115期10—12页,116期14—17页

作物名实考.丁颖.农声,1929年123期5—9页.1930年129期17—22页

中国谷物之探源.冯柳堂.中华农学会报,1931年88期7—24页

角黍考略.黄华节.东方杂志,1933年30卷12期55—59页

中国古代稻米稻作考——自两汉以迄魏晋,中国北部的兴衰,从稻作的事实可以表现.(日)冈崎文夫著.方哲然 译.食货,1937年5卷6期32—45页

福建早稻源流述概.萨士武.福建文化,1941年新1卷4期9—10页

毛诗谷名考.齐思和.燕京学报,1949年36期263—311页

中国古代稻米稻作考.(日)冈奇文夫 著.于景让 译.大陆杂志(台北),1955年10卷5期27—29页,6期23—26页,7期19—25页

我国历代分枝谷类作物的概况.蔡以欣.生物学通报,1955年6期16—19页

中国古代北方农作物考.钱穆.新亚学报(香港),1956年1卷2期1—27页

中国栽培稻种的起源及其演变.丁颖.农业学报,1957年8卷3期243—257页

关于我国栽培稻种的起源和演变问题.卢永根.生物学通报,1965年5期1—3页

论《天工开物》中记述的水稻栽培及其他.章楷.科学史集刊,1966年9期56—70页

对河姆渡遗址第四文化层出土的稻谷和骨耜的几点看法.游修龄.文物,1976年8期20—23页

从语言地理学和历史语言学试论亚洲栽培稻的起源和传布.游汝杰.中央民族学院学报,1980年3期6—17页

从考古发现看中国古稻.吴梓林.人文杂志,1980年4期69—72页

我国自古以来的重要农作物.王毓瑚.农业考古,1981年1期79—89页,2期13—20页.1982年1期42—49页

我国水稻品种资源的历史考证.游修龄.农业考古,1981年2期2—12页.1982年1期32—41页

水稻品种的发生发展与展望.孙开铨.农业考古,1981年2期21—24页

西汉古稻小析.游修龄.农业考古,1981年2期25页

大河村炭化粮食的鉴定和问题——兼论高粱的起源及其在我国的栽培.安志敏.文物,1981年11期66—71页

御稻疑存.游修龄.中国农史,1982年1期40—45页

双季稻的历史发展.王达.中国农史,1982年1期45—54页

正视我国古代的五谷.昝维廉.农业考古,1982年2期44—49页

长江流域栽培双季稻的历史经验.桑润生.农业考古,1982年2期62—64页

我国稻麦复种制产生于唐代长江流域考.李伯重.农业考古,1982年2期65—72页

从出土文物看安宁河流域种植稻谷的历史.黄承宗.农业考古,1982年2期73—74页

关于中国小麦的起源问题.曹隆恭.农业考古,1983年1期19—24页

江苏双季稻历史初探.陈志一.中国农史,1983年1期22—32页

占城稻质疑.游修龄.农业考古,1983年1期25—32页

新疆出土的古代农作物简介.张玉忠.农业考古,1983年1期122—126页
说荞麦.孟方平.农业考古,1983年2期91—93页
吉林原始农业的作物及其生产工具.张绍维.农业考古,1983年2期172—176页
周代粮食作物"重"、"穋"试释.赵承泽.自然科学史研究,1983年2卷3期262—265页
御稻析疑三则.陈志一.中国农史,1983年4期34—37,33页
京津保地区水稻栽培的历史.李仲均.自然科学史研究,1983年2卷4期338—346页
试探我国高粱栽培的起源——兼论万荣荆村遗址出土的有关标本.卫斯.中国农史,1984年2期45—50页
论黍和稷.游修龄.农业考古,1984年2期277—288,338页
"粱"是什么.缪启愉.农业考古,1984年2期289—293页
关于"占城稻".陈志一.中国农史,1984年3期24—31页
宋代稻作生产的勃兴.孙开铨.中国农史,1984年3期32—36页
我国古代的麦.陈良佐.大陆杂志(台北),1985年70卷1期15—40页,2期18—46页
关于《荆州记》温泉溉稻的辨析.王达.中国农史,1985年1期99—104页
我国商周时期农作物种类的研讨.徐锡台.农业考古,1985年1期330—336页
热带作物小考.莫清华.农业考古,1985年2期260—265页
释"离先稻熟".游修龄.中国农史,1985年3期94—96页
粟在中国的栽培——历史的回顾.(英)弗朗西斯卡·布雷 著.刘小燕 译.大自然探索,1985年4卷4期155—160页
谷子的起源与分类史研究.张履鹏.中国农史,1986年1期67—70页
太湖地区稻作起源及其传播和发展问题.游修龄.中国农史,1986年1期71—83页
我国古代种植荞麦的经验和对荞麦利用的回顾与展望.韩世杰.中国农史,1986年1期92—99页
江苏稻史.闵宗殿.农业考古,1986年1期254—266页
浅谈我国高粱的栽培时代.李毓芳.农业考古,1986年1期267—270页
《吕氏春秋》中有关禾谷类作物株型记载的几点辩证.魏燮中.中国农史,1986年2期73—79页
古籍所载有关玉米别称的几点辨正.郭松义.中国农史,1986年2期84—87页
居延汉简所见汉代农作物小考.何双全.农业考古,1986年2期252—255,266页
试论黍的起源.魏仰浩.农业考古,1986年2期248—251,266页
清代前期直隶地区的植稻活动.张民服.郑州大学学报(哲学社会科学版),1986年6期53页
中国古书中记载的野生稻探讨.游修龄.古今农业,1987年1期1—6页
历史上岭南水稻的特殊栽培法及其展望.彭世奖.古今农业,1987年1期25—29页
大地湾农业遗存黍和羊的发现及启示.郎树德.古今农业,1987年1期61—65页
中国汉代长江流域的水稻栽培和有关农具的成就.陈文华.农业考古,1987年1期90—114页
长江、钱塘江中下游地区新石器时代古地理与稻作的起源和分布.林承坤.农业考古,1987年1期283—291页
我国古农书关于禾谷类作物株型及其生态表现的记载.魏燮中.农业考古,1987年1期292—299页
关于"粳谷奴"之我见.楚人.农业考古,1987年1期300—301页
《天工开物》中水稻生产技术的调查研究.曾雄生.农业考古,1987年1期334—341页
百越民族稻作农业初探.辛土成.中国社会经济史研究,1987年2期6—12页
云南农耕低湿地水稻起源考.尹绍亭.中国农史,1987年2期52—62页
关于高粱在我国栽培时代及名称辨析.李毓芳.考古与文物,1987年2期77—81页
先秦时代的主要粮食作物.陈振中.古今农业,1988年1期14—20页,2期14—21,13页
应重视我国原有籽粒苋千穗谷的研究.宋湛庆.中国农史,1988年1期64—66页
粟的起源.王尧琴.古今农业,1988年1期111—113页
关于稻作起源的几个问题.(日)贺川光夫 著.缪晓艳 译.农业考古,1988年1期206—215,251页

东晋南朝时期北方旱田作物的南移. 黎虎. 北京师范大学学报(社会科学版),1988年2期30—35页
楚墓中出土的植物果实小议. 林奇. 江汉考古,1988年2期63—66页
中国水稻育秧发展史. 桂慕文. 农业考古,1988年2期110—117页
宋元水稻栽培技术的发展与定型——宋元农书研究之一. 陈伟明. 中国农史,1988年3期31—35页
中国主要农作物简史. 赵冈. 大陆杂志(台北),1988年76卷3期33—43页,4期33—44页
从《日书》看秦国的谷物种植. 贺润坤. 文博,1988年3期64—67页
明清时期江西水稻品种的特色. 曾雄生. 古今农业,1989年1期33—40页
中国六倍体普通小麦独立起源说. 陈恩志. 农业考古,1989年1期74—84页
麦类作物起源及其在南北朝以前的栽培. 夏奇梅. 中国农史,1989年1期90—97页
天津历代种稻概述. 王栻等. 古今农业,1989年2期11—18页
略论中国栽培稻的起源和传播. 严文明. 北京大学学报(哲学社会科学版),1989年2期51—54页
中国稻作起源的几个问题——《中国的稻作起源》序言. 陈文华. 农业考古,1989年2期84—99页
彭头山文化的稻作遗存与中国史前稻作农业. 裴安平. 农业考古,1989年2期102—108页
宋代江西水稻品种的变化——试论占城稻对江西稻作之影响. 曾雄生. 中国农史,1989年3期46—54,45页
中国古代种稻史. 何平和. 文史知识,1989年7期43—47页
魏晋南北朝时期主粮作物品种的增加. 黎虎. 中国历史博物馆馆刊,1989年11期55—59,41页
中国历史上的早熟稻. (美)何炳棣 著. 谢天祯 译. 农业考古,1990年1期119—131页
江西水稻品种的起源及早期发展的历史. 曾雄生. 农业考古,1990年1期166—171页
从《禾谱》看北宋吉泰盆地的水稻栽培. 尹美禄. 农业考古,1990年1期195—197页
"禾"、"谷"、"稻"、"粟"探源. 游修龄. 中国农史,1990年2期28—32,22页
从先秦文献探索我国小麦的起源. 罗琨. 中国史研究,1990年3期45—53页
古代关中主要粮食作物的变迁. 贾俊侠. 唐都学刊,1990年3期60—66页
试论长江下游新石器时代的稻作和旱作. (日)梶山胜 著. 刘小燕 译. 农业考古,1991年1期142—152页,3期69—76页. 1992年1期100—105页
河姆渡稻谷的启示. 刘军. 农业考古,1991年1期170—177页
彭头山史前稻作遗存的发现及其意义. 谢崇安. 农业考古,1991年1期178—180,194页
粟在中国古代农业中的地位和作用. 高国仁. 农业考古,1991年1期195—201页
青稞的由来和发展. 王治. 农业考古,1991年1期202—204页
清代江汉平原水稻生产详析. 张家炎. 中国农史,1991年2期25—33,17页
粮棉兼重种各业发展——清代中期江汉平原作物结构研究. 张家炎. 古今农业,1991年3期28—34页
中国古代稻田灌溉中的水稻水分生理知识. 闵宗殿. 自然科学史研究,1991年10卷3期267—271页
水稻起源于何地?. (日)佐藤洋一郎,藤原宏志. 农业考古,1992年1期44—46,68页
明清时期江西粮食作物的种植技术. 施由民. 农业考古,1992年1期164—166页
中国稻作源起与先越部族. 程世华. 中国农史,1992年2期9—18页
农业神话和作物(特别是稻)的起源. 游修龄. 中国农史,1992年3期7—11页
山东古代稻作史考述. 陈冬生. 古今农业,1992年3期30—36页
辽宁大连大嘴子稻谷、高粱的发现与研究. 刘俊勇. 农业考古,1992年3期90—92页
论宋代小麦种植范围在江南地区的扩展. 韩茂莉. 自然科学史研究,1992年11卷4期353—357页
试论古代山东麦作生产的发展. 陈冬生. 古今农业,1993年1期23—28页
黍粟的起源及传播问题. 游修龄. 中国农史,1993年3期1—13页
小麦的起源与华胥氏——中华文明的摇篮与白家文化. 张佩琪. 农业考古,1993年3期176—182页
程瑶田为什么说稷是高粱——读《九谷考》笔记. 张亮. 农业考古,1993年3期190—196页
略论中国再生稻的历史发展. 郭文韬. 中国农史,1993年4期1—6页

中国普通野生稻(Oryza rufipogon Griff)研究中几个重要问题的初步探讨. 王象坤. 农业考古,1994年1期48—51页

中国粳稻起源的探讨. 汤圣祥等. 农业考古,1994年1期59—67页

试论中国粟的起源、驯化与传播. 卫斯. 古今农业,1994年2期6—17页

关于稻农业起源问题的通讯. 刘志一. 农业考古,1994年3期54—70页

难以成立的稻作云南起源论——文化史中的稻作起源问题考察. 刘刚. 农业考古,1994年3期76—83页

全新世环境与彭头山文化水稻遗存. 申友良. 农业考古,1994年3期84—87页

中国稻作起源问题之检讨——兼抒长江中游起源说. 向安强. 东南文化,1995年1期44—56页

河姆渡稻谷研究进展及展望. 游修龄,郑云飞. 农业考古,1995年1期66—70页

河姆渡遗址"稻谷堆积层"成因析. 劳伯敏. 农业考古,1995年1期81—86页

刍议籼粳演变. 徐云峰. 中国农史,1995年2期25—29页

薏苡名实考. 赵晓明等. 中国农史,1995年2期34—38页

彭头山遗址与九黎祝融氏——兼论水稻的起源. 张佩琪. 农业考古,1995年3期84—93页

将军崖岩画与水稻的起源——天皇及私有制的出现. 张佩琪. 农业考古,1996年1期79—84页

清代湖北的杂粮作物. 张家炎. 古今农业,1996年1期51—61页

中国栽培稻的起源与亚洲文明综述. 李璠. 农业考古,1996年3期99—104,135页

甲骨文"稻"字及商代的稻作. 郭旭东. 中国农史,1996年15卷2期11—21页

关于中国稻作起源问题的再探讨——兼论中国稻作起源于长江中游说. 卫斯. 中国农史,1996年15卷3期5—17页

枝江关庙山稻作文化浅析. 阎孝玉. 中国农史,1996年15卷3期23—28页

长江中游的稻作起源及其发展. 匡达人. 中国农史,1996年15卷3期29—32页

中国古代再生稻试探. 王宁霞. 古今农业,1996年4期32—39页

中国栽培稻究竟起源于何时何地——对河南贾湖遗址发现8000年前栽培稻遗存的思考. 陈报章. 农业考古,1997年1期55—58页

大费故地考——北方旱稻的起源. 张佩琪. 农业考古,1997年1期59—64页

河姆渡稻作渊源探析. 邵九华. 农业考古,1997年3期87—92页

关于中国古代的高粱栽培问题. 范毓周. 中国农史,1997年16卷4期106—108页

我国稻作起源研究的新进展. 严文明. 考古,1997年9期71—76页

油 料 作 物

落花生并非"外来". 徐守成. 历史研究,1958年12期36页

关于我国落花生的起源问题. 张勋燎. 四川大学学报(社会科学版),1963年2期37—51页

大豆古今考. 李荣堂. 农业考古,1982年2期84—85页

油用亚麻史略. 李延邦,刘汝温. 农业考古,1982年2期86—88页

我国油用亚麻原产地管见. 王达,吴崇仪. 农业考古,1983年2期261—265页

我国古代的大豆. 宋湛庆. 中国农史,1987年3期50—57页

山东花生栽培历史及其发展的探讨. 王在序等. 中国农史,1987年4期65—68页

古葵杂忆. 王冀民. 古今农业,1988年1期87—91页

"香芋"与"落花生"名实考. 叶静渊. 古今农业,1989年1期49—51页

灯窗琐语. 杨宝霖. 古今农业,1989年2期80—81页

福建花生传播、栽培历史诸考. 李恒球. 福建史志,1994年1期39—41页

清代花生在山东省的引种与发展. 陈凤良,李令福. 中国农史,1994年2期55—58页

落花生史话. 赵志强. 农业考古,1994年3期244—246页

河南新安荆紫山发现向日葵图案琉璃瓦. 张宗子. 古今农业,1995 年 2 期 53—56 页

试论中国栽培大豆起源问题. 郭文韬. 自然科学史研究,1996 年 15 卷 4 期 326—333 页

说不清的花生问题. 游修龄. 中国农史,1997 年 16 卷 4 期 102—105 页

纤维作物

吾国古时种棉法之研究. 王培生. 农学,1924 年 1 卷 7 期 19—29 页

古人对棉花特征特性的观察. 王缨. 生物学通报,1957 年 12 期 43—46 页

我国古代主要植棉技术. 王缨. 农业学报,1958 年 9 卷 3 期 224—234 页

植棉史话. 黄骏麒. 中国农报,1962 年 5 期 30—32 页

漫话我国植棉史. 汪子春. 植物杂志,1977 年 1 期 38—40 页

试述明代植棉和纺织业的发展. 从翰香. 中国史研究,1981 年 1 期 61—78 页

我国历史上的木棉问题. 史学通. 中国史研究,1981 年 2 期 85—91 页

陕西种植棉花的开端. 李之勤. 人文杂志,1981 年 2 期 100—101 页

河北植棉小史. 卢惠民. 农业考古,1982 年 2 期 155—156,154 页

元代的棉植与纺织及其历史地位. 史学通,周谦. 文史哲,1983 年 1 期 33—43 页

我国古代棉花整枝技术. 卢惠民. 农业考古,1983 年 2 期 254—255 页

上海植棉史考略. 王缨. 中国农史,1984 年 1 期 38—43 页

元代的棉花生产和棉纺业. 洪用斌 . 中国社会经济史研究,1984 年 3 期 55—63 页

我国亚麻起源问题佐见. 陆孝睦. 农业考古,1985 年 1 期 275 页

中国植棉史考略. 刘咸,陈渭坤. 中国农史,1987 年 1 期 35—44 页

“吴地”植棉小考. 杭宏秋. 中国农史,1987 年 3 期 58—60 页

太湖地区棉业历史与棉花布局. 马湘泳. 古今农业,1988 年 1 期 26—33 页

百越族对桑麻苎葛棉种植业的重大贡献. 李科友. 农业考古,1988 年 2 期 408—414 页

云南木棉考. 徐兴祥. 云南民族学院学报(哲学社会科学版),1988 年 3 期 24—32 页

古代“吉贝”和“白叠”应属不同棉种的意见. 汪若海. 古今农业,1989 年 2 期 100—103 页

中国苧麻的栽培历史与利用. 纪俊三等. 农业考古,1990 年 2 期 304—309 页

唐代麻产地之分布及植麻技术. 陈良文. 农业考古,1990 年 2 期 312—315 页

关于我国历史上开始种植棉花的时间和地区问题. 陈家麟. 农业考古,1991 年 1 期 321—322,320 页

我国古代棉花播种保苗技术. 卢惠民. 农业考古,1991 年 1 期 325—326,333 页

陕西古代植棉简史. 陈陵江等. 农业考古,1991 年 1 期 327—333 页

福建植棉的历史. 卢美松. 农业考古,1991 年 1 期 343—344 页

湖南麻类作物栽培史小考. 老Theory. 古今农业,1991 年 2 期 13—15 页

大麻、芝麻与亚麻栽培历史. 杨希义. 农业考古,1991 年 3 期 267—274 页

明代以来山东植棉业的发展. 陈冬生. 中国农史,1992 年 3 期 66—73 页

宋代植棉续考. 漆侠. 史学月刊,1992 年 5 期 18—21 页

中国植棉史考证. 于绍杰. 中国农史,1993 年 2 期 28—34 页

胡麻考. 杨希义. 中国农史,1995 年 1 期 96—101 页

陕西棉种之古今. 赵汝成. 古今农业,1995 年 2 期 41—45 页

茶 业

茶树原产地考.吴觉农.中华农学会报,1923年37期74—90页

茶学——我国茶之小史及产地.杨克明.农事月刊,1926年4卷9期10—11页

中国饮茶起源考.(日)矢野仁一 著.黄孝先 译.科学,1926年11卷12期1724—1759页

中国茶事丛考——造茶与饮茶之沿革.商鸿逵.中法大学月刊,1933年4卷1期87—98页

台湾茶史掇要.徐方干.大陆杂志(台北),1954年8卷2期12—15页

从陆羽茶经看我国古代的茶叶生产科学技术的成就.俞庸器.茶业通报,1957年1期3—6页

茶类发展有史嵇考——初评"乌龙茶在先,红茶在后".陈椽.茶业通报,1980年1期2—6页

学习制茶发展史要运用历史唯物主义——二评"乌龙茶在先,红茶在后".陈椽.茶业通报,1980年2、3合期5—7页

制茶的历史.毛延年.茶业通报,1980年2、3合期121—123,110页

以无为有,似实而虚——三评"乌龙茶在先,红茶在后".陈椽.茶业通报,1980年4期11—14页

从山茶科植物起源看茶树的原产地.刘和法.茶业通报,1981年1期16—19页

再论茶树原产地.陈椽.茶业通报,1981年1期20—25页

茶的始用及其原产地问题.庄晚芳.农业考古,1981年2期134—136,139页

茶叶漫谈.莫清华.农业考古,1981年2期137—139页

茶树起源与原产地.陈文怀.茶业通报,1981年3期11—16页

信阳茶史略考.黄道培.茶业通报,1981年3期51—52页

名茶信阳毛尖发展历史的探讨.方培仁.茶业通报,1981年6期60页

茶树的起源与原产地.米太岩.茶业通报,1982年1期1—3页

茶香回溢.艺贯古今——我国古代茶树栽培技术及其影响.张秉伦.植物杂志,1982年2期40页

福建茶事略考.林岭.福建论坛(文史哲版),1982年4期73—79,93页

古代茶树栽培技术初探.王潮生.农业考古,1983年2期276—281页

武夷茶考.徐学仁.茶业通报,1983年5期4页

雅安茶史小考.李家光.茶业通报,1983年6期15页

乌龙茶名考及其演变.庄晚芳.农业考古,1984年1期154—163,100页

说茶.关培生.江润祥.明报月刊(香港),1985年20卷10期58—61页

"皋卢茶"考述.史念书.农业考古,1986年2期360—368页

皋芦考释.庄晚芳.农业考古,1986年2期369—371页

花茶史话.方义开.农业考古,1986年2期373—375页

我国古代茶树栽培史略.朱自振.茶业通报,1986年3期4—7页

关于我国红茶发展史中几个问题的探讨.陈以义.茶业通报,1986年5期25—28页

普洱茶史的考证.陈以义.茶业通报,1987年1期18—23页

绿乌龙、红乌龙和青乌龙的发展史.陈以义.古今农业,1987年1期82—87页

白茶溯源.叶宝存.茶业通报,1988年2期42—43,32页

清代福建武夷茶生产考证.徐晓望.中国农史,1988年2期75—81页

关于花茶起源问题商榷.张静.茶业通报,1988年4期43—44页

太湖西部"三兴"地区茶史考略.朱自振.农业考古,1990年1期298—306页

《九经》"荼""茶"考略.周树斌.中国农史,1991年2期108—114页

读《九经》荼茶再考感应.陈椽.茶业通报,1991年3期35—39,46页

乌议茶的起源.方健.中国农史,1991年3期48—55页

名花瑞香考纵横谈.舒迎澜.中国农史,1991年3期

78—83 页

中国茶叶历史概略.朱自振.农业考古,1991 年 4 期 232—235 页.1992 年 2 期 191—195 页.1993 年 4 期 235—241,284 页

浅谈我国花茶的起源和发展.晓晨.农业考古,1992 年 2 期 170—172 页

长沙马王堆 1 号汉墓的古茶考证及其防龋意义.曹进.农业考古,1992 年 2 期 201—203 页

中国皋卢(苦丁)茶的源流及其真伪考.陈兴琰.农业考古,1992 年 2 期 214—218 页

中国油茶起源初探.扬抑.中国农史,1992 年 3 期 74—77,95 页

"茶"、"荼"杂说——兼答陈椽先生.周树斌.农业考古,1992 年 4 期 221—222,182 页

我国油茶史迹初探.叶静渊.农业考古,1993 年 1 期 157—160,149 页

云南普洱茶发展简史及其特性.邵宛芳,沈柏华.农业考古,1993 年 4 期 50—54 页

"新茶路"考.(美)杨丹桂.农业考古,1993 年 4 期 55—56 页

云南大叶茶与茶的起源.李璠.农业考古,1993 年 4 期 95—97,94 页

"紫霞茶"的产地历史及其茶文化的成因.蒋文义,方俊.茶业通报,1994 年 1 期 43—44 页

乌龙茶溯源.王振忠.茶业通报,1994 年 1 期 46—47 页

花茶起源于何时?.素冰.农业考古,1994 年 2 期 224—225 页

我国古代茶叶贮藏技术考略.胡长春.农业考古,1994 年 2 期 259—262 页

略论唐代顾渚贡茶.闵泉.农业考古,1994 年 4 期 166—168 页

古蔺茶窑史考.杨坚.农业考古,1994 年 4 期 172—174 页

云南普洱茶史与茶文化略考.黄桂枢.农业考古,1995 年 2 期 273—281 页

乌龙茶工艺史考证.倪郑重,何融.中国科技史料,1995 年 16 卷 3 期 92—96 页

王褒《僮约》中"荼"非茶的考证.周文棠.农业考古,1995 年 4 期 181—183 页

关于"茶"字出于中唐的匡正.朱自振.古今农业,1996 年 2 期 42—46 页

"烹荼尽具"和"武都买荼"考辨——兼与周文棠同志商榷.方健.农业考古,1996 年 2 期 184—192,205 页

神农的传说和茶的起源——《茶经·七之事》考辨之一.方健.农业考古,1996 年 4 期 247—253 页

中国茶叶科学技术史大事纪要.舒耕.农业考古,1997 年 2 期 313—318 页

其他

我国古代的大麻生产.宋湛庆.中国农史,1982 年 2 期 48—57 页

古代的大麻种植技术.王裕中.农业考古,1983 年 2 期 258—261 页

我国古代对豌豆特征特性的观察及栽培利用.张思文,李忠娴.农业考古,1984 年 1 期 184—188,29 页

中国栽培人参之出现与兴起.丛佩远.农业考古,1985 年 1 期 262—269,291 页

姜的起源初探.吴德邻.农业考古,1985 年 2 期 247—250 页

关于中国的甘蔗栽培和制糖史.彭世奖.自然科学史研究,1985 年 4 卷 3 期 247—250 页

有关人参的历史考证.林仲凡.中国农史,1985 年 4 期 78—84 页

植物香料发展史略.马志武.植物杂志,1985 年 6 期 40 页

大麻考.关培生,江润祥.明报月刊(香港),1985 年 20 卷 8 期 64—65 页

续谈大麻.杜守谦.明报月刊(香港),1985 年 20 卷 12 期 60—61 页

中国古代的割漆技术.王性炎.农业考古,1986 年 2 期 394—395 页

试论中国古代人参的主要产地.宋承吉.中国农史,1986 年 3 期 56—59 页

染料植物利用古今考.王宗训.中国科技史料,1986 年 7 卷 6 期 31—34,60 页

魔芋史迹琐碎录.闵宗殿.古今农业,1987 年 1 期

107—109 页
中国甘蔗栽培和加工制糖史探研.彭世奖.香港大学中文系集刊(香港),1987 年 1 卷 2 期 133—138 页
红花在古代中国的传播、栽培和应用——中国古代染料植物研究之一.赵丰.中国农史,1987 年 3 期 61—71 页
冻绿——中国绿——中国古代染料植物研究之二.赵丰.中国农史,1988 年 3 期 77—82 页
福建古代农业经济作物.林蔚文.农业考古,1990 年 1 期 148—157 页.1993 年 1 期 176—180 页,3 期 224—232 页
"南国红豆"考辨.林鸿荣.农业考古,1990 年 2 期 54—58 页
绿豆种植史考略.孙壮林等.中国农史,1991 年 1 期 48—52 页
河姆渡遗址出土的菱角及相关问题的讨论.俞为洁.农业考古,1992 年 1 期 236—238 页
五代扬州植蔗说献疑.何达泉.史林,1992 年 2 期 94—96 页
蚕豆的起源和传播问题.游修龄.自然科学史研究,1993 年 12 卷 2 期 166—173 页
说菱.游修龄.古今农业,1993 年 4 期 68—72 页
六朝时期南方经济作物种植.方如金,陈国灿.历史研究,1993 年 5 期 178—182 页
《马首农言》中的"扁豆"考辨.叶静渊.中国农史,1995 年 1 期 112—113,118 页
古代江南菱的栽培与利用.夏如冰.中国农史,1996 年 15 卷 1 期 102—106 页
小议大麻的起源.陈其本,杨明.农业考古,1996 年 1 期 215—217 页

土壤与肥料

我国土壤学之历史的研究.蓝梦九.中华农学会报,1931 年 86 期 5—16 页
《禹贡》土壤的探讨.王光玮.禹贡半月刊,1934 年 2 卷 5 期 14—23 页
古代的土壤及其所宜的植物的记载.陶希圣.清华学报,1935 年 10 卷 1 期 147—152 页
宋代北方的淤田.周宝珠.史学月刊,1964 年 10 期 19—20 页
从甲骨文看商代的农田垦殖.于省吾.考古,1972 年 4 期 40—41,45 页
明清时期的广东沙田.傅同钦.学术研究,1981 年 3 期 42—45 页
太湖地区塘浦圩田的形成和发展.缪启愉.中国农史,1982 年 1 期 12—32 页
陇中砂田之探讨.李凤岐,张波.中国农史,1982 年 1 期 33—40 页
《水经注》中记载的农田.陈桥驿.中国农史,1982 年 1 期 88—90 页
四川汉代陂塘水田模型考述.刘文杰,余德章.农业考古,1983 年 1 期 132—135 页
黄淮海平原垦殖史略.张履鹏.中国农史,1983 年 2 期 17—25 页
我国古代农业生产中人们对地的认识.范楚玉.自然科学史研究,1983 年 2 卷 2 期 154—163 页
区田法在农业实践中的应用.刘驰.中国农史,1984 年 2 期 21—30 页
我国北方旱地用养结合的历史经验.曹隆恭,咸金山.中国农史,1985 年 4 期 63—77 页
史起决漳探实.殷崇浩.中国农史,1986 年 2 期 99—102 页
珠江三角洲沙田史若干考察.吴建新.农业考古,1987 年 1 期 198—208,282 页
清代江汉——洞庭湖区堤垸农田的发展及其综合考察.张建民.中国农史,1987 年 2 期 72—88 页
耕层土壤虚实说之探源与辨析.迟仁立,左淑珍.中国农史,1989 年 1 期 65—73 页
历史上黄淮海平原的盐碱地治理.闵宗殿.古今农业,1989 年 2 期 83—88 页
中国古代梯田浅探.王星光.郑州大学学报(哲学社会科学版),1990 年 3 期 103—108 页
明清农业垦殖论略.张建民.中国农史,1990 年 4 期 9—27 页
安徽圩田初探.张志超.古今农业,1991 年 1 期 54—57 页
中国古代对盐碱土发生发展规律的认识.咸金山.中国农史,1991 年 1 期 70—77 页
论曹魏屯田的创始时间及有关问题.马植杰.史学月刊,1991 年 3 期 12—18 页

秦汉农田道路与农田运输.王子今.中国农史,1991年3期16—22页

中国古代改良、利用盐碱土的历史经验.咸金山.农业考古,1991年3期203—211,226页

宋代浙西、江东地区水利田的开发.周生春.浙江学刊,1991年6期102—107页

陕西古代水土保持成就概述.张波,张纶.古今农业,1992年1期1—7页

河姆渡时期稻田的获取和整治.俞为洁.古今农业,1993年4期36—43页

吴亩·浙尺·湖步——唐宋之际太湖流域的特殊步亩与尺度.郭正忠.浙江学刊,1993年6期65—69页

陂池水田模型与汉魏时期云南的农业.肖明华.农业考古,1994年1期97—102页

中国南方丘陵山区水土保持史考略.杨抑.农业考古,1995年1期111—116页

明清时期南方山区的垦殖及其影响.张芳.古今农业,1995年4期15—32,39页

我国历史上的农业土地利用成就.范楚玉.文史知识,1995年6期37—40,54页

明清三峡地区农业垦殖与农田水利建设研究.蓝勇.中国农史,1996年15卷2期59—68页

清代四川的冬水田.张芳.古今农业,1997年1期20—27页

望江西圩的修治及其管理.巴兆祥.江淮论坛,1997年3期82—85页

中国古代人为土形成初探——灌淤土、塿土和厚熟土之形成.贾恒义.农业考古,1997年3期196—201,206页

我国肥料学之历史的研究.蓝梦九.中华农学会报1931年87期51—58页

殷代农作施肥说.胡厚宣.历史研究,1955年1期97—106页

殷代农作施肥说补证.胡厚宣.文物,1963年5期27—31页

两周农作技术——附:中国古代农业施肥之商榷.许倬云.中央研究院历史语言研究所集刊(庆祝王世杰先生八十岁论文集4)(台北),1971年42本803—842页图版2

我国历代农田施用之绿肥.陈良佐.大陆杂志(台北),1973年46卷5期20—47页

我国历代农田之施肥法.陈良佐.大陆杂志(台北),1978年56卷5期18—35页

"粪种"解.黄中业.历史研究,1980年5期88页

再论殷代农作施肥问题.胡厚宣.社会科学战线,1981年1期102—108页

东汉石刻水塘水田图象略说——兼谈我国古代中耕积肥的历史.沈仲常.农业考古,1981年2期50—55页

古代杂草防除的措施与原则.阎万英.中国农史,1982年2期58—63页

论我国绿肥的历史演变及其应用.焦彬.中国农史,1984年1期54—57页

中国农耕传统之一"有机肥".梁家勉.香港大学中文系集刊(香港),1987年1卷2期65—78页

我国稻作施肥发展史略.曹隆恭.中国农史,1989年1期83—89页

我国古今施肥琐记.章楷.古今农业,1989年2期24—31页

农田杂草利用途径之历史回顾.赵怀斌.中国农史,1992年1期59—62,83页

我国古代水稻土的培肥措施.刘彦威.古今农业,1992年2期56—60页

"粪种"的本义和粪种法——兼论粪田说是对"粪种"的曲解.潘法连.农业考古,1993年1期73—77页

草木灰施用考.林蒲田.农业考古,1993年1期78—80,.86页

历代诗词咏土壤肥料.林蒲田.农业考古,1994年3期166—169页

"圂"考释——兼论汉代的积肥与施肥.龚良.中国农史,1995年1期90—95页

农田水利

中国古代之灌溉成绩.陈泽荣.水利,1931年1卷4期237—242页

古代灌溉工程原起考.徐中舒.国立中央研究院历史语言研究所集刊 ,1935年第五本第二分255—269页

徐光启氏水利学说在西北垦荒之效用.王灿如.新北

辰,1935年1卷12期1213—1220页
唐代农耕的灌溉作用.易曼晖.食货,1936年3卷5期22—30页
我国水土保持的历史研究(初稿).辛树帜.科学史集刊,1959年2期31—72页
豫北沁河水利灌溉的历史研究.钮仲勋.史学月刊,1965年8期47—50页
井、井渠、桔槔,辘轳及其对我国古代农业之贡献.陈良佐.思与言(台北),1970年8卷1期5—13页
西双版纳傣族历史上的水利灌溉.张公瑾.思想战线,1980年2期60—63,66页
明清两代的"畿辅水利".董恺忱.北京农业大学学报,1980年3期71页
中国农业发展中的水和历史上的农田水利问题.王毓瑚.中国农史,1981年试刊号42—52页
我国最古老的灌溉工程——期思—雩娄灌区.朱成章.自然科学史研究,1983年2卷1期60—65页
清代的水车灌溉.王若昭.农业考古,1983年1期152—159页
略论我国沟洫的起源和用途.王克林.农业考古,1983年2期65—69页
唐宋时期泉州的农田水利建设.陈鹏.农业考古,1983年2期69—77页
明清时期的井灌.陈树平.中国社会经济史研究,1983年4期29—43,28页
中国古代引浑灌淤初步探讨.贾恒义.农业考古,1984年1期96—100页
北京历史上农田水利和水稻种植.于德源.中国农史,1984年2期37—44页
从水文考古调查看古代汉中地区的灌溉设施.唐金裕.文博,1984年2期113—118页
浙江潮灾与海塘结构技术的演变.郑肇经,查一民.农业考古,1984年2期156—171页
新疆米兰古灌溉渠道及其相关的一些问题.陈戈.考古与文物,1984年6期91—102,74页
黄河流域农田水利史略.王质彬.农业考古,1985年2期177—186页
吐鲁番出土文书中所见十六国时期高昌郡的水利灌溉.柳洪亮.中国农史,1985年4期93—96页
明代广东的农田水利建设和对农业发展的作用.蒋祖缘.学术研究,1986年1期79—83页
浅谈农田水利史的几个问题.汪家伦.中国农史,1986年1期107—109页
中国古代的农田水利.周魁一.农业考古,1986年1期175—183页,2期168—179页
唐代的农田水利建设.阎守诚.晋阳学刊,1986年2期61—67页
古代河西走廊的农田水利.田尚.中国农史,1986年2期88—98页
清代河套农田水利发展述略.袁明全.中国农史,1986年4期16—23页
《水部式》与唐代的农田水利管理.周魁一.历史地理,1986年4期88—101页
泉州平原的围垦与水利建设.林汀水.中国社会经济史研究,1987年1期39—45页
扬州五塘.张芳.中国农史,1987年1期59—64页
论灵渠的灌溉作用.蒋廷瑜.农业考古,1987年1期178—183,173页
古代湟中的农田水利.田尚.农业考古,1987年1期209—218,233页
南阳盆地水利事业发展的曲折历程.侯甬坚.农业考古,1987年2期232—237页
南阳陂塘水利的衰败.徐海亮.农业考古,1987年2期238—242页
我国古代水土资源管理思想述略.宋源.中国农史,1987年3期1—7页
明代治理苏松农田水利的基本经验.洪焕椿.中国农史,1987年4期35—42页.1988年1期22—32页
清代河套地区农业及农田水利概况初探.张植华.内蒙古大学学报(哲学社会科学版),1987年4期85—93页
我国古代溉灌法规.周魁一.古今农业,1988年1期34—39页
东晋南朝江南农田水利的发展.汪家伦.古今农业,1988年2期40—47页
六朝时期的农田水利.张芳.古今农业,1988年2期48—56页
居延汉简所见屯田水利.张芳.中国农史,1988年3期45—47,89页
中国古代的潮田.宋正海.自然科学史研究,1988年7卷3期273—279页
明清时期的井灌.陈树平.中国社会经济史研究,1988年4期29—43,28页
东吴屯田与农田水利的开发.汪家伦.中国农史,1989年1期57—64页
我国历史上的水利建设和农田开发.彭世奖.古今农

业,1989年1期78—83页

江汉平原垸田的特征及其在明清时期的发展演变.张国雄.农业考古,1989年1期227—233页,2期238—248页

唐宋福建沿海围垦发展的原因及特点.彭文宇.农业考古,1989年1期234—241,247页

北宋引浑灌淤的初步研究.贾恒义.农业考古,1989年1期242—247页

秦汉隋唐间我国水利事业的发展趋势与经济区域重心的转移.杨荫楼.中国农史,1989年2期38—44页

敦煌古代的水利建设和管理使用.王进玉.古今农业,1989年2期49—52页

中国古代的井灌.张芳.中国农史,1989年3期73—82页

清代西域的农田水利.田尚.中国历史地理论丛,1989年4期115—129页

明清时期畿辅地区的水利营田.汪家伦,张芳.古今农业,1990年1期1—7页

熙宁变法期间的农田水利事业.汪家伦.晋阳学刊,1990年1期72—76页

河南古代农田水利灌溉事业.张民服.郑州大学学报(哲学社会科学版),1990年5期25—29,15页

古代山西引泉灌溉初探.张荷.晋阳学刊,1990年5期44—49页

中国古代的灌溉技术.张芳.古今农业,1991年1期50—53页

明清长江中下游圩田及其防汛工程技术.汪家伦.中国农史,1991年2期92—99页

夏商至唐代北方的农田水利和水稻种植.张芳.中国农史,1991年3期56—65页

明初关中水利的兴修与农业经济.张中政.唐都学刊(社会科学版),1991年3期69—73页

我国古代田间管理中的抗旱和水土保持经验.宋湛庆.农业考古,1991的3期155—161页

中国古代水井形制初探.刘诗中.农业考古,1991年3期212—220页

试论西汉龙首渠工程技术及其在我国水利史上的地位.徐象平.农业考古,1991年3期221—226页

话说吴塘堰与乌石堰.卢茂村.农业考古,1991年3期227—229页

明清时期天津的水利营田.蒋超.农业考古,1991年3期234—239,244页.1992年1期223—226页

考古所见川西先秦两汉水利.雷玉华.古今农业,1992年1期40—44,53页

宋元至近代北方的农田水利和水稻种植.张芳.中国农史,1992年1期50—58页

丽水通济堰刍议.沈衣食.中国农史,1992年3期91—95页

江西古代农田水利刍议.王根泉.农业考古,1992年3期176—182页

自唐至清南昌地区的水利.施由民.农业考古,1992年3期183—188页

从云梦秦简《日书》看秦国的农业水利等有关状况.贺润坤.江汉考古,1992年4期50—53页

明清杭嘉湖农田水利设施.蒋兆成.浙江学刊,1992年5期55—60页

芍陂水利演变史.顾应昌.康复圣.古今农业,1993年1期37—42页

明清长江中游山区的灌溉水利.张建民.中国农史,1993年2期35—47页

清代雍正年间畿辅地区的水利营田.张芳.中国史研究,1993年2期72—80页

江苏、安徽沿江平原的圩田水利研究.张建民.古今农业,1993年3期7—16页,4期12—20页

江淮地区古水利工程与农田开发.崔思棣.安徽大学学报.(哲学社会科学版),1993年17卷3期86—89页

《管子》的水害论与农田水利建设.王秀珠,李英森.管子学刊,1993年4期19—23页

古代汝南陂塘水利的衰败.徐海亮.农业考古,1994年1期279—285页

宁、镇、扬地区历史上的塘坝水利.张芳.中国农史,1994年2期32—42页

试论中国传统社会晚期的农田水利——以长江流域为中心.张建民.中国农史,1994年2期43—54页

明清时期江西水利建设的发展.施由民.古今农业,1994年3期15—20页

论曹魏江淮屯田与水利建设.金家平.安徽大学学报(哲学社会科学版),1994年18卷4期84—90页

我国古代先进的农田水利工程.范楚玉.文史知识,1994年5期42—45页

明代治黄保漕对徐淮农业的制约作用.任重.中国农史,1995年2期57—64页

传统方志中农田水利资料利用琐议——以江西省为例.张建民.中国农史,1995年2期65—72页

吴越水利初论.林华东.农业考古,1995年3期154—158页
清代台湾的农田水利.张芳.农业考古,1995年3期172—177页
明清东南山区的灌溉水利.张芳.中国农史,1996年15卷1期80—92页
清代闽台地区的农田水利.马波.农业考古,1996年3期151—158页
中国古代农田灌溉排水技术.周魁一.古今农业,1997年1期1—12页
清雍正年间保定府的灌溉活动.李三谋.古今农业,1997年1期13—19页
明清南方山区水利发展与农业生产.张芳.中国农史,1997年16卷1期24—31页,3期56—65页
云南景东文哈古引水灌溉工程初探.诸锡斌.科学技术与辩证法,1997年14卷2期32—35页

农 具

农器考古.谈文英.国立中央大学农学院旬刊,1929年13期7—11页
耒耜考.徐中舒.国立中央研究院历史语言研究所集刊,1930的第二本第一分11—59页
《齐民要术》的田器及主要用法.陶希圣.国学季刊,1935年5卷2期119—128页
水碓小史.冉昭德.文史杂志,1941年1卷12期57—60页
水碓与水硙.钱穆.责善半月刊,1942年2卷21期19—21页
中国农具之史的考察.孙兆乾.中农月刊,1944年5卷7期52—60页
释臿——从中国古代农具发展探讨古代社会.尚健庵.中山文化季刊,1945年2卷2期240—250页
我国耕犁之发展史.方根寿.中农月刊,1947年8卷1期35—39页
中国发现之上古铜犁考(附图).陆懋德.燕京学报,1949年37期11—26页
论中国古代耕犁和田制的发展.王静如.史学集刊,1951年7期第1、2分合刊15—90页
古代的铁农具.李文信.文物参考资料.1954年9期80—86页
关于西周农业生产工具和生产技术的讨论.杨宽.历史研究,1957年10期27—43页
北宋时期的"踏犁",是怎样的生产工具.王云海.史学月刊,1957年12期37—38页
水转连磨、水排和秧马.王家琦.文物参考资料,1958年7期34—36页
汉代的生产工具——臿.于豪亮.考古,1959年8期440—441页
关于"汉代生产工具——臿"一文的补充.于豪亮.考古,1960年1期53页
中国古代社会使用青铜农器问题的初步研究.唐兰.故宫博物院院刊,1960年2期10—34页
牛耕与犁的起源和发展.倪政祥.文史哲,1964年3期53—57,66页
战国以来中国步犁发展问题试探.方壮猷.考古,1964年7期355—363页
西汉时期农业技术的发展——二牛三人耦犁的推广和改进.宋兆麟.考古,1976年1期3—8页
唐代水车的使用与推广.唐耕耦.文史哲,1978年4期73—76页
河姆渡遗址出土骨耜的研究.宋兆麟.考古,1979年2期155—160页
耒耜浅谈.陈祖全.江汉考古,1980年总2期64—67,86页
战国铁农具的考古发现及意义.雷从云.考古,1980年3期259—265页
我国历史上铁农具的改革及其作用.杨宽.历史研究,1980年5期89—98页
殷周的耒耜.陈振中.文物,1980年12期61—66页
古代农具统一定名小议.黄展岳.农业考古,1981年1期39—46页
殷周的铚艾——兼论殷周大量使用青铜农具.陈振中.农业考古,1981年1期47—58页
我国古代的踏犁考.宋兆麟.农业考古,1981年1期63—69页
江西古农具定名初探.李恒贤.农业考古,1981年2期69—74页
江浙的石犁和破土器——试论我国犁耕的起源.牟永抗,宋兆麟.农业考古,1981年2期75—84页
藏族的脚犁及其铸造.严汝娴.农业考古,1981年2

期 88—91 页

我国古代的插秧工具——秧马. 王若昭. 农业考古, 1981 年 2 期 92—94 页

试论我国农具史上的几个问题. 陈文华. 考古学报, 1981 年 4 期 407—425 页

两种原始石器的定名及用途——兼论犁的起源. 笔花. 中原文物, 1981 年特刊 53—55 页

陕西永寿出土的汉代铁农具. 刘庆柱. 农业考古, 1982 年 1 期 87—89, 3 页

略论耕犁史及其现代化问题. 成鉴. 农业考古, 1982 年 1 期 97—98 页

中国风扇车的起源与发展. 张子文. 中国农史, 1982 年 2 期 64—69 页

中国农具发展史研究的几个问题. 李珍有, 夏国政. 农业考古, 1982 年 2 期 89—95 页

论吴越时期的青铜农具. 廖志豪. 农业考古, 1982 年 2 期 114—117 页

"吕"非耜形新探——兼及有关古农具的文字语音问题. 王贵民. 农业考古, 1983 年 2 期 137—144 页

侗族的农具和耕作技术. 宋兆麟. 中国农史, 1983 年 1 期 46 页

论中国古代耕犁和田亩的发展. 王静如. 农业考古, 1983 年 1 期 51—64 页, 2 期 109—120 页. 1984 年 1 期 58—69 页, 2 期 107—120 页

耒耜考. 徐中舒. 农业考古, 1983 年 1 期 65—74 页, 2 期 121—136 页

石耜考. 阎万石. 考古与文物, 1983 年 1 期 70—71, 38 页

贵州苗族的农业工具. 宋兆麟. 农业考古, 1983 年 1 期 172—181 页

铁镢是战国时的重要农具. 石瑄. 中国农史, 1983 年 2 期 46—51 页

关于秧马的推广及用途. 刘崇德. 农业考古, 1983 年 2 期 199—200 页

殷周大量使用青铜农具说质疑——与陈振中同志等商榷. 赵世超. 农业考古, 1983 年 2 期 201—208 页

商周没有大量使用青铜农具吗? ——与陈文华同志商榷. 张鸣环. 农业考古, 1983 年 2 期 209—212 页

唐代的水车. 杨希义. 西北大学学报(自然科学版), 1983 年 4 期 114—117 页

试论我国传统农业工具的历史地位. 陈文华. 农业考古, 1984 年 1 期 30—39 页

试谈安徽出土的青铜农具. 卢茂村. 农业考古, 1984 年 1 期 43—48 页

台湾高山族的耕牛和牛车. 刘如仲. 中国农史, 1984 年 1 期 44—49 页

"秧马"不是插秧的农具. 李群. 中国农史, 1984 年 1 期 50—53 页

木牛挽犁考. 宋兆麟. 农业考古, 1984 年 1 期 53—56 页

我国古代的青铜农具——兼论农具的演变. 陈良佐. 汉学研究(台北), 1984 年 2 卷 1 期 135—166 页, 2 期 363—402 页

楚国铁器及其对农业生产的影响. 后德俊. 农业考古, 1984 年 66—71 页

说"耦"及其演变. 党明德. 中国农史, 1984 年 2 期 75—81 页

河南古代铁农具. 李京华. 农业考古, 1984 年 2 期 83—89 页, 1985 年 1 期 55—65 页

我国古代北方的脱粒工具. 李崇州. 农业考古, 1984 年 2 期 99—100 页

古代越国的农耕工具. 沈作霖. 农业考古, 1984 年 2 期 100—103 页

中国古代农具史分期初探. 荆三林, 李趁有. 中国农史, 1985 年 1 期 40—44 页

殷代西周是否大量使用青铜农具的考古学观察. 白云翔. 农业考古, 1985 年 1 期 70—81 页

两汉大铁犁研究. 张传玺. 北京大学学报(哲学社会科学版), 1985 年 1 期 76—89 页

殷周使用青铜农具之考察. 王克林. 农业考古, 1985 年 1 期 82—87 页

从裴李岗文化的生产工具看中原地区早期农业. 王吉怀. 农业考古, 1985 年 1 期 81—85 页

桔槔创造起源考. 张卓研. 中国农史, 1985 年 3 期 46—49 页

齿刃铜镰初论. 云翔. 考古, 1985 年 3 期 257—266 页

我对下川遗址出土石磨盘的看法——兼与黄崇岳、陈文华二先生商榷. 卫斯. 中国农史, 1985 年 4 期 97—100 页

关于中国生产工具史阶段划分问题. 荆三林. 中国农史, 1986 年 1 期 100—101 页

我国的原始农具. 宋兆麟. 农业考古, 1986 年 1 期 122—136 页

中国古代石斧初论. 殷志强. 农业考古, 1986 年 1 期 137—143 页

石质砍土镘. 张平. 农业考古, 1986 年 1 期 144—148

页
我国保墒技术及有关农具的历史发展.杨直民.农业考古,1986年1期149—153,191页
中国古代的复种工具.荆三林,李趁有.农业考古,1986年1期154—156页
“木牛流马”对汉代鹿车的改进及其对犁制研究的一点启示.孙机.农业考古,1986年1期157—160,74页
殷商的青铜镬.陈振中.农业考古,1986年1期161—174页
先秦农器名实考辨——兼谈金属农具代替石木骨蚌农具的过程.李根蟠.农业考古,1986年2期122—134页
“耩”与“耦犁”——秦汉农器名实考辨之一.李根蟠.古今农业,1987年1期15—19,43页
试论中国耕犁的本土起源.王星光.郑州大学学报(哲学社会科学版),1987年1期50—57页
论我国新石器时代的蚌制生产工具.王仁湘.农业考古,1987年1期145—156页
长江中游的先秦农具.文士丹.农业考古,1987年1期156—172,185页
《秧马歌》碑及秧马的流传.尹美禄.农业考古,1987年1期174—178页
《天工开物》水稻生产工具的调查研究.刘壮已.农业考古,1987年1期342—346,353页
唐代的碾硙业.梁忠效.中国史研究,1987年2期129—139页
“石犁”辨析.季曙行.农业考古,1987年2期155—170页
商周青铜农具研究.徐学书.农业考古,1987年2期171—194页
青铜农具钱.陈振中.农业考古,1987年2期195—211页
北宋利国监造铁农具考.李锦山.农业考古,1987年2期215—220页
试论古农具图谱的范围及沿革.周昕.中国农史,1988年1期111—115页
周耜略议.王宏武.农业考古,1988年1期159—161页
两汉时期铁犁和牛耕的推广.杨振红.农业考古,1988年1期166—173页
从剜犁和扛犁看我国耕犁的起源.金葆华.古今农业,1988年2期57—60页.1989年2期195—201页
关于北宋踏犁研究中的几个问题.王兴亚.中原文物,1988年2期83—86页
中国风扇车小考.张鸷忠.农业考古,1988年2期170—174页
试论新石器时代的镰和刀.王吉怀.农业考古,1988年2期180—188页
我国铜器时代的蚌制生产工具.王仁湘.农业考古,1988年2期189—193页
敦煌壁画中的粮食加工工具.王进玉.农业考古,1988年2期215—220页
小议连枷.刘义满.农业考古,1988年2期221—224页
曲辕犁新探.杨荣垓.农业考古,1988年2期225—234页
仰韶文化时期的农业工具——锄耕农业工具的演变和应用.范志文.中国农史,1988年3期1—9页
殷代西周是否大量使用青铜农具之考古学再观察.白云翔.农业考古,1989年1期194—204页
先秦时期的木质农具.杨宝成.农业考古,1989年1期214—218页
中国传统耕犁的发生、发展及演变.王星光.农业考古,1989年1期219—225,2期228—237页.1990年1期266—273页,2期200—206页
中国东北地区石锄初论.陈国庆,徐光辉.农业考古,1989年2期222—225页
青铜农具铚艾.陈振中.古今农业,1990年1期8—19页,2期20—28页
商周时期的青铜农具.杨宝成.江汉考古,1990年1期43—51页
《耒耜经》所述曲辕犁升降机构分析.周昕.古今农业,1990年1期49—52页
中国农业史上的耕具及其作用.(日)天野元之助著.李伯重 译.农业考古,1990年1期237—246页
综述山东出土的农业生产工具.吴诗池.农业考古,1990年1期247—259页
试论石磨的历史发展及意义.张涛.中国农史,1990年2期48—53页
论商周青铜农具及其制作使用.华觉明.自然科学史研究,1990年9卷2期145—150页
中国传统耕犁的发生、发展及演变.王星光.农业考古,1990年2期200—206页

明代的一种农业测量工具——丈量步车.冯立升.农业考古,1990年2期221—222页

十年回顾——为《农书考古》创刊十周年而作.周昕.农业考古,1991年1期32—47页,3期198—202,226页.1992年1期205—213,261页

耕犁起源一说.李再华.江西文物,1991年1期82—85页

登封王城岗夏文化城址出土的部分石质生产工具试析.李京华.农业考古,1991年1期276—282页

中国古代的石耜.刘壮已.农业考古,1991年1期284—292页

古"水碓"的使用及其工作原理分析.张卓研.农业考古,1991年1期295—296,315页

青铜农具——镈.陈振中.古今农业1991年3期1—4页.1992年1期32—39页

宋元明清中国传统耕犁的几点改进.李趁有.中国农史,1991年3期66—68页

秧马用途之我见.王晓莉.中国农史,1991年3期69—70页

新疆水磨业小史.戴良佐.农业考古,1991年3期193—195,197页

台湾史前时代靴形石器考.(日)金关丈夫,国分直一著.林蔚文 译.农业考古,1991年3期169—174页,1992年1期175—185页

中国古代犁的发展及其使用.何平和.文史知识.1991年4期36—40页

《管子》所述古农具略论.周昕.管子学刊,1992年1期14—19页

试论中国古代粮食加工业的形成.梁中效.中国农史,1992年1期75—83页

试论扶风出土的商周青铜生产工具及相关的问题.高西省.农业考古,1992年1期192—195页

推镰考功记.张波.农业考古,1992年1期199—202页

水力在中国古代农业上的应用.闵宗殿.古今农业,1992年4期7—14页

石质三角形器、三角形石刀用途考——以使用痕迹与力学分析为中心.季曙行.农业考古,1993年1期96—102,95页

略论山东传统农具的发展和趋势.周昕.古今农业,1993年2期16—22页

青铜耨性质、用途考略.徐定水.农业考古,1993年3期155—157页

原始器灌农业与㪷器考.黄崇岳,孙霄.农业考古,1994年1期247—258页

敦煌壁画中的粮食脱粒及扬场工具.王进玉.农业考古,1994年1期264—267页

从古代诗歌看农具的发展.王乃迪.农业考古,1994年3期160—165页

中国古代农具与土壤耕作技术的发展.王星光.郑州大学学报(哲学社会科学版),1994年4期8—11页

我国古代农业生产工具的发明创造.范楚玉.文史知识,1994年12期43—46页

工具与中国农业的起源.王星光.农业考古,1995年1期176—179,182页

中国的畜力犁.杨直民.农业考古,1995年1期183—189页

中国古代犁耕图再考——汉代画像所看到的二种犁.(日)渡部武 著.姚义田 译.农业考古,1995年1期190—196,182页

试探《考工记》中"耒"的形成.李崇州.农业考古,1995年3期123—126页

两汉的耒耜类农具.王文涛.农业考古,1995年3期127—145,154页

河姆渡文化"骨耜"新探.黄渭金.文物,1996年1期61—65页

两汉农具及其在中国农具史上的地位.闵宗殿.中国农史,1996年15卷2期29—33页

"碌碡"初考.周昕.古今农业,1996年特刊85—93页

《机汲记》所记述之"机汲"构造及其所经"地物"释义.李崇州.农业考古,1997年1期145—147页

"耒"的演变与"犁"的产生.刘亚中.中国农史,1997年16卷1期95—101页

连筒与筒车.王利华.农业考古,1997年1期136—141,152页

史前食物的加工技术——论磨具与杵臼的起源.宋兆麟.农业考古,1997年3期187—192页

中、韩踏犁小考.(韩)郑然鹤.农业考古,1997年3期178—186页

从渴乌到撞井.周昕.农业考古,1997年3期207—209页

病虫害防治

我国古代对蚕病防治的认识. 汪子春. 科学史集刊, 1965年8期15—21页

我国古代劳动人民在治蝗问题上与“天命论”的斗争. 骥春. 科学通报, 1974年19卷10期437—440页

养鸭治虫与《治蝗传习录》. 闵宗殿. 农业考古, 1981年1期106—107页

古代杂草防除的措施与原则. 阎万英. 中国农史, 1982年2期58—63页

我国历史上对作物病虫害的药物防治概况. 俞荣梁. 农业考古, 1983年1期212—221页

中国古代生物防治小考. 吴正铠, 杨淑培. 农业考古, 1983年1期222—225页

漫谈中国古代的黄鼬及其他. 刘敦愿. 农业考古, 1983年2期320—322页

黄土高原古代农业抗旱经验初探. 李凤岐等. 农业考古, 1984年1期1—8页, 2期130—138页

我国古代农业害虫防治法. 彭世奖. 农业考古, 1984年2期266—268页

世界最早的生防先例——黄猄蚁的今昔. 杨沛. 农业考古, 1984年2期273—274页

我国古代的植物抗性生理知识. 周肇基. 中国农史, 1984年3期62—71页

中国古代应用黄猄蚁技术的发展. 杨沛. 中国农史, 1984年3期72—74页

中国历代蝗灾的初步研究——开明版《二十五史》中蝗灾记录的分析. 陆人骥. 农业考古, 1986年1期311—316页

历史上湖南的水旱虫灾发生特点及其原因. 谭荫初. 农业考古, 1986年1期317—324页

古农书中关于植物病害的记载. 张斌成. 农业考古, 1987年2期293—295页

关于历史上的旱灾与农业问题研究. 樊志民, 冯风. 中国农史, 1988年1期33—39, 49页

粘虫考. 王华夫. 农业考古, 1988年1期233—237页

我国古代的灭蝗法. 熹儒. 农业考古, 1988年1期238—239页

建国以来明清农业自然灾害研究综述. 吴滔. 中国农史, 1992年4期42—49页

两周对农业有害生物的防治. 郑贞富. 中国农史, 1993年3期65—70页

唐代减灾思想和对策. 潘孝伟. 中国农史, 1995年1期41—47页

中国农业灾害史料灾度等级量化方法研究. 卜风贤. 中国农史, 1996年15卷4期38—46页

唐代的蝗害及其防治. 张剑光, 邹国慰. 南都学坛(哲学社会科学版), 1997年1期32—35页

园 艺

中国古代荔支繁殖法考略. 梁家勉. 农林新报, 1931年第八年33期477—479页

中国柑橘栽培之历史与分布. 胡昌炽. 中华农学会报, 1934年126、127合期1—79页

中国果树考. 孙云蔚. 农林新报, 1936年第十三年6期157—161页

我国古代文献中有关接木的记载. 盛诚桂. 生物学通报, 1954年4期6—9页

中国古代的接木技术. 谭彼岸. 农业学报, 1956年7卷4期419—445页

中国植物对世界园艺的贡献. 俞德浚. 园艺学报, 1962年1卷2期99—108页

牡丹名称起源考. 洪安全. 大陆杂志(台北), 1977年54卷6期21—27页

香飘海内外, 情及五大洲——温州密柑源流初探. 贺宝昆. 杭州大学学报(哲学社会科学版), 1980年1期136—138页

蔬菜栽培史话. 孙宜之. 植物杂志, 1981年2期41—43页

南丰蜜桔栽培历史初步考证. 朱一清. 农业考古, 1982年1期149—151页

苏州水生蔬菜史略. 沈啸梅, 叶瑞宝. 中国农史, 1982年2期70—79页

从中国古代科学史料看观赏牡丹的起源和变异. 姚

德昌.自然科学史研究,1982年1卷3期261—266页
泉州湾宋船出土果核的考释.黄天柱,林宗鸿.农业考古,1983年1期198—202页
广西荔枝起源及其传播途径.吴仁山.农业考古,1983年1期203—204页
关于莆田古荔“宋家香”几个问题的商讨.林铮,林更生.农业考古,1983年1期205—207页
江西柑桔栽培历史的初步考证.朱一清.农业考古,1983年1期209—211页
我国古代柑桔栽培技术探讨.孙华阳.农业考古,1983年2期234—236页
江津广柑栽培历史初考.彭卫明.农业考古,1983年2期236—238页
浅谈香蕉起源地问题.赵腾芳.农业考古,1983年2期238—240页
猕猴桃小考.黎晔.农业考古,1983年2期241—242页
梅史漫话.佟屏亚.农业考古,1983年2期242—247页
关于“莲的起源地”考证.邢湘臣.农业考古,1983年2期248—250页
西瓜考.立石.中国史研究,1983年3期112页
中华猕猴桃源流考.陈宾如.中国农史,1984年1期58—62页
西瓜小史.张仲葛.农业考古,1984年1期177—179页
金针史话——黄花菜栽培史浅谈.田均.农业考古,1984年1期180—183页
略述历史上大白菜和姜种植范围的扩大.陈树平.农业考古,1984年1期191—193,183页
中国古代的温室栽培技术.朱洪涛.农业考古,1984年2期235—238页
古代“嫁树”技术探略.林更生.农业考古,1984年2期251—252页
试论我国庭园柑桔栽培.孙华阳.农业考古,1984年2期253—255页
江西古代柑桔栽植小史.黄长椿.农业考古,1984年2期256—260页
关于南丰蜜桔栽培历史问题的探讨——兼与朱一清同志商榷.邓世民.农业考古,1984年2期261—265页
泉州湾出土宋船中果品种子的研究.林更生.海交史研究,1984年6期110—114,21页
茉莉古今谈.舒迎澜.中国农史,1985年1期66—74页
《齐民要术》中的果树遗传育种.匡明纲.中国农史,1985年1期35—39页
《齐民要术》中有关果树的栽培技术.许荣义.农业考古,1985年1期225—229页
四川荔枝栽培史略谈.彭宁松.农业考古,1985年1期230—233页
福建荔枝栽培小史.林更生.农业考古,1985年1期233—234页
上海水密桃探源.陈宾如.农业考古,1985年1期235—240页
椒史初探.林鸿荣.中国农史,1985年2期63—67页
浙江古代柑桔栽培业的发展.陈桥驿.农业考古,1985年2期253—258,265页
《诗经》中的果品.孙关龙.植物杂志,1985年4期36—37页
“西瓜”源流初探——并为“中瓜”正名立传.王膺民.农业考古,1986年1期325—330,420
中国西瓜五代引种说及历史起源雏议.赵传集.农业考古,1986年1期331—335,338页
《清明上河图》里有西瓜吗?.李志学.农业考古,1986年1期336—337页
略谈《齐民要术》的农副产品加工技术成就.马万明.中国农史,1986年2期119—123页
我国古代果树繁殖技术浅议.王荣富.农业考古,1986年2期268—270,273页
古代栗子的种植及贮藏.阎万英,梅汝鸿.农业考古,1986年2期377—382,375页
我国古代梅的分布利用与种植.舒迎澜.中国农史,1986年3期60—71页
我国古代的油菜生产.曹隆恭.中国科技史料,1986年7卷6期24—30页
我国古代梅、杏分布消长刍议.刘振亚,刘璞玉.古今农业,1987年1期37—43页
蔬菜生产技术中的宝贵遗产——《齐民要术》中黄瓜留种法及韭菜种子发芽率速测法.徐建春.古今农业,1987年1期44页
郁金香史话.龙雅宜.世界农业,1987年1期54—56页
中国牡丹史考.阎双喜.中国农史,1987年2期92—100页

东陵瓜初考.杨鼎新.农业考古,1987年2期296—299页
南瓜产地小考.赵传集.农业考古,1987年2期299—300页
杭州水田畈史前"瓜子"的鉴定.杨鼎新.考古,1987年3期273—274页
琼花史考.周武忠.中国农史,1987年4期104—108页
枇杷史话.章恢志.世界农业,1987年6期54—56页
莲的栽培史略.舒迎澜.中国农史,1988年1期89—96页
居延汉简中所见之蔬菜.徐元邦.古今农业,1988年1期114—118页
鄂西南瓜种植史小考.邓辉.农业考古,1988年1期189—190页
"西汉番茄"的发现、培育和初步研究.徐鹏章.农业考古,1988年1期191—194页
我国汉唐时代果树二次花(重花)原因的初步探讨.刘振亚,刘璞玉.古今农业,1988年2期28—31,35页
关于我国几种热带亚热带果树引种史的商榷.叶静渊.古今农业,1988年2期32—35页
果树书籍中有关枇杷引用文献的问题.王振刚.中国农史,1988年2期133—136页
银杏小史.徐江森,侯九寰.农业考古,1988年2期253—256页
我国古代花木嫁接探源.张宗子.农业考古,1988年2期323—327页
《本草纲目》中果树种质资源浅析.刘振亚,刘璞玉.古今农业,1989年1期26—32页
枇杷、卢桔名实考.彭抒昂,章恢志.古今农业,1989年1期52—56页
宋代苏杭的园林与花卉栽培.舒迎澜.古今农业,1989年1期62—69页
铜陵牡丹历史述论.潘法连.古今农业,1989年1期70—75页
试论"橘逾淮而北为枳"之"枳".徐建国.中国农史,1989年1期98—101页
丝瓜起源考略.罗桂环.农业考古,1989年1期248—250页
中国冬瓜产地起源小议.赵传集.农业考古,1989年1期250—251页
"庵罗果"辨.叶静渊.农业考古,1989年1期258—259页
我国古代蔬菜生产的特殊技艺.彭世奖.中国农史,1989年2期53—63页
月季的起源与栽培史.舒迎澜.中国农史,1989年2期64—70页
美人蕉小考.欧贻宏.古今农业,1989年2期79—80页
新疆几个葡萄品种的历史初探.刘家驹.古今农业,1989年2期104—106页
我国油菜的名实考订及其栽培起源.叶静渊.自然科学史研究,1989年8卷2期158—165页
秦汉、三国、晋、南北朝柑桔史考.方旅人.农业考古,1989年2期270—276页
关于江西古代乳柑的考证.邓世民,黄儒楷.农业考古,1989年2期277—281页
我国古代柑桔冻害的防御方法.黄寿波.农业考古,1989年2期282—286页
历史上荔枝进入我国北方的几个问题.许惠民.农业考古,1989年2期287—290页
我国古籍中柚的名实考定——兼谈柚的起源.刘义满.中国农史,1989年4期62—71页
对《植物名实图考》、《植物名实图考长编》中有关果树资源的浅识.刘振亚,刘璞玉.古今农业,1990年1期28—30页
唐代岭南贡荔小考.杨宝霖.古今农业,1990年1期31—32页
古代莲的品种演变.舒迎澜.古今农业,1990年1期32—36页
紫薇史考略.蔡曾煜.植物杂志,1990年1期44—45页
陕西古代的甜瓜.杨鼎新.农业考古,1990年1期285—288,297页
中国历史上的茶花类栽培.舒迎澜.中国农史,1990年3期77—84页
由"薄采其茆"之"茆"谈起——兼谈莼菜历史.刘义满,魏玉翔.中国农史,1990年3期85—90页
中国古代的鲜花变色和催延花期法.彭世奖.中国科技史料,1990年11卷4期20—24页
我国古代的花卉栽培.舒迎澜.自然科学史研究,1990年9卷4期357—365页
明清时期白菜的演化与发展.叶静渊.中国农史,1991年1期53—60页
芍药史研究.舒迎澜.古今农业,1991年2期56—61

页

古代的甜瓜及其栽培.舒迎澜.古今农业,1991年3期60—64页

我国古代葡萄的名称来源与内涵初议.刘振亚,刘璞玉.古今农业,1991年3期82—87,94页

我国水生蔬菜栽培史略.叶静渊.古今农业,1992年1期13—22页

冬瓜最早见于何书?.陈修源.农业考古,1992年1期233—234页

大白菜产生时间和地点的史料分析.罗桂环.自然科学史研究,1992年11卷2期171—176页

古代栀子及其栽培与利用.舒迎澜.中国农史,1992年3期78—84页

我国百合栽培史初探.叶静渊.古今农业,1992年4期23—29页

韭黄生产,宋代已盛.杨宝霖.古今农业,1992年4期29—31页

中国古代的琼花.舒茂莉.自然科学史研究,1992年11卷4期346—352页

葫芦的功能与栽培技艺.宋兆麟.农业考古,1993年1期138—146页

栽培菊的类群和品种演变.舒迎澜.古今农业,1993年3期54—61页

紫茉莉考略.欧贻宏.古今农业,1993年3期71—73页

从三彩西瓜的发现谈中国古代西瓜种植.王昱东,周劲思.农业考古,1993年3期199—203页

梅史质疑.韩涛 .农业考古,1993年3期216—219页

山楂史考.阎万英.农业考古,1993年3期220—223,202页

蜀地牡丹考——兼评《天彭牡丹谱》.徐式文.农业考古,1993年3期233—237页

塘栖枇杷栽培史重考.陈其峰.中国农史,1993年4期41—43页

我国古代芥菜类的演化与栽培.叶静渊.古今农业,1993年4期60—68页

中国古代农圃业起源新探.姚伟钧.中南民族学院学报(社会科学版版),1993年4期65—70页

我国古代桃树栽培技术.刘振亚,刘璞玉.古今农业,1994年2期67—74页

大白菜的起源和进化过程.梁松涛.农业考古,1994年3期225—233页

蕹菜栽培历史及其不同类型间的基本演变关系.刘义满,孔庆东.农业考古,1994年3期234—236页

我国古代杰出的蔬菜、果树园艺技术.范楚玉.文史知识,1994年11期46—49,22页

芭蕉史话.蔡曾煜.古今农业,1995年1期62—68页

菊花传统栽培技术.舒迎澜.中国农史,1995年1期103—111页

试论秦汉三国时期岭南地区的园艺业生产技术.王川.中山大学学报(社会科学版),1995年2期61—69页

从岭南到福建:古代荔枝学的"汤浅现象".陈季卫,吕柳新.福建论坛(文史哲版),1995年2期68—71页

我国根菜栽培史略.叶静渊.古今农业,1995年3期45—50页,4期48—56,81页

新疆古代蔬菜种植述略.王东平.农业考古,1996年3期222—227页

元代西域葡萄和葡萄酒的生产及其输入内地述论.尚衍斌,桂栖鹏.农业考古,1996年3期213—221页

中国古代种大葫芦法的成就及指导思想.周肇基.自然科学史研究,1996年15卷3期259—271页

古代高昌的葡萄干葡萄酒和葡萄的一种生理病害.刘家驹等.中国农史,1997年16卷4期56—59页

林　业

赤水楠竹史.谢尊修等.贵州文史丛刊,1981年4期84页

漫话我国古代植树造林.汪子春.植物杂志,1982年1期38页

漆树考略.林鸿荣.中国农史,1984年4期97—100页

中国古代竹类栽培利用史略.熊大桐.中国农史,1986年2期103—108页

筇竹征故.林鸿荣.中国农史,1986年2期109—114页

楠木诠释.林鸿荣.中国农史,1986年3期72—79页
《齐民要术》所记林业技术的研究.熊大桐.中国农史,1987年1期52—58页
《授时通考》中有关林业的记述.印嘉佑.农业考古,1987年1期226,225页
《诗经》中的经济树木和竹类.孙关龙.植物杂志,1989年3期42—43
从《齐民要术》看我国古代树木栽培管理技术.余孚.古今农业,1990年1期43—49页
齐地培育枣树考.齐云.管子学刊,1990年1期95—96页
秦汉植树造林考述.倪根金.中国农史,1990年4期83—92页
魏晋南北朝林业、渔业考查.刘汉东.中国社会经济史研究,1991年3期9—14页
隋唐五代林木培育述要.林鸿荣.中国农史,1992年1期63—71页
秦汉"种树"考析.倪根金.农业考古,1992年1期147—148页
我国古代竹类种植经营技术.关传友.农业考古,1993年1期184—185页
《桐谱》对泡桐的分类与描述.吴晓东.植物杂志,1993年2期47页
汉简所见西北垦区林业——兼论汉代居延垦区衰落之原因.倪根金.中国农史,1993年4期50—58页
《周礼》所记林业史料研究.熊大桐.农业考古,1994年1期298—302页
"徽杉"古营林技术勾沉.胡一民.农业考古,1994年1期303—305页
先秦的漆器和漆树.杨钊.农业考古,1995年1期216—217页
隋唐五代森林述略.林鸿荣.农业考古,1995年1期218—225页
《山海经》"建木"考.侯伯鑫.中国农史,1996年3期92—99页
我国杉木的起源及发展史.侯伯鑫.农业考古,1996年1期161—169页
中国古代对竹林防护作用的认识.关传友.古今农业,1997年2期26—30页

畜牧、家禽、兽医

从河姆渡遗址出土猪骨和陶猪试论我国养猪的起源.钟遐.文物,1976年8期24—26页
《齐民要术》中的相马术.马伕.求知(香港),1978年61期15—16页
出土文物所见我国家猪品种的形成和发展.张仲葛.文物,1979年1期82—85,52页
武威出土东汉铜马与马援《铜马相法》.罗忼烈.明报月刊(香港),1980年15卷11期53—57页
试论我国畜牧史的研究与畜牧业的现代化.昝维廉,张仲葛.农业考古,1981年1期91—93页
中国骆驼发展史.贺新民,杨宪孝.农业考古,1981年1期94—102页,2期122—133页
我国养猪史话.刘敦愿,张仲葛.农业考古,1981年1期103—108页
我国古代养羊技术成就史略.邹介正.农业考古,1982年2期171—180,176页
从《齐民要术》看我国古代畜禽饲养技术水平.马万明.农业考古,1984年1期109—113页
汉中短瘦尾绵羊的渊源.薄吾成.农业考古,1984年1期121—123页
《周易》论牛和农的关系.孙自成.农业考古,1984年2期346页
内蒙古西部畜牧岩画初探.盖山林,盖志毅.中国农史,1984年4期76—85页
我国传统畜牧科学技术的成就.张仲葛.农业考古,1984年2期327—332页
从桂林甑皮岩猪骨看家猪的起源.覃圣敏.农业考古,1984年2期339页
西汉鎏金铜马的科学价值.张廷皓.农业考古,1985年1期137—143页
中国原始畜牧业的起源和发展.谢崇安.农业考古,1985年1期282—290页
从甲骨文看商代养猪技术.卫斯.农业考古,1985年1期292—293页
论秦代养马技术.郭兴文.农业考古,1985年1期294—301,343页,2期300—306页
中国北方的早期驯养马.(美)斯坦利J·奥尔森 著.殷志强 译.考古与文物,1986年1期89—91页

浅谈我国古代饲养耕牛的经验.王潮生.中国农史,1986年1期116—122页

中国古代鹿类的生物学史.谢成侠.中国农史,1986年1期123—132页

中国双峰骆驼起源考.贺新民,杨献孝.中国农史,1986年2期115—118页

中国驴、骡发展历史概述.李群,李士斌.中国农史,1986年4期60—67页

有关鹿及养鹿业的历史考证.林仲凡.中国农史,1986年4期68—75页

云南新石器时代的家畜.张兴永.农业考古,1987年1期370—377页

藏羊渊源初探.薄吾成.农业考古,1987年1期380—385页

湖羊的来源和历史研究.李群.农业考古,1987年1期386—392页

相马术源流和古代养马文明.陈恩志.农业考古,1987年2期339—346页

中国古代的鹿类资源及其利用.刘敦愿.中国农史,1987年4期88—90页

猪的训化及其在六畜中的地位变迁.俞为洁.古今农业,1988年1期59—63页

从云梦秦简《日书》看秦国的六畜饲养.贺润坤.文博,1989年6期63—67页

殷商畜牧技术初探.马波.中国农史,1990年1期87—92页

我国矮马源流简析.侯文通.农业考古,1990年1期340—344页

中华果下(矮)马的古生物学及考古学的研究.王铁权.农业考古,1990年1期345—350,352页

有关家兔的历史考证.林仲凡.农业考古,1990年2期337—340,342页

蒙古草原畜牧起源和发展的若干问题初探.马瑞江.中国农史,1990年4期51—58页

中国古代的养羊技术.余孚.古今农业,1991年3期54—59页

我国古代绵羊品种形成初考.冯维祺.农业考古,1991年3期338—345页

我国家兔起源之探索.瞿伯以.古今农业,1992年2期30—34页

中国猪种的起源和进化史.谢成侠.中国农史,1992年2期84—95页

关于中国畜牧史研究的若干问题.谢成侠,孙玉民.古今农业,1992年4期1—7页

动物驯化与农业起源.刘兴林.古今农业,1993年1期17—22页

中国原始畜牧的萌芽与产生.徐旺生.农业考古,1993年1期189—198,209页

蒙古草原家畜驯化与畜牧起源方式探研.马瑞江.农业考古,1993年1期199—208页

中国养猪史初探.张仲葛.农业考古,1993年1期210—213,209页

试论中国黄牛的起源.薄吾成.农业考古,1993年1期214—217页

《南山经》奇禽异兽试解.孟方平.自然科学史研究,1993年12卷2期174—184页

中国——早期动物驯化的中心.(美)奥尔森(OLSEN,S.J)著.张少华译.农业考古,1993年3期277—281页

试论中国家猪的起源.薄吾成.农业考古,1994年3期278—280页

论商代畜牧的发展.刘兴林.中国农史,1994年4期54—62页

细石器与中国畜牧起源.马瑞江.农业考古,1995年1期282—291,289页

青海骆驼来源和发展的探讨——兼论羌族来源及其畜牧简史.贺新民.农业考古,1995年1期292—298页

新疆古代岩画中的骆驼.戴良佐.农业考古,1995年1期299—300页

云南马(兼西南马)源流初探.解德文.农业考古,1995年3期300—302页

我国古代的养马技术.李群.古今农业,1996年3期14—23页

藏系绵羊是中国最古老的羊种.薄吾成.农业考古,1996年1期218—221页

湖羊的来源及历史再探.李群.中国农史,1997年16卷2期91—95页

中国古代的牛种——它的起源、种别、分别和分布.张仲葛.农业考古,1997年1期277—285页

中国鸡种的历史研究.谢成侠.中国农史,1984年1期67—76页

我国古代养鸡概述.董希如.农业考古,1986年1期387—390,417页

《鸡谱》论鸡的疾病和防治——《鸡谱》研究.汪子春.

农业考古,1986 年 1 期 391—395 页,2 期 283—289,294 页
中国养鸡简史.张仲葛.农业考古,1986 年 2 期 279—282,294 页
乌骨鸡及其药用史.王铭农,李士斌.农业考古,1987 年 1 期 392—395 页
关于养鸡史中几个问题的探讨.王铭农,叶黛民.中国农史,1988 年 1 期 67—74 页
漫话中国养鸭史.赵国磐,佟屏亚.古今农业,1989 年 2 期 32—36 页
历史上的家禽孵化技术.王铭农.中国农史,1991 年 1 期 86—90 页
试论我国家鸡的起源.薄吾成.农业考古,1991 年 1 期 345—349,294 页
中国家鸡的起源与传播.王铭农.中国农史,1991 年 4 期 43—49 页
我国养鸭史初探.李群,李士斌.农业考古,1994 年 1 期 307—309 页
试谈我国古代防治鸡病的方伎.龚千驹,廖乐明.农业考古,1994 年 3 期 289—291,294 页
简述凉山古代养鸡资料.黄承宗.农业考古,1995 年 3 期 297—299 页
试论中国家鹅的起源.薄吾成.农业考古,1996 年 3 期 268—272 页

论我国古代猪的阉割技术.于船.北京农业大学学报,1980 年 3 期 63 页
唐代兽医学的成就.邹介正.中国农史,1981 年 1 期 67—75 页
我国兽医针灸技术的形成与发展.杨宏道.农业考古,1982 年 1 期 122—129 页
从孙悟空被封“弼马温”考起[中兽医史].冯洪钱.农业考古,1982 年 1 期 130—132 页
我国兽医外科学简史.秦和生.农业考古,1983 年 1 期 225—227 页
如何给猪治病?(古代兽医验方选载).杨宏道.农业考古,1984 年 2 期 347—350 页
兽医针灸源流.邹介正.农业考古,1985 年 1 期 310—317 页
中兽医治未病法初探.金重冶.农业考古,1985 年 1 期 317—323 页,2 期 307—319 页.1986 年 1 期 405—410 页,2 期 304—316 页
从《元亨疗马集》到《注释马牛驼经大全集》——明清安徽畜牧与兽医成就.周宗运,时维静.中国农史,1985 年 3 期 50—52 页
中兽医起源于何时?.邹介正.农业考古,1986 年 1 期 398—404 页
清代我国传统兽医学成就初探.杨宏道.农业考古,1986 年 2 期 295—303 页.1987 年 1 期 405—412 页
明代兽医学术的发展.邹介正.中国农史,1986 年 3 期 38—45 页
论我国古代针治马浑睛虫病的有关问题.于船.农业考古,1987 年 1 期 403—404 页
清代我国传统兽医学成就初探.杨宏道.农业考古,1987 年 1 期 405—412 页
《葛洪肘后备急方》中的兽医治疗方技初探.张泉鑫.农业考古,1987 年 2 期 360—363 页
试论中兽医学的优势.张克家,祝建新.古今农业,1988 年 2 期 69—71,91 页
从《齐民要术》看我国魏晋南北朝时期的相畜禽术.马万明.古今农业,1988 年 2 期 72—73 页
中国古代的兽医学.姜丽蓉.文史知识,1988 年 4 期 38—42 页
试论我国兽医灸术的起源与发展.牛家藩.古今农业,1989 年 2 期 37—39 页
动物药发展史略.王铭农.中国农史,1989 年 2 期 85—90 页
关于我国古代家畜的去势术——从汉画像中的“犍牛图”谈起.艾延丁.农业考古,1989 年 2 期 360—362 页
我国畜禽阉割术的历史及其沿革.魏锁成.农业考古,1989 年 2 期 363—364,403 页
试论清代兽医本草学的发展特色.牛家藩.中国农史,1989 年 4 期 82—84 页
兽医针刺麻醉发展简史.张泉鑫.农业考古,1990 年 1 期 355—359 页
传统兽医方剂学的演变与展望.王铭农.古今农业,1990 年 2 期 103—107 页
中兽医学的起源与发展.牛家藩.中国农史,1991 年 1 期 78—85 页
论中兽医外科学的起源和发展.陆钢,于船.农业考古,1991 年 1 期 350—352 页
中兽医脉诊发展史.和文龙.中国农史,1991 年 3 期 71—77 页
浅谈中兽医巧治.周生俊.农业考古,1991 年 3 期

356—358页

中兽医色诊发展史.和文龙.中国农史,1992年2期96—101页

对《周礼》兽医职文中“以节之”的管见.牛家藩.中国农史,1992年4期74—76页

从《周礼》看我国先秦时期的兽医发展.牛家藩.中国农史,1993年2期79—85页

中兽医外科.高庆田等.农业考古,1993年3期308—318,334页

魏晋以前的动物阉割术.王铭农.中国农史,1993年4期65—70页

中医和中兽医望诊的发展简史与沿革.魏锁成.农业考古,1994年1期322—324页

传统中兽医望诊的发展与科技文明.魏锁成.农业考古,1994年3期286—288页

中国动物医学隶属考.周生俊.古今农业,1995年1期69—70页

明清时期动物阉割术的发展和影响.王铭农.中国农史,1996年15卷4期74—78页

马起卧症(疝痛)古代兽医资料分析.邹康南.中国农史,1997年16卷4期60—67页

先秦兽医史探.魏锁成.农业考古,1997年3期268—269页

蚕桑、蜂业

古农书中记载的桑树剪伐整枝.章楷.科学史集刊,1965年8期22—27页

我国桑树嫁接技术的历史演变.周匡明.科学史集刊,1966年9期1—19页

桑考.周匡明.农业考古,1981年1期108—113页

养蚕起源问题的研究.周匡明.农业考古,1982年1期133—138页

试论家蚕形成的年代及其历史过程.魏东.农业考古,1983年1期250—254页

关于蒋猷龙先生的家蚕起源说.(日)吉武成美.农业考古,1983年2期303—305页

就家蚕的起源和分化答日本学者并海内诸公.蒋猷龙.农业考古,1984年1期146—149页

八百多年前蚕业科技上的两项重大发明.黄世瑞.农业考古,1984年1期150—151页

家蚕蝇蛆病害发现小考.汪子春.自然科学史研究,1985年4卷2期186—188页

我国育蚕织绸起源时代初探.唐云明.农业考古,1985年2期320—322,370页

夏代养蚕业的传播与发展——三论中国养蚕业起源于长江三角洲.魏东.中国农史,1985年4期85—92页

浙江桑品种的形成和分化.蒋猷龙.古今农业,1987年1期94—99页

从河北省正定南杨庄出土的陶蚕蛹试论我国家蚕的起源问题.郭郛.农业考古,1987年1期302—309页

家蚕的起源和分化研究.(日)吉武成美,(中)蒋猷龙.农业考古,1987年2期316—324页.1988年1期268—279页

蜀,蚕耶? 非也!.周匡明.农业考古,1988年1期254—257页

中国桑树夏伐的起源及其发展.郑云飞.古今农业,1989年2期53—56页

“荆桑”和“鲁桑”名称由来小考.郑云飞.农业考古,1990年1期324—327页

河西走廊蚕桑考.刘汉东.农业考古,1991年3期277—279页

唐代的蚕桑生产技术.赵丰.中国农史,1991年4期49—56页

明清时期的湖丝与杭嘉湖地区的蚕业技术.郑云飞.中国农史,1991年4期57—65页

清代秦巴山区的柞蚕放养.萧正洪.中国农史,1992年4期86—89,41页

清代山东柞蚕的生产发展与传播推广.陈冬生.古今农业,1994年1期11—17,10页

蚕业发展史上的抑制因素及其解决.蒋猷龙.古今农业,1995年2期11—14页

中国古代养蜂学史料.刘国士.浙江省昆虫局年刊,1933年3号188—192页

从彝族野蜂的利用看人类由食蜂到养蜂的发展.宋兆麟.中国农史,1982年1期76—79页

奔蜂考.杨沛.农业考古,1987年2期291—293页

中国养蜂史上的几个问题.王华夫.中国农史,1987年4期91—103页

中国古代对蜜蜂的认识和养蜂技术.杨淑培.农业考古,1988年1期242—251页

中国养蜂史之管见.杨淑培.中国农史,1988年2期82—90,124页

养蜂技术发展简史.王铭农.农业考古,1993年3期255—262页

渔 业

宋代的养金鱼.杨宪益.新中华,1946年复刊4卷24期43页

本省虱目鱼养殖的沿革.苏国珍.南瀛文献(台南),1956年3卷3、4合期31—33页

本草纲目中所记的鲤科鱼类.于景让.大陆杂志(台北),1963年27卷8期1—10页

网具的起源与人工鱼礁小考.田恩善.农业考古,1982年1期158—161页

金鱼史话.张仲葛.农业考古,1982年1期165—170页

我国古代鱼类资源的保护.邢湘臣.农业考古,1984年1期105—106页

关于我国古代扎箔捕鱼的溯源.杭宏秋.农业考古,1984年1期107—108页

从水族掌故窥探我国古代"鱼学".余汉桂.农业考古,1984年2期207—216页

我国淡水养鱼史资料谈.邢湘臣.中国农史,1984年3期77—83页

古代山东地区渔业发展和资源保护.周才武.中国农史,1985年1期75—81页

先秦时期的渔业——兼论我国人工养鱼的起源.周苏平.农业考古,1985年2期164—170页

我国古代几种特殊的渔法.邢湘臣.农业考古,1986年1期249—251页

从考古发现看我国古代捕鱼的起源与发展.曲石.农业考古,1986年2期220—225页

我国古代的几种物理捕鱼法.郭永芳.自然科学史研究,1986年5卷4期317—319页

浅论华南的中国渔民习俗、技术和社会.路易(Peixoto,Rui Brito)著.张小玉 译.文化杂志(中文版)(澳门),1987年6—17页

广东海产养殖的起源及其发展.吴建新.古今农业,1988年1期136—143页

鱼类养殖对象的扩大与鱼苗装捞业的兴起.余汉桂.中国农史,1988年2期91—96页

太湖地区养殖渔业源流初考.高粱.古今农业,1989年2期109—117页

我国古代捕鱼技术的研究.杨瑞堂.古今农业,1989年2期120—126页

金鱼培育史话.余汉桂.古今农业,1990年1期148—149页

中国古籍中有关鳗鲡的记述.洪黎民,汪子春.中国科技史料,1990年11卷3期35—37页

从"桑争稻田"看明清发展"桑基渔塘"的必然趋势.邢湘臣.中国农史,1992年1期72—74页

从民族志资料看我国史前的捕鱼方法.元令.农业考古,1992年1期269—270页

范蠡南池养鱼考评.张克银.中国农史,1992年2期102—104,26页

《本草图经》中贝类和鱼类研究.刘昌芝.自然科学史研究,1993年12卷1期52—57页

珠江三角洲池塘养鱼史研究.彭世奖.古今农业,1993年1期76—86页

归来伴凡鱼——兼论唐代草、青鲢、鳙饲养兴起的原因.袁国青.古今农业,1993年2期75—78页

明代的渔业养捕技术.陈伟明.暨南学报(哲学社会科学版),1994年3期59—66页

从渔诗中看渔具.邢湘臣.考古农业,1994年3期170—173页

稻田养鱼起源新探.向安强.中国科技史料,1995年16卷2期62—74页

吴地渔具述略.杨晓东.古今农业,1996年1期84—89页

清代山东海洋渔业举要.陈冬生.古今农业,1996年4期69—79页

稻田养鱼东汉起源说质疑.向安强.中国农史,1996年15卷4期79—86页

我国古代利用动物捕鱼之知识.刘昭民.科学史通讯(台北),1996年14期63—67页

荷包红鲤史考.刘英喜等.农业考古,1997年1期

176—178 页

古籍整理与研究

讲农古籍汇录. 钱天鹤. 科学,1918 年 4 卷 3 期 269—273 页

农学一隅集笺注. 陈祖同. 四存月刊,1921 年 1 期 1—2 页,4 期 3 页,5 期 4—5 页

茶籍稽古. 中华农学会报,1923 年 37 期 181—185 页

齐民要术解题. 万国鼎. 图书馆学季刊,1928 年 2 卷 3 期 365—372 页

农家古籍之考索. 马超群. 农矿月刊,1929 年 10 期论著 1—7 页

中国农书提要. 陆费执. 中华农学会丛刊,1929 年 54 期 73—78 页,55 期 73—77 页,56 期 97—104 页,58 期 121—134 页,60 期 76—81 页,62 期 87—89 页,66 期 75—78 页

农书考略. 万国鼎. 图书馆学季刊,1930 年 4 卷 3、4 合期 439—446 页

农桑撮要考略. 万国鼎. 图书馆学季刊,1931 年 5 卷 1 期 43—45 页

茶书二十九种题记. 万国鼎. 图书馆学季刊,1931 年 5 卷 2 期 191—209 页

徐文定公的农政全书. 沈百顺. 圣教杂志,1933 年 22 卷 11 期 72—77 页

历代农书目录分类谱. 谭少惠. 遗族校刊,1934 年 2 卷 1、2 合期 119—135 页

读齐民要术. 何若. 风雨谈,1944 年 12 期 4—10 页

中国古代农书. 曲直生. 大陆杂志(台北),1951 年 3 卷 4 期

论《齐民要术》——我国现存最早的完整农书. 万国鼎. 历史研究,1956 年 1 期 79—102 页

关于"农桑辑要". 王毓瑚. 北京农业大学学报,1956 年 2 卷 2 期 77—84 页

《齐民要术》—— 一千四百多年前我国的一部完整农书. 王毓瑚. 读书月报,1956 年 5 期 11—13 页

我国古代的农书. 刘毓瑔. 读书月报,1956 年 9 期 27—29 页

介绍"氾胜之书". 石声汉. 生物学通报,1956 年 11 期 1—4 页

我国古代的茶书《茶经》. 姚毓璆. 读书月报,1956 年 12 期 20—21 页

齐民要术的撰者、注者和撰期——对祖国现存第一部古农书的一些考证. 梁家勉. 华南农业科学,1957 年 3 期 92—98 页

以"盗天地之时利"为目标的农书——陈旉农书的总结分析. 石声汉. 生物学通报,1957 年 5 期 23—27 页

元代的三部农书. 石声汉. 生物学通报,1957 年 10 期 20—25 页

蒲松龄手稿本农桑经. 叶余. 文物参考资料,1958 年 5 期 38—39 页

有关《齐民要术》的几个问题. 王仲荦. 文史哲,1961 年 3 期 32—39,48 页

《种艺必用》在中国农学史上的地位. 胡道静. 文物,1962 年 1 期 39—42 页

包世臣的《郡县农政》. 黄绮文. 江海学刊,1963 年 1 期 41—44 页

树艺篇—— 一本钞本仅传的农学文献汇编. 胡道静. 中国农报,1963 年 2 期 35—37 页

稀见古农书录. 胡道静. 文物,1963 年 3 期 12—17 页

茶经考略. 程光裕. 华冈学报(台北),1965 年 1 期 193—223 页

宋代茶书考略. 程光裕. 华冈学报(庆祝钱宾四先生八十岁论文集)(台北),1974 年 8 期 197—225 页

宋代陈旉的《农书》. 赵雅书. 食货月刊复刊(台北),1976 年 6 卷 4 期 42—44 页

《夏小正》及其在农业史上的意义. 夏伟瑛,范楚玉. 中国史研究,1979 年 3 期 141—148 页

我国最古老的一些农书. 王达人. 植物杂志,1980 年 1 期 44 页

唐陆龟蒙《耒耜经》注释〔中国农学史史料〕. 阎文儒等. 中国历史博物馆馆刊,1980 年 2 期 49—57 页

陈旉《农书》版本考. (日)寺地遵 著,曹隆恭 译. 中国农史,1982 年 1 期 91—101 页

我国的古蚕书. 章楷. 中国农史,1982 年 2 期 89—94 页

总结我国古代棉花种植技术经验的艺术珍品——《棉花图》考. 王全科,陈美健. 农业考古,1982 年 2 期 157—166 页

关于《农政全书》的“别本”［徐光启］.胡道静.中国农史,1983年1期96页

明代救荒植物著述考析.董恺忱.中国农史,1983年1期99—104页

宋沈括《梦溪笔谈》蒲芦注释质疑.冯洪钱.中国农史,1983年1期105—107页

一部尚未引起农史界注意的工具书——介绍《续四库全书总目提要》.马万明.中国农史 ,1983年1期108页

漫谈《授时通考》[农副业科技著作].韩国磐.中国社会经济史研究,1983年1期117—120页

从大型农书体系的比较试论《农政全书》的特色和成就.游修龄.中国农史 ,1983年3期9—18页

徐光启农学三书题记.胡道静.中国农史 ,1983年3期48—52页

关于《养余月令》与《农政全书》的“别本”.吴德铎.中国农史 ,1983年3期53—59页

读《马首农言》琐记.张亮.中国农史 ,1983年4期91—94页

我国古代的农学百科全书——《农政全书》.吴仲玉.文史知识,1983年6期25—28页

中国传统农学与实验农学的重要交汇——就清末《农学丛书》谈起.杨直民.农业考古,1984年1期19—29页

稻作史的一项珍贵史料——介绍一则卜辞.徐云峰.中国农史,1984年1期77—81页

陈旉《农书》与南宋初期的诸状况.(日)寺地遵 著.姜丽蓉 译.农业考古,1984年1期285—291页

一篇关于古代柑桔害虫的史料——《蠹化》.俞荣梁.农业考古,1984年2期275—276页

《禾谱》及其作者研究.曹树基.中国农史,1984年3期84—91页

《神农》作者考辨.刘玉堂.中国农史,1984年3期92—97页

读《农言著实》并补释.张允中.中国农史,1984年3期98—101页

《天工开物·珠玉》匡误一则.郭永芳.中国农史,1984年3期102—104页

建国以来我国农史文献出版综述.王永厚.中国农史,1984年3期105—110页

明代农事的写真——《农务图》.江风.文史知识,1984年3期127—封三页

兽用本草的发展.邹介正.中国农史,1984年4期86—96页

元《王祯农书》成书年代考.郝时远.中国农史,1985年1期95—98页

《浦泖农咨》简介.陈渭坤.农业考古,1985年1期386—387页

北宋单锷《吴中水利书》初探.汪家伦.中国农史,1985年2期72—80页

蒲松龄《捕蝗虫要法》真伪考.彭世奖.中国农史,1985年2期81—82页

对《疑义考释》一点看法——求教于游修龄先生.张允中.中国农史,1985年2期83—85页

安徽历代农学书录选辑——《中国农学书录》拾遗.潘法连.中国农史,1985年2期86—96页,3期97—107页

《耒耜经》和它的作者.周昕.农业考古,1985年2期378—379页

日本对中国古农书的研究概况.(日)渡部 武 著.董恺忱 译.农业考古,1985年2期389—396页

《禾谱》校释.曹树基.中国农史,1985年3期74—84页

《齐民要术》征引农谚注释并序.马宗申.中国农史,1985年3期85—93页

《齐民要术》谚语的解释问题.缪启愉.中国农史,1985年4期105—106页

关于《便民纂》.陈麦青.中国农史,1985年4期107—109页

一部未刊行的书稿《蚕学求是》.汪子春.自然科学史研究,1986年5卷1期84—87页

《耒耜经》校注.周昕.中国农史,1986年1期133—146页

蒲松龄农书残稿考证.彭世奖.文献,1986年1期235—241页

存世最早的一部农业专书——谈齐民要术.吴哲夫.故宫文物月刊(台北),1986年4卷2期52—57页

《齐民要术》农谚辨疑——答缪启愉先生.马宗申.中国农史,1986年2期124—130页

也谈《王祯农书》的成书年代——兼与郝时远同志商榷.彭世奖.中国农史,1986年2期131—133页

《齐民要术·雩都……甘蔗》资料来源小考.陈推诚.农业考古,1986年2期392—393页

我国现存最早的李源《捕蝗图册》.刘如仲.中国农史,1986年3期96—102页

敦煌吐蕃写卷《医马经》《驯马经》残卷译释.王尧,陈

践. 西藏研究, 1986 年 4 期 84—93 页

元刻本《农桑辑要》咨文试释. 缪启愉. 中国农史, 1986 年 4 期 102—106 页

《痊骥通玄论》著者版本考. 和文龙. 中国农史, 1986 年 4 期 107—110 页

明清蚕桑书目汇介. 王达. 中国农史, 1986 年 4 期 111—117 页

再说《齐民要术》谚语. 缪启愉. 中国农史, 1986 年 4 期 118—119 页

音乐作用作物的古农书记载. 胡道静. 古今农业, 1987 年 1 期 14,29 页

论《华佗兽医科神方》. 于船. 古今农业, 1987 年 1 期 45—49 页

论《元亨疗马集》. 邹介正. 古今农业, 1987 年 1 期 50—56 页

论秦观《蚕书》. 魏东. 中国农史, 1987 年 1 期 82—88 页

现存清代兽医古籍书录. 牛家藩. 中国农史, 1987 年 1 期 89—94 页

《天工开物》是研究我国古代农业的科技全书. 宗德生. 农业考古, 1987 年 1 期 317—318 页

《元亨疗马集》中的"同方异名""同名异方". 冀贞阳. 农业考古, 1987 年 1 期 396—402 页

《齐民要术·种胡荽第二十四》试校. 孟方平. 中国农史, 1987 年 2 期 105—108 页

传统农业阶段的中西农书比较研究. 董恺忱. 香港大学中文系集刊(香港), 1987 年 1 卷 2 期 291—300 页

《桐谱》撰期考. 潘法连. 中国农史, 1987 年 3 期 104—108 页

《蒲松龄〈捕蝗虫要法〉真伪考》续补. 彭世奖. 中国农史, 1987 年 4 期 109—110 页

《请革芽茶疏》简介. 李传轼. 茶业通报, 1988 年 1 期 45 页

《周易》农事披拣录. 张波. 古今农业, 1988 年 1 期 46—52 页

《竹谱》和我国早期竹文化. 王乾. 古今农业, 1988 年 1 期 53—58 页

先秦两汉占候云气之著作述略. 何冠彪. 中国史研究, 1988 年 1 期 133—139 页

清末关中桑蚕业的生动画卷——木刻《桑织图》考释. 李露露. 农业考古, 1988 年 1 期 258—267 页

评郭怀西对《元亨疗马集》的改编和注释. 张克家. 农业考古, 1988 年 1 期 337—339, 377 页

《元亨疗马集》的成就及明代的牧政——纪念《元亨疗马集》刊行 380 周年. 王铭农. 农业考古, 1988 年 1 期 340—346, 386 页

我国现存最早的一部农业专著——《氾胜之书》. 张习孔. 文史知识, 1988 年 2 期 52—54 页

《陈旉农书·牛说》初评. 牛家藩. 中国农史, 1988 年 3 期 107—109, 76 页

《沈氏农书》和《乌青志》. 游修龄. 中国科技史料, 1989 年 10 卷 1 期 80—84 页

明清时期的几种耕织图. 王潮生. 农业考古, 1989 年 1 期 154—159 页

古农具图谱所据版本流源考略. 周昕. 中国农史, 1989 年 2 期 91—97 页

《明清蚕桑书目汇介》订补. 王达. 中国农史, 1989 年 2 期 98—101 页

《茶经》成书年间考. 杨浩. 茶业通报, 1989 年 3 期 45 页

马王堆汉墓出土《相马经·大光破章古文训传》发微. 赵逵夫. 江汉考古, 1989 年 3 期 48—51, 47 页

《缸荷谱》研究. 周肇基. 中国农史, 1989 年 3 期 102—105, 107 页

中国古代农学百科全书——《授时通考》. 马宗申. 中国农史, 1989 年 4 期 93—95 页

对《缸荷谱研究》一文的补充. 周肇基. 中国农史, 1989 年 4 期 101 页

评王筠的《马首农言》校注并补. 张允中. 古今农业, 1990 年 1 期 83—87 页

徐光启的《除蝗疏》. 王永厚. 古今农业, 1990 年 1 期 104—105 页

评《元刻农桑辑要校释》. 胡道静. 古今农业, 1990 年 1 期 162—166 页

简述《补农书》及其在嘉湖地区农史之地位. 王达. 农业考古, 1990 年 1 期 374—376, 378 页

《海虞农家占验》题记. 汪叔子. 农业考古, 1990 年 1 期 377—378 页

错误很多的《东鲁王氏农书》. 缪启瑜. 古今农业, 1990 年 2 期 28—37. 1991 年 1 期 32—41 页

《中国古代耕织图选集》述评. 王书耕. 中国农史, 1990 年 2 期 105—111 页

陕西古农书大略. 张波, 冯风. 西北大学学报(自然科学版), 1990 年 20 卷 2 期 115—121 页

明清陕西农书及其农学成就. 冯风. 中国农史, 1990

年4期59—64页
《金薯传习录》及其他.公宗鉴.福建史志,1990年5期47—49页
陈翥《桐谱》的成就及其贡献.潘法连.古今农业,1991年1期21—27页
《氾胜之书》的经济思想.路兆丰.古今农业,1991年1期27—32页
《陈旉农书·后记》质疑.姜义安.中国农史,1991年1期101—105页
《范蠡养鱼经》作者的探讨.王敬南.古今农业,1991年2期68—70页
中国古代"芝草"图经亡佚书目考.陈士瑜.中国科技史料,1991年12卷3期70—79页
"探幽缩图"中的"耕织图"与高野山遍照尊院所藏"织图"——关于中国农书"耕织图"的流传及其影响(补遗之一).(日)渡部武 著.吴十洲 译.农业考古.1991年3期136—151页
《〈农说〉的整理和研究》评说.缪启愉.农业考古,1991年3期167—168页
古农书研究失误一例.卢家明.农业考古,1991年3期289—290,298页
《相牛心镜要览》著作考.邹介正.农业考古,1991年3期347,355页
云梦秦简《日书·马》篇试释.刘信芳.文博,1991年4期66—67,72页
稀见古农书——《农桑易知录》.郑麦.中国农史,1991年4期68—69,67页
评论《〈九经〉茶荼再考》.陈椽.农业考古,1991年4期256—260,279页
《吴中蚕法》研究.郑云飞.古今农业,1992年1期49—53页
读《中国农学书录》札记之五(八则).潘法连.中国农史,1992年1期87—90页
《齐民要术释读》(四则).游修龄.中国农史,1992年1期91—93页
论宋代园艺古籍.冯秋季,管成学.农业考古,1992年1期240—245页,3期230—238页
安徽历代农学书概述.潘法连.古今农业,1992年2期41—50页
读《金薯传习录》札记.曾雄生.古今农业,1992年4期39—40页
古农具图谱正误.周昕.农业考古,1993年1期87—95页
清人陈玉璂《农具记》浅识.荆三林,李趁有.农业考古,1993年1期103—105,95页
《王祯农书》校点商榷.缪启愉.古今农业,1993年2期45—51页,3期44—53页
略论中国古代农书.彭世奖.中国农史,1993年2期93—100页
《九谷考》撰期初探.黄淑美.中国农史,1993年2期101—103页
《齐民要术》谚语三则释义管见.张允中.中国农史,1993年2期104—106页
《中国农学书录》拾遗续篇.潘法连.中国农史,1993年3期84—98页
《分门琐碎录》与其种艺篇.舒迎澜.中国农史,1993年3期99—106页
康熙《耕织图·碌碡》考辨.闵宗殿.古今农业,1993年4期28—32页
《大武经》的学术成就初探.牛家藩.中国农史,1993年4期87—91页
从中西传统农书比较看中国农书的特点.惠富平.中国农史,1994年1期91—97页
读《救荒本草》(《农政全书》本)札记.闵宗殿.中国农史,1994年1期98—102页
《王祯农书》几点标注之我见.周昕.中国农史,1994年1期103—104页
《丰豫庄本书》研究.王永厚.中国农史,1994年1期114—118页
清代兽医著作《医牛宝书》述评.张泉鑫.农业考古,1994年1期325—327页
《吕氏春秋》"八寸之耜"考辨.王文涛.北京大学学报(哲学社会科学版),1994年2期123—124页
《官井洋捡捌只招腊与讨鱼秘诀》一书的科学价值.杨瑞堂.古今农业,1994年3期75—82页
《三农纪》所引《图经》为《图经本草》说质疑.闵宗殿.中国农史,1994年4期107—111页
读朱熹《劝农文》.王祥堆.农业考古,1995年1期109—110页
《痊骥通玄论》对马结症的贡献及其有关问题的探讨.和文龙.农业考古,1995年1期302—306页
唐代茶文化和陆羽《茶经》.朱乃良.农业考古,1995年2期58—62页
陆羽《茶经》评论.李发良.农业考古,1995年2期69—74页
陆羽《茶经》与洪州窑瓷器.权奎山.文物,1995年2

期 73—79 页

《广志》成书年代考. 王利华. 古今农业,1995 年 3 期 51—58 页

民族学材料对古代农业文献诠释举例. 曾雄生. 中国科技史料,1995 年 16 卷 3 期 69—76 页

台湾各大图书馆收藏祖国农业古籍概况. 王华夫. 中国农史, 1996 年 15 卷 1 期 107—120 页, 3 期 100—113 页

《长安问花记》撰者生平、成书年代考. 倪根金. 中国农史,1996 年 15 卷 2 期 107—111 页

论《茶经》的诞生基础. 寇丹. 农业考古,1996 年 2 期 193—198 页

《伯乐针经》考. 郭世宁等. 农业考古,1996 年 3 期 279—284 页

相当于"动物志"的一部我国古农书《蠕范》. 谢成侠. 中国农史,1996 年 15 卷 4 期 97—100 页

《齐民要术》明代刻本的以讹传讹. 缪启愉. 中国农史,1996 年 15 卷 4 期 91—96 页

纪元前中西农书之比较. 缪启愉. 传统文化与现代化,1996 年 5 期 40—49 页

《农说》关于作物生长发育的理论. 严火其. 中国农史,1997 年 2 期 36—40 页

农业古籍版本鉴别浅说. 肖克之. 古今农业,1997 年 2 期 83—89 页

是宋书还是清书——关于《调燮类编》成书年代的讨论. 闵宗殿. 古今农业,1997 年 3 期 47—49 页

关于《鸽经》成书年代小考. 徐旺生. 古今农业,1997 年 4 期 59,58 页

其　他

从出土文物看我国鸬鹚饲养的历史. 曲石. 农业考古,1987 年 2 期 261—263 页

珍珠史话. 叶依能. 中国农史,1987 年 3 期 72—80 页

鹌史初探. 莫容,胡洪涛. 农业考古,1988 年 1 期 216—218 页

中国古代对于蛙类的食用和观察. 刘敦愿. 农业考古,1989 年 1 期 262—270 页

中国古代对蛇的认识和利用. 林岑. 农业考古,1989 年 1 期 273—279,314 页

我国历史上的人工育珠. 姚天. 古今农业,1989 年 2 期 118—120 页

鸬鹚小史. 牛家藩. 中国农史,1991 年 3 期 89—91 页,77 页

中国古代鸟类学发展的探讨. 郑作新. 自然科学史研究,1993 年 12 卷 2 期 159—165 页

技 术 史

矿 业

石炭考.田北湖.国粹学报,1908年4卷6期地理篇1—3页

中国石油考略.章鸿钊.地学杂志,1917年8卷5期说郛61—65页

中华民族用煤的历史.陈子怡.女师大学术季刊,1931年2卷1期1—12页

我国史料中有关石油与天然气的记载.杜明达.自然科学,1952年2卷4期358—361页

古代中国人民发见石油的历史.王仲荦.文史哲,1956年12期22—23页

古代中国人民使用煤的历史.王仲荦.文史哲,1956年12期24—30页

中国始用石炭考.陈登原.西北大学学报(人文科学版),1957年1期97—103页

由明嘉靖后期至清顺治末中国的煤炭科学知识(约由1555年到1661年).赵承泽.科学史集刊,1962年4期81—105页

中国古代对于几种主要燃料的发现和应用以及在提高燃烧效率等方面的若干发明创造.王旭蕴.清华大学学报,1962年9卷3期89—105页

我国利用硫铁矿制硫史初步考证.张运明.化学通报,1964年2期61—63,51页

清代云南铜矿工业.全汉昇.香港中文大学中国文化研究所学报(香港),1974年7卷1期155—182页

我国史前人类对于矿物岩石认识的历史.李仲均,王根元.科学通报,1975年20卷5期208—215页

鸿门火井是人类最早创建的天然气井.谢忠粱.西北大学学报(哲学社会科学版),1976年2期75,92页.井盐史通讯,1977年1期24—25页

我国历史上关于石油的一些记载.邢润川.化学通报,1976年4期63—封三页

笔谈我国古代科学技术成就——谈谈我国用煤的历史.赵承泽.文物,1978年1期67页

人工烧制石灰始于何时?——C^{14}方法可以判定.仇士华.考古与文物,1980年3期126,35页

关于西周的一批煤玉雕刻——兼论我国开始用煤作燃料的时间.赵承泽,卢连成.文物,1978年5期64—66,69页

我国古代对煤的认识利用史略.邢润川,杨文衡.学术研究,1982年6期99—102页

对宋代矿冶发展的特点及原因的研究.黄盛璋.科学史集刊,1982年10期22—28页

中国历史上对石油天然气的认识利用及其与西方的关系.戴裔煊.学术研究,1983年4期63—70页,5期103—107页

河南省桐柏县金属矿古采冶遗址的分布.关保德.中原文物,1983年特刊232—235页

中国古代的煤雕及其在煤炭开发利用史上的意义.吴晓煜.自然科学史研究,1984年3卷1期68—73页

中国西北石油勘探史.王仰之.西北大学学报(自然科学版),1984年14卷3期103—113页

中国矿物学史研究述评.王根元.中国科技史料,1984年5卷4期29—33页

试论铜绿山古铜矿的生产水平.周保权.江汉考古,1984年4期67—73页

“鸿门火井”与“临邛火井”析疑.刘友竹.井盐史通讯,1985年1期9—12页

临邛火井考实.魏尧西.井盐史通讯,1985年1期12—14页

我国古代石油、天然气文献资料摘编.《四川石油工业志》编纂办公室.井盐史通讯,1985年1期78—80页

铜绿山古铜矿遗址.周保权,胡永炎.文史知识,1986年1期116—119页

铜绿山古代矿井支护浅析.张潮,黄功扬.江汉考古,1986年3期68—70,57页

中国古代金矿物的鉴定技术.卢本珊,王根元.自然科学史研究,1987年6卷1期73—81页

试论楚国配矿技术中的化学问题.后德俊.江汉考

古,1987年1期87—90页
《天工开物》矿冶卷述评.李仲均.农业考古,1987年1期358—362页
北宋时期煤炭的开发利用.许惠民.中国史研究,1987年2期141—152页
中国古代用煤的历史.李仲均,李卫.文史知识,1987年3期41—45页
中国古代金矿的采选技术.卢本珊,王根元.自然科学史研究,1987年6卷3期260—272页
中国古代开发利用天然气的历史.李仲均,李卫.文史知识,1988年1期44—48页
楚的东进与鄂东古铜矿的开发.李天元.江汉考古,1988年2期109—114,71页
皖南古代铜矿初步考察与研究.杨立新.文物研究,1988年总3期187—190页
我国矿物学的由来和发展.张庆麟.自然杂志,1988年4期291—297页
安徽南陵大工山古代铜矿遗址发现和研究.刘平生.东南文化,1988年6期45—57,15页
矿冶考古方法探索.殷伟璋.中国历史博物馆馆刊,1989年总12期96—103,36页
江西瑞昌铜岭商周矿冶遗址第一期发掘简报.江西省文物考古研究所铜岭遗址发掘队.江西文物,1990年3期1—12页
瑞昌铜岭古矿冶遗址的断代及其科学价值.周卫健等.江西文物,1990年3期13—24页
关于瑞昌商周铜矿遗存与古扬越人.彭适凡,刘诗中.江西文物,1990年3期25—31,41页
江西蒙山古银矿小考.胡春涛.江西文物,1990年3期32—38页
江西德兴古矿冶遗址初探.孙以刚.江西文物,1990年3期39—41页
中国古代对石棉的辨识.田育诚,李素桢.中国科技史料,1991年12卷1期46—51页
对铜陵地区古代铜矿的几点认识.汪景辉.文物研究,1991年总7期191—197页
古代甘肃河西石油的发现和应用.王进玉.中国科技史料,1992年13卷2期58—60页
中国古代陆相沉积岩盐矿床基本特征及其开发简史.林朝汉.盐业史研究,1992年3期48—56页
清代延长石油开发简史.霍有光.西北大学学报(自然科学版),1992年4期481—484页
铜绿山古矿冶遗址发现记.范世民,孔祥星.中国历史博物馆馆刊,1993年1期132—135,25页
铜岭西周溜槽选矿法模拟实验研究.邹友宽等.东南文化,1993年1期244—248页
"矿物"词源再考.崔云昊,陈云彦.中国科技史料,1993年14卷3期76—84页
商周中原青铜器矿料来源的再研究.李晓岑.自然科学史研究,1993年12卷3期264—267页
我国古代石油的发现与利用.张亚洲,陈立宇.文史知识,1993年5期60—62页
铜岭商周铜矿开采技术初步研究.卢本珊,刘诗中.文物,1993年7期33—38页
安徽古代铜矿考古调查综述.汪景辉.文物研究,1993年总8期204—211页
长江中游地区的古铜矿.刘诗中等.考古与文物,1994年1期82—88页
论《本草集注》中矿物学知识及其在中国矿物学史上的地位.艾素珍.自然科学史研究,1994年13卷3期273—283页
商周时期古越人的矿冶技术.姚方妹.南方文物,1994年4期34—37页
商周选矿技术及其模拟实验.卢本珊.中国科技史料,1994年15卷4期54—64页
中国古代的矿物学知识.艾素珍.文史知识,1994年10期39—44页
临邛火井考.鲁子键.盐业史研究,1995年3期12—18页
试论楚国青铜器与江南古铜矿的关系.后德俊.江汉考古,1995年3期55—58页
中国先秦铜矿开采方法研究.刘诗中.中原文物,1995年4期92—100页
长江中下游铜矿带的早期开发和中国青铜文明.华觉明,卢本珊.自然科学史研究,1996年15卷1期1—16页
商王朝势力的南下与江南古铜矿.后德俊.南方文物,1996年1期81—85页
滇盐矿山开发史略论.刘德林.盐业史研究,1996年3期24—34页
《大冶赋》句读和释解商榷.华觉明等.中国科技史料,1996年17卷4期79—82页
铜岭铜矿遗址出土竹木器研究.刘诗中,卢本珊.南方文物,1997年1期58—65页
我国盐类矿床水溶开矿简史.王清明.盐业史研究,1997年2期30—36页

赣鄂皖诸地古代矿料去向的初步研究.彭子成等.考古,1997年7期53—61页

冶铸与金属加工

总 论

周代合金成分考.梁津.科学,1925年9卷10期1261—1278页

周铸青铜器所用金属之种类及名称.岑钟勉.东方杂志,1945年41卷6期41—47页

周代铸器所用金属考.朱芳圃.东方杂志,1946年42卷18期53—55页

中国古代劳动人民在金属及合金应用上的成就.杨烈宇.科学通报,1955年10期77—84页

几种有关金属工艺的传统技术.温廷宽.文物参考资料,1958年3期62—63页,4期49—52页,5期41—45页,7期66—67页,9期62—64页,11期50—51页

从明清两代制钱化学成分的研究谈该时期中有色金属冶炼技术在中国发展情形的一斑.王琎.杭州大学学报(化学专号),1959年5期51—62页

中国古代铸造技术的初步探讨.凌业勤.机械工程学报,1961年9卷1期33—44页

从侯马陶范和兴隆铁范看战国时代的冶铸技术.张子高,杨根.文物,1973年6期62—65,60页,清华大学学报,1973年3期40—47页

我国古代劳动人民在冶金技术上的成就.李众.考古,1975年5期259—263页

关于藁城商代铜钺铁刃的分析.李众.考古学报,1976年2期17—34页

从渑池铁器看我国古代冶金技术的成就.李众.文物,1976年8期59—61,51页

笔谈我国古代科学技术成就——研究金属文物,继承冶金技术遗产.《中国冶金史》编写组.文物,1978年1期60—61页

从温县烘范窑的发现看汉代的叠铸技术.华觉明,闻辛.河南文博通讯,1978年2期44—47,11页

古代的金属工艺.陈良佐.中央研究院历史语言研究所集刊(庆祝中华民国建国七十年纪念专号)(台北),1981年52本2分册323—390页

湖南出土的古代錞于综述.熊传新.考古与文物,1981年4期36—42页

从古代铸钱看我国叠铸技术的起源与发展.汤文兴.中原文物,1981年特刊12—19页

中国冶金技术的兴衰.丘亮辉.大自然探索,1983年2卷1期166—171页

我国古代几种货币的铸造技术.汤文兴.中原文物,1983年2期74—78页

曾侯乙尊、盘和失蜡法的起源.华觉明,贾云福.自然科学史研究,1983年2卷4期352—359页

春秋战国时期冶金技术上的成就.汤文兴.中原文物,1983年特刊227—231页

荥阳楚村元代铸造遗址的试掘与研究.《中国冶金史》组,郑州市博物馆.中原文物,1984年1期60—69页

从兵器铭刻看战国时代秦之冶铸手工业.王慎行.人文杂志1985年5期76—83页

中国古代失蜡铸造刍议.谭德睿.文物,1985年12期66—69页

古代东南越人的铜铁冶铸业.林蔚文.中央民族学院学报,1986年2期69—76页

中国上古金属文化的技术、社会特征.华觉明.自然科学史研究,1987年6卷1期66—71页

河南冶金考古概述.李京华.华夏考古,1987年1期202—219页

从几件铜柄玉兵看商代金属与非金属的结合铸造技术.王琳.考古,1987年4期363—364页

“傻子金”和“中国银”——中国古代黄铜和白铜的冶炼技术.李亚东.文史知识,1987年9期43—45页

泥型铸造发展史.张万钟.中国历史博物馆馆刊,1987年总10期26—34页

宋代铸钱工艺研究.华觉明,张宏礼.自然科学史研究,1988年7卷1期38—47页

从石寨山到随县——失蜡法铸造术的传播.万家保.国立历史博物馆馆刊(台北),1988年2卷6期38—43页

中国古代的大型金属铸件.李秀辉.中国科技史料,1989年10卷1期70—72页

华夏何时开始使用金属.赵恩语.安徽史学,1989年2期8—13页

煤、制团和烧结在中国古代冶金中的应用.华觉明.中国科技史料,1989年10卷4期3—5页

中国古代失蜡铸造史概述.谭德睿.中国历史博物馆馆刊,1989年总12期104—115页

中国古代水法冶金技术.雷生霖.文史知识,1991年1期40—43页

先秦金属铸币研究刍议.李如森.史学集刊,1991年2期69—72,78页

论中国冶金术的起源.华觉明.自然科学史研究,1991年10卷4期364—369页

战国时期古币金属组成试析.赵匡华等.自然科学史研究,1992年11卷1期32—44页

青海都兰吐蕃墓葬出土金属文物的研究.李秀辉,韩汝玢.自然科学史研究,1992年11卷3期278—288页

中国——六千年铸造之美.华觉明.中国科技史料,1992年13卷4期1—5页

战国古币的金相组织研究.陈荣,赵匡华.自然科学史研究,1992年11卷4期338—344页

传统铸造工艺调查.谭德睿等.中国历史博物馆馆刊,1992年17期94—97页

传统金属工艺拾粹.谭德睿等.中国历史博物馆馆刊,1992年17期97—100页

禹铸九鼎辨析.李先登.中国历史博物馆馆刊,1992年18—19合期95—98,139页

蚁鼻钱的金属成分和铸造工艺研究.陈荣,赵匡华.自然科学史研究,1993年12卷3期257—263页

江西重要考古发现与考古学研究.许智范.南方文物,1993年4期86—93页

我国古代金属铸币的历史分期.张宏明.文物研究,1993年总8期241—249页

关于新干大墓几个问题的探讨.贾峨.南方文物,1994年1期10—19,6页

定位星是我国早期砂模铸造的重要标志.袁涛.自然科学史研究,1994年13卷1期89—95页

中国古代失蜡铸造起源问题的思考.谭德睿.文物保护与考古科学,1994年6卷2期43—47页

南诏大理国冶金技术述论.李晓岑.思想战线,1995年1期81—87页

新莽时期古币金属成分与金相组织剖析.陈荣等.自然科学史研究,1995年14卷2期153—160页

东周时期泥型铸造的新成就.张万钟.中国历史博物馆馆刊,1996年1期25—30页

秦圜钱始铸时间考辨.杜勇.陕西师范大学学报(哲学社会科学版),1996年1期70—75页

战国时代韩国钱范及其铸币技术研究.蔡全法,马俊才.中原文物,1996年2期77—86页

越人矿冶技术的起源与成就及其对楚国科学技术的贡献.后德俊.东南文化,1996年3期30—38页

宋代福建矿冶业及其冶铸技术.陈荣佳.福建史志,1997年1期46—49页

郑州商代大方鼎拼铸技术试析.李京华.文物保护与考古科学,1997年9卷2期40—47页

云南个旧冲子皮坡冶炼遗址调查及炉渣分析.王大道等.中原文物,1997年2期104—107,120页

铜

殷代冶铜术之研究(附图).刘屿霞.安阳发掘报告,1933年4期681—696页

古代铸镜技术之研讨.梁上椿.大陆杂志(台北),1951年2卷11期

古镜研究总论.梁上椿.大陆杂志(台北),1952年5卷5期

铜器的铸法及其品类用途.苏莹辉.大陆杂志(台北),1953年6卷12期12—14页

我国古代人民炼铜技术.袁翰青.化学通报,1954年2期97—101页

殷代铜器的合金成分及其铸造.附:殷代铜器合金表及殷周铜器合金表.陈梦家.考古学报,1954年7册31—34,54—56页

殷代的铸铜工艺.石璋如.中央研究院历史语言研究所集刊(台北),1955年26本95—129页

铜之冶炼史话.岳慎礼.大陆杂志(台北),1956年12卷8期5—8页

略论中国的镍质白铜和它在历史上与欧亚各国的关系.张资珙.科学,1957年33卷2期91—99页

宋代胆铜的生产.燕羽.化学通报,1957年6期68—

72 页
云南晋宁青铜器的化学成分分析.杨根.考古学报,1958 年 3 期 75—77 页
历代铜质货币冶铸法简说.郑家相.文物,1959 年 4 期 68—70 页
晋代铝铜合金的鉴定及其冶炼技术的初步探讨.杨根.考古学报,1959 年 4 期 91—95 页
青铜镜探源.岳慎礼.大陆杂志(台北),1959 年 17 卷 5 期 16—17 页
中国古代铜合金化学成分变迁趋向的一斑.王琎,杨国梁.杭州大学学报(化学专号),1959 年 5 期 43—50 页
青铜器的起源和发展.容庚,张维持.中山大学学报(社会科学版),1962 年 3 期 65—72 页
北京明永乐大铜钟铸造技术的探讨.凌业勤,王炳仁.科学史集刊,1963 年 6 期 39—45 页
本草纲目中所记的铜矿,铜的化合物与铜的合金.于景让.大陆杂志(台北),1964 年 29 卷 9 期 1—6 页
中国古代青铜器金属组织初探——先秦技术史的个案考察之四.万家保.大陆杂志(台北),1974 年 49 卷 3 期 1—9 页
辉县及汲县出土东周时期青铜鼎形器的铸造及合金研究.万家保.大陆杂志(台北),1975 年 50 卷 6 期 1—25 页
以 X 线研究几件故宫铜器.张世贤.故宫季刊(台北),1977 年 11 卷 3 期 41—47 页(图版 5)
中国青铜器的起源与发展.唐兰.故宫博物院院刊,1979 年 1 期 4—10 页
曾侯乙墓青铜器群的铸焊技术和失蜡法.华觉明,郭德维.文物,1979 年 7 期 46—48,45 页
越王勾践剑不锈之谜.后德俊.江汉考古,1980 年 1 期 63—64 页
略论关于中国铜器成份的几个问题.张世贤.故宫季刊(台北),1980 年 15 卷 1 期 89—110 页
关于钟虡铜人的探讨.张振新.中国历史博物馆馆刊,1980 年 2 期 35—38 页
谈谈我国早期铜鼓.林邦存.江汉考古,1980 年 2 期 51—54 页
故宫所藏汉代以后部份铜器的成份分析.余敦平.故宫季刊(台北),1980 年 15 卷 2 期 117—134 页
中国东北系铜剑初论.林沄.考古学报,1980 年 2 期 139—161 页
曾侯乙红铜纹铸镶法的研究.贾云福等.江汉考古,1981 年 1(总 3)期 57—66 页
商周铜钺浅探.张殿民.北方论丛,1981 年 1 期 86—88,105 页
中国早期铜器的初步研究.北京钢铁学院冶金史组.考古学报,1981 年 3 期 287—302 页
水法炼铜史料溯源.郭正谊.中国科技史料,1981 年 2 卷 4 期 67—68 页
郑州商代铜方鼎的形制和铸造工艺.裴明相.中原文物,1981 年 10 月特刊 1—4 页
郑州二里岗期商代青铜容器的分期和铸造.杨育彬.中原文物,1981 年 10 月特刊 4—11 页
试论中国古代青铜器的连接方法——中西古代金属技术发展比较之二.万家保.大陆杂志(台北),1982 年 64 卷 6 期 261—278 页
铜卣辨伪.王文昶.故宫博物院院刊,1983 年 2 期 49—52,59 页
古青铜器的铸造.刘万航.故宫文物月刊(台北),1983 年 1 卷 2 期 73—78 页
从器面范线看青铜鼎铸造技术的演变.高仁俊.故宫文物月刊(台北),1983 年 1 卷 4 期 72—78 页
秦始皇陶俑坑出土的铜镞表面氧化层的研究.韩汝玢等.自然科学史研究,1983 年 2 卷 4 期 295—302 页
关于我国古代铜镜铸造技术的几个问题.何堂坤.自然科学史研究,1983 年 2 卷 4 期 360—369 页
试论中国早期打制成形的铜盉——中西古代金属技术发展比较之三.万家保.大陆杂志(台北),1983 年 66 卷 6 期 13—19 页
水法炼铜史料新探.郭正谊.化学通报,1983 年 6 期 59—61 页
古铜器里的大千世界——陶铸技术的产物.张世贤.故宫文物月刊(台北),1983 年 1 卷 6 期 64—75 页
曲靖珠街石范铸造的调查及云南青铜器铸造的几个问题.王大道.考古,1983 年 11 期 1019—1024 页
试论中国古代青铜器的起源.李先登.史学月刊,1984 年 1 期 1—7 页
古代中国青铜器的失蜡法和块范畴法铸造——中西古代金属技术的发展比较之五.万家保.大陆杂志(台北),1984 年 69 卷 2 期 16—33 页
商周青铜容器合金成份的考察——兼论钟鼎之齐的形成.李仲达等.西北大学学报(自然科学版),1984 年 14 卷 2 期 22—40 页
铜绿山春秋早期炼铜技术续探.卢本珊,张宏礼.自

然科学史研究,1984年3卷2期158—168页
中国古代的铸造铜鼓.韩丙告.机械工程学报,1984年20卷3期43—49页
殷周青铜镢论略.陈振中.江汉考古,1984年3期56—58页
试论铜铁合制器物的产生与消亡.吴大林.考古与文物,1984年3期109—112,57页
我国西周前期青铜铸造工艺之研究.叶万松.考古,1984年7期656—663页
盱眙新出铜器、金器及相关问题考辨.黄盛璋.文物,1984年10期59—64页
中国古代铜鼓的制作技术.吴坤仪,孙淑云.自然科学史研究,1985年4卷1期42—53页
汉代的铜器铸造手工业.宋治民.中国史研究,1985年2期13—25页
贵池东周铜锭的分析研究——中国始用硫化矿炼铜的一个线索.张敬国等.自然科学史研究,1985年4卷2期168—171页
中国早期铜器的发现与研究.华泉.史学集刊,1985年3期72—78页
关于古镜表面透明层的科学分析.何堂坤.自然科学史研究,1985年4卷3期251—257页
滇池地区几件青铜器的科学分析.何堂坤.文物,1985年4期59—64页
东周时期我国的青铜铸型工艺试探.叶万松,余扶危.中原文物,1985年4期118—121页
秦汉时期山东制铜业的发展.逄振镐.东岳论丛,1985年6期58—64页
关于中原地区早期冶铜技术及相关问题的几点看法.李京华.文物,1985年12期75—78页
安徽出土铜镜成分分析.何堂坤 等.文物研究,1986年总2期127—134页
我国古代铜镜淬火技术的初步研究.何堂坤.自然科学史研究,1986年5卷2期159—169页
广西流县铜石岭冶铜遗址的调查研究.孙淑云.自然科学史研究,1986年5卷3期266—273页
关于东周错金镶嵌铜器的几个问题的探讨.贾峨.江汉考古,1986年4期34—48页
古代青铜铸造方法的再探讨.李志伟.江汉考古,1986年4期94—100页
商周青铜器陶范处理技术的研究.谭德睿.自然科学史研究,1986年5卷4期346—360页
论春秋战国时期楚国的青铜冶铸业.董希如.中国社会经济史研究,1987年1期15—20页
几面表层漆黑的古铜镜之分析研究.何堂坤.考古学报,1987年1期119—130页
中国青铜器的起源.郑德坤,白云翔 译.文博,1987年2期37—45,77页
越王勾践剑表面黑色纹饰的研究.马肇曾,韩汝玢.自然科学史研究,1987年6卷2期170—174页
模拟"黑漆古"铜镜试验研究.陈玉云等.考古,1987年2期175—178页
鄂城铜镜表面分析.何堂坤.自然科学史研究,1987年6卷2期175—187页
晚商中原青铜的锡料问题.金正耀.自然辩证法通讯,1987年9卷4期47—55页
中国历代"黄铜"考释.赵匡华.自然科学史研究,1987年6卷4期323—330页
秦始皇陶俑坑出土铜镞表面氧化层的再研究.马肇曾,韩汝玢.自然科学史研究,1987年6卷4期351—357页
陶寺发掘出土的和二里头发掘出土的铜铃——早期技术演进的一个例子.万家保.大陆杂志(台北),1987年75卷5期1—6页
宋代铜钱的金相分析.陈玉云等.自然科学史研究,1988年7卷1期48—53页
明代铜钱化学成分剖析.赵匡华等.自然科学史研究,1988年7卷1期54—65页
谈谈尉氏春秋青铜器的铸造工艺和焊接技术.陈立信.中原文化,1988年1期95—100,71页
殷墟青铜簋金相分析.申斌.中原文物,1988年2期87—88,86页
铜镜起源初探.何堂坤.考古,1988年2期173—176页
几件琉璃河西周早期青铜器的科学分析.何堂坤.文物,1988年3期77—82页
历史上铜先于铁的原因探析.铁付德.中原文物,1988年3期82—84页
由金相分析看鄂城铜镜的热处理技术.何堂坤,熊亚云.江汉考古,1988年3期88—95,9页
安徽出土铜镜金相分析.何堂坤等.文物研究,1988年总3期170—180页
三国两晋南北朝至隋唐时期的青铜器综论.杜乃松.故宫博物院院刊,1988年4期32—41页
皖南出土的青铜器.李国梁.文物研究,1988年总4期161—186页

汉代铜镜的成份与结构.中国科学技术大学结构分析中心实验室,中国社会科学院考古研究所实验室.考古,1988年4期371—376页

古铜镜的X射线物相分析.王昌燧等.中国科学技术大学学报,1988年4期506—509页

探制作之原始补经传之阙亡——铜器一千年来研究概观.杨美莉.故宫文物月刊(台北),1988年6卷7期114—121页

中国古代青铜器发展述略.杜乃松.史学月刊,1989年1期1—11页

中国古代镍白铜冶炼技术的研究.梅建军,柯俊.自然科学史研究,1989年8卷1期67—77页

先秦青铜铸造技术发展概况.邢力谦,郑宗惠.考古与文物,1989年1期96—102页

中国早期铜器有关问题的再探讨.滕铭予.北方文物,1989年2期8—18页

我国西南地区青铜斧钺.范勇.考古学报,1989年2期161—186页

先秦两汉青铜铸造工艺研究.杜乃松.故宫博物院院刊,1989年3期58—65页

郑州商代青铜器铸造述略.裴明相.中原文物,1989年3期90—96页

古铜器表面一种着色方法的研究.忙子丹,韩汝玢.自然科学史研究,1989年8卷4期341—349页

略论我国南方商周青铜器及其特色.彭适凡.文物研究,1989年总5期35—41页

青铜器的历史轨迹.视听室.故宫文物月刊(台北),1989年7卷5期92—101页

谈谈我国青铜铸造技术在楚地的发展与突破.郭德维.中原文物,1990年1期74—80页

胶东青铜器科学分析.何堂坤.文物保护与考古科学,1990年2卷2期33—38页

林西县大井古铜矿冶遗址冶炼技术研究.李延祥,韩汝玢.自然科学史研究,1990年9卷2期151—160页

纪国铜器及其相关问题.崔乐泉.文博,1990年3期19—27页

几件金代铜镜的科学分析.阿城市文管所,中国科学院自然科学史研究所.北方文物,1990年3期31—38页

齐家文化应属青铜时代——兼谈我国青铜时代的开始及相关的一些问题.陈戈,贾梅仙.考古与文物,1990年3期35—43页

吴国青铜器分期、类型与特点探析.肖梦龙.考古与文物,1990年3期52—60页

宋元明清铜器鉴定概论.杜乃松.故宫博物院院刊,1990年4期49—63,23页

宋代铸造铜钱的"料例".刘森.中原文物,1990年4期78—82页

试论东周刻纹铜器的起源及其分期.林留根,施玉平.文物研究,1990年总6辑191—196页

中国早期冶铜技术初探.李京华.文物研究,1990年总6辑366—372页

几枚水银心镜的科学分析.何堂坤.考古与文物,1991年1期102—109页

试论中国古代青铜器的起源——兼论中国早期铜器的产生及发展途径.王韩钢,侯宁彬.考古与文物,1991年2期70—75,69页

永新古墓出土青铜棺及玻璃器.李志荣.江西文物,1991年3期78—79页

从技术成因探讨中国冶铜术的起源.苏荣誉.大自然探索,1991年10卷3期113—117页

试论曾国铜器的分期.杨宝成.中原文物,1991年4期14—20页

中国传统响铜器的制作工艺.孙淑云等.中国科技史料,1991年12卷4期73—79页

东北商代青铜器的研究.金岳.自然杂志,1991年12期917—921页

中国古代铜镜显微组织的研究.孙淑云,N. F. Kennon.自然科学史研究,1992年11卷1期54—67页

略论楚国的红铜铸镶工艺.裴明相.中原文物,1992年2期47—50页

谈谈中国早期铜器的锻造、铸造技术.黄克映.中原文物,1992年2期97—100,96页

麻江型铜鼓的铅同位素考证.万辅彬等.自然科学史研究,1992年11卷2期162—170页

郑州商代铸铜基址的年代及相关问题.陈旭.中原文物,1992年3期37—43,78页

两广青铜钺初论.覃彩銮.文物,1992年6期35—43页

论中国早期铜器中的若干问题.杜乃松.故宫博物院院刊,1993年1期3—15页

岭南青铜冶铸业与相关问题探索.杨豪.东南文化,1993年4期77—86页

从古文献看长江中下游地区火法炼铜技术.李延祥.

中国科技史料,1993年14卷4期83—90页
刻纹铜器科学分析.何堂坤.考古,1993年5期465—468页
中国古代青铜器表面处理技术几个研究课题的思考.万俐.东南文化,1993年6期119—127页
表面富锡的鄂尔多斯青铜饰品的研究.韩汝玢,(美)埃玛·邦克.文物,1993年9期80—96页
江西省博物馆所藏饶州镜及其科学分析.何堂坤,李恒贤.文物,1993年10期89—95页
人面弓形格铜剑雏议.邓聪.文物,1993年11期59—70页
试论中国的早期铜器.安志敏.考古,1993年12期1110—1119页
明代铜镜科学考察.何堂坤.文物保护与考古科学,1994年6卷1期26—31页
黑漆古青铜镜的结构成分剖析及表面层形成过程的探讨.范崇正等.中国科学B辑,1994年24卷1期29—34页
淅川春秋楚墓铜禁失蜡铸造法的工艺探讨.李京华.文物保护与考古科学,1994年6卷1期39—45页
中国古代使用单质锌黄铜的实验证据——兼与M.R.Cowell商榷.周卫荣等.自然科学史研究,1994年13卷1期60—63页
古青铜热处理模拟试验.何堂坤.自然科学史研究,1994年13卷1期76—88页
新干青铜器群技术文化属性研究——兼论中国青铜文化的统一性和独立性.苏荣誉.彭适凡.南方文物,1994年2期30—36,53页
先秦时期铜陵地区的硫铜矿冶炼研究.陈荣,赵匡华.自然科学史研究,1994年13卷2期139—144页
东周青铜器研究.杜乃松.故宫博物院院刊,1994年3期3—17页
罗山固始商代青铜器科学分析.何堂坤,欧潭生.中原文物,1994年3期95—100,81页
江西出土的青铜复合剑及其检测研究.彭适凡等.中原文物,1994年3期101—103页
从文献记载看越国的青铜冶铸业.钟越宝.南方文物,1994年4期102—104页
泾阳高家堡商周墓群发掘记(续七)——铜器铸造工艺.戴应新,雷立知.故宫文物月刊(台北),1994年12卷8期78—99页
我国古代铜镜的曲率考察.何堂坤等.文物研究,1994年总9辑290—297页
世界铜鼓之王——北流型101号铜鼓铸造工艺研究.万辅彬等.文物保护与考古科学,1995年7卷1期
炉渣分析揭示古代炼铜技术.李延祥,洪彦若.文物保护与考古科学,1995年7卷1期
试述绍兴新出土的越国青铜器.周燕儿.东南文化,1995年2期26—29页
广汉三星堆遗物坑青铜器的铅同位素比值研究.金正耀等.文物,1995年2期80—85页
江西新干晚商遗存出土青铜农具浅析——兼及商代是否大量使用青铜农具.彭明瀚.中原文物,1995年4期101—106,114页
青铜古镜表面层富硅的考察.范崇正等.文物保护与考古科学,1996年8卷1期17—23页
关于古镜热处理的几个问题.何堂坤.中国历史博物馆馆刊,1996年2期120—132页
也谈腐殖酸与"黑漆古"镜表面呈色的关系.何堂坤.自然科学史研究,1996年15卷2期170—178页
铜镜表面"黑漆古"中"痕像"的研究——"黑漆古"形成机理研究之二.孙淑云等.自然科学史研究,1996年15卷2期179—188页
九华山唐代炼铜炉渣研究.李延祥等.自然科学史研究,1996年15卷3期285—294页
云南古代的青铜制作技术.李晓岑.云南民族学院学报(哲学社会科学版),1996年4期60—64页
试论吴越青铜兵器.肖楚龙.考古与文物,1996年6期15—27,14页
中国早期铜器的起源及发展.王志俊.文博,1996年6期30—37,55页
几件表面含铬青铜器的分析.何堂坤.考古,1996年7期71—75页
朱开沟遗址早商铜器的成分及金相分析.李秀辉,韩汝玢.文物,1996年8期84—93页
吴国青铜器的发展、特色、成就.肖梦龙.苏州大学学报(哲学社会科学版),1997年1期106—110,120页
中国早期铜镜及其相关问题.宋新潮.考古学报,1997年2期147—169页
先秦青铜合金技术的初步探讨.何堂坤.自然科学史研究,1997年16卷3期273—285页
北流型101号铜鼓复原研究.李世红.自然科学史研究,1997年16卷4期384—388页

深圳及邻近地区先秦青铜器铸造技术的考察.杨耀林.考古,1997年6期87—96页

深圳大梅沙遗址出土铜器的技术研究.孙淑云.考古,1997年7期62—66页

甘肃早期铜器的发现与冶炼、制造技术的研究.孙淑云,韩汝玢.文物,1997年7期75—84页

再论西藏带柄铜镜的有关问题.霍巍.考古,1997年11期61—69页

钢 铁

中国历史上的钢铁冶金技术.李恒德.自然科学,1951年1卷7期591—598页

中国早期钢铁冶炼技术上创造性的成就.周志宏.科学通报,1955年2期25—30页

试论中国古代冶铁技术的发明和发展.杨宽.文史哲,1955年2期26—30页

从冶金的观点试论中国用铁的时代问题.阮鸿仪.文史哲,1955年6期59—60页

论南北朝时期炼钢技术上的重要发明.杨宽.历史研究,1956年4期73—76页

汉代石刻冶铁鼓风炉图.叶照涵.文物,1959年1期20—21页

中国人民在炼钢技术上的成就.杨宽.文物,1959年1期23—25页

我国在钢铁冶炼工业上的伟大创造.王苏等.文物,1959年1期26—27页

中国钢铁冶炼史简编.周世德.科学史集刊,1959年2期25—30页

司母戊大鼎的合金成分及其铸造技术的初步研究.杨根,丁家盈.文物,1959年12期27—29页

战国两汉铁器的金相学考查初步报告.华觉明等.考古学报,1960年1期73—88页

兴隆铁范的科学考查.杨根.文物,1960年2期20—21页

关于我国早期的冶铁技术方法.高林生.考古,1962年2期99—100页

中国最早的金属型(铸铁).杨根,凌业勤.机械工程学报,1962年10卷3期100—103页

对“中国最早的金属型”一文的商榷.肖柯则.机械工程学报,1963年11卷3期90—93页

镔铁考.张子高,杨根.科学史集刊,1964年7期45—52页

从南阳宛城遗址出土汉代犁铧模和铸范看犁铧的铸造工艺过程.河南省文化局文物工作队.文物,1965年7期1—5页

中国古代的冶铁技术.陆达.金属学报,1966年9卷1期1—2页

“生铁淋口”技术的起源、流传和作用.凌业勤.科学史集刊,1966年9期71—76页

中国封建社会前期钢铁冶炼技术发展的探讨.李众.考古学报,1975年2期1—22页

中国古代钢铁冶炼技术.华觉明.金属学报,1976年12卷2期222—231页

关于中国开始冶铁和使用铁器的问题.黄展岳.文物,1976年8期62—70页

中国古人发明炼铁术.雅灵.求知(香港),1977年37期12—15页

河南汉代冶铁技术初探.河南省博物馆,石景山钢铁公司炼铁厂,《中国冶金史》编写组.考古学报,1978年1期1—23页

从古荥遗址看汉代生铁冶炼技术.《中国冶金史》编写组.文物,1978年2期44—47,27页

我国古代炼铁技术.《中国冶金史》编写组.化学通报,1978年2期47—51,28页

关于“河三”遗址的铁器分析.中国冶金史编写组,河南博物馆.河南文博通讯,1980年4期33—42页

曾侯乙编钟及簨虡构件的冶铸技术.华觉明.江汉考古,1981年1(总3)期11—13页

对曾侯乙墓编钟的结构探讨.林瑞等.江汉考古,1981年1(总3)期20—25页

用传统失蜡法复制曾侯乙大型甬钟的研究.关洪野,罗定元.江汉考古,1981年1(总3)期51—56页

曾侯乙编钟群的原钟分析.贾云福,华觉明.江汉考古,1981年1(总3)期67—70页

先秦编钟设计制作的探讨.华觉明,贾云福.自然科学史研究,1983年2卷1期72—82页

两汉时期山东冶铁手工业的发展.逄振镐.东岳论丛,1983年3期103—107页

曾侯乙编钟复制研究中的科学技术工作.曾侯乙编钟复制研究组.文物,1983年8期55—60页

郑州东史马东汉剪刀与铸铁脱碳钢．韩汝玢，于晓兴．中原文物，1983年特刊239—241页
郑州古荥镇冶铁遗址出土铁器的初步研究．丘亮辉，于晓兴．中原文物，1983年特刊242—263页
中国古代的百炼钢．韩汝玢，柯俊．自然科学史研究，1984年3卷4期316—320页
战国曾侯乙编磬的复原及相关问题的研究．湖北省博物馆，中国科学院武汉物理研究所．文物，1984年5期60—64页
沧州铁狮的铸造工艺．吴坤仪．文物，1984年6期81—85页
当阳铁塔铸造工艺的考察．孙淑云．文物，1984年6期86—89页
洛阳坩埚附着钢的初步研究．何堂坤等．自然科学史研究，1985年4卷1期59—63页
古汉铁器中球墨成因初探．钱翰城，李蜀庆．大自然探索，1985年4卷1期171—179页
巩县铁生沟汉代冶铸遗址再探讨．赵青云等．考古学报，1985年2期157—182页
秦汉铁范铸造工艺探讨．李京华．史学月刊，1985年5期1—14页
殷代能冶炼铁吗？——兼谈中国冶铁始于何时．夏麦陵．史学月刊，1986年2期8—12页
试论汉代冶铁业的发展及其对农业生产的影响．张钢杰．郑州大学学报(哲学社会科学版)，1987年1期58—63页
黑龙江金代部分铁兵器的金相研究．吴家瑞等．北方文物，1987年2期46—48页
再论藁城台西出土的铁刃钺及我国早期用铁的问题．唐云明．郑州大学学报(哲学社会科学版)，1987年6期83—87页
关于明代炼钢术的两个问题．何堂坤．自然科学史研究，1988年7卷1期69—74页
陶球初探．汪宗武．文物研究，1988年总3期212—217页
明清梵钟的技术分析．吴坤仪．自然科学史研究，1988年7卷3期288—296页
中国铁器时代应起源于西周晚期．张宏明．安徽史学，1989年2期14—17，13页
广西战国铁器初探．蓝日勇．考古与文物，1989年3期77—82页
宋代铁钱铸造考略．陈尊祥等．中国历史博物馆馆刊，1989年总12期122—127页
从块炼铁到百炼钢——中国古代钢铁技术发展之一．万家保．汉学研究(台北)，1990年8卷2期251—270页
明代遵化铁冶厂的研究．张岗．河北学刊，1990年5期75—80页
江西永平铁冶遗址初探．邓道炼．江西文物，1991年3期33—35页
西周末人工制铁的发现对于研究管仲的重大意义．晓桐．管子学刊，1991年4期34—38页
张小泉、王麻子剪刀传统工艺的调查研究．李克敏．中国科技史料，1992年13卷2期70—84页
明代贵山冶铁遗址．万小伍．南方文物，1993年1期85—88页
河南古代一批铁器的初步研究．柯俊等．中原文物，1993年1期96—104，87页
从铁器鉴定论河南古代钢铁技术的发展．苗长兴等．中原文物，1993年4期89—98，34页
战国秦汉和日本弥生时代的锻銎铁器．云翔．考古，1993年5期453—464，403页
中国冶铁术的起源问题．唐际根．考古，1993年6期556—565，553页
山西阳城犁镜传统生产工艺调查．吴坤仪，苗长兴．文物保护与考古科学，1994年6卷1期32—38页
中国古代兵器的铸造与武艺的发展．崔大庸．文史知识，1994年1期84—90页
试论楚公逆编钟．李学勤．文物，1995年2期69—72页
新余古代冶铁考析．李小平．南方文物，1995年3期108—111页
古代铁器腐蚀产物的结构特征．黄允兰等．文物保护与考古科学，1996年8卷1期24—28页
汉代铁官郡、铁器铭文与冶铁遗址．(日)潮见浩 著．赵志文 译．中原文物，1996年2期91—99页

其　他

宋钱成分内之铅．梁．科学，1922年7卷8期839—841页

中国用锌的起源.章鸿钊.科学,1923年8卷3期233—243页
再述中国用锌之起源.章鸿钊.科学,1925年9卷9期1116—1127页
中国铜合金内之镍.王琎.科学,1929年13卷10期1418—1419页
中国古代的炼金术.张国维.科学月刊,1931年3卷1期70—77页
六齐别解.张子高.清华大学学报,1958年4卷2期159—165页
从镀锡铜器谈到鋈字本义.张子高.考古学报,1958年3期73—74页
六齐的配料成份研究.岳慎礼.大陆杂志(台北),1961年20卷12期27—29页
关于江苏宜兴西晋周处墓出土带饰成分问题.沈时英.考古,1962年9期503—508页
唐代冶银术初探.一冰.文物,1972年6期40—44页
我国古代的金错工艺.史树青.文物,1973年6期66—72页
中国古代高炉的起源和演变.刘云彩.文物,1978年2期18—27页
《考工记》六齐成分的研究.周始民.化学通报,1978年3期54—57页
司母戊鼎年代问题新探.杜乃松.文史哲,1980年1期63—64页
鎏金.吴坤仪.中国科技史料,1981年2卷1期90—94页
蒸馏法炼锌史考.杨维增 .化学通报,1981年3期59—60页
锌在传统上称"倭铅".朱晟.中国科技史料,1981年2卷3期86页
"恶金"辨.徐学书.四川大学学报(哲学社会科学版),1983年3期35—36页
楚雄万家坝出土锡器的初步研究——兼谈云南古代冶金的一些问题.邱宣充,黄德荣.文物,1983年8期61—64页
郑州古荥汉代冶铁炉的耐火材料.林育炼,于晓兴.中原文物,1983年特刊236—238页
鎏金工艺考.王海文.故宫博物院院刊,1984年2期50—58,84页
从传统法炼锌看我国古代炼锌技术.胡文龙,韩汝玢.化学通报,1984年7期59—61页
关于《天工开物》所记炼锌技术管见.何堂坤.化学通报,1984年7期62—63页
先秦用铅的历史概况.李敏生.文物,1984年10期84—89页
"恶金"非铁辨.杨育坤等.陕西师大学报(哲学社会科学版),1985年3期111—114页
铜录山宋代冶炼炉的研究.朱寿康,张伟晒.考古,1986年1期79—81页
浅论曾侯乙墓的黄金制品.谭维四,白绍芝.江汉考古,1986年3期58—62页
贵州省赫章县妈姑地区传统炼锌工艺考察.许笠.自然科学史研究,1986年5卷4期361—369页
北周李贤墓出土的鎏金银壶考.吴焯.文物,1987年5期66—76页
中国历史上锡箔的特殊用途和传统制作工艺.李国清,陈允敦.自然科学史研究,1988年7卷1期75—80页
古代中西炼金术之比较.朱诚身,杨吉湍.郑州大学学报(哲学社会科学版),1990年1期19—23页
关于宣德炉中的金属锌问题.周卫荣.自然科学史研究,1990年9卷2期161—163页
中国古代低温钎料"锡铅汞齐"的研究.华自圭,徐建国.自然科学史研究,1991年10卷1期91—97页
中国用锌史研究:五代已知"倭铅"说重考.刘广定.汉学研究(台北),1991年9卷2期213—221页
中国古代用锌历史新探.周卫荣.自然科学史研究,1991年10卷3期259—265页
"金属弹簧形器"初论.后德俊.中原文物,1992年2期103—106页
古荥高炉复原的再研究.刘采云.中原文物,1992年3期117—119页
印度和中国古代炼锌术的比较.梅建军.自然科学史研究,1993年12卷4期360—367页
战国古币的铅同位素比值研究——兼说同时期广东岭南之铅.金正耀等.文物,1993年8期80—89页
浑仪、简仪合金成分及材质的研究.北京科技大学冶金史研究室,南京博物院技术部.文物,1994年10期76—83,94页
中国炼锌历史的再考证.周卫荣.汉学研究(台北),1996年14卷1期117—126页
云贵地区传统炼锌工艺考察与中国炼锌历史的再考证.周卫荣.中国科技史料,1997年18卷2期86—96页

机 械

宋燕肃吴德仁指南车造法考.(英)A.C.Moule 著.张荫麟 译.清华学报,1925 年 2 卷 1 期 457—467 页

宋卢道隆、吴德仁记里鼓车之造法.张荫麟.清华学报,1925 年 2 卷 2 期 635—642 页

中国古代工程的创造和近时工程师的表现.范旭东.工程,1933 年 8 卷 1 期 83—86 页

黄帝之制器故事.齐思和.史学年报,1934 年 2 卷 1 期 21—44 页

中国机械工程史料.刘仙洲.国立清华大学工程学会汇刊,1935 年 4 卷 1 期 1—44 页,2 期 27—70 页

指南车记里鼓车之考证及模制.王振铎.史学集刊,1937 年 3 期 1—46 页

蒸汽机与火车轮船发明于中国.方豪.东方杂志,1943 年 39 卷 3 期 45—46 页

中国在热机历史上之地位.刘仙洲.东方杂志,1943 年 39 卷 18 期 35—41 页

中国古代对于齿轮系的高度应用.刘仙洲,王旭蕴

清华大学学报,1959 年 6 卷 4 期 1—11 页,机械工程学报,1959 年 7 卷 2 期 1—10 页

汉代冶铁鼓风机的复原.王振铎.文物,1959 年 5 期 43—44 页

古代科学发明水力冶铁鼓风机"水排"及其复原.李崇州.文物,1959 年 5 期 45—48 页

关于水力冶铁鼓风机"水排"复原的讨论.杨宽.文物,1959 年 7 期 48—49 页

汉代冶铸鼓风设备之一——韐、周萼生.文物,1960 年 1 期 72—73 页

中国古代在简单机械和弹力、惯力、重力的利用以及用滚动摩擦代替滑动磨擦等方面的发明.刘仙州.清华大学学报,1960 年 7 卷 2 期 1—22 页

滑车与斜面的发见和使用以中国最早.魏西河.清华大学学报,1960 年 7 卷 2 期 53—61 页

关于"水排"复原之再探.李崇州.文物,1960 年 5 期 43—46 页

再论王祯农书"水排"的复原问题.杨宽.文物,1960 年 5 期 47—49 页

中国古代在农业机械方面的发明.刘仙洲.农业机械学报,1962 年 5 卷 1 期 1—36 页,2 期 1—48 页

墨经中有关机械方面的五条经、说校释.魏西河.清华大学学报,1962 年 9 卷 6 期 65—75 页

有关我国古代农业机械发明史的几项新资料.刘仙洲.农业机械学报,1964 年 7 卷 3 期 194—203 页

闸口盘车图卷.郑为.文物,1966 年 2 期 17—25 页

记里鼓车和齿轮机械.《明报月刊》编辑部.明报月刊(香港),1971 年 6 卷 5 期 51—53 页

记里鼓车.刘仙洲.明报月刊(香港),1971 年 6 卷 5 期 54—55 页

中国古代的机械发明.钱伟长.明报月刊(香港),1971 年 6 卷 6 期 54—59 页

儒法斗争与马钧的机械制造.郭永芳.物理,1976 年 5 卷 1 期 1—3 页

笔谈我国古代科学技术成就——我国古代的农业机械.赵继柱.文物,1978 年 1 期 52—53 页

中国古代指南车的分析.卢志明.四川大学学报(哲学社会科学版),1979 年 2 期 95—101 页

中国古代各种水力机械的发明.林声.河南文博通讯,1980 年 1 期 2—9 页,3 期 15—21 页

陕西出土的几批汉齿轮及有关问题.王翰章.人文杂志,1980 年 3 期 30—33 页

中国原始社会生产工具试探.李仰松.考古,1980 年 6 期 515—520 页

中国早期蒸气机和火轮船的研制.王锦光,闻人军.中国科技史料,1981 年 2 卷 2 期 21—30 页

十一 ——十九世纪中国在牵引钩上的发明创造与农机的改进.荆三林.郑州大学学报(哲学社会科学版),1981 年 2 期 85—93 页

中国古代各类灌溉机械的发明和发展.李崇州.农业考古,1983 年 1 期 141—151 页

瓦罐、龙骨车、抽水机——漫谈古代灌溉工具.陈冲安.文史知识,1983 年 7 期 62—67 页,8 期 65—71 页

汉代的辘轳及其发展.李趁友.农业考古,1984 年 1 期 93—95 页

秦俑坑出土的古代链条.郭长江.文博,1984 年 2 期 75—77 页

葛洪《抱朴子》中飞车的复原.王振铎.中国历史博物馆馆刊,1984 年 6 期 48—51 页

燕肃指南车造法补证.王振铎.文物,1984 年 6 期

61—65页
《析津志》所记元大都庠斗式机轮水车.赵其昌.文物,1984年10期90—92页
中国封建社会前夕的农业机械.陆敬严.农业考古,1985年1期49—51页
钟攡钟隧新考.李京华.文物研究,1985年总1期56—60,66页
中国古代旋压技术应用初考.陈适先,熊宪明.自然科学史研究,1985年4卷4期342—344页
邹洪与襄阳的水转五磨——北宋农业加工机械的巨大进步.郭正忠.江汉论坛,1985年8期68—72页
张舜民《水磨赋》和王祯的"水轮三事"设计.郭正忠.文物,1986年2期89—93页
关于我国古代的传动齿轮.吴正伦.文物,1986年2期94—95页
新石器时代原始先民对"机械运动"的认识——论"璇机".陆思贤.内蒙古师大学报(哲学社会科学版),1986年3期36—41页
中国机械史的分期问题.冯立升.科学、技术与辩证法,1986年3期57—62页
试论中国古代的锯.云翔.考古与文物,1986年3期99—106,63页,4期85—92页
中国古代的"机器人".谭家健.文史哲,1986年4期19—24页
《天工开物》关于机械工程方面的记载.陆敬严.农业考古,1987年1期363—367页
明清江南生产工具制造业的发展及其特点.李伯重.中国史研究,1987年2期153—164页
我国古代的平木工具.孙机.文物,1987年10期70—76页
中国古代的风箱及其演变.戴念祖,张蔚河.自然科学史研究,1988年7卷2期152—157页
西北水硙考.魏丽英.社会科学(甘肃),1988年5期55—61,54页
福建武夷山船棺若干问题探讨.林蔚文.江西文物,1989年3期19—22,5页
汉晋时期的粮食加工机械.张正涛.中国历史博物馆馆刊,1989年总11期48—54页
中国古代齿轮新探.陆敬严,田淑荣.中国历史博物馆馆刊,1989年总12期116—121页
秦陵铜车车舆结构与车舆衣蔽再探.张仲立.文博,1990年5期266—269页
再谈秦铜车马的几个问题.党士学.文博,1990年5期270—274页
中国古代绘画对宋代工程图学发展的促进作用——宋代工程图学成就探源.刘克明.科学技术与辩证法,1990年6期41—46页
中国悬棺综述.陆敬严,刘大申.江西文物,1991年1期1—7页
对陕西古代机械发明历史特点的分析.史建玲,黄麟雏.科学技术与辩证法,1991年1期37—42页
中国悬棺升置技术研究.陆敬严,(美)程贞一.江西文物,1991年1期39—45页
关于悬棺升置方法的模型实验研究.高申兰,陆敬严.江西文物,1991年1期46—48页
中国古代丁缓的杰出发明卧褥炉——中西方常平支架发明史的比较.黄麟雏,史建玲.自然辩证法通讯,1991年13卷1期61—62页
中国原始生产工具述论.陆勤毅.东南文化,1991年2期247—253页
铜绿山古代采矿工具初步研究.卢本珊.农业考古,1991年3期175—182,190页
中国盐井凿井机械史考略.罗益章,王昭贤.盐业史研究,1991年4期63—69页
宋代工程图学的成就.刘克明.文献,1991年4期238—246页
仙游糖车考.潘升材等.古今农业,1993年2期22—26页
中国悬棺升置技术刍议.陈明芳.中央民族学院学报,1993年2期57—61页
孔明首先发明半自动式机器人——木牛流马.刘昭民.科学史通讯(台北),1993年11期
云南省几种传统水力机械的调查研究.张柏春.古今农业,1994年1期41—49页
论中国传统技术观及与古代技术发达的背反.赖廷谦.大自然探索,1994年13卷1期119—125页
中国传统水轮及其驱动机械.张柏春.自然科学史研究,1994年13卷2期155—163页,3期254—263页
先秦两汉时弓弩炮的制作技术和作战性能.游战洪.清华大学学报(哲学社会科学版),1994年9卷3期74—86页
殷车的复原与古车制作的若干工艺试探.张彦煌等.文物季刊,1994年4期32—41页
中国古代机械技术一瞥.张柏春.文史知识,1994年4期62—66页

“河内工官”的设置及其弩机生产年代考. 杨宗. 文物,1994年5期60—61页

试论我国古代的制油工具. 袁剑秋,何东平. 古今农业,1995年1期49—53页

中国水力机械的起源、发展及其中西比较研究. 谭徐明. 自然科学史研究,1995年14卷1期83—95页

中国古代固定作业农业机械的牲畜系驾法概述. 张柏春. 古今农业,1995年2期62—66页

论中国古代马车的渊源. 郑若葵. 华夏考古,1995年3期41—56页

明末《泰西水法》所介绍的三种西方提水机械. 张柏春. 农业考古,1995年3期146—153页

中国风力翻车构造原理新探. 张柏春. 自然科学史研究,1995年14卷3期287—296页

十七世纪南怀仁在中国所做蒸汽动力试验之探讨. 张柏春. 科学技术与辩证法,1995年4期45—47页

明清时期我国的自动机械制造. 张江华. 传统文化与现代化,1995年5期82—85页

失而复造的指南车. 周士琦. 文史知识,1995年7期77—79页

人类历史上第一个钻头. 卢从义. 文史杂志,1996年1期40—42页

论西汉千章铜漏的使用方法. 李强. 自然科学史研究,1996年15卷1期66—71页

王徵与邓玉函《远西奇器图说录最》新探. 张柏春. 自然辩证法通讯,1996年18卷1期45—51页

王徵《新制诸器图说》辨析. 张柏春. 中国科技史料,1996年17卷1期88—91页

铜岭商周矿用桔槔与滑车及其使用方法. 卢本珊等. 中国科技史料,1996年17卷2期73—80页

略论牵星板. 金秋鹏. 海交史研究,1996年2期83—88页

中西机械制图之比较. 刘克明,胡显章. 清华大学学报(哲学社会科学版),1996年11卷2期91—98页

中国古代多用水轮及其复原. 陆敬严,高申兰. 自然科学史研究,1996年15卷2期189—195页

论汉代车轮. 李强. 自然科学史研究,1996年15卷4期353—367页

平木用刨考. 何堂坤. 文物,1996年7期91—92页

关于平木用的刨子. 孙机. 文物,1996年10期84—85页

中西文明在指南车文化方面的竞赛——司南轩辕研究报告. 刘海涛. 中国文化研究,1997年1期44—51页

古罗马的向北车——中国与西方的齿轮装置. 迈克尔 J·T·刘易斯著. 姜洪,田丰译. 中国文化研究,1997年1期52—60页

略述汉代前后新疆地区的工具制造. 吴震. 西域研究,1997年1期74—80页

秦陵铜车马有关几个器名的考释. 袁仲一. 考古与文物,1997年5期24—31页

陶　瓷

总　论

古代陶瓷器略说. 朱琰. 妇女杂志,1926年12卷5号65—71页

古陶瓷述略. 董昱. 西湖博物馆馆刊,1933年1期9—18页

中国历代名窑陶瓷工艺的初步科学总结. 周仁,李家治. 考古学报,1960年1期89—103页

耀州瓷、窑分析研究. 王家广. 考古,1962年6期312—317,329页

漫谈我国古代陶瓷的花釉工艺. 杨静荣. 文物,1976年12期77—79页

略谈瓷器的起源及陶与瓷的关系. 李辉柄. 文物,1978年3期75—79页

我国古代陶器和瓷器工艺发展过程的研究. 李家治. 考古,1978年3期179—188页

关于中国陶瓷应用钿蓝的历史问题. 韩槐准. 东方文化(香港),1980年18卷189—201页

《天工开物》中的“无名异”和“回青”试释. 刘秉诚. 自然科学史研究,1982年1卷4期300—304页

关于宝鸡西周陶瓷碎片的初步探讨. 杨根,周和平. 自然科学史研究,1984年3卷1期8—10页

由秦砖汉瓦论及秦汉陶瓷. 王家广. 文博,1984 年 2 期 23—28 页

谈古彩的由来. 戴荣华. 中国陶瓷,1984 年 2 期 40—42 页

南宋郊坛官窑与龙泉哥窑的陶瓷学基础研究. 陈显求等. 硅酸盐学报,1984 年 2 期 208—224 页

江苏扬州出土的唐代陶瓷. 蒋华. 文物,1984 年 3 期 63—68 页

《天工开物》"陶埏"卷中的几个陶瓷学名词术语. 刘秉诚. 自然科学史研究,1984 年 3 卷 4 期 321—329 页

略论广东古代陶瓷工艺的制作和发展. 莫稚. 学术研究,1984 年 5 期 78—83 页

吉州古窑址出土原料及具有生釉的坯体. 敖镜秋等. 中国陶瓷,1984 年 6 期 49—53,48 页

中国古陶瓷. 陈显求等. 科学,1985 年 37 卷 1 期 31—38 页

闽粤古陶瓷与烧成窑炉的关系. 刘振群. 东方文化(香港),1985 年 23 卷 2 期 239—241 页

中国古陶瓷科学技术研究主要成就. 李家治. 硅酸盐通报,1985 年 4 卷 5 期 66 页

故宫元代皇宫地下出土陶瓷资料初探. 李知宴. 中国历史博物馆馆刊,1986 年 8 期 73—78,35 页

建国前中国陶瓷史要籍述略增订. 杨静荣. 故宫博物院院刊,1987 年 3 期 94—96 页,42 页

对古陶瓷研究的反思. 宋伯胤. 考古,1987 年 9 期 842—847 页

鹤壁集窑黑、褐彩陶瓷的初步研究. 陈尧成,郭演仪. 中国陶瓷,1988 年 5 期 51—58 页

耀州窑唐五代陶瓷概论. 禚振西. 考古与文物,1988 年 5、6 合期 147—155,161 页

"东欧缥瓷"驳证——与《中国陶瓷史》等著者商榷. 陈锡仁. 中国古陶瓷研究,1988 年第二辑 21—26 页

论黑龙江地区金代早期的陶瓷工艺. 吴顺平. 北方文物,1989 年 4 期 16—23 页

周秦时代的陶瓷成就. 刘良佑. 故宫文物月刊(台北),1989 年 6 卷 11 期 60—67 页

中国陶瓷科学美追踪的目标——自然天成. 熊寥. 中国陶瓷,1990 年 2 期 57—61 页

鬲、斝渊源试探. 柯昊. 北方文物,1990 年 4 期 19—26 页

乌龟山南宋官窑产品类型及分期. 陈元甫. 中国古陶瓷研究,1990 年第三辑 4—11 页

《"东欧缥瓷"驳证》的驳证. 熊寥. 中国古陶瓷研究,1990 年第三辑 40—47 页

关于景德镇御器厂几个问题的探讨. 余家栋. 考古,1990 年 12 期 1132—1139 页

有关硬陶器的研究. 曹柯平. 江西文物,1991 年 2 期 51—52,86 页

古陶瓷与物理化学的关系探微. 张翊华. 江西文物,1991 年 4 期 95—99 页

浙江青瓷窑之专访. (日)上上次男 著. 石海等 译. 江西文物,1991 年 4 期 118—121,117 页

中国陶瓷发展过程中几个概念的探索. 刘秉诚. 自然科学史研究,1991 年 10 卷 4 期 370—374 页

论长沙窑釉下彩的突起. 王莉英. 考古与文物,1992 年 1 期 81—89 页

关于云南古代陶瓷的几个问题. 葛季芳. 思想战线,1993 年 1 期 86—91 页

古代陶瓷"开片"考辨. 王一农. 文史知识,1993 年 12 期 56—60 页

中原商代印纹陶、原始瓷烧造地区的探讨. 廖根深. 考古,1993 年 10 期 936—943 页

新安沉船发现的吉州和天目陶瓷. (英)约翰·约安治 著. 张仲淳,许小茵 译. 南方文物,1994 年 4 期 38—43 页

五代时期闽国陶瓷考. 林忠干,陈春惠. 福建史志,1994 年 4 期 42—47 页

博罗梅花墩窑古陶瓷的研究. 胡晓力,陈楷. 中国陶瓷,1996 年 32 卷 41—45 页

香港地区窑址和青花瓷的发现与研究. 商志䃅,吴伟鸿. 南方文物,1997 年 2 期 34—41 页

陶

中国古代陶业之科学观. 王琎. 科学,1921 年 6 卷 9 期 869—882 页

我国古代人民制造陶器的化学工艺. 袁翰青. 化学通报,1954 年 1 期 39—43 页

关于陶器起源的商榷. 孟昭林. 文物参考资料,1955年8期8—12页
两汉陶器手工业. 陈直. 西北大学学报(人文科学版),1957年3期35—41页
论(山东)龙山文化陶器的技术和艺术附录:山东即墨城汇黑色陶器制作技术初步调查. 刘敦愿. 山东大学学报(历史版),1959年3期76—108页
从瓦族制陶探讨古代陶器制作上的几个问题. 李仰松. 考古,1959年5期250—254页
侯马东周陶范的造型工艺. 张万钟. 文物,1962年4、5合期37—42页
甘肃彩陶的源流. 严文明. 文物,1978年10期62—76页
秦始皇兵马俑出土的陶俑陶马制作工艺. 始皇陵秦俑坑考古发掘队. 考古与文物,1980年3期108—119,24页
试论中原地区陶器的起源和早期制陶技术. 邓昌宏. 中原文物,1981年3期30—33页
略谈湖南出土的印纹陶. 高至喜,周世荣. 文物集刊,1981年3期253—260页
试论大溪文化陶器的特点. 张绪球等. 江汉考古,1982年2期13—19页
甘肃、青海彩陶器上的蛙纹图案研究. 陆思贤. 内蒙古师大学报(哲学社会科学版),1983年3期39—48页
宋船出土的小口陶瓶年代和用途的探讨. 许清泉. 海交史研究,1983年5期112—114页
浅谈先楚时期的古陶. 顾华,陈德宝. 中国陶瓷,1983年6期53—56页
再谈台湾古陶片的火候问题. 涂心园. 大陆杂志(台北),1984年68卷1期28—30页
试析仰韶文化彩陶的泥料、制作工艺、轮绘技术和艺术. 李湘生. 中原文化,1984年1期53—59页
羊角山古窑紫砂残片的显微结构. 孙荆等. 中国陶瓷,1984年2期63—70页
汉代釋陶的起源和特点. 李知宴. 考古与文物,1984年2期91—95页
大河村新石器时代的彩陶艺术. 廖永民. 中原文物,1984年4期40—48页
云南碧江县加车寨怒族制陶业调查——兼谈原始制陶业的几个问题. 李根蟠,卢勋. 中原文物,1984年4期52—58页
试述中原印纹陶及其与南方印纹陶的关系. 彭适凡. 中原文物,1985年1期42—45页
谈谈化妆土在中国陶器上的应用. 谢明良. 故宫文物月刊(台北),1987年5卷6期81—86页
我国制陶转盘的起源及早期的应用. 禚振西. 考古与文物,1989年4期80—84,90页
湖北省枝江县现存的快轮制陶技术调查. 李文杰. 中国历史博物馆馆刊,1989年总11期95—99,125页
仿青铜陶器的结构研究. 陈显求等. 中国陶瓷,1990年1期50—55页
长江中游流域新石器时代制陶工艺初探. 吴崇隽. 中国陶瓷,1990年1期56—59页
西汉筮数陶罐的研究. 李学勤. 人文杂志,1990年6期78—81页
仰韶文化慢轮制陶技术的研究. 李仰松. 考古,1990年12期1100—1106,1068页
鼍鼓源流考. 陈国庆. 中原文物,1991年2期47—50页
河南陶建筑明器简述. 杨焕成. 中原文物,1991年2期67—77页
中日出土的唐三彩工艺技术研究. 王维坤. 西北大学学报(自然科学版),1991年4期111—118页
从考古发掘看宋应星《天工开物·陶埏》. 李科友. 东南文化,1992年5期216—222页
仿制宋鹧鸪斑建盏的工艺基础. 陈显求等. 中国陶瓷,1993年1期44—51页
城背溪文化的制陶工艺. 李文杰. 中国历史博物馆馆刊,1993年1期93—97页
泥片贴筑制陶术的"活化石"——黎族制陶工艺调查. 李露露. 中国历史博物馆馆刊,1993年总20期98—103页
宁夏南部山区新石器时代的制陶工艺. 李文杰. 考古与文物,1993年2期52—57页
黄河流域新石器时代制陶工艺的成就. 李文杰,黄素英. 华夏考古,1993年3期66—87页
白陶源流浅析. 谷飞. 中原文物,1993年3期82—85页
《景德镇陶歌》及其历史价值. 杨静荣. 故宫博物院院刊,1994年1期33—35页
试论河姆渡出土的"陶舟". 李跃. 南方文物,1995年1期58—62,68页
白家聚落文化的彩陶——并探讨中国彩陶的起源问题. 石兴邦. 文博,1995年4期3—19页

中国古代制陶工艺的分期和类型.李文杰.自然科学史研究,1996年15卷1期80—91页

甘肃秦安大地湾一期制陶工艺研究.李文杰等.考古与文物,1996年2期22—34页

青色砖瓦暨"金砖"的传统烧成窑炉与烧制技术.缪松兰,徐乃平.陶瓷研究,1996年11卷3期131—136页

广西古代陶器组成的研究.彭子成等.硅酸盐学报,1996年3期291—295页

大型青砖暨"金砖"的传统制作方法.缪松兰.陶瓷研究,1996年11期4期190—193页

新石器时代早期陶器的研究——兼论中国陶器起源.李家治等.考古,1996年5期83—91页

蒋祁《陶记》写作时代考辨.杨长锡.陶瓷研究,1997年12卷2期53—56页

关于西藏早期陶器及相关问题的探讨.李玉香.中国藏学,1997年2期93—100页

浅谈古代三彩釉陶的源流.王晓.中原文物,1997年4期114—117页

原大秦俑制作的考察与研究.刘占成.考古与文物,1997年5期66—70,81页

瓷

古瓷考略.权伯华.东方杂志,1930年27卷2期141—149页

我国传统制瓷工艺述略.周仁.文物参考资料,1958年2期6—9期

关于青瓷与白瓷的起源.郭仁.文物,1959年6期13—14页

中国瓷器史上存在着的问题.陈万里.文物,1963年1期5—7页

明代瓷器史上若干问题的研究.童书业.山东大学学报(历史版),1963年2期77—85页

龙泉历代青瓷烧制工艺的科学总结.周仁等.考古学报,1973年1期131—155页

景德镇宋元芒口瓷器与覆烧工艺初步研究.刘新园.考古,1974年6期386—393,405页

对于我国瓷器起源问题的初步探讨.安金槐.考古,1978年3期189—194页

我国瓷器出现时期的研究.李家治.硅酸盐学报,1978年3期190—197页

关于我国瓷器起源的看法.叶宏明,曹鹤鸣.文物,1978年10期84—87页

我国古代黑釉瓷的初步研究.凌志达.硅酸盐学报,1979年3期190—200页

试探青花瓷器的起源与特点.赵光林,王春成.文物,1979年8期74—77页,11页

中国历代南北方青瓷的研究.郭演仪等.硅酸盐学报,1980年3期232—243页

我国古代釉上彩的研究.张福康,张志刚.硅酸盐学报,1980年4期339—350页

钧瓷的起源、兴衰与复苏.赵青云.中原文物,1981年特刊47—52页

宋代建盏的科学研究.陈显求等.中国陶瓷,1983年1期58—65页,2期52—59页,3期55—59页

宋、元钧瓷的中间层、乳光和呈色问题.陈显求等.硅酸盐学报,1983年2期129—139页

南京出土六朝青瓷分期探讨.魏正瑾,易家胜.考古,1983年4期347—353页

略论龙泉青瓷的发展.李知宴.中国历史博物馆馆刊,1983年5期56—59,69页

釉上青花技术与青花的定义——兼论青花的起源.欧阳世彬.中国陶瓷,1983年5期59—63页,6期59—61页.1984年1期59—62,57页

中国历代名窑瓷器化学组成的演变.张福康.自然杂志,1983年6卷5期344—348页

吉州窑瓷枕及早期窑口考.陈定荣.考古,1983年9期834—837页,853页

我国黑瓷的起源及其影响.朱伯谦,林士民.考古,1983年12期1130—1136页,1129页

长沙出土唐五代白瓷器的研究.高至喜.文物,1984年1期84—93页

宋元黑釉茶具考.薛翘等.农业考古,1984年1期164—176页

宋代汝、耀州窑青瓷的研究.郭演仪,李国桢.硅酸盐学报,1984年2期226—235页

明代景德镇民窑青花瓷器及其艺术成就.叶佩兰.故宫博物院院刊,1984年3期76—81页

扬州唐城出土青花瓷的测定及其重要意义.张志刚

等.中国陶瓷,1984年3期56—59页
元代青花瓷器的研究.陈尧成等.中国陶瓷,1984年4期55—61页
耀州青瓷"白衣"说质疑.乔留邦.中国陶瓷,1984年6期40—41页
论建水青花的起源.徐国发.中国陶瓷,1984年6期44—48页
谈康雍乾隆时期的珐琅彩瓷器——兼论珐琅彩与粉彩的关系.刘兰华.文物,1984年11期85—89页
见微知著——从陶瓷所含的稀土元素和少量元素看中国制瓷技术的演进.张世贤.科学月刊(台北),1985年1期21—26页
略谈长沙窑瓷器的几个问题.李辉柄.故宫博物院院刊,1985年1期70—73,77页
从南朝鲜新安海底青瓷的发现看龙泉青瓷的发展.李知宴.考古与文物,1985年2期96—102页
南朝鲜新安沉船及瓷器问题探讨.冯先铭.故宫博物院院刊,1985年3期112—118,121页
青花器与"青花梧桐".吴美成.明报月刊(香港),1985年20卷6期101—105页
《茶经》与唐代瓷器.李辉柄.故宫博物院院刊,1986年3期55—58页
长江中游地区东汉六朝青瓷概论.蒋赞初.江汉考古,1986年3期71—75页
景德镇早期白瓷向青白瓷过渡考略.罗学正.中国陶瓷,1986年6期27—33页
秘色瓷器考辨.傅振伦.中国古陶瓷研究,1987年创刊号6—9页
广西宋代青绿釉瓷及其与耀州窑的关系.韦仁义.中国古陶瓷研究,1987年创刊号26—27页
关于白瓷的起源及产地.王莉英.中国古陶瓷研究,1987年创刊号44—45,19页
河南影青瓷的起源与发展.赵青云.华夏考古,1987年创刊号220—223页
试论中国瓷器的起源.丁清贤.文博,1987年3期70—72,76页
论定窑烧瓷工艺的发展与历史分期.李辉柄,毕南海.考古,1987年12期1119—1128,1139页
历代越窑青瓷胎釉的研究.李国桢.中国陶瓷,1988年1期46—57,66页
略谈"早期白瓷".李辉柄.考古与文物,1988年1期88—92,94页
青白瓷说.李毅华,陈定荣.中国古陶瓷研究,1988年第二辑33—43页
金元时期的耀州瓷器.王长启.文博,1988年2期62—65页
古代白瓷发展概述.程晓中.中国陶瓷,1988年3期48—57页
歙县元代窖藏瓷器的几点观感.李辉柄.文物,1988年5期89—91,79页
略谈中国瓷器考古的主要收获.李辉柄.故宫博物院院刊,1989年4期37—43页
山东古代瓷器艺术简说.刘凤君.文史知识,1989年3期49—55页
系统聚类分析方法在景德镇古瓷研究中的应用.高力明等.中国陶瓷,1990年1期43—49页
再论瓷器起源.李刚.东南文化,1990年1、2合期93—96页
试论唐代青花瓷器的产生和演变.朱戢.江西文物,1990年2期3—5,2页
对唐代青花瓷器的初步认识.李再华.江西文物,1990年2期6—10页
青花瓷产生与发展规律探讨.罗学正.江西文物,1990年2期11—16页
云南古代青花料和青花瓷.葛季芳.江西文物,1990年2期17—24,31页
试揭何稠绿瓷之谜.金家广.考古与文物,1990年2期80—87,34页
浙江古代瓷器的研究.朱伯谦.中国古陶瓷研究,1990年第三辑1—3页
六朝欧窑瓷器.蔡钢铁.中国古陶瓷研究,1990年第三辑18—28页
浙江瓷业遗存类型初析.任世龙.中国古陶瓷研究,1990年第三辑33—40页
浙江加彩瓷器的研究——兼谈釉下彩起源及相关问题.阮平尔,蔡乃武.中国古陶瓷研究,1990年第三辑54—63页
仿唐代长沙窑古瓷的研制.杨亦吾等.中国陶瓷,1990年3期58—62页
论元代的钧瓷.关甲堃,李德金.考古文物,1990年3期96—99页
试论商代原始瓷器.邱敏勇.大陆杂志(台北),1990年80卷4期12—33页,5期20—38页,6期34—38页
唐耀州青瓷和黑釉瓷.陈显求等.中国陶瓷,1990年4期57—62页

晚明青花瓷器的再认识.钱浚.东南文化,1990年4期231—232页

浅谈对河南钧瓷与后起之秀铜红釉的见解.李兵,杨素.中国陶瓷,1990年5期55—62页

同安窑系青瓷的初步研究.林忠干,张文崟.东南文化,1990年5期391—397,390页

北方瓷器发展的几个问题.李辉柄.故宫博物院院刊,1991年1期55—59页

皖南瓷器考古的几点思索.李广宁,董家骥.东南文化,1991年2期208—212页

瓷器起源新说.毛兆廷.东南文化,1991年3、4合期193—195页

三国两晋南北朝时期的传统思想和瓷器的发明.罗宗真.江西文物,1991年4期1—3页

从汝官瓷无青釉的试验工艺探讨汝官瓷的起源与兴衰.朱文立.江西文物,1991年4期66—67页

寿州窑隋代青瓷的认识.胡欣民.文物研究,1991年总7辑198—201页

试探青花瓷器的起源和特点——元大都出土青花瓷扎记.赵光林.南方文物,1992年1期96—99页

宋代官窑瓷器之研究.李辉柄.故宫博物院院刊,1992年2期3—17页

明正德青花瓷器及有关问题.赵宏.故宫博物院院刊,1992年2期26—30,60页

古代钧瓷的科学分析.郭演仪,李国桢.中国陶瓷,1992年4期52—57页

试论福建两晋与南朝之青瓷.卢茂村.南方文物,1992年4期69—71,45页

浅谈龙泉瓷和景德镇仿龙泉瓷.吴志红.南方文物,1992年4期79—80,68页

东瓯窑瓷器烧成工艺的初步探讨.王同军.东南文化,1992年5期223—226页

建窑黑釉瓷创烧、兴盛和衰落的年代.谢日万.东南文化,1992年5期230—234页

四川六朝瓷器初论.何志国.考古,1992年7期646—654页

古代景德镇瓷器胎釉.郭演仪.中国陶瓷,1993年1期52—60页

武昌青山窑古代白瓷研究.陈尧成等.中国陶瓷,1993年3期54—60页

从泰州出土的绞胎罐、壶谈绞胎器.黄炳煜.南方文物,1993年3期67—69页

略论豫北出土的青瓷.张增午.中原文物,1993年3期86—90页

赣州七里镇窑青釉瓷的烧造工艺.张嗣介.南方文物,1993年4期64—66页

中国元代青花钴料来源探讨.陈尧成等.中国陶瓷,1993年5期57—62页

论"中国白"——明清德化瓷器.林忠干.东南文化,1993年5期159—172页

"秘色瓷"诸相关问题探讨.谢纯龙.东南文化,1993年5期173—178页

关于商周瓷器烧造地区的再探讨.卢建国.文博,1993年6期48—52页

安徽古瓷概述.叶润清.文物研究,1993年总8期211—223页

龙泉瓦窑垟黑胎类产品及相关问题.汤苏婴.考古,1993年11期1031—1035页

青花瓷器的起源与发展.冯先铭.故宫博物院院刊,1994年2期29—39页

从"至正年制"彩瓷碗的发现谈"大明年造(制)"款瓷器的年代.张英.文物,1994年2期62—71页

明代景德镇瓷业"空白期"研究.刘毅.南方文物,1994年3期55—61页

武昌青山窑古代青瓷研究.陈尧成等.南方文物,1994年4期44—51页

试论唐代黄堡白瓷的发展——从黄堡白瓷与河南唐白瓷的比较中说起.王小蒙.考古与文物,1994年4期84—90页

武昌青山窑影青瓷研究.陈尧成等.江汉考古,1994年4期92—96,86页

汝窑中的御用汝瓷及相关问题.胡永庆.华夏考古,1994年4期95—98页

对越窑青瓷魂瓶的思考.高军,蒋明明.南方文物,1994年4期107—112,70页

斗彩考.赵宏.陶瓷研究,1994年9卷4期214—217页

钧瓷的发展及其特点.阎夫立.史学月刊,1994年5期25—27,50页

明朝历代青花瓷器的基本特征(1368—1644共276年).张浦生.东南文化,1994年5期142—150页

中国历史瓷器百年未决的胎质和定义问题.王承翰.东南文化,1994年6期89—96页

彩瓷溯源.康啸白.故宫文物月刊(台北),1994年11卷11期106—111页

唐代青花瓷用钴料来源研究.陈尧成等.中国陶瓷,

1995年2期40—44页

扶风法门寺塔基出土秘瓷的意义及相关问题.韩金科,卢建国.文博,1995年6期14—16页

法门寺塔地宫出土秘色瓷几个问题的探讨.王仓西.文博,1995年6期18—26页

法门寺出土唐代秘色瓷初探.禚振西等.文博,1995年6期27—32,35页

扶风法门寺塔基出土金银平脱秘瓷的初步研究——兼谈中国古陶瓷的金彩装饰.卢建国,韩金科.文博,1995年6期33—35页

秘色瓷·耀瓷和汝瓷——思考与手记.周晓陆.文博,1995年6期36—43页

上林湖窑晚唐时期秘色瓷生产工艺的初步探讨.朱伯谦等.文博,1995年6期44—48页

谈越窑青瓷中的秘色瓷.林士民.文博,1995年6期57—62页

“秘色瓷”探秘.李刚.文博,1995年6期63—67,56页

唐越窑秘色釉和艾色釉.汪庆正.文博,1995年6期75—76,74页

唐代秘色瓷有关问题探讨.陆明华.文博,1995年6期77—85页

关于“秘色瓷”两个问题的讨论.周丽丽.文博,1995年6期86—91页

秘色瓷及其相关问题.陈克伦.文博,1995年6期92—97页

“秘色瓷”数得.程方英.文博,1995年6期98—99页

唐代秘色窑和地位变化中的瓷器.(英)罗斯马利伊·斯格特(苏玫瑰)著.侯景寅 译.文博,1995年6期108—109,141页

关于晚唐五代越窑青瓷的若干考察.(日)佐佐木秀宪 著.王竞香 译.文博,1995年6期118—124页

有关越窑青瓷之研究.(日)山本信夫 著.王竞香 译.文博,1995年6期125—128页

越窑“秘色瓷”琐谈.耿宝昌.文博,1995年6期129—131页

略谈“秘色瓷”.李辉柄,叶佩兰.文博,1995年6期132,124页

关于秘色瓷的几个问题.李知宴.文博,1995年6期133—136页

“瓷秘色”再辨证.宋伯胤.文博,1995年6期137—141页

越窑秘色瓷的烧造历史与分期.孙新民.文博,1995年6期145—148页

秘色瓷浅议.郭演仪.文博,1995年6期149页

寿州窑瓷器釉色的科研成果.胡悦谦.文物研究,1995年总10期2—7页

唐寿州窑黄釉瓷器.林汝钦等.文物研究,1995年总10期7—10页

关于景德镇与繁昌青白瓷的讨论.蔡毅.文物研究,1995年总10期81—83页

苏南地区原始青瓷概论.徐伯元,杨玉敏.文物研究,1995年总10期111—115页

谈谈高安元代青花釉里红瓷的几个问题.刘裕黑.文物研究,1995年总10期142—150页

关于中国古代瓷器覆烧工艺的几个问题.曹建文.文物研究,1995年总10期184—189页

秘色越器研究总论.王莉英,王兴平.故宫博物院院刊,1996年1期53—61页

论万历朝青花瓷器.王健华.故宫博物院院刊,1996年1期62—80页

漫谈中国青花瓷器及钴颜料来源.赵光林.北京文博,1996年1期92—98页

唐宋以来宫廷用瓷的来源与烧造.刘兰华.中原文物,1996年2期113—120页.文博,3期14—20,25页

耀州窑月白釉瓷的初步探讨.薛东星.文博,1996年3期21—25页

关于耀州窑五代时期“官”字款青瓷的认识.姬乃军.文博,1996年3期29—32,40页

武昌青山窑古瓷制作工艺的科学总结.陈尧成等.中国陶瓷,1996年3期41—45页

定窑透影白瓷及其它.叶喆民.故宫博物院院刊,1996年3期49—51页

试析耀瓷形制变化之动因——从造型设计的角度谈起.王小蒙.文博,1996年3期59—62页

试谈耀州窑的瓷塑.杨敏侠.文博,1996年3期63—65页

耀州窑唐代瓷塑.赵丽.文博,1996年3期66—67页

论磁州观台窑制瓷工艺、技术的发展.秦大树.华夏考古,1996年3期93—102页

元青花和五彩瓷款识及相关问题的初步研究.张英.北方文物,1996年4期45—51页

北方地区出土越窑青瓷及相关问题.虞浩旭.中原文物,1996年4期98—100,115页

绍兴出土越国原始青瓷的初步研究.周燕儿.考古与

文物,1996年6期28—37页

唐代青花瓷器及其色料来源研究.陈尧成等.考古,1996年9期81—87,92页

吉州窑瓷和它的金彩装饰.李知宴.中国历史博物馆馆刊,1997年1期74—80,86页

北朝纪年墓出土瓷器研究.郭学雷,张小兰.文物季刊,1997年1期85—94,84页

窑

中国名瓷窑考.袁宸.大陆杂志(台北),1952年5卷2期

唐代邢窑遗址的发现和初步分析.杨文山.河北学刊,1982年3期138—143页

说唐代邢窑.傅振伦.中国历史博物馆馆刊,1982年总4期110—112页

定窑的历史以及与邢窑的关系.李辉柄.故宫博物院院刊,1983年3期70—77页

略论石湾窑研究中的几个问题.曾广亿,张维持.学术研究,1983年3期96—100页

也谈德化屈斗宫"鸡笼窑"类型问题.叶文程,徐本章.厦门大学学报(哲学社会科学版),1983年4期46—49,15页

浙江古代龙窑和窑具的研究.劳法盛等.中国陶瓷,1983年4期50—55页

广西桂平宋瓷窑.张世铨执笔.考古学报,1983年4期501—518页

广东潮州笔架山宋代瓷窑.黄玉质,杨少祥.考古,1983年6期517—525页

试论我国古代的龙窑.朱伯谦.文物,1984年3期57—62页

略谈河北"三大名窑".李辉柄.考古与文物,1984年3期87—90页

古代窑炉与铜红釉.杨文宪.中国陶瓷,1985年1期30—35页,2期33页

论耀州窑的历史地位.杨东晨.中国陶瓷,1985年1期36—41页

"广窑"说误.陈玲玲.中国陶瓷,1985年1期41—43页

福州怀安窑的窑具与装烧技术.曾凡.东方文化(香港),1985年23卷2期195—204页

略谈吉州窑.李辉柄.文物,1985年8期80—81页

从故宫藏品看乾隆时期"唐窑"的新成就.叶佩兰.故宫博物院院刊,1986年1期35—41,48页

岳州窑源流初探.周世荣.江汉考古,1986年1期71—79页

试论磁州窑艺术的特点及其影响.郑全富.中国陶瓷,1986年2期55—60页

谈南宋官窑.朱伯谦.中国古陶瓷研究,1987年创刊号10—13页

汝窑的发现及其相关诸问题.汪庆正.中国古陶瓷研究,1987年创刊号14—19页

耀州窑及其有关问题.李辉柄.中国古陶瓷研究,1987年创刊号20—25页

论越窑衰落与龙泉窑兴起.李刚.文博,1987年2期73—77页

耀州窑的窑炉和烧成技术.杜葆仁.文物,1987年3期32—37页

宋代广东的瓷窑.叶少明.华南师范大学学报(社会科学版),1987年4期83—88页

论哥窑和弟窑.张翔.东南文化,1988年1期85—93页

越窑三议.李刚.东南文化,1988年1期94—96页

略谈福建古代陶瓷窑炉类型的发展.叶文程.厦门大学学报(哲学社会科学版),1988年1期124—128页

汝窑别记.叶喆民.中国古陶瓷研究,1988年第二辑1—4页

唐代婺州窑概况.贡昌.中国古陶瓷研究,1988年第二辑27—32页

山东地区宋金元烧瓷窑炉结构和装烧技术分析.刘凤君.中国古陶瓷研究,1988年第二辑51—55页

试述孙吴时期越窑的大发展.李刚.文物研究,1988年总3期202—208页

有关磁州窑起源和发展的几个问题.杨静荣.故宫博物院院刊,1989年2期90—96页

汝窑、柴窑与耀州窑的几个问题.禚振西.考古与文物,1989年6期90—95页

论宋代瓷窑的布局和宋瓷的艺术成就.李知宴.中国历史博物馆馆刊,1989年总12期141—145页

欧窑探略.金柏东.中国古陶瓷研究,1990年第三辑12—18页

浙江宁波东钱湖窑场调查与研究.林士民.中国古陶瓷研究,1990年第三辑47—54页

隋唐德清瓷窑址初探.朱建明.中国古陶瓷研究,1990年第三辑72—78页

漫谈衢州古代瓷窑.季志耀.中国古陶瓷研究,1990年第三辑79—85页

论赣州七鲤镇古瓷窑.陈定荣.中国古陶瓷研究,1990年第三辑93—100页

福建松溪唐宋瓷窑的探讨.林忠干,赵洪章.中国古陶瓷研究,1990年第三辑100—108页

南宋官窑.周少华.中国陶瓷,1990年6期59—60页

台州窑新论.金祖明.东南文化,1990年6期152—156页

江西铅山县古埠唐代瓷窑.陈定荣.考古,1991年3期283—285,282页

试论河南出土的越窑瓷器.许天中.江西文物,1991年4期4—6,3页

唐越窑及其相关诸问题.王文强.江西文物,1991年4期7—9页

晚唐宋初越窑若干问题思考.刘毅.江西文物,1991年4期10—13,17页

略论杭州乌龟山南宋官窑的烧造年代及其来龙去脉.姚桂芳.江西文物,1991年4期46—48页

汝瓷渊源与宋南北官窑之关系.蔡全法.江西文物,1991年4期53—55,57页

北宋官窑与南宋官窑.赵世纲,罗桃香.江西文物,1991年4期56—57页

汝瓷探源——兼谈汝窑与越窑的关系.赵云青等.江西文物,1991年4期58—63,65页

潮州笔架山龙窑探讨.陈历明.江西文物,1991年4期100—101,99页

关于钧窑与汝窑的若干问题.赵青云.华夏考古,1991年4期100—105页

广东瓷窑遗址考古概要.曾广亿.江西文物,1991年4期105—108,84页

磁州窑研究概述.任平等.郑州大学学报(哲学社会科学版),1991年6期32—35页

中国古代的窑具与装烧技术研究.熊海堂.东南文化,1991年6期85—113页.1992年1期222—238页

广西桂林三号窑在陶塑史上的地位.曾少立,韦卫能.南方文物,1992年2期100—102页

江西景德镇杨梅亭古瓷窑.陈定荣.东南文化,1992年2期267—276页

关于赣州七里镇窑几个问题的探析.余家栋.南方文物,1992年4期72—76,16页

湖北武昌县青山瓷窑"火照"及相关问题.陈文学,刘志云.南方文物,1992年4期87—90,120页

"南宋官窑"杂论.赵幼强.东南文化,1992年5期227—229页

赣州七里镇窑浅析.余家栋.东南文化,1993年2期90—94页

绍兴越窑概述.沈作霖.南方文物,1993年4期59—63页

唐代扬州与长沙窑兴衰关系新探.顾风.东南文化,1993年5期179—182页

贵州商周、秦汉时期陶窑遗存初探.刘恩元,万光云.贵州文史丛刊,1994年1期16—20页

"哥窑"的正名及其有关问题.李辉柄.故宫博物院院刊,1994年1期20—28页

官窑制度的形成及其实质.刘毅.中原文物,1994年3期90—94页

广西桂州窑遗址.桂林博物馆.考古学报,1994年4期517—525页

宋官窑论稿.李民举.文物,1994年8期47—54页

江西丰城洪州窑遗址调查报告.江西省文物考古研究所等.南方文物,1995年2期1—29页

浙江上虞小仙坛古窑址.喻芝琴.南方文物,1995年3期106—107页

越窑衰落续论.李刚.文博,1995年4期57—63页

五代越窑的烧制工艺及其对南方地区某些青瓷窑场的影响.张福康,张浦生.文博,1995年6期100—104页

越窑对其他瓷窑在造型与装饰上的影响.庄良有.文博,1995年6期105—107,91页

谈关于越窑和秘色瓷的兴衰.蒋赞初.文博,1995年6期142—144页

重新认识官窑——关于官窑概念的探讨.袁南征.文博,1995年6期150—154,144页

"宣州官窑"探微.谢小成.文物研究,1995年总10期35—41页

宣州窑浅见.胡欣民.文物研究,1995年总10期50—52页

浅议宣州窑.张勇.文物研究,1995年总10期52—

57 页
略谈寿州窑和繁昌窑.王文强.文物研究,1995 年总10 期 58—61 页
安徽淮北地区的肖窑.卢茂村.文物研究,1995 年总10 期 63—68 页
由“瓷秘色”论及柴、汝窑.周晓陆.西北大学学报(哲学社会科学版),1996 年 26 卷 1 期 37—40,55 页
修内司窑的正名及相关问题.李辉柄.故宫博物院院刊,1996 年 1 期 45—52 页
“官搭民烧”考.赵宏.故宫博物院院刊,1996 年 1 期81—85 页
宋代官窑探索.李刚.东南文化,1996 年 1 期 106—112 页
长沙窑的产品特点及其兴衰探微.陈文学,张慧琴.南方文物,1996 年 2 期 97—100 页
耀州窑研究二题.卢建国.文博,1996 年 3 期 26—28,50 页
学瓷小札.周晓陆.文博,1996 年 3 期 37—40 页
耀州窑初探.宋治清.文博,1996 年 3 期 41—42,75 页
论佛教文化对耀州窑的影响.杨瑞余.文博,1996 年3 期 53—55 页
耀州窑窑具及装烧方法.王芬,曹化义.文博,1996 年3 期 88—95 页
鹤壁集瓷窑遗址浅说.赤亚山,张长安.中原文物,1996 年 3 期 96—102 页
建窑考古新发现及相关问题研究.曾凡.文物,1996年 8 期 53—57 页
江西铅山盏窑略考.王立斌.南方文物,1997 年 3 期110—114 页
山东古代烧瓷窑炉结构和装烧技术发展序列初探.刘凤君.考古,1997 年 4 期 76—92 页

其 他

璆琳考证.章鸿钊.地学杂志,1918 年 9 卷 2、3 合期说郛 1—4 页,4、5 合期说郛 1—3 页
琉璃釉之化学分析.(英) 叶慈 著.瞿祖豫 译.中国营造学社汇刊,1932 年 3 卷 4 期 88—97 页
琉璃辨.胡肇椿.中山文化教育馆季刊,1935 年 2 卷4 期 1257—1262 页
琉璃及颇梨.陆树勋.古学丛刊,1939 年 5 期艺篇1—8 页.1940 年 6 期艺篇 9—16 页
琉璃与禹贡.张震泽.说文月刊,1944 年 4 卷合订本357—359 页
古代的琉璃.蒋玄佁.文物,1959 年 6 期 8—10 页
我国古代玻璃的起源问题.干福熹等.硅酸盐学报,1978 年 1、2 合期 99—104 页
论景泰蓝的起源——兼考“大食窑”与“拂郎嵌”.杨伯达.故宫博物院院刊,1979 年 4 期 16—24 页
关于我国古玻璃史研究的几个问题.杨伯达.文物,1979 年 5 期 76—78 页
西周玻璃的初步研究.杨伯达.故宫博物院院刊,1980 年 2 期 14—24 页
周代古玻璃是我国自制的.容镕.中国科技史料,1981 年 2 卷 3 期 95—100 页
汉阳蔡甸一号墓出土玻璃器试析.湖北省博物馆保管部历史文物库.江汉考古,1983 年 3 期 97—99 页
清代玻璃概述.杨伯达.故宫博物院院刊,1983 年 4期 3—17 页
馆藏部分玻璃制品的研究——兼谈玻璃史的若干问题.范世民,周宝中.中国历史博物馆馆刊,1983年 5 期 97—104 页
十四世纪中国博山的琉璃工艺.易家良,涂淑进.硅酸盐学报,1984 年 4 期 404—410 页
中国的早期玻璃器皿.安家瑶.考古学报,1984 年 4期 413—447 页
谈我国古代玻璃的几个问题.后德俊.江汉考古,1985 年 1 期 90—96 页
论我国春秋战国的玻璃器及有关问题.高至喜.文物,1985 年 12 期 54—65 页
玻璃名实辨.张维用.故宫博物院院刊,1986 年 2 期64—69,96 页
中国古代诗文中的玻璃史料.李素桢,田育诚.故宫博物院院刊,1986 年 2 期 70—73 页
试探我国琉璃工艺发展史上的问题.张临生.故宫学术季刊(台北),1986 年 3 卷 4 期 45—90 页图版10
明朝早期的掐丝珐琅工艺.张临生.故宫文物月刊(台北),1986 年 4 卷 5 期 4—18 页

广西古代玻璃制品的发现及其研究. 黄启善. 考古, 1988年3期264—276页
琉璃工艺面面观. 张临生. 故宫文物月刊(台北), 1988年5卷10期15—29页
我国传统琉璃的制作工艺. 汪永平. 古建园林技术, 1989年2期18—21页
青海大通县出土汉代玻璃的研究. 史美光, 周福征. 文物保护与考古科学, 1990年2卷2期22—26页
试探中国传统玻璃的源流及炼丹术在其间的贡献. 赵匡华. 自然科学史研究, 1991年10卷2期145—156页
对扬州宝女墩出土汉代玻璃衣片的研究. 周长源, 张福康. 文物, 1991年10期71—75页
关于中国铜胎掐丝珐琅(景泰蓝)的起源问题. 祝重寿. 故宫博物院院刊, 1992年3期32—35页
清代宫廷珐琅彩综述. 王健华. 故宫博物院院刊, 1993年3期52—62页
中国金属胎起浅珐琅及其起源. 李久芳. 故宫博物院院刊, 1994年4期12—27, 11页
我国先秦文献中关于原始玻璃唯一记载的考察. 王贻梁. 考古与文物, 1995年4期88—91页
安徽古玻璃璧分析. 王步毅等. 考古与文物, 1995年5期75—77页
关于中国铅钡玻璃的发源地问题. 李晓岑. 自然科学史研究, 1996年15卷2期144—150页
古代化学工业的一个伟绩——契丹族的玻璃制造业. 王福良. 科学史通讯(台北), 1996年15期12—15页

漆　器

从古漆的化学工程说到今漆的化学工程. 戴济. 中国建设, 1930年2卷1期105—111页
髹饰录——我国现存唯一的漆工专著. 王世襄. 文物参考资料, 1957年7期14—17页
漆林识小录. 史树青. 文物参考资料, 1957年7期55—57页
我国古代劳动人民对生漆的发现和利用. 林剑鸣. 西北大学学报(自然科学版), 1978年8卷1期71—80页
古代饱水漆, 木器的脱水处理. 陈中行. 江汉考古, 1980年2期109—113页
清代苏州雕漆始末——从清宫造办处档案看清代苏州雕漆. 杨伯达. 中国历史博物馆馆刊, 1982年总4期123—127, 136页
元明雕漆概说. 朱家溍. 故宫博物院院刊, 1983年2期3—8页
古代巴蜀的油漆技术. 李亚东. 大自然探索, 1983年2卷3期116—124页
记北京琉璃河遗址出土的西周漆器. 殷玮璋. 考古, 1984年5期449—453, 467页
两汉时期山东漆器手工业的发展. 逄振镐. 齐鲁学刊, 1986年1期8—12页
福州脱胎漆器小史. 杨修锄, 梁秀伟. 中国科技史料, 1986年7卷1期37—41页
由近三十年来出土宋代漆器谈宋代漆工艺. 周功鑫. 故宫学术季刊(台北), 1986年4卷1期93—103页
试论战国时期楚国的漆器手工业. 陈振裕. 考古与文物, 1986年4期77—85页
楚与秦汉漆器的几个问题. 院文清. 江汉考古, 1987年1期64—69页
漫谈涂料之王——油漆技术小史. 李亚东. 文史知识, 1987年4期36—38页
战国秦汉漆器综述. 李如森. 史学集刊, 1987年4期72—75, 67页
常州等地出土五代漆器刍议. 陈晶. 文物, 1987年8期73—76页
关于西周漆器的几个问题. 王巍. 考古, 1987年8期734—744页
清雍正年的漆器制造考. 朱家溍. 故宫博物院院刊, 1988年1期52—59, 51页
试从考古资料探窥先秦之漆工艺. 潜斋. 故宫学术季刊(台北), 1988年5卷3期1—16页图版12
我国先秦时期漆器发展试探——兼论曾侯乙墓漆器的特点. 郭德维. 江汉考古, 1988年3期71—78页
汉代山东出土漆器之比较研究. 逄振镐. 江汉考古, 1988年4期83—91页
清代造办处漆器制做考. 朱家溍. 故宫博物院院刊,

1989年3期3—14页
汉代漆器初探.张理萌.故宫博物院院刊,1989年3期24—31页
明代漆器的时代特征及重要成就.李久芳.故宫博物院院刊,1992年3期3—18,25页
明清之际大方漆器考.兰一方.故宫博物院院刊,1992年3期36—39页
谈安徽出土的汉代漆器.杨鸠霞.文物研究,1993年总8期56—68页
“汧”及“汧工”初论.后德俊.文物,1993年12期69—71页
清代漆器概述.朱家溍.文物,1994年2期78—88页
奇技百端——试析清代扬州漆器工艺.张燕.故宫博物院院刊,1994年11期38—44页
史前漆膜的分析鉴定技术研究.陈之生等.文物保护与考古科学,1995年7卷2期12—20页
汉代漆器的剖析.张伟等.文物保护与考古科学,1995年7卷2期28—36页
中国传统漆工艺的五个发展阶段.王琥.东南文化,1995年2期44—46页
明代漆器概述——《中国美术分类全集》明代漆器卷序言.朱家溍.故宫博物院院刊,1996年3期1—7页
明代漆器之断代与辨伪.陈丽华.故宫博物院院刊,1996年3期34—43页
黑河卡伦山辽代墓葬出土的漆器及其制作工艺.郝思德.北方文物,1996年4期43—44,34页

食品加工

中国古代酒精发酵业之一斑.王琎.科学,1921年6卷3期270—282页
中国作酒化学史料.曹元宇.学艺,1927年8卷6期1—30页
中国产“曲”之研究.(日)山崎百治 著.翟克 译.农声,1930年132期37—43页
中国古代造酒的化学工艺.王琴希.化学通报,1955年10期634—638页
中国酒之起源.凌纯声.中央研究院历史语言研究所集刊(庆祝赵元任先生六十五岁论文集)(台北),1959年29本(下)883—907页
论我国酿酒起源的时代问题.张子高.清华大学学报,1960年7卷2期31—33页
对我国酿酒起源的探讨.李仰松.考古,1962年1期41—44页
关于唐代有没有蒸馏酒的问题.曹元宇.科学史集刊,1963年6期24—28页
我国酿酒当始于龙山文化.方扬 .考古,1964年2期94—97页
唐宋文献中关于蒸馏酒与蒸馏器问题.吴德铎.科学史集刊,1966年9期53—55页
略论我国古代的酿酒发酵技术.罗志腾.西北大学学报(自然科学版),1977年2期86—90页
我国古代的酿酒发酵.罗志腾.化学通报,1978年1期51—54页
烧酒史料的搜集和分析.曹元宇 .化学通报,1979年2期68—70页
古代中国对酿酒发酵化学的贡献.罗志腾.西北大学学报(自然科学版),1979年9卷2期101—106页
对“我国古代的酿酒发酵”一文的商榷.方心芳.化学通报,1979年3期94页
中山王墓出土铜壶中的液体的初步鉴定.北京市发酵工业研究所.故宫博物院院刊,1979年4期92—96页
中国古代人民对酿酒发酵化学的贡献.罗志腾.中山大学学报(自然科学版),1980年1期115—120页
我国先代人民对酿酒工艺和微生物学的贡献.曾纵野,李良春.西北大学学报(自然科学版),1983年13卷4期106—113,16页
《水浒》酒质考略.黄岩柏.辽宁大学学报(哲学社会科学版),1984年4期85—86页
汾酒源流初探.孟乃昌.中国科技史料,1984年5卷4期40—46页
酒在我国是何时起源的.袁庭栋.文史知识,1984年11期117—122页
中国蒸馏酒年代考.孟乃昌.中国科技史料,1985年6卷6期31—37页
关于中国蒸酒器的起源.方心芳.自然科学史研究,1987年6卷2期131—134页
论冻酒.郭正谊.化学通报,1987年3期54—55页

黄酒勾兑技术的起源.陈靖显.中国酿造,1987年6期40,27页
苏轼笔下的几种酒及其酿酒技术.周嘉华.自然科学史研究,1988年7卷1期81—89页
烧酒问题初探.吴德铎.史林,1988年1期135—145页
解开烧酒起源之谜.吴德铎.明报月刊(香港),1988年23卷7期84—89页,8期90—94页
我国古代酿酒技术的发展.李霖,叶依能.中国农史,1989年4期38—44页
高山族的酿酒术和饮酒风俗.雷学华.中南民族学院学报(哲学社会科学版),1990年4期23—28页
绍兴酒的由来与发展.项文惠.中国农史,1991年2期67—74页
汉代的酿酒及其技术.包启安.中国酿造,1991年2期38—41,48页
周代及春秋战国时代的酿酒技术.包启安.中国酿造,1991年3期38—44页
南北朝时代的酿酒技术.包启安.中国酿造,1992年1期34—36页,2期37—45页
唐宋文献中的"烧酒"是否是蒸馏酒问题.李斌.中国科技史料,1992年13卷1期78—83页
台湾高山族的酿酒与饮酒文化.杨彦杰.东南文化,1992年2期253—257页
唐宋酿酒工艺中的加热处理.李斌,石云里.微生物学通报,1992年5期313—315页
唐宋时期酿酒工艺与生产.陈伟明.大陆杂志(台北),1993年86卷2期13—18页
古代岭南酿酒史略.王赛时.广东史志,1993年2期48—52页
中国烧酒起始探微.李华瑞.历史研究,1993年5期40—52页
酒的起源和先秦酒政.周望森.中国史研究,1993年1期20—30页
《齐民要术》涂瓮及酿造诸篇疑文试析.孟方平.古今农业,1993年2期52—57页
谈谈曲糵.包启安.中国酿造,1993年3期25—32,43页
蒸馏酒的起源与发展.李映发.自然辩证法通讯,1993年15卷6期57—72页
我国谷物酿酒起源新论.李仰松.考古,1993年6期534—542页
试论我国酿酒的起源.王志俊.文博,1994年3期17—21页
中国烧酒名实考辨.王赛时.历史研究,1994年6期73—85页
山西酿酒史话.王赛时.晋阳学刊,1994年6期91—95页
从"滴淋法"到"钓藤酒"——蒸馏酒始于唐宋新探.祝亚平.中国科技史料,1995年16卷1期19—23页
明清时期广东的酿酒与制盐技术.黄世瑞.广东史志,1995年3期58—60页
中国蒸馏酒源起的史料辨析.周嘉华.自然科学史研究,1995年14卷3期227—238页
我国古代黄酒的制醪发酵技术.包启安.中国酿造,1996年4期9—16页
泸州老窖大曲源流.赵永康.中国农史,1997年16卷4期52—55页

中国的甘蔗与沙糖的起源.(日)加藤繁原 著.于景让 译.大陆杂志(台北),1954年9卷11期5—8页
我国制糖的历史.袁翰青.化学通报,1955年8期505—511页
糖和蔗糖的制造在中国起于何时.吉敦谕.江汉学报,1962年9期48—49页
关于"蔗糖的制造在中国起于何时"——与吉敦谕先生商榷.吴德铎.江汉学报,1962年11期42—44页
糖辨.吉敦谕.社会科学战线,1980年4期181—186.明报月刊(香港),1981年16卷2期58—62页
从制糖史谈石密和冰糖.李治寰.历史研究,1981年2期146—154页
答《糖辨》——再与吉敦谕先生商榷.吴德铎.社会科学战线,1981年2期150—154页
谈蔗糖.刘广定.明报月刊(香港),1981年16卷7期67—68页
蔗糖的制造在中国始于何时?.季羡林.社会科学战线,1982年3期144—147页
老店新开的《糖辨》.吴德铎.明报月刊(香港),1982年17卷6期85—89页
《蔗糖史料真伪辨析》之辨析.吴德铎.明报月刊(香港),1982年17卷10期74—78页
我国古代蔗糖技术的发展.赵匡华.中国科技史料,

1985年6卷5期9—19页
唐宋时期的食糖及其生产制作工艺.陈传明,戴云.中国科技史料,1991年12卷3期3—8页
蔗糖在中国起始年代的辨析.刘士鉴.农业考古,1991年3期225—263页
制糖话史.杨东甫.文史知识,1992年1期51—55页
福建古代的制糖术与制糖业.徐晓望.海交史研究,1992年1期77—86页
《糖史》自序.季羡林.社会科学战线,1995年4期253—256页

宋代食盐生产及统制方法之研究.戴裔煊.中山文化季刊,1943年1卷2期233—243页
中国古代井盐生产技术史的初步探讨.白广美.清华大学学报 ,1962的9卷6期49—62页
李芝《盐井赋》初探.彭久松.文物,1977年1期74—79,16页.井盐史通讯,1977年2期25—33页
我国宋代井盐钻凿工艺的重要革新——四川卓筒井.刘春源等.文物,1977年12期66—73页
古代四川井盐生产中的化学成就.张学君.大自然探索,1982年1卷1期172—176页
清代云南井盐生产的历史画卷——《滇南盐法图》.吕长生.中国历史博物馆馆刊,1983年5期110—112,136页.井盐史通讯,1985年2期19—21页
关于汉画象砖"井火煮盐图"的商榷.白广美.自然科学史研究,1984年3卷1期24—30页
板晒海盐技术的发明与传播.郑志章.中国社会经济史研究,1984年3期122页
中国古代盐井考.白广美.自然科学史研究,1985年4卷2期172—185页.井盐史通讯,1985年2期2—10页
"筒井用水鞴法"解——北宋四川卓筒井工艺考索之三.彭久松.井盐史通讯,1985年2期11—18页
略论宋代海盐生产的技术进步——兼考《熬波图》的作者、时代与前身.郭正忠.浙江学刊,1985年4期36—43页
古代四川井盐生产中的物理学成就.张学君.盐业史研究,1986年1期108—116页
古代河东盐池天日晒盐法的形成及发展.张正明.盐业史研究,1986年1期117—122页
顿钻技术中的重要发明——转槽子.刘春全.盐业史研究,1986年1期122—124页
中国井盐开发史二三事——《中国科学技术史》补正.吴天颖.历史研究,1986年5期123—138页
中国古代海盐生产考.白广美 .盐业史研究,1988年1期49—63页
古代的解池与池盐生产.郭正忠.盐业史研究,1988年2期3—10页
井盐凿井技术是中国第五大发明.林元雄.盐业史研究,1988年2期42—51页
试论明代井盐钻井工艺的突破.钟长永.盐业史研究,1988年2期52—58页
论井盐输卤技术的发展.宋良曦.盐业史研究,1988年2期59—65页
早期顿钻凿井原理探索.刘春全.盐业史研究,1988年3期59—62,69页
卓筒井取水筒汲水原理初探.王世锋.盐业史研究,1988年3期63—69页
古今钻井工艺技术的对比与发展.李晓群.盐业史研究,1988年3期70—72,21页
川东、北井盐考察报告.白广美.自然科学史研究,1988年7卷3期263—272页
《新唐书·食货志》有关井盐记载释疑——兼与古贺登氏商榷.吴天颖.中国社会经济史研究,1988年4期12—23页
明代海盐制法考.刘淼.盐业史研究,1988年4期58—72页
我国海盐晒法究竟始于何时.郭正忠.福建论坛(文史哲版),1990年1期59—62页
明清时期的中国盐井采卤技术.宋良曦.中国科技史料,1990年11卷2期27—34页
盐板晒盐考.朱去非.盐业史研究,1990年3期13—15页
我国古代的井盐.何珍如.文史知识,1990年6期37—41页
古代山东食盐产地考略.张照东.盐业史研究,1991年1期40—45页
唐宋海盐制法考.朱去非.盐业史研究 ,1991年1期48—49,64页
早期顿钻凿井中水功用考.李晓群.盐业史研究,1991年3期36—39页
中国海盐生产史上三次重大技术革新.林树涵.中国科技史料,1992年13卷2期3—8页
从李冰"识齐水脉"开凿盐井到《四川盐法志》"看榜样"选定井位——关于先民对地下卤水资源规律的识察及其布井法的初探.刘德林.盐业史研究,

1992年3期24—32页

关于宋应星《天工开物》中“池盐”部分一些问题的辨识. 柴继光. 盐业史研究,1994年1期30—32页

彩绘扇面“河东盐池总图”考. 霍子江,李竹林. 盐业史研究,1994年1期54—55页

宋代福建食盐的生产. (日)河上光一 著. 君羊 译. 盐业史研究,1994年3期32—38页

川东并非世界最早的人工钻井地——兼谈川盐的起源问题. 徐朝鑫. 文史杂志,1994年3期40—41页

中国海盐科技史考略. 朱去非. 盐业史研究,1994年3期47—54页

火井王——磨子井探析. 刘德林. 盐业史研究,1994年3期55—61页

两淮制盐技术史话. 沈敏,卢正兴. 盐业史研究,1994年3期62—66页

海兴盐区制盐起源与技术进步初考. 雷祥澄. 盐业史研究 ,1994年3期67—69页

《中条山运盐古道考》质疑. 柴继光. 盐业史研究,1994年4期55—57页

《熬波图》的一考察. (日)吉田寅 著. 刘森 译. 盐业史研究,1995年4期43—56页

魏晋南北朝时期的海盐生产. 吉成名. 盐业史研究,1996年2期39—42页

中国古代的海盐生产技术. 吉成名. 文史知识,1996年2期51—53页

海盐盐田考. 吉成名. 盐业史研究,1996年4期63—66页

中国古代池盐生产技术. 吉成名. 文史知识,1996年4期79—81页

中国、德国古代输卤技术浅析. (德)Dr. Peter Piasecki等. 盐业史研究,1997年1期19—27页

汉唐时代的海盐生产. 马新. 盐业史研究,1997年2期10—18页

先秦至隋代食盐产地考略. 吉成名. 盐业史研究,1997年3期39—45页

六朝盐业考略. 卢海鸣. 盐业史研究,1997年3期46—48页

熬盐铁柈的制作及其起始年代. 华觉明. 中国科学史料,1997年18卷4期93—95页

中国古代所用颜料的产地. (日)米泽嘉圃 著. 于景让 译. 大陆杂志(台北),1960年19卷6期1—8页

中国古代颜料产地读后. 昭晴. 大陆杂志(台北),1960年19卷11期4页

豆腐考. 篠田统. 大陆杂志(台北),1971年42卷6期8—14页

四川的汲碱法. 《明报月刊》编辑部. 明报月刊(香港),1971年6卷6期51—53页

《齐民要术》中的黄衣、黄蒸和制酱. 卫民. 微生物学通报,1975年2卷1期1—2页

关于豆腐的起源问题. 袁翰青. 中国科技史料,1981年2卷2期84—86页

豆腐制造源流考. 曹元宇. 中国科技史料,1981年2卷4期69—71页

豆酱、面酱、酱油历史资料辑要. 张发柱. 中国酿造,1983年2卷1期43—44,42页,2期32—41页

皮蛋发明史初探. 曹元宇. 中国科技史料,1983年4卷3期36—37页

我国鱼酱起源初探. 洪光住. 中国酿造,1983年2卷3期43—45,31页

豆豉起源考. 洪光住. 中国酿造,1984年1期36页

我国新石器时代谷物加工方法演变试探. 马洪路. 农业考古,1984年2期90—98页

西汉京师粮仓储粮技术浅探. 呼林贵. 农业考古,1984年2期308—309页

气调贮藏的发明史. 闵宗殿. 农业考古,1984年2期310—311页

豆腐考. 洪光住. 中国酿造,1985年1期44—45页

豆豉的源流及其生产技术. 包启安. 中国酿造,1985年2期9—14,8页,3期18—24页

嘉峪关魏晋墓室“制醋”画砖辨. 牛龙菲. 中国农史,1985年53—54页

春秋战国时代的储冰及冷藏设施. 马世之. 中州学刊,1986年1期110—112页

中国原始烹饪述论. 吴诗池. 厦门大学学报(哲学社会科学版),1986年3期65—72页

从《齐民要术》看魏晋南北朝时期的烹饪技术. 穆祥桐. 农业考古,1987年2期369—373页

豆腐的起源与东传. 郭伯南. 农业考古,1987年2期373—377页

八公山豆腐. 卢苏. 农业考古,1987年2期378—381页

古抄本《看曲论》初探. 孟乃昌. 中国酿造,1987年4期29—34页

古抄本《看曲论》. 孟乃昌校点. 中国酿造,1987年5

期41—45页

我国古代饮料与冷冻食品探源.刘振亚,刘璞玉.古今农业,1989年2期40—44页

考古学古食谱研究方法与检讨.陈光祖.大陆杂志(台北),1990年80卷4期34—47页,5期39—48页,6期39—46页

唐宋食品贮存加工的技术类型与特色.陈伟明.中州学刊,1990年5期70—73页

豆腐起源于何时?.陈文华.农业考古,1991年1期245—248页

中国古代大豆的加工和食用.顾和平.中国农史,1992年1期84—86页

秦汉时期匈奴族提取植物色素技术考略.王至堂.自然科学史研究,1993年12卷4期355—359页.中国文化,1993年总8期120—122页

我国古代颜料初探.郎惠云等.文博,1994年3期76—79页

"河漏"探源.王至堂,王冠英.中国科技史料,1995年16卷4期84—91页

饸饹考.王至堂,王冠英.中国文化,1995年11期154—160页

甘肃东千佛洞二窟和七窟壁画使用颜料的研究.陈青等.文物保护与考古科学,1996年8卷1期9—16页

《食经》《食次》的作者和时代问题.缪启愉.古今农业,1996年3期33—40页

敦煌莫高窟出土蓝色颜料的研究.王进玉.考古,1996年3期74—80页

中国古代青金石颜料的电镜分析.王进玉.文物保护与考古科学,1997年9卷1期25—32页

中国早期紫色硅酸铜钡颜料.(美)Elisabeth West Fitz Hugh ,Lynda A.Zycherman 著.张志军 译.文博,1997年4期73—82页

《齐民要术》中制醋工艺研究.倪莉.自然科学史研究,1997年16卷4期357—367页

纺织与印染

纺 织

上海纺织之史话.郑逸梅.纺织染工程 ,1944年6卷17页

史前织布考.宝璋.纺织染工程,1946年8卷2期13页

中国蚕丝之沿革.陈介白.科学时报,1946年11卷5、6合期75—80页

蚕丝稽古.钱小云.蚕丝杂志,1947年1卷2期4—7页

中国古代的纺织技术.包宗福.纺织染,1948年2卷5期37—39页

从历史的看法蚕丝发明在殷代.周匡氏.蚕丝杂志,1948年2卷8期224页

略谈中国缫丝的起源.魏松卿.文物参考资料,1958年9期16页

战国秦汉时代纺织业技术的进步.孙毓棠.历史研究,1963年3期143—173页

云南西双版纳傣族的纺织技术——兼谈古代纺织的几个问题.宋兆麟.文物,1965年4期6—13页

我国古代蚕、桑、丝、绸的历史.夏鼐.考古,1972年2期12—27页

殷代的蚕桑和丝织.胡厚宣.文物,1972年11期2—7,36页

从考古发掘资料看新疆古代的棉花种植和纺织.沙比提.文物,1973年10期48—51页

释机杼縢椱——蚕桑丝织杂考之(7).邹景衡.大陆杂志(台北),1974年49卷2期1—23页

蚕桑丝织杂考(8)(9)——释壬南嵩寻,释工互.邹景衡.大陆杂志(台北),1976年52卷1期13—35页,53卷2期1—14页

释己(Lease)——蚕桑丝织杂考之十一.邹景衡.大陆杂志(台北),1977年54卷1期1—6页

释冬、蛮、杓、槭——蚕桑丝织杂考(12).邹景衡.大陆杂志(台北),1978年56卷2期1—6页

释弄瓦——蚕桑丝织杂考之(13).邹景衡.史学汇刊(台北),1978年9期211—222页

释"岛夷卉服,厥篚织贝"——兼谈南方少数民族对我国古代纺织业的贡献.容观琼.中央民族学院学报,1979年3期56—60,76页

从台西村出土的商代织物和纺织工具谈当时的纺织.王若愚.文物,1979年6期49—53页

释檿丝,檿丝——蚕桑丝织杂考之(15).邹景衡.大陆杂志(台北),1980年60卷3期7—13页

我国最早的棉布并非始于元代.熊永忠.社会科学战线,1983年3期108页

中国古代纺织生产中的"梱"和"贯".赵承泽.自然科学史研究,1984年3卷1期61—67页

略述我国古代的纱织物.李英华.故宫博物院院刊,1984年2期85—88页

明清宋锦.陈娟娟.故宫博物院院刊,1984年4期15—25页

从吐鲁番出土的衣物疏看十六国和曲氏高昌时期的纺织品.孔祥星.中国历史博物馆馆刊,1984年总6期52—60页

吐鲁番出土蜀锦的研究.武敏.文物,1984年6期70—80页

古代绫织物的起源及演变.李英华.故宫博物院院刊,1985年1期74—77页

新疆出土的地毯研究.贾应逸.考古与文物,1985年2期82—86页

新疆丝织技艺的起源及其特点.贾应逸.考古,1985年2期173—181,148页

论明清苏州丝织手工业.段本洛.苏州大学学报(哲学社会科学版),1985年4期1—8页

中国古代绞缬工艺.王矜.考古与文物,1986年1期74—88页

浅谈甘肃、新疆发现的隋唐丝织品.宋伟.北方文物,1986年3期33—36页

明代提花纱、罗、缎织物研究.陈娟娟.故宫博物院院刊,1986年4期79—86,94页.1987年2期78—87页

论明末清初苏松地区的棉纺织手工业.段本洛.苏州大学学报(哲学社会科学版),1986年4期127—133页

福建古代纺织纵横谈.严晓辉,林中干.福建史志,1987年2期57—62页

关于汉代缟缣绢纨的一些问题.赵承泽.自然科学史研究,1987年6卷4期358—361页

《诗经》与丝绸.黄仁钰.中南民族学院学报(哲学社会科学版),1988年3期117—122页

谈妆花织物与挂经织物.张宏源.故宫博物院院刊,1988年4期85—89,21页

敦煌文物中的纺织技艺.王进玉,赵丰.敦煌研究,1989年4期99—105页

马山一号楚墓所出绦带的织法及其技术渊源.赵丰.考古,1989年8期745—750页

明代的纺织技术.胡湘生.文史知识,1989年10期51—54页

土家族纺织历史及其织锦风格、特点探微.邵树清.中南民族学院学报(哲学社会科学版)1990年1期42—47页

中国少数民族蚕丝技术源流.蒋猷龙,梁加龙.农业考古,1990年1期315—324页

古代中国丝绸发展史综论——中国丝绸史研究之一.王翔.苏州大学学报(哲学社会科学版),1990年3期92—102页

说锦.胡湘生.文史知识,1990年8期35—39页

"料丝"——明代我国生产的一种玻璃纤维布.张江华.中国科技史料,1991年12卷4期80—84页

宋代麻纺织业的发展.陶绪.史学月刊,1991年6期25—28页

都兰出土丝织品初探.许新国,赵丰.中国历史博物馆馆刊,1991年15、16合期63—81页

发绣丛谈.阮卫萍.故宫博物院院刊,1992年1期82—85页

古代最早的丝织业中心:谈齐国"冠带衣履天下".于孔宝.管子学刊,1992年2期55—62页

檾与莔——苘麻与贝母——澄清中国古代纺织和药物史上的一个问题.马里千.古今农业,1992年4期31—33页

中国蚕桑丝织的起源初探.陈炳应.西北史地,1993年1期1—8页

宋元福建植棉纺织科学技术初探.贺威.福建史志,1993年1期49—52页

中国丝织技术起始时代初探——兼论中国养蚕起始时代问题.卫斯.中国农史,1993年2期86—92页

浅谈周秦丝绸.孙玉琳.文博,1993年6期43—46页

论唐代丝绸的风格特色与技术成就.钱小萍.人文杂志,1993年增刊150—153页

新疆近年出土毛织品研究.武敏.西域研究,1994年1期1—13页

丝绸之路上的刺绣与缂丝.孙佩兰.西域研究,1995年2期54—61页

元代的织金锦.尚刚.传统文化与现代化,1995年6期63—71页

黑龙江省阿城金代齐国王墓出土织金锦的初步研究.郝思德等.北方文物,1997年4期32—42页

印染

中国古代染事考.吴安信.齐大月刊,1931年1卷8期741—754页

从文字学上考见古代辨色本能与染色技术.胡朴安.学林,1941年3辑53—67页

谈染缬——蓝底白印花布的历史发展.沈从文.文物参考资料,1958年9期13—15页

吐鲁番出土丝织物中的唐代印染.武敏.文物,1973年10期37—47页

唐代的夹版印花——夹缬——吐鲁番出土印花丝织物的再研究.武敏.文物,1979年8期40—49页

古代织物的印染加工.高蔼贞.故宫博物院院刊,1985年2期79—88页

《天工开物》彰施篇中的染料和染色.赵丰.农业考古,1987年1期354—358页

唐代染织工艺的特色.林淑心.国立历史博物馆馆刊(台北),1988年2卷6期101—108页

《多能鄙事》染色法初探.赵丰.东南文化,1991年1期72—78页

汉代织、绣品朱砂染色工艺初探.王㐨.传统文化与现代化,1994年6期51—57页

试论西南古代蜡染.刘恩元等.贵州文史丛刊,1995年5期32—36页

古代织品染料的分析.张雪莲等.文物保护与考古科学,1996年8卷1期1—8页

纺织机械

试论宋元明三代棉纺织生产工具发展的历史过程.史宏达.历史研究,1957年4期19—42页

世界上最早的水力纺绩车——水转大纺车.李崇洲.文物,1959年12期29—30页

从汉画像石探索汉代织机构造.宋伯胤,黎忠义.文物,1962年3期25—30页

列女传织具考——蚕桑丝织杂考之六.邹景衡.大陆杂志(台北),1972年45卷5期1—20页

我国古代的脚踏纺车.李崇州.文物,1977年12期73—76页

纺轮与纺专.王若愚.文物,1980年3期75—77页

我国水转大纺车的结构特点和演变过程.祝大震.中国科技史料,1985年6卷5期20—23,62页

从民族学资料看远古纺轮的形制.宋兆麟.中国历史博物馆馆刊,1986年8期3—9页

八角星纹与史前织机.王㐨.中国文化,1990年总2期84—94页

踏板立机研究.赵丰.自然科学史研究,1994年13卷2期145—154页

论新石器时代的纺轮及其纹饰的文化涵义.刘昭瑞.中国文化,1995年11期144—153页

汉代踏板织机的复原研究.赵丰.文物,1996年5期87—95页

古代的梭子.戴吾三.文史知识,1997年4期76—77页

古籍整理与研究

荀子蚕赋,王逸机赋笺释——蚕桑丝织杂考(14).邹景衡.大陆杂志(台北),1978年57卷2期1—8页

豳风七月蚕事今笺——蚕桑丝织杂考(17).邹景衡.大陆杂志(台北),1980年61卷2期1—9页

宋《蚕织图》卷初探.林桂英,刘锋彤.文物,1984年10期31—33,39页

我国最早记录蚕织生产技术和以劳动妇女为主的画卷——介绍八百年前宋人绘制的《蚕织图》.林桂英.农业考古,1986年1期341—344,395页

《蚕织图》的版本及所见南宋蚕织技术.赵丰.农业考古,1986年1期345—359页

《敬姜说织》与双轴织机.赵丰.中国科技史料,1991年12卷1期63—67页

清代染织专著《布经》考.李斌.东南文化,1991年1

期79—86页

楼琦《耕织图》与耕织技术发展.臧军.中国农史,1992年4期77—85页

《耕织图》与蚕织文化.臧军.东南文化,1993年3期79—85页

造纸与印刷

造　纸

中国制纸与印刷沿革考.张曼陀.史地丛刊,1933年1期1—8页

中国造纸术的发明.Thomas.Francis.Carter 著.张德昌 译.清华周刊,1933年39卷9期902—906页

毛边纸及毛太纸之小考证.纵横.艺文印刷月刊,1937年1卷6期37页

论中国造纸术之原始.劳干.国立中央研究院历史语言研究所集刊,1948年第十九本489—498页

"论中国造纸术之原始"后记.周法高.国立中央研究院历史语言研究所集刊,1948年第十九本499—500页

造纸在我国的发展和起源.袁翰青.科学通报,1954年12期62—72页

对于"造纸在我国的起源和发展"一文的一点意见.季羡林.科学通报,1955年2期81页

"关于造纸在我国的发展和起源"的问题.张德钧.科学通报,1955年10期85—88,11页

隋唐时代的造纸.王明.考古学报,1956年1期115—126页

谈宋代以前的造纸术.石谷风.文物,1959年1期33—35页

中国古代的树皮布文化与造纸术发明.凌纯声.中央研究院民族学研究所集刊(台北),1962年11期1—49页(图版2)

世界上最早的植物纤维纸.潘吉星.文物,1964年11期48—49页.化学通报,1974年5期45—47页

敦煌石室写经纸的研究.潘吉星.文物,1966年3期39—47页

中国对造纸术及印刷术的贡献.钱存训 著.马泰来译.明报月刊(香港),1972年7卷12期2—7页

关于造纸术的起源——中国古代造纸技术史专题研究之一.潘吉星.文物,1973年9期45—51页

新疆出土古纸研究——中国古代造纸技术史专题研究之二.潘吉星.文物,1973年10期52—60页

中国古代的造纸原料.钱存训 著.马泰来 译.香港中文大学中国文化研究所学报(香港),1974年7卷1期27—39页

传宋徽宗摹张萱《捣练图》有关考察.(日)五味充子著.蔡置 译.明报月刊(香港),1974年9卷2期57—61页

什么是捣练.庄申.明报月刊(香港),1974年9卷2期62—63页

再论"蔡侯纸"以前之纸.苏莹辉.大陆杂志(台北),1974年49卷3期10—14页

谈世界上最早的植物纤维纸.潘吉星.化学通报,1974年5期45—47,44页

故宫博物院藏若干古代法书用纸之研究——中国古代造纸技术史专题研究之三.潘吉星.文物,1975年10期84—88页

我国古纸的初步研究.刘仁庆,胡玉熹.文物,1976年5期74—79页

对明清时期防蠹纸的研究.中国历史博物馆防蠹纸研究小组.文物,1977年1期47—50页

从出土古纸的模拟实验看汉代造麻纸技术——中国古代造纸技术史专题研究之四.潘吉星.文物,1977年1期51—58页

谈旱滩坡东汉墓出土的麻纸.潘吉星.文物,1977年1期62—63页

谁发明纸?.吴梓林.思想战线,1977年6期58—59,92页

书籍、文房、装饰用纸考略.钱存训.香港中文大学中国文化研究所学报(香港),1978年9卷1期87—98页

中国古代加工纸十种——中国古代造纸技术史专题研究之五.潘吉星.文物,1979年2期38—48页

喜看陕西省扶风县中颜村西汉窖藏出土麻纸.潘吉星.文物,1979年9期21页

瑞光寺塔古经纸的研究.许鸣岐.文物,1979年11期

34—39页

从几种汉纸的分析鉴定试论我国造纸术的发明.王菊华,李玉华.文物,1980年1期78—85页

中国的宣纸.潘吉星.中国科技史料,1980年1卷2期99—100页

中国古代造纸纤维之初步探讨.魏良荣.故宫季刊(台北),1981年15卷4期113—122页

用科学的历史观点研究和解释纸史.戴家璋.中国造纸,1983年1期55页

何谓纸?中国造纸史上的"古纸"与"今纸".毕青.中国造纸,1983年2卷1期56—58页

开展造纸技术史研究雏议.李嘉友.中国造纸,1983年4期56—57页

谈纸素分家——蔡伦造纸前后书写材料名称含义的演变.晨阳,毕青.中国造纸,1983年4期58—59,57页

蔡伦造纸始于鱼网.任珍.中国造纸,1983年4期61页

造纸起源争鸣记.刘仁庆.中国科技史料,1983年4卷4期67—70页

试论什么是发明——纸不是蔡伦发明的吗?.刘希武.中国造纸,1983年6期49—50页

世界上最早的水印纸.陈学敏.中国造纸,1983年6期54页

试论"霸桥纸"断代.荣元恺.中国造纸,1984年2期61—62页

蔡伦发明造纸的历史不能否定.韦承兴.中国造纸,1984年2期57—60页,4期58—61页

印度戈塞维"造纸术始于印度"之说毫无根据.(英)J.P.罗斯提(Losty)著.晨阳 译.中国造纸,1984年4期63,45页

宣纸的源流与特色.刘仁庆.中国科技史料,1984年5卷4期34—39页

谈我国古代造纸术的发明.田雨.史学月刊,1984年5期104—105页

浅论造纸发明权的归属.马咏春.中国造纸,1984年6期55—58页

再论所谓西汉"灞桥纸".金铁僧.中国造纸,1984年6期59页

纸帘水印纸与加工的水纹纸.荣元恺.中国造纸,1984年6期60页

从造纸术的发明看古代重大技术发明的一般模式.刘青峰,金观涛.大自然探索,1985年4卷1期163—169页

《从考古新发现看造纸术起源》读后感.韦承兴.中国造纸,1985年4期59—61页

从蔡伦墓新出土文物看所谓"灞桥西汉纸".段纪纲.中国造纸,1985年4期62页

中国发明造纸和印刷术比欧洲要早的因素.钱存训著.金永华 译.明报月刊(香港),1985年20卷6期69—72页

浅论纸的定义与"古纸"、"今纸"的区别.黄河.纸史研究专刊(一),1985年12月7—9,21页

蔡伦发明造纸术的历史不容否定.韦承兴.纸史研究专刊(一),1985年12月10—21页

论陕甘出土古纸碎片之由来.毛乃琅.纸史研究专刊(一),1985年12月27—30,60页

再论"灞桥纸"不是纸.王菊华,李玉华.纸史研究专刊(一),1985年12月31—34,62页

蔡伦作纸是造纸史上的里程碑——评《起源》、《史稿》两篇著作的有关论点.马咏春.纸史研究 专刊(一) 1985年12月35—40页

蔡伦造纸术考证.郭新成.纸史研究专刊(一),1985年12月41—44页

浅论"灞桥纸"断代.杨成敏.纸史研究专刊(一),1985年12月45—48页

"左"的影响是否介入了造纸发明权之争?.周犁.中国造纸,1985年6期58—59页.纸史研究专刊(一),1985年12月49—50,26页

从古纸断代到科学实践.荣元恺.纸史研究专刊(一),1985年12月51—52页

从考古新发现看造纸术起源.潘吉星.纸史研究专刊(一),1985年12月53—57页.中国造纸,1985年2期56—59页

驳造纸术最早始于印度说.荣元恺.纸史研究 专刊(一),1985年12月58—60页

华夏"图书之府"与八闽古代造纸.周志艺.纸史研究专刊(一),1985年12月70—72页

中国的宣纸.吴世新.文献,1986年1期257—263页

蔡伦发明造纸历史记载的真实性.陈启新.纸史研究,1986年2期3—10页

伦功难泯维国尊——兼揭所谓灞桥纸公之于世的内幕.宗实.纸史研究,1986年2期11—13页,48页

"蔡伦造纸法质疑"考译.郭新成.纸史研究,1986年2期15—17页

浅议"马圈湾西汉纸"假说并提问.郑啸,袁城.纸史

研究,1986 年 2 期 17—18 页.中国造纸,1986 年 4 期 62—63 页

光武迁都,车上装的是什么——谈谈文献记载中蔡伦前的纸.段纪纲.纸史研究 ,1986 年 2 期 20—22 页

“西汉古纸”的分析鉴定应以谁为准.李仲凯.纸史研究,1986 年 2 期 23—24 页

中国明清造纸生产方式略论.胡东光.纸史研究,1986 年 2 期 25—29 页

家庭及日常用纸探源.钱存训 著.奚刚 译.纸史研究,1986 年 2 期 30—39 页.中国造纸,1986 年 4 期 58—61 页,6 期 63—66 页,62 页.明报月刊(香港),1986 年 21 卷 9 期 74—77 页,10 期 99—100 页

试论宣纸源于徽纸.曹天生.纸史研究,1986 年 2 期 42—44 页

蔡伦发明造纸的历史定论应该维护.陈启新.中国造纸,1986 年 2 期 60—64 页

纸.胡恩厚.科学技术与辩证法,1986 年 2 期 82—84 页

驳考赛维所谓“造纸术是印度最先发明”说.张毅,梁自华.纸史研究 ,1986 年 3 期 6—11 页

关于马圈湾纸是唐纸的分析论证.荣元恺.纸史研究,1986 年 3 期 12—15 页

岁供纸墨的“纸”.安嘉麟.纸史研究,1986 年 3 期 16—17,15 页

“纸”字的考证——兼与潘吉星先生商榷.马咏春.纸史研究 ,1986 年 3 期 18—21 页,24 页

蔡伦发明造纸的历史不容置疑.衡翼汤.纸史研究,1986 年 3 期 22—24 页

蔡伦以前没有植物纤维纸之论证.李钟凯.纸史研究,1986 年 3 期 25—26 页

通力合作编写好我国的科学造纸史.吕作燮.纸史研究,1986 年 3 期 27—34 页

是学术争论,还是拨乱反正.赫志.纸史研究,1986 年 3 期 35—37 页

折衷主义否定不了历史定论.韦承兴.纸史研究,1986 年 3 期 38—41 页

丰碑的危机——兼评《众手筑起的丰碑》.段纪纲.纸史研究,1986 年 3 期 42—44 页

山东手工纸概况古今漫谈.郭兴鲁.纸史研究 ,1986 年 3 期 51—53 页

论皖南造纸业的历史成就及其成因.曹天生,尹百川.纸史研究 ,1986 年 3 期 54—59 页

从纸史讨论中想到的几个问题.吕作燮.中国造纸,1986 年 6 期 59—62 页

蔡伦发明造纸术有充分历史根据.张秀铫.中国造纸,1987 年 2 期 62—64 页

关于马圈湾纸是唐纸的分析论证.荣元恺.中国造纸,1987 年 2 期 64—67 页

小岭宣纸发展史初探.曹天生等.安徽史学,1987 年 4 期 23 页

驳印度学者 P.K 考赛维所谓的“印度在公元前 327 年即发明造纸术”说.张毅,梁自华.中国造纸,1987 年 4 期 70—72 页

中外学者先后著文一致指出考赛维所谓“印度最先发明造纸”说毫无根据.钟奎.中国造纸,1987 年 4 期 73—74 页

还“灞桥纸”的本来面目.陈启新.中国造纸 1987 年 6 期 63—68 页

北京手工造纸业起源史考证.韦承兴.中国造纸,1988 年 2 期 65—67 页

《蔡伦传》因发明造纸之功而立.陈启新 .中国造纸,1988 年 4 期 63—66 页

《庄子》“洴澼絖”即造纸说辨误.李星.中国造纸,1988 年 4 期 67—68 页

略论我国古代造纸技术成就对当今造纸业的贡献.韦承兴.纸史研究,1988 年 5 期 2—9 页

试论竹纸始于何年代?.寿汉伟.纸史研究,1988 年 5 期 25—27 页

构树皮造纸史话.李钟凯.纸史研究,1988 年 5 期 29—35 页

浙江古代造纸术发展史(初稿).陈志蔚,谢崇恺.纸史研究,1988 年 5 期 44—50 页

纸药——发明造纸术中决定性的关键.荣元恺.中国造纸,1988 年 6 期 64—66 页.纸史研究,1989 年 6 期 55—57 页

剡藤纸刍议.张秀铫.中国造纸,1988 年 6 期 61—63 页

中国书画用纸的演变.陈志蔚,谢崇恺.中国造纸,1989 年 2 期 65—67 页,4 期 66—67 页.纸史研究,1989 年 6 期 47—54 页

开展海峡两岸科技史、纸史研究交流.李星.中国造纸,1989 年 2 期 70—71 页

天水放马滩的几项重大考古发现.程真.中国科技史料,1989 年 10 卷 3 期 38 页

灞桥纸不是西汉植物纤维纸吗?.潘吉星.自然科学史研究,1989年8卷4期361—376页.纸史研究,1990年7期69—75,66页

"西汉有纸"报道.科学证据不足.陈启新.纸史研究,1989年6期2—15页.中国造纸,1989年6期64—68,29页.1990年2期64—66页

"历史家"的历史观.马咏春,王彦文.纸史研究,1989年6期16—19页

再给"灞桥纸"亮亮相.段纪纲.纸史研究,1989年6期20—23页

纸起源于蔡伦之前吗?(附潘吉星讲演).小林良生.纸史研究,1989年6期26—31页

桑皮造纸史话.李钟凯.纸史研究,1989年6期38—46页.中国造纸,1990年2期67—69页.1991年2期61—63页

八闽古代纸被、纸帐小考.周志艺 .纸史研究,1989年6期58—60页

宣纸史实与泾县宣纸考.曹劲搏,黄元庆.纸史研究,1989年6期61—65页

江苏古代造纸史话.荣元恺.纸史研究,1989年6期66—72,封三

中国楮皮纸的历史及其制造技术.潘吉星.中国历史博物馆馆刊,1989年总12期90—95页

关于"灞桥纸"与中国古代造纸术之我见——兼与潘吉星先生商榷.戴家璋.中国造纸,1990年4期63—70页.纸史研究,1990年7期5—15页

出土类纸物不是蔡伦发明以前之纸.陈启新,李新国.中国造纸,1990年6期64—70页

评"州官放火".马咏春.纸史研究,1990年7期16—24页

"灞桥纸"的虚假性毋容置疑——答《"灞桥纸"不是西汉植物纤维纸吗?》的作者.段纪纲.纸史研究,1990年7期25—32页

潘吉星先生的新奇何以不达? 曹天生.纸史研究,1990年7期33—36页

再论蔡伦发明造纸的历史定论不能否定.韦承兴.纸史研究,1990年7期37—43页

"西汉已有植物纤维纸之说"不能成立.王菊华,李玉华.纸史研究,1990年7期47—51页

天水放马滩汉墓"纸质地图"质疑.顾音海.纸史研究,1990年7期52—55页

关于蔡伦造纸术发明的论证图示——兼论纸史争论中的几个科学概念问题.李星.纸史研究,1990年7期56—64,46页

剖析"灞桥纸的确凿证据"——兼评国外的古纸鉴定.荣元恺.纸史研究,1990年7期67—68页

从王充《论衡》考证表明东汉以前没有植物纤维纸.钟奎.中国造纸,1991年2期65—66页

再谈"灞桥纸"是废麻絮的真象——与潘吉星先生再商榷.戴家璋.中国造纸,1991年4期63—68页

试从考古角度看几种所谓西汉纸的发掘与断代.徐国旺.中国造纸,1991年6期61—64页

宣纸起源与小岭宣纸史考.曹天生.中国造纸,1991年6期64—66页.1992年2期65—67页,53页

巴尔扎克笔下的《天工开物》.潘吉星.大自然探索,1992年11卷3期121—125页

就敦煌悬泉置出土有字"西汉纸"的报道海峡两岸舆论纷纷质疑.钟逵.中国造纸,1992年4期67—68页

《蔡伦传》源于《东观汉记》.陈启新.中国造纸,1992年4期68—70页

悬泉置出土墨迹残纸为东汉以后之书信.陈启新.中国造纸,1992年6期65—67页

燧石越敲打越闪亮"西汉已有植物纤维纸说"为何得不到世界公认?.马咏春,钟逵.中国造纸,1992年6期68—70页

关于悬泉遗址出土残纸质疑.陶喻之.中国造纸,1993年2期65—67页

"赫蹏"不是植物纤维纸.钟时.中国造纸,1993年2期68—69页

这是王莽时期的残纸吗?.潘德熙.中国造纸,1993年4期63—65页

薛涛笺在中唐时期对四川造纸业的影响与贡献.邓剑鸣.中国造纸,1993年6期62—65页

谢景初和"谢公笺"——兼与陈大川先生商榷.周秉谦.中国造纸,1993年6期66—68页

西藏传统造纸史考略.房建昌.中国造纸,1994年2期62—66页

历史上西藏造纸业考略.房建昌.中国历史地理论丛,1994年4期133—145页

试论遗址动态分析及考古学相关性研究对"西汉古纸"的再认识.陶喻之.中国造纸,1994年6期67—71页

从圆筒侧理纸的制造到圆网造纸机的发明.潘吉星.文物,1994年7期91—93页

试论纸和造纸术在新疆的传播.王茜.中央民族大学

学报,1995年2期36—40,63页

"卫太子持纸蔽鼻"辨伪.陈启新.中国造纸,1995年2期60—63页

探讨"富阳纸"的起源及其他.缪大经.中国造纸,1995年2期63—64页

对《中国造纸技术史稿》中涉及藏、维、蒙、党项四族部分之我见.房建昌.中国造纸,1995年4期63—66页

从历代蒙书与字书证实蔡伦发明造纸.陈启新.中国造纸,1995年6期63—66页

谈谈古宣纸与今宣纸.钟实.中国造纸,1995年6期67,56页

冥纸源流考.陈启新.纸史研究,1995年总13期7—15页

唐代薛涛笺的再探讨和补遗.荣元恺.纸史研究,1995年总13期18—19页

云南少数民族古代造纸源流初探.王诗文.纸史研究,1995年总13期38—43页

冥纸史考.陈启新.中国纸史,1996年2期75—79页

对《笺纸谱》不是元代费著所作的探讨.陈启新.中国造纸,1996年4期66—68页

草浆纸史溯古今.荣元恺.纸史研究,1996年总14期25—26页

也谈从考古新发现看造纸术的起源.陶喻之.纸史研究,1996年总15期4—27页

中国传统竹纸的历史回顾及其生产技术特点的探讨.王诗文.纸史研究,1996年总15期34—40页

蔡伦与造纸术关系的探讨.黄天佑.纸史研究,1996年总15期45—46页

云南少数民族的造纸与印刷技术.李晓岑.中国科技史料,1997年18卷1期3—11页

古纸研究与考古学实践.陈淳.中国造纸,1997年2期67—72页

完善古纸研究的考古学范例.陈淳.中国造纸,1997年16卷4期66—69页

水碓打浆史考.陈启新.中国造纸,1997年4期70—71页

印刷

中国印刷术发明述略.(荷兰)戴闻达(J. J. L. Duyvendak)著.张荫麟 译.学衡,1926年58期1—11页

中国印刷术沿革史略.贺圣鼐.东方杂志,1928年25卷18期59—70页

中国雕版印刷术之全盛时期.向达 译.图书馆学季刊,1931年5卷3、4合期367—392页

中国印刷起源.(日)藤田丰八 著.杨维新 译.图书馆学季刊,1932年6卷2期249—253页

中国的印刷.王云五.文化建设,1934年1卷1期195—199页

中国印刷术与谷登堡.香冰.科学的中国,1934年4卷5期13—16页

中国雕版印刷术发轫考.蒋元卿.安大季刊,1936年1卷2期145—158页

中国印刷术的沿革.刘龙光.艺文印刷月刊,1937年1卷1期11—18页,2期40—43页

唐代雕版术之兴起.钱穆.责善半月刊,1941年2卷18期21—22页

中国活字印刷术之检讨.恒慕义(Arthur. W. Hummel)著.刘修业 译.图书季刊,1948年新9卷1、2合期67—70页

中国的印刷术.昌彼得.大陆杂志(台北),1951年2卷3期

唐代以前有无雕版印刷.李书华.大陆杂志(台北),1957年14卷4期1—7页

中国活字印刷术的发明和发展.傅振伦.史学月刊,1957年8期3—7页

印刷发明的时期问题.李书华.大陆杂志(台北),1959年17卷5期1—6页,12—16页

五代时期的印刷.李书华.大陆杂志(台北),1961年21卷3期1—9页

南宋的雕版印刷.宿白.文物,1962年1期15—28页

清代的铜活字.张秀民.文物,1962年1期49—53页

唐代后期的印刷.李书华.清华学报(庆祝梅校长贻琦七十寿辰)(台北),1962年2卷2期18—32页图版4

明清时期安徽的雕版印刷工艺.陆凤台.江海学刊,1963年1期55—58页

印文陶的花纹及文字与印刷术发明.凌纯声.中央研

究院民族学研究所集刊(台北),1963年15期1—64页图版14
宋代佛教对中国印刷及造纸之贡献.方豪.大陆杂志(台北),1970年41卷4期15—23页
套色版印刷的发明与发展.燕义权.明报月刊(香港),1974年9卷9期41—48页
印刷术的由来.秦功.自然辩证法杂志,1976年2期185—197页
五代吴越国的印刷.张秀民.文物,1978年12期74—76页
关于翟金生的“泥活字”问题的初步研究.张秉伦.文物,1979年10期90—92页
毕升活字胶泥为六一泥考.冯汉镛.文史哲,1983年3期84—85页
笔谈山西应县木塔辽代文物.任继愈等.中国历史博物馆馆刊,1983年总5期3—17页
中国古代活字版印刷术.吴哲夫.故宫文物月刊(台北),1984年2卷4期122—127页
陕西雕版源流考.鲁深.人文杂志,1985年4期95—99页
印刷术.胡恩厚.科学、技术与辩证法,1986年1期53—54,83页
关于翟氏泥活字的制造工艺问题.张秉伦.自然科学史研究,1986年5卷1期64—67页
再论印刷术的创始年代.罗继祖.社会科学辑刊,1986年4期78页
略论西藏古代印刷和印经院.宋晓嵇.中央民族学院学报,1987年1期42—43页
宋代活字印刷的发展.黄宽重.国立中央图书馆馆刊(台北),1987年20卷2期1—10页
早期活字印刷术的实物见证——温州市白象塔出土北宋佛经残叶介绍.金柏东.文物,1987年5期15—18页
应县木塔所发现的北宋早期印刷品.郑恩淮.文献,1988年1期215—219页
雕版印刷术中的蜡版.杨倩描.中国科技史料,1988年9卷3期26页
有关中国印刷术的起源.(日)神田喜一郎 著.高燕秀 译.故宫文物月刊(台北),1988年6卷3期44—49页,4期62—66页
中国雕版印刷技术杂谈.钱存训.明报月刊(香港),1988年23卷5期103—108页
四百周年——澳门印刷业.文德泉(P. Manuel Teixeira) 著.译者不详.文化杂志(中文版)(澳门),1988年6期3—8页
关于雕版印刷始于唐朝前期的考证.季顿宇 著,王复山 译.文化杂志(中文版)(澳门),1988年6期15—20页
试述中国雕版印刷术发明的条件和时间.陈富良.东南文化,1988年6期138—141页
对《早期活字印刷术的实物见证》一文的商榷.刘云.文物,1988年10期95—96页
雕版印刷在京华.(英)哈利威尔 撰.潘汉光 译.明报月刊(香港),1988年23卷11期96—97页
中国的传统印刷术.钱存训 著.高祀熹 译.故宫文物月刊(台北),1988年5卷11期110—117页
中国印刷版权的起源.潘铭桑.明报月刊(香港),1989年24卷1期96—98页
徽墨印版雕刻评介.徐子超.江淮论坛,1989年3期99—104页
泥活字印刷的模拟实验.张秉伦,刘云.自然科学史研究,1989年8卷3期293—296页
雕版印刷始于唐初贞观说的两个论据驳议.赵永东.南开学报(哲学社会科学版),1989年6期48—55页
敦煌研究院藏的回鹘文木活字——兼谈木活字的发明.杨富学.敦煌研究,1990年2期34—37页
翟氏泥活字制造工艺研究及泥活字印刷术模拟实验.刘云,林碧霞.文物,1990年11期91—96页
唐都长安是中国雕版印刷术的发源地.朱晓秋.西北大学学报(哲学社会科学版),1991年1期110—111页
印刷术在中国传统文化中的作用.(美)钱存训.文献,1991年2期148—159页
清吕抚活字泥板印书工艺.白莉蓉.文献,1992年2期242—251页
记清内府“套印本”——兼述古代套印技术的后期发展.朱赛虹.故宫博物院院刊,1992年4期63—69页
谈美国普林斯顿大学藏木活字本《大方广佛华严经》.曹淑文,何义壮.文物,1992年4期87—89页
徽州仇姓刻工刻书考录.李国庆.江淮论坛,1992年5期102—106页
陕西对中国古代出版事业的贡献.鲁深.陕西师大学报(哲学社会科学版),1993年1期99—103页
藏文雕版印刷浅探.彭学云.西藏研究,1993年1期

139—141,138页

活字印盔考.周广学.中国科技史料,1993年14卷3期91—95页

从活字结构与固定活字方法看活字印刷的发展.成绳伯.自然辩证法通讯,1993年15卷5期62—63页

雕版印刷起源说略.曹之.传统文化与现代化,1994年1期87—91页

试说唐代印刷术的几个问题.朱晓秋.西北大学学报(自然科学版),1994年24卷2期171—174页

雕版印刷起源问题新论.章宏伟.东南文化,1994年4期135—140页

"刊章"考辨——兼评印刷术起源于东汉说.李崇智.中国科技史料,1995年16卷3期77—83页

元代活字印刷漫谈.邓瑞全.中国典籍与文化,1996年2期30—34页

三答《英山毕昇墓碑再质疑》.孙启康.江汉考古,1996年4期87—90页

西夏雕版印刷初探.白滨.文献,1996年4期163—177页

印刷术的起源地:韩国还是中国?.潘吉星.自然科学史研究,1997年16卷1期50—68页

建　筑

总　论

佛教对于中国建筑之影响.刘敦桢.科学,1928年13卷4期506—513页

论中国建筑之几个特征.林徽音.中国营造学社汇刊,1932年3卷1期163—179页

明代营造史料.单士元.中国营造学社汇刊,1933年4卷1期116—137页,2期88—99页.1934年4卷3、4合期259—269页,5卷1期77—84页,2期116—126页,3期111—138页

云冈石窟中所表现的北魏建筑(附图).林徽音等.中国营造学社汇刊,1934年4卷3、4合期171—218页

中国建筑之特征及其演变.王璞子.中和,1940年1卷2期37—63页

中国建筑史概论.福开森 著.毛心一 译.说文月刊,1940年2卷4期87—96页

中国建筑简史.毛心一,金渚哨.说文月刊,1940年2卷8期73—108页

从北京之沿革观察中国建筑之进化.楚金.中和,1941年2卷8期2—19页

我国伟大的建筑传统与遗产.梁思成.文物参考资料,1951年2卷2期6—19页

敦煌壁画中所见的中国古代建筑.梁思成.文物参考资料,1951年2卷5期1—48页

殷代地上建筑复原之一例——考工记夏后氏世室的讨论.石璋如.国立中央研究院院刊(台北),1954年1辑267—280页

中国建筑发展的历史阶段.梁思成等.建筑学报,1954年2期108—121页

关于汉代建筑的几个重要发现.陈明达.文物参考资料 ,1954年9期91—94页

中国建筑概说.陈明达.文物参考资料,1958年3期14—25页

《中国建筑概说》一文的缺点和错误.哲敏.文物参考资料,1958年8期67—68页

四川唐代摩崖中反映的建筑形式.辜其一.文物,1961年11期61—69页

从建筑史的角度谈建筑理论中的几个问题.鲍鼎.建筑学报,1961年12期1—4页

敦煌莫高窟北朝壁画中的建筑.肖默.考古,1972年2期109—120页

和林格尔汉墓壁画中所见的一些古建筑.罗哲文.文物,1974年1期31—37页

仰韶文化居住建筑发展问题的探讨.杨鸿勋.考古学报,1975年1期39—71页

笔谈我国古代科学技术成就——自成体系的我国古代建筑.杨鸿勋,茅以升.文物,1978年1期64—65页

王希孟《千里江山图》中的北宋建筑.傅熹年.故宫博物院院刊,1979年2期50—61页

金门民间传统建筑漫谈.李怡来.台湾文献(台北),1982年33卷2期121—123页

中国传统建筑的承传问题.贺陈词.明报月刊(香

港),1984年19卷6期72—77页

中国古代建筑的格局和气质. 郭湖生. 文史知识, 1987年2期61—66页

先秦哲学思想在建筑上的反映. 孙宗文. 东南文化, 1988年3、4合期175—180页

中国古建筑源流. 程万里. 古建园林技术,1989年2期51—55页

河南宋代建筑浅谈. 杨焕成. 中原文物,1990年4期109—117页

中国古建筑的历史分期. 程万里. 古建园林技术, 1991年1期33—35,28,13页

中国建筑的哲理内涵——传统建筑生命力评价之一. 李先逵. 古建园林技术,1991年2期24—26页,3期38—41,29页

河南陶建筑明器简述. 杨焕成. 中原文物,1991年2期67—77页

徐州汉画中的古建筑. 唐士钦. 中原文物,1991年3期94—97页

秦汉历史背景的建筑创作浅谈. 陈建国. 古建园林技术,1991年4期27—29页

古代社会建筑修建的理论与实践. 程建军. 古建园林技术,1993年3期38—42页

浅谈我国古代的"尊西"思想及其在建筑中之反映——中国建筑学会第一次年会论文. 刘叙杰. 建筑学报,1993年12期12—14页

吐蕃王朝前后的西藏建筑. 屠舜耕. 文物,1994年5期24—53页

中国古代建筑的一种译码. 朱文一. 建筑学报,1994年6期12—16页

中国古代木构建筑的考古学断代. 冯继仁. 文物, 1995年10期43—68页

三国两晋南北朝时期的岭南建筑. 陈泽泓. 广东史志,1997年3期2—11页

中国古代的建筑思想. 史继忠. 贵州文史丛刊,1997年3期23—27页

广州"造船工场"实为建筑遗存. 杨豪. 南方文物, 1997年3期91—98页

技术与构件

古代建筑照明(Illumination)之例. 中国营造学社汇刊,1932年3卷3期89页

汉代的建筑式样与装饰. 鲍鼎等. 中国营造学社汇刊,1934年5卷2期1—27页

宋李明仲营造法式中之取经围法. 蔡祚章. 中国建筑,1935年3卷5期50—51页

广西容县真武阁的"杠杆结构". 梁思成. 建筑学报, 1962年7期1—9页

"干兰"式建筑的考古研究. 安志敏. 考古学报,1963年2期65—83页

传统建筑的空间扩大感. 侯幼彬. 建筑学报,1963年12期10—12页

殷代的夯土,版筑与一般建筑. 石璋如. 中央研究院历史语言研究所集刊(台北),1969年41本1分127—168页

从《考工记》谈先秦时期的建筑测量. 王全太. 建筑技术,1978年10期57—60页

谈谈古代建筑的测绘工作. 李竹君. 中原文物,1981年4期47—51页

关于"鸱吻". 李福顺. 社会科学战线,1981年4期346页

中国建筑之周庐与全部设计之关系. 劳干. 国立历史博物馆馆刊(台北),1981年12期4—6页

试谈古代建筑的抗震性能. 杨焕成. 中原文物(特刊),1981年10月69—73页

明清建筑翼角的构造、制作与安装. 北京市第二房屋修缮工程公司古建科研设计室. 古建园林技术, 1983年创刊号8—20页. 1984年1期14—21页,2期2—12页

试论河南明清建筑斗拱的地方特征. 杨焕成. 中原文物,1983年2期38—47页,4期97—105页

中国早期木结构建筑的时代特征. 祁英涛. 文物, 1983年4期60—74页

故宫古建筑历经地震状况及防震措施. 蒋博光. 故宫博物院院刊,1983年4期78—91页

从近现代科学技术发展看中国古代木构建筑技术的成就. 郭黛姮. 自然科学史研究,1983年2卷4期370—380页

周原西周建筑基址概述. 陈全方. 文博,1984年1期5—12页,2期9—14,43页

略谈古代建筑的“倾壁”. 张驭寰. 古建园林技术, 1984年1期11—13,26页
古建筑灰浆. 北京市第二房屋修缮工程公司古建科研设计室. 古建园林技术,1984年2期13—14,41页
清式建筑墙身摆砌技术. 北京市第二房屋修缮工程公司古建科研设计室. 古建园林技术,1984年3期2—7,59页
谈谈“样式雷”烫样. 黄希明,田贵生. 故宫博物院院刊,1984年4期91—94页
略论中国古代高层木结构建筑的发展. 王贵祥. 古建园林技术,1985年1期2—9页,2期2—7,31页
明清时期的民间木构建筑技术. 王世仁. 古建园林技术,1985年3期2—6页
中国古建筑中的廊(庑、副阶). 罗哲文. 文史知识, 1985年5期65—69页
明、清官式灰背作法. 刘大可. 古建筑园林技术,1986年2期18—26页
正吻. 路长. 古建筑园林技术,1986年2期58—59页
斜拱溯流. 朱小南. 文博,1987年3期65—69,80页
明、清古建筑土作技术. 刘大可. 古建园林技术,1988年1期7—11页
我国古代地基工程技术与砖塔抗震. 邹洪灿. 古建园林技术,1988年2期34—37页
中国古代建筑防潮措施研究. 肖大威. 古建园林技术,1988年2期38—42页,3期50—52页,4期36—37页
清式建筑的砖檐. 刘大可. 古建园林技术,1988年3期9—16,64页
影壁考. 荣斌. 东南文化,1988年3、4合期107—115页
明、清官式建筑石作技术. 刘大可. 古建筑园林技术, 1989年1期7—12页,2期8—12页,3期6—9页,4期10—17页. 1990年1期15—17页,2期26—32页,3期17—21页,4期19—24页
园林古建筑的防雷. 王时煦. 古建园林技术,1989年2期29—30页
颍上出土魏晋陶楼之建筑结构研究. 刘皖红. 文物研究,1989年总5期151—156页
河南元代木结构建筑外檐铺作特征初探. 王国奇,牛宁. 中原文物,1990年4期118—124页
古代建筑的尺度构成探析. 张十庆. 古建园林技术, 1991年2期30—33页,3期42—45页,4期11—13,10页
河南元代木构建筑的梁架特征. 牛宁,王国奇. 中原文物,1991年2期78—84页
中国古代建筑防风的经验与措施. 郑力鹏. 古建园林技术,1991年3期46—49页,4期14—20页. 1992年1期17—24页
两汉砖石拱顶建筑探源. 常青. 自然科学史研究, 1991年10卷3期288—295页
中式建筑屋顶通述. 刘大可. 古建园林技术,1992年2期33—39页,3期17—20页
中国古城防洪的技术措施. 吴庆洲. 古建园林技术, 1993年2期8—14页
元明中国砖石拱顶建筑的嬗变. 常青. 自然科学史研究,1993年12卷2期192—200页
《营造法式》安装功限——也谈安勘、绞割、展拽. 何建中. 古建园林技术,1993年3期31—32页
压六露四与三搭头——版瓦搭接密度小议. 刘大可. 古建园林技术,1993年3期36—37页
殷虚地上建筑复原第五例——兼论甲十二基址与大乙九示及中宗. 石璋如. 中央研究院历史语言研究所集刊(台北),1993年64本3分739—761页
藏族建筑的木结构及其柱式. 应兆金. 古建园林技术,1993年4期13—16,59页
风水理论在古建筑防雷中的作用. 高策,杨型健. 古建园林技术,1993年4期23—25,53页
明清建筑评价及其相关问题. 黄希明. 古建园林技术,1993年4期38—44页
斗口跳斗拱及相关问题. 陈彦堂,辛革. 中原文物, 1993年4期99—105,48页
斜栱演变及普拍枋的作用. 沈聿之. 自然科学史研究,1995年14卷2期176—184页
试论楚国建筑工艺特点. 杨权喜. 江汉考古,1995年4期48—53页
翼形拱探析. 肖旻. 古建园林建筑,1997年1期34—37页
关于应县木塔避雷问题的研究. 张秀珍,吴寿锽. 文物保护与考古科学,1997年9卷1期58页
中国古代建筑的纵向构架. 刘临安. 文物,1997年6期68—73页

中国建筑材料发展史. 戴岳. 北京大学月刊,1920年1卷7期55—62页
唐长安城尚官砖考. 张鹏一. 国风,1936年8卷12期

30—31页
古建砖料及加工技术.北京市第二房屋修缮工程公司古建科研设计室.古建园林技术,1983年创刊号21—27页.1984年1期22—24页
北京古建筑的砖雕.姜振鹏.古建园林技术,1983年创刊号36页
万栱与慢栱新证——古代大式大木构件名称研讨.何俊寿.古建园林技术,1983年创刊号58—59页
秦汉瓦当管见.王丕忠.文博,1984年1期25—29页
中国古代建筑琉璃釉色考略.杨根等.自然科学史研究,1985年4卷1期54—58页
我国古代建筑史上的奇迹——关于秦安大地湾仰韶文化房屋地面建筑材料及其工艺的研究.李最雄.考古,1985年8期741—747,685页
秦汉瓦当源流琐议——兼评《新编秦汉瓦当图录》.冯慧福.考古与文物,1988年1期101—103页
明代建筑琉璃.汪永平.古建园林技术,1988年3期3—5页,4期5—7页
古建筑的铜铁什件.黄希明.故宫博物院院刊,1989年1期77—79页
明代建筑琉璃的等级制度.江永平.古建园林技术,1989年4期48—52页
战国中山国建筑陶斗浅析.陈应祺,李士莲.文物,1989年11期79—82页
我国古代制造、使用砖瓦的历史.李仲均,李卫.文史知识,1990年1期47—51页
秦瓦研究.尚志儒.文博,1990年5期252—260页
中国古代的砖瓦.王月桂,崔衍东.文史知识,1990年10期43—48页
西周瓦的发明、发展演变及其在中国建筑史上的意义.岳连建.考古与文物,1991年1期98—101页
汉四神纹瓦当.张维慎.文博,1991年1期109页
安康地区汉魏南北朝时期的墓砖.安康地区博物馆.文博,1991年2期16—28页
读秦汉瓦当研究三札.李铨.文博,1991年3期40—44页
临淄齐瓦当的新发现.张龙海.文物,1992年7期55—59页
崇安汉城出土瓦当的研究.杨琮.文物,1992年8期35—40页
明代琉璃构件的样制与名称.胡汉生.古建园林技术,1993年3期49页
安徽寿县寿春城址出土的瓦当.涂书田,任经荣.考古,1993年3期271—280页
安顺府文庙的瓦当艺术.郭秉红.古建园林技术,1993年4期11—12页
周砖刍议.刘军社.考古与文物,1993年6期84—89页
根据燕下都出土瓦类推测它的制作方法.傅振伦.文物研究,1993年总8期43—47页
古代建筑象形构件的形制及其演变——从驼峰与蟇股的比较看中日古代建筑的源流和发展关系.张十庆.古建园林技术,1994年1期12—15页
汉富贵毋央瓦当考略.罗宏才.考古与文物,1994年6期67—70页
略论秦砖汉瓦.廖原,廖彩梁.西北大学学报(哲学社会科学版),1995年25卷2期78—82页
中国建筑余话.(日)坪井清足 著 韩钊,王啸啸 译.文物,1996年4期73—89页
河南渑池县班村传统烧砖调查.李文杰.中国科技史料,1997年18卷2期78—85页
石碑地遗址出土秦汉建筑瓦件比较研究.杨荣昌.考古,1997年10期87—93页

民 居

东西堂史料.刘敦桢.中国营造学社汇刊,1934年5卷2期106—115页
中国原始的住宅建筑.黄祖淼.中国建设,1934年9卷5期51—62页
明堂建筑略考.杨哲明.中国建筑,1935年3卷2期57—60页
台湾传统民宅所表现的空间观念.关华山.中央研究院民族学研究所集刊(台北),1981年49期175—215页
西藏卡若文化的居住建筑初探.江道元.西藏研究,1982年3期103—126页
大溪文化房屋的建筑形式和工程做法.李文杰.考古与文物,1986年4期38—45,77页
福建圆楼考.黄汉民.建筑学报,1988年9期36—43

页

儒家思想在古代住宅上的反映. 孙宗文. 古建园林技术, 1989 年 4 期 26—30 页. 1990 年 1 期 25—29 页

东山明代住宅小木作. 何建中. 古建园林技术, 1993 年 1 期 3—8 页

赣南客家围屋源流考——兼谈闽西土楼和粤东围龙屋. 韩振飞. 南方文物, 1993 年 2 期 106—116 页

徽州明清民居工艺技术. 姚光钰. 古建园林技术, 1993 年 3 期 25—30 页, 4 期 6—10 页

明堂初探. 曹春平. 东南文化, 1994 年 4 期 99—102 页

东夷史前住屋建筑及其演变. 逄振镐. 考古与文物, 1995 年 3 期 78—85 页

西周明堂建筑起源考. 沈聿之. 自然科学史研究, 1995 年 14 卷 4 期 381—390 页

宫　殿

汉上林苑宫观考. 冉昭德. 东方杂志, 1946 年 42 卷 13 期 32—41 页

"永乐宫"的元代建筑和壁画. 王世仁. 文物参考资料, 1956 年 9 期 32—42 页

从盘龙城商代宫殿遗址谈中国宫廷建筑发展的几个问题. 杨鸿勋. 文物, 1976 年 2 期 16—25 页

庑殿顶. 于倬云. 故宫博物院院刊, 1979 年 2 期 48—49 页

沈阳故宫凤凰楼建筑年代考. 王佩环. 故宫博物院院刊, 1982 年 4 期 91—94 页

紫禁城宫殿的营建及其艺术. 于倬云. 明报月刊(香港), 1982 年 17 卷 9 期 104—105 页

也谈德化屈斗宫"鸡笼窑"类型问题. 叶文程等. 厦门大学学报(哲学社会科学版), 1983 年 4 期 46—49, 15 页

阿房宫辨证. 王学理. 考古与文物, 1984 年 3 期 74—78 页

紫禁城钟粹宫建造年代考实. 郑连章. 故宫博物院院刊, 1984 年 4 期 58—67 页

团河行宫的兴衰. 李丙鑫. 古建筑园林技术, 1986 年 2 期 55—57, 52 页

商代宫室建筑考. 王慎行. 考古与文物, 1988 年 3 期 68—74 页

紫禁城始建经略与明代建筑考. 于倬云. 故宫博物院院刊, 1990 年 3 期 9—22 页

寿安宫建筑沿革考. 李艳琴. 故宫博物院院刊, 1990 年 4 期 47—48, 46 页

楚宫室中的高台建筑. 马世之. 文物研究, 1990 年总 6 期 338—343 页

窗与故宫古建筑. 黄希明. 故宫博物院院刊, 1991 年 1 期 89—96 页

故宫三大殿形制探源. 于倬云. 故宫博物院院刊, 1993 年 3 期 3—17, 33 页

浅谈故宫古建筑基础. 白丽娟. 故宫博物院院刊, 1993 年 3 期 26—33 页

从实测谈文渊阁结构与艺术特点. 刘榕. 故宫博物院院刊, 1993 年 3 期 34—47 页

紫禁城的总体规划——兼谈古代宫殿建筑的继承与发展. 茹竞华. 故宫博物院院刊, 1995 年 3 期 24—34 页

晋祠圣母殿勘测收获——圣母殿创建年代析. 彭海. 文物, 1996 年 1 期 66—80 页

紫禁城宫殿的总体布局. 郑连章. 故宫博物院院刊, 1996 年 3 期 52—58 页

莆田元妙观三清殿建筑初探. 陈文忠. 文物, 1996 年 7 期 78—88 页

从唐到宋中国殿堂型建筑铺作的发展. 吴玉敏. 古建园林建筑, 1997 年 1 期 19—25 页

园　林

中国造园史略. 陈植. 新农通讯, 1930 年 1 卷 4 期 1—9 页

我国园林最初形式的探讨. 汪菊渊. 园艺学报, 1965 年 4 卷 2 期 101—106 页

试论我国园林的起源. 王公权等. 园艺学报, 1965 年 4 卷 4 期 213—219 页

园林山石施工技艺浅谈. 祁林. 古建园林技术, 1983 年创刊号 37—38 页

古典园林建筑的继承与发展.韩惠生.古建园林技术,1983年创刊号44—50页

清宫式建筑方圆亭做法.王璞子.故宫博物院院刊,1985年3期91—94页

单檐长方亭作法实例——中山公园流云亭.姜振鹏.古建筑园林技术,1986年2期8—17页

紫禁城宫廷园林的建筑特色.黄希明.故宫博物院院刊,1990年4期38—46页

徽州"八角亭"的构造与瓦作技术.曹永沛.古建园林技术,1993年1期9—14页

宗 教

法隆寺与汉六朝建筑式样之关系并补注.(日)滨田耕作 著.刘敦桢 译注.中国营造学社汇刊,1932年3卷1期1—59页

唐宋塔之初步分析(附图).鲍鼎.中国营造学社汇刊,1937年6卷4期1—29页

中国佛塔建筑考略.周湛然.同愿,1942年3卷8期5—6页

谈独乐寺观音阁建筑的抗震性能问题.罗哲文.文物,1976年10期71—73页

略谈应县木塔的抗震性能.孟繁兴.文物,1976年11期72—74页

西安大雁塔考.阎文儒.史学月刊,1981年2期14—17页

杭州六和塔.王士伦.文物,1981年4期87—89页

安阳修定寺塔的研究.杨宝顺,孙德萱.中原文物(特刊),1981年10月63—68页

五台山大塔寺白塔的来源与创建新考.黄盛璋.晋阳学刊,1982年1期51—55页

应县木塔建筑年代与始因疑问.马良.晋阳学刊,1982年1期56,48页

西平宝严寺塔.李桂堂.中原文物,1982年2期74—75页

山西羊头山的魏、唐石塔.张驭寰.文物,1982年3期38—41页

苏州楞伽寺塔.王德庆.文物,1983年10期83—85页

中国古塔.张驭寰.自然杂志,1984年1期37—38,33页

承德殊像寺与五台山殊像寺.孟繁兴.古建园林技术,1984年2期31—34页

中国伊斯兰教寺院建筑类型与结构.孙宗文.建筑学报,1984年3期70—72页

关于中国早期高层佛塔造型的渊源问题.孙机.中国历史博物院馆刊,1984年6期41—47,130页

容县真武阁建成于何时?.梅林.学术论坛,1985年4期118页

辽中京塔的年代及其结构.姜怀英等.古建筑园林技术,1986年2期32—37页

独乐寺史迹考.韩嘉谷.北方文物,1986年2期50—56页

贵阳文昌阁.龙志贵.古建筑园林技术,1986年2期53—54页

五台山滴水殿科技成就初探.苗建军等.科学、技术与辩证法,1986年4期59—60页

云南建水指林寺正殿.熊正益.文物,1986年7期47—49页

开封宋代繁塔.王瑞安,魏千志.中国历史博物馆馆刊,1986年8期36—42,15页

漫谈塔的来源及演变.罗哲文,黄彬.文史知识,1986年10期61—65页

莺莺塔——我国古代杰出的声学建筑.高策等.科学、技术与辩证法,1987年4期56—57页

大理千寻塔始建年代考.傅光宇.思想战线,1988年3期80—85,94页

噶拖寺建寺年代考及其它.陈永明,格桑.西藏研究,1988年3期110—111页

潜山宋太平塔研究.殷永达.文物研究,1988年总4期221—232页

中国早期佛塔溯源.李玉珉.故宫学术季刊(台北),1989年6卷3期75—104页

长子法兴寺的唐宋元代建筑.张驭寰.中国历史博物馆馆刊,1989年总12期135—140页

江浙宋塔中的木构技术.黄滋.古建园林技术,1991年3期25—29页

休宁县下文溪明代双塔结构分析.殷永达.文物,1992年2期52—57页

药王山阿育王塔考.王泽民,巨亚丽.考古文物,1992年5期94—97页

朝阳北塔的结构勘察与修建历史. 张剑波等. 文物, 1992年7期29—37,59页

浅谈双塔. 周国艳. 古建园林技术,1993年1期30—32,35页

江苏古塔概述. 蔡述传. 东南文化,1993年1期288—307页

能仁寺创建年代考. 汪建策. 南方文物,1993年3期88—90页

呼和浩特及其附近几座召庙殿堂布局的初步探讨. 宿白. 文物,1994年4期53—61,41页

夏鲁寺——元官式建筑在西藏地区的珍遗. 陈耀东. 文物,1994年5期4—23页

辽庆州释迦佛舍利塔营造历史及其建筑构制. 张汉君. 文物,1994年12期65—72页

敦煌壁画中塔的形象. 孙儒僩. 敦煌研究,1996年2期1—16页

嵩岳寺塔建于唐代. 曹汛. 建筑学报,1996年6期40—45页

清真寺木构架建筑技术. 邱玉兰. 古建园林建筑, 1997年3期47—52,57页

福建莆田广化寺释迦文佛石塔. 吴天鹤. 文物,1997年8期66—78页

陵 墓

秦始皇陵园布局结构的探讨. 杨宽. 文博,1984年3期10—16页

清代陵寝建筑工程小夯土做法. 王其亨. 故宫博物院院刊,1993年3期48—51页

陕西关中唐十八陵陵寝建筑形制初探. 周明. 文博, 1994年1期64—77,63页

城 市

中国古代都市建筑工程的鸟瞰. 杨哲明. 中国建筑, 1933年1卷1期23—28页

长安都市之建筑工程. 杨哲明. 中国建筑,1935年3卷2期61—63页

长安都市建筑工程之研究. 陈仲篪. 中国建筑,1935年3卷3期46—47页

隋唐东都城的建筑及其形制. 阎文儒. 北京大学学报(人文科学),1956年4期81—100页

试论城阙的起源和发展. 方继成. 人文杂志,1958年5期83—86页

从古代城市建设看儒法斗争. 侯仁之. 建筑学报, 1975年3期34—37页

西汉长安市布局结构的探讨. 杨宽. 文博,1984年1期19—24页

中国古代都城规划的发展阶段性——为中国考古学会第五次年会而作. 俞伟超. 文物,1985年2期52—60页

简论中国古代城市布局规划的形成. 史建群. 中原文物,1986年2期91—96,90页

唐代长安城建筑规模与设计规划初探. 游学华. 香港中文大学中国文化研究所学报(香港),1986年17卷111—144页

汉长安城布局结构辨析——与杨宽先生商榷. 刘庆柱. 考古,1987年10期937—944页

郑州商城城墙结构及筑法探析. 张锴生. 中原文物, 1988年3期35—38页

西汉长安布局结构的再探讨. 杨宽. 考古,1989年4期348—356页

中国古城的选址与防御洪灾. 吴庆洲. 自然科学史研究,1991年10卷2期195—200页

中国古代都城规划中的"象天"问题. 马世之. 中州学刊,1992年1期110—114页

崇安汉代闽越国故城布局结构的探讨. 杨琮. 文博, 1992年3期48—55页

西安城墙的建造技术. 景慧川. 考古与文物,1992年5期91—93页

再论汉长安城布局结构及其相关问题——答杨宽先生. 刘庆柱. 考古,1992年7期632—639页

再论西汉长安布局及形成原因. 刘运勇. 考古,1992年7期640—645,639页

宋代市井建筑. 刘托. 古建园林技术,1993年1期17—21页

开封明清城墙沿革考. 李合群. 中原文物,1995年1期116—117,119页

陕西发现以汉长安城为中心的西汉南北向超长建筑基线.秦建明等.文物,1995年3期4—15页
隋唐长安洛阳城规划手法的探讨.傅熹年.文物,1995年3期48—63页
中国古代哲学与古城规划.吴庆洲.建筑学报,1995年8期45—47页
试论隋唐长安城的总体设计思想与布局:隋唐长安城研究之二:王维坤.西北大学学报(哲学社会科学版),1997年27卷3期69—74页
汉长安城的布局与结构.李毓芳.考古与文物,1997年5期71—74,54页

桥 梁

中国古代桥梁工程史(录H.G.Tyrrell所著之桥梁工程史).华.科学,1915年1卷10期1202—1203页
赵县大石桥即安济桥(附小石桥济美桥).梁思成.中国营造学社汇刊,1934年5卷1期1—31页
石轴柱桥述要(西安灞浐丰三桥)(附图).刘敦桢.中国营造学社汇刊,1934年5卷1期32—53页
我国古代桥梁.叶影柱.科学的中国,1936年7卷1期1—7页
广济桥考.饶宗颐.史学专刊,1936年1卷4期285—303页
甘肃黄河桥梁考.慕寿祺.责善半月刊,1941年1卷19期2—4页
卢沟桥考略.傅增湘.雅言,1943年卷1第24—26页
桥梁史话.茅以升.京沪周刊,1947年1卷21期5—6页
扬州瘦西湖莲花桥.江世荣等.文物参考资料,1955年12期94—98页
绍兴的宋桥——八字桥与宝佑桥.陈从周.文物参考资料,1958年7期59—61页
宋《清明上河图》虹桥建筑的研究.杜连生.文物,1975年4期56—63,55页
略谈卢沟桥的历史与建筑.罗哲文等.文物,1975年10期71—83页
笔谈我国古代科学技术成就——仪态万千的我国古代桥梁.茅以升.文物,1978年1期50—51页
浙赣两省古代桥工程技术分析.沈康身.杭州大学学报(自然科学版),1978年1期73—85页
宋代横跨长江的大浮桥.王曾瑜.社会科学战线,1983年4期141—142页
江苏太仓五座元代石拱桥.吴聿明.文物,1983年10期86—88页
泸县龙脑桥.李显文.文物,1983年10期89—91页
古代栈道横梁安装方法初探.陆敬严.自然科学史研究,1984年3卷4期366—367页
广西侗族建筑的明珠——琵团风雨桥.刘彦才.建筑学报,1984年8期62—63,51页
蒲津大浮桥考.陆敬严.自然科学史研究,1985年4卷1期35—41页
南宋泉州桥梁建筑.李意标,黄国荡.福建论坛(文史哲版),1985年3期68—72页
南宋时期泉州地区的石梁桥.潘洪萱.自然科学史研究,1985年4卷4期345—352页
汉画像中的桥梁建筑.李锦山.考古与文物,1986年2期69—74页
辽宁凌源天盛号金代石拱桥.韩宝兴.北方文物,1987年3期35—39页
谈谈中国古代桥梁的技术及艺术特色.潘洪萱.自然杂志,1987年7期548—553页
吐蕃铁索桥考.杰西·西饶江措.中央民族学院学报,1988年3期31—34页
历代黄河桥梁的修建及其构造型式——甘肃、青海境内古黄河桥梁考.张国藩.西北史地,1989年2期64—68页
故宫断虹桥为元代周桥考——元大都中轴线新证.姜舜原.故宫博物院院刊,1990年4期31—37页
论宋代泉州的石桥建筑.庄景辉.文物,1990年4期72—79页
我国古代的桥梁.李仲均,李卫.文史知识,1991年10期41—45页
三原龙桥的结构特点.赵怡元.文博,1992年4期62—65,70页
中国西南民族传统"笮桥"技术的发展.廖伯琴.自然科学史研究,1993年12卷1期91—97页
西藏传统的桥梁.房建昌.中国科技史料,1993年14卷3期85—90页
中国西南古代索桥的形制及分布.蓝勇.中国科技史

料,1994年15卷1期76—83页

宋代泉州桥梁及其建造技术.陈鹏.南方文物,1994年4期75—78,83页

西南古代溜索.蓝勇.贵州文史丛刊,1994年5期73—74,81页

彝族先民与黔西北的"索桥".李庆熹.贵州文史丛刊,1994年5期75—76页

古代长江大桥考述.小禾.上海师范大学学报(哲学社会科学版),1995年1期156—158页

古籍整理与研究

元明清营造法式.文字同盟,1928年18—20合期18—30页

仿宋重刊营造法式校记.中国营造学社汇刊,1930年1卷1期1—28页

元大都宫苑图考.中国营造学社汇刊,1930年1卷2期1—117页

仿宋重刊营造法式校记.阚铎.国立北平图书馆馆刊,1930年4卷6期53—72页

任启运宫室考校记.阚铎.中国营造学社汇刊,1931年2期1期1—5页

法人德密那维尔P.Demierille评宋李明仲营造法式.唐在复译.中国营造学社汇刊,1931年2卷2期1—36页

"玉虫厨子"之建筑价值并补注.(日)田边泰 著.刘敦桢 译注.中国营造学社汇刊,1932年3卷1期61—74页

哲匠录.朱启钤辑本.梁启雄校补.中国营造学社汇刊,1932年3卷1期123—161页,2期126—159页,3期92—120页.1933年4卷1期82—115页,2期61—85页.1934年4卷3、4合期219—258页

哲匠录(续).朱启钤辑本.梁启雄,刘儒林校补,中国营造学社汇刊,1934年,5卷2期74—105页

哲匠录(续).朱启钤辑本.刘敦桢校补.中国营造学社汇刊.1935年,6卷2期114—157页

大唐五山诸堂图考.(日)田边泰 著.梁思成 译.中国营造学社汇刊,1932年3卷3期71—89页

大壮室笔记——辨《辍耕录》"记宋宫殿"之误.刘敦桢.中国营造学社汇刊,1932年3卷3期170—171页

营造法式版本源流考.谢国桢.中国营造学社汇刊,1933年4卷1期1—14页

万年桥志述略(附图).刘敦桢.中国营造学社汇刊,1933年4卷1期22—38页

抚群文昌桥志之介绍.刘敦桢.中国营造学社汇刊,1934年5卷1期93—97页

清皇城宫殿衙署图年代考.刘敦桢.中国营造学社汇刊,1935年6卷2期106—113页

辽金燕京城郭宫苑图考.朱偰.国立武汉大学文哲季刊,1936年6卷1期49—81页

哲匠录补遗.朱启钤辑本.刘敦桢校补.中国营造学社汇刊,1936年6卷3期150—182页

明鲁班营造正式钞本校读记.刘敦桢.中国营造学社汇刊,1937年6卷4期162—164页

宋李诫营造法式.吕佛庭.大陆杂志(台北),1946年13卷7期6—11页

八百年前的北京伟大建筑——金中都宫殿图考.朱偰.文物参考资料,1955年7期67—75页

鲁班营造正式.刘敦桢.文物,1962年2期9—11页

《营造法式》初探.陈仲篪.文物,1962年2期12—17页

对《中国建筑简史》的几点浅见.陈明达.建筑学报,1963年6期26—28页

关于《园冶》的初步分析与批判.施奠东等.园艺学报,1965年4卷3期159—166页

评李渔《一家言·居室部》的设计思想.赵汉光等.建筑学报,1976年1期12—14页

跋李良年《书张铨侯叠石赠言卷》.曹汛.古建园林技术,1984年2期53—54页

"样式雷"家传有关古建筑口诀的秘籍.蒋博光.古建园林技术,1988年3期53—57页,4期45—46页

《营造法式》"举折之制"浅探.李会智.古建园林技术,1989年4期3—9页

宋《营造法式》今误十正.杜启明.中原文物,1992年1期51—57页

宋《营造法式》石作制度辨析.王其亨.古建园林技术,1993年2期16—23,14页

营造要诀基础研究.吴国智.古建园林技术,1994年3期33—37页,4期35—40页

其 他

说鸱尾——中国建筑上图腾遗痕之研究. 孙作云. 中国留日同学会季刊,1944 年 3 卷 2 期 25—35 页

汉"武梁祠"建筑原形考. 费慰梅 著. 王世襄 译. 中国营造学社汇刊,1945 年 7 卷 2 期 1—60 页

中国古代建筑的脊饰. 祁英涛. 文物,1978 年 3 期 62—70 页

铁花刹——中国建筑史札记之一. 张驭寰. 建筑技术,1978 年 9 期 62—65 页

鎏金在建筑装饰中的应用. 高鲁冀. 建筑技术,1979 年 2 期 63—65,23 页

我国古代建筑的木材防腐技术. 邓其生. 建筑技术,1979 年 10 期 62—65 页

中国古建筑中的鎏金与贴金. 高鲁冀. 考古与文物,1980 年 4 期 125—136 页

略论韩都新郑的地下建筑及冷藏井. 马世之. 考古与文物,1983 年 1 期 80—82 页

我国现存最早的纪年脊兽. 丁安民. 江汉考古,1984 年 1 期 109—110 页

北宋"料敌"用的定县开元寺塔. 朱希元. 文物,1984 年 3 期 83—84 页

青花玲珑的传说与斗彩. 吴美成. 明报月刊(香港),1985 年 20 卷 7 期 81—83 页

太原晋祠. 朱希元. 古建筑园林技术,1986 年 2 期 38—42 页

云中城与阴山长城始建考辨. 孙秀川. 内蒙古大学学报(哲学社会科学版),1986 年 4 期 58—63 页

中国早期长城的探索与存疑. 叶小燕. 文物,1987 年 7 期 41—49 页

千古之谜谁解说——敦煌藏经洞封闭时间及原因讨论综述. 刘进宝. 文史知识,1991 年 7 期 118—122 页

响堂山石窟建筑略析. 钟晓青. 文物,1992 年 5 期 19—31 页

开合清风　随机舒卷——谈扇面亭的设计. 倪尔华,郑德新. 古建园林技术,1993 年 3 期 50—56,24 页

敦煌莫高窟的建筑艺术. 孙儒僩. 敦煌研究,1993 年 4 期 19—25

河西走廊东部汉长城遗迹考. 李并成. 西北史地,1994 年 3 期 14—20 页

浅述中国传统建筑中的'台'. 白丽娟,王景福. 故宫博物院院刊,1995 年 3 期 35—44 页

石棚考略. 孙福海,靳维勤. 考古,1995 年 7 期 626—631 页

紫禁城建筑中的墙和门. 黄希明. 故宫博物院院刊,1996 年 3 期 59—71 页

建筑技术史中的木工道具研究——兼记日本大工道具馆. 张十庆. 古建园林建筑,1997 年 1 期 3—5 页

水 利

总 论

燕赵水利论. 白月恒. 地学杂志,1913 年 4 卷 1 期论丛 1—8 页,2 期论丛 1—7 页,3 期论丛 8—13 页,5 期论丛 6—12 页

治水论. 江浚. 科学,1921 年 6 卷 6 期 587—596 页

历代治水错误论. 马朝一. 华北水利月刊,1929 年 2 卷 7 期 5—15 页,8 期 28—34 页

中国水利史说略. 张念祖. 华北水利月刊,1931 年 4 卷 2 期 17—58 页,3 期 6—60 页

中国的治水事业与水利工事——中国水利事业之史的考察. 盛叙功摘译. 地学季刊,1936 年 2 卷 4 期 65—84 页

旧畿水利述. 蔡申之. 中和,1940 年 1 卷 10 期 2—16 页,11 期 73—88 页,12 期 76—92 页

明代三吴水利考. 吴天墀. 责善半月刊,1941 年 1 卷 21 期 5—13 页,22 期 9—16 页

略谈关中古代水利. 党石怀. 人文杂志,1957 年 5 期 58—63 页

笔谈我国古代科学技术成就——我国古代水利事业的发展. 宋正海. 文物,1978 年 1 期 54—55 页

明清时期河西的水利. 唐景绅. 敦煌学辑刊,1983 年

总 3 期 142—161 页

论宋元时期广东水利建设的勃兴. 唐森. 暨南学报(哲学社会科学版),1985 年 2 期 3—11 页

清初敦煌水利考释. 秦佩珩. 郑州大学学报(哲学社会科学版),1985 年 4 期 3—8,80 页

秦汉时期关中的水利事业. 辛夷. 史学月刊,1986 年 1 期 110—112 页

明清时期宁夏水利述论. 左书谔. 宁夏社会科学,1988 年 1 期 72—81 页

明代西北水利试探. 王致中. 社会科学(甘肃),1988 年 2 期 58—64 页

宋代岭南水利工程的类型与技术构成. 陈伟明. 广东史志,1989 年 2 期 1—6 页

唐以来福建水利建设概况. 林汀水. 中国社会经济研究,1989 年 2 期 73—78,65 页

金代的水利建设. 武玉环. 北方文物,1989 年 3 期 77—81 页

古鉴湖的兴废及其历史教训. 周魁一,蒋超. 古今农业,1990 年 2 期 44—54 页

湘湖水利管理的历史经验. 毛振培. 古今农业,1990 年 2 期 62—67 页

唐长安在城市防洪上的失误. 吴庆洲. 自然科学史研究,1990 年 9 卷 3 期 290—296 页

江西古代水利史概略. 江西省水利志总编辑室供稿. 李放辑注. 江西文物,1990 年 4 期 39—43 页

绍兴古代水利史略. 杨新平. 江西文物,1990 年 4 期 44—48 页

江西抚州古代水利浅论. 魏佐国,王根泉. 江西文物,1990 年 4 期 60—65 页

论古代上海地区治水得失. 吴刚. 学术月刊,1992 年 3 期 71—77 页

明代苏皖浙赣地区的水利建设. 王社教. 中国历史地理论丛,1994 年 3 期 95—129 页

清代直隶地区的水患和治理. 李辅斌. 中国农史,1994 年 4 期 94—99 页

论盛唐时期的水利建设. 王双怀. 陕西大学学报(哲学社会科学版),1995 年 24 卷 3 期 54—60 页

湖南古代水利初探. 卞鸿翔. 农业考古,1995 年 3 期 159—166 页

古代典籍与古代水利. 张骅. 文博,1996 年 1 期 5—9,48 页

元代水利实学思想及其历史地位. 冉苒. 中南民族学院学报,1996 年 16 卷 3 期 80—84 页

唐宋时期江西的水利建设述论. 施由民. 农业考古,1996 年 3 期 147—150 页

河西走廊古代水利研究. 王致中. 甘肃社会科学,1996 年 4 期 81—85 页

历史上泉州的水利工程及其管理. 林仁川,(荷)费梅儿. 中国历史地理论丛,1997 年 3 期 89—103 页

唐朝时期南诏的水利事业. 李国春. 中国农史,1997 年 16 卷 4 期 15—19 页

水利工程

历代浚治白茆略史. 萧开瀛. 太湖流域水利季刊,1928 年 2 卷 1 期调查 29—34 页

吴松江历代浚治事略. 胡品元. 太湖流域水利季刊,1928 年 1 卷 3 期调查 31—34 页

历代浚治七浦略史. 萧开瀛. 太湖流域水利季刊,1928 年 1 卷 4 期 93—97 页

杭海段海塘沿革略史. 徐骙良. 浙江省建设月刊,1930 年 4 卷 5 期 69—78 页

黄河治导略史. 沈宝璋. 水利,1931 年 1 卷 3 期 171—181 页

永定河之水灾与其治导之沿革. 徐世大. 华北水利月刊,1931 年 4 卷 4 期 1—32 页

治理黄河之历史观. 朱延平. 水利,1931 年 1 卷 6 期 473—482 页

中国河工理论概述. 朱皆平. 交大唐院季刊,1934 年 3 卷 2 期 29—51 页

历代治黄史. 山东民政公报,1934 年 181 期附录 1—5 页,182 期附录 1—7 页,184 期附录 1—12 页,185 期附录 1—10 页,186 期附录 1—6 页,187 期附录 1—4 页,188 期附录 1—4 页,189 期附录 1—4 页,194 期附录 1—4 页,197 期附录 1—10 页,198 期附录 1—4 页,199 期附录 1—5 页,208 期附录 1—4 页,209 期附录 1—4 页,210 期附录 11—16 页

导淮考略. 黄泽苍. 东方杂志,1935 年 32 卷 2 期 71—76 页

运河之沿革.汪湖桢.水利,1935年9卷2期120—129页
历代治河方法之研究.沈怡.申报月刊,1935年4卷8期15—17页
黄河变迁史略与根治之方法.赵沐生.正论,1935年41期9—13页
福建莆田木兰陂.郭铿若.水利,1936年11卷1期20—23页
明清两代河防考略.尹尚卿.史学集刊,1936年1期97—122页
隋运河考.张崑河.禹贡半月刊,1937年7卷1—3合期201—211页
宁夏河渠水利沿革概况.赵蕴华.文化建设,1937年3卷6期61—71页
后套渠道之开浚沿革.王喆.禹贡半月刊,1937年7卷8、9合期123—151页
北运河论.贾恩.新东方,1940年1卷4期51—64页
中国沟渠史料.卢杰.中和,1940年1卷11期19—32页
四川都江堰水利述要.赵天骥.西北论衡,1940年17、18合期19—23页
治河佚谈.楚金.中和,1941年2卷10期32—35页
都江堰之水利.张保昇.华文月刊,1943年2卷2、3合期49—56页
北京都市发展过程中的水源问题.侯仁之.北京大学学报(社会科学版) 1955年1期139—165页
古代对三门峡的斗争.方楫.史学月刊 1957年6期3—6页
清朝前期对浙江海塘的修筑.谷依.史学月刊,1958年10期23—28页
黄河堤工考.申丙.大陆杂志(台北),1960年18卷10期9—13页,11期24—28页
隋朝以前的南北运河——古大运河的形成过程.扬州师范学院历史系大运河史编写组.江海学刊,1961年11期13—20页
芍陂水利的历史研究.钮仲勋.史学月刊,1965年4期32—36页
我国人民同黄河洪水斗争的光辉历程.钟柯.科学通报,1975年20卷1期15—22页
关于都江堰历史的两个问题.谢忠梁.四川大学学报(哲学社会科学版),1975年3期78—79,22页
漫谈四川的离堆——兼谈《史记》所载李冰凿离堆的所在地.许肇鼎.四川大学学报(哲学社会科学版),1977年3期70—75页
北宋的水利工程木兰陂.福建省莆田县文化馆.文物,1978年1期82—87页
索桥和牂柯江.唐嘉弘.四川大学报(哲学社会科学版),1978年4期82—85页
芍陂工程的历史变迁.金家年.安徽大学学报(社会科学版),1979年1期83—85页
关于楚相孙叔敖的期思陂和芍陂.徐义生.安徽大学学报(社会科学版),1979年4期83—85页
都江堰的变迁.沈果正.四川大学学报(哲学社会科学版),1979年4期101—106页
成都平原古代人工河流辨解.魏达议.中国史研究,1979年4期117—128页
寿县安丰塘汉代埽工问题的探讨.朱成章,殷涤非.文物,1979年5期86—87页
明代对大运河的治理.朱玲玲.中国史研究,1980年2期38—48页
中国古代调水工程的实践.郦凤山,任光照.中国科技史料,1980年1卷2期110—114页
明代治河史札.秦佩珩.学术月刊,1980年6期62—66页
百泉水利的历史研究——兼论卫河的水源.钮仲勋.历史地理,1981年1期117—125页
曹操所开平虏泉州新河三渠考略.严耕望.大陆杂志(台北),1982年65卷1期1—6页
北宋时期的汴河建设.黎沛虹,纪万松.史学月刊,1982年1期24—31页
宋代创造大型泄洪工程——石础.朱成章. 自然科学史研究,1982年1卷1期34—39页
都江堰水利系统工程的辩证法.熊达成.大自然探索,1982年1卷1辑146—153页
关于芍陂创始问题的探讨.郑肇经.中国农史,1982年2期10—14页
都江堰古史新论.喻权域.社会科学研究,1982年3期60—66页
谁是坎儿井的创造者?——兼辨大宛国或师城.常征.历史研究,1982年3期121—126页
北宋惠民河的开凿与南水北调.盛福尧,陈代光.地理研究,1982年1卷4期80—88页
李冰凿离堆的位置和宝瓶口形成的年代新探.张勋燎.中国史研究,1982年4期87—99页
关于兴建都江堰的几个历史问题.田尚,邓自欣.史学月刊,1982年5期12—19页

曹操主持开凿的运河及其贡献.黄盛璋.历史研究,1982年6期20—33页

都江堰古史研究:1.都江堰确为李冰所建——与喻权域同志商榷.王纯五,罗树凡.2.《史记》中之"离碓"、"沫水"辨析.魏达议.3.鳖灵凿宝瓶口,李冰修都江堰.金永堂.社会科学研究,1982年6期70—73页

我国海塘起源初探.陆人骥.科学史集刊,1982年10期101—105页

关于都江堰历史的几个问题——与喻权域同志商榷.燕边.社会科学研究,1983年1期87—90页

我国古代著名的水库鸿隙陂.刘啸.史学月刊,1983年2期43—48页

北宋时期的惠民河.陈有忠,陈代光.史学月刊,1983年2期49—54,68页

都江堰的科学价值及古为今用的巨大效益.吴敏良.农业考古,1983年2期53—58页

明代黄河双重堤防的滞洪落淤作用.郭涛.农业考古,1983年2期59—64页

新疆水利技术的传播和发展.黄盛璋.农业考古,1984年1期78—86页,2期172—183页

井渠法和古井技术.唐嘉弘.农业考古,1984年1期87—92页

宋元木渠考.石泉,王克陵.农业考古,1984年2期184—198页

王安石变法与木兰陂.陈长城,蒋维锬.福建论坛,1984年4期60—62,17页

四川大足宝顶山摩崖造像区的古代排水工程初探.李显文.考古与文物,1984年4期100—104页

古代太湖地区的洪涝特征及治理方略的探讨.汪家伦.农业考古,1985年1期146—158页

秦汉时期关中几项水利工程.张骅.文博,1985年2期30—33,54页

元明时期胶莱运河兴废初探.李宝金.东岳论丛,1985年2期85—89页

宁夏黄河水利开发述略.马启成.西北史地,1985年2期97—103页

我国古代的虹吸和倒虹吸.周魁一.农业考古,1985年2期187—190页

隋唐长安龙首渠流路新探.郭声波.人文杂志,1985年3期83—85,21页

灵渠现状与历史真相.高言弘.学术论坛,1986年1期65—68页

话说"七门堰".卢茂村.农业考古,1986年1期184—186,239页

系统工程学在都江堰古老工程上的早期运用.吴敏良.农业考古,1986年1期187—191页

初论战国、秦汉两次水利建设高潮——兼说都江堰工程史.彭曦.农业考古,1986年1期203—218页

石础源流考.周魁一.自然科学史研究,1986年5卷2期143—153页

论我国古代陂塘水利工程堙废的原因.李孝聪,刘啸.中国农史,1986年3期26—37页

试论都江堰经久不衰的原因.邓自欣,田尚.中国史研究,1986年3期101—110页

引漳灌邺考辨.奚柳芳.中州学刊,1986年3期113—115,74页

我国古代著名的水利灌溉工程——七门堰.宋志发,汤光升.文物研究,1986年总3期218—220页

吐鲁番坎儿井综述.柳洪亮.中国农史,1986年4期24—32页

都江堰"软"、"硬"建筑及其历史发展.黎沛虹.社会科学研究,1986年5期44—47页

关于隋代通济渠入泗入淮问题考辨.王永谦.中国历史博物馆馆刊,1986年8期30—35页

秦郑国渠大坝的发现与渠首建筑特征.赵荣,秦建明.西北大学学报(自然科学版),1987年17卷1期11—14页

关于《管子·度地》篇研究工作中的几个问题.马宗申.古今农业,1987年1期20—24页

山东南北运河开发对鲁西北平原旱涝碱状况的影响.袁长极.中国农史,1987年4期43—53页

陕西明渠述略.刘清阳.西北大学学报(哲学社会科学版),1987年4期94—100页

我国古代的治黄水利工程.李仲均,李卫.文史知识,1987年7期44—48页

芍陂史上几个问题的考察.刘和惠.安徽史学,1988年1期19—26页

楚水利工程芍陂考辨.程涛平.中国史研究,1988年2期143—154页

魏晋隋唐之间江淮地区水利业发展述论.郭黎安.江海学刊,1988年3期118—124页

新疆坎儿井的若干问题之探讨.钮海燕.西北史地,1988年4期14—18页

北魏洛阳的城市水利.孔祥勇,骆子昕.中原文物,1988年4期81—84页

我国古代对地下水的开发与利用. 李仲均,李卫. 文史知识,1988年10期34—38页

坎儿井及我国古代的灌溉系统. 李仲均,李卫. 文史知识,1989年1期45—49页

郑国渠渠首引水方式的争论与考证. 叶遇春,张骅. 文博,1989年1期53—55页

西汉龙首渠"井渠法"及在科技史上的地位. 徐象平. 西北大学学报(自然科学版),1989年1期107—110页

古越吴塘考述. 邱志荣等. 中国农史,1989年3期83—88页

从郑国渠到泾惠渠. 叶遇春. 古今农业,1990年2期55—61页

宜春古李渠. 尹福生. 江西文物,1990年4期49—52页

通济堰述略. 韩肖勇. 江西文物,1990年4期53—59页

新疆坎儿井的历史及其渊源. 钱伯泉. 西北史地,1990年4期70—78页

北魏故都平城城市水利试探. 李乾太. 晋阳学刊,1990年4期90—95页

汉代著名水利工程鸿隙陂. 张耀征. 中州学刊,1991年3期35—37页

吴中水利与滨海盐利——兼论明清两代上海盐业衰颓的原因. 何达泉. 史林,1991年3期53—58页

都江堰水利工程技术的历史演进. 郭声波. 中国历史地理论丛,1992年4期95—103页

汉代的瓠子大决口及其治理. 史真. 郑州大学学报(哲学社会科学版),1992年6期46—49,53页

北宋河患与治河. 刘菊湘. 宁夏社会科学,1992年6期60—65,71页

都江堰在科学技术史上的价值. 李映发. 四川大学学报(哲学社会科学版),1993年2期88—96页

魏晋南北朝淮河流域的水利和旱涝灾害. 洪廷彦. 文史知识,1993年4期54—57页

邺下古渠考. 张之. 中原文物,1994年1期41—44页,4期81—87页,1995年1期106—113页

中国古代河流泥沙运动力学的理论与实践. 周魁一. 自然科学史研究,1994年13卷2期173—184页

都江堰创建及发展的历史奇功. 吴敏良. 文史杂志,1994年4期32—33页

嘉绒藏区古代科技奇葩——金川县噶尔丹寺土陶管自来水工程. 张孝忠,宋友成. 西藏研究,1996年1期100—101页

略论秦郑国渠汉白渠龙首渠的工程科学技术. 郑洪春. 考古与文物,1996年3期61—63页

明代云南地区的水利工程. 方慧,方铁. 中南民族学院学报(哲学社会科学版),1996年4期86—90页

建国以来芍陂问题研究述要. 郑全红. 江淮论坛,1997年3期78—81页

古籍整理与研究

中国水利旧籍书目. 沙玉清. 国立清华大学土木工程学会汇刊,1934年3期159—174页

中国河渠书提要. 茅乃文. 水利,1936年11卷1期52—62页,2期108—119页,3期172—183页,4期218—225页,5期292—299页. 1937年12卷1期79—91页,2期159—168页,3期226—233页,4期329—334页,5期395—401页,6期475—481页,13卷1期94—100页,2期162—168页,3期221—226页

熊煐下河议说集要跋. 顾廷龙. 燕京大学图书馆报,1937年104期2—3页

中国水利史(郑肇经著). 侯仁之. 史学年报,1939年3卷1期168—170页

中国河渠水利工程书目(茅乃文编). 张玮英. 史学年报,1939年3卷1期171—172页

中国历代治河文献考略. 郑鹤声. 真理杂志,1944年1卷4期433—454页

四川理县出土的一部明代水利著作——童时明的《三吴水利便览》. 张勋燎. 文物,1974年4期72—77页

《中原治黄图》卷浅析. 滕引忠. 江西文物,1990年4期66—68页

潘季驯《河防一览图》考. 周铮. 中国历史博物馆馆刊,1992年总17期109—117页

数学在古代水利工程中的应用——《河防通议·算法》的注释与分析. 郭涛. 农业考古,1994年1期271—278页

元明清时期的"西北水利议". 王培华. 北京师范大学

学报(社会科学版),1996年6期13—20页

其 他

洪水之传说及治水等之传说.顾颉刚.史学年报,1930年1卷2期61—68页

中国水利掌故与书籍.燮廷.交大季刊,1930年2期131—132页

水井起源初探——兼论"黄帝穿井".黄崇岳.农业考古,1982年2期130—135页

中国温泉开发利用史.李仲均.中国科技史料,1982年3卷2期103—106页

中国古代的水井.王仰之.西北大学学报(自然科学版),1982年12卷3期104—109页

无锡市环城河古井清理.冯普仁.文物,1983年5期45—51,54页

我国水井起源的探讨.方酉生.江汉考古,1986年2期18—20页

《诗经》中泉水资料.孙关龙.中国科技史料,1989年10卷2期80—84页

大理州明清以来的水利碑.何磊.云南文史丛刊,1991年4期90—96页

略述隋唐长安城发现的井.赵强.考古与文物,1994年6期71—73页

秦汉以前水井的考古发现和造井技术.张子明.文博,1996年1期10—25,85页

交 通

车 辆

模制考工记车制记.罗庸.国立历史博物馆丛刊,1926年1卷1期1—9页.国立中山大学语言历史学研究所周刊,1928年4集48期1—5页

宋代交通制度考略(指南车之制及其发明、记里鼓车之制、火车及其制造法、如意车、木牻车等).王夔强.安雅,1935年1卷4期33—36页,8期41—46页,9期41—46页.1936年1卷11期39—44页,12期33—34页

我国独轮车的创始时期应上推到西汉晚年.刘仙洲.文物,1964年6期1—5页

有关汉代独轮车的几个问题.史树青.文物,1964年6期6—7页

殷代第一类车的舆盘之演变.石璋如.华冈学报(庆祝钱宾四先生八十岁论文集)(台北),1974年8期41—64页

从胸式系驾法到鞍套式系驾法——我国古代车制略说.孙机.考古,1980年5期448—460页

从中国科技史研究说到商周木车.邓聪.抖擞(香港),1980年38期60—63页

秦始皇陵二号铜车马初探.秦俑考古队.文物,1983年7期17—21页

始皇陵二号铜车马对车制研究的新启示.孙机.文物,1983年7期22—29页

八十年来指南车的研究.陆敬严.自然辩证法通讯,1984年6卷1期53—58,52页

秦陵彩绘铜车结构规格.程学华,周柏龄.文博,1984年创刊号77—82页

木牛流马考辨.谭良啸.社会科学(甘肃),1984年2期103—109页

中国古代马车的系驾法.孙机.自然科学史研究,1984年3卷2期169—176页

关于秦陵二号铜车马.党士学.文博,1985年2期80—84页

中国古独辀马车的结构.孙机.文物,1985年8期25—40页

秦始皇陵彩绘铜安车的科技成就漫议.王学理.北方文物,1988年4期9—17页

木牛流马是什么样的运输工具.闻合竹.文史知识,1986年4期118—121页

木牛流马辨.杨宝胜.物理通报,1988年5期47,4页

秦俑坑中的战车及其相关问题.王玉清.文博,1988年6期54—57页

秦兵马俑三号坑战车初探.党士学.文博,1988年6期68—70,21页

"江州车"和"木牛流马". 周晓薇,王其袆. 文史知识,1989年5期55—58页

《考工记》与我国古代造车技术. 周世德. 中国历史博物馆馆刊,1989年总12期67—80页

中国古代南方民族的交通工具述略. 吴永章 . 中南民族学院学报(哲学社会科学版),1990年6期1—7页

略论始皇陵一号铜车. 孙机. 文物,1991年1期14—19页

中国古车类型与制造. 史建玲. 中国科技史料,1992年13卷3期3—8页

说輂——从边家庄五号春秋墓一号车子的结构与定名问题说起. 刘军社. 考古与文物,1992年4期86—91页

楚车考索. 郭德维. 东南文化,1993年5期71—81页

说汉代车盖. 李强. 中国历史博物馆馆刊,1994年1期46—54页

井叔墓地所见西周轮舆. 张长寿,张孝光. 考古学报,1994年2期155—171页

试论秦陵一号铜车马. 党士学. 文博,1994年6期92—105页

敦煌壁画交通工具史料述论. 马德. 敦煌研究,1995年1期51—59页,3期131—136页

论中国古代马车的渊源. 郑若葵. 华夏考古,1995年3期41—56页

论牛车. 王振铎. 中国历史博物馆馆刊,1996年1期47—50,83页

试探《诗经》中的先秦车马. 杨文胜. 中原文物,1996年2期50—55,46页

造 船

中世纪东西亚海道上的航船. 江应梁. 新亚细亚,1936年12卷1期11—18页

郑和出使之宝船. 郑鹤声. 东方杂志,1944年40卷23期52—58页

三宝和宝船. 张礼千. 东方杂志,1945年41卷10期55—58页

郑和下西洋的船. 管劲丞. 东方杂志,1947年43卷1期47—51页

车船考. 冯汉镛. 文史哲,1957年9期61—62页

郑和下西洋之宝船考. 包遵彭. 新亚学报(香港),1961年4卷2期307—351页

从宝船厂舵杆的鉴定推论郑和宝船. 周世德. 文物,1962年3期35—40页

中国沙船考略. 周世德. 科学史集刊,1963年5期34—54页

中国古代与太平印度两洋的桴筏戈船方舟楼船研究导言. 凌纯声. 中国民族学通讯(台北),1971年11期1—9页

秦汉时期的船舶. 上海交通大学"造船史话"组. 文物,1977年4期18—22页

泉州宋船结构的历史分析. 庄为玑,庄景辉. 厦门大学学报(哲学社会科学版),1977年4期75—83页

中国古代的船舶. 杨弘. 求知(香港),1977年47期15页

泉州湾宋代海船有关问题的探讨. 泉文. 海交史研究,1978年创刊号50—53页

笔谈我国古代科学技术成就——先进的我国古代造船技术. 周世德. 文物,1978年1期65页

关于泉州湾出土海船的几个问题. 陈高华,吴泰. 文物,1978年4期81—85页

"车船"、"拍竿"及"桅鸦"考. 李文彬. 辽宁大学学报(哲学社会科学版),1981年4期68—69页

中国造船史上的几个问题. 周世德. 自然科学史研究,1983年2卷1期83—88页

春秋战国的舟船. 左尚权. 郑州大学学报(哲学社会科学版),1983年2期84—89页

泉州法石古船试掘简报和初步探讨. 中国科学院自然科学史研究所. 福建省泉州海外交通史博物馆联合试掘组. 自然科学史研究,1983年2卷2期164—172页

泉州法石乡发现宋元碇石. 陈鹏,杨钦章. 自然科学史研究,1983年2卷2期173—174页

从文物资料看中国古代造船技术的发展. 王冠倬 . 中国历史博物馆馆刊,1983年5期17—32页

郑和宝船尺度的探索. 庄为玑,庄景辉. 海交史研究,1983年5期32—46页

广东缝合木船初探. 戴开元. 海交史研究,1983年5期86—89页

车船制造考略. 王界云. 学术月刊, 1983 年 11 期 75—77, 79 页
略论郑和下西洋的船. 郑鹤声, 郑一钧. 文史哲, 1984 年 3 期 3—9 页
谈《明史》所载郑和宝船尺寸的可靠性. 邱克. 文史哲, 1984 年 3 期 10—12 页
乘风破浪话宝船. 庄为玑. 文史知识, 1984 年 3 期 83—86 页
中国古船的减摇龙骨. 席龙飞, 何国卫. 自然科学史研究, 1984 年 3 卷 4 期 368—371 页
论我国古代航海和造船技术的成就——兼评中国海外交通史研究中的几个问题. 汶江. 海交史研究, 1984 年 6 期 1—12 页
川扬河古船结构的特征及历史意义. 王正书. 考古, 1984 年 7 期 664—666, 653 页
中国古代的独木舟和木船的起源. 戴开元. 船史研究, 1985 年总 1 期 4—17 页
浙江宁波出土龙舟考略. 黎松盛. 船史研究, 1985 年总 1 期 18—24 页
从碇到锚. 王冠倬. 船史研究, 1985 年总 1 期 25—35 页
中外帆和舵技术的比较. 席龙飞. 船史研究, 1985 年总 1 期 36—46 页
中国古代船舶人力推进和操纵机具的发展. 辛元欧. 船史研究, 1985 年总 1 期 47—63 页
挂锔连接工艺及其起源考. 徐英范. 船史研究, 1985 年总 1 期 64—71 页
《天工开物》第九卷舟条. (明)宋应星. 船史研究, 1985 年总 1 期 96—98 页
《天工开物》第九卷舟条读后感. 胡建国. 船史研究, 1985 年总 1 期 99—100 页
关于郑和宝船尺度问题的探讨. 郭之笏. 海交史研究, 1985 年总 2 期 88—92 页
郑和出使宝船刍议. 苏松柏. 中国史研究, 1985 年 4 期 151—155 页
试论中国造船与航海技术史中的几个问题. 金秋鹏. 海交史研究, 1986 年 1 期 1—11 页
从辽东半岛黄海沿岸发现的舟形陶器谈我国古代独木舟的起源与应用. 许玉林. 船史研究, 1986 年总 2 期 1—10 页
试论公元前中国风帆存在的可能性及其最早出现的时限. 孙光圻. 船史研究, 1986 年总 2 期 11—19 页
对泉州湾出土宋代海船上舱料使用情况的考察. 李国清. 船史研究, 1986 年总 2 期 32—38 页
郑和宝船之谜研究评述. 文尚光. 船史研究, 1986 年总 2 期 39—46 页
郑和宝船复原研究. 陈延杭等. 船史研究, 1986 年总 2 期 47—58 页
郑和下西洋所用宝船的进一步探索. 杨檩. 船史研究, 1986 年总 2 期 59—64 页
中国风帆探源. 林华东. 海交史研究, 1986 年 2 期 85—88 页
泉州湾打捞到两具古代大船锚. 郭雍. 文物, 1986 年 2 期 86—88 页
黄鹄号——中国自造第一艘轮船. 李惠贤. 船史研究, 1986 年总 2 期 87—93 页
泉州湾宋代海船的舱料使用, 李国清. 海交史研究, 1986 年 2 期 89—94 页
郑和下西洋与郑和船队. (英)李约瑟 著. 邱克 译. 船史研究, 1986 年总 2 期 94—102 页
十三—十四世纪的贸易船——以泉州新安船为要点. (日)松达哲 著. 杨综 译. 海交史研究, 1986 年 2 期 104—105 页
论中国船的船料及其计算法则. 韩振华. 海交史研究, 1988 年 1 期 197—205 页
大仓元、明航海史迹考略. 吴聿明. 海交史研究, 1988 年 2 期 92—98 页
"车船"考述. 周世德. 文史知识, 1988 年 11 期 37—40 页
船舶石制碇泊工具初考——从泉州湾新发现的三块石碇谈起. 杨钦章, 叶道义. 海交史研究, 1989 年 1 期 4—13 页
也论中国樯帆之始. 杨琮. 海交史研究, 1989 年 1 期 14—20 页
原始渡具与早期舟船的考古学观察. 王永波. 江汉考古, 1989 年 1 期 32—40 页
中国古船桨系考略. 周世德. 自然科学史研究, 1989 年 8 卷 2 期 185—196 页
论史学"危机", 兼谈治史的系统方法. 周世德. 船史研究, 1989 年总 4、5 合刊 1—3 页
明末清初唐船赴日贸易与唐船考. 辛元欧. 船史研究, 1989 年总 4、5 合刊 5—29 页
明代使琉球"册封舟"考述. 赵建群, 陈铿. 船史研究, 1989 年总 4、5 合刊 53—58 页
中国桨系的演变. 周世德. 文史知识, 1989 年 11 期 39—43 页

中国古代的双层板底船.徐英范.中国历史博物馆馆刊,1989 年总 12 期 81—87 页

《清明上河图》所反映的宋代造船技术.马华民.中原文物,1990 年 4 期 73—77 页

宋代大型商船及其"料"的计算法则.陈希育.海交史研究,1991 年 1 期 53—59 页

古越族的舟船文化与中华木帆船的形成.陈延杭.海交史研究,1991 年 2 期 31—44 页

庄为玑教授关于郑和及其宝船研究的通信.席龙飞.海交史研究,1992 年 1 期 110—112 页

《马可·波罗游记》中的中国古代造船文明与航海文明.孙光圻.海交史研究,1992 年 2 期 21—30 页

《马可·波罗游记》中刺桐海船的探讨.陈延杭.海交史研究,1992 年 2 期 31—39 页

关于新安沉船重叠嵌接型船体结构和流体特性研究.(韩国)李昌亿 著.李进萍,李晓春 译.海交史研究,1992 年 2 期 117—128 页

[illegible]、[illegible]与独木舟、树皮舟.赵振才.赵艺.北方文物,1992 年 3 期 34—35 页

我国古代渔船的源与流.王敬南.古今农业,1992 年 4 期 70—75 页

1840 年前后中国水域之汽船推进装置.王志毅.船史研究,1993 年 6 期 17—22 页

关于新安沉船重叠嵌接型船体结构和流体特性研究.李昌忆.船史研究,1993 年总 6 期 77—93 页

徐福师船考证及船模研制.陈延杭.海交史研究,1994 年 1 期 39—50,38 页

"舸船"考略.王杰.中国科技史料,1994 年 15 卷 1 期 85—87 页

海南黎族古老的水上交通工具.李露露.中国历史博物馆馆刊,1994 年 1 期 93—97 页

对韩国新安海底沉船的研究.席龙飞.海交史研究,1994 年 2 期 55—74 页

敦煌文物中的舟船史料及研究.王进玉.中国科技史料,1994 年 15 卷 3 期 75—82 页

试论中国古代船舶的设计哲学.袁随善.船史研究,1994 年总 7 期 31—36 页

蓬莱古船的结构及其建造工艺特点.顿贺等.船史研究,1994 年总 7 期 37—51 页

元明清三代的漕船及运河.王冠倬.船史研究,1994 年总 7 期 52—58 页

中国帆船的帆与桅.(英)沃塞斯特 著.杨遇春 译.船史研究,1994 年总 7 期 209—221 页

中国古代海船深水测量技术考述.王心喜.海交史研究,1995 年 2 期 87—89 页

海上丝绸之路与福建海上交通技术的发展.陈喜乐.福建史志,1996 年 2 期 45—49 页

从鉴真渡日航船看唐代造船水平.陈延杭.海交史研究,1996 年 2 期 89—99 页

河姆渡舟船技术浅析.陈延杭.海交史研究,1997 年 2 期 38—48 页

关于郑和宝船船型的探讨.金秋鹏,杨丽凡.自然科学史研究,1997 年 16 卷 2 期 183—195 页

上古舟船述要.王作新.文献,1997 年 3 期 218—227 页

郑和船队基本船型的模型研制.中国古船模型研制中心.船史研究,1997 年 11、12 合期 101—109 页

郑和船队复原研制.杨培漪,卢银涛.船史研究,1997 年 11、12 合期 110—119 页

关于郑和宝船尺度出自《瀛涯胜览》的论点质疑.唐志拔.船史研究,1997 年 11、12 合期 130—131 页

舟楫出东南——中国东南及邻近地区船史资料综述.陈江.船史研究,1997 年 11、12 合期 145—161 页

关于宋元木石锚形制的设想——从日本鹰岛町水下出土的椗具说起.王冠倬.船史研究,1997 年 11、12 合期 162—170 页

港口与航运

我国古代的航海天文.《航海天文》调查小组.北京天文台台刊,1977 年 11 期 47—64 页

明《武备志》中"过洋牵星图"试释.曾昭璇.科学史集刊,1982 年 10 期 93—100 页

唐宋时代登州港海上航线初探.刘成.海交史研究,1985 年 1 期 46—50 页

甘肃古代的渡口及水运工具.吴景山.西北史地,1988 年 4 期 91—96 页

牵星法与天文导航.王月桂.文史知识,1992 年 7 期 41—45 页

宋代“船坞”考略. 伊永文. 中国科技史料, 1993年14卷1期86—89页

三千年前云台山“羽夷”能乘独木舟漂航抵达美洲吗?. 施存龙. 海交史研究, 1995年2期80—86页

15世纪东西方海上导航技术比较. 王莉, 孙光圻. 船史研究, 1997年11、12合期83—92页

其 他

中国古代之飞船. 东方杂志, 1910年7卷5期杂组9—10页

中国王莽时已有研究飞行者. 渠庭. 海天, 1934年1卷2期16页

中国滑翔史略. 长英. 航空机械月刊, 1940年4卷5期3—4,12页

张衡“木雕犹能独飞”新探——兼论飞机的发明. 曹景祥. 南都学坛(哲学社会科学版), 1996年16卷2期109—114页

兵 器

中国人发明火药火炮考. 陆懋德. 清华学报, 1928年5卷1期1489—1499页

明清炮术西化考略. 龚化龙. 珞珈月刊, 1935年2卷6期1277—1279页

弓箭源流考及其近代之功用与独立制造法. 芷香. 科学的中国, 1936年8卷5期12—16页, 6期5—9页

揭开战国兵器合金的秘密——湖南文管会对楚兵器进行化验. 吴铭生. 文物参考资料, 1957年8期85页

香港新发现南明永历四年所造大炮考. 罗香林. 大学生活(香港), 1957年2卷9期20—22页. 文史荟刊(台南), 1960年1辑1—2页

我国原始的炮兵武器. 王荣. 文物, 1960年4期70—72页

元明火铳的装置复原. 王荣. 文物, 1962年3期41—44页

我国古代慢炮、地雷和水雷自动发火装置的发明. 刘仙洲. 文物, 1973年11期46—51页

弩机功能试释. 沈康身. 杭州大学学报(自然科学版), 1978年4期67—71页

郑成功铸造的永历乙未年铜炮考. 朱捷元. 厦门大学学报(哲学社会科学版), 1979年3期96—101页

秦俑坑青铜兵器的科技成就管窥. 王学理. 考古与文物, 1980年3期99—107页

中原地区东周铜剑渊源试探. 李伯谦. 文物, 1982年1期44—48页

明末西洋大炮由明入后金考略. 牟润孙. 明报月刊(香港), 1982年17卷8期80—84页, 9期87—92页

天启二年红夷铁炮. 周铮. 中国历史博物馆馆刊, 1983年5期105—109页

云梯考略. 蓝永蔚. 江汉考古, 1984年1期81—87页

中国早期的弩机. 李天鸣. 故宫文物月刊(台北), 1984年2卷3期75—81页

世界上最早使用的火箭武器——谈一一六一年采石战役中的霹雳炮. 潘吉星. 文史哲, 1984年6期29—33页

火炮浅议. 王冠倬. 中国历史博物馆馆刊, 1984年总6期76—79页

论火箭的起源. 潘吉星. 自然科学史研究, 1985年4卷1期64—79页

中国明代的水雷——世界水雷的鼻祖. 李崇州. 中国科技史料, 1985年6卷2期32—34,44页

中国古代火炮发明时间初探. 刘旭. 大自然探索, 1985年4卷2期175—179页

床弩考略. 孙机. 文物, 1985年5期67—70页

考古学与中国古代兵器史研究. 杨泓. 文物, 1985年8期16—24,72页

王勇弩机考. 王广礼, 崔庆明. 中原文物, 1986年1期91—92页

清代火炮. 胡建中. 故宫博物院院刊, 1986年2期49—57页, 4期87—94页

秦俑坑弓弩试探. 刘占成. 文博, 1986年4期66—70,94页

戴梓的连珠火铳是机枪吗? 成东, 胡建中. 自然科学

史研究,1988年7卷4期387—392页
明代前期有铭火铳初探.成东.文物,1988年5期68—79页
明代的火炮发展.李映发.大自然探索,1990年9卷4期125—132页
碗口铳小考.成东.文物,1991年1期89—90页
中国引火技术的演变.季鸿崑.中国科技史料,1991年12卷3期9—14页
佛郎机铳浅探.周铮,许青松.中国历史博物馆馆刊,1992年总17期50—56页
中国古炮考索.王育成.中国史研究,1993年4期20—30页
弩的历史.林沄.中国典籍与文化,1993年4期33—37页
弓箭发明探源.马广彦.考古与文物,1993年4期40—45页
明代后期有铭火炮概述.成东.文物,1993年4期79—86页
戴梓仿造西洋火器.李斌,张江华.自然科学史研究,1993年12卷4期368—372页
清代弓矢.王子林.故宫博物院院刊,1994年1期86—96页
中国直杆火箭系统研究.李崇州.自然科学史研究,1994年13卷2期164—172页,4期350—357页
故宫博物院藏明代手铳.王子林.故宫博物院院刊,1995年1期92—96页
关于明朝与佛郎机最初接触的一条史料.李斌.文献,1995年1期105—112页
图说中国古代火药武器和火箭.明报月刊(香港),1995年30卷2期73—74页
先秦云梯形制辨.陈建梁.自然科学史研究,1995年14卷2期168—175页
清代弩略论.王子林.文物,1995年3期64—69页
对降魔变娟画上喷火兵器的新看法.钟少异.自然科学史研究,1995年14卷3期249—253页
明代火器的发展、运用与军事领域的变革.朱子彦.学术月刊,1995年5期81—86,49页
红夷大炮与明清战争——以火炮测准技术之演变为例.黄一农.清华学报(台北),1996年新26卷1期31—70页
关于明代鸟铳的来源问题.阎素娥.史学月刊,1997年2期103—105页

其 他

阳燧取火与方诸取水.唐擘黄.国立中央研究院历史语言研究所集刊,1935年第五本第二分271—277页
中国石器时代底生产技术.陶大镛.说文月刊,1940年2卷5期49—66页
中国金石并用时代的生产技术.陶大镛.说文月刊,1944年3卷12期63—82页
中国古代在取火方法方面的发明.王旭蕴.清华大学学报,1960年7卷2期63—74页
海南岛黎族人民古代的取火工具.张寿祺.文物,1960年6期72—73页
谈清代的匠作则例.王世襄.文物,1963年7期19—25页
从工具和用火看早期人类对物质的认识和利用.贾兰坡.自然杂志,1978年创刊号31—34页
中国古代漆工杂述.王世襄.文物,1979年3期49—55页
我国古代取火方法的研究.汪宁生.考古与文物,1980年4期115—124页
出土竹器脱水方法的探索.胡继高.考古,1980年4期369—371页
钻木确能取火——致阎崇年同志.李少一.江淮论坛,1981年1期88页
中国古代取火方法考证——并与阎崇年同志商榷.张寿祺.社会科学战线,1981年1期98—101页
唐代的马具与马饰.孙机.文物,1981年10期82—88,96页
中国温泉开发利用史.李仲均.中国科技史料,1982年3卷2期103—106页
磨镜·画𫌀·银作·雕漆·织造——《金瓶梅》反映的明代技艺.蔡国梁.华东师范大学学报(哲学社会科学版),1983年3期85—89页
古代饱水木器和漆器处理方法综述.徐毓明.考古与文物,1983年3期104—109,95页
我国古代灯具概说.熊传新,雷从云.中原文物,1985年2期73—81页

试论元末明初西塘派剔红工艺的发展．张理萌．故宫博物院院刊，1985年2期89—94页

中国宣笔史话．吴世新．文献，1987年2期240—245页

我国原始人类用火渊源刍议．董韶华．北方文物，1989年1期19—24页

论竹刻的分派．王世襄．故宫博物院院刊，1989年3期15—17页

明代山东手工业生产发展概述．陈冬生．东岳论丛，1991年2期57—62页

从山东汉画像石图像看汉代手工业．吴文祺．中原文物，1991年3期33—41页

中国引火技术的演变．季鸿崑．中国科技史料，1991年12卷3期9—14页

澄泥砚工艺小考．方晓阳．文物，1991年3期47—49页

也说发烛．郭正谊．中国科技史料，1992年13卷1期96页

再谈发烛．季鸿崑．中国科技史料，1992年13卷4期96页

钻木取火及其在历史上的作用．宋兆麟．中国历史博物馆馆刊，1992年18—19合期72—80，94页

江南地区史前木器初探．谢仲礼．东南文化，1993年6期17—25页

"纳须弥于芥子"——中国古代微型工艺漫话．俞莹．文史知识，1993年10期63—68页

唐代蜡烛小考．冉万里．人文杂志，1994年1期97—100页

楚国手工业技术生产者的身份与地位．刘玉堂．自然科学史研究，1995年14卷2期115—119页

中国古代对火的认识．胡化凯．大自然探索，1995年14卷4期113—118页

公元3至6世纪慕容鲜卑、高句丽、朝鲜、日本马具之比较研究．董高．文物，1995年10期34—42页

楚国手工业生产管理、技术职官．刘玉堂．中国科技史料，1996年17卷3期3—9页

原始炉灶的演变．宋兆麟．中国历史博物馆馆刊，1997年2期3—15页

我国最早的马镫是云南少数民族发明的．张增祺．云南民族学院学报(哲学社会科学版)，1997年2期50—51页

史前技术之演变．陈淳．文物季刊，1997年3期49—54页

高昌回鹘王国的手工业．靳春泓．新疆文物，1997年4期49—53页

中文图书部分

综 合 类

总论与综述

总 论

中国科学史举隅.张孟闻 著.上海:中国文化服务社,1947年.118页.36开(青年文库)

中国科学史要略.李乔萍 译.台北:中国文化学院出版部,1971年.138页.32开

中国古代科技简史.钱大江 编著.香港:七十年代月刊社,1975年.55页,小32开

中国之科学与文明(1—15册).李约瑟 著.陈立夫 主译.台北:台湾商务印书馆,32开

第1册.导论.黄文山 译述.1971年初版.1980年修订3版.691页

第2册.中国科学思想史(上).陈维伦等 译述.1973年初版.1980年修订3版.567页

第3册.中国科学思想史(下).杜维运等 译述.1973年初版.1980年修订3版.558页

第4册.数学.傅溥 译述.1974年初版.1985年修订4版.354+12页

第5册.天文学.曹谟 译述.1975年初版.1980年3版.500页

第6册.气象学、地理学、地图学、地质学、地震学、矿物学.郑子政 译述 1975年初版.1980年3版.550页

第7册.物理学.吴大猷等 译述.1976年初版.1980年3版.651页

第8册.机械工程学(上).钱昌祚等 译述,1976年初版,1980年3版 534页

第9册.机械工程学(下).钱昌祚等 译述.1976年初版.1981年3版 703页

第10册.土木及水利工程学.张一麐等 译述.1977年初版.1985年4版.527页

第11册.航海工艺(上).金龙灵 译述.1980年初版.1985年2版.511页

第12册.航海工艺(下).金龙灵 译述.1980年初版.1985年2版.555页

第13册.原文书尚未印出

第14册.炼丹术和化学(上).张仪尊 译述.1982年初版.762页

第15册.炼丹术和化学(续).胡懋麟 译述.1985年初版.376页

中国之科学与文明.节本(1—9册).李约瑟 著.陈立夫 主译.台北:台湾商务印书馆,32开.(人人文库)

第1册.导论.1972年初版.1979年3版.84页

第2册.中国科学思想史(上).1973年初版.1983年3版.104页

第3册.中国科学思想史(下).1974年初版.1984年3版.99页

第4册.数学.1975年初版.1984年3版.90页

第5册.天文学.1976年初版.1979年2版.128页

第6册.气象学、地理学与地图学、地质学及有关科学、地震学、矿物学.1976年初版.1981年2版.81页

第7册.物理学.1978年初版.1984年2版.103页

第8册.机械工程学(上).1978年初版.1984年2版.81页

第9册.机械工程学(下).1979年初版.1984年2版.80页

中国科学技术史.第一卷.总论.(英)李约瑟 著.《中国科学技术史》翻译小组 译.北京:科学出版社,1975年.2册.大32开

中国科学技术史.第三卷.数学.(英)李约瑟 著.《中国科学技术史》翻译小组 译.北京:科学出版社,1978年.466页.大32开

中国科学技术史.第四卷.天文.(英)李约瑟 著.《中国科学技术史》翻译小组 译.北京:科学出版社,

1975年.2册.大32开

中国科学技术史.第五卷.地学.(英)李约瑟 著.《中国科学技术史》翻译小组 译.北京:科学出版社,1976年.2册.大32开

中国科学技术史(1)总论.Needhan,Joseph 著.《中国科学技术史》编译小组 译.香港:中华书局香港分局,1975年.688页.大32开

中国科学技术史.第一卷.导论.(英)李约瑟 著.袁翰青等 译.北京:科学出版社、上海古籍出版社联合出版,1990年.336页.16开

中国科学技术史.第二卷.科学思想史.(英)李约瑟 著.何兆武等 译.北京:科学出版社、上海古籍出版社联合出版,1990年.739页.16开

中国科学技术史.第五卷.化学及相关技术.第一分册.纸和印刷.(英)李约瑟 主编.钱存训 著.刘祖慰 译.北京:科学出版社、上海古籍出版社联合出版,1990年.472页.16开

中国古代科技成就.自然科学史研究所 主编.①北京:中国青年出版社,1978年.707页.32开.②台北:明文书局,1981年.改书名《中国古代科技》.③北京:外文出版社,1983年.英文版.④柏林:Birkhauser Verliag,1989年.德文版.⑤北京:中国青年出版社,1995年修订版.738页.32开.

中国科学之发展.陈立夫等 著.台北:中央文物供应社,1978年.190页.32开

在科学的征途上——中外科技史例选.解恩泽等 编.北京:科学出版社,1979年.258页.32开

中国科技史.(演讲记录选辑)(一).郭正昭等 著.台北:自然科学文化事业公司,1980年.306页.大32开

中国科技史.(演讲记录选辑)(二).吴嘉丽 编.台北:自然科学文化事业公司,1983年.418页.大32开

中国科学技术史稿.杜石然等 编著.①北京:科学出版社,1982年.上册.372页.下册.371页.大32开②台北:木铎出版社,1983年.改书名《中国科学文明史》.③日本东京大学出版社,1997年.日文版.

中国古代科学.冯作民,宋秀玲 编译.台北:星光出版社,1982年.2册.32开

中国文化新论·科技篇·格物与成器.洪万生 主编.台北:联经出版事业公司,1982年.540页.大32开

科学与古老的中国.蔡仁坚 著.台北:时报文化出版有限公司,1981年2版.222页.32开.

中国科技史探索.李国豪等 主编.①上海:上海古籍出版社,1982年.835页.16开②香港:中华书局,1986年.743页.16开.

殷墟卜辞研究——科学技术篇.温少峰,袁庭栋 编著.成都:四川省社会科学院出版社,1983年.391页.16开(《社会科学研究丛刊之十九》)

中国古代科技之花.卢荫慈 编写.太原:山西人民出版社,1983年.318页.32开

中国科技史概论.何丙郁,何冠彪 合著.香港:中华书局香港分局,1983年.283页.32开

中国科学技术史论文集.上册.吕子方 著.成都:四川人民出版社,1983年.334页.大32开

中国科学技术史论文集.下册.吕子方 著.成都:四川人民出版社,1984年.371页.大32开

中国科技史话.纪国骅 著.台北:希代书版公司,1984年.289页.32开

中国科学技术史概述.毕剑横 编著.成都:四川省社会科学院出版社,1985年.180页.32开

古代中国的科学技术.洪万生 编选.台北:正中书局,1985年.152页.32开

中国古代科技集锦.董福长 编.哈尔滨:黑龙江科学技术出版社,1987年.111页.32开

中国.科学.文明.(日)薮内清 著,梁策等 译.①北京:中国社会科学出版社,1987年.229页.32开②台北:淑馨出版社,1989年.225页.32开

中国科技史话(上册).杨文衡等 编著.北京:中国科学技术出版社,1988年.302页.32开

中国科技史话(下册).杨文衡等 编著.北京:中国科学技术出版社,1990年.310页.32开

漫步敦煌艺术科技画廊.王进玉 著.北京:科学普及出版社,1989年.141页.32开

中国科学技术的发展.张登义 编著.重庆:重庆出版社,1989年.209页.32开

中国科学史讲义.北京师范大学科学史研究中心 编著.北京:北京师范大学出版社,1989年.383页.大32开.(高等学校教学用书)

新编中国科技史——演讲文稿选辑(上).吴嘉丽,叶鸿洒 编.台北:银禾文化事业公司,1989年.604页.大32开

新编中国科技史——演讲文稿选辑(下).吴嘉丽,叶鸿洒 编.台北:银禾文化事业公司,1990年.662页.大32开

简明中国科学技术史话.陈美东 主编.①北京:中国青年出版社,1990年.697页.32开②台北:明文书局,1992年.2册.682页.32开

中国古代科技.晁中辰 著.济南:山东教育出版社,1990年.154页.32开

中国古代科技史话.金秋鹏,蒙谷 著.济南:山东教育出版社,1991年.135页.32开.(中国文化史知识丛书)

中国古代科技史.刘洪涛 编著.天津:南开大学出版社,1991年.684页.大32开

中国科技史采风录.刘君灿 著.台北:唐山出版社,1991年.203页.32开

中国历史上的技术与科学:从远古到1990.王鸿生 著.北京:中国人民大学出版社,1991年.373页.32开

中华文化集粹丛书·睿智篇.白尚恕 著.北京:中国青年出版社,1991年.254页.插图.大32开

中国近现代科学技术史论纲.董光壁 著.长沙:湖南教育出版社,1991年.194页.32开

夏源流史.何光岳 著.南昌:江西教育出版社,1992年.312页.32开.(中华民族源流史丛书)

中国古代科学与文化.朱亚宗,王新荣 著.长沙:国防科技大学出版社,1992年.325页.大32开

中国古代科技漫话.《文史知识》编辑部 编.北京:中华书局,1992年.267页.32开.(文史知识文库)

中国科学史通论.《中国科学史通论》编委会 编.台北:国立清华大学历史所,1992年.198页.32开

中国文化精华全书·18.科技卷.石志建 主编.北京:中国国际广播出版社,1992年.14,1195页.32开

科学史八讲.席泽宗 著.台北:联经出版事业公司,1994年.194页.大32开

雕虫集(造船、兵器、机械、科技史).周世德 著.北京:地震出版社,1994年.295页.32开

新编中国科技史.史仲文,胡晓林 主编.北京:人民出版社,1995年.2册.32开

中国科技史求索.王星光 著.天津:天津人民出版社,1995年.354页.32开

天人古义——中国科学史论纲.李志超 著.郑州:河南教育出版社,1995年.359页.32开

发明的沃土:中国古代科技.方红等 著.北京:人民日报出版社,1995年.216页.32开.(炎黄文化漫游丛书)

中国发明创造与科技腾飞.王滨 著.济南:山东科学技术出版社,1995年.268页.大32开.(中国科技潮丛书)

中国科技史画册.田苗,白云等 编.金峰,坊村等画.北京:中国物资出版社,1995年.275页.16开

中国:发明与发现的国度——中国科学技术史精华.(美)罗伯特·K·G·坦普尔 著.陈养正等 译.南昌:21世纪出版社,1995年.521页.32开

中国古代科技史话.金秋鹏 著.北京:商务印书馆,1997年增订版.189页.32开.(中国文化史知识丛书)

(彩色插图)中国科学技术史.卢嘉锡,席泽宗 主编.北京:中国科学技术出版社、祥云(美国)出版公司联合出版,1997年.251页.16开

中华科技五千年.华觉明 主编.济南:山东教育出版社,1997年.477页.16开

中国古代科技文物展.《中国古代科技文物展》编辑委员会 编.北京:朝华出版社,1997年.126页.16开

中国之最.许道静 编.石家庄:河北人民出版社,1982年.305页.大32开

我们祖先的创造发明.茅左本 著.①上海:劳动出版社,1951年.108页.32开②上海:上海人民出版社,1957年.138页.插图.32开

中国古代十大发明.燕羽 撰.上海:群联出版社,1951年.1册.有表.(1952年修订第3版)

中国古代的四大发明.章回 编写.上海:华东人民出版社,1952年.1册.32开

我国历史上的科学发明.钱伟长 著.①北京:中国青年出版社,1953年.108页.32开 ②重庆.重庆出版社,1989年修订版.155页.32开

科学并非神秘——历史的证明.严敦杰 编.保定:河北人民出版社,1958年.38页.32开

中国古代科学发明故事.楼兰 编写.上海:上海人民出版社,1962年.48页.32开.(工农通俗文库)

中国历史上的四大发明.章回 编写.北京:中国青年出版社,1962年.65页.32开(历史知识丛书)

三大发明.张静芬,张珂 编写.北京:中华书局,1963年.31页.32开.(本书1959年第1版,这是第2版)(中国历史小丛书)

★指南针的起源.李书华 著.台湾大陆杂志社,1969年

中国古代科学发明.申健,方沛 著.香港:信成书局,

1973年.122页.32开

我国古代四大发明.广文等 编写.北京:人民出版社,1975年.46页.32开

中国古代的发明创造.三结合编写组 编写.上海:上海人民出版社,1976年.158页.32开

从"夸父逐日"谈起——我国古代杰出的科学发明.管成学,王禹 编写.长春:吉林人民出版社,1978年.118页.32开

中华远古祖先的发明.廖彩梁 编著.广州:科学普及出版社广州分社,1982年.110页.32开

中国古代劳动人民创物志.张舜徽 著.武汉:华中工学院出版社,1984年.275页.版图.大32开

中国古代著名发明创造.徐仲涛等 编著.南京:江苏教育出版社,1986年.154页.32开.(本书原名《中国古代发明创造》,1979年江苏人民出版社出版。现经修订,并改为现名,收入《小学教师丛书》)

中国古代四大发明.杨适 著.济南:山东教育出版社,1991年.138页.32开.(中国文化史知识丛书)

中国古代发明.金德年 著.北京:北京出版社,1994年.127页.小32开.(中华全景百卷书)

中国古代四大发明.贾卫民 编著.北京:北京科学技术出版社,1995年.72页.插图.32开.(中国历史知识全书)

驰名世界的四大发明.远德玉,张明国 著.沈阳:辽宁古籍出版社,1995年.135页.32开.(中华民族优秀传统文化丛书·科技卷)

一百项中华发明.金秋鹏 主编.北京:中国青年出版社,1995年.377页.32开

中华发明发现大典.周积明,张桂川 主编.武汉:武汉出版社,1996年.762页.彩图.16开

科学传统与文化——中国近代科学落后的原因.中国科学院《自然辩证法通讯》杂志社 编.西安:陕西科学技术出版社,1983年.484页.大32开

科技史与文化.刘君灿 著.台北:华世出版社,1983年.274页.32开

中国的文化和科学.(澳)约翰·默逊 编著,庄锡昌等 译.杭州:浙江人民出版社,1988年.245页.32开(世界文化史丛书)

亚洲科技与文明.赵令扬,冯锦荣 合编.香港:明报出版社有限公司,1995年.294页.32开

古代东亚哲学与科技文化.(日)山田庆儿 著.廖育群 译.沈阳:辽宁教育出版社,1996年.364页.32开

东方蓝色文化——中国海洋文化传统.宋正海 著.广州:广东教育出版社,1995年.241页.32开(天地生人丛书)

科技与古代社会.董英哲 著.西安:陕西人民教育出版社,1993年.214页.大32开.(中国社会史文库)

中国近代科技文化史论.段治文 著.杭州:浙江大学出版社,1996年.318页.32开

数术探秘——数在中国古代的神秘意义.俞晓群 著.北京:三联书店,1994年.270页.32开

中国神秘数字.张仲谋 著.北京:中国矿业大学出版社,1996年.218页.图.32开

中国科学技术发明和科学技术人物论集.李光壁,钱君晔 编.北京:三联书店,1955年.349页.32开

主要子目:

纸与印刷术——中国对世界文明的伟大贡献.周一良

中国古代指南针的发明及其与航海的关系.程溯洛

火药的由来及其传入欧洲的经过.冯家昇

中国古代冶铁鼓风炉和水力冶铁鼓风炉的发明.杨宽

战国时代水利工程的成就.杨宽

炼丹术的成长及其西传.冯家昇

中国人民对燃料的发现和使用.燕羽

中国古代关于植物指示矿藏的记载.燕羽

中国水车历史底发展.程溯洛

中国古代关于深井钻掘机械的发明.燕羽

铜版和套色版印刷的发明与发展.燕义权

中国种植棉花小史.程溯洛

论敦煌、吐鲁番发现的蒙元时代古维文木刻活字和雕版印刷品与我国印刷术西传的关系.程溯洛

蔡伦与中国造纸术的发明.王明

汉代的伟大科学家——张衡.李光壁,赖家度

我国古代伟大的科学家——祖冲之.周清澍

宋代卓越的科学家——沈括.钱君晔

我国纺织家黄道婆对于棉织业的贡献.冯家昇

十六世纪的伟大科学家李时珍.燕羽

天工开物及其著者宋应星.赖家度

中国科技文明论集.郭正昭等 合编.台北:牧童出版

社,1978年.723页.大32开.

主要子目:

总论:

科学精神与东西文化.梁启超

科学发展所需要的社会改革.胡适

自然、科技、与伦理.韦政通

中国科学思想.毛子水

儒家、道家、墨家、佛家、理学与科学.李约瑟

天文:

中国古代天文学鸟瞰.高平子

巴比伦与中国古代天文历法之比较研究.陈廷璠

数学:

中国古文数名考源.陆德

中国算学之起源及其发达.李俨

中国数学简史.莫宗坚

中国珠算之起源.吕炯

物理:

墨经光学.谭戒甫

生物:

中国植物学发达史略.方文培

中国古代的动物分类.王友燮

工艺:

中国历史上之奇器及其作者.张荫麟

试论中国古代铁的发现和铁制工具的应用.万家保

农学:

中国古代北方农作物考.钱穆

中国谷物之探源.冯柳堂

铁与农业.岳慎礼

我国历代农田施用之绿肥.陈良佐

水利工程:

古代灌溉工程起源考.徐中舒

中国水利学史.徐世大

医药学:

中国医学之起源考略.严一萍

中国古代医药卫生考.束世澄

中国中古医学史.李涛

中国医学的过去与现在.伍德连

中国本草学起源试测.于景让

本草研究之变迁.庄兆祥

地质、地理学:

中国地质学之过去及未来.章鸿钊

中国古代地理之发展.钟道铭

四大发明:

论中国造纸术的原始.劳干

指南针的起源及发展.李书华

中国印刷术沿革史略.贺圣鼐

火药的发现及其传佈.冯昇

科技史文集.第3辑.综合辑(1).自然科学史研究所主编.①上海:上海科学技术出版社,1980年.168页,16开.②台北:蒲公英出版社,1986年.改书名为《中国科技史文集》322页.大32开

主要子目:

试论明末清初中国科学技术史的若干问题.秉航

清中期的中国科学技术.林文照

中国近代科学技术史中的几个问题.何绍庚

《天工开物》所记载的养蚕技术探讨.汪子春

试论唐朝茶树栽培技术及其影响.张秉伦,唐耕耦

宋代杰出的儿科医学家钱乙及其成就.马堪温

试论我国古代黄赤交角的测量.陈美东

颛顼历和太初历制定年代考略.陈久金

论汉历上元积年的计算.李文林,袁向东

大气吸收、消光和蒙气差现象在我国的发现.薛道远

论沈括在地图学方面的贡献.曹婉如

试论长沙马王堆三号汉墓中出土地图的数理基础.杨文衡

先秦金属矿产共生关系史料试探.夏湘蓉等

中国古代钢铁技术的特色及其形成.华觉明

我国古代化学在无机酸、无机碱、有机酸、生物碱方面的一些成就.朱晟

从新疆出土的三件织品谈有关"织成"的几个问题.赵承泽

《本草纲目》在国外的传播.潘吉星

清钦天监档案中的天象记录(上)薄树人

科技史文集.第14辑.综合辑(2).自然科学史研究所主编.上海:上海科学技术出版社,1985年.198

页.16 开

主要子目:

略论中国古代科学家的思想特点.陈美东等

论近代科学没有在中国产生的原因.林文照

从原始社会的宗教和神话看人类早期的自然观.卢勋,李根蟠

王充和自然科学.陈美东

从《齐民要术》看贾思勰的著书目的和农学思想.金秋鹏

中国明代后半期和清初的找煤和采煤技术.赵承泽

中国古代炼钢技术初论.何堂坤

广东省出土青铜器冶铸技术的研究.徐恒彬等

中国金属型铸造和秦简“钱容”的发现.华觉明

关于我国新石器时代“白灰面”建筑性质的探讨——论原始社会时期石灰的烧制及使用.卢连成

吴其濬在科学技术上的贡献——《滇南矿厂图略》及《植物名实图考》简介.李仲均,刘昌芝

对我国养蚕起源的探讨.宋伯胤

我国古代对动物和人体生理节律的认识和利用——兼论生物节律成因问题.张秉伦

《傅青主女科》非伪书辨.蔡景峰

新疆各族人民对祖国医药学的贡献.戴应新

五石散新考.王奎克

我国古代的河流水文知识.宋正海,李文范

齐召南的《水道提纲》初探.陈瑞平

试述《云林石谱》的科学价值.杨文衡

试论中国“十二兽”历法的起源.刘尧汉,严汝娴

清钦天监档案中的天象记录(下).薄树人

李约瑟文集:李约瑟博士有关中国科学技术史的论文和演讲集(1944—1984).潘吉星 主编.沈阳:辽宁科学技术出版社,1986 年.1097 页.大 32 开

主要子目:

科学技术史通论:

中国古代的科学与社会

中国科学技术与社会的关系

中国与西方的科学与社会

中国与西方的科学和农业

中国与西方的时间观和历史观

中国对科学和技术上的贡献

中国与西方在科学史上的交往

世界科学的演进——欧洲与中国的作用

科学与中国对世界的影响

中国社会的特征——一种技术性解释

历史与对人的估价＝中国人的世界科学技术观

论中国古代科技文献之翻译

中国古代技术术语的翻译和现代化问题——评波尔克特对中国古代和中世纪自然哲学和医学哲学术语的翻译

基础科学史:

中国数学中的霍纳法:它在汉代开方程序中的起源

古典中国的天文学

中国古代和中世纪的天文学

中国的天文钟

中国对航海罗盘研制的贡献

雪花晶体的最早观察

江苏的光学技艺家

火药和火器的史诗

开封府的枪

关于中国文化领域内火药与火器史的新看法

对东亚、古希腊和印度蒸馏酒精和醋酸的蒸馏器的实验比较

中世纪早期中国炼丹家的实验设备

东西历史中所见之炼丹思想与化学药物

《三十六水法》——中国古代关于水溶液的一种早期炼丹文献

欧洲与中国的伪金

中世纪中国食用植物学家的活动——关于野生(救荒)食用植物的研究

古代和中世纪中国人的进化思想

中国植物分类学之发展

汉语植物命名法及其沿革

技术史与医学史:

东亚和东南亚地区钢铁技术的演进

中国在铸铁冶炼方面的领先地位

中国古代对机械工程的贡献
船闸的发明与中国
中国古代的疾病记载
中国与免疫学的起源
针刺有科学基础吗
中世纪对性激素的认识
中国营养学史上的一个贡献

从古铜车马到现代科学技术——陕西省科学技术史学会论文集.黄麟雏 主编.西安:西安交通大学出版社,1987年.380页.32开

主要子目:

古代科学技术:
秦陵出土的铜兵器和铜车马的制造工艺.袁仲一,程学华
秦俑的造型和焙烧技术初探.刘占成
秦代科技珍闻.王学理
秦始皇陵出土青铜安车的焊接技术.华自圭,樊培丽
从古代传说看关中地区的农业起源.邹德秀
关中科学技术中心的东移及其原因.姚远
陕西古代道路及其发展规律初探.张永耀
陕西先周西周时期的卫生保健与医事制度.赵石麟
先秦时期宝鸡地区的医药文化.郑怀林
元代大木作中纵向构架的多元性.刘临安
中国古代数学的传播和影响.张惠民
中国古代天象记录对现代科学的贡献.吴守贤,刘次源
我国古今节气制度及时值的变迁.郝葆华
春秋战国时期的农业地理.赵荣
《释迦方志》在地理学史上的地位.李健超
古代地质科学中的朴素系统观.张明定
略论古代科学技术的特点.董英哲
中国科技史与考古学.李涛
论文要点选登:
关于孙思邈桂枝汤方系及方剂群的几点认识.谢文宗
火药的发明与炼丹术.苏晋生

科学史论集.方励之 主编.合肥:中国科学技术大学出版社,1987年.386页.大32开

主要子目:

释墨经中光学力学诸条.钱临照
隋唐时代的五星运动论.薮内清
西方天文学家传奇——参观北京古观象台有感.何丙郁
七政仪(Orrery)目录.严敦杰
论中国古代天文学的社会功能.席泽宗
从《中华大帝国志》看明末东西科技交流.杜石然
《谭子化书》中的光学知识.王锦光,余善玲
三十年来铸铁历史的研究进展——兼论铸铁术为什么肇自中国.华觉明
天文学思想史片断.方励之,赵良庆
《灵宪》的天体物理思想.李志超等
再论十二生肖起源于动物崇拜.张秉伦
伊本·海赛木的光学及其与中国宋元光学之比较.徐启平
晚商中原青铜的矿料来源研究.金正耀

香港大学中文系集刊(中国科技史专号).何丙郁 主编.香港:香港大学中文系,1987年.348页.16开

第一届科学史研讨会汇刊.鲁经邦 主编.台北:中央研究院,1987年.205页.16开.(科学史通讯第五期附刊)

主要子目:

特别专题演讲:科技史与文学.何丙郁
试论铜器制作在西周自鼎盛转趋衰颓的缘由——兼论中国开始使用硫化矿炼铜的年代.张世贤
中国古铜镜的一些科学现象.余敦平
古代火药与火箭大事年表之试拟.孙方铎
火药源起时期的问题.刘广定
中国传统科学特质——一个科学哲学的省察.刘君灿
论保其寿的浑圜图.李国伟
相变几何理论之历史回顾.胡进锟
《九章算术圆田术刘徽注研究》补遗—兼论我国古代数学经验性的归纳法.陈良佐
初探周髀研究传统的历史发展.傅大为
影响南宋科技发展的主要因素之分析.叶鸿洒
从水车东传看科技传播的外在条件.张存武
我国古代对台湾气象和气候的认识.刘昭民
溯源于殖蚕产丝术的三种连锁性技术发

明.翁同文

黄蜡、白蜡及中国用蜡技术史.龙村倪

第二届科学史研讨会汇刊.鲁经邦 主编.台北:中央研究院,1991年.282页.16开

主要子目:

专题演讲:

从科技史观点谈传统思想的"数".何丙郁

论文(1):科学史

Science and Natural Technology in 教会新报(Church News) and 七一杂报 (Weekly Messenger): A Comparative Study.岛尾永康

台湾"长科会"纲领形成之历史背景研究.林崇熙

补论欧洲活字版的发明也由雕版印刷诱导.翁同文

论中国印刷术发明之先驱.苏莹辉

由树皮布到树皮纸(兼论与蔡侯纸的接触关系).陈大川

再探我国蒸馏酒的时期.刘广定

古器物的鉴别与中国早期技术史的研究.张世贤

我国古代对蜃景现象之认识.刘昭民

就北魏以来的几部农书论中国农业技术的发展.黄耀能

释义学与科学史.刘君灿

靖康之难对南宋以后中国传统天文学发展的影响.叶鸿洒

汤若望与清初西历之正统化.黄一农

论文(2):数学史

从徐光启到李善兰——以《几何原本》之完璧透视明清文化.刘钝

《九章算术》版本卮言(附陈良佐教授评论).郭书春

隙积术、垛积术与尖锥术——从沈括、朱世杰到李善兰.王渝生

从两封信看一代畴人李善兰.洪万生

论《周髀算经》"商高日数之法出于圆方"章.李国伟

刘徽是否触及与平行线有关的定理(附傅大为先生评论).陈良佐

赵爽,刘徽与李淳风等之重差术.李洋杰

从沈括到朱世杰——由"体积"级数至"乘方图"级数典范转移之历史.傅大为

第三届科学史研讨会汇刊.刘广定 主编.台北:中央研究院,1994年.210页.16开

主要子目:

特邀讲演:

试从术数观点说纵横图.何丙郁

论文:

中国食经之研究.那琦

靖康之役汴京攻防战中宋军所用重要兵器考.叶鸿洒

西汉有纸说应定位在讨论阶段.陈大川

我国古代的农业气象谚语.刘昭民

"李约瑟难题"的起源——兼论《大滴定》中的比较方法.徐光台

方以智的自然观.刘君灿

郑复光的费隐与知世界.许进发

达尔文的进化论在中国的传播与影响.李学勇

摘要:

试论中国传统医学中的"人神"禁忌.张淑女,黄一农

唐代的鸟兽虫鱼——"酉阳杂俎"中的"广动植".傅大为

从汪康年书札看晚清算学.洪万生

第四届科学史研讨会汇刊.龙村倪,叶鸿洒 主编.台北:中央研究院科学史委员会,1996年.295页.16开

主要子目:

特邀演讲:

奇门遁甲与天气预测.何丙郁

道家之重已贵生学派及其养生道术.王尔敏

研讨会专题论文(一):明末清初中西文明的交流

清代抄本《诸家算法》初探.城地茂

明末清初中西天文学之"不可共量性".范举正

身体与天主:《泰西人身说概》中的医学与信仰.祝平一

《泰西人身说概》初探:以毕拱辰与其书为中心.郭文华

明末清初熊明遇、熊人霖对西方地圜说的反应.洪健荣

研讨会专题论文(二):台湾科技史

试探郑氏治台期间的农垦政策及其影响.叶鸿洒

一般性论文:

阿格利科拉(Georgious Argricola 1494—1555)与中国.龙村倪

中国传统的生物转化思想及其形气论基础初探.刘君灿

中国古代绘画中的域外动物.张之杰

摘要:

古代医学传习方式考论.金仕起

中国古代"禁方"考论.李建民

从汉到隋求子文化试探——以医方为主的讨论.李贞德

明末四行说的传入.徐光台

纸绢类文物保存刍议.阮鸿骞

第三届国际中国科学史讨论会论文集.杜石然 主编.北京:科学出版社,1990年.313页.16开

主要子目:

一、中国数学史、物理学史

1.中国传统数学中的微积分观念和方法.王渝生

2.郑复光《费隐与知录》中的光学知识.王锦光

3.夏鸾翔对圆锥曲线的综合研究.刘钝

4.对我国历史上在代数学方面几项重大发明的新认识.沈康身

5."调日法"源流考.李继闵

6.徐、李、夏、华诸家的计数函数.罗见今

7.秦九韶大衍求一术中的求定数问题.钱克仁

二、中国天文学史

1.诗经日食与地球自转.刘金沂

2.明铸浑仪考原.伊世同

3.五星盈缩历之研究.陈美东

4.时宪历交食推步术在蒙藏.黄明信,陈久金

5.关于中国史料中某些"奇异"天象的解释——彗星的记录.(法)戴明德

三、中国地学史

1.中国古代土地分类思想——对《管子·地员篇》的研究.林超

2.徐霞客研究中的统计数字及其说明.杨文衡

3.中国古玉考古地质学再研究.闻广

4.历史上中国多沙河流下游的泥沙问题与治沙措施.姚汉源

5.中国与欧洲地图交流的开始.曹婉如等

四、中国生物学史、农学史、医学史

1.欧洲医学与中国医学历史总进程的比较研究.马伯英

2.从《回回药方》看中外药物交流.(港)关培生,江润祥

3.郑樵《昆虫草木略》研究.刘昌芝

4.稀世抄本《鸡谱》初步研究.汪子春

5.《夷坚志》中有关年轮的知识.李强

6.试论中国古代的外科手术.李经纬

7.中国古代的柑橘分类.陈宾如

8.达尔文所据"中国古代百科全书"考释.吴德铎

9.中国古代农业科学技术的地位、特点及对农业新变革的启示.邹德秀

10.中国古代对固氮植物的认识和利用.梁家勉

11.中国古代对食物链的认识及其在农业上应用的评述.游修龄

五、中国古代技术史

1.葛洪《抱朴子》中飞车的复原.王振铎

2.广州怀圣光塔寺.龙非了

3.从造纸术的发明看古代重大技术发明的一般模式.刘青峰,金观涛

4.佛郎机火铳最早传入中国的时间考.林文照,郭永芳

5.古代建筑琉璃釉色考略.杨根,高苏

6.中国古代陶瓷器化学组成的演变规律.张福康

7."孙真人丹经内伏硫黄法"的模拟实验研究.孟乃昌

8.中国古代建筑的木结构体系.赵立瀛

9.中国古代的金银分离术与黄金鉴定.赵匡华

10.欧洲印刷术起源的中国背景.(美)钱存训

11.船舶水密舱壁的起源和桂锡法.徐英范

12.中国古代的独木舟和木船起源问题.戴开元

六、中国古代冶金史

1. 商周青铜合金配制和"六齐"论释. 华觉明等

2. 战国和汉代球墨可锻铸铁. 李京华, 李仲达

3. 晚商中原青铜的矿料来源. 金正耀

4. 从北京永乐大铜钟的铸造技术和音响效果看明代早期的科技水平. 凌业勤等

七、综合类

1. "中体西用"与中国科学近代化. 刁培德

2. 论科学技术在中国传统哲学中的地位. 叶晓青

3. 方以智的科学哲学思想及其意义. 李亚宁

近代中国科技史论集. 杨翠华, 黄一农 主编. 台北: 中央研究院近代史研究所, 国立清华大学历史研究所, 1991年. 387页. 大32开

主要子目:

从《格物麤谈》来看宋明间的"格物致知". 陈良佐

从《镜花缘》试探十九世纪初期科学知识在一般士人中的普及. 何丙郁

明清之际中国人对西方宇宙模型之研究及态度. 江晓原

Song Yingxing (宋应星) on Astronomy. Chirstopher Cullen.

清前期对觜、参两宿先后次序的争执——社会天文学史之一个案研究. 黄一农

罗雅谷传译历学新法的特征——以《五纬历指》土星历为例. 林新贤

盖天论与"圭表"——浅析清代十尺"圭表". 城地茂

The Yu Zhi Shu Li Jing Yun 御制数理精蕴 and Mathematics During the Kangxi Reign (1662—1722). Catherine Jami

年希尧《视学》的研究. 沈康身

《格物探原》与韦廉臣的中文著作. 刘广定

同文馆算学教习李善兰. 洪万生

科技史文集. 吴德铎 著. 上海: 三联书店, 1991年. 3版. 332页. 32开

主要子目:

徐光启研究:

毕生献身科学的徐光启

我国研究、评介徐光启述要

试论徐光启的宗教信仰与西学引入者的共同理想

徐光启与培根

试论徐光启农业科学思想之特色

《农政全书校注》与《农政全书》的别本

达尔文与中国:

再论达尔文与"中国古代的百科全书"

《天演学初祖》及其他

谈《天演论》:

谈《天演论》

再谈《天演论》

《天演论》的原书和译本

甘薯的故事:

甘薯的故事

关于甘薯和《金薯传习录》

《金薯传习录》之再认识

专论:

从《新修本草》看中日两国的学术交流

附录:《新修本草》(影印本)前言

西安何家村医药文物补证

试论古代黄河流域森林概貌

烧酒问题初探

老店新开的《糖辨》

《蔗糖史料真伪辨析》之辨析

青花瓷器与"青花梧桐"

青花玲珑的传说与斗彩

中国科学技术史论文集(第一集). 李迪 著. 呼和浩特: 内蒙古教育出版社, 1991年. 456页. 32开

中国科学技术史学术讨论会论文集(1991). 冯玉钦, 张家治 主编. 北京: 科学技术文献出版社, 1993年. 442页. 32开

主要子目:

科技史理论:

科学史和历史科学. 席泽宗

科学史的学科地位. 周嘉华

自然科学史研究中的取向问题. 章士嵘

自然科学史的特色. 王至堂

研究科学史理论问题的途径. 刘珺珺

试论科学史研究的方法论原则. 邢润川, 李铁强

论科学史学科体系结构. 邢润川等

科学史的对象与结构. 陈光

爱因斯坦的启示:科学史的新体系.朱亚宗
科学史学科体系结构初探.吴琼兵
论科学社会史的地位及研究内容.宋子良
科学史功能域概念的界定与特征.成素梅,张跃进
论科学史的功能.邢润川,孔宪毅
科学技术史的教育功能.王树恩
恩格斯研究科学思想史的基本原则.林德宏
科学思想史的任务.姚晓波
科学思想史研究的现实意义.励志刚
研究科学发展历史转折时期的科学思想.郭金彬
中国科学思想史研究的若干基本理论问题.周翰光
从数学发展史看数学发展的动力.薛迪群
论现代科学史研究中的科学视角.贾杲
科学史、科学学的分化与协同.王续琨,乔德健
科学历史的社会学建构:过程与最近发展.赵万里,李三虎
地方科技史志:
论中国科技史志研究的社会动因、动向及效益.宋培贤
论志德.邢景文
中国方志中的图学思想述论.刘克明
科学技术史:
中国古代农时观初探.赵敏
中国化学史模拟实验研究方法的意义和评价.孟乃昌
河北古代科学家及其在数学天文学上的成就.张志贤
应县木塔避雷机制实验测试.丁士章,赵利华
雷击的选择性与中国古建筑避雷.杨型健等
中国古车的类型与研制史初探.史建玲
自然科学史是敦煌学中的重要学科体系.王进玉
山西古代盐铁史考略.丁福让,钟春兰
数学发展的美学视角.杨忠泰
宗教对科学作用的历史分析.王秦俊,雷丽君
潜科学与科学史.董驹翔

中国传统科技文化探胜——纪念科学史学家严敦杰先生.薄树人 主编.北京:科学出版社,1992年.169页.16开

主要子目:
回回历法中的天体运动论.薮内清
孙元化著述目.胡道静
古籍中的怪异记载今解.何丙郁
敦煌卷子中的星经和玄象诗.席泽宗
祖冲之传.杜石然
《天工开物》所引文献探原.潘吉星
《墨经》的逻辑学与数学.梅荣照
《梦溪笔谈》中的运筹思想.何绍庚
西安化觉寺日晷研究.陈久金
关于《九章算术》的校勘.郭书春
中国古代冬至太阳所在宿度的测算.陈美东
一类不定方程的秦九韶解法及其推广.刘钝

(1990年)中国科学技术史国际学术讨论会论文集.陈美东等 主编.北京:中国科学技术出版社,1992年.258页.16开

主要子目:
星象考原.伊世同
殷历季节研究.冯时
边冈历算捷法试析.陈美东
仿古测影结果精度分析.李东生,崔石竹
分野说探源.崔振华
中国古代的五星候占仪.杜升云
江户初期和算与中国数学的影响.(日)佐藤健一
论比较数学史的原则.刘洁民
王莽量器的数理分析.冯立升
宋元时期的哲学与数学.孔国平
关于《九章算术》的编纂.郭书春
《周礼》光象分类体系的探讨.王鹏飞
至十九世纪中期在中国和日本的物理学.王冰
论《墨经》的著作年代.徐克明
五台山显通寺云牌的振动模式.丁士章等
中国炼丹术的理论思想体系.王祖陶
《酒谱》——酒史的小百科.周嘉华
《周易参同契》通解.孟乃昌,孟庆轩

中国古代科技文化中心的东移南迁.姚远

儒学与中国古代科学技术.范楚玉

“研究院”东渐考.樊洪业

中国科技史论文集.何丙郁等 著.中国科技史论文集编辑小组 编.台北:联经出版事业公司,1995年.280页.16开

主要子目:

陶文与甲骨文中的一些科学知识.程贞一

从科技史观点谈易数.何丙郁

关于中国古代黄铜存在问题的商榷.万家保

试论西周政治社会的演变对中国用铜文化发展的影响.张世贤

秦始皇“车同轨”问题的再探讨.韩复智

从单表到双表——重差术的方法论研究.李国伟

我国古代对环境保护的认识.刘昭民

极星与古度考.黄一农

司南是磁勺吗?刘秉正

试探北宋天文仪器制作技术的发展.叶鸿洒

元代以前中国蒸馏酒的问题.刘广定

南怀仁为什么没有制造望远镜.席泽宗

墨海书馆时期(1852—1860)的李善兰.洪万生

雷侠儿与《地学浅释》.龙村倪

断代科技

中国上古时期科学技术史话.容鎔 编著.北京:中国环境科学出版社,1990年.202页.32开

中国远古暨三代科技史.殷玮璋,曹淑琴 著.北京:人民出版社,1994年.161页.32开.(百卷本《中国全史》丛书)

中国春秋战国科技史.申先甲 著.北京:人民出版社,1994年.217页.32开.(百卷本《中国全史》丛书)

中国秦汉科技史.董粉和 著.北京:人民出版社,1994年.180页.32开.(百卷本《中国全史》丛书)

中国魏晋南北朝科技史.何堂坤,何绍庚 著.北京:人民出版社,1994年.242页.32开.(百卷本《中国全史》丛书)

中国隋唐五代科技史.张奎元,王常山 著.北京:人民出版社,1994年.166页.32开.(百卷本《中国全史》丛书)

北宋科技发展之研究.叶鸿洒 著.台北:银禾文化事业有限公司,1991年.591页.32开

宋辽夏金元科学技术史.管成学 著.长春:吉林科学技术出版社,1990年.314页.32开

中国宋辽金夏科技史.郭志猛 著.北京:人民出版社,1994年.231页.32开.(百卷本《中国全史》丛书)

中国元代科技史.云峰 著.北京:人民出版社,1994年.221页.32开.(百卷本《中国全史》丛书)

中国明代科技史.汪前进 著.北京:人民出版社,1994年.269页.32开.(百卷本《中国全史》丛书)

中国清代科技史.沉毅 著.北京:人民出版社,1994年.206页.32开.(百卷本《中国全史》丛书)

地方科技

东北古代科技史论文汇编.陶炎等 汇编.长春:北方史地资料编委会,1987年.524页.16开

主要子目:

一、综述及其他

明代女真物产输入几种.刘世哲

辽代女真族的经济及社会性质.孙进己

中国边疆民族的历史贡献.佟柱臣

二、石器、青铜器

我国东北地区的环状石器.张绍维

东北地区的石镞.贾伟明

长春近郊的“亚腰形”石铲.段一平

试谈辽宁出土的环状石器与石棍棒头.许玉林

辽宁出土石刀研究(提要).高美璇

中国北方青铜短剑的分期及形制研究. 郑绍宗
试论我国北方和东北地区的“触角式”剑. 张锡英
关于我国北方的青铜短剑. 乌恩
中国东北系铜剑初论. 林沄
从昭盟发现的大型青铜器试论北方的早期青铜文明. 苏赫
丹东地区出土的青铜短剑. 许玉林, 王连春
辽河流域及邻近地区短铤曲刃剑研究. 王成生
试论西团山文化中的青铜器. 刘景文
三、铁器、金属文化
中国东北地方早期金属文化的概貌. (日) 秋山进午 著. 苏赫 译
黑龙江民族金属文化渊源. 赵振才
铁与女真人的发展. 贾敬颜
明代女真铁业发展简述. 李鸿彬
八里城出土的金代铁器
阿城五道岭地区古代冶铁遗址的初步研究. 王永祥
东北古代民族使用铁器的历史及对“铁器时代”之管见
论靺鞨军人的武器问题. (苏) 杰列维扬科 著. 宋嗣喜 摘译
契丹葬俗中的铜丝网衣及其有关问题. 马洪路
从嘎仙洞出土铜铁器研究中初探黑龙江地区古代冶金史. 曹熙
清代后期吉林夹皮沟金矿与韩氏家族. 杨余练, 王佩环
四、农林副牧渔业
从东北地区出土的战国两汉铁器看汉代东北农业的发展. 李殿福
从考古资料看金代农业的迅速发展. 刘景文
黑龙江古代的农业研究. 张泰湘
黑龙江古代农业文化概论. 李延铁等
从依兰出土铁农具谈金代黑龙江农业. 李英魁, 郑秀山
谈谈依兰出土的金代铁农具. 李英魁, 郑秀山
吉林省汉代农业考古概述. 庞志国, 王国范
吉林原始农业的作物及其生产工具. 张绍维
吉林省前郭县出土的金代犁铧铜范. 刘景文
金代农村经济生活的重要考古发现——鞍山陶官屯金代农家遗址初步研究. 冯永谦
明初建州女真农耕状况的探讨. 董万仑
略论中国古代的垄作耕法. 郭文韬
中国高粱起源和进化浅析. 王富德, 廖嘉玲
中国苹果栽培史初探. 刘振亚
珲春桃起源历史的考查. 顾模
关于渤海植棉问题. 方学凤
略述金代畜牧业. 张英
大豆古今考. 李荣堂
出土文物所见我国家猪品种的形成和发展. 张仲葛
黑龙江省水稻生产发展历史初探. 尹弘善
东北古代林业史初探. 施荫森
略谈金代畜牧业. 绍维
朝阳地区出土鲜卑马具的初步研究. 董高
北方地区出土之马衔和马镳略论. 翟德芳
酸马奶考源. 太宝
关于我国东北地区出土弯状骨、角器的名称和用途. 洲杰
“人参”简史. 潘吉星
有关人参的历史考证. 林仲凡
许鹏翌与吉林省的山蚕业. 鞠殿义, 佟铮
辽海盐业小史. 陶炎
从辽东半岛黄海沿岸发现的舟形陶器谈我国古代舟船的起源与应用. 许玉林
五、手工业
黑龙江沿岸靺鞨人的手工业. (苏) 杰列维扬科 著. 姚凤 译
关于辽三彩和金元三彩器鉴别问题的初步探索. 李红军
辽瓷简述. 李文信
赤峰缸瓦窑村辽代瓷窑址的考古新发现. 冯永谦
金代瓷器和钧窑的问题. 关松房
金代瓷器的初步探索. 赵光林, 张宁
双龙鎏金银宝冠. 公孙燕
鱼龙形青瓷水盂. 孙守道
论中国史上“玉兵时代”的提出——红山文

化玉器研究札记.孙守道
辽完颜部女真族与木制器具.刘肃勇
长埋地下的鸭形玻璃器.公孙燕
契丹铸钱上限议.乔晓金
辽代植毛牙刷考.周宗歧
六、医学
我国古鞑靼族医疗保健史的探讨.张文宣
契丹族医学史.冯汉镛
蒙医史初探.巴·吉格木德
七、交通、建筑
古代大连航海地位沿革初探.孙光圻
东北的火炕.景爱龙
辽东半岛的巨石文化.陶炎
历史悠久的金代石拱桥.辽宁省公路交通史编委会
渤海砖瓦窑址发掘报告.黑龙江省文物考古研究所
渤海的建筑.魏存成
黑龙江省的古代建筑.张泰湘
黑龙江省的古代建筑拾补之一.张泰湘
黑龙江省古代劳动生产工具的研究.张泰湘

楚国科学技术史稿.后德俊 著.武汉:湖北科学技术出版社,1990年.198页.大32开

安徽科学技术史稿.张秉伦等 编著.合肥:安徽科学技术出版社,1990年.529页.32开

湖北科学技术史稿.后德俊 著.武汉:湖北科学技术出版社,1991年.338页.大32开

江西省科学技术大事记:公元前3000年—公元1990年.常世英 主编.叶萍等 编撰.南昌:江西科学技术出版社,1992年.247页.大32开

云南科学技术史稿.夏光辅等 著.昆明:云南科技出版社,1992年.427页.大32开

八闽科学技术史迹 周济 主编.厦门:厦门大学出版社,1993年.326页.大32开

陕西古代科学技术.邢景文 主编.北京:中国科学技术出版社,1995年.319页.彩图.大32开

巴蜀科技史研究.冯汉镛 主编.四川省文史研究馆编.成都:四川大学出版社,1995年.454页.大32开

泉州科技史话.黄乐德 著.厦门:厦门大学出版社,1995年.209页.32开.(泉州历史文化丛书)

少数民族科技

中国少数民族科技史研究.第一辑.李迪 主编.呼和浩特:内蒙古人民出版社,1987年.121页.大32开

主要子目:

汉唐时期关中与新疆少数民族的科学文化交流.姚远
蒙古族"朱尔海"中的数理内容.(蒙古族)斯登等
对博启《勾股形内容三事和较》的研究.(蒙古族)那日苏
对知弥《一次不定方程解法》之研究.(蒙古族)那日苏
德宏傣历浅述——从德宏州干崖地区一幅傣文汉文对照年历表说表.张公瑾
回回司天台的建立和演变.(回族)余振贵
古代藏医学的几个组成部分.蔡景峰
蒙古高原青铜时代的车辆岩画.(满族)盖山林

中国少数民族科技史研究.第二辑.李迪 主编.呼和浩特:内蒙古人民出版社,1988年.236页.大32开

主要子目:

关于"中国少数民族科技史"的研究范畴的浅见.李迪
关于《云南科技发展史》的介绍.夏光辅
西夏文字典《文海》中科技史料的整理归类及简要评述.王小林
论元代科技成就和科技政策.(蒙古族)吴彤
从《割圆密率捷法》探讨明安图的科学研究方法.(蒙古族)敖日金
明安图是"卡塔兰数"的首创者(摘要).罗见今
蒙古"朱尔海"四则运算.(蒙古族)萨仁图雅
西戎和东夷民族的天文学知识.杜升云

元代重建南宋吴山天文台初探. 郭世荣
回历 1335 年维吾尔三用历书剖析. 陈久金等
雍正皇帝的农业措施与管理思想.(蒙古族)金福
关于民族医学史研究思路与方法的初探(摘要). 樊任珠,钟鸣
关于壮医学史的初步探讨.(壮族)黄汉儒,(壮族)黄瑾明
《四部医典》首次蒙译探讨.(蒙古族)云登
藏医脉学的医学史考察. 洪武娌
论蒙古族医学学术源流(摘要).(蒙古族)额日很巴图
关于彝族医药史的研究简况. 贺廷超
金代女真族医药卫生史简述.(蒙古族)牛亚华
古代少数民族在棉作和棉纺织方面的成就. 周振鹤
分水器与傣族稻作灌溉技术. 诸锡斌
吉林榆树老河深鲜卑墓葬出土金属文物的鉴定. 韩汝玢
俚人铸造铜鼓考. 万辅彬等
内蒙古西部古代聚落形态的岩画学观察.(满族)盖山林

中国少数民族科技史研究. 第三辑. 李迪 主编. 呼和浩特:内蒙古人民出版社,1988 年. 199 页. 大 32 开

主要子目:

大理古代的若干科技成就.(白族)李万昌,(白族)李晓岑
赡思与《河防通议》. 纪志刚
蒲松龄对科学技术的研究. 李汶忠
浅谈成吉思汗的运筹思想(摘要).(蒙古族)韩海山
明安图及其《割圜密率捷法》研究史. 王艳玉
妙香古诗话天文——白族古代天文学家杨士云天文诗篇介绍.(朝鲜族)王连和
蒙文《康熙御制汉历大全》一书初探.(蒙古族)斯登等
少数民族在我国古代测绘上的贡献. 冯立升
鲁明善在安徽(摘要). 张秉伦
从蒙古草原岩画探讨蒙古草原畜牧方式演化历程.(满族)盖志毅
西域塞种文明与维吾尔医学. 孙建德
壮族医药简介.(壮族)班秀文
广西贵县出土银针考. 钟以林
忽泰必列与《金兰循经》初探. 李迪
论中国蒙医整骨技术的发展.(蒙古族)包金山
试析《四部医典》有关生理论述之特点. 姜明煤,(蒙古族)图雅
以蒙医理论论证人类病因变化规律.(蒙古族)宝音图
西夏的纺织资料初辑. 陈炳应
满族水利工具专家麟庆. 王海林
北流型铜鼓声学特性初探. 庞缵武等
元代蒙古族对冶铁业的贡献.(蒙古族)刘长春

中国少数民族科技史研究. 第四辑. 李迪 主编. 呼和浩特:内蒙古人民出版社,1989 年. 233 页. 大 32 开

主要子目:

骆越民族史前一次生死存亡祈告的记录——花山岩壁画印象. 杜升云
元、明科技观念与政策. 吴彤
色目人在科学技术上的成就与贡献. 冯立升
广西壮族地区"蒸尝田"助学金制度初考. 张兴强,蒙绍荣
清嘉庆末前关于满蒙天算人才的培养. 李迪
古彝人的天文学. 罗家修
西安化觉巷回回昆仑图. 陈久金,赛生发
蒙古草原远古采集业初探. 盖山林,盖志毅
从考古资料看古代新疆畜牧业生产. 张玉忠
古羌人开创我国养羊业的卓越贡献. 薄吾成
试析傣族传统灌渠质量检验技术. 诸锡斌
维吾尔医在东西方科技史中的地位和作用. 孙建德
壮族先民使用微针考. 钟以林
土司制度下的广西民族医药. 黄汉儒,黄冬玲

壮医的诊脉法.苏汉良
试论彝族预防医学的发展.贺廷超
金秀瑶族医药简史.金源生
藏族古代工艺述评.张天锁
台湾兰屿雅美族造舟与花莲阿美族树皮布.龙村倪
西夏木风扇的历史地位.苏冠文
西夏冶金业初探.陈炳应

中国少数民族科技史研究.第五辑.李迪 主编.呼和浩特:内蒙古人民出版社,1990 年.216 页,大 32 开

主要子目:

彝族科技史上的火花.(彝族)陈英
公元三世纪到九世纪我国北方少数民族的科技成就.郭世荣
青海远古的记数.张定邦
唐单于都护府城垣反映的古代城建天道观.陆思贤
从《番汉合时掌中珠》看西夏天文学.陈久金,王渝生
西南地区水族的天象历法.(朝鲜族)王连和,刘宝耐
云南回族学者马德新及其天文学成就.(白族)李晓岑
哈尼族历法探源.(哈尼族)李维宝等
"乾坤"、"子午"等字考释.(彝族)师有福
清代满族地理探险家舒兰.冯立升
蒙古族拉锡的科学工作.李迪
契丹农业技术述略.(满族)盖志毅
广西古代水利科学技术的发展.陈秋莉
吉当普与都江堰.张子文
对忽思慧《饮膳正要》的初步研究.(蒙古族)阿斯根
有关满族早期医学文化初探.(满族)于永敏
新疆的古代玻璃及其有关问题.张平
骑牛岩画·伏牛石刻·用镫时代.(满族)盖山林
广西少数民族利用植物纤维织造史考述.李炳东
谈白族古代造纸术.(白族)李晓岑
壮族"榨具".(壮族)凌树东

中国少数民族科技史研究.第六辑.李迪 主编.呼和浩特:内蒙古人民出版社,1991 年.203 页,大 32 开

主要子目:

秦汉时代滇越等族在科技上的贡献.郭世荣
敦煌宝库中的少数民族科技成就.王进玉
清代蒙古族的科技思想.(蒙古族)刘长春
评《掌中珠》中的物理知识.苏冠文
苗族古代的日神崇拜及苗族古历.陈久金等
浅谈藏族的计时法.(藏族)保罗
牦牛源流考.张定邦
女真族的农牧业技术史略.(满族)盖志毅
中医学中反映的少数民族医学.蔡景峰
敦煌本《藏医炙法残卷》与《四部医典》医法比较研究.洪武娌
哈萨克古代医学发展史研究.孙建德
明代笔记中的少数民族医药史料.(蒙古族)牛亚华
哲里木盟古代蒙医沿革史略.(蒙古族)白乙拉
试论东周时期干越族的纺织技术.李科友,孙家骅
略论云南少数民族的纺织技术.朱宝田
少数民族在辰砂开采和冶汞方面的贡献.(侗族)姚昆仑,邓志雄
白族的建筑技术.夏光辅

中国少数民族科技史研究.第七辑.李迪 主编.呼和浩特:内蒙古人民出版社,1992 年.181 页,大 32 开

主要子目:

匈奴的科学技术.(苗族)舒顺林
彝族八卦与彝族古历.(朝鲜族)王连和,刘宝耐
彝历的历史和现状.(彝族)罗家修
新发现抄本民国四年蒙文历书简介.(蒙古族)金福
康熙帝的地学研究.李迪
古代东夷人驯雁成鹅.薄吾成
傣族传统水稻育秧技术探考.诸锡斌
张骞出使西域带回的药用植物.赵璞珊
藏医学起源新探.李鼎兰
藏医彩色挂图《曼汤》流传国外情况及其

研究. 蔡景峰

藏医《四部医典》在国外的传播和研究. 洪武娌

广西民族医药在宋代广西志书举隅. 钟以林

苗族医学外治法溯源. 谭学林

关于几部彝族医药典籍的评介. 潘文述, 曹永莲

试论彝族针刺. 贺廷超, 于培明

蒙古族古代传统医药探源.(蒙古族)宝音图

蒙医学史研究概况.(蒙古族)策·财吉拉胡

满族药膳与食疗经验.(满族)于永敏

回回砲考述. 冯立升

中国边疆民族物质文化史. 佟柱臣 著. 成都: 巴蜀书社, 1991 年. 432 页. 16 开

朦胧的理性之光——西南少数民族科学技术研究. 廖伯琴 著. 昆明: 云南教育出版社, 1992 年, 485 页. 32 开

中国蒙古族科学技术史简编. 李汶忠 编著. 北京: 科学出版社, 1990 年. 382 页. 32 开

少数民族科技. 易华 编. 北京: 中央民族大学出版社, 1994 年. 175 页. 32 开.(中华民族知识丛书)

中国少数民族科学技术史丛书·通史卷. 李迪 主编. 南宁: 广西科学技术出版社, 1996 年. 573 页. 32 开

第二届中国少数民族科技史国际学术讨论会论文集. 李迪 主编. 北京: 社会科学文献出版社, 1996 年. 458 页. 16 开

主要子目:

清代中西文化交流初期康熙帝对天文学的影响. 程贞一

甘肃省甘南藏族自治州史前科技的研究. 张行

从出土文物中探讨新疆古代的科学技术. 穆舜英

纳西象形文字中科学知识初探. 赵慧芝

敦煌石窟艺术和科技史研究. 马怡良, 王进玉

契丹科技成就概述. 秦庚生

从敦煌文物谈西夏的科技成就. 王进玉, 马怡良

论元代前期科学技术繁荣的原因. 李迪

佛教与藏族传统科技. 易华

论康熙帝的科技活动及其局限性——纪念爱新觉罗·玄烨诞生 340 周年. 许康

论何国宗在清代科学史上的地位. 郭世荣

评《智慧之鉴》的辞书编辑思想和方法. 陶·哈斯巴根

青海远古的几何. 张定邦

再论《九章算术》的版本. 郭书春

历史上的中算在朝鲜半岛. 金虎俊

西夏数学成就述评. 谢贤熙, 吕科

《算学启蒙》流传朝鲜考. 王渝生

论蒙古包结构的数学原理与数学美学思想. 代钦, 王振禄

《清史稿》博启传校勘. 李兆华

古蒙文"金钱卦"的数学模型. 萨仁图雅, 苏瓦迪

《不定方程解法》研究. 田淼

清末数学家的微积分水平. 郭世荣

对中国少数民族物理成就研究的建议. 苏冠文

广西贵县罗泊湾汉墓出土度量衡资料分析. 蒋廷瑜

中国天文历法起源概论. 刘志一

万岁星象. 伊世同

西藏天文历算学概况. 贡嘎仁增, 英巴

哈萨克族天文历法初探. 阿米尔

《灵台仪象志》星表的研究. 李东生

彝族的传统历法. 川丁等

借彝族十月历揭开了中国文明源头之"迷"质疑. 易谋远

傈僳族传统历法拾遗. 李维宝

《水书》七元宿的天象历法. 王品魁

《中国古代地图集》及其反映的少数民族成就. 曹婉如

我国古代西北地区石油的发现和利用. 傅正华

藏文地震史料刍议. 齐书勤

稻田养鱼起始年代之我见(摘要). 向安强

彝族农耕史略考. 孟之仁

岑南古代捕象、驯象和役象. 彭书琳

岑南少数民族对果树园艺发展的贡献. 俞德华

延边农业科技史概述. 朴基炳, 蒋基建

元代的野生动物保护法.王风雷

《晶珠本草》的特色与生物学成就.刘昌芝,王冰

近代西方人在华的植物采集及其某些影响.罗桂环

少数民族医史研究之我见.洪武娌

从匈奴热熏法探讨古代蒙医烟熏法的发端与形成.安官布,宝音图

阴山岩画中的养生内容.宝音图,扎拉嘎

西夏医药文化初探.吕科

《黑城出土文书》医药初探.刘海波

元代医政与各民族医药发展的关系.梁峻

《饮膳正要》中的胎教思想.白乙拉等

浅谈古代阿拉伯医学对中国维吾尔医学的影响.宋岘

壮族地区果菜药用历史考证.黄冬玲

苗族医药文化初探.李金桂

蒲松龄与医学.郭健

论《蒙医金匮》对传染病发病机理的认识.图门乌力吉,满都拉

新发现的《蒙古药方》考释.于永敏

最早被译成蒙古文的西医学著作《格体全录》(摘要).赵百岁等

《蒙古风俗鉴》中的医药文化记载.策·财吉拉胡

中国蒙医整骨中青铜镜和银杯的应用.包海梅

泸沽湖纳日人的原始医药.李达珠,李耕冬

中枢性高热的蒙医辨治(摘要).朝鲁,张福全

蒙医药史探讨和现代蒙药发展前景.安·巴特尔等

蒙医方剂学经典著作《方海》(摘要).宝龙等

“饸饹”的词源及其食品化学.王至堂,王冠英

云南景东文哈古水利设施考述.诸锡斌

略述先越族地区几处早期遗址的制陶技术.李科友

龟兹低温色釉陶器的发现与初步研究.张平

论贵州少数民族地区的传统造纸术及其影响.祝大震

中国少数民族对纺织技术的贡献.陈炳应

战国时代韩国钱范及其铸币技术研究.蔡全法,马俊才

子弹银溯源及泰钱的早期发展.龙村倪

云南纳西族水磨的调查研究.张柏春

云岗石窟装饰艺术刍议.张丽

傣族民居的传统与变异.夏光辅

中国傣族的民间传统建筑技术.朱良文

中国朝鲜族传统民居.金虎俊

彝族部分传统工艺美术略论.马拉呷

中国回族教育大事记.王福良

科学思想

先秦自然学概论.陈文涛 著.上海:商务印书馆,1928年初版.1934年2版.170页.有图表.32开(国学小丛书)(1930年万有文库第一集)

中国人发现澳洲——论古代中国人的世界观.卫聚贤 著.香港:说文社,1960年.184页.32开(说文社中兴丛书第11种)

儒法对立的自然观.上钢五厂二车间铸钢二段理论组等 编.上海:上海人民出版社,1976年.230页.32开

让科学的光芒照亮自己——近代科学为什么没有在中国产生.刘青峰 著.成都:四川人民出版社,1984年.224页.32开(《走向未来》丛书)

天地奥秘的探索历程.周桂钿 著.北京:中国社会科学出版社,1988年.384页.大32开

科学技术史新论.刘志一 著.沈阳:辽宁教育出版社,1988年.459页.32开(当代大学书林)

中国科学神话宗教的协合——以李冰为中心.罗开玉 著.成都:巴蜀书社,1989年.293页.32开

中国古代哲学和自然科学.李申 著.北京:中国社会科学出版社,1989年.460页.32开(中国社会科学博士论文文库)

传统思想与科学技术.周瀚光 著.上海:学林出版社,1989年.215页.32开

中国文人的自然观.(联邦德国)W.顾彬 著.马树德

译.上海:上海人民出版社,1990年.235页.32开(中国文化史丛书)

中国古代科学思想史.(英)李约瑟 著.陈立夫 主译.南昌:江西人民出版社,1990年.460页.32开(东方文化丛书)

中国科学思想史.董英哲 著.西安:陕西人民出版社,1990年.2册.610页.32开

谈科技思想史.刘君灿 著.台北:明文书局,1990年2版.241页.32开

中国科学百年风云:中国近现代科学思想史论 郭金彬 著.福州:福建教育出版社,1991年.428页.大32开

中国科学思想史论.袁运开,周瀚光 著.杭州:浙江教育出版社,1992年.317页.32开

中国古代科学方法研究.周瀚光 著.上海:华东师范大学出版社,1992年.172页.32开

巽时空里的知识追逐——科学史与科学哲学论文集.傅大为 著.台北:东大图书股份有限公司,1992年.329页.32开

中国传统科学思想史论.郭金彬 著.北京:知识出版社,1993年.497页.32开

中西科学技术思想比较.曾近义 主编.广州:广东高等教育出版社,1993年.281页.32开

中国古代哲学与自然科学:隋唐至清代之部.李申 著.北京:中国社会科学出版社,1994年.458页.大32开(本书是《中国古代哲学与自然科学》的续篇)

天地生民:中国古代关于人与自然关系的认识.周尚意,赵世喻 著.杭州:浙江人民出版社,1994年.224页.大32开

中国传统科学方法论的嬗变.何萍,李维武 著.①杭州:浙江科学技术出版社,1994年.373页.32开 ②台北:淑馨出版社,1995年.302页.大32开(认知与方法丛书13)

中国古代科技思想史稿.李瑶 著.西安:陕西师范大学出版社,1995年.300页.32开

中国科技批评史.朱亚宗 著.长沙:国防科技大学出版社,1995年.283页.32开

博大精深的科学思想.王前 著.沈阳:辽宁古籍出版社,1995年.198页.32开.(中华民族优秀传统文化丛书·科技卷)

中国古代气功与先秦哲学.张荣明 著.上海:上海人民出版社,1987年.341页.32开

天人象:阴阳五行学说史导论.谢松龄 著.济南:山东文艺出版社,1989年.402页.32开(文化哲学丛书)

周易原理与古代科技——八卦的剖析及其实际应用.江国梁 著.厦门:鹭江出版社,1990年.513页.大32开

易学科学史纲.董光璧 著.武汉:武汉出版社,1993年.311页.大32开

科技教育

中外医学教育史.朱潮 主编.上海:上海医科大学出版社,1988年.510页.大32开

中国物理教育简史.骆炳贤,何汝鑫 编著.长沙:湖南教育出版社,1991年.317页.32开

中国科技教育史.梅汝莉,李生荣 著.长沙:湖南教育出版社,1992年.428页.大32开.(中国教育史研究丛书)

中国化学教育史话.郭保章等 著.南昌:江西教育出版社,1993年.595页.32开

中国教育与科技:彪炳史册的辉煌.宋子良,成良斌 著.武汉:湖北人民出版社,1995年.158页.插图.32开.(青少年文库第一辑)

中国古代科学教育史略.孙宏安 著.沈阳:辽宁教育出版社,1996年.642页.大32开

中外科技交流

中印文化关系史论文集.季羡林 著.北京:三联书店,1982年.486页.大32开

中日科技发展比较研究.廖正衡,岛原健三等 主编.沈阳:辽宁教育出版社,1992年.994页.32开

耶稣会士与中国科学.樊洪业 著.北京:中国人民大学出版社,1992年.253页.32开

中外科学之交流.潘吉星 著.香港:中文大学出版社,1993年.578页.大32开

东方蓝色文化——中国海洋文化传统.宋正海 著.广州:广东教育出版社,1995年.241页.32开(天地生人丛书)

唐代的外来文明.(美)谢弗 著.吴玉贵 译.北京:中国社会科学出版社,1995年.727页.32开

中日文化交流史大系(8).科技卷.李廷举,吉田忠 主编.杭州:浙江人民出版社,1996年.393页.32开

中国圣火——中国古文物与东西文化交流中的若干问题.孙机 著.沈阳:辽宁教育出版社,1996年.317页.32开

中西交通史料汇编.张星烺 编注.北平:京城印书局,1930年.1—6册(中华书局1977~1979年重印6册)

中国交通史.方豪 著.长沙:岳麓书社,1987年.2册.1075页.大32开

丝绸之路.杨建新,芦苇 编著.兰州:甘肃人民出版社,1981年.141页.有照片.大32开

丝绸之路与西域文化艺术.常任侠 著.上海:上海文艺出版社,1981年.264页.大32开

丝绸之路.(法)布尔努瓦 著.耿昇 译.乌鲁木齐:新疆人民出版社,1982年.332页.有照片.大32开

丝路史话.陈良 著.兰州:甘肃人民出版社,1983年.227页.32开

传播友谊的丝绸之路.武伯纶 著.西安:陕西人民出版社,1983年.138页.有照片.大32开

丝路访古.丝绸之路考察队 编著.兰州:甘肃人民出版社,1983年.323页.有照片.大32开

陶瓷之路——东西文明接触点的探索.(日)三上次男 著.胡德芬 译.天津:天津人民出版社,1983年.257页.有图.32开

陶瓷之路.(日)三上次男 著.李锡经,高善美 译.北京:文物出版社,1984年.160页.照片.大32开

海上丝路与文化交流.常任侠 编著.北京:海洋出版社,1985年.93页.大32开(海上丝绸之路丛书)

南方陆上丝绸路.徐冶等 著.昆明:云南民族出版社,1987年.142页.32开(西南文化初探1)

古代西南丝绸之路研究.伍加伦,江玉祥 主编.四川大学古代南方丝绸之路综合考察课题组 编.成都:四川大学出版社,1990年.276页.大32开

海上丝绸之路.陈高华等 著.北京:海洋出版社,1991年.210页.32开

南方丝绸之路文化论.《南方丝绸之路文化论》编写组 编.刘弘 选编.昆明:云南民族出版社,1991年.414页.大32开

丝绸之路探源.齐涛 著.济南:齐鲁书社,1992年.272页.大32开

南方丝绸之路.蓝勇 著.重庆:重庆大学出版社,1992年.240页.照片.大32开

历史上的亚欧大陆桥:丝绸之路.杨建新,芦苇 著.兰州:甘肃人民出版社,1992年.280页.彩照.32开(丝路文化丛书)

唐代丝绸与丝绸之路.赵丰 编著.西安:三秦出版社,1992年.252页.附图版.大32开(隋唐历史文化丛书)

丝绸之路考古研究.王炳华 著.乌鲁木齐:新疆人民出版社,1993年.428页.照片及地图.大32开(丝绸之路研究丛书)

丝路文化·沙漠卷.黄新亚 著.杭州:浙江人民出版社,1993年.426页.彩照.大32开

丝绸之路上的古代行旅.田卫疆 编著.乌鲁木齐:新疆青少年出版社,1993年.223页.32开

中国西南对外关系史研究:以西南丝绸之路为中心.申旭 著.昆明:云南美术出版社,1994年.366页.大32开

中国丝绸之路.宋剑霞 著.北京:京华出版社,1994年.104页.小32开(中华全景百卷书·5,景观系列43)

古代西南丝绸之路研究·第2辑.江玉祥 主编.四川大学古代南方丝绸之路综合考察课题组 编.成

都:四川大学出版社,1995 年. 311 页. 地图及插图. 大 32 开

足迹从丝路延伸:中国古代对外文化交流. 黄利平等 著. 北京:人民日报出版社,1995 年. 195 页. 32 开(炎黄文化漫游丛书)

悠悠丝路. 刘统 著. 广州:广东教育出版社,1995 年. 188 页. 32 开(沧桑神州:中国历史地理谈丛)

西南丝绸之路考察记. 王清华,徐冶 著. 昆明:云南大学出版社,1996 年. 116 页. 照片及地图. 32 开

丝绸文化与丝绸之路. 康志祥,李毓秦 主编. 西安:陕西旅游出版社,1996 年. 261 页. 彩照. 大 32 开

丝绸之路. (瑞典)斯文·赫定 著. 江红,李佩娟 译. 乌鲁木齐:新疆人民出版社,1996 年. 296 页. 大 32 开(西域探险考古大系·瑞典东方学译丛)

海上丝绸之路与中外文化交流. 陈炎 著. 北京:北京大学出版社,1996 年. 340 页. 地图. 32 开(泰国研究学会丛书)

从威尼斯到大阪——一次发现中国古代文明的航行. 孙毅夫 编著. 北京:中国画报出版社,1992 年. 264 页. 大 16 开

鉴真. 汪向荣 著. 长春:吉林人民出版社,1979 年. 125 页. 32 开

鉴真. 王金林 编. 上海:上海人民出版社,1979 年. 53 页. 32 开

唐大和尚东征传. (日)真人元开 著. 汪向荣 校注. 北京:中华书局,1979 年. 131 页. 32 开

鉴真和尚东渡记. 孙蔚民 著. 上海:上海古籍出版社,1979 年. 98 页. 32 开

郑和下西洋. 陶秋英 著. 上海:上海三联出版社,1954 年一册,有图

郑和下西洋. 黄淼 著. 南京:江苏人民出版社,1956 年

郑和家世资料——纪念伟大航海家郑和下西洋 580 周年. 纪念伟大航海家郑和下西洋 580 周年筹备委员会、中国航海史研究会 编. 北京:人民交通出版社,1985 年. 122 页. 大 32 开

郑和史迹文物选. 纪念伟大航海家郑和下西洋 580 周年筹备委员会 编. 北京:人民交通出版社,1985 年. 88 页. 16 开

郑和与福建——福建省纪念郑和下西洋 580 周年学术讨论会论文选.《郑和与福建》编辑组 编. 福州:福建教育出版社,1988 年. 295 页. 大 32 开

走向海洋的中国人——郑和下西洋 590 周年国际学术研讨会论文集. 南京郑和研究会 编. 北京:海潮出版社,1996 年. 360 页. 32 开

郑和下西洋考. (法)伯希和 著. 冯承钧 译. 上海:上海商务印书馆,1935 年 1 册

郑和下西洋考. 附拾遗. (法)伯希和 著. 冯承钧 译. 北京:中华书局,1955 年. 171 页

郑和下西洋资料汇编. 上册. 郑鹤声,郑一钧 编. 济南:齐鲁书社,1980 年. 327 页. 大 32 开

郑和下西洋资料汇编. 中册(上、下). 郑鹤声,郑一钧 编. 济南:齐鲁书社,1983 年. 1973 页. 大 32 开

郑和下西洋资料汇编. 下册. 郑鹤声,郑一钧 编. 济南:齐鲁书社,1989 年. 445 页. 大 32 开

郑和下西洋. 范中义,王振华 编著. 北京:海洋出版社,1982 年. 93 页. 32 开

郑和下西洋. 刘如仲 著. 北京:中华书局,1983 年. 51 页. 32 开(中国历史小丛书)

论郑和下西洋. 郑一钧 著. 北京:海洋出版社,1985 年. 497 页. 32 开

郑和下西洋. 纪念伟大航海家郑和下西洋 580 周年筹备委员会、中国航海史研究会 编. 张维华 主编. 北京:人民交通出版社,1985 年. 241 页. 32 开

郑和下西洋论文集. 第 1 集. 纪念伟大航海家郑和下西洋 580 周年筹备委员会、中国航海史研究会 编. 北京:人民交通出版社,1985 年. 363 页. 32 开

郑和下西洋论文集. 第 2 集. 纪念伟大航海家郑和下西洋 580 周年筹备委员会 编. 南京:南京大学出版社,1985 年. 306 页. 32 开

郑和研究资料选编. 纪念伟大航海家郑和下西洋 580 周年筹备委员会、中国航海史研究会 编. 北京:人民交通出版社,1985 年. 520 页. 大 32 开

从徐福到黄遵宪. 杨正光 主编. 北京:时事出版社,1985 年. 355 页. 32 开(中日关系史论文集. 第 1 辑)

全国首届徐福学术讨论会论文集. 中国航海学会、徐州师范学院 主编. 北京:中国矿业大学出版社,1988 年. 313 页. 大 32 开

徐福东渡之谜. 杨斌 著. 长春:吉林文史出版社,1989 年. 180 页. 32 开

徐福东渡之谜新探. 于锦鸿 著. 南京:江苏人民出版社,1990 年. 254 页. 32 开

徐福研究. 山东省徐福研究会等 编. 青岛:青岛海洋大学出版社,1991 年. 355 页. 32 开

百万之家——马可·波罗的生平和游历. (西)阿道弗

·莫雷诺 著.屈瑞 译.西安:陕西人民出版社,1984年.201页.小32开

中世纪大旅行家马可·波罗.余士雄 著.北京:中国旅游出版社,1988年.171页.32开

马可·波罗和他的游记.唐锡仁 著.北京:商务印书馆,1981年33页.小32开(外国历史小丛书)

中西文化交流先驱——马可·波罗.陆国俊等 主编.北京:商务印书馆,1995年.379页.32开

马可·波罗到过中国吗?(英)弗朗西斯·伍德(吴芳思)著.洪允息 译.北京:新华出版社,1997年.223页.32开

十九世纪前中华基督教对于医药之贡献.江道源著.兖州:保绿印书馆,1942年.60页.32开

中外医学文化交流史:中外医学跨文化传通.马伯英等 著.上海:文汇出版社,1993年.648页.大32开

丝绸之路医药学交流研究.王孝先 著.乌鲁木齐:新疆人民出版社,1994年.477页.32开(丝绸之路研究丛书)

日本现存中国散逸古医籍的传承史研究利用和发展.马继兴等 编.北京:中国医史文献研究所,1997年.122页.16开

西学东渐与中国近代医学思潮.李经纬等 著.武汉:湖北科学技术出版社,1990年.161页.32开

工 具 书

中国科学院图书馆所藏科学技术史料草目.中国科学院图书馆 编.北京:中国科学院图书馆,1959年.98页.16开

中国古代自然科学史参考书简目.中国科学院图书馆 编.北京:中国科学院图书馆,1974年.57页.16开

中国古代科技文献简目(初稿).北京图书馆善本特藏部 编.北京:北京图书馆,1976年.126页.16开.刻印本

中国古代科技要籍简介.麦群忠,魏以成 编写.太原:山西人民出版社,1984年.182页.32开

中国古代科技史论文索引(1900—1982).严敦杰 主编.南京:江苏科学技术出版社,1986年.1006页.32开

北京图书馆普通古籍总目.第十三卷.自然科学门.北京图书馆普通古籍组 编.鲍国强主编.北京:书目文献出版社,1995年.152页.16开

中国学术名著提要·科技卷.徐余麟 主编.上海:复旦大学出版社,1996年.880页.32开

中国史学论文索引(自然科学史、医学史、工程技术史、农业史论文之部)(初稿).中国科学院历史研究所 编.16开

中国古代科学技术大事记.《出版通讯》编辑组 编.上海:上海人民出版社,1975年.140页.32开

中国古代科学技术主要成就表.北京大学物理系理论小组 编.北京:人民教育出版社,1976年.全张

中国古代科学技术大事记.北京大学物理系《中国古代科学技术大事记》编写小组 编.北京:人民教育出版社,1977年.164页.大32开

中国科技史资料册.香港专上学生联会"中国科技史展览"出版小组 编.香港:学联书社,1975年.167页,大32开

古籍整理与研究

天工开物之研究.薮内清等 著.苏芗雨等 译.台北:中华丛书委员会,1946年.260页.大32开(中华丛书)

天工开物研究论文集.(日)薮内清等 著.章熊,吴杰译.北京:商务印书馆,1959年.235页.32开

主要子目

关于"天工开物".薮内清

"天工开物"的时代.大岛利一

"天工开物"和明代的农业.天野元之助

明代的饮食生活.筱田统

"天工开物"中的机织技术.太田英藏

中国的制陶技术.木村康一

"天工开物"的冶炼·铸造技术.吉田光邦

纸与墨.木村康一

关于粮船.薮内清

明代的兵器.吉田光邦

珠玉考.薮内清

《天工开物》注释.上册.清华大学机械厂工人理论组注释.北京:科学出版社,1976年.169页.大32开

天工开物新注研究.杨维增 编著.南昌:江西科学技术出版社,1987年.448页.大32开

《天工开物》研究——纪念宋应星诞辰400周年文集.丘亮辉 主编.北京:中国科学技术出版社,1988年.293页.32开

主要子目:

纪念宋应星诞辰四百周年学术讨论会论文选:

"宋学"的发现、发展和前途.胡道静

宋应星生平事业评述.刘焕琮

宋应星,中国17世纪的科技先驱.杨维增

《天工开物》及其时代.张蔚河

晚明社会思潮与宋应星的科学思想.邢兆良

从《天工开物》的历史命运说起.陈锦淞

论宋应星的科学思想.周济,孙飞行

试论宋应星自然观的三个特色.罗长海

《天工开物》"曲蘖"篇的评述.周嘉华

《天工开物》"彰施"篇中的染料和染色.赵丰

江西考古发现与《天工开物·陶埏》.李科友

《天工开物》矿冶卷述评.李仲均

《天工开物》与古代冶金.吴坤仪

中国古代风箱的演变及其发展.戴念祖

从明代炼钢术的伟大成就看宋应星的杰出贡献.何堂坤

《天工开物》搅拌法炼钢及其意义初探.陈亦人

杰出的铸钟工艺.于弢

《天工开物》关于机械工程方面的记载.陆敬严

论《天工开物》中的生物学成就.蔡德全,邓宗觉

宋应星《天工开物》的杰出农学贡献.杨直民

《天工开物》的农学体系和技术特色.游修龄

略论宋应星在农学上的重要贡献.郭文韬

宋应星的农业思想.王咨臣

《天工开物》对稻种记述的得失.许怀林

《天工开物》中水稻生产技术的调查研究.曾雄生

《天工开物》水稻生产工具的调查研究.刘壮已

宋应星在总结蚕业科技上的贡献.蒋猷龙

《天工开物》的生产分布思想.路兆丰

宋应星的呼吸实验.郭正谊

纪念宋应星诞辰四百周年学术讨论会论文摘要:

《天工开物》书名探析.徐陵昌

明末天才的科学泰斗.肖钧九

宋应星的社会改良思想.俞兆鹏

《天工开物》的悲凉遭遇所引起的反思.杨荣生

卓越的成就,杰出的学者.李以章,雷毅

宋应星的哲学思想.吴伯田

宋应星《思怜诗》浅论.陈庚

古代熔炉的起源和演变.李京华

宋应星论农业气候.李一苏

《天工开物》中的生物学知识.刘昌芝

论宋应星及其自然哲学.陈国均

《天工开物》蚕桑丝绸科技成就的社会背景.梁如龙,蒋猷龙

宋应星思想方法初探.张荫芝

《天工开物》与系统方法.柯远斌

试论宋应星的科学思想方法.徐刚,黄训美

试论宋应星的唯物主义化论思想.李生

宋应星移风移俗观浅析.孙庆良

宋应星美学思想初探.杨维增

天工开物导读.潘吉星 著.成都:巴蜀书社,1988年.197页.大32开(中华文化要籍导读丛书)

天工开物校注及研究.潘吉星 著.成都:巴蜀书社,1989年.571页.32开

天工开物译注.(明)宋应星 著.潘吉星 译注.上海:上海古籍出版社,1992年.346页.32开(中国古代科技名著译注丛书)

科技的百科全书——天工开物.蔡仁坚 编撰.海口:三环出版社,1992年.342页.图.大32开(中国历代经典文库)

新校正梦溪笔谈.胡道静 著.北京:中华书局,1957年.371页.32开

梦溪笔谈校正.胡道静 撰.1956年上海出版公司初版,1957年古典文学出版社再版,1961年中华书

局三版,1987年上海古籍出版社影印再版(后附增补部分)

《梦溪笔谈选注》.《梦溪笔谈选注》注释组选注.南宁:广西人民出版社,1977年.309页.32开

《梦溪笔谈》译注(自然科学部分).中国科技大学、合肥钢铁公司《梦溪笔谈》译注组 译注.合肥:安徽科学技术出版社,1979年.279页.大32开

梦溪笔谈导读.胡道静,金良年 著.成都:巴蜀书社,1988年.441页.大32开(中华文化要籍导读丛书)(1996年重印收入名著名家导读丛书)

梦溪笔谈全译(文白对照).李文泽,吴洪泽 译.成都:巴蜀书社,1996年452页.32开

考工记导读.闻人军 著.成都:巴蜀书社,1987年.379页.大32开(中华文化要籍导读丛书)

考工记导读图译.闻人军 著.台北:明文书局,1990年.307页.32开

考工记译注.闻人军 译注.上海:上海古籍出版社,1993年.157页.32开

墨经分类译注.谭戒甫 编著.北京:中华书局,1981年.205页.大32开

墨经校注·今译·研究:墨经逻辑学.周云之 著.兰州:甘肃人民出版社,1993年.384页.照片.大32开

中国古代科学文选.王世民 选注.南京:江苏科学技术出版社,1986年.118页.32开

中国古代科技文选注.王泉声 注解.石家庄:河北科学技术出版社,1990年.274页.大32开

科技文钩沉译评.田育诚,李素桢 著.长春:吉林省教育音像出版社,1991年.222页.32开

中国古代著名科学典籍.吴洪印 编著.济南:山东教育出版社,1991年.104页.书影.32开(中国文化史知识丛书)

中国古代科技文章选释.傅丽,林秀琴 编著.哈尔滨:黑龙江科学技术出版社,1992年.238页.32开

科技精品.王屹宇,王振华 评释.北京:学苑出版社,1994年.199页.32开(炎黄文化精品丛书)

中国古代科技名著.刘树勇等 撰.北京:首都师范大学出版社,1994年.97页.小32开(中华全景百卷书)

康熙几暇格物编译注.(清)爱新觉罗·玄烨 著.李迪译注.上海:上海古籍出版社,1993年.115页.大32开(中国古代科技名著译注丛书)

中华大家读·科技卷:中国文化的基本文献.马大猷主编.武汉:湖北人民出版社,1994年.1120页.大32开

传世藏书·子库·科技卷.汪前进 主编.海口:海南国际新闻出版中心,1995年.1576页.16开

中国科学技术典籍通汇·综合卷.林文照 主编.郑州:河南教育出版社,1997年.7册.16开

其 他

考古学和科技史.夏鼐 著.北京:科学出版社,1979年.150页.图版30.16开.(考古学专刊;甲种第十四号)

科技考古论丛.王振铎 著.北京:文物出版社,1989年.393页.附图版16页.16开.(考古学专刊;甲种第二十号)

科技考古论丛——全国第二届科技考古学术讨论会论文集.《科技考古论丛》编辑组 编.合肥:中国科技大学出版社,1991年.218页.16开

主要子目:

综述评论:

考古断代方法述评.仇士华,蔡莲珍

中国金属史的分期和发展梗概.华觉明

科学技术研究在陶瓷考古中的应用.李家治

中国历代分相釉——其化学组成、不混溶结构与艺术外观.陈显求等

中国古玉的研究.闻广

近年中国古代化学史研究方法之进步.赵匡华

关于古代文物的力学性质的研究.王大钧

中国古代磁学成就与考古磁学.李国栋

电子自旋共振(ESR)测年在史前考古和历史考古中的应用.金嗣炤等

中国古代彩绘颜料研究综述.王进玉

学科论坛:

浅述考古学与自然科学的关系.张忠培,马淑琴

科技考古与考古教学.蒋赞初

略论技术考古学的科研和教学.李志超

漫谈现代科学技术与考古.白荣金

科技考古促进金属考古学飞速发展.李京华

两汉时代青铜冶铸业与科技考古.杜迺松

开拓科技考古新领域.单暐

从古荥冶铁遗址的发掘研究看科技考古的意义.陈立信

研究成果：

粉状锈研究及青铜文物保护.范崇政等

浅议环境与文物.程德润

古代青铜器锈蚀机理研究.刘成等

文物保护用聚合物透气性研究的应用.杨植震等

硅氧烷石刻保护涂层的研究.孔荣贵等

遥感技术在寿春城遗址考古调查中的应用.丁邦钧等

青海大通县出土汉代玻璃的研究.史美光,周福征

雌雄铜鼓考.李世红,万辅彬

南宋官窑釉的穆斯堡尔谱初步分析.高正耀等

小黄冶三彩窑样品的穆斯堡尔分析.高正耀等

元代钧瓷烧成条件的穆斯堡尔谱分析.高正耀,陈松华

元代汝瓷的穆斯堡尔谱初步分析.高正耀等

技术物理和计算机在考古学上的应用.金国樵

考古类型学方法的计算机实现.李科威

文物信息系统与科技考古.铁付德

殷墟石磬频谱特性研究.申斌等

桂林庙岩文化遗址及其形成环境.陈先等

花山岩画颜料和黏合剂初探.邱钟崙等

"水锡"考辨.周卫荣

古青铜器的模糊铭文纹饰处理.邢锦云等

源激发X射线荧光法(XRF)对考古样品成分的无损分析.刘倩等

蚁鼻钱的X射线荧光法无损检测.毛振伟等

古籍与科学.刘操南 著.哈尔滨:哈尔滨师范大学出版社,1990年.340页.32开

中国科学翻译史料.黎难秋 主编.合肥:中国科学技术大学出版社,1996年.722页.32开

中国科技批评史.朱亚宗 著.长沙:国防科技大学出版社,1995年.283页.32开

中国古代重大自然灾害和异常年表总集.宋正海 主编.广州:广东教育出版社,1992年.657页.16开

中国环境保护史话.袁清林 编著.北京:中国环境科学出版社,1989年.272页.大32开

中国环境保护史稿.罗桂环等 主编.北京:中国环境科学出版社,1995年.459页.大32开

中国历史时期的人口变迁与环境保护.罗桂环,舒俭民 著.北京:冶金工业出版社,1995年.289页.大32开

科 学 家

合 传

中国古代四大科学家的画像和小传.4页.大32开

中国历史上的科技人物.燕羽 编著.上海:群联出版社, 1954年.135页.有图.肖像.32开(本书1951年第1版,1952修订3版,1953年增订新1版,这是再增订第1版)

破除迷信、敢想敢干——中国古今科学家的事迹.杜石然 等著.北京:科学普及出版社,1958年.80页.32开

安徽历史上的科学技术人物.安徽省教育厅 编.合肥:安徽人民出版社,1958年.32页.32开

安徽历史上科学技术创造发明家小传.中共安徽省委宣传部办公室 编.合肥:安徽人民出版社,1958年.20页.32开

中国古代交通运输工具创造发明人物小传.交通部参考室 编.北京:人民交通出版社,1958年.34页.32开

浙江劳动人民自古多天才.陆加 编撰.杭州:浙江人民出版社, 1958年.24页.有图.32开(工农发明的故事)

中国古代科学家.中国科学院中国自然科学史研究室 编.北京:科学出版社,1963年.210页.大32开(本书1959年第1版,这是修订再版)

中国古代科学家史话.钟史祖 编著.香港:商务印书馆,1976年.188页.32开

中国古代科学家史话.《中国古代科学家史话》编写组 编.沈阳:辽宁人民出版社,1978年.270页.有插图.32开(本书1974年第1版,1975年第2版,这是第3版)

中国古代科学家.杜马 著.兰州:甘肃人民出版社,1978年.150页.有插图.32开

★中国古代的科学家.远流百科全书编审委员会 编.台北:远流出版社, 1978年

中国历史上杰出的科学家和能工巧匠.李迪 著.呼和浩特:内蒙古人民出版社,1978年.163页.有图.32开

科学技术发明家小传.中国科学院自然科学史研究所.北京第一机床厂《小传》编写组 编写.北京:北京人民出版社,1978年.398页.32开

浙江古代科学家的故事.胡霜,林正秋 编写.杭州:浙江人民出版社,1978年.65页.32开

河南古代科学家.许永璋 编.郑州:河南人民出版社, 1978年.123页.32开

山东古代科技人物论集.卢南乔 著.济南:齐鲁书社,1979年.121页.32开

四川古代科技人物.刘德仁等 编写.成都:四川人民出版社,1980年.174页.32开.

中国古代科技名人传.张润生等 编著.①北京:中国青年出版社,1981年.381页.有插图.32开②台北:贯雅文化事业公司,1990年346页.32开

江苏古代科学家.徐伯春 著.南京:江苏科学技术出版社,1983年.233页.32开

历代科技人物传.张友绳 著.台北:世界文物出版社, 1984年.236页.32开

安徽古代科学家小传.施孟胥等 编.合肥:安徽科学技术出版社,1984年.211页.有插图.32开

福建科学家小传.王恭等 著.福州:福建教育出版社, 1985年.259页.32开

中国古代科学家传记.陈胜昆等 著译.台北:正中书局,1985年.134页.32开

中国历代科学家.陈哲 编写.上海:上海教育出版社, 1986年.212页.32开(中学生文库)

中国历史上的能工巧匠.李光羽,虞信棠 著.上海:上海人民出版社,1986年.237页.图.32开(祖国丛书)

中国古代的能工巧匠.金其桢,崔素英 编著.广州:科学普及出版社广州分社,1987年.269页.32开

蒙古族科学家.巴拉吉尼玛,张继霞 著.呼和浩特:内蒙古人民出版社,1989年.195页.大32开

中国古代发明家.俞沛铭 著.香港:山边社,1989年86页.插图.32开

十大科学家. 胡道静,周瀚光 著. 上海:上海古籍出版社,211 页. 32 开. (十大系列丛刊)

中国古代科技名人故事.《中外名人故事丛书》编委会 编. 北京:中国和平出版社,1991 年. 418 页. 32 开

中华民族杰出人物传. 第八集. 陈光崇 主编. 北京:中国青年出版社,1991 年. 425 页. 插图. 32 开(本集为科学家传)

陕西科技史人物传略. 姚远 著. 西安:陕西科学技术出版社,1991 年. 275 页. 32 开

中国历代名著名家评介. 皮高品 著. 北京:学苑出版社, 1991 年. 1010 页. 照片. 大 32 开

中国古代科学家传记. 上集. 杜石然 主编. 北京:科学出版社,1992 年. 665 页. 大 32 开

中国古代科学家传记. 下集. 杜石然 主编. 北京:科学出版社,1993 年. 887 页. 大 32 开

中国历代科学家传. 张彤 编译. 北京:国际文化出版公司,1992 年. 257 页. 32 开

山东古代科学家. 许义夫等 主编. 济南:山东教育出版社,1992 年. 374 页. 32 开

古代中华科坛奇才. 贺国建 编著. 西安:陕西人民出版社,1993 年. 270 页. 大 32 开

中国古代科学家. 刘文彪,忻汝平 撰. 北京:京华出版社,1994 年. 126 页. 小 32 开

中华骄子·奇工巨匠. 张国祚,张瑞山 主编. 北京:龙门书局,1995 年. 186 页. 大 32 开

中国古代能工巧匠. 曹坎荣,徐洋 编著. 北京:北京科学技术出版社,1995 年. 113 页. 32 开(中国历史知识全书·重要人物)

中国古代科学家. 刘贵芹,宋向阳 编著. 北京:北京科学技术出版社,1995 年. 130 页. 32 开

中国古代的工匠. 曹焕旭 著. 北京:商务印书馆国际有限公司,1996 年. 165 页. 图. 大 32 开(中国古代生活丛书)

中国历代发明者. 宋禄刚等 主编. 宋国库等 编写. 北京:人民出版社,1996 年. 566 页. 32 开

科学家丛书. 杜升云 主编. 北京:中国华侨出版社,14 册. 32 开("中华魂"华夏名人传记系列)(中国古代科学家传)

古代科学家传记. 北京:中华书局,1996 年. 279 页. 32 开(中国历史小丛书合集)

中国天文学家的故事. 陈遵妫,湛穗丰 编著. 福州:福建教育出版社,1993 年. 91 页. 彩照. 32 开(星空探密丛书)

中华骄子·天文泰斗. 王渝生 著. 北京:龙门书局,1995 年. 169 页. 大 32 开

中华骄子·数学大师. 张国祚,王渝生 主编. 北京:龙门书局,1995 年. 214 页. 大 32 开

科学巨星——郭守敬、秦九韶、梅文鼎、李善兰、华蘅芳. 王渝生等 著. 西安:陕西人民教育出版社,1995 年. 253 页. 32 开

科学巨星——张衡、刘徽、贾思勰、李时珍、徐霞客. 孙小淳等 著. 西安:陕西人民教育出版社, 1998 年. 314 页. 32 开

中国古代地理学家及旅行家. 翟忠义 编著. 济南:山东人民出版社,1964 年. 128 页. 大 32 开. (本书 1962 年第 1 版,这是第 2 版)

中国历代旅行家小传. 王季深 编. 北京:知识出版社, 1983 年. 232 页. 32 开

中国地理学家. 翟忠义 编著. 济南:山东教育出版社, 1989 年. 499 页. 大 32 开

中国历代地理学家评传. 第一卷. 秦汉魏晋南北朝唐. 谭其骧 主编. 济南:山东教育出版社,1990 年. 319 页. 32 开

中国历代地理学家评传. 第二卷. 两宋元明. 谭其骧 主编. 济南:山东教育出版社,1990 年. 427 页. 32 开

中国历代地理学家评传. 第三卷. 清、近现代. 谭其骧 主编. 济南:山东教育出版社,1993 年. 567 页. 32 开

中国医学人名志. 陈邦贤,严菱舟 编. 北京:人民卫生出版社,1955 年. 248 页. 大 32 开

中国古代的医学家. 施若霖 著. 上海:上海科学技术出版社,1959 年. 83 页. 32 开(本书 1958 年上海科技卫生出版社第 1 版,这是第 2 版)

扁鹊. 华佗. 孙思邈. 张晓晨 编写. 北京:中华书局, 1963 年. 28 页. 32 开(本书 1960 年第 1 版,这是第 2 版)

中国历代名医简介. 陈邦贤 编. 北京:中医研究院医史研究室,1965 年. 30 页. 32 开

中国医药学家史话. (未著撰者). 香港:医药卫生出版社,1977 年. 129 页. 32 开

★中国古代的医学家. 远流百科全书编审委员会 编. 台北:远流出版社, 1978 年

中国历代名医评介. 杨文儒,李宝华 编著. 西安:陕西科学技术出版社,1980 年. 188 页. 32 开

历代名医传略.鞍钢铁东医院图书馆,鞍钢医学科学情报室 编印.1981年.37页.32开

中国历代名医列传.黄三元 编著.台北:八德教育文化出版社,1981年.739页.32开.

四川医林人物.陈先赋等 编著.成都:四川人民出版社,1981年.481页.32开

中国古代医学家及其故事.孙溥泉,徐复霖 编著.南昌:江西人民出版社,1982年.221页.32开

医家与医籍.梁乃桂 编.北京:人民卫生出版社,1983年.76页.32开

江苏历代医人志.陈道瑾,薛渭涛 编.南京:江苏科学技术出版社,1985年.477页.大32开

历代名医传略.李矢禾等 编.哈尔滨:黑龙江科学技术出版社,1985年.269页.大32开

中国历代名医图传.陈雪楼 主编.南京:江苏科学技术出版社,1987年.261页.大16开

中国历代名医传.陈梦赉 编著.北京:科学普及出版社,1987年.476页.图.大32开

中国古代著名医学家.余裴民 著.上海:上海人民出版社,1987年.236页.图.32开(祖国丛书)

中国历代名医百家传.张志远 主编.北京:人民卫生出版社,1988年.211页.32开

闽台医林人物志.俞慎初 主编.福州:福建科学技术出版社,1988年.161页.32开(福建史志资料丛刊)

中医人名辞典.李云 主编.北京:国际文化出版公司,1988年.967+111页.32开

中医人物大词典.中国中医研究院中国医史文献研究所 主编.上海:上海辞书出版社,1988年.873页.32开

外科名医王维德与高秉钧.金铃,程昭寰 编著.北京:中国科学技术出版社,1989年.73页.32开

历代中医学家评析.姜春华 编著,姜光华 整理.上海:上海科学技术出版社,1989年.348页.大32开

中国历代医药学家荟萃.马福荣,李云翔 主编.北京:中国环境科学出版社,1989年.363页.肖像.32开

十大名医.陈道瑾 主编.上海:上海古籍出版社,1990年.235页.32开("十大"系列丛刊)

新安名医考.李济仁 主编.合肥:安徽科学技术出版社,1990年.161页.32开

中国历代医家传录.何时希 著.北京:人民卫生出版社,1991年3册.大32开(本书1994年重印出版)

湖北历代医林人物志.黄乃奎,张林茂 编.武汉:武汉出版社,1991年.147页.32开

中国历代名医集录.孙文奇 编著.太原:山西科学技术出版社,1992年.253页.32开

古今名医百人赞.彭述宪 编.西安:陕西科学技术出版社,1992年.88页.32开

云南医林人物.邱纪凤 主编.昆明:云南科技出版社,1992年.386页.32开.(宋代至1987年)

中国名医列传.顾文冲 著.台北:武陵出版有限公司.1993年.187页.32开

金元医学人物.高伟 著.兰州:兰州大学出版社,1994年.399页.大32开

中华骄子·医圣药王.张国祚,杨志超 主编.北京:龙门书局.1995年.163页.大32开

中国佛医人物小传.傅芳,倪青 编.厦门:鹭江出版社,1996年.168页.大32开(中国佛教医学丛书)

山东古代三大农学家.中国科学院山东分院历史研究所 编著.济南:山东人民出版社,1962年.167页.32开

中国古代农业科学家.张习孔等 编写.北京:北京出版社,1963年.43页.32开

中国古代十位农业科学家.易知 编著.北京:农村读物出版社,1984年.68页.32开

中国古代农业科学家小传.西北农学院古农学研究室 编著.西安:陕西科学技术出版社,1984年.186页.插图.32开

中国古代农学家和农书.章楷 著.上海:上海人民出版社,1987年.202页.32开(祖国丛书)

中华骄子·农神水伯.张国祚,张瑞山 主编.北京:龙门书局,1995年.189页.32开

清代河臣传.汪胡桢,吴慰祖 编.南京:中国水利工程学会.1937年.2册.32开.(中国水利史丛书.第2辑.第1,2册)

近代两位水利导师合传.宋希尚 著.台北:台湾商务印书馆.1977年.115页.40开(人人文库)

中国历代水利名人传略.王文轩 编著.贵阳:贵州科技出版社,1993年.387页.插图.32开

历代都江堰功小传.钱茂 撰.台北:广文书局有限公司,1978年.122页.大32开

近代中国科学家.沈渭滨 主编.上海:上海人民出版社,1988年.263页.32开

中国近代科学家.范瑞祥,刘筱霞 编著.北京:北京

科学技术出版社，1995年.108页.32开(中国历史知识全书·重要人物)

分　传

先秦、秦汉

勾股先师商高.傅钟鹏 著.天津:新蕾出版社,1983年.164页.32开

墨子.钱穆 著.上海:商务印书馆,1934年.2版.84页.32开

墨子.罗根泽,康光鉴 著.重庆:胜利出版社，1945年.202页.32开

墨子.陆世鸿 著.上海:中华书局,1947年.72页.小32开

墨子.北京市第一中学语文、历史组 著.北京:中华书局,1961年(本书1960年第1版,这是第2版)(中国历史小丛书)

墨子.任继愈 著.上海:上海人民出版社，1956年.1册

墨子的哲学与科学.詹剑峰 著.北京:人民出版社，1981年.156页.32开

墨子评传.邢兆良 著.南京:南京大学出版社，1993年.422页.32开(中国思想家评传丛书)

神医扁鹊之谜.扁鹊——秦越人生平事迹研究.曹东义 主编.北京:中国中医药出版社,1996年.230页.插图.32开

李冰和都江堰.北京市第二师范学校语文、政史地组编写.北京:中华书局,1959年.24页.32开(中国历史小丛书)

李冰.李劲松 著.天津:新蕾出版社,1993年.108页.冠图.32开.(中华历史名人丛书)

都江堰与李冰.王定富 主编.成都:巴蜀书社,1994年.264页.32开

张衡.曾增祥 著.北京:中华书局,1961年.28页.32开(本书1960年第1版,这是第2版)(中国历史小丛书)

张衡年谱.孙文青 著.上海:上海商务印书馆,1935年.197页.有表.32开(中国史学丛书)

张衡年谱.孙文青 著.重庆:商务印书馆,1944年.162页.有表.32开(中国史学丛书)

张衡年谱.孙文青 著.北京:商务印书馆.1956年修订本.179页.32开

大科学家张衡.澄明 编.上海:上海四联出版社，1954年.1册.有图.(祖国文化小丛书)

张衡.赖家度 著.上海:上海人民出版社,1979年.67页.32开(本书1956年第1版,1963年第2版,这是第3版)

张衡.王兆彤 著.南京:江苏古籍出版社,1983年.95页.36开(中国历代名人传丛书)

我国古代的伟大科学家张衡.邓文宽 著.北京:书目文献出版社,1984年.45页.32开

张衡.司徒冬,张娅娅 著.天津:新蕾出版社,1993年.108页 冠图.小32开(中华历史名人丛书)

张衡.张蕾 编著.北京:中国国际广播出版社,1996年.46页.32开(中国历史人物丛书)

科圣张衡.刘永平 主编.郑州:河南人民出版社，1996年.380页.32开.(世界文化名人)

医圣张仲景传.中央国医馆编审委员会 编审.南京:重修南阳医圣祠筹备处,1935年.40页.16开

国医文献——张仲景特辑.国医文献编辑委员会 编辑.上海:上海市国医公会,1936年再版.186页.有图.16开

华佗的传说.穆孝天 编.合肥:安徽人民出版社，1959年.26页.32开

华佗学术讨论会资料汇编.中华全国中医学会安徽分会等 编.合肥:中华全国中医学会安徽分会，1984年.157页.16开

三国、两晋、南北朝

皇甫谧评传.李春茂 著.兰州:兰州大学出版社，1996年.135页.32开

刘徽评传.附秦九韶,李冶,杨辉,朱世杰评传.周瀚光,孔国平 著.南京:南京大学出版社,1994年.

362页.大32开(中国思想家评传丛书)

徐松龛先生继畲年谱.徐崇寿 编著.太原:北岳文艺出版社,196页.肖像.32开(三晋文化研究丛书)

徐继畲及其瀛寰志略.(美)德雷克 著.任复兴 译.北京:文津出版社,1990年.206页.32开

大科学家祖冲之.李迪 编著.上海:上海人民出版社,1959年.46页.32开

祖冲之.曹增祥 编写.北京:中华书局,1965年.24页.32开(本书1963年第1版,这是第2版)(中国历史小丛书)

祖冲之.谭一寰 著.上海:上海人民出版社,1976年.103页.32开.

祖冲之.李迪 著.上海:上海人民出版社,1977年.83页.32开

祖冲之.吴振奎 著.天津:新蕾出版社,1993年.131页.图.32开.(中华历史名人丛书)

祖冲之.李明 编著.北京:中国国际广播出版社,1996年.46页.32开(中国历史人物丛书)

郦道元.罗祖德等 著.贵阳:贵州人民出版社,1982年.85页.32开.

郦道元与《水经注》.陈桥驿 著.上海:上海人民出版社,1987年.184页.照片.32开

郦道元与《水经注》.李凭,王振芳 著.石家庄:河北教育出版社,1988年.84页.32开(河北历史知识丛书)

郦道元.郝连 编著.北京:中国国际广播出版社,1996年.45页.32开(中国历史人物丛书)

郦道元评传.陈桥驿 著.南京:南京大学出版社,1994年.287页.32开(中国思想家评传丛书)

贾思勰和齐民要术.吴雁南 编写.北京:中华书局,1959年.31页.32开.(中国历史小丛书)

《齐民要术》及其作者贾思勰.浙江农业大学理论学习小组编.北京:北京人民出版社,1976年.98页.32开(《学点历史》丛书)

隋、唐、五代

药王考与鄚州药王庙.吕超如 编著.广州:实字书局,1948年.122页.32开

孙思邈研究.陕西中医学院中国医学史研究室等 主编.1982年.240页.32开

药王孙思邈.孙溥泉等 编著.邵梦龙插图.西安:陕西人民出版社,1983年.136页.插图.32开(中国古代历史人物小丛书)

博及医源的孙思邈.赵健雄,郭志 编著.北京:中国科学技术出版社,1989年.86页.32开

孙思邈医德纪念碑文集.《孙思邈医德纪念碑文集》编辑委员会 编.西安:陕西人民出版社,1989年.102页.肖像.32开

药王孙思邈.陕西卫生志编撰委员会办公室 编.赵石麟 主编.西安:陕西科学技术出版社,1990年.79页.照片.16开

孙思邈.蔡景峰 著.天津:新蕾出版社,1993年.130页.冠图.32开(中华历史名人丛书)

孙思邈评传.干祖望 著.南京:南京大学出版社,1995年.431页.画像.32开.(中国思想家评传丛书)

唐代天文学家张遂(一行).李迪 著.上海:上海人民出版社,1964年.65页.图表.32开

茶神陆羽.付树勤 编著.北京:农业出版社,1984年.74页.插图.32开(中国农学普及丛书)

《耒耜经》和陆龟蒙.周昕 编著.北京:农业出版社,1990年.34页.32开

宋、辽、金、元

沈括和《梦溪笔谈》.李群等 著.北京:北京人民出版社,1974年.32页.32开

沈括.黄海平等 编.上海:上海人民出版社,1975年.112页.有插图.32开

沈括.张家驹 著.上海:上海人民出版社,1978年.249页.有图.32开(本书1962年第1版,这是第2版)

沈括和梦溪笔谈.胡道静 编写.北京:中华书局,1979年.32页.32开(本书1961年第1版,这是第2版)(中国历史小丛书)

沈括.李克羽 著.南京:江苏人民出版社,1983年.109页.有图.36开(中国历代名人传丛书)

沈括研究.杭州大学宋史研究室 编.杭州:浙江人民出版社,1985年.336页.大32开

沈括——中国科学史上的座标.蒋秋华 著.台北:幼狮文化事业公司,1990年.191页.32开

沈括.王真 著.天津:新蕾出版社,1993年.121页.冠图.32开(中华历史名人丛书)

沈括.李明 编著.北京:中国国际广播出版社,1996年.46页.32开.(中国历史人物丛书)

中国宋代科学家苏颂.颜中其,管成学 主编.长春:吉林文史出版社,1986年.165页.32开

苏颂与《本草图经》研究.苏克福等 主编.长春:长春出版社,1991年.270页.32开

苏颂与《新仪象法要》研究.管成学等 编.长春:吉林文史出版社,1991年.673页.彩照.大32开

苏颂年谱.颜中其,苏克福 编撰.长春:北方妇女儿童出版社,1993年.423页.32开

苏颂研究文集——纪念苏颂首创水运仪象台九百周年.庄添全等 编.厦门:鹭江出版社,1993年.465页.照片.大32开

儿科宗师钱仲阳.俞景茂 编著.北京:中国科学技术出版社,1989年.71页.32开

李明仲之纪念.朱启钤 著.北京:中国营造学社.1930年.20页.16开

吴真人研究.厦门吴真人研究会、青礁慈济东宫董事会 编.厦门:鹭江出版社,1992年.289页.照片.大32开

宋代名医许叔微.陈克正 编著.北京:中国科学技术出版社,1989年.128页.32开

倡火热论的刘完素.徐岩春,傅景华 编著.北京:中国科学技术出版社,1989年.83页.32开.

范成大年谱.于北山 著.上海:上海古籍出版社,1987年.462页.画像及照片.大32开

东垣学说论文集.丁光迪 著.北京:人民卫生出版社,1984年.199页.32开

脾胃学说大师李东垣.胡荫奇,赵佐 著.北京:中国科学技术出版社,1990年.110页.32开.

李冶传.孔国平 著.石家庄:河北教育出版社,1988年.208页.画像.大32开

秦九韶与《数书九章》.吴文俊 主编.北京:北京师范大学出版社,1987年.482页.32开

主要子目:

秦九韶年谱初稿.严敦杰

秦九韶传略.李迪

《数书九章》流传考.李迪

宜稼堂本《数书九章》正误.沈康身

从《数书九章》看中国传统数学构造性与机械化的特色.吴文俊

《数书九章》与《周易》.罗见今

《数书九章》对《九章算术》的继承和发展.白尚恕,李兆华

"蓍卦发微"初探.李继闵

"大衍求一术"溯源.李继闵

《数书九章》中的大衍类问题及大衍总数术.袁向东,李文林

秦九韶大衍求一术的新研究.莫绍揆

从"演纪之法"与"大衍总数术"看秦九韶在算法上的成就.李继闵

关于"大衍总数术"中求定数算法的探讨.李继闵

中国古代不定分析的成就与特色.李继闵

库塔卡与大衍求一术.沈康身

《丽罗娃底》与《数书九章》.沈康身

秦九韶大衍总数术与关孝和诸约之术.沈康身

大衍术与欧洲的不定分析.白尚恕

《数书九章》中的天文问题.沈康身

秦九韶关于"调日法"的记述.李继闵

秦九韶测望九问造术之探讨.白尚恕

秦九韶测望造术思想之探讨.李培业

秦九韶与土木建筑学.沈康身

增乘开方法源流.沈康身

秦九韶方变锐阵题解法改正.李兆华

《数书九章》第九章互易三题释.沈康身

《数书九章》均货推本题分析.沈康身

《数书九章》中的统计资料.李迪

《数书九章》与南宋社会经济.李迪

李倍始《十三世纪中国数学》述评.白尚恕,沈康身

郭守敬.薄树人 编写.北京:中华书局,1965年.32页.有图.32开(中国历史小丛书)

郭守敬.李迪 编著.上海:上海人民出版社,1966年.76页.有图.32开

郭守敬.潘鼐,向英 著.上海:上海人民出版社,1980年.219页.32开

科学家郭守敬.王竹楼 著.武汉:湖北人民出版社,1982年.71页.有图.32开

纪念元代杰出科学家郭守敬诞生755周年学术讨论会论文集.郭守敬纪念馆 编.邢台:郭守敬纪念馆,1987年.175页.32开

主要子目:

郭守敬巨大科学成就的历史背景.张淑媛,李成志

郭守敬天文、数学成就及其科学思想.张淑媛等

郭守敬《新测二十八宿杂坐诸星入宿去极》集考证.潘鼐

授时历的七应及其精度.陈美东

郭守敬在历法上的伟大成就.李树菁

简仪之研究.伊世同

对郭守敬"大明殿灯漏"的复原研究.李迪

郭守敬在"四海测验"中的贡献.钮仲勋

郭守敬的四海测验之意义.金立兆

仿古测影探索.崔石竹

古代气象气候学与天文学的相互渗透——就中论郭守敬的贡献.陈瑞平

郭守敬对大都水利的贡献.蔡蕃

郭守敬邢州治水及其历史意义.李昕太,张家华

随感——纪念郭守敬.王立兴

我国传统科学自郭守敬之后跌落原因探.郭永芳

郭守敬.王渝生 著.天津:新蕾出版社,1993年.104页.32开(中国历史名人丛书)

郭守敬研究.郭守敬纪念馆 编.邢台:郭守敬纪念馆,1993年.106页.16开

郭守敬.毕永祥 编著.北京:中国国际广播出版社,1996年.45页.32开(中国历史人物丛书)

《郭守敬及其师友研究文集》.邢台市郭守敬纪念馆 编.邢台:邢台市郭守敬纪念馆,1996年.435页.32开

王祯和农书.万国鼎 编写.北京:中华书局,1962年.32页.32开(中国历史小丛书)

明

郑和.陈子展 编.上海:新生命书局,1934年.54页.有图像.32开(新生命大众文库·民族英雄事略6)

郑和家谱考释.李士厚 著.昆明:正中书局,1937年再版.64页.有图像.18开

郑和.郑鹤声 著.重庆:胜利出版社,1945年.297页.32开(中国历代名贤.第2辑)

郑和遗事汇编.郑鹤声 编.①上海:中华书局,1948年.226页.36开;②台北:台湾中华书局,1978年影印

郑和.朱偰 著.北京:三联书店,1956年.136页.有图及地图.32开

航海家郑和.马允伦 编著.墨浪绘图.北京:通俗读物出版社,1957年.34页.有插图.32开

★郑和评传.徐玉虎 著.台北:中华文化出版事业委员会,1958年

郑和.刘志鹗 著.南京:江苏古籍出版社,1984年.76页.插图.32开(中国历代名人传丛书)

郑和传记资料.朱传誉 主编.台北:天一出版社,1985年.288页.32开

郑和——联结中国与伊斯兰世界的航海家.(日)寺田隆信 著.庄景辉 译.北京:海洋出版社,1988年.155页 32开

郑和.仲跻荣等 著.南京:南京大学出版社,1990年.220页.32开

郑和.谢方 著.天津:新蕾出版社,1993年.106页.图.32开(中华历史名人丛书)

郑和研究论文集.第1辑(1986—1990).南京郑和研究会 编.大连:大连海运学院出版社,1993年.503页.大32开

郑和:历史与现实——首届郑和研究国际会议集萃.昆明郑和研究会 编.昆明:云南人民出版社,1995年.464页.彩照.32开

郑和.石刚 编著.北京:中国国际广播出版社,1996年.46页.32开(中国历史人物丛书)

正传医学的虞博.朱建贵 编著.北京:中国科学技术出版社,1988年.74页.32开.(中国历代名医学术经验荟萃丛书)

李时珍文献展览会特刊.王吉民 编.李时珍文献展览会,1954年 1册

伟大的药学家李时珍.李涛 著.北京:中华全国科学技术普及协会,1955年.1册.有图

李时珍.忆容 编文.赵松涛,李应科 绘图.天津:天津

美术出版社，1956年.1册

李时珍.翟简卿 编写.北京：中华书局，1959年.42页.有图.32开(中国历史小丛书)

李时珍与《本草纲目》.钟毅 著.上海：上海人民出版社，1973年.65页.32开

李时珍.张慧剑 著.蒋兆和 绘图.上海：上海人民出版社，1960年.52页.冠肖像.有图8页32开(本书1954年第1版，1978年第2版，1984年据1978年第2版排印收入《祖国丛书》)

伟大的医药学家李时珍.周一谋 编.长沙：湖南人民出版社，1980年.72页.32开

李时珍和《本草纲目》.齐苔 编著.北京：中华书局，1982年.40页.有照片.32开(中国历史小丛书)

纪念李时珍逝世390周年学术讨论会文集.湖北中医学院科研处 编.武汉：湖北中医学院科研处，110页.16开

李时珍研究.钱远铭 主编.广州：广东科技出版社，1984年.343页.32开

李时珍研究论文集——纪念李时珍逝世三百九十周年.中国药学会药学史学会 编.武汉：湖北科学技术出版社，1985年.370页.16开

主要子目：

李时珍——伟大的医药学家.宋光锐

李时珍生平年表.吴佐忻

李时珍的科学态度.周一谋

试论《本草纲目》编纂中的几个问题.郑金生

《本草纲目》版本的考察.马继兴，胡乃长

《本草纲目》图版的考察.谢宗万

《本草纲目》中的医学交流.蔡景峰

《本草纲目》之东被及西渐.潘吉星

《本草纲目》对植物学的贡献.宋之琪

《本草纲目》在中药炮制方面的成就.王孝涛

试探《本草纲目》中"百病主治药".谢海洲，冯兴华

《本草纲目》与现代药学研究.陈新谦，张天禄

李时珍的其他医学著作及其医学成就.傅芳

李时珍和他的科学贡献.李裕等 编著.武汉：湖北科学技术出版社，1985年.228页.32开

医药并精的李时珍.周安方 著.北京：燕山出版社，1986年.90页.32开(《中国历代名医学术经验荟萃丛书》之一)

李时珍史实考.钱远铭 主编.广州：广东科技出版社，1988年.153页.大32开

李时珍医学钩玄.钱远铭 主编.广州：广东科技出版社，1988年.439页.32开.

李时珍评传.唐明邦 著.南京：南京大学出版社，1991年.376页.彩图.32开.(中国思想家评传丛书)

李时珍.高文柱，孙中堂 著.天津：新蕾出版社，1993年.124页.图.32开(中华历史名人丛书)

李时珍.赵颖 编著.北京：国际广播出版社，1996年.45页.32开(中国历史人物丛书)

潘季驯.郭涛 著.北京：水利电力出版社，1985年.96页.32开.

潘季驯评传.贾征 著.南京：南京大学出版社，1996年.427页.32开.(中国思想家评传丛书)

朱载堉——明代的科学和艺术巨星.戴念祖 著.北京：人民出版社，1986年.331页.大32开

朱载堉的传说.郭法钝等 编.北京：文化艺术出版社，1986年.72页.32开.

郑王朱载堉.张庆云 主编.郑州：中州古籍出版社，1992年.146页.32开

朱载堉研究.陈万鼐 著.台北：国立故宫博物院，1992年.248页32开

徐文定公三百周年纪念论文.徐景贤 讲演.唐子敬等 记.上海私立汇师中学编辑部.上海：土山湾印书馆，1933年.120页.有图象.25开((115—234页)系我们的教育第七年第四、五期合订抽印本)

文定公徐上海传略.徐宗泽 编译.上海：徐家汇土山湾印书馆，1933年.30页.32开.

(三百周年纪念)徐上海特刊.圣教杂志社 编辑.上海：圣教杂志社，1933年.96页.25开.

徐文定公逝世三百年纪念文汇编.徐宗泽 编.上海：圣教杂志社，1934年.112页.21开

主要子目：

徐光启行略.张星曜

徐光启传.黄节

近代科学先驱徐光启.竺可桢

徐光启逝世三百年纪念.向达

徐文定公三百年周年纪念.陈彬龢

徐光启逝世三百周年纪念日感言.李书华

徐文定公三百年祭后.潘光旦

徐文定公逝世三百年纪念感言.高鲁

纪念明末先哲徐文定公.竺可桢

划时代的徐文定公.陈展云

徐文定公三百年纪念.金兆梓

徐文定公逝世三百年纪念.楚

徐文定公逝世三百年纪念.慈

徐光启对中国近代教育之贡献.徐景贤,严肃

徐文定公与朴学.牟润孙

徐文定公奏议四表叙.徐景贤

徐文定公与中国科学.马相伯

启祯野乘徐光启传

皇明经世文编徐光启传

上海县志徐文定公传

南吴旧话录徐文定公传

徐氏家谱文定公家传

徐氏家谱文定公传

徐氏家谱文定公传.查继佐

徐文定公三百周年演说辞.张百禄

惠主教在文定公墓前演说词

徐文定公三百周纪念一瞥.钱台生

徐光启.方豪 编著.重庆:胜利出版社,1944年.110页.32开(中国历代名贤故事集第3辑)

★徐光启传.罗光 著.香港公教真理学会,1953年

徐光启和农政全书.孙复 编写.北京:中华书局,1959年.30页.32开(中国历史小丛书)

徐光启纪念论文集——纪念徐光启诞生四百周年.中国科学院自然科学史研究室 编.北京:中华书局,1963年.166页.32开

主要子目:

徐光启的学术路线和对农业的贡献.万国鼎

徐光启和《农政全书》.石声汉

《农政全书》撰述过程及若干有关问题的探讨.梁家勉

徐光启的天文工作.薄树人

徐光启的数学工作.梅荣照

附:有关徐光启的论文目录

徐光启.王重民 著.何兆武 校订.上海:上海人民出版社,1981年.190页.32开

徐光启年谱.梁家勉 著.上海:上海古籍出版社,1981年.324页.32开

徐光启传.罗光 著.台北:传记文学出版社,1982年.182页.32开.

徐光启生平及其学术资料选编.华南农学院农业历史遗产研究室 编.广州:华南农学院农业历史遗产研究室,1983年.143页.32开

徐光启.施宣圆 著.南京:江苏古籍出版社,1984年.123页.36开(中国历代名人传丛书)

明代大科学家徐光启.王欣之 著.上海:上海人民出版社,1985年.155页.图.32开(祖国丛书)

徐光启研究论文集.席泽宗,吴德铎 主编.上海:学林出版社,1986年.213页.16开

主要子目:

徐光启的治学精神.梁家勉

没落封建王朝的伟大爱国者.王鹏

试论徐光启的历史地位.卞僧慧

试论徐光启的科学道路.高建

徐光启:中西科学第一个交点.武仁

徐光启的数学思想.梅荣照,王渝生

徐光启数学观浅析.亓方

欧几里得《原本》的传入和对我国明清数学发展的影响.梅荣照等

关于《几何原本》三校本的探讨.方行

徐光启的天文历法思想.陈晓中

徐光启的天文学研究方法.何妙福,薛道远

徐光启和晚明仪象.伊世同

徐光启和《崇祯历书》.陈久金

《崇祯历书》中的恒星图表.潘鼐,王庆余

徐光启的农政思想.李长年

试论徐光启在农学上的重要贡献.郭文韬

徐光启和《农政全书》.桑润生

从大型农书体系的比较试论《农政全书》的特色和成就.游修龄

徐光启在天津的农事活动.翟乾祥

徐光启《甘薯疏》辑校.朱洪涛

试论徐光启的水利思想.汪家伦

试论徐光启的治水营田见解.缪启愉

徐光启的化学成就.李亚东

徐光启的社会政治思想.汤纲

试论徐光启的宗教信仰与西学引进者的理想.吴德铎

略论徐光启与明末党争.刘伯涵

徐光启经济思想简论.吴申元

徐光启军事实践与军事思想述评.施宣圆

徐光启与炮台建筑.王庆余

徐光启的《毛诗六帖讲意》及其研究价值. 徐小蛮

试论徐光启的《诗经》研究. 程俊英

徐光启的研究将会有新的突破. 胡道静

附录：

近三百年徐光启研究著作、论文目录. 王福康,徐小蛮

中国近代科学先驱徐光启. 王瑞明 著. 西安：三秦出版社,1990 年. 89 页. 32 开

徐光启. 孙致中 著. 天津：新蕾出版社,1993 年. 116 页. 图. 32 开(中华历史名人丛书)

李我存研究. 方豪 著. 杭州：我存杂志社,1937 年. 96 页. 有图象. 36 开.(我存丛书第 5 种)

李之藻研究. 方豪 著. 台北：台湾商务印书馆,1966 年. 229 页. 32 开

崇尚温补的赵献可. 项祺 编著. 北京：中国科学技术出版社,1989 年. 103 页. 32 开

徐霞客年谱. 丁文江 撰. 上海：商务印书馆,1933 年. 63 页. 有表. 32 开(国学基本丛书)

徐霞客先生逝世三百周年纪念刊. 国立浙江大学文科研究所史地学部 编辑. 编者刊. 1942 年. 66 页. 石印. 环筒页装(国立浙江大学文科研究所史地学部丛刊第 4 号)

地理学家徐霞客. 竺可桢等 著. 国立浙江大学史地研究所 编辑. 上海：商务印书馆,1948 年. 101 页. 32 开

明徐霞客先生宏祖年谱. 丁文江 撰. 台北：台湾商务印书馆,1978 年. 66 页. 32 开.

徐霞客. 侯仁之 编写. 北京：中华书局,1979 年. 33 页. 32 开(本书 1961 年第 1 版,这是第 2 版)(中国历史小丛书)

徐霞客和他的游记. 王兆彤 著. 南京：江苏古籍出版社,1981 年. 81 页. 36 开.(江苏历史人物小丛书)

探险者的足迹——大地理学家徐霞客. 金涛 著. 上海：上海人民出版社,1984 年. 135 页. 32 开(祖国丛书)

徐霞客. 杨文衡,杨世铎 著. 北京：中国青年出版社,1986 年. 249 页. 插图. 32 开

徐霞客研究文集：纪念徐霞客诞辰四百周年. 南京师范大学地理系 主编. 南京：江苏教育出版社,1986 年. 805 页. 照片. 大 32 开

徐霞客在贵州. 王天石 编著. 贵阳：贵州人民出版社,1986 年. 178 页. 插图. 32 开.(贵州史地小丛书)

徐霞客评传. 刘国城 著. 哈尔滨：东北林业大学出版社,1986 年. 248 页. 彩照. 大 32 开

徐霞客研究. 无锡教育学院徐霞客研究室 编. 南京：南京大学出版社,1987 年. 168 页. 32 开

徐霞客及其游记研究. 唐锡仁,杨文衡 著. 北京：中国社会科学出版社,1987 年. 280 页. 大 32 开

地理学家和旅行家徐霞客. 田尚,冯佐哲 著. 北京：旅游出版社,1987 年. 120 页. 图. 32 开

明代地理学家徐霞客. 于希贤 编著. 北京：科学普及出版社,1987 年. 114 页. 大 32 开.(科技人物丛书)

纪念徐霞客论文集. 朱荣等 选编. 南宁：广西人民出版社,1987 年. 273 页. 大 32 开

徐霞客家传. 吕锡生 主编. 长春：吉林文史出版社,1988 年. 257 页. 32 开

徐霞客在云南. 卢永康 编著. 昆明：云南人民出版社,1988 年. 149 页. 32 开

千古奇人徐霞客——徐霞客逝世 350 周年国际纪念活动文集. 徐霞客逝世 350 周年国际纪念活动筹备委员会 编. 北京：科学出版社,1991 年. 223 页. 16 开

徐霞客. 金秋鹏 著. 天津：新蕾出版社,1993 年. 131 页. 32 开.(中华历史名人丛书)

徐霞客与山水文化. 郑祖安,蒋明宏 主编. 上海：上海文化出版社,1994 年. 590 页. 彩照. 大 32 开

徐霞客家集. 薛仲良 编纂. 北京：新华出版社,1995 年. 274 页. 32 开

中国云南徐霞客研究学术讨论会论文集. 范祖锜,王树五 主编. 昆明：云南人民出版社,1995 年. 373 页. 大 32 开

绘画本千古奇人徐霞客. 童渝,陈锡良 编. 北京：中国华侨出版社, 1996 年. 247 页. 32 开

徐霞客研究文集. 江阴市徐霞客研究会 编. 南京：江苏古籍出版社, 1997 年. 238 页. 大 32 开

徐霞客研究. 第 1 辑. 中国徐霞客研究会、江阴市人民政府 编. 北京：学苑出版社,1997 年. 207 页. 32 开

徐霞客研究. 第 2 辑. 中国徐霞客研究会、江阴市人民政府 编. 北京：学苑出版社, 1998 年. 233 页. 32 开

徐霞客研究. 第 3 辑. 中国徐霞客研究会、江阴市人民政府 编. 北京：学苑出版社, 1998 年. 213 页. 32

开

明代科学家宋应星.潘吉星 著.北京:科学出版社,1981年.194页.有图.32开

宋应星和《天工开物》.邱锋 著.北京:中华书局,1981年.38页.32开.(中国历史小丛书)

明代杰出的科学家宋应星.王河,王咨臣 著.南昌:江西人民出版社,1986年.93页.36开.(江西古代文化名人丛书)

宋应星和《天工开物》.刘林 编著.北京:科学普及出版社,1987年.114页.大32开

宋应星思想研究及诗文注译.杨维增著.广州:中山大学出版社,1987年.269页.32开

宋应星评传.潘吉星 著.南京:南京大学出版社,1990年.681页.32开.(中国思想家评传丛书).

宋应星.王真 著.天津:新蕾出版社,1993年.108页.图.32开.(中华历史名人丛书)

★傅青主先生年谱.丁宝铨 著.山阳丁氏,1911年

傅青主先生大传.附年谱.方闻 著.台北:台湾中华书局,1970年.315页.大32开

傅青主.姚一苇 著.台北:台北市远景出版社,1978年.115页.插图.大32开

傅山传.郝树侯 著.太原:山西人民出版社,1985年.187页.大32开(本书1981年第1版,这是第2版)(傅山研究丛书)

傅山评传.魏宗禹 著.南京:南京大学出版社,1995年.477页.32开.(中国思想家评传丛书)

方以智年谱.任道斌 著.合肥:安徽教育出版社,1983年.297页32开

方以智.刘君灿 著.台北:东大图书公司,1988年.156页.32开

清

清代著名天文数学家梅文鼎.李迪,郭世荣 编著.上海:上海科学技术文献出版社,1988年.237页.32开

数算大师:梅文鼎与天文历算.刘洪涛 著.沈阳:辽宁人民出版社,1997年.224页.大32开.(清代社会文化丛书·科技卷)

典要仲景学说的尤怡.徐凌云,高荣林 编著.北京:中国科学技术出版社,1989年.82页.32开

蒙古族科学家明安图.李迪 著.呼和浩特:内蒙古人民出版社,1978年.58页.大32开

明安图传.李迪 著.赤峰:内蒙古科学技术出版社,1992年.293页.32开.

金针拨障术大师黄庭镜.高健生 编著.北京:中国科学技术出版社,1989年.93页.32开

吴其濬研究.张履鹏,王星光.主编.郑州:中州古籍出版社,1991年.263页.照片.大32开

徐寿和中国近代化学史.杨根 编.北京:科学技术文献出版社,1986年.364页.32开

邻苏老人年谱.杨守敬 原著.熊会员 补述.湘农 点读.上海:大陆书局,1933年.60页.32开.(近代名人年谱丛刊)(邻苏老人即杨守敬,清末民初历史地理学家)

梁质人年谱.汤中 著.上海:商务印书馆,1933年6月初版.1933年9月.2版.105页.32开(中国史学丛书)

清代名医何书田年谱.何时希 编.上海:上海中医研究所情报资料室,176页.16开

清代名医何书田年谱.何时希 编著.上海:学林出版社,1986年.128页.32开.(何氏历代医学丛书之三十五)

天文学家李明彻与漱珠冈.冼玉清 著.岭南大学出版.20页.16开(岭南学报第10卷第2期抽印本)

外国来华科学家

葡萄牙耶稣会天文学家在中国(1583—1805).(葡)佛朗西斯·罗德里杰斯 著.黎明,恩平 合译.澳门:澳门文化司署,1990年.139页.大32开

★利玛窦司铎和当代中国社会.裴化行 著.王昌社译.上海:上海土山湾印书馆,1943年

★利玛窦研究论集.周康燮 主编.香港,1971年

利玛窦传.罗光 著.台北:台湾学生书局,1979年.235页.32开

利玛窦中国札记.(意)利玛窦 著.何高济等 译.北京:中华书局,1983年.705页.32开(中外关系史名著译丛)

利玛窦传.(美)乔·斯彭斯 著.王政华 译.西安:陕西人民出版社,1991年.344页.32开

利玛窦与徐光启.孙尚扬 著.北京:新华出版社,1993年.152页.32开(神州文化集成丛书)

利玛窦评传(上、下).(法)裴化行 著.管震湖 译.北京:商务印书馆,1993年.655页.32开

利玛窦与中国.林金水 著.北京:中国社会科学出版社,1996年.337页.32开(东方历史学术文库)

"通玄教师"汤若望.(联邦德国)恩斯特·斯托莫 著.达素彬等 译.北京:中国人民大学出版社,1989年.120页.小32开(清史知识丛书)

★汤若望传.魏特 著.杨丙辰 译.商务印书馆,1949年

汤若望传.李兰琴 著.北京:东方出版社,1995年.193页.32开

古籍整理与研究

历代名医传选注.芶香涛 选注.王洁,芶小川 整理.昆明:云南人民出版社,1983年.214页.大32开

中国古代科学家传记选注.阙勋吾 主编.长沙:岳麓书社,1983年.261页.大32开

二十六史医家传记新注.杨士孝 注.沈阳:辽宁大学出版社,1986年.320页.大32开

科学家传.赵慧芝 主编.海口:海南出版社,1996年.3册.1212页.32开(文白对照二十五史分类传记)

历代科学家传记选.胡大雷 选注.南宁:广西人民出版社,1988年.318页.32开

数学史

总论

中国古代数学思想方法.王鸿钧,孙宏安 著.南京:江苏教育出版社,1988年.169页.32开

孔子与数学——一个人文的怀想.洪万生 著.台北:明文书局,1991年.227页32开

中国数学的智慧之光.吴让泉等 著.杭州:浙江人民出版社,1992年.172页.32开(中国的智慧丛书)

先秦数学与诸子哲学.周瀚光 著.上海:上海古籍出版社,1994年.144页32开

中国数文化.吴慧颖 著.长沙:岳麓书社,1995年.509页.32开

数学史教学导论.骆祖英 编著.杭州:浙江教育出版社,1996年.415页.32开

古算考源.钱宝琮 著.上海:中华学艺社,1930年初版.1933年国难后1版.1935年国难后2版.95页.32开(学艺会刊15)

中国算学小史.李俨 著.上海:商务印书馆,1931年初版.1933年国难后1版.137页.32开.(百科小丛书)1939年长沙简编版.137页.32开.(万有文库.第1、2集简编)

中国数学大纲.上册.李俨 著.上海:商务印书馆,1931年初版.1933年1版.222页.32开(中国科学社丛书)

中国数学大纲.李俨 著.北京:科学出版社,1958年.2册.32开.(上册为修订本,292页.下册293—553页)

中国算学之特色.(日)三上义夫 著.林科棠 译.上海:商务印书馆,1934年. 84页.32开(本书1933年第1版,这是第2版)(国学小丛书、万有文库第1集)

中国数学史导言.李俨 著.上海:中华学艺社,1933年.22页.16开(学艺小丛书4)

古算法之新研究.许莼舫 编.上海:中华书局,1935年.218页.有图表.32开(算学丛书)

古算法之新研究续编.许莼舫 编.上海:中华书局,1945年.270页.32开(算学丛书)

中国算学史.李俨 著.①上海:商务印书馆,1937年1月初版.1937年4月3版.②1944年渝1版.293页.有图表.32开(中国文化史丛书.第1辑)③北京:商务印书馆,1937年.修订本④台北:台湾商务印书馆,1983年.16版.293页.署名:李人言.

中国算学史.上卷.钱宝琮 著.北平:国立中央研究院历史语言研究所,1932年.169页.有图表.16开

唐代算学史.李俨 著.33页.16开.《西北史地学会季刊》1938年第1期抽印本

古算趣味.许莼舫 著.①上海:开明书店,1948年第1版.1949年第2版.1951年第3版.1册.有图表(开明青年丛书)②北京:中国青年出版社,1954年第4版.144页.32开

数学发达史.张鹏飞,徐天游 编著.①上海:中华书局,1948年.90页.32开②台北:台湾中华书局,1969年.86页.32开

中国算术故事.许莼舫 著.北京:中国青年出版社,1952年第1版.90页.32开(本书1965年第3版.自然科学知识丛书)

中算家的代数学研究.许莼舫 著.上海:开明书店,1952年4月第1版.1952年8月.北京.第2版.1965年.北京:中国青年出版社 第3版,并改书名为《中国代数故事》.158页.32开(自然科学知识丛书)

中算家的几何学研究.许莼舫 著.北京:开明书店,1952年3月第1版.1952年8月第2版.83页.32开.1965年中国青年出版社.第3版改名《中国几何故事》(自然科学知识丛书)

中国古代数学的成就.严敦杰 著.北京:中华全国科学技术普及协会,1956年.42页.32开

中算家的内插法研究.李俨 著.北京:科学出版社,1957年.101页.32开

十三、十四世纪中国民间数学.李俨 著.北京:科学出版社,1957年.77页.32开

中国数学史话.钱宝琮 著.北京:中国青年出版社,

1957年.152页.32开

计算尺发展史.李俨 著.上海:上海科学技术出版社,1962年.72页.32开

中国古代数学史话.李俨,杜石然 编写.①北京:中华书局,1964年.40页.32开.(中国历史小丛书)(本书1961年第1版,这是第2版),②1979年北京盲文出版社.据中华书局1964年第2版汉文版译印,8开,③香港:中华书局香港分局,1973年.53页.署名:李石32开(中华文库)

中国古代数学简史(上).李俨,杜石然 著.北京:中华书局,1963年144页.36开.(知识丛书)

中国古代数学简史(下).李俨,杜石然 著.北京:中华书局,1964年.354页.36开.(知识丛书)

中国数学史.钱宝琮 主编.北京:科学出版社,1964年.354页.大32开

中国古代数学简史.李俨 著.台北:九章出版社,315页.32开

中国算学史.(日)薮内清 著.林桂英等 译.台北:联鸣文化有限公司,1981年.170页.32开

中国数学发展史.傅溥 著.台北:中央文物供应社,1982年.363页.图版1页.32开.(中华文化丛书)

中华古数学巡礼.傅钟鹏 著.沈阳:辽宁人民出版社,1984年.189页.32开

中国古代数学的世界冠军.夏树人,孙道杠 编著.重庆:重庆出版社,1984年.174页.32开

中国在数学上的贡献.蒋术亮 编著.①太原:山西人民出版社,1984年.214页.32开.②太原:山西教育出版社,1991年.第2版.233页.32开

中国数学史简编.李迪 编著.沈阳:辽宁人民出版社,1984年.437页.32开

中国数学史.(日)薮内清 著.郑瑞明 译.台北:南宏图书公司,1984年.178页.32开

数学史.洪万生 编选.台北:正中书局,1985年.145页.大32开

中算导论.沈康身 著.上海:上海教育出版社,1986年.428页.32开

古算今谈.王宗儒 编著.武汉:华中工学院出版社,1986年.208页.32开

漫谈古代数学.李惠民 著.南宁:广西人民出版社,1986年.127页.32开

中国数学简史.中外数学简史编写组 编.济南:山东教育出版社,1986年.617页.大32开

中国珠算史稿.华印椿 编著.北京:中国财政经济出版社,1987年.501页.大32开

中国古代数学成就.项观捷 著.济南:山东教育出版社,1988年.105页.32开.(中国文化史知识丛书)

孙子定理和大衍求一术.万哲先 著.北京:高等教育出版社,1989年.42页.32开

中国数学源流.郭金彬,李赞和 著.福州:福建教育出版社,1990年.280页.32开

中国数学史选讲.金虎俊 著.吉林:延边大学数学系,1990年.236页

中国古代数学.郭书春 著.①济南:山东教育出版社,1991年.174页.32开.②台北:台湾商务印书馆,1994年.188页.32开;③北京:商务印书馆,1997年增订版,198页.32开(中国文化史知识丛书)

《九章算术》与刘徽.吴文俊 主编.北京:北京师范大学出版社,1982年.345页.大32开(中国数学史研究丛书)

主要子目:

《九章算术》校证.白尚恕
《九章算术》争鸣问题的概述.李迪
略论《九章算术》理论体系之特色.李继闵
出入相补原理.吴文俊
刘徽与赵爽.沈康身
刘徽的数学推理方法.李迪
《九章算术》与《几何原本》.李迪
《九章算术》在国外.李迪,沈康身
《九章算术》与刘徽的几何理论.白尚恕
《海岛算经》古证探源.吴文俊
《九章算术》与刘徽的测量术.沈康身
中国古代的分数理论.李继闵
更相减损术源流.沈康身
《九章算术》中的比率理论.李继闵
《九章算术》与刘徽的今有术.白尚恕
《九章算术》开立方术的代数意义.李兆华
盈不足术探源.李继闵
《九章算术》与刘徽注中的“方程”理论.李继闵
刘徽对极限理论的应用.白尚恕
附录一:《九章算术》与刘徽所用名词今释
附录二:《九章算术》与刘徽研究论文目录

古代世界数学泰斗刘徽.郭书春 著.①济南:山东教育出版社,1992年.467页.大32开②台北:明文书局,1995年.463页.32开

刘徽研究.吴文俊 编.西安:陕西人民教育出版社、台北:九章出版社联合出版,1993年.505页.大32开

主要子目:

《九章算术》研究.国家自然科学基金"刘徽及其《九章算术注》研究"课题组

《九章算术》研究史纲.李迪

刘徽传瑣考.李迪

刘徽数学思想.白尚恕

刘徽生平、数学思想渊源及其对后世的影响试析.沈康身

在《九章算术》及其刘徽注所见秦汉社会.沈康身

先秦两汉典籍与《九章算术·刘徽注》.沈康身

对《九章算术》的一些研究.莫绍揆

《九章算术》原造术与刘徽注造术的几点比较.劳汉生

位置在《九章算术》及刘徽注中的意义.胡明杰

刘徽的奇零小数观.郭世荣

刘徽割圜术的数学原理.曲安京

对中算家弧田公式的研究.王荣彬

刘徽的几何作图.李迪

关于刘、祖原理的对话.罗见今

关于"阳马术注"的注记.刘洁民

刘徽的几何成就与几何逻辑系统.李迪

刘徽与欧几里得的逻辑.郭树理,伦华祥

刘徽与欧几里得对整句股数公式的证明.刘洁民

刘徽消息衍义.沈康身,韩祥临

刘徽与《海岛算经》.洪天赐

刘徽重差术探源.冯立升

《九章算术》的新研究.白尚恕

刘徽齐同术刍议.何文炯

略论李淳风等对《九章》及其刘徽注的注.郭世荣

刘徽《九章算术注》附图的失传问题.纪志刚

《九章算术》及其刘徽注对运动学的深邃认识.沈康身

《九章算术》与刘徽注中的度量衡及力学知识.徐义保

《九章算术》及其刘徽注有关方程论述的世界意义.沈康身

中国和希腊数学发展中的平行性.沈康身

东西方积分概念的发展及其比较.沈康身

关孝和求积术——《九章·刘注》对和算发展的潜移默化一例.沈康身

句股、重差和积矩法.程贞一

中国古代数学史略.袁小明 著.石家庄:河北科学技术出版社,1992年.165页.32开.(古代科学史略丛书)

大哉言数.刘钝 著.沈阳:辽宁教育出版社,1993年.470页.大32开.(国学丛书)

谈天三友.洪万生 主编.台北:明文书局股份有限公司,1993年.388页.32开

成就卓著的中国数学.郭书春等 著.沈阳:辽宁古籍出版社,1995年.206页.32开(中华民族优秀传统文化丛书·科技卷)

中国古代数学.赵籍丰 编著.北京:北京科学技术出版社,1995年.122页.32开(中国历史知识全书·辉煌科技)

中国数学史.李兆华 著.台北:文津出版社,1995年.353页.32开(中国文化史丛书)

中国计算科学史(上古—秦汉).萧稚辉 著.成都:西南财经大学出版社,1995年.220页.32开

中国数学通史——上古到五代卷.李迪 编著.南京:江苏教育出版社,1997年.410页.32开

中西数学史的比较.赵良五 编著.台北:台湾商务印书馆,1994年.404页.大32开.(中华科学技艺史丛书)

中算史论丛(一).李俨 著.上海:中华学艺社,1931年初版.1933年国难后1版.408页.有图表.32开(学艺汇刊27)

中算史论丛(二).李俨 著.上海:中华学艺社,1935年.474页.有图表.32开.(学艺汇刊28)

中算史论丛(三).李俨 著.上海:中华学艺社,1935年.400页.有图表.32开(学艺汇刊29)

中算史论丛(四).李俨 著.上海:中华学艺社,1947年.2册(上、下)638页.有图表.32开(学艺汇刊52—53)

中算史论丛(第一集).李俨 著.北京:中国科学院,1954年.438页.大32开

中算史论丛(第二集).李俨 著.北京:中国科学院,

1954年.308页.大32开

中算史论丛(第三集).李俨 著.北京:科学出版社,1955年.576页.大32开

中算史论丛(第四集).李俨 著.北京:科学出版社,1955年.377页.大32开

中算史论丛(第五集).李俨 著.北京:科学出版社,1955年.191页.大32开

初等数学史.中国数学会数学通报编委会 编.北京:科学技术出版社,1959年.143页.有图表.大32开

宋元数学史论文集.钱宝琮等 著.北京:科学出版社,1966年.303页.大32开

主要子目:

宋元数学综述.中国自然科学史研究室数学史组

唐中期到元末的实用算术.梅荣照

增乘开方法的历史发展.钱宝琮

秦九韶《数书九章》研究.钱宝琮

李冶及其数学著作.梅荣照

宋杨辉算书考.严敦杰

朱世杰研究.杜石然

宋金元历法中的数学知识.严敦杰

宋元时期数学与道学的关系.钱宝琮

试论宋元时期中国和伊斯兰国家间的数学交流.杜石然

附录一:《梦溪笔谈》"棋局都数"条校释.钱宝琮

附录二:有关《测圆海镜》的几个问题.钱宝琮

附录三:沈钦裴的《四元玉鉴细草》(片断).

附录四:秦九韶测望九问造术之探讨.白尚恕

中国算学史论丛.李俨 著.台北:正中书局,1975年.478页.大32开(本书1954年第1版,这是第3版)

中国π的一页沧桑——数学史文集.洪万生 著.台北:自然科学文化事业股份有限公司,1981年.179页.32开

科技史文集.第8辑.数学史专辑.自然科学史研究所数学史组 编.上海:上海科学技术出版社,1982年.176页.16开

主要子目:

评李约瑟著《中国科学技术史》一书的数学部分.杜石然,梅荣照

我国古代测望之学重差理论评价 兼评数学史研究中某些方法问题.吴文俊

中国使用数码字的历史.严敦杰

刘徽对整勾股数的研究.李继闵

《九章算术》中的整数勾股形研究.郭书春

刘徽的数学思想.李迪

刘徽《海岛算经》造术的探讨.白尚恕

王孝通《缉古算经》校证.白尚恕

中国古代不定分析若干问题探讨.李文林,袁向东

学习《数书九章》札记二则.郭书春

我国古代球体几何知识的演进.沈康身

略论梅文鼎的《方程论》.梅荣照

界面、《视学》和透视学.沈康身

钱宝琮科学史论文选集.中国科学院自然科学史研究所 编.北京:科学出版社,1983年.642页.大32开

主要子目:

九章问题分类考

方程算法源流考

百鸡术源流考

求一术源流考

记数法源流考

校正与增补

中国算书中之周率研究

印度算学与中国算学之关系

《九章算术》盈不足术流传欧洲考

中国东汉以前时月日纪法之研究

周髀算经考

孙子算经考

夏侯阳算经考

戴震算学天文著作考

汉人月行研究

新唐书历志校勘记

太一考

汪莱《衡斋算学》评述

唐代历家奇零分数记法之演进

甘石星经源流考

中国数学中之整数勾股形研究

浙江畴人著述记

金元之际数学之传授

论二十八宿之来历
授时历法略论
盖天说源流考
增乘开方法的历史发展
从春秋到明末的历法沿革
《墨经》力学今释
王孝通《缉古算术》第二题、第三题术文疏证
秦九韶《数书九章》研究
宋元时期数学与道学的关系
《九章算术》及其刘徽注与哲学思想的关系
附录:梅勿庵先生年谱

中国数学史论文集(一).吴文俊 主编.济南:山东教育出版社,1985年.133页.16开

主要子目:

三十四年来的中国数学史.李迪等
"其率术"辨.李继闵
"通其率"考释.李继闵
十三世纪中国数学家王恂.白尚恕,李迪
康熙年间制造的手摇计算器.李迪,白尚恕
别列兹金娜《中国古代数学》述评.沈康身
中国与印度在数学发展中的平行性.沈康身
戴煦关于二项式和对数展开式的研究.李兆华
清末数学家华蘅芳.罗见今
浅论刘徽对羡除公式的证明.刘洁民

中国数学史论文集(二).吴文俊 主编.济南:山东教育出版社,1986年.124页.16开

主要子目:

试论中国传统数学的特点.李继闵
勾股术新议.沈康身
甄鸾及其《五曹算经》.冯礼贵
《九章算术》中"势"字条析.白尚恕
国内收藏的明刊本与抄本《算法统宗》与《算法纂要》.李迪
镶符问题的历史渊源和现代发展.胡著信
汪莱《递兼数理》、《参两算经》略论.李兆华
附:汪莱《递兼数理》、《参两算经》原文
朱世杰与李善兰在垛积术上的成就.傅庭芳
李善兰的尖锥求积术.李文林,袁向东
华蘅芳的计数函数和互反公式.罗见今

中国数学史论文集(三).吴文俊 主编.济南:山东教育出版社,1987年.160页.16开

主要子目:

近年来中国数学史的研究.吴文俊
中国数学史中的未解决问题.李迪
中算家的分数近似法探究——兼论数学史研究的方法问题.李继闵
浅谈古算书《九章算术》的校勘工作.白尚恕
我国历史上的一种圆规.李迪
对李冶《益古演段》的研究.孔国平
论李冶的科学思想.周瀚光
关孝和与李善兰的自然数幂和公式.沈康身
董祐诚的垛积术与割圆术述评.李兆华
罗士琳《三角和较算例》简介.郭世荣
数学教育家吴在渊.高希尧

中国数学史论文集(四).吴文俊 主编.济南:山东教育出版社,1996年.172页.16开

主要子目:

纪念秦九韶《数书九章》成书七百四十周年.秦九韶及其著作研究项目组
关于秦九韶与《数书九章》的研究史.李迪
秦九韶关于上元积年推算的论述.李继闵
秦九韶"大衍总数术"造术之探讨.李继闵
秦九韶求定数算法"约'奇'弗约'偶'"辨析.李继闵
通过《数书九章》探讨"缀术".李迪
高次方程数值解的秦九韶程序.罗见今
《数书九章》中的测量方法研究.冯立升
近年来中国学者对中国数学史研究的概况与展望.白尚恕
"剔而消之"浅析.胡明杰
《视学》透视量点法作图题选析.沈康身
朱載堉数学工作述评.李兆华
增订汪莱年谱.汪宜楷
博启的逻辑推理方法.那日苏
《宣城游学记》追踪记.白尚恕

吴文俊文集.吴文俊 著.济南:山东教育出版社,1986年.393页.大32开.(本文集包括数学史、数学论证、数学专论、数学机械化)

吴文俊论数学机械化.吴文俊 著.济南:山东教育出版社,1996年.659页.32开

明清数学史论文集. 梅荣照 主编. 南京:江苏教育出版社,1990年. 479页. 32开

主要子目:

明清数学概论. 梅荣照
关于明初刊本的《通原算法》. 严敦杰
程大位及其数学著作. 严敦杰,梅荣照
欧几里得《原本》的传入和对我国明清数学的影响. 梅荣照等
中算家之Prosthaphaeresis术. 严敦杰
王锡阐的数学著作——《圜解》. 梅荣照
明清之际西方传入我国之历算记录. 严敦杰
梅文鼎在几何学领域中的若干贡献. 刘钝
《畴人传》研究. 傅祚华
评戴震对《九章算术》的整理. 郭书春
李锐《开方说》方程理论初探. 朱家生
清代学者对"大衍总数术"的探讨. 王翼勋
李善兰研究. 王渝生
李善兰恒等式. 严敦杰
跋《决疑数学》一卷. 严敦杰
附录一 李尚之年谱. 严敦杰
附录二 李善兰年谱订正及补遗. 严敦杰

数学史研究文集(第1辑). 李迪 主编. 呼和浩特:内蒙古大学出版社、台北:九章出版社联合出版,1990年. 178页. 16开

主要子目:

羌族数学史初探. 周开瑞
中国古代历法中的上元积年计算. 曲安京
《九章算术》与刘徽的相似勾股形理论. 冯立升
《张邱建算经》的成书年代问题. 冯立升
王孝通《辑古算经》自注佚文校补. 王荣彬
刘益及其佚著《议古根源》. 特古斯
对《益古集》的复原与研究. 徐义保
丁易东对纵横图的研究. 王荣彬
朱世杰的"多次立天元法". 王艳玉
对明代数学思想的几点分析. 金福
明末清初椭圆知识的传入及应用. 牛亚华
欧洲数学在康熙年间的传播情况——傅圣泽介绍符号代数尝试的失败. (法)C. Jami著. 徐义保 译
清代中期数学家焦循与李锐之间的几封信. 郭世荣
与欧拉数相匹配的特殊函数—戴煦数. 罗见今
有关李善兰的一些新史料. 李迪
华蘅芳的有限差分研究. 纪志刚
稿本《合数术》研究. 纪志刚
卢靖两稿本数学书跋. 李兆华

数学史研究文集(第2辑). 李迪 主编. 呼和浩特:内蒙古大学出版社、台北:九章出版社联合出版,1991年. 171页. 16开

主要子目:

论古代与中世纪的中国算法. 李文林
中国古代对角度的认识. 李国伟
"纵横图"的考古学探索. 陆思贤
中国早期的算具. 李迪,陆思贤
论中国古代的国家天算教育. 郭世荣
《九章算术》正负术再研究. 胡炳生
《九章算术》商功章的逻辑顺序及造术初探. 王荣彬
关于刘徽用"棊"的问题. 郭世荣
刘徽《海岛算经》的测量方法研究. 冯立升
《大明历》的上元积年计算. 曲安京
敦煌遗书中的数学史料及其研究. 王进玉
中算家对方程正根个数的认识. 徐义保
《数书九章》程行相及题意辨析. 曲安京
关于我国筹算转变为珠算的时代问题. 李培业
新发现的史料《一鸿算法》简述. 李迪,王荣彬
关于《算法纂要》的研究. 李培业
李光地对梅文鼎学术研究的支持与促进. 郭世荣
明安图的高位计算及其结果检验. 罗见今
《象数一原》中的卡塔兰数. 特古斯
清代对球及其部分体积和表面积问题的研究. 冯立升
时曰醇《百鸡术衍》研究. 李兆华
著名数学家陈建功. 骆祖英
中国抽象代数的先驱者——曾炯,曾令林,曾铎

数学史研究文集(第3辑). 李迪 主编. 呼和浩特:内蒙古大学出版社、台北:九章出版社联合出版,1992年. 168页. 16开

主要子目:

古代中国印度间的数学联系.(马来西亚)洪天赐 著,罗飞今 译
中国传统数学对日本和算的影响.那日苏
《算法统宗》及其对日本数学教育起步的意义.(日本)仲田纪夫著,李迪 译
中、西数学中的极限理论之评析.刘逸
日高图复原—《周髀》杂论之一.曲安京
对《五经算术》的初步研究.魏保华
《谢察微算经》试探.李迪,冯立升
最早的蒙文三角学著作——《八线表》.斯登等
《陈厚耀算书》研究.李培业
《衡斋算学》第二册研究.李兆华
项名达构造递加数的方法分析.特古斯
李善兰的《垛积比类》是早期组合数学的杰作.罗见今
李善兰对椭圆及其应用问题的研究.冯立升,牛亚华
黄宗宪对孙子定理和求一术的预备性证明.李文铭
清末数学家与数学教育家刘彝程.田淼
华林问题在中国.郭世荣
三次方程求根公式的历史.王青建
《竖亥录》中的圆形平面图形问题.徐泽林
日本和算中的遗题承继与算额奉揭.那日苏

数学史研究文集(第4辑).李迪 主编.呼和浩特:内蒙古大学出版社、台北:九章出版社联合出版,1993年.176页.16开

主要子目:

楚国数学浅谈.宋述刚
江陵张家山西汉墓墓主是谁?李迪
中国幻方的起源问题.冯立升
刘徽数学思想研究.席振伟
筹算"开方术"的计算机程序与算法研究.沙娜
论秦九韶大衍总数术.莫绍揆
杨辉《详解九章算法》初探.孔国平
李子金《天弧象限表》研究.高宏林
论康熙数学著作《积求勾股法》.李培业
正负开方术札记二则.李兆华
曹汝英《增修欧氏几何》初论.李迪
关于印度、中国和日本之间的古代数学.(日)道脇义正 著,魏保华 译
《九章算术》、《缀术》与朝鲜半岛古代数学教育.金虎俊
汉字区的数学交流.李柏春
试论中西古代数学的文化差异.王宪昌,薛伯英
传教士与士大夫.尚智丛
关孝和列和解高次方程典型算例赏析.沈康身
《周髀算经》数理教育初步研究.郭怀中
《习算纲目》与杨辉的数学教育思想.王桂芹
徐光启的数学理性观与数学教育思想.张杰恒,许康
《学算笔谈》与华蘅芳的数学教育思想.王桂芹,李敏
兰州大学数学系简史.陆润林
民族数学文化与数学教育.吕传汉,张洪林
纪念《算法统宗》成书400周年:
《算法统宗》之传入日本.(日)大竹茂雄 著,那日苏 译
论《算法统宗》的资料来源.郭世荣
程大位《算法统宗》中的"笔算".李培业

数学史研究文集(第5辑).李迪 主编.呼和浩特:内蒙古大学出版社、台北:九章出版社联合出版,1993年.176页.16开

主要子目:

刘徽勾股定理证明试探.陈良佐
《海岛算经》两个遗案冥探.纪志刚
论中国古代历法中之闰周的数学性质.曲安京
关于祖冲之"盈朒"二数算法的研究.胡炳生
秦九韶大衍术之"正用"求法.尚智丛
杨辉《详解九章算法纂类》研究.沙娜
从科技管理角度看明末对西方数学、历法和火器的引进问题.许康,张杰恒
中国古代透视学理论及其应用.刘逸
略论孔林宗的数学成就.高宏林
《九章蠡测》研究.徐义保
刘彝程垛积术研究.田淼
兰州地区数学教育史初探.徐军民
纪念李冶诞辰800周年:

李冶及其数学著作.白尚恕

对李冶数学成就的新认识.方镇华

《测圆海镜》与借根方比例.魏保华

李冶《测圆海镜》的结构及其对数学知识的表述.(法)林力娜 著,郭世荣 译

《测圆海镜》是一个构造性体系.孔国平

近20年来国内外对李冶的研究与介绍.李迪

学术报告:

金、元数学家李冶诞辰800周年纪念.白尚恕

《测圆海镜》"洞渊九容"中的四容.沈康身

李冶在数学史上的地位.(法)林力娜 著,郭世荣 译

李冶——栾城的骄傲.孔国平

李冶的小数记法.李迪

古籍整理与研究

北平各图书馆所藏中国算学书联合目录.邓衍林 编,李俨 校.北平:北平中华图书馆协会暨北平图书馆协会印行,1936年.178页.32开

李俨收藏中算书目录.李俨 编.北京:自然科学史研究室,1957年.41页.16开.刻印本

中学数学课程中的中算史材料.严敦杰 著.北京:人民教育出版社,1957年.88页.32开

中国古代数学史料.李俨 著.上海:中国科学图书仪器公司,1954年.182页.32开

中国古代数学史料.李俨 著.上海:科学技术出版社,1963年.229页.32开(本书1956年新1版,这是第2版)

勾股举隅释义.胡术五等 编译.合肥:安徽人民出版社,1959年.169页.有图.27开

算经十书.钱宝琮 校点.北京:中华书局,1963年.603页.大32开

《九章算术》注释.白尚恕 注释.北京:科学出版社,1983年.364页.大32开

测圆海镜今译.(元)李冶 著.白尚恕 译.钟善基 校.济南:山东教育出版社,1985年.758页.大32开

算法纂要校释.(明)程大位 著.李培业 校释.合肥:安徽教育出版社,1986年.249页.大32开

算法统宗校释.(明)程大位 著.梅荣照,李兆华 校释.合肥:安徽教育出版社,1990年.1017页.大32开

九章算术汇校.郭书春 汇校.沈阳:辽宁教育出版社,1990年.547页.大32开

九章算术今译.白尚恕 译.济南:山东教育出版社,1990年.483页.大32开

中国古典数学名著《九章算术》今解.萧作政 编译.沈阳:辽宁人民出版社,1990年.223页.32开

东方数学典籍《九章算术》及其刘徽注研究.李继闵 著.西安:陕西人民教育出版社,1990年.492页.彩照.大32开

数书九章新释.(宋)秦九韶 原著.王守义 遗著.李俨 审校.合肥:安徽教育出版社,1992年.615页.大32开

《数书九章》今译及研究.陈信传等 研译.贵阳:贵州教育出版社,1992年.528页.大32开

中国古代数学名题赏析.龙发山,谭德军 编著.贵阳:贵州民族出版社,1993年.248页.32开

九章算术校证.李继闵 著.西安:陕西科学技术出版社,1993年.588页.大32开

中国科学技术典籍通汇·数学卷.郭书春 主编.郑州:河南教育出版社,1993年.5册.16开

中国历代算学集成.靖玉树 编勘.济南:山东人民出版社,1994年.3册.16开

自然科学发展大事记·数学卷.梁宗巨 主编.沈阳:辽宁教育出版社,1994年.154页.16开

九章算术导读.沈康身 著.武汉:湖北教育出版社,1996年.772页.彩照.大32开(中华传统数学名著导读丛书)

周髀算经译注.江晓原,谢筠 译注.沈阳:辽宁教育出版社,1996年.141页.32开(中国古代科技名著译丛)

杨辉算法导读.郭熙汉 著.武汉:湖北教育出版社,1996年.473页.大32开(中华传统数学名著导读丛书)

测圆海镜导读.孔国平 著.武汉:湖北教育出版社,1996年.286页.大32开(中华传统数学名著导读丛书)

杨辉算法译注.孙宏安 译注.沈阳:辽宁教育出版

社,1997年.447页.32开(中国古代科技名著译丛)

其 他

易图的数学结构.董光壁 著.上海:上海人民出版社,1987年.139页.32开

周易的数学原理.欧阳维诚 著.武汉:湖北教育出版社,1993年.254页.32开

周易宇宙代数学——河洛易数学体系.焦蔚芳 著.上海:上海科学技术文献出版社,1995年.198页.32开

中国古籍数学化研究论集.(新加坡)林大芽 著.长沙:湖南大学出版社,1989年.456页.32开

物 理 学 史

总　论

中国古代物理思想探索.关增建 著.长沙:湖南教育出版社,1991年.262页.32开

中国物理学史.吴南薰 著.武汉:武汉大学物理系印,1956年.206页.32开

中国古代物理学.王谦 编著.香港:商务印书馆,1977年.121页.32开

中国古代物理学史话.王锦光,洪震寰 编著.石家庄:河北人民出版社,1981年.190页.32开

科技史文集.第12辑.物理学史专辑.自然科学史研究所 主编.上海:上海科学技术出版社,1984年.158页.16开

主要子目:

中国晶体学史料掇拾.陆学善

元气新解.何祚庥

王夫之的物理思想.张锡鑫

墨家的物理学研究.徐克明

名家著作中的物理科学初探.徐克明

我国古代关于电的知识和发现.戴念祖

我国古代关于振动与波的应用及其思想渊源.戴念祖

赵友钦及其光学研究.王锦光

光学史札记.洪震寰

十九世纪前期我国一部重要的光学著作——《镜镜诊痴》的初步研究.林文照

我国古代的比重测定和应用.李迪

牛顿学说在中国的早期传播.郭永芳

王征与所译《远西奇器图说》.郭永芳

1915—1924十年间我国的物理学.戴念祖

透光镜研究偶得.李志超

六合验时仪.白尚恕,李迪

物理学史讲义——中国古代部分.蔡宾牟,袁运开 主编.北京:高等教育出版社,1985年.257页.大32开

中华物理学史.刘昭民 编著.台北:台湾商务印书馆,1987年.505页.32开(中华科学技艺史丛书)

天工人为——中国的物理.刘君灿 著.台北:幼狮文化事业公司,1988年.217页.32开(通识文库3)

中国古代物理学史略.王锦光,洪震寰 著.石家庄:河北科技出版社,1990年.191页.32开(古代科学史略丛书)

中国古代物理学.戴念祖 著.①济南:山东教育出版社,1991年.135页.32开②台北:台湾商务印书馆,1994年,156页,32开(中国文化知识丛书)

中国古代物理学.郭玉兰 编著.北京:北京科学技术出版社,1995年.132页.32开(中国历史知识全书·辉煌科技)

中国古代物理学.戴念祖,张蔚河 著.北京:商务印书馆,1997年增订版.198页.32开(中国文化史知识丛书)

中国力学史.戴念祖 著.石家庄:河北教育出版社,1988年.632页.大32开

中国光学史.王锦光,洪震寰 著.长沙:湖南教育出版社,1986年.204页.大32开

中国"透光"古铜镜的奥秘.阮崇武,毛增滇 著.上海:上海科学技术出版社,1982年.49页.32开

中国声学史.戴念祖 著.石家庄:河北教育出版社,1994年.625页.大32开

律学会通.吴南薰 著.北京:科学出版社,1964年.538页.16开

律学新说.(明)朱载堉撰.冯文慈 点注.北京:人民音乐出版社,1986年.301页.32开

曾侯乙编钟钟铭校释及其律学研究.崔宪 著.北京:人民音乐出版社,1997年.331页.32开

先秦乐钟之研究.朱文玮,吕琪昌 著.台北:南天书局,1994年.217页.大16开

墨经中的数学和物理学.方孝博 著.北京:中国社会科学出版社,1983年.109页.大32开

自然科学发展大事记·物理卷.谢邦同 主编.沈阳:辽宁教育出版社,1994年.154页.16开

中国科学技术典籍通汇·物理卷.戴念祖 主编.郑

州:河南教育出版社,1995年.2册.16开

中国古代科学技术史纲·理化卷.关增建,马芳 著.沈阳:辽宁教育出版社,1996年.463页.大32开

计 量

中国度量衡制度之研究.孙文郁 著.南京:金陵大学,1927年.30页.24开(《科学》杂志第11卷第7期抽印本)

中国度量衡史.吴承洛 著.①上海:商务印书馆,1937年2月初版.1937年3月再版.414页.有图表.32开.②1993年北京商务印书馆据1937年2月版影印(中国文化史丛书)

中国度量衡.林光澄,陈捷 编.台北:台湾商务印书馆,1967年.205页40开(人人文库)

中国历代尺度考.杨宽 著.上海:商务印书馆,1938年初版.1955年重版.107页.32开

中国古代度量衡图集.国家计量总局 主编.邱隆等编.北京:文物出版社,1981年.226页.图版176.8开

中国古代度量衡图集.国家计量总局等 主编.北京:文物出版社,1984年.190页.16开

中国古代度量衡论文集.河南省计量局 主编.郑州:中州古籍出版社,1990年.456页.16开

中国古代度量衡.丘光明 著.天津:天津教育出版社,1991年.136页.32开(中国文化史知识丛书)

中国历代度量衡考.丘光明 编著.北京:科学出版社,1992年.520页.16开.

三至十四世纪中国的权衡度量.郭正忠 著.北京:中国社会科学出版社,1993年.461页.32开

其 他

中国摄影史(1840—1937).马运增等 编著.北京:中国摄影出版社,1987年.342页.图229幅.32开

化学史

总 论

中国化学史.李乔苹 著.①长沙:商务印书馆,1940年.198页.有图表.25开(本书1950年第3版)②台北:台湾商务印书馆,1955年增订台1版.1975年再增订台1版上、中册

中国化学史稿(古代之部).张子高 编著.北京:科学出版社,1964年.195页.有图表.18开

中国古代化学史话.江琳才 著.广州:广东人民出版社,1978年.135页.32开

中国化学史话.曹元宇 编著.南京:江苏科学技术出版社,1979年.320页.32开

中国古代化学史研究.赵匡华 主编.北京:北京大学出版社,1985年.683页.大32开

化学史教程.张家治 主编.太原:山西教育出版社,1987年.573页.32开

中国古代化学.赵匡华 著.①济南:山东教育出版社,1991年.146页.32开.②台北:台湾商务印书馆,1994年170页.32开(中国文化史知识丛书)

中国古代化学史略.周嘉华等 著.石家庄:河北科学技术出版社,1992年.348页.32开(古代科学史略丛书)

中国古代化学.田荷珍 编著.北京:北京科学技术出版社,1995年.117页.32开

自然科学发展大事记·化学卷.廖正衡 主编.沈阳:辽宁教育出版社,1994年.168页.16开

中国化学史论文集.袁翰青 著.北京:三联书店,1956年.301页.有图表大32开

科技史文集.第15辑.化学史专辑.中国科学院自然科学史研究所物理、化学史研究室 主编.上海:上海科学技术出版社,1989年.154页.16开

主要子目:

从考古发现看造纸术的起源.潘吉星

西汉灞桥纸的断代依据及有关情况几点说明.程学华

对三次出土的西汉古纸的验证.许鸣岐

论中国古代火药的发明及其制造技术.潘吉星

明代火药初探.周嘉华

论清代化学家丁守存的起爆药雷酸银合成.潘吉星

试论中国古代陶窑与冶金术的发生和早期发展.周嘉华

河南商代铜器的金相考察.李仲达等

"六齐"之管窥.何堂坤

我国古镜化学成份的初步研究.何堂坤

关于灌钢的几个问题.何堂坤

中国制墨技术的源流.李亚东

中国人于八世纪发见氧气的可能性.李亚东

中国炼丹术中的"伏火"试探.赵匡华

葛洪和陶弘景的生卒年代考议.曹元宇,曹京

我国近代化学家吴鲁强事迹初探.潘吉星

火 药

火药.戴介民 编著,应成一 校订.南京:正中书局,1936年初版.1948年沪1版.60页.有图.32开.(中国历代发明发见故事集)

火药.徐守桢 著.上海:商务印书馆,1939年.64页.32开

火药的发明和西传.冯家昇著.上海:上海人民出版社,1954年.84页.有图.32开(本书1954年上海华东人民出版社第1版.1978年上海人民出版社第2版)

火药的发明.赵铁寒 著.台北:中华丛书编审委员会,1970年.104页.32开(中华丛书·国立历史博物馆历史文物丛刊第一辑)

炼丹术

中国古代金属化学及金丹术. 王琎, 章鸿钊 著. 上海: 中国科学图书仪器公司, 1955年. 93页. 32开 (1957年上海科学技术出版社新1版) (中国科学史料丛书)

中国炼丹术考. (美)约翰生(O. S. Johnson) 著, 黄素封 译. 上海: 商务印书馆, 1937年. 142页. 32开 (百科小丛书)

中国炼丹术与丹药. 张觉人 著. 成都: 四川科学技术出版社, 1985年. 137页. 32开

中国炼丹术. 赵匡华 著. 香港: 中华书局香港有限公司, 1989年. 265页. 32开

中国炼丹术. 张军 编著. 太原: 山西人民出版社, 1989年. 157页. 32开

古代炼丹术注评. 石光, 志强 编著. 北京: 北京师范大学出版社, 1992年. 243页. 32开

道教与中国炼丹术. 孟乃昌 著. 北京: 北京燕山出版社, 1993年. 205页. 32开 (道教文化丛书)

宁王朱权及其庚辛玉册. 何丙郁, 赵令扬 合著. 香港大学中文系、澳洲格里斐大学联合出版, 1983年. 78页. 大32开

帝王与炼丹. 李国荣 著. 北京: 中央民族大学出版社, 1994年. 483页. 小32开

历史上的炼丹术. 蒙绍荣等 著. 上海: 上海科技教育出版社, 1995年. 376页. 32开

中国外丹黄白法考. 陈国符 著. 上海: 上海古籍出版社, 1997年. 417页. 32开 (中国传统文化研究丛书)

道藏·丹方鉴原. 何丙郁 著 香港大学亚洲研究中心, 1980年. 149页. 大32开

道藏丹药异名索引. 黄兆汉 编. 台北: 台湾学生书局, 1989年. 448页. 16开

古籍整理与研究

《周易参同契》新探. 周士一等 著. 长沙: 湖南教育出版社, 1981年. 108页. 32开

周易参同契考辨. 孟乃昌 著. 上海: 上海古籍出版社, 1993年. 303页. 32开

周易参同契释义. 任法融 注. 西安: 西北大学出版社, 1993年. 171页. 32开

万古丹经之《周易参同契》三十四家注释集萃. 孟乃昌等 辑编. 北京: 华夏出版社, 1993年. 417页. 32开

中国科学技术典籍通汇·化学卷. 郭正谊 主编. 郑州: 河南教育出版社, 1995年. 2册. 16开

天文学史

总　论

中国人之宇宙观.崔朝庆 著.上海:商务印书馆,1933年.114页.有表.32开(万有文库第一集)(1934年收入.国学小丛书)

中国宇宙论.唐华 著.台北:集文书局,1979年.542页.大32开

中国历史上的宇宙理论.郑文光,席泽宗 著.北京:人民出版社,1975年.196页.32开

天·人·社会——试论中国传统的宇宙认知模型.吕理政 著.台北:中央研究院民族学研究所,1990年.280页.32开

中国古宇宙论.金祖孟 著.上海:华东师范大学出版社,1991年.249页.32开.1996年.新1版.255页.肖像.大32开

中国古人论天.周桂钿 著.北京:新华出版社,1991年.166页.32开(神州文化集成丛书·经济与科技类)

天文历数.王冠青 编著.成应一 校.南京:正中书局,1936年初版.1943年4版.1948年沪1版.66页.32开.(正中少年故事集第5集、中国历代发明发见故事集6)

中国上古天文.(日)新城新藏 著.沈璇 译.上海:中华学艺社,1936年.87页.有图表.32开(学艺汇刊38)

中国古代天文学简史.陈遵妫 著.上海:上海人民出版社,1955年.1册.有图表

中国古代天文学的成就.陈遵妫 著.北京:中华全国科学技术普及协会,1955年.49页.32开

祖国天文学发展简史.北京师范大学天文系 编.1974年.142页.16开

古代天文学.成映鸿 著.台北:幼狮文化事业公司,1978年,2版.115页.大32开

★中国天文学史话.尊为 编.香港青年出版社,1976年

中国天文学史文集.第1集.《中国天文学史文集》编辑组 编.薄树人,徐振韬 主编 北京:科学出版社,1978年.250页.32开

主要子目:

马王堆汉墓帛书《五星占》释文.马王堆汉墓帛书整理小组

中国天文学史的一个重要发现——马王堆汉墓帛书中的《五星占》.席泽宗

从帛书《五星占》看"先秦浑仪"的创制.徐振韬

从马王堆帛书《五星占》的出土试探我国古代的岁星纪年问题.陈久金

临沂出土汉初古历初探.陈久金,陈美东

汉初历法讨论.张培瑜

从元光历谱及马王堆帛书《五星占》的出土再探颛顼历问题.陈久金,陈美东

试论浑天说.郑文光

我国古代第一次天文大地测量及其意义——关于僧一行子午线测量的再讨论.中国科学院陕西天文台天文史整理研究小组

蟹状星云是1054年天关客星的遗迹.薄树人等

常熟石刻天文图.车一雄,王德昌

登封观星台和元初天文观测的成就.张家泰

我国古代的宇宙结构学说

登封观星台整修一新

中国天文学史文集.第2集.《中国天文学史文集》编辑组 编.薄树人 主编.北京:科学出版社,1981年.282页.32开

主要子目:

天文学起源初探.邵望平,卢央

云南四个少数民族天文历法情况调查报告.卢央,邵望平

纳西族东巴经中的天文知识.朱宝田,陈久金

鄂伦春族、赫哲族的物候和天文知识说明

了什么？
——关于天文学萌芽的几个问题.邓文宽
鄂伦春族天文历法调查报告.王胜利,邓文宽
赫哲族天文历法调查报告.王胜利,邓文宽
黎族天文历法调查报告.陈久金等
凉山彝族二十八宿初探.邓文宽,陈宗祥
凉山彝族天文历法调查报告.陈宗祥等
"十二兽"历法起源于原始图腾崇拜.刘尧汉
彝族太阳历考释.刘尧汉,陈久金
傣历研究.张公瑾,陈久金

中国天文学史文集.第3集.《中国天文学史文集》编辑组 编.薄树人,刘金沂 主编 北京:科学出版社,1984年.328页.32开

主要子目:

《春秋》、《诗经》日食和有关问题.张培瑜
《颛顼历》商榷.白光琦
《大明历》中"冬至日在斗十一度"考证.王德昌
《麟德历》定朔计算法.刘金沂,赵澄秋
《授时》、《大统》预推日食方法的原理.车一雄
清代对开普勒方程的研究.薄树人
《周礼》二十八星辨.王健民
岁差在我国的发现、测定和历代冬至日所在的考证.李鉴澄
道光增星——位置误差和清代仪器精度.伊世同等
"气"的思想对中国早期天文学的影响.席泽宗
论汉代的天地起源说.孙述圻,宣焕灿
从"圆"到"浑"——汉初二十八宿圆盘的启示.刘金沂
关于西汉日晷.郭盛炽
彝族天文学史的研究.卢央等
傣历中的纪元纪时法.张公瑾
1054年超新星位置的新证据.刘金沂
西双版纳傣文《苏定》译注.张公瑾
西双版纳傣文《历法星卜要略》历法部分译注.张公瑾

中国天文学史文集.第4集.《中国天文学史文集》编辑组 编.王立兴 主编.北京:科学出版社,1986年.213页.32开

主要子目:

纪时制度考.王立兴
我国陨石坠落记载中的某些灾害事件.祸锐光,夏晓和
中国的日神崇拜和太阳活动现象的发现.徐振韬等
天关客星光变曲线的研究.杨正宗
历史超新星SN 1054型别的鉴定.杨正宗
大衍历关于日月运行的研究.张培瑜等
西夏天文学初探.汤开建
明朝的纬度测量.钮仲勋
浑天说的地形观.王立兴
一行不是浑天家.金祖孟
西方地圆说在中国.郭永芳
浑天说的兴起和衰落.金祖孟
中国古宇宙论研究成果综述.金祖孟
朱载堉的历法及历学见解.王宝娟
何承天——反对有神论的律历家.王宝娟
徐家汇天文台史料(1872—1962).朱楞

中国天文学史文集.第5集.《中国天文学史文集》编辑组 编.王立兴 主编.北京:科学出版社,1989年.289页.32开

主要子目:

方位制度考(为天象纪录的现代应用而写).王立兴
殷代授时举隅——"四方风"考实.常正光
有关天文年代学的几个问题.张培瑜,卢央
星岁纪年管见.王胜利
试论新发现的四种古历残卷.张培瑜
司马迁与《太初历》.李志超,华同旭
新疆少数民族天文学撮要.杜昇云
《山海经》与彝族天文学.肖良琼
彝历是十二月历,不是十月历.罗家修
清朝乾隆年间在西北地区的经纬度测量.钮仲勋,厉国青
从星图画法上看浑天说的两次建成的先后.王立兴
《浑天仪注》为张衡所作辨——与陈久金同志商榷.陈美东
对"张衡等浑天家天圆地平说"的再认识.唐如川

论浑天家的天圆说.金祖孟
开元黄道游仪的结构研究.郭盛炽
民间计时仪器"香漏"考(兼论《宋史》中讹脱错行).王立兴
唐代的天文机构.王宝娟

中国天文学史文集.第6集.《中国天文学史文集》编辑组 编.李竞生 主编.北京:科学出版社,1994年.338页.32开

主要子目:
《崇祯历书》的成书前后.潘鼐
授时历定朔日躔及历书推步.张培瑜
试论东汉四分历乾象历景初历之上元与五星会合周期.曲安京
火历钩沉——一个遗佚已久的古历之发现.庞朴
火历质疑.王小盾
春秋历法探略.白光琦
隋唐时期人们对太阳周年视运动的认识.郭盛炽
明代对月食成因过程的探讨及认识.张江华
紫金山天文台古代青铜天文仪器的全面修复.王德昌
郭守敬研制的仪器及其下落.伊世同
《寰有诠》及其影响.石云里
建除研究——以云梦秦简《日书》为中心.金良年
再论"曾侯乙墓出土的二十八宿青龙白虎图象".李勇
利玛窦的天文学活动.杨小红
易与古天文相关论证.赵定理
宋代的天文机构.王宝娟
辽、金、元时期的天文机构.王宝娟

天文集刊.1-2号.中国天文学会 编.北京:科学出版社,1978年.

科技史文集.第1辑.天文学史专辑(1).薄树人 主编.上海:上海科学技术出版社,1978年.102页.16开

主要子目:
中国古代数理天文学的特点.严敦杰
历法的起源和先秦四分历.陈久金
岁差在中国的发现及其分析.何妙福
晷仪——现存我国最古老的天文仪器之一.李鉴澄
一份关于彗星形态的珍贵资料——马王堆汉墓帛书中的彗星图.席泽宗
中国古代的宇宙无限理论和现代宇宙学.郑文光.
浑天说的发展历史新探.陈久金
论参宿四两千年来的颜色变化.薄树人等
公元1006年超新星及其遗迹.薄树人等
清钦天监人事年表.薄树人

科技史文集.第6辑.天文学史专辑(2).薄树人 主编.上海:上海科学技术出版社,1980年.148页.16开

主要子目:
论我国的百刻计时制.阎林山,全和钧
我国地理经度概念的提出.厉国青等
《周易·丰卦》中的黑子记载.徐振韬
王充及其《论衡》中的天文学思想.邓文宽
张衡的天文学思想.陈久金
陈卓和甘、石、巫三家星官.刘金沂,王健民
宇宙岛之争.翁士达
关于中、朝、日历史上北极光记载的几点看法——兼论《中、朝、日历史上的北极光年表》.戴念祖,陈美东
历史上的北极光与太阳活动.戴念祖,陈美东
中、朝、日历史上的北极光年表——从传说时代到公元1747年.戴念祖,陈美东

科技史文集.第10辑.天文学史专辑(3).薄树人 主编.上海:上海科学技术出版社,1983年.197页.16开

主要子目:
《诗经》中的天文学知识.刘金沂,王胜利
论我国古代年、月长度的测定(上).陈美东
卜辞中的"立中"与商代的圭表测景.萧良琼
关于民间小历.王立兴
从星位岁差论证几部古典著作的星象年代及成书年代.赵庄愚
古代日食观测模拟实验报告.薄树人
北宋的恒星观测及《宋皇祐星表》(上).潘

鼐,王德昌

论几种量天尺兼论量天景尺的复原.王立兴

清代兽耳八卦篆铭刻漏壶.李迪,白尚恕

《黄帝内经》中的天文历法问题.卢央

论天狗、枉矢的实质及其他

——兼与有关同志商榷这些天象是否极光的问题.庄天山

我国古代航海天文资料辑录.《航海天文》调研小组

科技史文集.第16辑.天文学史专辑(4).薄树人 主编.上海:上海科学技术出版社,1992年.199页.16开

主要子目:

试论我国古代年、月长度的测定(下).陈美东

西南少数民族的火把节和星回节.车一雄,陈宗祥

水族天文历法调查报告.王连和

就彝族八卦论彝族古历.王连和

回历介绍兼论格列高里历、天历及中国农历.马以愚

阴山岩画与我国古代北方游牧人的天道观.盖山林

从唐单于都护府城垣看我国古代城建天道观.陆思贤

《高厚蒙求》的蒙文摘译本初探.王庆等

陈卓星官的历史嬗变.陈美东

北宋的恒星观测及《宋皇祐星表》(下).潘鼐,王德昌

试论《墨经》中的宇宙论思想.陈鹰

第谷天文工作在中国的传播及影响.江晓原

沈括浮漏的复原探索.伊世同

赫罗图的建立及其在恒星演化理论发展中的作用.丁蔚

论夜光云与后汉黄气.庄天山

"日陨于地"的实质和它的科学意义.庄天山

中国天文学源流.郑文光 著.北京:科学出版社,1979年.288页.32开

中国天文学简史.《中国天文学简史》编写组 编写.天津:天津科学技术出版社,1979年.209页.大32开

中国天文学史.第1册.陈遵妫 著.上海:上海人民出版社,1980年.259页.大32开

中国天文学史.第2册.陈遵妫 著,崔振华 校订.上海:上海人民出版社,1982年.412页.大32开

中国天文学史.第3册.陈遵妫 著,崔振华 校订.上海:上海人民出版社,1984年.992页.大32开

中国天文学史.第4册.陈遵妫 著,崔振华,湛穗丰 校订.上海:上海人民出版社,1989年.628页.大32开

中国天文学史.中国天文学史整理研究小组 编著.薄树人 主编.北京:科学出版社,1981年.265页.16开

天文史话.中国天文学史整理研究小组《天文史话》编写组 编写.上海:上海科学技术出版社,1981年.274页.32开(中国科技史话丛书)

彝族天文学史.陈久金等 著.昆明:云南人民出版社,1984年.353页.大32开

天问.张钰哲 主编.南京:江苏科学技术出版社,1984年.336页.大32开(中国天文史研究第1辑)

中华天文学发展史.刘昭民 编著.台北:台湾商务印书馆,1985年.509页.大32开(中华科学技艺史丛书)

中华天文学史.曹谟 编著.台北:台湾商务印书馆,1986年.397页.大32开(中华科学技艺史丛书)

中国古代天文学成就.北京天文馆 编.北京:北京科学技术出版社,1987年.219页.32开

高平子天文历学论著选.高平子 著.台北:中央研究院数学研究所,1987年.381页.16开

中国天文学史新探.刘君灿 编著.台北:明文书局,1988年.578页.大32开

中华五千年文物集刊——天文篇.陈万鼐 编.台北:中华五千年文物集刊编辑委员会,1988年.2册.581页.16开

中国古代天文历法基础知识.丁绵孙 著.天津:天津古籍出版社,1989年.398页.大32开

中国古代天文文物论集.中国社会科学院考古研究所 编.北京:文物出版社,1989年.511页.16开

主要子目:

考古遗存中所反映的史前天文知识.卢央,邵望平

殷商武丁世的月食和历法.张培瑜

马王堆汉墓帛书中的彗星图.席泽宗
马王堆帛书《云气彗星图》研究.顾铁符
马王堆汉墓帛书中的《五星占》.席泽宗
西汉汝阴侯墓出土圆盘上二十八宿古距度的研究.王健民,刘金沂
新出土秦汉简牍中关于太初前历法的研究.张培瑜
从元光历谱及马王堆天文资料试探颛顼历问题.陈久金,陈美东
释四分历.严敦杰
敦煌、居延汉简中的历谱.陈久金
试论西汉漏壶的若干问题.陈美东
晷仪——我国现存最古老的天文仪器.李鉴澄
仪征东汉墓出土铜圭表的初步研究.车一雄等
洛阳西汉壁画墓中的星象图.夏鼐
汉魏洛阳城南郊的灵台遗址.中国社会科学院考古研究所洛阳工作队
敦煌星图.席泽宗
"敦煌星图"的年代.马世长
敦煌写本紫微恒星图.马世长
另一件敦煌星图写本——《敦煌星图乙本》.夏鼐
敦煌卷子中的天文资料.潘鼐
跋敦煌唐乾符四年历书.严敦杰
杭州吴越墓石刻星图.伊世同
《新仪象法要》中的星图.潘鼐
从宣化辽墓的星图论二十八宿和黄道十二宫.夏鼐
苏州南宋天文图碑考释.潘鼐
登封观星台和元初天文观测的成就.张家泰
明制浑仪.潘鼐,徐振韬
简仪.伊世同,牛灵江
正方案考.伊世同
量天尺考.伊世同
过洋牵星图.刘南威等
常熟石刻天文图.王德昌等
涵江天后宫的明代星图.福建省莆田县文化馆
北京隆福寺藻井天文图.伊世同
明《赤道南北两总星图》简介.卢央等
北京古观象台.于杰,伊世同
藏历图略说.王尧
呼和浩特市石刻蒙文天文图.李迪等
西双版纳大勐笼傣文碑刻上的九曜位置图.张公瑾,陈久金
傣历概述.宋蜀华,张公瑾

中国古代天文文物图集.中国社会科学院考古研究所 编.北京:文物出版社,1980年.127页.8开

中国古代天文学史略.刘金沂,赵澄秋 著.石家庄:河北科学技术出版社,1990年.247页.32开(古代科学史略丛书)

天文历法观测论丛.李昕太 主编.邢台:郭守敬纪念馆,1990年.154页

天学真原.江晓原 著.沈阳:辽宁教育出版社,1991年.397页.32开

中国古代天文历法.徐传武 著.济南:山东教育出版社,1991年.135页.32开(中国文化史知识丛书)

中国古代的天文与历法.陈久金、杨怡 著.①济南:山东教育出版社,1991年.123页.32开②台北:台湾商务印书馆,1993年.145页.32开(中国文化史知识丛书)

中国传统天文历法通书.黄世平 编著.海口:三环出版社,1991年.327页.32开

天文历数.杜升云,陈久金 主编.济南:山东科技出版社,1992年.409页.32开.(中国文化精华文库)

中国业余天文学家手册.冯克嘉等 著.北京:高等教育出版社,1993年.576页.32开

陈久金集.陈久金 著.哈尔滨:黑龙江教育出版社,1993年.420页.大32开(开放丛书·中青年学者文库)

自然科学发展大事记·天文学卷.陈美东 主编.沈阳:辽宁教育出版社,1994年.124页.16开

中国古代数理天文学探析.曲安京等 著.西安:西北大学出版社,1994年.322页.16开

地位独尊的古代天学.江晓原等著.沈阳:辽宁古籍出版社,1995年.173页.32开(中华民族优秀传统文化丛书·科技卷)

中国古代天文历法.李东生 编著.北京:北京科学技术出版社,1995年.158页.插图.32开(中国历史知识丛书)

古代天文历法研究.郑慧生 著.开封:河南大学出版社,1995年.530页.32开

中国天文学史. 薄树人 主编. 台北:文津出版社, 1996年. 309页. 32开(中国文化史丛书)

中国古代科学技术史纲·天文卷. 石云里 著. 沈阳:辽宁教育出版社, 1996年. 318页. 大32开

回回天文学史研究. 陈久金 著. 南宁:广西科学技术出版社, 1996年. 376页. 32开

中华传统天文历术. 蒋南华 著. 海口:海南出版社, 1996年. 276页. 32开

中国少数民族科学技术史丛书·天文历法卷. 陈久金 主编. 南宁:广西科学技术出版社, 1996年. 456页. 大32开

历 法

★生霸死霸考. 王国维. 上虞罗氏雪堂丛刻本. 1915年

★汉志三统历表. 廖平. 四川存古书局新订六译馆丛书本. 1921年

中国古历通解. 王应伟 著. 北京:中国科学院自然科学史所, 63页. 16开(本书1998年辽宁教育出版社出版. 陈美东, 薄树人校订. 801页. 大32开)

研究殷代年历的基本问题. 董作宾 著. 昆明:北京大学, 1930年. 171页. 16开

史日长编. 高平子 编. 南京:国立中央研究院天文研究所, 1932年. 171页. 有表. 16开(国立中央研究院天文研究所专刊. 第1号)

历法通志. 朱文鑫 著. 上海:商务印书馆, 1934年. 302页. 16开

太平天国历法考订. 郭廷以 著. 上海:商务印书馆, 1938年. 212页. 32开(本书1937年第1版, 这是第2版)

★周初历法考. 刘朝阳 著. 成都:华西协和大学, 1944年

殷历谱. 董作宾 著. 北京市中国书店据1945年版影印. 2册. 786页. 8开

续殷历谱. 严一萍 著. 台北:艺文印书馆, 1955年. 158页. 表73页

续殷历谱. 严一萍 著. 台北:艺文印书馆, 1979年. 432页. 32开

晚殷长历. 刘朝阳 著. 成都:华西协和大学, 1945年. 136页. 16开(中国文化研究所专刊. 乙种. 第3册)

★殷历谱气朔新证举例. 许倬云 著. 台北:艺文印书馆, 1955年

回回历. 马以愚 著. 上海:商务印书馆, 1946年. 60页. 25开

回历纲要. 马坚 编译. 北京:北京大学东方语文学系, 1951年. 61页. 32开. (北京大学东方语文丛书丙类第1种)

论星岁纪年. 刘坦 著. 北京:科学出版社, 1955年. 45页. 16开

中国古代之星岁纪年. 刘坦 著. 北京:科学出版社, 1957年. 234页. 32开

中国古历析疑. 章鸿钊 著. 北京:科学出版社, 1958年. 132页. 32开

春秋历法三种. 王韬 撰. 北京:中华书局, 1959年. 188页. 32开

中国年历总谱. 董作宾著. 香港:香港大学出版社, 1960年. 2册. 768页. 32开(1983年香港中华书局重印)

西方历算学之输入. 王萍 著. 台北:中央研究院近代史研究所, 1966年. 251页. (中央研究院近代史研究所专刊17)

学历散论. 高平子 著. 台北:中央研究院数学研究所, 1969年. 443页. 16开

历法丛谈. 郑天杰 著. 台北:华岡出版有限公司, 1977年. 354页. 32开

云梦秦简日书研究. 饶宗颐, 曾宪通 著. 香港:中文大学出版社, 1982年. 99页. 图版51页. (香港中文大学中国文化研究所中国考古艺术研究中心专刊3)

历法漫谈. 唐汉良, 舒英发 编著. 西安:陕西科学技术出版社, 1984年. 152页. 32开

中国文明源头新探:道家与彝族虎宇宙观. 刘尧汉 著. 昆明:云南人民出版社, 1985年. 277页. 彩照. 大32开(彝族文化研究丛书)

史记会注考证驳论. 鲁实先 著. 长沙:岳麓书社, 1986年. 196页. 32开(本书1940年由湖南长沙湘

芬书局印行,这是旧籍新刊)

文明中国的彝族十月历.刘尧汉,卢央 著.昆明:云南人民出版社,1986年.192页.大32开

中国先秦史历表.张培瑜 编.济南:齐鲁书社,1987年.252页.16开

二毋室古代天文历法论丛.张汝舟 著.杭州:浙江古籍出版社,1987年.617页.大32开

唐代的历.(日)平岡武夫 编.上海:上海古籍出版社,1990年影印本.381页.大32开

中国古代历法.崔振华,李东生 著.北京:新华出版社,1992年.136页.32开(神州文化集成丛书)

古今彝历考.罗家修 著.成都:四川民族出版社,1993年.199页.大32开

藏历的原理与实践.黄明信,陈久金 著.北京:民族出版社,1987年.725页.大32开

藏历漫谈.黄明信 著.北京:中国藏学出版社,1994年.128页.附表4.24开(西藏知识小丛书)

古历论稿.饶尚宽 著.乌鲁木齐:新疆科技卫生出版社,1994年.308页.32开

古历新探.陈美东 著.沈阳:辽宁教育出版社,1995年.658页.大32开

中国彝族十月太阳历学术讨论会论文集.云南彝学学会,红河州民族研究所 编.昆明:云南民族出版社,1995年.258页.大32开

古代天文历法论集.张闻玉 著.贵阳:贵州人民出版社,1995年.313页.32开

星图与星表

史记天官书恒星图考.朱文鑫.上海:商务印书馆,1934年.68页.有插图.32开.(本书1927年第1版,这是第2版)

恒星图表.陈遵妫 著.上海:商务印书馆,1937年.109页.12开

恒星图表(中西对照).伊世同 编绘.北京:科学出版社,1981年.2册(星图、星表)

西安交通大学西汉壁画墓.陕西省考古所等 编.西安:西安交通大学出版社,1991年.80页(图版40).16开

南阳汉代天文画像石研究.韩玉祥 主编.北京:民族出版社,1995年.139页.16开.

中国古星图.陈美东 主编.沈阳:辽宁教育出版社,1996年.321页.16开

图解星座手册.仕会 编著.香港:万里书店有限公司,122页.16开.

天象观测与记录

历代日食考.朱文鑫 著.上海:商务印书馆,1934年.128页.有表.32开

春秋日食集证.冯澂 著.上海:商务印书馆,1929年初版.1934年1版.246页.32开(国学小丛书)

春秋日食集证.冯澂 著.上海:商务印书馆,1930年初版.246页.32开(万有文库第1集)

中国历史上的极光年表.公元1500年.自然科学史研究所物理学史组 编.北京:自然科学史研究所.1975年.84页.16开.刻印本

中国古代天象记录总集.北京天文台 主编.南京:江苏科学技术出版社,1988年.1100页.16开

中国恒星观测史.潘鼐 著.上海:学林出版社,1989年.485页.图.16开

三千五百年历日天象.张培瑜 编.郑州:大象出版社,1997年.1107页.16开(本书1990年第1版,这是第2版)

中国古代太阳黑子研究与现代应用.徐振韬,蒋窈窕 编著.南京:南京大学出版社,1990年.382页.大32开

天文仪器

西汉时代的日晷.刘复 著.北平:国立北京大学,1934年.38页.16开(《国立北京大学国学季刊》3卷4号抽印本)

周公测景台调查报告.董作宾等 编著.长沙:商务印书馆,1939年.129页.有图表.16开(国立中央研究院专刊)

清朝天文仪器解说.陈遵妫 著.北京:中华全国科学技术普及协会,1956年.59页.32开

日晷.刘福昌 著.上海:新知识出版社,1958年.63页.32开

中国天文古迹.崔振华,徐登里 编著.北京:科学普及出版社,1979年.79页.32开

铜壶漏箭制度、准斋心制几漏图式.转抄北京图书馆善本特藏室藏清道光三年黄氏士礼居抄本.1984年.页数不一.16开

中国漏刻.华同旭 著.合肥:安徽科学技术出版社,1991年.238页.大32开

水运仪象志——中国古代天文钟的历史(附《新仪象法要》译解).李志超 著.合肥:中国科学技术大学出版社,1997年.195页.32开

星占学

彝族星占学.卢央 著.昆明:云南人民出版社,1989年.240页.32开

古代占星术注评.刘韶军 编著.北京:北京师范大学出版社、广西师范大学出版社联合出版.1992年.282页.32开(中国神秘文化研究丛书)

星占学与传统文化.江晓原 著.上海:上海古籍出版社,1992年.223页.32开

天国的灵光——中西占星术剖析.陈江风 著.中原农民出版社,1992年.1册

天人之际:中国星占文化.江晓原,钮卫星 著.上海:上海古籍出版社,1994年.178页.图及彩照.32开(中国古代生活文化丛书第2辑)

历史上的星占学.江晓原 著.上海:上海科技教育出版社,1995年.397页.32开

古籍整理与研究

史记天官书今注.高平子校注.台北:中华丛书编审委员会,1965年.92页.32开

十七史天文诸志之研究.朱文鑫 遗著.北京:科学出版社,1965年.108页.32开

历代天文律历等志汇编.第1册.第1部分.天文志(史记至晋书).中华书局编辑部 编.北京:中华书局,1975年.289页.大32开

历代天文律历等志汇编.第2册.第1部分.天文志(宋书至隋书).中华书局编辑部 编.北京:中华书局,1975年.360页.大32开

历代天文律历等志汇编.第3册.第1部分.天文志(旧唐书至宋史).中华书局编辑部 编.北京:中华书局,1976年.319页.大32开

历代天文律历等志汇编.第4册.第1部分.天文志(宋史至明史).中华书局编辑部 编.北京:中华书局,1976年.349页.大32开

历代天文律历等志汇编.第5册.第2部分.律历志(史记至晋书).中华书局编辑部 编.北京:中华书局,1976年.327页.大32开

历代天文律历等志汇编.第6册.第2部分.律历志(宋书至隋书).中华书局编辑部 编.北京:中华书局,1976年.310页.大32开

历代天文律历等志汇编.第7册.第2部分.律历志(旧唐书至新五代史).中华书局编辑部 编.北京:中华书局,1976年.463页.大32开

历代天文律历等志汇编.第8册.第2部分.律历志(宋史).中华书局编辑部 编.北京:中华书局,1976年.596页.大32开

历代天文律历等志汇编.第9册.第2部分.律历志(辽史至元史).中华书局编辑部 编.北京:中华书局,1976年.481页.大32开

历代天文律历等志汇编.第10册.第2部分.律历志

(明史至附录五行志).中华书局编辑部 编.北京:中华书局,1976年.大32开.

中国天文历法史料.杨家骆 主编.台北:鼎文书局,1978年.5册.大32开

《明实录》中之天文资料.何丙郁,赵令扬 编.香港:香港大学中文系,1986年.673页.16开

中国天文史料汇编.第1卷.中国科学院北京天文台主编.北京:科学出版社,1989年.327页.16开

敦煌天文历法文献辑校.邓文宽 录校.南京:江苏古籍出版社,1996年.767页.32开.(敦煌文献分类录校丛刊)

中国回回历法辑丛.马明达,陈静 辑注.兰州:甘肃民族出版社,1996年.1082页.16开

新仪象法要译注.胡维佳 译注.沈阳:辽宁教育出版社,1997年.256页.32开(中国古代科技名著译丛)

中国科学技术典籍通汇·天文卷.薄树人 主编.郑州:河南教育出版社,1997年8册.16开

清代天文档案史料汇编.中国第一历史档案馆,北京天文馆古观象台 合编.崔振华,张书才 主编.郑州:大象出版社,1997年.486页.16开

其他

天文考古录.朱文鑫 著.上海:商务印书馆,1933年1月初版.1933年6月再版.132页.有表.32开(百科小丛书)(万有文库第1集)

星汉流年:中国天文考古录.冯时 著.成都:四川教育出版社,1996年.262页.图.大32开(华夏文明探秘丛书)

远镜说.星经.星象考.经天该.汤若望 撰.上海:商务印书馆,1936年.154页.32开

敦煌残卷占云气书研究.何丙郁,何冠彪 著.台北:艺文印书馆,1985年.135页.图版9页.32开

中国古代的计时科学.郭盛炽 编著.北京:科学出版社,1988年.205页.32开

中国节庆及其起源.陈久金,卢莲蓉 著.上海:上海科技教育出版社,1990年.200页.32开

地学史

地理学

中国地理学史.王庸 著.上海:商务印书馆,1956年216页.附图4.32开.(本书1938年第1版,这是第2版,1984年上海书店据1938年版复印收入《中国文化史丛书》)

中国古代地理学简史.侯仁之 主编.北京大学地质地理系、中国科学院自然科学史研究室 编著.北京:科学出版社,1962年.80页.16开

地学史话.陆心贤等 编.上海:上海科学技术出版社,1979年.182页.32开(中国科技史话丛书)

中国地理学史(先秦至明代).王成祖 著.北京:商务印书馆,1988年.201页.16开(本书1982年第1版,这是第2版)

中国古代地理学史.中国科学院自然科学史研究所地学史组 主编.北京:科学出版社,1984年.402页.16开

中国地理学发展史.鞠继武 编.南京:江苏教育出版社,1987年.148页.32开

中国古代地理学史略.于希贤 著.石家庄:河北科学技术出版社,1990年.219页.32开(古代科学史略丛书)

中国古代地理学.赵荣 著.①济南:山东教育出版社,1991年.129页.32开②台北:台湾商务印书馆,1993年.150页.32开(中国文化史知识丛书)

独具特色的中国地学.艾素珍 著.沈阳:辽宁古籍出版社,1995年.131页.32开(中华民族优秀传统文化丛书·科技卷)

世界地理学史.杨文衡 主编.长春:吉林教育出版社,1994年.700页.32开(本书一半内容为中国地理学史)

中国少数民族科学技术史丛书.地学·水利·航运卷 诸锡斌 主编.南宁:广西科学技术出版社,1996年.554页.32开

中国古代地理考证论文集.童书业 著.北京:中华书局,1962年.145页.32开

中国历史地理文献概论.靳生禾 著.太原:山西人民出版社,1987年.341页.大32开

中国历史地理要籍介绍.杨正泰 著.成都:四川人民出版社,1988年.280页.32开

中国古代地学书录.李仲均等 编著.武汉:中国地质大学出版社,1997年.285页.32开

我国古代对中亚的地理考察和认识.钮仲勋 著.北京:测绘出版社,1990年.116页.32开

中华古文献大辞典·地理卷.王兆明,傅朗云 主编.长春:吉林文史出版社,1991年.494页.16开

中国地学大事典.陈国达 总主编.济南:山东科学技术出版社,1992年.890页.16开

自然科学发展大事记·地学卷.孙关龙 主编.沈阳:辽宁教育出版社,1994年.125页.16开

中国地理学史.胡欣,汪小群 著.台北:文津出版社,1995年.325页.大32开(中国文化史丛书)

地理学史研究.钮仲勋 著.北京:地质出版社,1996年.134页.小32开

中国人对非洲的发现.(荷)戴闻达 著.胡国强等 译.北京:商务印书馆,1983年.49页.大32开

几乎退色的记录:关于中国人到达美洲探险的两份古代文献.(美)默茨 著.崔岩峙等 译.北京:海洋出版社,1993年.143页.图.32开

地质学

中国地质学发展小史.章鸿钊 著.上海:商务印书馆,1937年初版.1940年长沙初版.149页.有表.32开(万有文库第2集;自然科学小丛书)

中国地质史料.王嘉荫 编著.北京:科学出版社,1963年.262页.32开

中华地质学史.刘昭民 编著.台北:台湾商务印书

馆,1985年.556页.32开(中华科学技艺史丛书)

中国地质大观.《中国地质大观》编写组 编.北京:地质出版社,1988年.611页.32开

中国地质事业早期史.纪念丁文江100周年章鸿钊110周年诞辰.王鸿祯 主编.北京:北京大学出版社,1990年.294页.照片.大32开

中外地质科学交流史——第十五届国际地质科学史讨论会暨中国地质学会地质学史研究会第七届年会论文集.王鸿桢等 编.北京:石油工业出版社,1992年.301页.16开

中国地质学简史.王仰之 著.北京:中国科学技术出版社,1994年.292页.32开

古矿录.章鸿钊 著.北京:地质出版社,1954年.459页.附图21幅

本草纲目的矿物史料.王嘉荫 编.北京:科学出版社,1957年.67页.32开

中国地震史话.唐锡仁 编.北京:科学出版社,1978年.91页.32开

中国历史地震研究文集(1).闵子群 主编.北京:地震出版社,1989年.172页.

中国温泉考.陈炎冰 编.上海:中华书局,1939年.120页.32开

水文学

中国古代潮汐论著选译.中国古代潮汐史料整理研究组 编.北京:科学出版社,1980年.246页.32开

中国古代海洋学史.宋正海等 著.北京:海洋出版社,1989年.504页.大32开

气象学

中华气象学史.刘昭民 编著.台北:台湾商务印书馆,1980年.334页.大32开(中华科学技艺史丛书)

中国气象史.洪世年,陈文言 编著.北京:农业出版社,1983年.144页.大32开(中国农书丛刊气象之部)

中国古代气象史稿.谢世俊 著.重庆:重庆出版社,1992年.555页.大32开

中国近代气象史资料.中国近代气象史资料编委会 编.北京:气象出版社,1995年.293页.16开

甲骨文通检——第3册:天文气象.饶宗颐 主编.香港:中文大学出版社,1995年.547页.大32开

地图与测量

香港地图绘制史.(英)哈尔·恩普森 著.香港印务局,1992年1册

中国古代测绘史话.宋鸿德等 编著.北京:测绘出版社,1993年.159页.32开

中国测绘史(明代至民国).《中国测绘史》编辑委员会 编.北京:测绘出版社,1995年.601页.大32开

中国古代测量学史.冯立升 著.呼和浩特:内蒙古大学出版社,1995年.328页.32开

中国地图史纲.王庸 著.北京:三联书店,1958年.112页.32开

中国地图学史.陈正祥 著.香港:商务印书馆,1979年.71页.图20版.16开

中国地图史话.金应春,丘富科 编著.北京:科学出版社,1984年.177页.32开

中国地图学史.卢良志 编.北京:测绘出版社,1984年.224页.图2页.大32开

中国地理图籍丛考.王庸 编著.上海:商务印书馆,1956年.重印第1版(修订本).1册

古地图论文集.马王堆汉墓帛书整理小组 编.北京:文物出版社,1977年.64页.16开

主要子目:

长沙马王堆三号汉墓出土地形图的整理.马王堆汉墓帛书整理小组

二千一百多年前的一幅地图.谭其骧

马王堆汉墓出土地图所说明的几个历史地理问题.谭其骧

马王堆三号汉墓出土驻军图整理简报.马王堆汉墓帛书整理小组

马王堆三号汉墓出土的守备图探讨.詹立波

有关马王堆古地图的一些资料和几方汉印.周世荣

中国古代地图集.战国—元.曹婉如等 编.北京:文物出版社,1990年.119页.图205幅.8开

中国古代地图集.明代.曹婉如等 编.北京:文物出版社,1994年.143页.图248幅.8开

中国古代地图集.清代.曹婉如等 编.北京:文物出版社,1997年.188页.图212幅.8开

中国古地图精选.刘镇伟 主编.汪前进 撰文.北京:中国世界语出版社,1995年.99页.16开

欧洲收藏部分中文古地图叙录.李孝聪 著.北京:国际文化出版公司,1996年.393页.图32幅.大32开

河岳藏珍:中国古地图展.丁新豹 编.香港:香港博物馆,1997年1册

中国地名学史.孙冬虎,李汝雯 著.北京:中国环境科学出版社,1997年.223页.32开

史记地名考.钱穆 著.台北:三民书局,1984年2版943页.大32开

★史记汉书匈奴地名今释.张兴唐 著.台北:国防研究院,1963年

★春秋左氏传地名图考.程发轫.台湾,1967年

古籍整理与研究

中国古代地理名著选读(第1辑).侯仁之 主编.北京:科学出版社,1959年.136页.16开.

中国科学技术典籍通汇·地学卷.唐锡仁 主编.郑州:河南教育出版社,1995年.5册.16开

清人文集地理类汇编.谭其骧 主编.杭州:浙江人民出版社,1986年.3册.32开

敦煌石室地志残卷考释.王仲荦 著.上海:上海古籍出版社,1993年.517页.32开

王士性地理书三种.(明)王士性 著.周振鹤 编校.上海:上海古籍出版社,1993年.691页.32开

水经注写景文钞.范文澜 编.北平:朴社,1929年.124页.32开.(范文澜论 第7种)

水经注引得.郑德坤 编.北平:燕京大学哈佛燕京学社引得编纂处,1934年.2册.527页.16开

水经注异闻录.任松如 编.上海:启智书局,1934年.366页.32开

水经注校补质疑.钟凤年 著.北平:燕京学报社,1947年.96页.16开(燕京学报第32期抽印本)

水经注研究史料汇编.郑德坤 纂辑.台北:艺文印书馆,1984年.2册.753页.32开

《水经注》研究.陈桥驿 著.天津:天津古籍出版社,1985年.518页.大32开

水经注研究二集.陈桥驿 著.太原:山西人民出版社,1987年.616页.大32开

郦学新论——水经注研究之三.陈桥驿 著.太原:山西人民出版社,1992年.510页.大32开

郦学研究史.吴天任 著.台北:艺文印书馆,1991年.455页.32开

水经注校.王国维 校.袁英光等 整理标点.上海:上海人民出版社,1984年.1288页.大32开

《水经注》选注.(北魏)郦道元 著.谭家健,李知文 选注.北京:中国社会科学出版社,1989年.521页.大32开

禹贡注解.姚明辉 著.上海:吴兴读经会,1928年.72页.28开

禹贡集解.尹世积 著.上海:商务印书馆,1946年.167页.32开(本书1941年第1版,这是第2版)(国学小丛书)

禹贡地理今释.杨大鈊 编著.重庆:正中书局,1944年初版.上海:正中书局,1947年沪1版.179页.32开

《禹贡》释地.李长傅 遗著.陈代光 整理.郑州:中州书画社,1983年.156页.32开

禹贡锥指.(清)胡渭 著.邹逸麟 整理.上海:上海古籍出版社,1996年.770页.32开

山海经通检.巴黎大学北平汉学研究所 编.北平:巴黎大学北平汉学研究所刊.1948年.183页.16开(巴黎大学北平研究所通检丛刊9)

《山海经》新探.中国《山海经》学术讨论会 编辑.成都:四川省社会科学院出版社,1986年.367页.大32开

中国上古文化的新大陆:《山海经·海外经》考.喻权中 著.哈尔滨:黑龙江人民出版社,1992年.527页.图.大32开

神州的发现:《山海经》地理考.扶云发 著.昆明:云南人民出版社,1992年.238页.彩图及地图.32开

华阳国志校注.(晋)常璩 撰.刘琳 校注.成都:巴蜀书社,1984年.1005页.大32开

华阳国志校补图注.(晋)常璩 撰.任乃强 校注.上海:上海古籍出版社,1987年.773页.16开

元和郡县图志.(唐)李吉甫 撰.贺次君 点校.北京:中华书局,1983年.2册.1110页.大32开(中国古代地理总志丛刊)

徐霞客游记.附图1册.(明)徐弘祖 著.丁文江 编.上海:商务印书馆,1928年.3册.(附图系赵志新,闻齐 编).16开

徐霞客游记.(明)徐弘祖 著.丁文江 编.北京:商务印书馆,1986年.133页.肖像.16开

徐霞客游记.(明)徐弘祖 著.莫鳌樵子标点.上海:新文化书社,1928年.4册.32开(上海大中书局1929年3版4册)

徐霞客游记.(明)徐弘祖 著.刘虎如 选注.上海:商务印书馆,1947年.172页.32开(本书1929年初版,1937年2版.这是第3版)

徐霞客游记.徐霞客 著.沈芝楠 标点.上海:大达书馆供用社,1935年.2册.32开(游记丛书1)

徐霞客游记选注.方豪 选注.上海:中国文化服务社,1945年渝再版.1946年沪1版.78页.32开.(青年文库)

徐霞客游记.附图1册.(明)徐弘祖 著.褚绍唐,吴应寿 整理.上海:上海古籍出版社,1980年.3册(附图).(1980年第1版.1982年版.2册.大32开.略去附图1册)

徐霞客桂林山水游记.(明)徐霞客 著.许凌云,张家瑶 注译.南宁:广西人民出版社,1982年.163页.32开

徐霞客游记选读.(明)徐霞客 著.陈茂材 注译.上海:上海教育出版社,1985年.121页.肖像.32开.(中学生文库)

徐霞客游记选.(明)徐弘祖 著.臧维熙 选注.南京:江苏古籍出版社,1985年.311页.32开

徐霞客游记校注.(明)徐弘祖 著.朱惠荣 校注.昆明:云南人民出版社,1985年.2册.图.大32开

徐霞客游记选注.(明)徐霞客 著.王兆彤 注.济南:山东教育出版社,1986年.417页.照片.大32开

徐霞客游记导读.吴应寿 著.成都:巴蜀书社,1988年.370页.地图.大32开.(中华文化要籍导读丛书)

徐霞客游记选注.(明)徐弘祖 著.洪建升 注释.郑州:河南教育出版社,1990年.360页.大32开

徐霞客游记选译.(明)徐霞客 著.周晓薇等 译注.成都:巴蜀书社,1991年.247页.图.32开(古代文史名著选译丛书·宋元明清)

徐霞客腾越游记.(明)徐霞客 原著.朱惠荣 校注,刘春明 补注.昆明:云南大学出版社,1993年.109页.图.32开

徐霞客游记通论.冯岁平 编著.西安:西北大学出版社,1995年.434页.32开

徐霞客旅行路线考察图集.褚绍唐 主编.上海:中国地图出版社,1991年.111页.32开

岛夷志略.汪前进 译注.沈阳:辽宁教育出版社,1996年.190页.32开(中国古代科技名著译丛)

其 他

古代风水术注评.王玉德 著.北京师范大学出版社,广西师范大学出版社联合出版,1992年.271页.32开.(中国神秘文化研究丛书)

中国风水.高友谦 著.北京:中国华侨出版公司,1992年.271页.32开(中华本土文化丛书)

中国的风水.杨文衡,张平 著.①北京:国际文化出版公司,1993年.134页.32开(中华文化风情探秘丛书)②台北:幼狮文化事业公司,1995年.176页.32开

风水史.何晓昕等 著.上海:上海文艺出版社,1995年.258页.小32开(中国社会民族史丛书)

风水——中国人的环境观.刘沛林 著.上海:上海三联书店,1995年.

风水理论研究.王其亨 主编.天津:天津大学出版社,310页.16开

生物学史

总论

关于中国生物学史.陈桢等 著.北京:科学普及出版社,1958年.149页.32开(生物学通报丛书)

中国生物学发展史.李亮恭 著.台北:中央文物供应社,1983年.216页.32开

中国古代生物学史.苟萃华等 著.北京:科学出版社,1989年.222页.16开

中华生物学史.刘昭民 编著.台北:台湾商务印书馆,1991年.496页.32开(中华科学技艺史丛书)

中国古代生物学.汪子春,程宝绰 著.①济南:山东教育出版社,1991年.125页.32开②台北:台湾商务印书馆,1994年.149页.32开(中国文化史知识丛书)

中国古代生物学史略.汪子春,罗桂环等 著.石家庄:河北科学技术出版社,1992年.216页.32开(古代科学史略丛书)

自然科学发展大事记·生物卷.汪子春 主编.沈阳:辽宁教育出版社,1994年.96页.16开

中国古代科学技术史纲·生物卷.夏经林 主编.沈阳:辽宁教育出版社,1996年.218页.32开

科技史文集.第4辑.生物学史专辑.《生物学史专辑》编纂组 编.上海:上海科学技术出版社,1980年.224页.16开

主要子目:

评胡适“庄子的生物进化论”.夏纬瑛,苟萃华

我国动植物志的出现及其发展.梁家勉

中国古代器物纹饰中所见的动植物.孙作云 遗作,孙心一 整理

我国古代的动植物分类.苟萃华

中国石器时代人类对动物的认识和利用.甄朔南,黄慰文

中国古代昆虫研究方面的成就.周尧

我国古代贝类的记载和初步分析.齐锺彦

我国古代关于鲻类和鲀类的研究.郑澄伟

对于《尔雅·释鱼》的探讨.成庆泰

《闽中海错疏》中的鱼类研究.刘昌芝

中国古代苑囿的园林植物.余树勋

本草学对植物学发展的某些影响.楼之岑,宋之琪

我国古代的植物生理学知识.周肇基

曲蘖酿酒的起源与发展.方心芳

我国栽培植物的选种历史及其成就.李璠

对我国古代植物遗传学的初探.汪向明

我国古代关于遗传育种的一些知识.方宗熙,江乃萼

中国栽培稻种起源的研究.梁光商,戚经文

我国猪的起源和驯化.高式武,彭世奖

中国牛种的起源和进化.谢成侠

我国古代对人体的认识.傅维康

我国古代对人脑的认识.张宝昌

我国古代对内分泌作用的认识和利用.张秉伦

我国古籍中记载的“麒麟”的历史演变——三灵新解之一.李仲均,李凤麟

凤皇考.刘诚

中国早期生物化学发展史.郑集 著.南京:南京大学出版社,1989年.288页.32开

中国生理学史.王志均,陈孟勤 主编.北京:北京医科大学、中国协和医科大学联合出版社,1993年.379页.16开

植物学

植物学.刘元钊 编著.上海:正中书局,1948年.56页.32开.(中国发明发见故事集)

诗草木今释. 陆文郁 编著. 天津:天津人民出版社, 1957年. 152页. 32开

中国牡丹谱. 肖鲁阳 主编. 北京:农业出版社, 1989年. 277页. 彩图. 32开

《南方草木状》国际学术讨论会论文集. 华南农业大学农业历史遗产研究室 编. 北京:农业出版社, 1990年. 297页. 32开. (中国农史研究丛书)

主要子目:

检讨《南方草木状》成书问题. (美)李惠林

对《南方草木状》著者及若干有关问题的探索. 梁家勉

《南方草木状》笺证二十则——谨以本文献给饶选堂师. (美)马泰来

《南方草木状》的著作问题. (美)黄兴宗

如何看待今本《南方草木状》. 胡道静

也谈《南方草木状》一书的作者和年代问题. 芍萃华

关于《南方草木记》的几个问题. (法)梅塔耶

《南方草木状》的著者和著作年代探研. 李仲均, 刘昌芝

再谈《南方草木状》的撰者撰期问题. 彭世奖

关于《南方草木状》研究的微议. 杨直民, 董恺忱

徐衷《南方草物状》与嵇含《南方草木状》. 马宗申

汉魏时期闻于中州的南方草木考辨. 张寿祺

《南方草木状》之真伪暨其成书年代论证. 梁继健

从《全芳备祖》所引看《南方草木状》的真伪. 杨宝霖

嵇含撰写《南方草木状》的可能性. 杨竞生

关于《南方草木状》撰人诸问题. 罗晃潮

《南方草木状》和日本. (日)森村谦一

千岁子与落花生. 李长年

关于《南方草木状》植物名称的一些考证和讨论. 徐祥浩

《南方草木状》在植物学史上的重大意义——兼对其中一些植物的探讨. 戚经文

评李惠林译注《南方草木状》. 吴德邻

水葱、鹿葱和宜男花——《南方草木状》植物名实考证之一. 吴万春

对《南方草木状》一些植物名实鉴定的意见. 杨竞生

桄榔名实考. 钟如松

我国古代应用黄猄蚁技术的进步——试释《南方草木状》有关记述. 杨沛

嵇含年谱. 芍萃华

南方草木状考补. 中国科学院昆明植物研究所 著. 昆明:云南民族出版社, 1991年. 446页 32开

中国植物分类学史. 陈德懋 著. 武昌:华中师范大学出版社, 1993年. 356页. 32开

中国植物学史. 中国植物学会 编. 北京:科学出版社, 1994年. 376页. 16开

广西植物保护史. 孙㻶昌 主编. 南宁:广西人民出版社, 1995年. 380页. 大32开(广西农业史丛书)

中国古今物候学. 王梨村 著. 成都:四川大学出版社, 1990年. 228页. 32开

植物名释札记. 夏纬瑛 著. 北京:农业出版社, 1990年. 320页. 32开(中国农史研究丛书)

《诗经》草木汇考. 吴厚炎 著. 贵阳:贵州人民出版社, 1992年. 363页. 32开

神秘的占候:古代物候学研究. 张家国 著. 南宁:广西人民出版社, 1994年. 189页. 32开(中华神秘文化书系)

动 物 学

长沙马王堆一号汉墓出土动植物标本的研究. 上海市丝绸工业公司, 纺织科学研究院 编著. 北京:文物出版社, 1978年. 104页. 16开

中国早期昆虫学研究史(初稿). 周尧 著. 北京:科学出版社, 1957年. 132页. 图. 大32开(本书1956年西北农学院植物保护系. 油印. 73页. 16开)

中国昆虫学史. 周尧 著. 西安:天则出版社, 1988年. 230页. 图版. 32开(本书1980年第1版, 这是第2版)

中国昆虫学史. 邹树文 著. 北京:科学出版社, 1981

年.242页.16开

中国近代昆虫学史(1840—1949).王思明,周尧 著.西安:陕西科学技术出版社,1995年.230页.图版.32开

河北的蝗虫.张长荣 主编.石家庄:河北科学技术出版社,1991年.233页.附图.16开

中国虫文化.孟昭连 著.天津:天津人民出版社,1993年.288页.32开

心理学

中国古代心理学思想研究.潘菽,高觉敷 主编.南昌:江西人民出版社,1983年.367页.32开

中国心理学思想史.杨鑫辉 著.南昌:江西教育出版社,1994年.281页.32开

中国心理学史.高觉敷 主编.北京:人民教育出版社,1985年.430页.32开

中国心理学史研究.杨鑫辉 著.南昌:江西高校出版社,1990年.238页.32开

中国心理学史资料选编.第1卷.燕国材 主编.北京:人民教育出版社,1988年.421页.32开

中国心理学史资料选编.第2卷.燕国材 主编.北京:人民教育出版社,1990年.477页.32开

中国心理学史资料选编.第3卷.燕国材 主编.北京:人民教育出版社,1989年.480页.32开

古籍整理与研究

临海水土异物志辑校.张崇根 著.北京:农业出版社,1981年.128页.大32开(中国农书丛刊·综合之部)

汉魏六朝岭南植物"志录"辑释.缪启愉等 辑释.北京:农业出版社,1990年.249页.32开

中国科学技术典籍通汇·生物卷.苟萃华 主编.郑州:河南教育出版社,1997年.2册.16开

其　他

长沙马王堆一号汉墓古尸研究.《长沙马王堆一号汉墓古尸研究》编辑委员会 编.北京:文物出版社,1980年.346页.16开

江陵凤凰山一六八号墓西汉古尸研究.湖北省西汉古尸研究小组 编.武忠弼 主编.北京:文物出版社,1982年.292页.16开

中医药学史

中医学总论

★中国医学源流论.谢观 著.澄斋医社,1935年

中国医学演进.孔松龄 著.台北:台北市希代出版公司,1976年.221页.大32开

祖国医学方法论.黄建平 著.长沙:湖南人民出版社,1982年.149页.32开(本书1979年第1版,这是第2版)

论中医学术渊源·体系·发展.颜克海 编著.武汉:湖北科学技术出版社,1985年.271页.32开

中医问题研究.侯占元 主编.重庆:重庆出版社,1989年.161页.16开.

中医学术史.严世芸 主编.上海:上海中医学院出版社,1989年.499页.32开.(中医基础理论系列丛书)

传统中医学理论.田代华等 编写.海口:南海出版公司,1991年.170页.16开

中医文化研究.第1卷:中医文化溯源.任殿雷,赵国欣 主编.薛公忱 分主编.南京:南京出版社,1993年.450页.大32开

言天验人:中医学概念史要论.图娅 著.呼和浩特:内蒙古人民出版社,1997年.272页.32开

中国传统医学发展的理性思考.陈可冀 主编.北京:人民卫生出版社,1997年.164页.32开

中国历代医学之发明.王吉民 著.①上海:新中医社出版部,1930年.84页.32开②台北:台北市文丰出版社,1976年

中医学纲要.杨影庐 著.秦又安 校.上海:国医书局,1930年.122页.有表.32开(新时代国医丛书)

中医浅说.沈乾一 著.上海:商务印书馆,1931年初版1935年再版.1938年长沙4版.1945年渝版.81页.有图.32开.(万有文库、百科小丛书)

中国医学史.陶炽孙 编.上海:东南医学院出版股,1933年.234页.24开

中国历代医学史略.附药物学史略.张赞臣 编著.上海:千顷堂书局,1955年修订版.86页.32开(本书1933年第1版,1947年第2版,1954年千顷堂书局增订第3版)

医术.翁崇和 编著.上海:正中书局,1948年.69页.有图.32开(本书1936年初版,这是新1版.中国发明发见故事集)

★中国医学史.江贞 撰.广州:广州中医江松石医务所,1936年

★中国医学史纲要.赵树屏 撰.北京:北京国医学院,1936年

中国医史文献展览会展览品目录.王吉民 编.上海:中华医学会医史委员会,1937年.57页.有图.32开

中国医学史.杨叔澄 编述.华北国医学院,1938年.上册.212页.下册.146页.16开

医学史纲要.陈邦贤 编著.周培梗 校.新化:西南医学杂志社,1943年.230页.32开.

★中国医学史纲要.陈永梁 著.广州:广州光华图书印务公司,1947年

中国古代医学的成就.朱颜 著.北京:中华全国科学技术普及协会,1955年.55页.32开

中国医学史.陈邦贤 著.上海:商务印书馆,1957年修订本.428页.32开(本书1937年第1版,这是第3版.1984年上海书店据1937年版复印收入《中国文化史丛书》)

通俗中国医学史话.任应秋 著.重庆:重庆人民出版社,1957年.74页.32开

祖国医学史讲义.南京中医学院 编.南京:南京中医学院,1958年.95页.表.16开

中国医学史讲义.广州中医学院 编.广州:广州中医学院油印本,1958年.135页.16开

中国医学史讲义.北京中医学院医史教研组 编.北京:人民卫生出版社,1962年.116页.32开(中医学院试用教材)

中国医学史中级讲义.北京中医学院医史教研组 编.北京:人民卫生出版社,1962年.(中医学校试用教材)

中国古代医学成就.陈邦贤,耿鉴庭等 著.中医研究通讯编辑组,1963年.65页.大32开

中国医学史讲义.北京中医学院 主编.全国中医教材会议 审定.上海:上海科学技术出版社,1964年.139页.表.大32开(中医学院试用教材重订本)

★中国古代医学家的发明和创造.吕尚志 编.香港:上海书局,1971年

中国医学史.刘伯骥 著.台北:华冈出版部,1974年.上册.338页.下册.399页.32开

中国医学史.陈存仁 著.许鸿源等 编译.台北:新医药出版社,1977年.148页.16开

中国医学史.北京中医学院 主编.上海中医学院 编写.上海:上海科学技术出版社,1978年.16开(全国高等医药院校试用教材)

中国医学史.车离 编著.哈尔滨:黑龙江人民出版社,1979年.170页.32开

中国医学发展简史.湖南中医学院 编.长沙:湖南科学技术出版社,1979年.196页.32开

★中国传统医学史.陈胜崑 著.台北:台北市时报文化出版事业公司,1979年

中医史话文选.周一谋等 编.北京:人民卫生出版社,1981年.85页.32开

中医史话.刘镜如 编著.兰州:甘肃人民出版社,1981年.166页.32开

中医大辞典.医史文献分册(试用本).《中医大辞典》编辑委员会 编.北京:人民卫生出版社,1981年.276页.16开

医药史话.傅维康等 编著.上海:上海科学技术出版社,1982年.274页.32开(中国科技史话丛书)

中华医药学史.郑曼青,林品石 编著.台北:台湾商务印书馆,1982年.471页.32开(中华科学技艺史丛书)

中国医学家的发明和创造.黄三元 编审.台北:八德教育文化出版社,1983年.118页.32开

中国古代医学.赵璞珊 著.北京:中华书局,1983年.303页.32开(中华史学丛书)

中国医学史略.启业书局有限公司 编辑.台北:启业书局有限公司,1983年.334页.大32开

中国医学简史.张亦群 主编.中医基础教研室 编.[出版地不详]中国人民解放军第一军医大学训练部,1983年.2版.100页.16开.

中国医学简史.俞慎初 著.福州:福建科学技术出版社,1983年.510页.大32开(本书1956年.福建省中医药学术研究委员会排印本.146页)

中国医学史上的世界纪录.蔡景峰 编.长沙:湖南科学技术出版社,1983年.100页.32开

中国医学史.姒元翼 主编.北京:人民卫生出版社,1984年.142页.32开(在职医生学习中医丛书)

中国医学史.史仲序 著.台北:正中书局,1984年.368页.32开

中国医学史.甄志亚 主编.上海:上海科学技术出版社,1984年.147页.16开(高等医药院校教材)

中国医史年表.郭霭春 编.哈尔滨:黑龙江人民出版社,1984年.353页.32开

中国医学史.车离 主编.长沙:湖南科学技术出版社,1985年.112页.32开

中国医学史略.范行准 著.北京:中医古籍出版社,1986年.260页.大32开

中医学导论.汪松葆 主编.长沙:中南工业大学出版社,1986年.175页.大32开

中医精华浅说.马有度,丛林 主编.成都:四川科学技术出版社,1986年.264页.小32开

中医精华浅说.续一.马有度等 主编.成都:四川科学技术出版社,1989年.339页.小32开

中国医学史.甄志亚 主编.北京:中医古籍出版社,1987年.90页.16开(高等中医药院校外国进修生教材)

中国医学史.甄志亚 主编.南昌:江西科学技术出版社,1987年.355页.32开(中医自学丛书)

清代宫廷医话.陈可冀 主编.北京:人民卫生出版社,1987年.239页.图.小32开

中国医学史纲.孔健民 著.北京:人民卫生出版社,1988年.271页.32开

中国医学史.陈道瑾 主编.上海:上海科学技术出版社,1988年.192页.16开

祖国医学之最.周克振 编.上海:上海中医学院出版社,1988年.83页.32开

祖国医学之最述要.刘双柱 编著.北京:学术期刊出版社,1988年.93页.32开

古代医药史精华录.张知寒 著.济南:山东教育出版社,1989年.126页.32开(中国文化史知识丛书)

中国医学史.傅维康 主编.上海:上海中医学院出版社,1990年.579页.32开(中医基础理论系列丛书)

中国古代医学史略.李经纬,李志东 著.石家庄:河

北科学技术出版社,1990年.385页.32开(古代科学史略丛书)

中医天文医学概论.徐子详 著.武汉:湖北科学技术出版社,1990年.402页.32开(中医现代研究丛书)

杏林述珍—中医药史概要.傅维康 著.上海:上海古籍出版社,1991年.160页.32开

中国医学史.甄志亚 主编.北京:人民卫生出版社,1991年.589页.32开

中国医学之最.薛文忠 编著.北京:中国旅游出版社,1991年.273页.小32开

中国古代医药卫生.魏子孝,聂莉芳 著.济南:山东教育出版社,1991年.136页.彩图.小32开(中国文化史知识丛书)

岐黄医道.廖育群 著.沈阳:辽宁教育出版社,1991年.301页.32开

医易会通精义.李浚川等 主编.北京:人民卫生出版社,1991年.479页.32开

中华医学之最.洪菠 编.北京:人民军医出版社,1992年.286页.小32开

中国文化精华全集·19·医学卷.王书良等 总主编.李志 主编.北京:中国国际广播出版社,1992年.1076页.小32开

中国古代医史图录.李经纬 主编.北京:人民卫生出版社,1992年.128页.16开

中国传统医学漫话.陶御风等 著.①上海:上海教育出版社,1992年.266页.插图.32开②台北:林郁文化事业有限公司,1995年,333页.大32开

中国传统医学史.史兰华等 编.北京:科学出版社,1992年.335页.32开

人身小天地——中国象数医学源流·时间医学卷.鄢良 著.北京:华艺出版社,1993年.328页.32开(中国气文化丛书)

中国医学史略.贾得道 著.太原:山西科学技术出版社,1993年修订本.373页.大32开(本书1979年山西人民出版社第1版,这是第2版)

中国八卦医学.刘杰,袁峻 著.青岛:青岛出版社,1993年.496页.大32开

中国医学史话.刘国柱 编辑.北京:北京科学技术出版社,1994年.274页.小32开

中医中药史.魏子孝,聂莉芳 著.台北:文津出版社,1994年.340页.图版6页.32开(中国文化史丛书)

自然科学发展大事记·医学卷.傅芳 主编.沈阳:辽宁教育出版社,1994年.138页.16开

万年利济在人间:中国古代医药学.蒋燕,梁红鹰 著.北京:人民日报出版社,1995年.217页.小32开(炎黄文化漫游丛书)

中国医学源流概要.周凤梧 编著.太原:山西科学技术出版社,1995年.328页.小32开

功效神奇的中医中药.刘庚祥 著.沈阳:辽宁古籍出版社,1995年.121页.小32开(中华民族优秀传统文化丛书·科技卷)

医坛史话.崔自为等 主编.哈尔滨:黑龙江科学技术出版社,1996年.157页.大32开

中国古代科学技术史纲·医学卷.廖育群 主编.沈阳:辽宁教育出版社,1996年.382页.大32开

中国古代医学.赵璞珊 著.北京:中华书局,1997年.301页.32开(中华历史丛书)

名医起死回生录.葛钧 著.北京:国际文化出版公司,1997年.165页.小32开

仲景学说之分析.叶劲秋 编.缪俊德 校.上海:少年医药社,1936年.214页.32开(本书1930年第1版,这是第2版)

中医各家学说及医案选讲义(宋元明清).北京中医学院各家学说教研组 编.北京:人民卫生出版社,1961年.167页.32开

中医各家学说及医案选中级讲义.北京中医学院各家学说教研组 编.北京:人民卫生出版社,1962年

中医各家学说.北京中医学院 编.上海:上海科学技术出版社,1979年.444页.大32开(本书1964年第1版书名《中医各家学说讲义》本版重印改为现名)

中医历代各家学说.裘沛然 主编.上海:上海科学技术出版社,1984年.387页.16开

中医各家学说.任应秋 主编.上海:上海科学技术出版社,1986年.289页.16开(高等医药院校教材)

中医各家学说.陈大舜 主编.长沙:湖南科学技术出版社,1986年.267页.16开(全国高等中医院校函授教材)

中医各家学说·金元医学.丁光迪 编著.南京:江苏科学技术出版社,1987年.434页.小32开

中医各家学说.陈大舜 主编.武汉:湖北科学技术出版社,1989年.369页.16开

中医各家学说.裘沛然,丁光迪 主编.北京:人民卫

生出版社,1992年.762页.16开

金元四大医家学术思想之研究.李聪甫,刘炳凡 编著.北京:人民卫生出版社,1983年.302页.16开

金元四大家之医学和流派.方永来 著.台北:启业书局有限公司,1984年.294页.大32开

扁鹊和扁鹊学派研究.李伯聪 著.西安:陕西科学技术出版社,1990年.413页.32开

试论仲景学说的集论思想.杨培坤,邹志东 著.上海:上海交通大学出版社,1992年.243页.32开

宋代医家学术思想研究.严世芸 主编.上海:上海中医学院出版社,1993年.160页.32开

周易与中医学.杨力 著.北京:科学技术出版社,1989年.2版.731页.大32开

周易、传统医学与百病预测.漆浩,董晔 主编.北京:中国医药科技出版社,1991年.460页.大32开

中国古代文化与医学.李经纬等 编著.武汉:湖北科学技术出版社,1990年.250页.32开(中医现代研究丛书)

中国传统文化与医学.李良松,郭洪涛 编著.厦门:厦门大学出版社,1990年.358页.32开

中国传统医学与文化.王君,宁润生 主编.西安:陕西科学技术出版社,1993年.357页.大32开

探寻思想轨迹:中医学史的文化哲学研究.车离等著.北京:中国人民大学出版社,1992年.286页.32开

阴阳五行与中医学.谢松龄 著.北京:新华出版社,1992年.182页.小32开(神州文化集成丛书.经济与科技类)

文物考古与中医学.高春媛,陶广正 著.福州:福建科学技术出版社,1993年.284页.大32开(中华文化与中医学丛书)

马王堆医学文化.周一谋等 著.上海:文汇出版社,1994年.351页.大32开

中国医学文化史.马伯英 著.上海:上海人民出版社,1994年.865页.32开

甲骨文化与中医学.李良松 著.福州:福建科学技术出版社,1994年.151页.图.大32开(中华文化与中医学丛书)

古典文学与中医学.陈庆元,陈贻庭 著.福州:福建科学技术出版社,1996年.252页.大32开(中华文化与中医学丛书)

中国道家医学文化研究.陈佑邦 主编.合肥:黄山书社,1997年520页.32开

中国医史文献研究所建所论文集.中医研究院中国医史文献研究所 编印.1982年.117页.16开

中国医经医史研究论集.陈钦铭 著.台北:启业书局有限公司,1988年.470页.大32开

杏林史话——中国医药学史论文集.江润祥,关培生著.香港:中文大学出版社,1990年.398页.大32开

中外医学史概论.李廷安 著.重庆:商务印书馆,1944年初版.1946年沪初版.1947年再版.51页.32开(新中学文库)

简明中外医史手册.公盾,郑迪 编.太原:山西科学教育出版社,1986年.186页.32开

少数民族医学及地方医学

西藏医学.日琼仁颇且·甲拜哀桑 编著.蔡景峰 译.拉萨:西藏人民出版社,1986年.511页.大32开

西藏医学史.王镭 著.南京:译林出版社,1991年.238页.32开

西藏传统医学概述.蔡景峰 编著.北京:中国藏学出版社,1992年.143页.彩图.32开

中国藏医学.蔡景峰 主编.北京:科学出版社,1995年.462页.32开(中国传统医学丛书)

中国的藏医.强巴赤列 著.北京:中国藏学出版社,1996年.162页.小32开(西藏知识小丛书)

彝族医药史.李耕冬,贺廷超 著.成都:四川民族出版社,1990年.214页.32开

内蒙古医学史略.伊光瑞 主编.北京:中医古籍出版社,1993年.234页.32开

中国彝医.刘宪英,祁涛 主编.北京:科学出版社,1994年.246页.32开

中国少数民族科学技术史丛书·医学卷.洪武娌 主编.南宁:广西科学技术出版社,1996年.445页.大32开

浙北医学史略.陆文彬等 编.中华全国中医学会浙江省嘉兴地区分会,1981年.182页.32开

云南医药卫生简史.田敬国 主编.昆明:云南科技出

版社,1987年.210页.大32开(云南丛书)

陕西中医史话.张鼎臣等 编著.西安:陕西科学技术出版社,1987年.139页.小32开

河北历代名医学术思想研究.马新云,王其飞 主编.北京:中国科学技术出版社,1990年.318页.肖像.16开

台湾中医药概览.杜建 主编.北京:中国医药科技出版社,1990年.311页.16开

湘医源流论.曾勇 编著.长沙:湖南科学技术出版社,1991年.360页.大32开

河北医学两千年.徐延香,张学勤 主编.太原:山西科学技术出版社,1992年.506页.大32开

湖北医学史稿.湖北中医学院,湖北省卫生厅中医处 编.武汉:湖北科学技术出版社,1993年.333页 大32开

北京同仁堂史.中国北京同仁堂公司、北京同仁堂史编委会 编.北京:人民日报出版社,1993年.190页.彩照.大32开

卫生与保健

中国预防医学思想史.范行准 著.北京:人民卫生出版社,1953年.188页.图

中国传统预防医学.蒋仁玉,刘安国 主编.北京:北京医科大学联合出版社,1991年.363页.32开

中国卫生制度变迁史.马允清 编.天津:益世报馆,1934年.154页.32开

中国传统康复医学.陈可冀 主编.北京:人民卫生出版社,1988年.571页.16开

中国古代养生长寿术:道家秘传回春功.边治中 著,沈新炎 整理.上海:上海翻译出版公司.1986年.163页.照片.32开

中国古代延年益寿术.李士信 编著.哈尔滨:黑龙江人民出版社,1986年.146页.32开

药王孙思邈养生长寿术.吕选民 编著.西安:陕西科学技术出版社,1991年.184页.画像.小32开

导引养生图说.沈寿 著.北京:人民体育出版社,1992年.334页.图.小32开(古代养生论文集)

中华养生术.姚伟钧 著.台北:文津出版社,1995年.288页(中华方术文化丛书)

中医学各科

中医内科史略.孙中堂 编著.北京:中医古籍出版社,1994年.292页.32开

★中国麻疯之简史.王吉民 著.中华麻疯救济会,排印本.1930年

针灸秘笈纲要.赵尔康 编著.中华针灸学社,1948年.2034页.32开

中国的针灸.徐又芳 著.北京:人民出版社,1987年.143页.32开(祖国丛书)

针灸史图录.王雪苔 主编.北京:中国医药科技出版社,1987年.119页.16开

中国针灸史.郭世余 编著.天津:天津科学技术出版社,1989年.338页.大32开

中国针刺麻醉发展史.张仁 著.上海:上海科学技术文献出版社,1989年.87页.32开

针灸推拿学史.傅维康 主编.上海:上海古籍出版社,1991年.299页.32开

宋明浙江针灸.李栋森等 主编.上海:上海科学技术文献出版社,1992年.218页.32开

针灸医学史.林昭庚,鄢良 著.北京:中国中医药出版社,1995年.489页.32开

针灸:历史与理论.鲁桂珍,李约瑟 著.周辉政,洪荣贵 译.台北:联经出版事业公司,1995年.336页.大32开

中国针灸学史.肖少卿 主编.银川:宁夏人民出版社,1997年.992页.32开

中医舌诊史话.陈泽霖,褚玄仁 编著.南京:江苏科学技术出版社,1983年.121页.32开

中国骨科技术史.韦以宗 编著.上海:上海科学技术文献出版社,1983年.433页.大32开

中医骨伤科发展史.胡兴山,葛国梁 主编.北京:人民卫生出版社,1991年.98页.16开

中国妇产科发展史.马大正 著.太原:山西教育出版

社,1991年.313页.小32开

中国口腔医学史考.周大成 著.北京:人民卫生出版社,1991年.253页.16开

中国古代法医学史.贾静涛 著.北京:群众出版社,1984年.244页.大32开

中药学总论

★中国药物学史纲.何霜梅 著.上海:上海中医书局,1930年

中药简史.北京中医学院1957年班 编.北京:科学技术出版社,1960年.202页.32开

中国药学简史.渠时光 编.沈阳:沈阳药学院,1979年.156页.32开

本草研究入门.庄兆祥等 著.香港:中文大学出版社,1983年.191页.16开

中国药学史料.薛愚 主编.北京:人民卫生出版社,1984年.485页.32开

中国药学史纲.俞慎初 著.昆明:云南科技出版社,1987年.182页.大32开

本草学.黄胜白,陈重明 编著.南京:南京工学院出版社,1988年.272页.16开

经方用药研究.王永庆,吴凤全 著.哈尔滨:黑龙江科学技术出版社,1991年.480页.小32开

中国近代药学史.陈新谦等 编著.北京:人民卫生出版社,1992年.298页.32开

中药学史.傅维康 主编.成都:巴蜀书社,1993年.392页.32开

中华药史纪年.陈新谦 编著.北京:中国医药科技出版社,1994年.487页.小32开

张仲景药法研究.王占玺 主编.北京:科学技术文献出版社,1984年.759页.大32开

仲景方与临床.陈伯涛 著.北京:中国医药科技出版社,1991年.160页.小32开

古方书辑佚.冯汉镛 辑.北京:人民卫生出版社,1993年.147页.32开

中医古方方名考.赵存义 著.北京:中国中医药出版社,1994年.363页.小32开

唐宋文献散见医方证治集.冯汉镛 集.北京:人民卫生出版社,1994年.131页.32开

历代中药文献精华.尚志钧等 著.北京:科学技术文献出版社,1989年.536页.32开

古籍整理与研究

《内经》研究论丛.任应秋,刘长林 编.武汉:湖北人民出版社,1982年.348页.大32开

内经的哲学和中医学的方法.刘长林 著.北京:科学出版社,1982年.362页.大32开

《内经》辩证法思想研究.王全志等 编著.贵阳:贵州人民出版社,1983年.183页.32开

内经时代.赵洪钧 著.石家庄:中国中西医结合研究会河北分会,1985年.216.页.32开

黄帝内经专题研究.王琦 主编.济南:山东科技出版社,1985年.438页.大32开

黄帝内经心理学概要.聂世茂 编著.重庆:科学技术文献出版社重庆分社,1986年.329页.32开

黄帝内经导读.傅维康,吴鸿洲 著.成都:巴蜀书社,1988年.330页.大32开(中华文化要籍导读丛书)[本书1996年2版收入(名著名家导读丛书)]

《内经》多学科研究.雷顺群 主编.南京:江苏科学技术出版社,1990年.342页.16开

内经灵素考.余自汉等 著.北京:中国中医药出版社,1992年.150页.32开

《奇经八脉考》研究.湖北省中医药研究院医史文献研究院 编.广州:广东科技出版社,1988年.150页.大32开

伤寒论科学化研究.戴楚雄 编著.台北:文史哲出版社,1984年.454页.32开

伤寒论辞典.刘渡舟 主编.李宪法等 编.北京:解放军出版社,1988年.602页.大32开

伤寒论研究.王琦 主编.广州:广东高等教育出版社,1988年.557页.16开

日本医家伤寒论注解辑要.郭秀梅,冈田研吉 编集.北京:人民卫生出版社,1996年.511页.大32开

马王堆医书研究专刊.马王堆医书研究组 编.长沙:湖南中医学院,1980年.74页.16开

马王堆医书研究专刊.第2辑.长沙马王堆医书研究组 编.长沙:湖南中医学院,1981年.106页.有照片及插图.16开

马王堆医书考注.周一谋 主编.天津:天津科学技术出版社,1988年.444页.32开

马王堆古医书考释.马继兴 著.长沙:湖南科学技术出版社,1992年.1156页.图影.大32开

马王堆汉墓医书校释.(一).魏启鹏,胡翔骅 撰.成都:成都出版社,1992年.197页.大32开.(二十世纪出土中国古医书集成)

马王堆汉墓医书校释.(二).魏启鹏,胡翔骅 撰.成都:成都出版社,1992年.175页.大32开(二十世纪出土中国古医书集成)

五十二病方(马王堆汉墓帛书).马王堆汉墓帛书整理小组 编.北京:文物出版社,1979年.208页.大32开

马王堆汉墓帛书.(一). 国家文物局古文献研究室 编. 北京:文物出版社,1980年.174页.8开

马王堆汉墓帛书.(三).马王堆汉墓帛书整理小组 编.北京:文物出版社,1983年.108页.8开

马王堆汉墓帛书.(四).马王堆汉墓帛书整理小组 编.北京:文物出版社,1985年.283页.8开

敦煌石室古本草、药徵全书.孟冼等 著.台北:新文丰出版公司,1976年.332页.32开

敦煌本吐蕃医学文献选编(藏汉文对照).罗秉芬,黄布凡 编译.北京:民族出版社,1983年.107页.大32开

敦煌医粹——敦煌遗书医药文选校释.赵健雄 编著.贵阳:贵州人民出版社,1988年.291页.32开

敦煌古医籍考释.马继兴 主编.南昌:江西科学技术出版社,1988年.508页.大32开

敦煌中医药全书.从新雨 主编.北京:中医古籍出版社,1994年.757页.彩图.16开

敦煌石窟秘方与灸经图.张侬 著.兰州:甘肃文化出版社,1995年.282页

武威汉代医简.甘肃省博物馆,武威县文化馆 同编.北京:文物出版社,1975年.33页.有照片.16开

武威汉代医简研究.张延昌,朱建平 编著.北京:原子能出版社,1996年.98页.小32开

太平经研究.王平 著.台北:文津出版社,1995年.178页.(大陆地区博士论文丛刊97)

历代中药炮制法汇典:古代部分.王孝涛 主编.南昌:江西科学技术出版社,1986年.587页.大32开

宋以前医籍考(第1辑).(日)黑田源次 著.沈阳:满洲医科大学东亚医学研究所.1936年.130页.有表.16开

宋以前医籍考(第1册).(日)冈西为人 编.国立沈阳医学院,1948年.542页.16开(1958年北京人民卫生出版社影印出版)

中国医籍考.(日)丹波元胤 编.北京:人民卫生出版社,1983年.1100页.大32开(本书1956年第1版,这是第2版)

河北医籍考.郭蔼春,李紫溪 编.石家庄:河北人民出版社,1979年.87页.32开

中国历代主要医家现存著作大系表.程士德等 编.南昌:江西人民出版社,1982年.全张

中国医史医籍述要.崔秀汉 编著.延吉:延边人民出版社,1983年.212页.32开

中国分省医籍考(上、下).郭霭春 主编.天津:天津科学技术出版社,1987年.2785页.32开

中国医籍提要.(上).中国医籍提要编写组 编.长春:吉林科学技术出版社,1984年.656页.大32开

中国医籍提要.(下).中国医籍提要编写组 编.长春:吉林科学技术出版社,1988年.607页.大32开

中医古籍珍本提要.余瀛鳌,傅景华 主编.北京:中医古籍出版社,1992年.609页.32开

中国医籍通考.第1卷.严世芸 主编.上海:上海中医学院出版社,1990年.1629页.大32开

中国医籍通考.第2卷.严世芸 主编.上海:上海中医学院出版社,1991年.3136页.大32开

中国医籍通考.第3卷.严世芸 主编.上海:上海中医学院出版社,1992年.4519页.大32开

中国医籍通考.第4卷.严世芸 主编.上海:上海中医学院出版社,1993年.5977页.大32开

中国医学书目.(日)黑田源次 著.沈阳:满洲医科大学中国医学研究室,1931年.1063页.23开

中国医史图书联合目录(初稿).中医研究院图书馆,北京图书馆 编.北京:北京图书馆,1959年.31页.16开(全国中医图书联合目录单行本)

佛教医籍总目提要.李良松 编著.厦门:鹭江出版社,1997年.171页.32开(中国佛教医学丛书)

中华古文献大辞典·医药卷.庄树藩 主编.长春:吉林文史出版社,1990年.368页.16开

中国科学技术典籍通汇·医学卷.余瀛鳌 主编.郑州:河南教育出版社,1994年.7册16开

其 他

中国医事艺术品集影.王吉民 编.1941年.8页.18开(收《灸艾图》、《医眼图》、《炼丹炉》、《药瓶》、《针盒》等14幅照片,每幅均有说明)

中文医史论文索引.第1集.上海市中医药学术研究委员会医史研究组 编.上海:上海市卫生局,1957年.171页.

中文医史论文索引.第3集.上海市中医药学术研究委员会医史研究组 编.上海:上海市卫生局,1958年.56页.

中文医史论文索引.第4集.上海中医学院医史博物馆 编辑.上海:上海中医学院医史博物馆,1959年.60页.

中文医史论文索引.第5集.上海中医学院医史博物馆 编辑.上海:上海中医学院医史博物馆,1959年.86页

中文医史论文索引. 第6集.上海中医学院医史博物馆 编辑.上海:上海中医学院,1961年.30页.16开

中文医史论文索引. 第7集.上海中医学院医史博物馆 编辑.上海:上海中医学院,1962年.36页.16开

中文医史论文索引. 第8集. 上海中医学院医史博物馆 编辑.上海:上海中医学院,1963年.56页.16开

中文医史论文索引.第9集.上海中医学院医史博物馆 编.上海:上海中医学院医史博物馆,1963年.61页.16开

中文医史论文索引.10集.上海中医学院医史博物馆编.上海:上海中医学院医史博物馆,1964年.74页.16开

中文医史论文索引补遗(1906－1957). 上海市中医药学术委员会医史研究组 编.上海:上海市卫生局,1958年.50页

中文医史论文索引补遗 第二集(1906－1959).上海市中医药学术委员会医史研究组 编.上海:上海中医学院,1961年.82页.16开

医学史论文资料索引(1903—1978).李经纬等 编.北京:中医研究院中国医史文献研究所,1980年.514页.16开

医学史文献论文资料索引(1979—1986).李经纬 主编.北京:中国书店,1989年.591页.16开

中文医史文献索引(1792—1980).上海中医学院医史博物馆 编.上海:上海中医学院医史博物馆,1986年.276页.16开

历代笔记医事别录.陶御风等 编著.天津:天津科学技术出版社,1988年.586页.32开

中国医史三字经.金东辰 编著.济南:山东科学技术出版社,1991年.259页.小32开

历代中医学术论语通释.施杞,顾丁 主编.上海:上海科技文献出版社,1991年.603页.大32开

中国古代医政史略.梁峻 著.呼和浩特:内蒙古人民出版社,1995年.192页.32开

历代名医论医德.周一谋 编著.长沙:湖南科学技术出版社,1983年.301页.大32开

中国医德史.何兆雄 主编.上海:上海医科大学出版社,1988年.343页.32开

古代名医的学风与建树.龙月云 编著.长沙:湖南科学技术出版社,1988年.183页.小32开

农 学 史

总 论

中国农业文化.邹德秀 著.西安:陕西人民教育出版社,1991年.177页.32开

中国农业思想史.阎万英 编著.北京:中国农业出版社,1997年.226页.32开

中国农业思想史.钟祥财 著.上海:上海社会科学院出版社,1997年.558页.32开

中国农业新史.张援 著.上海:世界出版社,1934年.386页.32开

★中国农业史.陈安仁 著.贵阳:贵阳交通书局

从齐民要术看中国古代的农业科学知识——整理齐民要术的初步总结.石声汉 著,北京:科学出版社,1957年.87页.32开.1955年西北农学院铅印本.

我们祖先在农业生产技术上的创造和发明.文嘉 编著.北京:中国青年出版社,1956年.1册.有图.32开

中国古代农业科学的成就.王毓瑚 著.北京:科学普及出版社,1957年.34页.32开

中国农学史(上册).中国农业科学院,南京农学院中国农业遗产研究室 编著.北京:科学出版社,1959年.275页.有图表,16开

中国农学史(下册).中国农业科学院,南京农学院中国农业遗产研究室 编著.北京:科学出版社,1984年.191页.16开

中国农业发展史——古代之部.黄乃隆 编著.台北:正中书局,1963年.417页.32开

中国古代农业技术简史.吴枫,张亮采 主编.沈阳:辽宁人民出版社,1979年.238页.32开

中华农业史——论集.沈宗翰等 著.台北:台湾商务印书馆,1979年.580页.32开(中华科学技艺史丛书)

中国古代农业科技.《中国古代农业科技》编纂组 编纂.北京:农业出版社,1980年.474页.大32开

中国古代农业科学技术成就展览(资料汇编).江西省科学技术协会,江西省历史博物馆主办.1980年.146页.16开

《中国古代农业科学技术成就》幻灯片说明书.陈文华 主编.河北农业大学电化教研室等 摄制.南昌:江西省中国农业考古研究中心,32页.16开(附幻灯片1本308张)

中国农学遗产要略.石声汉 著.北京:农业出版社,1981年.90页.大32开

农业史话.李长年 编著.上海:上海科学技术出版社,1981年.225页.32开(中国科技史话丛书)

中国农业技术发展简史.闵宗殿等 编著.北京:农业出版社,1983年.133页.32开(农业生产技术基本知识)

悠久的中国农业.范楚玉,苟萃华 著.北京:农业出版社,1983年.96页.32开(中国农学普及丛书)

中国农业科学技术史简编.中央农业管理干部学校,华中农学院分院 编.武汉:湖北科学技术出版社,1984年.89页.32开

中国古代农业科学技术史简编.中国农业科学院,南京农业大学中国农业遗产研究室 编著.南京:江苏科学技术出版社,1985年.316页.32开

原始农业史话.倪波,陈日朋 编著.北京:农业出版社,1985年.70页.32开(中国农学普及丛书)

中国农史稿.唐启宇 编著.北京:农业出版社,1985年.803页.大32开

中国农业科技发展史略.郭文韬等 编著.北京:中国科学技术出版社,1988年.478页.32开

农业丛话.吴存浩 著.北京:农业大学出版社,1988年

中国农业科学技术史稿.梁家勉 主编.北京:农业出版社,1989年.628页.16开

中国农史系年要录(科技篇).闵宗殿 编.北京:农业出版社,1989年.286页.32开

论农业考古.陈文华 著.南昌:江西教育出版社,1990年.344页.32开

中国古代农业.李根蟠 著.天津:天津教育出版社,

1991年.133页.32开(中国文化史知识丛书)

中国农业文明史话.闵宗殿,纪曙春 著.北京:中国广播电视出版社,1991年.307页.32开

中国农业发展史.阎万英,尹英华 著.天津:天津科学技术出版社,1992年.447页.32开

中国农业科技之研究.刘志澄 主编.北京:中国农业科技出版社,1992年.485页.大32开

中国农史辞典:中国农史普及读本.夏亨廉,肖克之 主编.北京:中国商业出版社,1994年.460页.小32开

中国农业史.(英)布瑞 著.李学勇 译.台北:台湾商务印书馆.1994年.2册.32开

历史悠久的农业文明.马义,张新力 著.沈阳:辽宁古籍出版社,1995年.192页.小32开(中华民族优秀传统文化丛书·科技卷)

中国农业百科全书·农业历史卷.中国农业百科全书编辑部 编.北京:农业出版社,1995年.508页.16开

中国农业史.吴存浩 著.北京:警官教育出版社,1996年.1273页.16开

农业的起源和发展.王玉棠,吴仁德等 主编.香港树人学院 编著.南京:南京大学出版社,1996年.475页.32开

中国古代科学技术史纲·农学卷.黄世瑞 著.沈阳:辽宁教育出版社,1996年.340页.32开

中国少数民族科技史丛书·农业卷.李炳东,俞德华 主编.南宁:广西科学技术出版社,1996年.540页.大32开

中国农业史.李根蟠 著.台北:文津出版社,1997年.345页.大32开

不可斋农史文集.张波著.西安:陕西人民出版社,1997年.527页.插图.32开

中国近代农业科技史.郭文韬,曹隆恭 主编.北京:中国农业科技出版社,1989年. 642页.小32开

中国近代农业科技史稿.白鹤文等 主编.中国农业博物馆 编.北京:中国农业科技出版社,1996年.517页.照片,16开(中国农业博物馆丛书)

自然科学发展大事记·农学卷.闵宗殿 主编.沈阳:辽宁教育出版社,1994年.91页.16开

中国南方少数民族原始农业形态.李根蟠,卢勋 著.北京:农业出版社,1987年.534页.32开

西北农牧史.张波 著.西安:陕西科学技术出版社,1989年.468页.32开

太湖地区农业史稿.中国农业科学院南京农业大学中国农业遗产研究室太湖地区农业史研究课题组 编著.北京:农业出版社,1990年.476页.32开

唐代江南农业的发展.李伯重 著.北京:农业出版社,1990年.338页.32开

陕西古代农业科技.李凤岐,樊志民 撰.陕西省科技志编辑室 编.西安:陕西人民出版社,1992年.157页.小32开

云南物质文化·农耕卷.尹绍亭 著.昆明:云南教育出版社,1996年.2册.614页.地图及插图,大32开

云南物质文化·采集渔猎卷.罗钰 著.昆明:云南教育出版社,1996年.17,322页.地图及图,大32开

广西农业科学技术史.廖振钧 编著.南宁:广西人民出版社,1996年.318页.大32开(广西农业史丛书)

中国古代农业科技史简明图表.陈文华 编绘.北京:农业出版社,1978年.78页.大32开

中国古代农业科技史图说.闵宗殿等 主编.北京:农业出版社,1989年.461页.16开(中国农业博物馆丛书)

中国古代农业科技史图谱.陈文华 编著.北京:农业出版社,1991年.510页.16开

中国农业考古图录.陈文华 编著.南昌:江西科学技术出版社,1994年.563页.16开

汉代农业画像砖石.夏亨廉,林正同 主编.北京:中国农业出版社,1996年.148页.16开

中国古代耕织图.王潮生 主编.北京:中国农业出版社,1995年.228页.16开

中国古代耕织图选集.中国农业博物馆农史研究室 编.北京:中国农业博物馆,1986年.108页.16开

农书、农史论集.胡道静 著.北京:农业出版社,1985年.277页.32开

主要子目:

稀见古农书录

稀见古农书别录

读《四时纂要》札记

沈括的农学著作《梦溪忘怀录》

今本《南方草木状》的几个问题

《种艺必用》在中国农学史上的地位

《种艺必用》内容的渊源
述上海图书馆所藏元刊大字本《农桑辑要》
钞本仅传的一部农学文献汇编—《树艺篇》
徐光启农学著述考
徐光启的农学著作问题
朝鲜汉文农学撰述的结集
我国古代农学发展概况和若干古农学资料概述
释菽篇
梁为周氏族所植粟之优良品种说
茭白园艺改革的时代和地点
古代瓜类考
山东的农学传统
沈括在农业科学上的成就和贡献
爱国科学家徐光启及其总结农业技术经验的三个阶段

农业遗产研究集刊. 第 2 册. 中国农业科学院南京农学院中国农业遗产研究室 编著. 北京: 中华书局, 1958 年. 246 页. 16 开
主要子目:
从"补农书"看明末清初时代农业经济与技术的社会性质. 陈恒力
甘藷来源和我们劳动祖先的栽培技术. 胡锡文
我国古老的作物——薏苡. 宋湛庆
祖国的苧麻栽培技术. 李长年
中国文献上的柿果. 叶静渊
二千年前的有机物溲种法的试验报告. 南京农学院植物生理教研组
溲种法试验报告. 张履鹏, 蒿树德
冬谷试验及调查报告. 张履鹏等
关中农田水利的历史发展及其成就. 黄盛璋, 吴汝祚
祖国的农场经营管理知识的整理分析. 李长年
秦汉度量衡亩考. 万国鼎
学习夏纬英先生"吕氏春秋上农等四篇校释"笔记. 王毓瑚, 杨直民
补校司牧安骥集. 邹介正
茶书总目提要. 万国鼎
参考资料:
仔猪去势术. 邹介正
我国古代对几种锦葵科植物的经济利用——沤麻. 叶静渊

农史研究集刊. 第 1 册. 中国农业科学院南京农学院中国农业遗产研究室 编辑. 北京: 科学出版社, 1959 年. 145 页. 16 开
主要子目:
管子度地篇探微. 友于
管子地员篇研究. 友于
我国相马外形学发展史略. 邹介正
农业生产上的时宜问题. 李长年
耦耕考. 万国鼎
虫白蜡利用的起源. 邹树文
唐尺考. 万国鼎
本草学的起源及其发展. 孙家山
齐民要术调查研究的尝试. 丛林
试评"中国度量衡史"中周秦汉度量衡亩制之考证. 王达

农史研究集刊. 第 2 册. 中国农业科学院南京农学院中国农业遗产研究室 编辑. 北京: 科学出版社, 1960 年. 228 页. 16 开
主要子目:
由西周到前汉的耕作制度沿革. 友于
诗经黍稷辨. 邹树文
据三礼说黍非稷. 段熙仲
诗经时代黍粟辨. 刘毓瑔
战国时代的六国农业生产. 潘鸿声, 杨超伯
中国文献上的水稻栽培. 陈祖椝
中国农史文献上粟的栽培. 曹隆恭
我国蚕业发展概述. 章楷
吴越钱氏在太湖地区的圩田制度和水利系统. 缪启愉
唐代的针烙术. 邹介正
吕氏春秋的性质及其在农学史上的价值. 万国鼎
解放前长江黄河流域十二省区使用的农具. 潘鸿声
管子地员篇的地区性探讨. 王达

农史研究. 第 1 辑. 华南农业大学(华南农学院)农业历史遗产研究室 编. 北京: 农业出版社, 1980 年. 218 页. 16 开
主要子目:
农业总论:
我国古代植物育种的成就. 黄超武, 梁家勉
我国封建社会第一个农业生产高潮. 梁家勉

论战国时期农业的变革和发展.谢仲华
研究商鞅农战政策的启示.谢仲华
宋应星的哲学思想和《天工开物》的农业科学成就.吴世宦
农业文献研究:
漫谈古代文献对农业科学的作用.梁家勉,彭世奖
从历史文献看植物分类学的发展.蒋英
对《东亚植物学文献》所附“中国古代文献”的订补.蒋英
《管子地员篇》中的植物生理学知识.李明启
《南方草木状》撰者撰期的若干问题.彭世奖
《齐民要术》中的生物学知识.梁光商
从《荔枝谱》与《柑录》中看各该果树栽培的科技成就.伊钦恒
土壤、田制、农器:
略谈我国土壤科学的发展.谢申
田诂溯源——从“田”字的形成看远古的农耕情况.梁家勉
车与农车史话.邵耀坚
几种研究我国牛耕起源时代学说的简述.谢忠梁
农艺作物:
中国栽培稻种的起源及其演变.丁颖遗著
我国栽培稻祖先——野生稻的调查研究.戚经文等
我国古代关于水稻生态学的知识.梁家勉等
甘薯名实考.戚经文
果树:
“罗望子”名实考.徐祥浩,梁家勉
华南原产果树在新大陆开花结果.黄昌贤
猕猴桃的历史及其在国外的生产状况.颜坚莹
林业:
治林四十年.侯过口述,陈伯坚笔录
近百年广东林业教育史略.沈鹏飞
从我国森林的变化看发展林业的效益.艾力森
畜牧兽医:
我国家畜传染病探源.冯淇辉
养鸡史漫话.王永厚

农史研究.第2辑.华南农业大学(华南农学院)农业历史遗产研究室 编.北京:农业出版社,1982年.168页.16开
主要子目:
有关《齐民要术》若干问题的再探讨.梁家勉
略述我国谷物源流.李长年
我国历代作物布局的演变.张履鹏
试论我国精耕细作传统与机械化耕作制度.郭文韬
《临海水土异物志辑校》序.张政烺
试论我国农业的历史特点.曹隆恭
从我国新石器时代遗址的分布看当时农用地开发利用的趋势.贾文林
从考古发现试探我国栽培稻的起源演变及其传播.杨式挺
漫谈出土文物中的古代农作物.陈文华
中国早期稻作历史.张德慈
从“乡贡八蚕之绵”探索我国南方蚕业的起源.杨宗万
菰(Zizania caduciflora(Turcz.)Hand.—Mazz.)考.吴万春
番薯的引进和传播.章楷
柳宗元与农业科学技术.张寿祺
三百年前的老农种田经——《稼圃初学记》评介.闵宗殿
陈翥的《桐谱》和我国泡桐栽培的历史经验.张企曾
论徐光启及其《农政全书》.谢仲华
附录:
中国农业考古资料索引.陈文华,张忠宽编

农史研究.第3辑.华南农业大学(华南农学院)农业历史遗产研究室 编.北京:农业出版社,1983年.201页.16开
主要子目:
从我国南方若干少数民族看农业的原始形态.卢勋,李根蟠
发扬古代农业科技的优良传统,加快农业现代化的步伐.艾力森
试论月令体裁的中国农书.董恺忱
中国农书及其分类系统.北京农业大学图书馆
《吕氏春秋》上农等四篇农业文献中的植物生理学知识.李明启
《南方草木状》辨伪.马泰来 著.刘平章等 校
《棉书》简介兼论关中西部植棉史梗概.李凤

岐
我国历史上的水土保持.马宗申
唐代黄河流域的农田水利事业.王质彬
历史时期太湖地区水旱情况初步分析(四世纪——十九世纪).汪家伦
从古农书看我国间混套作的发展.杨怀森
中国传统耕作方法考.(日)天野元之助 著.曹隆恭 译
中国历史上的治蝗斗争.彭世奖
元代棉花栽培技术浅谈.王淳洪
西北茶叶贸易史研究.庄晚芳,王家斌
茶史漫谈.关履权
从白居易诗文看唐代园林植物的栽培和护理.张寿祺
中国有关竹材应用与处理的发展.邓其生
一种有待发展的重要果树——余甘子考证.吴定尧
明清时代太湖地区蚕桑兴衰考.章楷
殷代的蚕事.周匡明
陕西省岐山县出土的西汉铜壁犁简介.云立峰
广西梧州市出土的东汉板栗和谷仓模型.李乃贤

农史研究.第4辑.华南农业大学(华南农学院)农业历史遗产研究室 编.北京:农业出版社,1984年.145页.16开
主要子目:
学术研究:
试论我国传统农法的形成和发展.董恺忱,杨直民
水利史上的经验和教训.谢仲华
历史上陕北黄土高原农牧业发展概况及其对自然环境的影响.朱士光
我国古代的植物保护机械.姜纬堂
我国烟草的引进、传播和发展.王达
中药舶来品引进考.(美)胡秀英 著.黄世瑞 译
中国壁犁的演进.(英)白馥兰 著.张寿祺,梁锋 译
鹌鹑发展的历史.陈耀王,王峰
农史小考:
四书堂农史小札:释耒.梁家勉
关于农业起源的几种理论的探讨.卫斯
我国柞蚕业的起源和传播考略.章楷
我国最早引种陆地棉的考证.汪若海
康熙和御稻.闵宗殿
刺梨名实考.吴定尧
剑州古柏粗考.赵珖
争鸣园地:
对我国有关植棉史论述中的几点异议.汪若海
陈旉《农书》中两个问题的商榷.姜义安
人物和农书:
《四十个世纪以来的农民》评介.钟俊麟
《石声汉农史论文选集》序.梁家勉
陈翥的家世和生平.潘法连
《"茶经"注释》前言及述评.邓乃朋

农史研究.第5辑.华南农业大学(华南农学院)农业历史遗产研究室 编.北京:农业出版社,1985年.273页.16开
主要子目:
总论:
比较方法在农史研究中的运用及其现实意义.董恺忱
十八、十九世纪关中平原旱农土壤耕作浅论.李凤岐
科技史:
我国接木的最早记载.吴小航
中国养鹅史的研究.陈耀玉
我国古代农作物选种及种子处理技术的成就.王潮生
我国历史上栽培棉花种类的演变.章楷
先秦常蔬及其演进的探讨.伊钦恒
《全唐诗》茶史资料札记.朱自振
康熙皇帝与江苏双季稻.陈志一
"举首不见天,一亩采三千"——论明末清初嘉湖地区桑树丰产经验.周匡明
席草作物原始及栽培史话.李林生
我国种植菠萝蜜的历史考证.吴定尧
农经史:
青铜生产工具与中国奴隶制的特点.陈振中
井田说剖析.马宗申
烟草在中国的传播和发展.陈树平
明清时期珠江三角洲的生态平衡与农业经济.谢天祯
综述:

评介中国农业资本主义萌芽问题的研究.江太新
原始农业:
原始畜牧业起源和发展若干问题的探索.李根蟠等
试论第一次社会大分工.宋萱
试论我国稻作的起源.李润权
原始掘土棒上的穿孔重石.宋兆麟,周国兴
近代农业:
浙江蚕学馆——我国近代最早的农业学校.吴佩琳,季玉章
关于中国近代农业教育的起点问题——高安蚕桑学堂不是中国近代农业教育的起点.饶锡鸿,蒋美伦
女蚕校和江苏蚕业改进.之凡
少数民族农业史:
唐代云南"二牛三夫"耕作法民族学新证.李昆声
从白族的"二牛三人"耕作法看汉代的耦犁法.李朝真
我国新疆的坎儿井.陈俊谋
从少女育蚕说起——为养蚕起源提供一个例证.刘宇
鲁明善的《农桑衣食撮要》.陈俊谋
从乌孙马到伊犁马.张国杰
农业古籍:
试论《补农书》及其在农史上的价值.王达
《农桑撮要》书名和版本问题初探.沈津
值得深入研读的《齐民要术》最新校释本.杨直民
小考:
释穊.游修龄
秦观《蚕书》小考.黄世瑞
资料索引:
中国古代农业考古资料索引.畜禽.(续上期)陈文华,张忠宽 编
农史论文资料索引.申晓明

农史研究.第6辑.华南农业大学(华南农学院)农业历史遗产研究室 编.北京:农业出版社,1985年.161页.16开
主要子目:
我国七千多年农业史概述.余友泰
西北地区历代农业开发述略.张波
海南岛黎族农耕技术史探研.张寿祺
中国农业浮田的起源和历史.(美)李惠林 著,范楚玉 译
珠江三角洲唐代堤围历史地貌学研究.曾昭璇,曾宪珊
我国先民在生物进化学术思想上的贡献.李璠
我国古代对农植物遗传、育种学的研究与贡献.张汉洁
先秦时代的农时学说.朱洪涛
中国古代农具发展史略.荆三林,李趁有
踏犁掘坑说质疑.姜纬堂
我国稻螟防治史略.周圻
中国化肥研究史料.郭金如,林葆
从中国古籍中所见之中国稻作.丁颖遗著
江苏双季稻历史再探.陈志一
宋元以来广东的棉业.陈峰
我国古代果蔬保藏的技术和历史.闵宗殿
我国发展干果栽培的历史经验.陈宾如
我国水仙问源.卢履范
我国传统兽医学发展史略.孙宝琏,王铭农
我国家兔品种都是从外国引入的吗?——与罗泽珣先生商榷.阮汉江
中国鹌鹑的考证及其展望.谢成侠
我国栽桑育蚕起始时代初探.卫斯
农书研究:
家畜文化史目录.(日)加茂仪一 著.汪直三 译.
《齐民要术》成书时代背景试探.梁家勉
《潞水客谈》与明代京津地区水田的开垦.张民服
古农书疑义考释(四则).游修龄
关于《农政全书校注》水利部分的若干意见.汪家伦
人物评介:
略论包世臣"本末皆富"的经济思想.桑润生
《南海药谱》作者李珣小考.杨宝霖
聊斋先生也是农学家.彭世奖
杰出的维吾尔族农学家——鲁明善.黄世瑞
宋太宗赠送日本的神农氏雕像.宋大仁

农史研究.第7辑.华南农业大学(华南农学院)农业历史遗产研究室 编.北京:农业出版社,1988年.196页.16开

主要子目：

农史研究与农业现代化：

发展农史科学研究 培养农史人才．刘瑞龙

传统农业向现代农业转化与农业科学技术史研究的蓬勃发展．杨直民

甲骨文与农史：

论甲骨文"秜"非稻．游修龄

从甲骨文材料中看商代的养狗业．卫斯

释麸．谭步云

先秦农史：

试论荀子的重农思想及其唯物观点．张汉洁

试论《诗经》的地理价值·粮食地理．孙关龙

《周礼》郑注染草及其工艺的探讨．赵丰

中国植物的驯化．(美)李惠林 著．林枫林 译．黄雅文 校

地方农史：

辽宁植棉史．王淳泓

古代黄河中下游地域嫁接和修剪技术初探．刘振亚，刘璞玉

关于六朝时期三吴地区水利和农业开发的若干考察．(日)中村圭尔著．汪家伦译．李大明校

杭嘉湖平原螟害考．胡澍沛

珠江三角洲桑基鱼塘生态系统分析．梁光商

明清时期珠江三角洲桑基鱼塘的发展．杨晓棠

蚕桑：

古代养蚕为"三齐"所采取的措施．章楷

昆虫：

从野蜂的采集到野蜂的家养——独龙族、怒族、傈僳族、佤族采养野蜂方法的调查．李根蟠，卢勋

我国农业害虫防治策略溯源．俞荣梁

古之"奔蜂"即今之"胡蜂"考．杨沛

古代餐桌上的佳肴——昆虫．邢湘臣

畜牧兽医：

中国历史名鸡．闵宗殿

明代兽医学术的发展．邹介正

园艺：

从《齐民要术》看我国古代果树林木的栽培技术成就．马万明

元以前我国荔枝品种考．杨宝霖

龙荔名实考．蒋善宝

我国槟榔应用和生产的历史．吴建新

肤木倍子名实考．林鸿荣

古农书研究：

有关《齐民要术》的几个问题答天野先生．梁家勉

我国唯一的《齐民要术》"院刻"抄本——小岛尚质抄本的发现．田惠岳

汉代画像中所见的系驾法．(日)渡部武著．甄绮文 译．林广信 校

资料索引：

日本学者研究中国古农书的主要著作一览(稿)．(日)渡部武 编．彭世奖 译．

农史研究论文索引(一九八四年上半年)．申晓明

补白：

《灯窗琐语》五则．玉雨

农史研究．第8辑．华南农业大学(华南农学院)农业历史遗产研究室 编．北京：农业出版社，1989年．146页．16开

主要子目：

夏纬瑛先生对先秦农史研究的贡献．范楚玉，夏经林

《夏小正》新证．李学勤

甲骨文中所见的商代农业．裘锡圭

论先秦农史资料的整理和注释问题．马宗申

《吕氏春秋》中的四篇农业论文是中国传统农学的奠基石．杨直民

试论《吕氏春秋·上农》等四篇的时代性．李根蟠

陈旉及其《农书》．李长年．

《农桑辑要》——金、元时期农业科学技术的发展．缪启愉

试论明清农书及其特点与成就．王达

关中农学家——杨屾．李凤岐

我国古代的治理盐碱土技术．闵宗殿

"夏注"习读札记．张波

我国环境保护的历史经验值得总结．彭世奖

考古发现和中国生物学知识的起源．芶萃华

苏颂《本草图经》在生物学的贡献．刘昌芝

《梦溪笔谈》所载"鳄鱼"、"白雁"考．汪子春

农史研究．第9辑．华南农业大学(华南农学院)农业历史遗产研究室 编．北京：农业出版社，1990年．153页．16开

主要子目：

农业经济：

适应传统农业生产力水平的农业经济结构——小农经济. 阎万英

清代耕地滥行扩张及其消极影响. 谭作刚

明清时期广东的农业经济与农业资本主义萌芽. 谢天祯

农业技术：

清前期两湖地区农业生产技术水平初探. 谭天星

农田水利：

谈谈围田与圩田. 张芳

农作物栽培史：

华南是中国种棉花最早的地区. 于绍杰

宋代福建植棉纺织业的发展及其对社会经济的影响. 蓝兆雄

中国植物的驯化(续). (美)李惠林 著. 林枫林 译

园艺作物：

从杭州历史上的名产"黄芽菜"看我国白菜的起源、演化与发展. 叶静渊

福建荔枝栽培发展史. 林铮

我国古文献中枣、棘(酸枣)的产生与转化的初步探讨. 刘振亚, 刘璞玉

"浅红酽紫各新样, 雪白鹅黄非旧名"——牡丹品种繁荣小史(唐宋部分). 杨宝霖

古代文献中关于枸橼和佛手的记载. 刘义满

农史文献与农史人物：

岭南历代农、动、植物志叙录. 吴建新

神农被尊为农业始祖的由来. 刘玉堂, 黄敬刚

徐光启生平一段小史的考证. 梁家勉

畜牧兽医：

驯象为役畜. 赵国磐, 佟屏亚

清代以来中国传统兽医药物学的发展概述. 牛家藩

林业：

广东森林历史变迁初探. 张镜清等

农史研究. 第10辑. 华南农业大学(华南农学院)农业历史遗产研究室 编. 北京：农业出版社, 1990年. 193页. 16开

主要子目：

简论青川秦牍《为田律》. 李根蟠

西汉的"劝农". 范楚玉

明清时期太湖农业发展的道路. 闵宗殿

从《补农书》看经营地主经济的性质. 叶依能

中国古代重农史事述略. 黄世瑞

"象耕鸟耘"辨析. 彭世奖

中国古代关于嫁接技术的研究. 刘昌芝

"禾"、"谷"、"稻"、"粟"探源. 游修龄

"霞树珠林今若何, 岭南从古荔枝多"——广东荔枝小史. 杨宝霖

中国桃的历史探讨. 彭治富

《管子·地员篇》与"授田"、"制赋"的关系及其地域范围和著作年代. 苟萃华

关于《吕氏春秋·上农》等四篇几个问题的商榷. 马宗申

《齐民要术》中树木栽培管理技术初探. 王潮生

对传入日本的《耕织图》的考察. (日)渡部武. 彭世奖 译

鲁明善在安徽之史迹——附《靖州路达鲁花赤鲁公神道碑》. 张秉伦

《救荒本草》的通俗性、实用性和科学性. 周肇基

《天工开物》中卓越的农学思想. 杨直民

《甘薯疏》所见徐光启的改革、开放思想研究. 朱洪涛

古农书二十种农业气候读书札记. 何大章

我国第一个耕读兼营学馆. 李凤岐

我国近代农业教育的发展和改进. 章楷

明清时期太湖地区淡水鱼业的初步研究. 王达

试述太湖地区地理环境对农业发展的作用. 朱自振

中山县沙田形成考. 曾昭璇

梁家勉教授《徐光启年谱》一书对年谱学的贡献. 张寿祺

梁家勉著作目录

中国农业博物馆建馆十周年论文选集(1986—1996). 王广智, 陈军 主编. 北京：中国农业科技出版社, 1996年. 400页. 16开(中国农业博物馆丛书)

主要子目：

农业科技史：

浅析我国古代旱作栽培管理技术. 彭治富, 王潮生

水力在中国古代农业上的应用. 闵宗殿

我国古代农作物选种及种子处理技术成就. 王潮生

我国古代水稻土的培肥措施. 刘彦威

海外农作物的传入和对我国农业的影响.闵宗殿
浅谈我国古代饲养耕牛的经验.王潮生
晋陕蒙接壤区土地利用与土壤侵蚀之历史管窥.刘德雄
晋陕蒙接壤区气候变迁与农牧业生产关系.方配贤
《齐民要术》中树木栽培管理技术初探.王潮生
从《齐民要术》看南北朝时期饮食文化.萧克之,张合旺
读《救荒本草》(《农政全书》)札记.闵宗殿
《三农纪》所引《图经》为《图经本草》说质疑.闵宗殿
吴其濬的学风与《植物名实图考》.徐萍
农业经济史:
中国古代的重农思想与重农政策.彭治富,王潮生
晋陕蒙接壤区农业发展史研究.王广智,陈军等
中国农业本土起源新论.徐旺生
论先秦时期的林业.王潮生
西藏原始农业初探.徐旺生
从砖石画像看汉代农业经济特点.林正同
唐代西北边郡和籴问题再探.吴卫国
明代农业货币税的推行问题.李三谋
明代庄田的经济性质及租额问题.李三谋
明清时期太湖地区农业发展的道路.闵宗殿
清代北方农地利用特点.李三谋
清代南方永佃制和额租制的关系问题.李三谋
清代的人口问题及其农业对策.闵宗殿

太湖地区农史论文集(第一辑).中国农业遗产研究室太湖农史组 编辑.南京农业大学印刷厂印.1985年.123页.16开

农　艺

中国栽培植物发展史.李璠等 编.北京:科学出版社,1984年.301页.大32开

中国作物栽培史稿.唐启宇 编著.北京:农业出版社,1986年.640页.大32开

中国古代的农作制和耕作法.郭文韬 编著.北京:农业出版社,1981年.236页.大32开(中国农史研究丛书)

中国古代农耕史略.闵宗殿 著.石家庄:河北科技出版社,1992年.207页.32开(古代科学史略丛书)

中国耕作制度史研究.郭文韬 著.南京:河海大学出版社,1994年.372页.16开

中国古代粮食贮藏的设施与技术.靳祖训 编.北京:农业出版社,1984年.107页.大32开(中国农史研究丛书)

农 作 物

五谷史话.万国鼎 编写.北京:中华书局,1964年.48页.32开(本书1961年第1版,这是第2版)(中国历史小丛书)

中国水稻品种及其系谱.林世成等 主编.上海:上海科学技术出版社,1991年.411页.32开

中国大豆栽培史.郭文韬 编著.南京:河海大学出版社,1993年.185页.32开

黑龙江稻作发展史.吕长文 著.哈尔滨:黑龙江朝鲜民族出版社,1990年.467页.大32开

稻作史论集.游修龄 著.北京:中国农业科技出版社,1993年.319页.图.大32开

中国稻作史.游修龄 编著.北京:中国农业出版社,1995年.412页.大32开

壮族稻作农业史.覃乃昌 著.南宁:广西民族出版社,1997年.351页.32开

棉

中国棉业史.赵冈,陈钟毅 著.台北:联经出版事业公司,1977年.303页.32开

植棉史话.章楷 编.北京:农业出版社,1984 年.84 页.32 开(中国农学普及丛书)

古棉花图丛考:棉花科技史.卢惠民 主编.石家庄:河北科学技术出版社,1991 年.162 页.32 开

中国棉花栽培科技史.倪金柱 编著.北京:农业出版社,1993 年.186 页.大 32 开

纪念张之洞引种陆地棉一百周年学术研讨会论文集.孙济中 主编.武汉:湖北人民出版社,1994 年.378 页.大 32 开

茶

中国茶叶历史资料选辑.陈祖椝,朱自振 编.北京:农业出版社,1981 年.635 页.大 32 开(中国农史专题资料汇编)

茶叶通史.陈椽 编著.北京:农业出版社,1984 年.514 页.大 32 开(中国农书丛刊·茶叶之部)

古今茶事.胡山源 编.上海:上海书店.1985 年.321 页.小 32 开(据世界书局 1941 年版复印)

茶经述评.吴觉农 主编.北京:农业出版社,1987 年.386 页.32 开

茶经论稿.陆羽研究会 编.武汉:武汉大学出版社,1988 年.113 页.32 开

中国茶史散论.庄晚芳 编著.北京:科学出版社,1988 年.290 页.32 开

四川茶业史.贾大泉,陈一石 著.成都:巴蜀书社,1988 年.375 页.32 开

中国地方志茶叶历史资料选辑.吴觉农 主编.北京:农业出版社,1990 年.749 页.大 32 开

中国茶叶历史资料续辑(方志茶叶资料汇编).朱自振 编.南京:东南大学出版社,1991 年.336 页.32 开

茶的历史与文化.'90杭州国际茶文化研讨会论文选集.王家扬 主编.杭州:浙江摄影出版社,1991 年.197 页.32 开

茶、茶科学、茶文化.张堂恒等 编著.沈阳:辽宁人民出版社,1994 年.375 页.彩照,大 32 开

土壤与肥料

中国古代土壤科学.王云森 著.北京:科学出版社,1980 年.217 页.32 开

我国古代土壤科技概述.林蒲田 著.湖南涟源地区农校.油印本,1983 年.222 页.16 开

中国古田制考.谢元量 著.上海:上海商务印书馆,1933 年.95 页.32 开(万有文库第 1 集 593 种、国学小丛书)

太湖塘浦圩田史研究.缪启愉 编著.北京:农业出版社,1985 年.103 页.大 32 开(中国农史研究丛书)

中国屯垦史(上册).杨向奎等 著.北京:农业出版社,1990 年.257 页.32 开

中国屯垦史(中册).张泽咸等 著.北京:农业出版社,1990 年.332 页.32 开

中国屯垦史(下册).王毓诠等 著.北京:农业出版社,1991 年.424 页.32 开

清代土地开垦史.彭雨新 编著.北京:农业出版社,1990 年.285 页.32 开

古代西北屯田开发史.赵俪生 主编.兰州:甘肃文化出版社,1997 年.469 页.32 开

肥料史话.曹隆恭 编.北京:农业出版社,1984 年.74 页.32 开(本书 1981 年第 1 版,这是修订本)

农田水利

中国古代农业水利史研究—中国经济史研究之一.黄耀能 著.台北:六国出版社,1978 年.403 页.大 32 开

农田水利史略.周魁一 著.北京:水利电力出版社,1986 年.151 页.32 开(中国水利史小丛书)

宁夏引黄灌溉小史.卢德明 著.北京:水利电力出版社,1987 年.69 页.32 开(中国水利史小丛书)

中国农田水利史.汪家伦,张芳 编著.北京:农业出

版社,1990年.477页.大32开

明清长江流域农业水利研究.彭雨新,张建民 著.武汉:武汉大学出版社,1993年.413页.大32开

吐鲁番坎儿井.钟兴麒,储怀贞 主编.乌鲁木齐:新疆大学出版社,223页.地图.大32开

农业机械及农具

中国古代农业机械发明史.刘仙洲 编著.北京:科学出版社,1963年.100页.16开

中国科技史资料选编—农业机械.清华大学图书馆科技史研究组 编.北京:清华大学出版社,1985年.440页.32开

中国农业机械技术发展史.邱梅贞 主编.北京:机械工业出版社,1993年.310页.16开

中国古代农业机械发明史(补编).张春辉 编著.北京:清华大学出版社,1997年.132页.16开

耒耜的起源及其发展.孙常叙 著.上海:上海人民出版社,1959年.79页.32开

农具.汪锡鹏 编著.南京:正中书局,1936年初版,1948年沪1版,58页.32开(中国发明发见故事集)

中国生产工具发达简史.荆三林 著.济南:山东人民出版社,1955年1册.有图.32开

中国生产工具发展史.荆三林 著.北京:中国展望出版社,1986年.528页.图版26页.32开

农具史话.周昕 编著.北京:农业出版社,1985年.100页.32开(本书1980年第1版,这是第2版)(中国农学普及丛书)

中国古农具发展史简编.犁播 编.北京:农业出版社,1981年.128页.32开

中国古代农机具.章楷 编著.北京:人民出版社,1985年.119页.32开

中国古代生产工具图集.第1册.石器时代.徐文生 编.西安:西北大学出版社,1984年.240页.16开

中国古代生产工具图集.第2册.商周时代.徐文生 编.西安:西北大学出版社,1986年.176页.16开

中国古代生产工具图集.第3册.秦汉时代.徐文生 编.西安:西北大学出版社,1986年.189页.16开

中国古代生产工具图集.第4册.魏晋南北朝隋唐宋元明清时代.徐文生 编.西安:西北大学出版社,1986年.154页.16开

园　艺

园艺史话.梁国宁 编.北京:农业出版社,1983年.124页.32开

中华园艺史.程兆熊 著.台北:台湾商务印书馆,1985年.693页.32开(中华科学技艺史丛书)

古代花卉.舒迎澜 著.北京:农业出版社,1993年.269页.32开

我国果树历史的研究.辛树帜 编著.北京:农业出版社,1962年.146页.32开

中国果树史与果树资源.孙云蔚 主编.上海:上海科学技术出版社,1983年.146页.16开

中国果树史研究.辛树帜 编著.伊钦恒 编订.北京:农业出版社,1983年.174页.大32开(中国农史研究丛书)

果树史话.佟屏亚 编著.北京:农业出版社,1983年.362页.32开(中国农学普及丛书)

林　业

中国林业技术史料初步研究.干铎 主编.陈植 修订.北京:农业出版社,1964年.382页.大32开(中国农史专题资料汇编)

林业史园林史论文集.第1集.北京:北京林学院林业史研究室编印,1982年.96页,16开,另附图集1册

中国森林史料.陈嵘 著.北京:中国林业出版社,1983年.292页.大32开(本书1934年曾以《历代森林史略及民国林政史料》为书名出版,1951年第3版,1952年第4版,改为现名,并增加1934年至

解放初的史料,1983年据第4版排印)

森林史话.魏德保 编著.北京:中国林业出版社,1986年.76页.32开(林业技术知识丛书)

中国近代林业史.南京林业大学林业遗产研究室 主编.北京:中国林业出版社,1989年.668页.照片 大32开

绿色史料札记:巴山林木碑碣文集.张浩良 编著.昆明:云南大学出版社,1990年.136页.图.32开

中国林业传统引论.张钧成 著.北京:中国林业出版社,1992年.303页.32开

中国森林史资料汇编.董智勇 主编.北京:中国林学会林业史学会,1993年.527页.16开

中国森林的历史变迁.陶炎 著.北京:中国林业出版社,1994年.217页.照片.大32开

中国古代林业史·先秦篇.张钧成 著.台北:五南图书出版有限公司,1995年.331页.32开

中国林业科学技术史.熊大桐 主编.北京:中国林业出版社,1995年.460页.插图.16开

畜牧、兽医

中国之畜牧.汤逸人 译.上海:中华书局股份有限公司,1948年.142页.图版50页.大32开

中国畜牧史资料.王毓瑚 编著.北京:科学出版社,1958年.354页.32开

中国畜牧史料集.张仲葛,朱先煌 主编.北京:科学出版社,1986年.532页.16开

畜禽史话.佟屏亚,赵国磐 编著.北京:学术书刊出版社,1990年.272页.32开

中国近代畜牧兽医史料集.中国畜牧兽医学会 编.北京:农业出版社,1992年.481页.16开

中国家畜起源论文集.薄吾成 著.杨陵:天则出版社,1993年.76页.大32开

中国养禽史.谢成侠 编著.北京:中国农业出版社,1995年.198页.照片.大32开

中国养马史.谢成侠 著.北京:科学出版社,1959年.284页.32开

中国养牛羊史(附养鹿简史).谢成侠 编著.北京:农业出版社,1985年.224页.16开

中国兽医史话.金重冶 著.北京:科学普及出版社,1980年.48页.32开

兽医针灸史漫话——从石针到光针.杨宏道 编著.北京:农业出版社,1986年.54页.32开(本书1981年第1版,这是第2版)

中兽医学史略——附中兽医名人录.中国畜牧兽医学会、中兽医研究会 编.北京:农业出版社,1992年.158页.32开

中兽医学史简编.于船,牛家藩 编著.太原:山西科学技术出版社,1993年.149页.32开

蚕桑、蜂业

中国养蚕学.郭葆琳 编.上海:新学会社,1931年.213页.32开(本书1918年第1版,这是第2版)(农学丛书)

中国蚕业史.尹良莹 著.南京:南京中央大学蚕桑学会.1931年.32开

四川蚕业改进史.尹良莹 著.上海:商务印书馆,1947年.385页.(中国蚕丝丛书)

蚕业史话.章楷 编写.北京:中华书局,1979年.41页.32开(本书1963年第1版,这是第2版)(中国历史小丛书)

蚕业史话.周匡明 编著.上海:上海科学技术出版社,1983年.277页.32开(中国科技史话丛书)

中国古代养蚕技术史料选编.章楷,余秀茹 编注.北京:农业出版社,1985年.186页.32开

东南蚕桑文化.顾希佳 著.北京:中国民间文艺出版社,1991年.272页.32开

中国古代栽桑技术史料研究.章楷 编.北京:农业出版社,1982年.219页.大32开(中国农史研究丛书)

中国蜂业简史.乔廷昆 主编.北京:中国医药科技出版社,1993年.290页.大32开

渔　业

中国渔业历史. 沈同芳 编辑. 上海: 江浙渔业公司, 1906年. 160页. 32开

中国渔业史. 李士豪, 屈若搴 著. 上海: 上海书店, 1984年据商务印书馆1937年版复印. 235页. 32开(中国文化史丛书)

中国海洋渔业简史. 张震东, 杨金森 同编著. 北京: 海洋出版社, 1983年. 295页. 大32开

福建渔业史. 福建省水产学会《福建渔业史》编委会编. 福州: 福建科学技术出版社, 1988年. 466页. 大32开

洪泽湖渔业史.《洪泽湖渔业史》编写组 编写. 南京: 江苏科学技术出版社, 1990年. 138页. 彩照. 16开(江苏渔业史丛书)

中国渔业史. 丛子明, 李挺 主编. 中国渔业史编委会编著. 北京: 中国科学技术出版社, 1993年. 337页. 32开

广西渔业史. 余汉桂 编著. 南宁: 广西人民出版社, 1995年. 320页. 大32开(广西农业史丛书)

福建海洋渔业简史. 杨瑞堂 编著. 北京: 海洋出版社, 1996年. 262页. 32开

古籍整理与研究

中国农书目录汇编. 毛雝 编. 南京: 金陵大学图书馆, 1924年. 214页. 32开

中国农书. (德)瓦格勒 著. 王建新 译. 上海: 商务印书馆, 1940年. 3版. 2册. 大32开

中国古农书联合目录. 北京图书馆 主编. 北京: 全国图书联合目录组, 1959年. 48页. 16开

中国农学书录. 王毓瑚 著. ①北京: 中华书局, 1957年. 232页. 32开. ②北京: 农业出版社, 1964年. 351页. 32开

福建省图书馆馆藏中国古农书目录. 福建省图书馆编, 1959年. 125页. 16开

中国古农书简介. 曲直生著. 台北: 经济研究社台湾省分社, 1970年. 100页. 32开(经济研究社丛书)

中国古代农书评介. 石声汉 著. 北京: 农业出版社, 1980年. 84页. 32开

中国农学遗产文献综录. 犁播 编. 北京: 农业出版社, 1985年. 412页. 大32开(中国农学研究工具书)

农业古籍联合目录. 中国农学会农业历史学会 编. 北京: 中国农学会农业历史学会, 1990年. 162页. 16开.

中国蚕桑书录. 华德公 编著. 北京: 农业出版社, 1990年. 135页. 32开

中国古农书考. (日)天野元之助 著. 彭世奖 译. 北京: 农业出版社, 1992年. 400页. 大32开

中国农史论文目录索引. 中国农业博物馆资料室编. 北京: 林业出版社, 1992年. 586页. 16开

中国科学技术典籍通汇·农学卷. 范楚玉 主编. 郑州: 河南教育出版社, 1994年. 5册. 16开

甲骨文农业资料考辨与研究. 彭邦炯 著. 长春: 吉林文史出版社, 1997年. 691页. 图 32开

《诗经》中有关农事章句的解释. 夏纬瑛 著. 北京: 农业出版社, 1981年. 74页. 32开

《周礼》书中有关农业条文的解释. 夏纬瑛 著. 北京: 农业出版社, 1979年. 133页. 大32开

秦晋农言. 王毓瑚 辑. 北京: 中华书局, 1957年. 150页. 32开

先秦农家言四篇别释. 王毓瑚 著. 北京: 农业出版社, 1981年. 69页. 大32开(中国农书丛刊. 先秦农书之部)

禹贡新解. 辛树帜 著. 北京: 农业出版社, 1964年. 367页. 大32开

吕氏春秋上农等四篇校释. 夏纬瑛 校释. 北京: 农业出版社, 1961年. 130页. 32开 (本书1956年第1版, 这是第2版)

管子地员篇校释. 夏纬瑛 校释. 北京: 中华书局, 1958年. 122页. 32开

管子地员篇校释. 夏纬瑛 校释. 北京: 农业出版社, 1981年. 99页. 大32开(中国农书丛刊. 先秦农书之部)

夏小正研究. 庄雅周 撰. 台北: 台湾师范大学, 1981年. 421页. 16开

夏小正经文校释.夏纬瑛 著.北京:农业出版社,1981年.81页.32开
氾胜之书今释.石声汉 著.北京:科学出版社,1956年.69页.32开
氾胜之书辑释.万国鼎 辑释.北京:农业出版社,1980年.172页.32开(本书中华书局1957年第1版,农业出版社1963年新1版,这是新2版)
两汉农书选读(氾胜之书和四民月令).(西汉)氾胜之,(东汉)崔寔 著.石声汉 选释.北京:农业出版社,1979年.50页.大32开
四民月令校注.(汉)崔寔 原著.石声汉 校注.北京:中华书局,1965年.120页.有表.大32开
四民月令辑释.(东汉)崔寔 著.缪启愉 辑释.北京:农业出版社,1981年.146页.大32开(中国农书丛刊·综合之部)
四民月令选读.缪桂龙 选译.北京:农业出版社,1985年.35页.32开(中国农学普及丛书)
齐民要术今释.第1分册.石声汉 校释.北京:科学出版社,1957年.220页.16开
齐民要术今释.第2分册.石声汉 校释.北京:科学出版社,1958年.210页.16开
齐民要术今释.第3分册.石声汉 校释.北京:科学出版社,1958年.288页.16开
齐民要术今释.第4分册.石声汉 校释.北京:科学出版社,1958年.157页.16开
齐民要术研究.李长年 著.北京:农业出版社,1959年.132页.32开
齐民要术选读本.(后魏)贾思勰 撰.石声汉 选释.北京:农业出版社,1961年.635页.32开
《齐民要术》选注.广西农学院法家著作注释组 注.南宁:广西人民出版社,1977年.202页.32开
齐民要术校释.(后魏)贾思勰 原著.缪启愉 校释.缪桂龙 参校.北京:农业出版社,1982年.870页.大32开(中国农书丛刊·综合之部)
齐民要术(饮食部分).(北魏)贾思勰 撰.石声汉 释.北京:中国商业出版社,1984年.222页.32开
齐民要术导读.缪启愉 著.成都:巴蜀书社,1988年.346页.32开
四时纂要校释.(唐)韩鄂 撰.缪启愉 校释.北京:农业出版社,1981年.273页.大32开(中国农书丛刊·综合之部)
四时纂要选读.(唐)韩鄂 原编.缪启愉 选译.北京:农业出版社,1984年.167页.32开(中国农学普及丛书)
《茶经》浅释.(唐)陆羽 著.张芳赐 译.昆明:云南人民出版社,1981年.82页.32开
陆羽茶经译注.(唐)陆羽 撰.傅树勤,欧阳勋 译注.武汉:湖北人民出版社,1983年.108页.32开
桐谱校注.(北宋)陈翥 著.潘法连 校注.北京:农业出版社,1981年.144页.大32开(中国农书丛刊·园艺之部)
陈旉农书校注.(宋)陈旉 撰.万国鼎 校注.北京:农业出版社,1965年.70页.32开
陈旉农书选读.(宋)陈旉 撰.缪启愉 选译.北京:农业出版社,1981年.43页.32开(中国农业普及丛书)
农桑辑要校注.石声汉 校注.北京:农业出版社,1982年.279页.大32开(中国农书丛刊·综合之部)
王祯农书.(元)王祯 著.王毓瑚 校.北京:农业出版社,1981年.458页.大32开
东鲁王氏农书译注.(元)王祯 撰.缪启愉 译注.上海:上海古籍出版社,1994年.763页.大32开
农桑衣食撮要.(元)鲁明善 著.王毓瑚 校注.北京:农业出版社,1962年.143页.32开
元刻农桑辑要校释.(元)大司农司 编辑.缪启愉 校释.北京:农业出版社,1988年.580页.大32开
种艺必用.(宋)吴怿 撰.(元)张福 补遗.胡道静 校录.北京:农业出版社,1963年.70页.32开(中国古农书丛刊·综合之部)
便民图纂.十六卷.(明)邝璠 著.石声汉等 校注.北京:农业出版社,1959年.256页.有图.大32开(中国古农书丛刊·综合之部)
《农说》的整理与研究.宋湛庆 编著.南京:东南大学出版社,1990年.137页.大32开
农政全书校注.(明)徐光启 撰.石声汉 校注.西北农学院古农学研究室 整理.上海:上海古籍出版社,1979年.3册,1866页.大32开
致富全书.孙芝斋 校勘、点校.郑州:河南科学技术出版社,1987年.272页.32开
群芳谱诠释(增补订正).(明)王象晋 纂辑.伊钦恒 诠释.北京:农业出版社,1985年.324页.大32开(中国农书丛刊·综合之部)
《田家五行》选释.江苏省建湖县《田家五行》选释小组.北京:中华书局,1976年.84页.32开
牡丹史.(明)薛凤翔 著.李东生 标点、注释.合肥:安

徽人民出版社,1983年.184页.大32开

种树书.(明)俞宗本 著.康成懿 校注.辛树帜 校阅.北京:农业出版社,1962年.(中国古农书丛刊·综合之部)

补农书研究.陈恒力 编著.王达 参校.①北京:中华书局,1958年第1版.334页.图表.大32开.②北京:农业出版社,1961年新1版.334页.图.大32开,1963年第3版(增订本)295页.32开

沈氏农书.张履祥 辑补.陈恒力 校点.北京:中华书局.1956年.792页.32开

补农书校释.(清)张履祥 辑补.陈恒力 校释.王达参校.北京:农业出版社,1983年.199页.大32开(本书中华书局1958年第1版,这是增订本)(中国农书丛刊·综合之部)

花镜研究.酆裕洹 著.北京:农业出版社,1959年.84页.有图表.大32开

花镜.(清)陈淏子 辑.伊钦恒 校注.北京:农业出版社,1979年.452页.32开(本书1962年第1版,这是第2版)

梭山农谱.(清)刘应棠 著.王毓瑚 校注.北京:农业出版社,1960年.39页.32开(中国古农书丛刊·综合之部)

豳风广义.(清)杨屾 著.郑辟疆,郑宗元 校勘.北京:农业出版社,1962年.(中国古农书丛刊·蚕桑之部)

三农纪校释.(清)张宗法 原著.邹介正等 校释.北京:农业出版社,1989年.745页.大32开

鸡谱校释——斗鸡的饲养管理.汪子春 校释.北京:农业出版社,1989年.53页.32开

营田辑要校释.(清)黄辅辰 编著.马宗申 校释.北京:农业出版社,1984年.308页.32开

授时通考辑要.伊钦恒 辑释.北京:农业出版社,1981年.127页.32开(中国农学普及丛书)

授时通考校注.第1册.马宗申 校注.北京:农业出版社,1991年.391页.大32开

授时通考校注.第2册.马宗申 校注.北京:农业出版社,1992年.356页.大32开

授时通考校注.第3册.马宗申 校注.北京:农业出版社,1993年.457页.大32开

授时通考校注.第4册.马宗申 校注.北京:农业出版社,1995年.419页.大32开

农言著实注释(增订本).(清)杨一臣 著.翟允禔整理.石声汉 校阅.西安:陕西人民出版社,1963年.43页.32开(本书1957年第1版,这是第2版)(西北农学院古农学研究室丛书)

农言著实评注.(清)杨一臣 著.翟允禔 整理.北京:农业出版社,1989年.64页.32开

★胡氏治家略农事编.(清)胡炜 著.童一中 节录.北京:中华书局,1958年.

农桑经校注.(清)蒲松龄 撰.李长年 校注.北京:农业出版社,1982年.178页.大32开(中国农书丛刊·综合之部)

广蚕桑说辑补.(清)沈练 著.仲昂庭 辑补.郑辟疆,郑宗元 校注.北京:农业出版社,1960年.65页.32开(中国古农书丛刊·蚕桑之部)

蚕桑辑要.(清)沈秉成 著.郑辟疆 校注.北京:农业出版社,1960年.(中国古农书丛刊·蚕桑之部)

胡蚕录.(清)王元綎 辑.郑辟疆 校.北京:农业出版社,1962年.(中国古农书丛刊·蚕桑之部)

区种十种.王毓瑚 辑.北京:财政经济出版社,1955年.161页.32开

筑圩图说及筑圩法.(明)耿橘.(清)孙峻 撰.汪家伦整理.北京:农业出版社,1980年.23页.大32开

司牧安骥集.李石等 编著.邹介正,马孝劬 校注.北京:农业出版社,1959年.426页.32开(中国古农书丛刊·畜牧兽医之部)

抱犊集.江西省农业厅中兽医实验所 校注.北京:农业出版社,1959年.32开

牛经切要.于船,张克家 点校.北京:农业出版社,1962年.32开

牛经备要医方.沈莲舫 编著.北京:农业出版社,1963年.41页.32开

新刻马书.(明)杨时乔等 纂.吴学聪 点校.北京:农业出版社,1984年.306页.大32开(中国古农书丛刊·畜牧兽医之部)

重编校正元亨疗马牛驼经全集.(明)喻本元,喻本亨著.中国农业科学院中兽医研究所 重编 校正.北京:农业出版社,1963年.738页.32开(中国古农书丛刊·畜牧兽医之部)

《药性赋》注释与兽医临床.张建岳 编著.西宁:青海人民出版社,1981年.284页.32开

元亨疗马集(许序)注释.郭光纪,荆允正 注释.于船审定.济南:山东科学技术出版社,1983年.753页.大32开

大武经校注.湖南省常德县畜牧水产局《大武经》校注小组 校注.北京:农业出版社,1984年.157页.

32开

养耕集校注.(清)傅述风 著.杨宏道 校注.北京:农业出版社,1981年修订版.113页.32开

其 他

论农业考古.陈文华 著.南昌:江西教育出版社,1990年.344页.32开

中国农业自然灾害史料集.张波等 编.西安:陕西科学技术出版社,1994年.684页.16开

粟、黍、稷古名物的探讨.胡锡文 著.北京:农业出版社,1981年.60页.32开

反映农牧渔业的古文字形考释——《古文字形发微》选辑.康殷 撰.北京:中国农业博物馆,1988年.154页.16开(中国农业博物馆丛书)

技 术 史

总 论

★中国工业史. 陈家锟. 上海: 上海中国图书公司, 1909年

中国古代工业史. 祝慈寿 著. 上海: 学林出版社, 1988年. 1002页. 32开

中国近代工业史. 祝慈寿 著. 重庆: 重庆出版社, 1989年. 972页. 32开

中国工业史. 古代卷. 刘国良 编著. 南京: 江苏科学技术出版社, 1990年. 601页. 32开

中国工业史. 近代卷. 刘国良 著. 南京: 江苏科学技术出版社, 1992年. 1008页. 32开

中国工业技术史. 祝慈寿 著. 重庆: 重庆出版社, 1995年. 1477页. 32开

科技史文集. 第9辑. 技术史专辑. 自然科学史研究所技术史组 主编. 上海: 上海科学技术出版社, 1982年. 144页. 16开

主要子目:

中国古代采矿技术史略. 李仲均

中国古代对煤的认识和应用. 新雨

陨铁、陨铁器和冶铁术的发生. 华觉明

关于春秋战国时期的钢铁冶金技术. 何堂坤

江西商周青铜器铸造技术. 彭适凡

汉魏南北朝时期的冶铜及铜合金技术. 付传仁

中国古代铁农具的研究. 赵继柱

论我国早期的"刃"和刃具. 魏庆同, 华觉明

关于我国古代起绒织物的几个问题. 赵承泽

古代酿酒技术与考古发现. 邢润川

豆酱和酱油始于我国. 洪光住

我国古代建筑脚手架的研究. 张驭寰, 李全庆

青海东部民间住宅. 冬篱

中外古代桥梁工程的比较及其影响. 沈康身

技术史丛谈. 赵继柱等 著. 北京: 科学出版社, 1987年. 152页. 32开

中国——发明之国. 余德亨 编著. 武汉: 湖北科学技术出版社, 1989年. 319页. 32开(发明与革新丛书)

中国科学技术典籍通汇·技术卷. 华觉明 主编. 郑州: 河南教育出版社, 1994年. 5册. 16开

中国古代科学技术史纲·技术卷. 胡维佳 主编. 沈阳: 辽宁教育出版社, 1996年. 658页. 大32开

中国工程测量史话. 黄懋胥 编著. 广州: 广东省地图出版社, 1996年. 155页. 32开

矿 业

祖国石油与天然气史话. 胡砺善 著. 北京: 石油工业出版社, 1957年. 111页. 有图. 肖像. 书影及表. 32开

中国石油工业发展史. 第1卷. 古代的石油与天然气. 申力生 主编. 北京: 石油工业出版社, 1984年. 145页. 大32开(本书1980年第1版, 这是修订第1版)

中国石油工业发展史. 第2卷. 近代石油工业. 申力生 主编. 北京: 石油工业出版社, 1988年. 337页. 大32开

新疆石油史话. 王连芳 编著. 北京: 石油工业出版社, 1992年. 152页. 彩图. 32开

中国石油史研究. 石宝衍等 著. 北京: 石油工业出版社, 1992年. 242页. 32开

中国石油史话. 王仰之 著. 北京: 石油工业出版社, 1996年. 106页. 32开

中国矿业史略. 马韵珂 著. 上海: 开明书店. 1932年. 1册. 有表

中国古代矿业开发史. 夏湘蓉等 著. ①北京: 地质出版社, 1980年. 442页. 32开; ②台北: 明文书局, 1989年. 444页. 32开

唐代的矿产. 杨远 著. 台北: 台湾学生书局, 1982年.

175页.32开

清代的矿业.中国人民大学清史研究所、中国人民大学档案系中国政治制度史教研室 同编.北京:中华书局.1983年.2册.大32开(清史资料丛刊)

贵州矿产开发史略:公元前22世纪—1949年.林富民 主编.林国忠等 编著.成都:西南财经大学出版社,1988年.232页.32开

中国古代矿业.李仲均,李卫 著.天津:天津教育出版社,1991年.122页.32开(中国文化史知识丛书)

中国古代矿冶成就及其他.霍有光 著.西安:陕西师范大学出版社,1995年.292页.大32开

中国古代煤炭开发史.《中国古代煤炭开发史》编写组 著.北京:煤炭工业出版社,1986年.238页.32开

中国近代煤矿史.《中国近代煤矿史》编写组 编.北京:煤炭工业出版社,1990年.545页.大32开

中国古代煤炭开采利用轶闻趣事.祁守华 编.北京:煤炭工业出版社,1996年.130页.32开

中国钻探发展简史.周国荣 编.北京:地质出版社,1982年.194页.大32开

冶铸与金属加工

中国冶业史.洪彦亮 著.上海:商务印书馆.1927年.71页.表

中国古代冶铁技术的发明和发展.杨宽 著.上海:上海人民出版社,1956年.113页.32开

中国冶炼史略.洛阳市第一高级中学历史教研组 编著.郑州:河南人民出版社,1960年.47页.有表.32开

中国古代钢铁史话.高林生等 编写.北京:中华书局.1962年.32页.32开(中国历史小丛书)

山西制铁史.乔志强 著.太原:山西人民出版社,1978年.86页.32开

中国古代冶金.北京钢铁学院《中国古代冶金》编写组 编.北京:文物出版社,1978年.110页.图版25页.32开

中国冶金简史.北京钢铁学院《中国冶金简史》编写小组 编.北京:科学出版社,1978年.264页.32开

云南冶金史.云南大学历史系,云南省历史研究所,云南地方史研究室 同编著.昆明:云南人民出版社,1980年.228页.32开

中国古代冶铁技术发展史.杨宽 著.上海:上海人民出版社,1982年.306页.大32开

世界冶金发展史.华觉明等 编译.北京:科学技术文献出版社,1985年.638页.大32开(本书第二部分为中国古代金属技术,篇幅较大)

科技史文集.第13辑.金属史专辑.中国科学院自然科学史研究所技术史研究室 主编.上海:上海科学技术出版社,1985年.152页.16开

主要子目:

历史报矿举隅.李仲均

我国古代的炼铜技术.朱寿康

铜绿山春秋早期的炼铜技术.卢本珊

从现代实验剖析中国古代青铜铸造的科学成就.田长浒

从侯马出土陶范试探东周泥型铸造工艺.张万钟

编钟的钟擁钟隧新考.李京华,华觉明

古代烘范工艺.李京华

传统熔模铸造工艺的调查和复原试制.华觉明,王安才

失蜡法的起源和发展.华觉明

曾侯乙青铜器红铜花纹铸镶法的研究.贾云福等

从战国铜器铸范铭文探讨韩国冶铸业管理机构及职官.李京华

汉代铁镘的材质及其制造工艺的探讨.林华寿等

汉魏球状石墨铸铁的研究.关洪野,华觉明

河南汉代铁器的金相普查.丘亮辉

百炼钢及其工艺.何堂坤

宋代冶金技术初探.黄盛璋

山西晋城坩埚炼铁调查报告.范百胜

中国冶铸史论集.华觉明等 著.北京:文物出版社,1986年.296页.图版.16开

中国冶金史论文集(一).北京钢铁学院 编.北京:北京钢铁学院,1986年.211页.图版43.16开

主要子目:

总论:
冶金史——《中国大百科全书》矿冶卷条目.柯俊
有色冶金史:
中国早期铜器的初步研究.孙淑云,韩汝玢
战国以前我国有色金属矿开采概况.杜发清,高武勋
铜绿山冶铜遗址冶炼问题的初步研究.朱寿康,韩汝玢
广西北流县铜石岭冶铜遗址的调查研究.孙淑云等
从传统法炼锌看我国古代炼锌技术.胡文龙,韩汝玢
钢铁冶金史:
关于藁城商代铜钺铁刃的分析.李众
中国封建社会前期钢铁冶炼技术发展的探讨.李众
易县燕下都44号墓葬铁器金相考察初步报告.压力加工专业
河南汉代冶铁技术初探.河南省博物馆等
关于"河三"遗址的铁器分析.《中国冶金史》编写组等
巩县铁生沟汉代冶铸遗址再探讨.赵青云,韩汝玢等
郑州古荥镇冶铁遗址出土铁器的初步研究.丘亮辉,于晓兴
从古荥遗址看汉代生铁冶炼技术.《中国冶金史》编写组
满城汉墓部分金属器的金相分析报告.金相实验室
汉长安城武库遗址出土部分铁器的鉴定.杜茀运,韩汝玢
河南渑池窖藏铁器检验报告.金属材料系,中心化验室
从渑池铁器看我国古代冶金技术的成就.李众
古代展性铸铁中的球墨.丘亮辉
郑州东史马东汉剪刀与铸铁脱碳钢.韩汝玢,于晓兴
中国古代的百炼钢.韩汝玢,柯俊
我国古代钢铁冶炼技术的重大成就.冶金史研究室
中国冶金技术的兴衰.丘亮辉
古代金属工艺发展史:
鎏金.吴坤仪
关于满城汉墓金丝、金箔的实验报告.压力加工实验室
秦始皇陶俑坑出土的铜镞表面氧化层的研究.韩汝玢等
荥阳楚村元代铸造遗址的试掘与研究.吴坤仪,于晓兴
明永乐大钟铸造工艺研究.吴坤仪
梵钟的研究及仿制.吴坤仪
沧州铁狮的铸造工艺.吴坤仪等
当阳铁塔铸造工艺的考察.孙淑云
中国古代铜鼓的制作技术.吴坤仪等
研究方法:
试谈冶金史的研究方法.丘亮辉.

中国冶金史论文集(二).柯俊 主编.北京:北京科技大学,1994年.349页.16开

主要子目:
近年来冶金考古的一些进展.韩汝玢
专题研究:
有色冶金史:
中国古代镍白铜冶炼技术的研究.梅建军,柯俊
林西县大井古铜矿冶遗址冶炼技术的研究.李延祥,韩汝玢
近代中国传统炼锌术.梅建军
青海都兰吐蕃墓葬出土金属文物的研究.李秀辉,韩汝玢
中国古代铜镜显微组织的研究.孙淑云,N. F. Kennon
《大冶赋》中的有色冶金技术.李延祥
中条山古铜矿冶遗址初步考察研究.李延祥
中国响铜器的实验研究.孙淑云,王克智
从古文献看长江中下游地区火法炼铜技术.李延祥
钢铁冶金史:
元大都遗址出土铁器的分析.王可等
从铁器鉴定论河南古代钢铁技术的发展.苗长兴等
金属工艺史:
明清梵钟的技术分析.吴坤仪
广西、云南、贵州古代铜鼓锈蚀的研究.孙淑云,韩汝玢

中国传统响铜器的制作工艺. 孙淑云等
土壤中腐殖酸对铜镜表面"黑漆古"形成的影响. 孙淑云, 马肇曾等
表面富漆的鄂尔多斯青铜饰品的研究. 韩汝玢, 埃玛·邦克
考古专著鉴定报告:
广西、云南铜鼓合金成分及金属材质的研究. 孙淑云, 王大道
广西、云南铜鼓铸造工艺初探. 吴坤仪, 张世铨
吉林榆树老河深鲜卑墓葬出土金属文物的研究. 韩汝玢
姜寨第一期文化出土黄铜制品的鉴定报告. 韩汝玢, 柯俊
贵县罗泊湾一号墓出土的五件铜器的鉴定报告. 孙淑云
山东泗水县尹家城遗址出土岳石文化铜器鉴定报告. 孙淑云
西汉南越王墓出土铜器、银器及铅器鉴定报告. 孙淑云
西汉南越王墓出土铁器鉴定报告. 韩汝玢, 于长青
当阳赵家湖楚墓铜器铸造工艺. 吴坤仪
登封王城岗龙山文化四期出土铜器鉴定. 孙淑云
阳城铸铁遗址铁器的金相鉴定. 韩汝玢
其他:
《天工开物》与古代冶金. 吴坤仪
古代金属兵器制作技术. 韩汝玢

灿烂的中国古代失蜡铸造. 谭德睿 编著. 上海: 上海科学技术文献出版社, 1989 年. 142 页. 图 105 幅. 大 32 开

十四—十七世纪中国钢铁生产史. 黄启臣 著. 郑州: 中州古籍出版社, 1989 年. 164 页. 32 开

中国古代冶金史话. 刘云彩 著. ①天津: 天津教育出版社, 1991 年. 108 页. 彩照. 32 开②台北: 台湾商务印书馆, 1994 年. 133 页. 32 开(中国文化史知识丛书)

中国有色金属科学技术史简编. 关锦镗 主编. 长沙: 湖南科学技术出版社, 1993 年. 342 页. 32 开

中原古代冶金技术研究. 李京华 著. 郑州: 中州古籍出版社, 1994 年. 221 页. 图版 16 页. 16 开

南阳汉代冶铁. 李京华, 陈长山 著. 郑州: 中州古籍出版社, 1995 年. 122 页. 16 开

中国上古金属技术. 苏荣誉等 著. 济南: 山东科学技术出版社, 1995 年. 403 页. 彩图 86 张. 图片 145 张. 16 开

石寨山古代铜铸艺术. 文物出版社 编. 北京: 文物出版社, 1960 年. 25 页. 32 开

汉代叠铸——温县烘范窑的发掘和研究. 河南省博物馆《中国冶金史》编写组 编. 北京: 文物出版社, 1978 年. 42 页. 图版 12. 16 开

中国古代传统铸造技术. 凌业勤等 编写. 北京: 科学技术文献出版社, 1987 年. 604 页. 32 开

中国铸造技术史. 古代卷. 田长浒 主编. 北京: 航空工业出版社, 1995 年. 235 页. 16 开

唐宋时代金银之研究. (日)加藤繁 原著. (伪)中国联合准备银行调查室 编辑. 北京: 和记印书馆, 1944 年. 2 册. 551 页. 16 开

唐代金银器. 镇江市博物馆 主编. 北京: 文物出版社, 1985 年. 196 页. 8 开

中国古近代黄金史稿:《当代中国的黄金工业》附录. 《当代中国的黄金工业》编委会 编. 北京: 冶金工业出版社, 1989 年. 195 页. 大 32 开

★殷墟出土青铜觚形器之研究. 李济, 万家保 著. 台北: 中央研究院历史语言研究所, 1964 年

★殷周青铜器求真. 张克明 著. 台北: 台北市中华丛书编审委员会. 1965 年

★殷墟出土青铜鼎形器之研究. 李济, 万家保 著. 台北: 中央研究院历史语言研究所, 1970 年

殷墟出土伍拾叁件青铜容器之研究. 李济, 万家保 著. 台北: 中央研究院历史语言研究所, 1972 年. 161 页. 图版 59. 8 开

商周青铜器与铭文的综合研究. 张光直等 著. 台北: 中央研究院历史语言研究所, 1973 年. 569 页. 16 开

商周铜器群综合研究. 郭宝钧 著. 北京: 文物出版社, 1981 年. 217 页. 附图版 96 页. 16 开

陕西出土商周青铜器(一). 陕西省考古研究所 编. 北京: 文物出版社, 1981 年. 360 页. 16 开

陕西出土商周青铜器(二). 陕西省考古研究所 编. 北京: 文物出版社, 1980 年. 230 页. 16 开

陕西出土商周青铜器(三). 陕西省考古研究所 编. 北京: 文物出版社, 1980 年. 225 页. 16 开

陕西出土商周青铜器(四). 陕西省考古研究所等 编. 北京: 文物出版社, 1984 年. 172 页. 16 开

云南青铜器论丛.《云南青铜器论丛》编辑组 编.北京:文物出版社,1981年.210页.16开

河南出土商周青铜器(一).《河南出土商周青铜器》编辑组 编.北京:文物出版社,1981年.360页.16开

中国古代青铜器.马承源 著.上海:上海人民出版社,1982年.154页.附图版88页.大32开

中国古代青铜器简说.杜迺松 著.北京:书目文献出版社,1984年.203页.32开(文献百科知识丛书)

殷周青铜器通论.容庚,张维持 著.北京:文物出版社,1984年.152页.图版158.16开

殷墟青铜器.中国社会科学院考古研究所 编.北京:文物出版社,1985年.483页.16开

鄂尔多斯式青铜器.田广金,郭素新 编著.北京:文物出版社,1986年.402页.图版120.16开

西周青铜彝器汇考.高木森 著.台北:中国文化大学出版部,1986年.184页.16开

中国青铜器.马承源 主编.上海:上海古籍出版社,1988年.636页.大32开

曾侯乙编钟研究.湖北省博物馆等 编.武汉:湖北人民出版社,1992年.622页.大32开

西周微氏家族青铜器群研究.尹盛平 主编.北京:文物出版社,1992年.435页.16开

中国青铜器概说.李学勤 著.北京:外文出版社,1995年.170页.小8开

古代中国青铜器.朱凤瀚 著.天津:南开大学出版社,1995年.1178页.图16页.16开

楚系青铜器研究.刘彬徽 著.武汉:湖北教育出版社,1995年.616页.彩图12幅.大32开

中国青铜器发展史.杜迺松 著.北京:紫禁城出版社,1995年.225页.图115幅.大32开

陕西省出土铜镜.陕西省文物管理委员会 编.北京:文物出版社,1959年.183页.32开

洛阳出土古镜(两汉部分).洛阳市文物管理委员会 编.北京:文物出版社,1959年.104页.32开

中国古代铜镜.孔祥星,刘一曼 著.北京:文物出版社,1984年.212页.图版64.大32开

鄂城汉三国六朝铜镜.湖北省博物馆、鄂州市博物馆 编.北京:文物出版社,1986年.60页.图124幅.16开

浙江出土铜镜.王士伦 编.北京:文物出版社,1987年.18页.图185幅.16开

吉林出土铜镜.张英 著.北京:文物出版社,1990年.171页.16开

中国古代铜镜的技术研究.何堂坤 编著.北京:中国科学技术出版社,1992年.318页.32开

中国铜镜图典.孔祥星 主编.北京:文物出版社,1992年.952页.大32开

辽代铜镜研究.刘淑娟 著.沈阳:沈阳出版社,1997年.195页.16开

周铜鼓考.(美)福开森 著.北平:著者自刊本,1932年.22页.32开

铜鼓考略.郑师许 著.上海:中华书局,1937年.66页.有图及表.25开(本书1936年第1版,这是第2版)(上海市博物馆丛书丙类.第2种)

四川大学历史博物馆所藏古铜鼓考.闻宥 著.成都:四川大学历史博物馆,影印本.1953年.1册.有图及拓印图

铜鼓续考.闻宥 著.成都:四川大学历史博物馆,影印本.1953年.1册.有图及拓印图

铜鼓.蒋廷瑜 著.北京:人民出版社,1985年.135页.32开(祖国丛书)

中国古代铜鼓.中国古代铜鼓研究会 编.北京:文物出版社,1988年.332页.图版120.32开

云南铜鼓.王大道 编著.昆明:云南教育出版社,1986年.131页.32开

古代铜鼓学术讨论会论文集.中国古代铜鼓研究会 编.北京:文物出版社,1982年.218页.16开

主要子目:

铜鼓形制的来源.李伟卿

论铜鼓起源于陶釜——兼论最早类型铜鼓.王大道,肖秋

从铜鼓的社会作用探讨铜鼓的起源.蒋炳钊

錞于和铜鼓.徐中舒,唐嘉弘

关于铜鼓起源的认识.雷从云

铜鼓起源考略.陈宗祥,王家佑

云南古代铜鼓的首创者——僰人先民.阚勇

铜鼓起源于荆楚民族.庄为玑

铜鼓的起源与传播.张增祺

古代铜鼓研究中的几个问题.王克荣

论古代铜鼓的分式.张世铨

试论中国古代铜鼓的体系及其关系.胡振东

广西两大类型铜鼓的特征和由来的探讨.黄增庆

北流型铜鼓初探.何纪生

粤式铜鼓的初步研究.蒋廷瑜

俚人及其铜鼓考.徐恒彬

马援获“骆越铜鼓”地点考.邱钟崙

试论中国南方铜鼓的社会功能.席克定,余宏模

“僰人”悬棺岩画中所见的铜鼓.沈仲常

铜鼓船纹中有没有过海船.石钟健

广西铜鼓纹饰的意义.潘世雄

关于铜鼓夹垫铸造工艺的探讨.唐文元

佤族铜鼓.汪宁生

铜鼓研究与民族调查.高崇裕

中国铜鼓研究会第二次学术讨论会论文集.中国铜鼓研究会 编.北京:文物出版社,1986年.308页.图版8.16开

主要子目:

再论早期铜鼓.童恩正

南方铜鼓的类型学考察.王振镛

关于铜鼓分型中的遵义型问题.何纪生

用黄金律试探铜鼓造型的美学原理.唐文元

万家坝、石寨山铜鼓生律法倾向的初步研究.吴钊等

广西、云南铜鼓铸造工艺初探.北京钢铁学院冶金史研究室等

广西、云南铜鼓合金成分及金属材质的研究.北京钢铁学院冶金史研究室等

试论濮人先民的土鼓及其与南方铜鼓的关系.林邦存

云南型铜鼓的传播与濮人的变迁.胡振东

制造和使用铜鼓是濮系民族古代文化的特征.何介钧,吴铭生

四川地区铜鼓的分布及其族属研究.董其祥

骆越与铜鼓.邱钟仑

铜鼓人像的族属试析.张世铨

左江岩画铜鼓图像的初步探讨.陈远璋

贵州石板墓葬中铜鼓鼓面纹饰石刻.席克定

云南富宁、麻栗坡两县铜鼓的调查与研究.王大道

从铜鼓的纹饰和有关因素看六朝时期江南与西南地区的文化来往.罗宗真

“取钗击鼓”探原.潘世雄

铜鼓船纹的再探索.李伟卿

铜鼓船纹考.黄德荣,李昆声

铜鼓船纹补释——兼论越人航渡美洲.陈丽琼

浅谈古代铜鼓的乐舞图像.庄礼伦

岭南铜鼓上铸蛙源于图腾崇拜说.杨豪

广西铜鼓立体蛙饰是壮族先民图腾崇拜的反映.黄增庆

凌纯声先生的铜鼓研究.石钟健

附录:

东南亚铜鼓装饰纹样的新解释.凌纯声

机 械

中国古代在简单机械和弹力、惯力、至力的利用及用滚动摩擦代替滑动摩擦等方面的发明.刘仙洲 著.北京:清华大学,1960年.22页.16开

中国机械工程发明史.第1编.刘仙洲 著.北京:科学出版社,1962年.133页.16开(本书1961年清华大学出版,127页.16开)

中国机械科技之发展.万迪棣 著.台北:中央文物供应社,1983年.284页.大32开(中华文化丛书)

中国近代机械简史.张柏春 著.北京:北京理工大学出版社,1992年.240页.大32开

中国机械工程史料.刘仙洲 编.北平:国立清华大学出版事务所,1935年.84页.有图.16开

甘肃近代机械工业史料.(1872—1949).《甘肃省机械工业志》编辑室 编.兰州:兰州大学出版社,1989年.156页.有照片.32开

中国在计时器方面的发明.刘仙洲 著.北京:中国科学院,1956年.16页.16开

计时仪器史论丛.第1辑.中国计时仪器史首次学术研讨会专辑.薄树人 主编.苏州.中国计时仪器史学会主办.1994年.181页.16开

主要子目:

总论与综述:

天文计时仪器的发展与展望.梅苞

计时工作与天文学的关系.全和钧

仪天步晷矫若飞鸿.李志超

古代松江计时仪器源流述略.王永顺

时间计量基准的沿革和最新进展.翟造成

日晷:

日晷不独皇家有.王虹光
中国古代的日晷和常州天宁寺日晷的复原.郭盛炽
上海市区的古代计时仪器——日晷.蔡吉
新型高精度日晷的研制.吴振华
漏刻:
论西汉千章铜漏的使用方法.李强
刻漏的鼎盛时期与现代开发.萧治平
钟表:
从钟表业看时间概念.李志超
古代天文钟——苏颂水运仪象台复原模型研制.陈延杭,陈晓
天文钟与擒纵器辨析——从苏颂水运仪象台谈起.施若谷
苏钟二三事.廖志豪
年轻的古钟——扬州高旻寺大型多功能更钟.支秉钊
其他:
殷代夜间时段划分刍议.徐振韬,蒋窈窕
袁州樵楼.栾杏丽等
韩国见及二架漏刻简介.金秋鹏

计时仪器史论丛.第2辑.中国计时仪器史第二次学术研讨会专辑.薄树人 主编.苏州:中国计时仪器史学会主办,1996年.184页.16开
主要子目:
总论与综述:
中国计时仪器史年表解说.孙言博,周志远
刘仙洲与中国计时仪器史研究.游战洪
中国古代计时仪器制造名家陆绩籍贯考.王永顺
云间计时仪器名家轶事.王永顺
时间传递——钟表史话两例.全和钧
试谈系列编写中国计时仪器史稿.陈凯歌
时间—计量—波粒变换.李志超
日晷:
各种类型日晷的设计和分析.吴振华
太阳钟史话.蔡吉
江西南宋时期的影表和日晷.栾杏丽
漏刻:
关于马上漏刻的第四、第五种推测.薄树人
马上漏刻辨.郭盛炽
道家发明的简易计时仪——漏盂.李志超,祝亚平
中国的火钟.孙家鼎
天文台:
袁天罡与袁州谯楼.袁淑琼等
上海外滩的天文信号塔.阎林山,蔡吉
钟表:
清代做钟处钟表.恽丽梅
清代"广钟"探微.陈坚红
乾隆帝与清宫钟表的制作和收藏.郭福祥

东汉车制复原研究.王振铎 著.李强 整理补著.北京:科学出版社,1997年.168页.图版.16开

中国图学史.吴继明 著.武汉:华中理工大学出版社,1988年.197页.32开

陶　瓷

江西陶瓷沿革.江西建设厅 编.1930年.280页.32开

江西陶瓷沿革.张斐然 编.编者自刊铅印本,1930年.1册.有图表

陶说.朱琰 著.上海:商务印书馆,1935年.初版.1938年.长沙4版.101页.32开(国学基本丛书)

景德镇瓷业史.江思清 撰.上海:中华书局,1936年.1册.有图表

谈瓷别录.道在瓦斋 著.广州:私立岭南大学,1936年.22页.16开

中国陶瓷史.吴仁敬,辛安潮 著.上海:商务印书馆,1936年 初版.1937年再版.同年又有第3版、4版.1954年修订重版.128页.有图.32开.1984年上海书店据1937年版复印收入《中国文化史丛书》

景德镇陶瓷概况.黎浩亭 著.上海:正中书局,1937年.224页.32开

越州古窑研究.金重德 著.上海:恒新印刷公司,1944年.13页.有图表.16开

明代瓷器工艺.傅振伦 编著.北京:朝花美术出版社,1955年.29页.有图.32开

宋代北方民间瓷器.陈万里 编.北京:朝花美术出版

社,1955年.33页.32开

中国瓷器的发明(绍兴出土古陶瓷研究).蒋玄佁,秦廷棫 编著.上海:上海艺苑真赏社,1956年.47页.8开

中国青瓷史略.陈万里 著.上海:上海人民出版社,1956年.60页.32开

中国伟大的发明——瓷器.傅振伦 著.北京:三联书店,1957年.90页.32开(本书1955年第1版,这是第2版)

中国伟大的发明——瓷器.傅振伦 著.北京:轻工业出版社,1988年.181页.32开

中国古代陶塑艺术.秦廷棫 编.北京:中国古典艺术出版社,1957年.图72页.16开

南京出土六朝青瓷.江苏省文物管理委员会 编.北京:文物出版社,1957年.92页.32开

仰韶文化的彩陶.马承源 著.上海:上海人民出版社,1957年.119页.32开

广州出土汉代陶屋(附:陶仓、陶井、陶灶).广州市文物管理委员会 编.北京:文物出版社,1958年.4页.71图.16开

景德镇瓷器的研究.周仁 等 著.北京:科学出版社,1958年.81页.图版3页.16开

景德镇陶瓷史稿.江西省轻工业厅陶瓷研究所 编.北京:三联书店,1959年.434页.图130. 32开

中国的瓷器.江西省轻工业厅景德镇陶瓷研究所 编著.北京:中国财政经济出版社,1963年.284页.附图49幅.大32开

中国陶瓷史.吴仁敬等 著.台北:商务印书馆,1978年.128页.32开

中国陶瓷史话.卢胜 编著.香港:真知出版社,1979年.89页.32开

陶瓷汇录.谭旦冏 著.台北:国立故宫博物院,1981年.644页.32开

中国陶瓷史.中国硅酸盐学会 编.冯先铭等 主编.北京:文物出版社,1982年.457页.图版32.16开

中国古陶瓷科学浅说.叶喆民 编著.北京:轻工业出版社,1982年.171页.32开(本书1960年第1版,这是增订本)

陶瓷史话.《陶瓷史话》编写组 编.上海:上海科学技术出版社,1982年.203页.32开(中国科技史话丛书)

中国的瓷器.轻工业部陶瓷工业科学研究所 编著.北京:轻工业出版社,1983年.362页.32开(本书1963年第1版,这是修订版)

陶瓷漫话.孟天雄,章秦娟 著.长沙:湖南科学技术出版社,1983年修订本.141页.32开(本书1978年湖南人民出版社第1版)

明代陶瓷大全.《中国陶瓷大系之一》.艺术家工具书编委会 主编.台北:艺术家出版社,1983年.548页.大32开

明清两代珐琅器之研究.刘良佑 著.台北:国立编译馆,1983年.168页.32开

洛阳西汉画像空心砖.黄明兰 编著.北京:人民美术出版社,1982年.40页.16开

中国古代瓦当.华非 编著.北京:人民美术出版社,1983年.59页.16开

四川古陶瓷研究(一).《四川古陶瓷研究》编辑组 编.成都:四川省社会科学院出版社,1984年.315页.大32开

四川古陶瓷研究(二).《四川古陶瓷研究》编辑组 编.成都:四川省社会科学院出版社,1984年.230页.有图.大32开

中国陶瓷史.谭旦冏 编撰.台北:光复书局,1985年.2册.大32开

中国古代陶瓷科学技术成就.李家治等 著.上海:上海科学技术出版社,1985年.348页.彩图.16开

中国彩陶艺术.郑为 著.上海:上海人民出版社,1985年.81页.图版180. 32开

洛阳唐三彩.高付东 编著.北京:轻工业出版社,1985年.52页.32开

中国古代瓦当艺术.杨力民 编著.上海:上海人民美术出版社,1986年.176页.16开

中国古代陶瓷.肇靖 著.北京:文物出版社,1986年.32页.图190幅.大32开

山东史前陶器图录.山东省文物考古研究所 编.济南:齐鲁书社,1986年.144页.16开

明代青花瓷器发展与艺术之研究.佘城 著.台北:文史哲出版社,1986年.362页.大32开

清代陶瓷大全.艺术家工具书编委会 主编.台北:艺术家出版社,1986年.516页.大32开

中国陶瓷文化之研究与考据.何启民 著.台北:台湾商务印书馆股份有限公司,1986年.273页.32开

四川古代陶瓷.陈丽琼 著.重庆:重庆出版社,1987年.180页.大32开

中国南方古代印纹陶.彭适凡 著.北京:文物出版社,1987年.413页.32开

中国古陶瓷研究. 中国科学院上海硅酸盐研究所 编. 北京:科学出版社,1987 年. 421 页. 图 12 页. 16 开

汉唐陶瓷大全. 艺术家工具书编委会 主编. 台北:艺术家出版社,1987 年. 604 页. 32 开

河南钧瓷汝瓷与三彩. 河南省文物研究所 编. 北京:紫禁城出版社,1987 年. 185 页. 16 开

中国古瓷在非洲的发现. 马文宽等 著. 北京:紫禁城出版社,1987 年. 135 页. 图版 32. 32 开

瓦当汇编. 钱君匋等 编. 上海:上海人民美术出版社,1988 年. 137 页. 32 开

宋元陶瓷大全. 艺术家工具书编委会 主编. 台北:艺术家出版社,1988 年. 680 页. 大 32 开

古瓷研究. 刘良佑 著. 台北:幼狮文化事业股份有限公司,1988 年. 250 页. 32 开

婺州古瓷. 贡昌 著. 北京:紫禁城出版社,1988 年. 163 页. 图版 16. 32 开

中国陶瓷. 杨永善,杨静荣 著. 台北:淑馨出版社,1988 年. 203 页. 照片. 32 开

中国陶瓷漫话. 赵宜生 编著. 上海:上海人民美术出版社,1989 年. 94 页. 图 54 幅. 32 开

中国釉陶艺术. 李知宴 著. 北京:轻工业出版社、香港:两木出版社联合出版,333 页. 大 12 开

龙泉青瓷研究. 浙江省轻工业厅 编. 北京:文物出版社,1989 年. 232 页. 图版 64. 16 开

窑火神工——中国陶瓷文化述略. 杨根,韩玉文 著. 香港:中华书局有限公司,1989 年. 149 页. 大 32 开

中国陶瓷史纲要:中国古陶瓷名窑志. 叶喆民 著. 北京:轻工业出版社,1989 年. 329 页. 大 32 开

中国陶瓷与中国文化. 熊廖 著. 杭州:浙江美术学院出版社,1990 年. 489 页. 32 开

古陶瓷科学技术:1989 年国际讨论会文集. 李家治,陈显求 主编. 上海:上海科学技术文献出版社,1992 年. 470 页. 彩照及图. 16 开

影青瓷说. 陈定荣 著. 北京:紫禁城出版社,1991 年. 92 页. 32 开

见微知著——陶瓷青铜器的化学分析在若干历史研究上的应用. 张世贤 著. 台北:文史哲出版社,1991 年. 88 页. 32 开

中国陶瓷名著汇编. 中国书店. 1991 年. 247 页. 32 开

宋代官窑瓷器. 李辉柄 著. 北京:紫禁城出版社,1992 年. 92 页. 32 开

耀州窑史话. 薛东星 编. 北京:紫禁城出版社,1992 年. 89 页. 彩照. 大 32 开

中国陶瓷美术史. 熊寥 著. 北京:紫禁城出版社,1993 年. 345 页. 32 开

河南陶瓷史. 赵青云 著. 北京:紫禁城出版社,1993 年. 226 页. 图版 32. 16 开

福建陶瓷. 叶文程,林忠干 著. 福州:福建人民出版社,1993 年. 399 页. 32 开

中国古代陶瓷. 张文朴 编著. 北京:北京科学技术出版社,1995 年. 143 页. 32 开(中国历史知识全书·辉煌科技)

中国陶瓷简史. 李知宴,程雯 著. 北京:外文出版社,1996 年. 218 页. 小 8 开

石与火的艺术——中国古代瓷器. 秦大树 著. 成都:四川教育出版社,1996 年. 260 页. 32 开(华夏文明探秘丛书)

中国古代制陶工艺研究. 李文杰 著. 北京:科学出版社,1996 年. 362 页. 图版 76 页. 16 开(中国历史博物馆丛刊第 3 号)

江西陶瓷史. 余家栋 著. 开封:河南大学出版社,1997 年. 524 页. 图 227. 32 开

中国瓷器史论丛. 童书业,史学通 著. 上海:上海人民出版社,1958 年. 138 页. 32 开

中国古陶瓷论文集. 中国硅酸盐学会 编. 北京:文物出版社,1982 年. 321 页. 图版 52. 16 开

主要子目:

河姆渡遗址陶器的研究. 李家治等

中国历代南北方青瓷的研究. 郭演仪等

中国历代低温色釉和釉上彩的研究. 张福康,张志刚

历代青花瓷器和青花色料的研究. 陈尧成等

元大都哥窑型和青瓷残片的显微结构. 陈显求等

我国古代黑釉瓷的初步研究. 凌志达

几种古瓷釉的受热行为. 陈士萍

我国瓷器出现时期的研究. 李家治

对于我国瓷器起源问题的初步探讨. 安金槐

论瓷器的起源及陶与瓷的关系. 李辉炳

关于我国瓷器渊源问题的探讨. 宋伯胤

对瓷器起源问题的管见. 水既生

关于我国陶器向青瓷发展的工艺探讨. 叶宏明等

关于我国早期南方青瓷的发展问题. 蒋赞初,

李蔚然
窑炉的改进和我国古陶瓷发展的关系.刘振群
试论我国古代的馒头窑.刘可栋
耀州青瓷的研究.李国桢,关培英
综论我国宋元时期"青白瓷".冯先铭
略谈我国古代陶瓷的装饰艺术.邓白
秦俑陶塑制作工艺的探讨.屈鸿钧等
关于德化窑的几个问题.曾凡
我国黄河流域新石器时代和殷周时代制陶工艺的科学总结.周仁 等
中国历代名窑陶瓷工艺的初步科学总结.周仁,李家治
景德镇制瓷原料的研究.周仁 等

中国古陶瓷研究论文集.周仁 等 著.北京:轻工业出版社,1982年.266页.16开

中国古代陶瓷科学技术第二届国际讨论会论文摘要(汉英文对照).中国硅酸盐学会 主办.北京:中国学术出版社,1985年.217页.16开

冯先铭中国古陶瓷论文集.冯先铭 著.北京:紫禁城出版社,香港:两木出版社联合出版,1987年.350页.16开

中国古代陶瓷的外销——1987年福建晋江年会论文集.中国古陶瓷研究会等 主编.北京:紫禁城出版社,1988年.170页.16开

主要子目:
河南唐三彩的创烧发展与外销.赵青云
略论扬州出土的波斯陶及其发现的意义.顾风
从扬州出土的陶瓷资料看唐代的贸易陶瓷.周林
试谈长沙窑销售路线和兴衰的主要原因.周世荣
唐山陶瓷的产生及外销.赵鸿声
瓷器的外销与衡阳陶瓷业的繁荣.冯玉辉
安徽古代瓷器的生产与外销初探.李广宁
试谈磁州窑在国外的影响及其传播.宗毅
从景德镇和梁子湖青白瓷的生产谈青白瓷的外销和内销的关系.田海峰
晋江磁灶窑的发展及其外销.叶文程等
试谈浙西宋元窑址及其产品的外销.季志耀
大都城的青花瓷及元青花瓷外销.刘树林
从中国瓷器的大量出土看中肯两国久远的贸易交往.马希桂
"汝窑"及宝丰清凉寺窑址.邓城宝
福建章浦宋元窑址.王文径
福建南平茶洋宋元窑址再考察.林尉起,张文崟
云南罗州窑和白龙窑调查纪要.葛季芳
试谈澎湖航线与中菲陶瓷贸易.徐平章
贡窑概论.童兆良
秘色瓷考辨兼论蜀窑秘色瓷.董其祥

中国古外销瓷研究论文集.叶文程 编.北京:紫禁城出版社,1988年.341页.16开

中国古陶瓷研究.第2辑.中国古陶瓷研究会 编.北京:紫禁城出版社,1988年.83页.16开

中国古陶瓷研究.第3辑.冯先铭 主编.中国古陶瓷研究会 编.北京:紫禁城出版社,1992年.113页.16开

陈万里陶瓷考古文集.陈万里 著.北京:紫禁城出版社、香港:两木出版社联合出版,1990年.381页.16开

考瓶说分——漫话陶瓷史发展的逻辑.杨熙龄 著.北京:社会科学文献出版社,1994年.157页.32开

中国古陶瓷论丛.傅振伦 著.北京:中国广播电视出版社,1994年.283页.大32开

中国古玻璃研究(1984年北京国际玻璃学术讨论会论文集).干福熹 主编.北京:中国建筑工业出版社,1986年.143页.16开

中国科技史资料选编(陶瓷、琉璃、紫砂).清华大学图书馆科技史研究组 编.北京:清华大学出版社,1981年.100页.图19幅.大32开

《陶说》译注.(清)朱琰 撰.傅振伦 译注.北京:轻工业出版社,1984年.268页.32开

漆 器

漆器考.郑师许 著.1936年初版,1937年再版.上海:中华书局,48页.25开(上海市博物馆丛书丙类第3种)

中国漆工艺研究论集.索予明 著.台北:国立故宫博

物院,1977年.186页.32开

中国漆史话.王性炎 编.西安:陕西科学技术出版社,1981年.70页.32开

中国古代雕漆锦地艺术之研究.吴凤培 著.台北:国立故宫博物院,1982年.349页.大32开

中国古代漆器.王世襄 编著.北京:文物出版社,1987年.237页.8开

汉代漆器艺术.李正光 绘编.北京:文物出版社,1987年.170页.8开

中国雕漆简史.李一之 著.北京:轻工业出版社,1989年.260页.图32.32开

楚国的矿冶髹漆和玻璃制造.后德俊 著.武汉:湖北教育出版社,1995年.296页.大32开

蒹葭堂本髹饰录解说.索予明 著.台北:台湾商务印书馆.1974年.244页.大32开

髹饰录解说.王世襄 著.北京:文物出版社,1983年.218页.16开(中国传统漆工艺研究)

食品加工

中国饮食文化和食品工业发展简史.杨文骐 编著.北京:中国展望出版社,1983年.139页.32开

中国食品科技史稿.上册.洪光住 著.北京:中国商业出版社,1984年.209页.32开

中国食品工业发展简史.王尚殿 编著.太原:山西科学教育出版社,1987年.774页.16开

中国食物史研究.(日)篠田统 著.高桂林等 译.北京:中国商业出版社,1987年.269页.32开

中国饮馔史(第1卷).曾纵野 著.北京:中国商业出版社,1988年.339页.32开

中国饮食文化.林乃燊 著.上海:上海人民出版社,1989年.189页.图片.32开(中国文化史丛书)

中国饮食文化探原.姚伟钧 著.南宁:广西人民出版社,1989年.221页.32开

中国饮食传入日本史.(日)田中静一 著.霍风等 译.哈尔滨:黑龙江人民出版社,1991年.197页.32开

中国饮食文化.(日)中山时子 主编.徐建新 译.北京:中国社会科学出版社,1992年.389页.大32开

中国人与酒.夏家馂 著.北京:中国商业出版社,1988年.420页.32开

全兴大曲史话.《全兴大曲史话》编写组 著.成都:巴蜀书社,1988年.79页.32开

绍兴酒文化.钱茂竹 主编.上海:中国大百科全书出版社上海分社,1990年.204页.彩照.大32开

中华酒文化史.田久川,赵忠文 著.延吉:延边大学出版社,1991年.503页.照片.大32开

中国酒典.张远芬 主编.贵阳:贵州人民出版社,1991年.1621页.大32开

中国古代的酒与饮酒.刘军等 著.北京:商务印书馆国际有限公司.1995年.182页.彩照.大32开(中国古代生活丛书)

宋代酒的生产和征榷.李华瑞 著.保定:河北大学出版社,1995年.416页.32开

中国烹饪史略.陶文台 著.南京:江苏科学技术出版社,1983年.229页.大32开

中国烹饪史简编.周光武 著.广州:科学普及出版社广州分社,1984年.269页.32开

中国烹饪文献提要.陶振纲等 编著.北京:中国商业出版社,1986年.172页.小32开

中华烹饪.袁洪业,李荣惠 主编.济南:山东科学技术出版社,1992年.348页.32开(中国文化精华文库)

先秦烹饪史料选注.北京:中国商业出版社,1986年.216页.32开

中国食糖史稿.李治寰 编著.北京:农业出版社,1990年.221页.32开

中国古代名菜.王仁兴 选注.北京:中国食品出版社,1987年.568页.大32开

文化交流的轨迹:中华蔗糖史.季羡林 著.北京:经济日报出版社,1997年.547页.32开(东方文化集成)

台湾盐业史.(伪)台湾银行经济研究室 编辑.台北:台湾银行,1955年.118页.32开(台湾研究丛刊第35种)

中华盐业史.田秋野等 编著.台北:台湾商务印书馆.1979年.597页.32开(中华科学技艺史丛书)

明清四川井盐史稿.张学君,冉光荣 著.成都:四川人民出版社,1984年.294页.插页4.32开

四川井盐史论丛.彭久松,陈然 主编.成都:四川省

社会科学院出版社,1985年.344页.32开

主要子目:

古井杂谈.徐中舒

自贡盐业的发展及井灶经营特点.彭泽益

我国古代地质钻井史概说.彭久松,张学君

试论张若在成都置盐铁市官与李冰穿广都盐井.廖品龙

汉代四川井盐生产劳动画像砖新探——兼谈古代四川井盐业的一些问题.谢忠樑

历史上的井盐产制状况略考.廖品龙

试说临邛火井——我国古代天然气开发史探索.彭久松

少数民族对开发盐源盐业的贡献.李绍明

唐宋时期邛州火井县治的今址.胡昭曦

释"圜刃凿"——北宋四川卓筒井工艺考索札记.彭久松

我国宋代井盐钻凿工艺的划时代革新——四川"卓筒井".刘春源等

论宋代四川盐业与盐政.张学君

明代四川井盐业的初步研究.冉光荣

明正德年间四川大宁灶夫领导的起义.唐光沛

李芝《盐井赋》初探.彭久松

"一日二约"与"二日再约"考辨——清代富荣盐场同盛井、天元井四纸契约鉴定记.彭久松

中国井盐科技史.林元雄等 著.成都:四川科学技术出版社,1987年.539页.图59幅.大32开

中国古代井盐工具研究.刘德林,周志征 著.济南:山东科技出版社,1990年.318页.16开

中国盐业史国际学术讨论会论文集.彭泽益,王仁远 主编.成都:四川人民出版社,1991年.602页.大32开

主要子目:

中国盐业史研究树起一座新的里程碑.彭泽益,王仁远

试论中国古代井盐钻井技术演变的历史启示.林元雄

早期中国盐业生产的原始方法.(法)霍克奎特

中国钻井技术及其历史意义.李晓群

四川深钻井技术传播到西方的真相和争议.(德)汉斯·乌尔利希·福格尔

原始顿钻钻深能力初探.刘春全,王芳

自流井构造天然气开发历史解析.丁传柏等

潞盐生产的奥秘探析.柴继光

汉唐盐专卖比较研究.陈衍德

乾隆末至嘉庆期的盐政改革与自由贩卖论.(日)渡边 惇

清代咸、同时期与太平天国的盐政变迁.郭毅生,韩春香

论中国盐务管理的近代化.刘佛丁

南宋时代盐业村的变迁.(日)河上光一

明代盐业荡地研究.刘淼

川盐楚岸流通问题.(日)森纪子

近代四川盐税与地方财政.钟长永

四川盐业井灶会计研究.傅磊,刘志翔

清代山东的食盐运销.许檀

四川盐业的商品化程度与自贡井基租佃关系的变化.张学君

论四川自贡盐业手工工场向机器生产的转变.凌耀伦

元代的浙盐.林树建

嘉庆中期商办吉兰泰盐务述论.方裕谨

清代四川的盐业政策与盐业生产.王纲

清末民初四川盐井县井盐生产述略.冉光荣

富荣盐业考.(美)珍琳·玛德莱

关于宋代亭户的几个问题.汪圣铎

明清时期的山西盐商.张正明

略论清代天津盐商.郭蕴静

陕商在自贡盐场的起落.罗成基

盐,一种文化现象——中国盐文化论纲.陈然,曾凡英

盐业历史中的文化踪迹.宋良曦

盐币:云南市场流通过的货币.董咸庆

两种清代井盐图籍述评.吴天颖

中国盐业史研究八十年.郭正忠

中国盐业史在日本的研究状况.(日)吉田寅

井盐史探微.吴天颖 著.成都:四川人民出版社,1992年.339页.32开

纺织与印染

中国纺织染业概论. 蒋乃镛 著. 上海: 中华书局, 1946年. 增订本. 234页. 有表. 32开

中国棉纺织史稿(1289—1937)(从棉纺织工业史看中国资本主义的发生与发展过程). 严中平 著. 北京: 科学出版社, 1955年1册. 有图表

纺织史话. 上海纺织科学研究院《纺织史话》编写组 编. 上海: 上海科学技术出版社, 1978年. 238页. 32开(中国科技史话丛书)

中国古代纺织史稿. 李仁溥 著. 长沙: 岳麓书社, 1983年. 329页. 大32开

中国纺织科学技术史(古代部分). 陈维稷 主编. 北京: 科学出版社, 1984年. 438页. 图104幅. 16开

中国纺织经纬. 林乃基 主编. 北京: 纺织工业出版社, 1989年. 568页. 32开

中国少数民族科学技术史丛书·纺织卷. 陈炳应 主编. 南宁: 广西科学技术出版社, 1996年. 827页. 大32开

中国棉纺织史. 赵冈, 陈钟毅 著. 北京: 中国农业出版社, 1997年. 228页. 32开

顾绣考. 徐蔚南 著. 上海: 中华书局, 1936年 初版. 1937年再版. 18页. 有图. 23开(上海市博物馆丛书乙类第1种)

蚕丝. 于起凤 编著. 南京: 正中书局, 1936年. 68页. 32开

丝绸史话. 陈娟娟, 黄能馥 编写. 北京: 中华书局, 1963年. 35页. 32开(中国历史小丛书)

丝绸之路(汉唐织物). 新疆维吾尔自治区博物馆出土文物展览工作组 编. 北京: 文物出版社, 1972年. 66页(另附说明1册). 8开

长沙马王堆一号汉墓出土纺织品的研究. 上海市纺织科学研究院等文物研究组 编著. 北京: 文物出版社, 1980年. 126页. 16开

中国历代丝绸纹样. 缪良云 编著. 北京: 纺织工业出版社, 1988年. 248页. 8开

蚕桑丝织杂考. 邹景衡 著. 台北: 三民书局, 1981年. 379页. 32开

宋元明清缂丝. 辽宁省博物馆 编. 北京: 人民美术出版社, 1982年. 47幅

浙江丝绸史. 朱新予 主编. 杭州: 浙江人民出版社, 1985年. 240页. 彩照. 大32开

南京云锦史. 徐仲杰 著. 南京: 江苏科学技术出版社, 1985年. 179页. 彩图. 大32开(江苏传统工艺史丛书)

中国丝绸史话. 罗瑞林, 刘柏茂 编著. 北京: 纺织工业出版社, 1986年. 176页. 32开

中国的丝绸. 杨力 编著. 北京: 北京人民出版社, 1987年. 208页. 32开(祖国丛书)

湘绣史话. 李湘村 编著. 北京: 海洋出版社, 1988年. 193页. 插图. 32开

中国丝绸史稿. 张保斗 著. 上海: 学林出版社, 1989年. 296页. 32开

中国近代缫丝工业史. 徐新吾 主编. 上海: 上海人民出版社, 1990年. 711页. 大32开

中国丝绸纹样史. 回顾 著. 哈尔滨: 黑龙江美术出版社, 1990年. 238页. 大32开

中国丝绸史(通论). 朱新予 主编. 北京: 纺织工业出版社, 1992年. 381页. 32开

丝绸艺术史. 赵丰 著. 杭州: 浙江美术学院出版社, 1992年. 220页. 16开

蚕桑丝织杂考——以新科学知识还治旧文字学. 下辑. 邹景衡 著. 台北: 嘉洲出版社, 1993年. 210页. 图版16页. 大32开

江南丝绸史研究. 范金民, 金文 著. 北京: 农业出版社, 1993年. 388页. 彩图17. 大32开

唐代蚕桑丝绸研究. 卢华语 著. 北京: 首都师范大学出版社, 1995年. 198页. 32开

中国丝绸史(专论). 朱新予 主编. 北京: 中国纺织出版社, 1996年. 360页. 大32开

唐代丝绸与丝绸之路. 赵丰 编著. 西安: 三秦出版社, 252页. 图版16. 大32开

印染史话. 黄能馥 编写. 北京: 中华书局, 1964年. 31页. 32开(本书1962年第1版, 原名《中国印染史话》, 本版是第1版第3次印刷, 改现名)(中国历史小丛书)

中国染织史. 吴淑生, 田自秉 著. 上海: 上海人民出版社, 1986年. 299页. 大32开(中国文化史丛书)

中国印染史略. 张道一 著. 南京: 江苏美术出版社, 1987年. 54页. 32开

中国古代的纺织与印染.赵翰生 著.①天津:天津教育出版社,1991年.98页.32开②台北:台湾商务印书馆,1994年.122页.32开(中国文化史知识丛书)

楚人的纺织与服饰.彭浩 著.武汉:湖北教育出版社,1995年.223页.大32开.(楚学文库)

苏州丝绸档案汇编.曹喜深,叶万忠 主编.苏州市档案馆 编.南京:江苏古籍出版社,1995年.2册.大32开

陕西纺织科学技术志(上古—1990).陕西省纺织工业总公司 编.西安:陕西科学技术出版社,1995年.403页.16开

造纸与印刷

造 纸

纸自中国传入欧洲考略.(美国)卡忒(Carter. T. F) 著.向达 译.上海:上海中国科学社,1926年.1册.(系科学第11卷第6期单行本)

造纸的传播及古纸的发现.李书华 著.台湾中华丛书编审委员会,1960年.38页.有图.(中华丛书,国立历史博物馆历史文物丛刊第1辑)

纸和笔.苏易筑 编著.上海:正中书局,1941年.44页.32开

纸的发明故事.方诗铭 著.大中国图书局,1952年.21页.32开

纸和印刷术的发明.章回 编著.北京:通俗读物出版社,1956年.1册.有图

中国造纸发展史略.洪光,黄天右 合编.北京:轻工业出版社,1957年.52页.32开

★树皮布印文陶与造纸印刷术发明.凌纯声 著.台湾:中央研究院民族学研究所,1963年

造纸史话.洪光,黄天右 编写.北京:中华书局,1964年.25页.32开(中国历史小丛书)

★纸的起源.李书华 著.台湾:大陆杂志社,1969年

中国古代造纸史话.刘仁庆 编.北京:轻工业出版社,1978年.86页.图17幅.32开

造纸史话.黄河 编写.北京:中华书局,1979年.29页.32开(本书1964年.第1版,这是第2版)(中国历史小丛书)

中国造纸技术史稿.潘吉星 著.北京:文物出版社,1979年.252页.16开

中国造纸术盛衰史.陈大川 著.台北:中外出版社,1979年.356页.大32开

造纸史话.《造纸史话》编写组 编.上海:上海科学技术出版社,1983年.195页.32开(中国科技史话丛书)

纸的发明、发展和外传.刘仁庆 著.北京:中国青年出版社,1986年.146页.32开(祖国丛书)

中国近代造纸工业史.上海社会科学院经济研究所轻工业发展战略研究中心 编.上海:上海社会科学院出版社,1989年.310页.大32开

蔡伦造纸术的发明与发展.荣元恺 编著.北京:轻工业出版社,1990年.71页.图.32开

中国造纸史话.潘吉星 著.济南:山东教育出版社,1991年.119页.32开

中国古代造纸术起源史研究.许鸣歧 著.上海:上海交通大学出版社,1991年.98页.照片及附图.16开

中国书籍、纸墨及印刷史论文集.钱存训 主编.香港:香港中文大学出版社,1992年.326页

中国宣纸.曹天生 著.北京:中国轻工业出版社,1993年.166页.彩图.32开

中国造纸技术简史.戴家璋 主编.北京:中国轻工业出版社,1994年.339页.大32开

中华造纸2000年.杨润平 著.北京:人民教育出版社,1997年.210页.32开(华夏青年文化丛书)

印 刷

中国雕版源流考.留菴 编撰.上海:商务印书馆,1918年.68页.有图.(文艺丛刊)

中国雕版源流考.孙毓修 著.①上海:商务印书馆,1930年.66页.32开(万有文库、国学小丛书)②台

北:台湾商务印书馆,1974年.66页.40开(人人文库)

中国版刻综录.杨绳信 编著.西安:陕西人民出版社,1987年.568页.16开

历代刻书概况.上海新四军历史研究会印刷印钞分会 编.北京:印刷工业出版社,1991年.567页.32开(中国印刷史料选辑3)

印刷术.金溟若 编著.应成一 校订.南京:正中书局,1936年初版.1943年4版.1948年沪1版.68页.有图.32开(中国发明发见故事集)

中国印刷术源流史.(美)卡德(T.F.Carter)著.刘麟生 译.长沙:商务印书馆,1938年.202页.有图.32开(汉译世界名著)

活版印刷术.(日)宫崎荣太郎等 编辑.苏士清 译述.重庆:国立四川造纸印刷科职业学校出版部,1942年初版.1945年再版.430页.有图表.23开

中国印刷术的发明和它的西传.(美)卡特(Carter.T.F)著.吴泽炎 译.上海:商务印书馆,1957年.208页.图32开

中国印刷术的发明及其西传.Carter(卡特),T.F著.Goodrich,L.C.修订.胡志伟 译.台北:台湾商务印书馆,1967年.211页.序等22页.图版15页.32开.(汉译世界名著)

中国印刷术的发明及其影响.张秀民 著.北京:北京人民出版社,1958年.208页.图表.图版39.32开

中国印刷术的发明及其影响.张民等 著.台北:文史哲出版社,1980年.346页.大32开(附:中国近百年出版资料)

中国印刷术起源.李书华 著.香港:九龙新亚研究社,1962年.202页.有图.32开

活字印刷史话.张秀民,龙顺宜 编写.北京:中华书局.1963年.28页.图.32开(本书1963年.第1版,原名《中国活字印刷史话》,1964年第2次印刷改现名,1979年第2版)(中国历史小丛书)

近代印刷术.贺圣鼐等 编.台北:台湾商务印书馆,1973年.104页.大32开

中国印刷发展史.史梅岑 著.台北:商务印书馆,1977年.262页.32开.(本书1966年第1版,这是第3版)

中国的印刷.刘国钧 著.上海:上海人民出版社,1979年.63页.32开(本书1960年第1版,这是第2版)

中国古籍印刷史.魏隐儒 编著.北京:印刷工业出版社,1984年.245页.32开

中国的印刷术.柳毅 编著.北京:科学普及出版社,1987年.356页.大32开

印刷史话.魏隐儒,王金雨 编著.上海:上海科技出版社,1988年.175页.32开

中国印刷史.张秀民 著.上海:上海人民出版社,1989年.861页.大32开

雕版印刷源流.上海新四军历史研究会印刷印钞分会 编.北京:印刷工业出版社,1990年.500页.大32开

活字印刷源流.上海新四军历史研究会印刷印钞分会 编.北京:印刷工业出版社,1990年.276页.大32开

中国印刷史话.张绍勋 编著.济南:山东教育出版社,1991年.123页.32开(中国文化史知识丛书)

中国印刷之最.张树栋等 编著.上海:百家出版社,1992年.129页.小32开

中国古代印刷史.罗树宝 编著.北京:印刷工业出版社,1993年.452页.图.大32开

中国印刷术的起源.曹之 著.武汉:武汉大学出版社,1994年.527页.图.大32开(武汉大学学术丛书)

中国印刷近代史(初稿).范慕韩 主编.北京:印刷工业出版社,1995年.729页.大32开

江苏图书印刷史.倪波,穆纬铭 主编.南京:江苏人民出版社,1995年.389页.大32开(出版史志丛书)

中国印刷史话.张绍勋 著.北京:商务印书馆.1997年.208页.32开(中国文化史知识丛书)

中国古代印刷术.李万健 著.郑州:大象出版社,1997年.138页.图.32开(中国历史文化知识丛书)

图书印刷发展史论文集.乔衍琯,张锦郎 编.台北:文史哲出版社,1975年.692页.32开

主要子目:

中国书籍制度变迁之研究.马叔平

纸发明以前中国文字流传工具.李书华

从善本书展览谈古代书籍演变.庄练

甲骨文简介.屈万里

简牍检署考.王国维

近代出土的竹木简.李书华

先秦两汉简牍考.陈槃

说简牍.劳干

从木简到纸的应用.劳干
论长沙出土之绘画.董作宾
先秦两汉帛书考.陈槃
造纸的发明及其传播.李书华
敦煌卷子发现始末.陈铁凡
印章与摹拓的起源及其对于雕版印刷发明的影响.李书华
中国印刷术沿革考略.贺圣鼐
我国历代版刻的演变.昌彼得
活字版印刷的发明.李书华
唐代后期的印刷.李书华
五代时期的印刷.李书华
五代两宋监本考.王国维
论明代铜活字板问题.钱存训
清代印刷史小纪.净雨
我国套色印刷简说.乔衍琯
韩国活字版的演变.李元植
写本稿本和校本.屈万里
中国书籍装订之变迁.李文裿
唐代图书形式之演变.昌彼得
图书形态学.间宫不二雄

图书印刷发展史论文集续编.乔衍琯,张锦郎 编.台北:文史哲出版社,1977年.313页.32开

主要子目:

从早期文字流传的工具谈到中国图书的形式.苏莹辉
中国古代的简牍制度.钱存训著,周宁森译
中国对造纸术及印刷术的贡献.钱存训著,马泰来译
刻书之始.屈万里,昌彼得
五代刻书状况.屈万里,昌彼得
宝礼堂宋本书录序.张元济
辽金西夏刻书简史.张民
明代的铜活字.张民
清代的铜活字.张民
清代的木活字.张民
书林别话.卢前
中国书籍装订术的发展.蒋元卿
图书版本的名称.陈庆
谈善本书.昌彼得
怎样修装善本旧书.袁良峰

张秀民印刷史论文集.张秀民 著.北京:印刷工业出版社,1988年.333页.32开

中国印刷史学术讨论会文集.第二届中国印刷史学术研讨会筹备委员会 编.北京:印刷工业出版社,1996年.621页.32开

主要子目:

上编:

第一届中国印刷史学术研讨会文集:

中国印刷史研究的范围、问题和发展.钱存训
应从大印刷史观研究中国印刷史.李兴才
书史研究与印刷史研究的联系与区别.郑如斯
迎接敦煌印刷宝藏出世一百年.魏志刚
中国印刷历史研究上的新课题.张树栋
略论宋代的刻工.张秀民
宋代纸币及其现存印版.张季琦
我国最早的木活字印刷品——西夏文佛经《吉祥遍至口和本续》.牛达生
中国近代印刷业发展八题.万启盈
木版水印工艺技术的新发展.侯恺
中国古代科技史中印刷科技史探源.庞多益
论印刷物物质载体纸的起源.潘吉星
中国古代印刷字体的发展.罗树宝
网版印刷探源.宋育哲

下编:

第二届中国印刷史学术研讨会文集:

孔版印花的起源与印刷术的发明.宋育哲
从长江源头论雕版印刷术的发明.李兴才
中国印刷术孕育发展的文化背景.庞多益
地图印刷的肇始及演变.邹毓俊
文字及其刊刻技术的起源对印刷术发明的影响和作用.杜维东
印刷术发明的前提和轨迹.张树栋
韩国新发现的印本陀罗尼经与中国武周时期的雕版印刷.潘吉星
武英殿聚珍版程式制印220周年.魏志刚
金朝纸币——交钞、宝券及其他.张季琦
关于印刷史研究的几个问题.曹之
浅论印刷术对唐诗流传的作用.熊凤鸣
明代无锡安国铜活字是浇铸而成.尤丹立
略论重视印刷史学习的现实意义及印刷史教育的普及作用.陆根发
毕昇籍贯及其发明活字印刷地点初探.张培华
毕昇墓碑的历史背景及其认定.舒秀婵

湖北英山“毕卅八”墓葬的发现对毕昇墓碑研究的意义.吴晓松

英山毕昇墓碑再质疑.张秀民

英山毕昇墓碑综考与毕昇轶事初探.孙启康

国子监刻书述略.郑如斯

宋代的刻书机构.李致忠

宋代的江西刻书.杨晏平

扬州雕版印刷的回溯与展望.王明发

论藏文《大藏经》的刊刻.潘吉星

重视辉煌的辽代雕版印刷品.毕素娟

中国古代少数民族的印刷.梅林

元刊木活字西夏文佛经《大方广佛华严经》的发现、研究及版本价值.牛达生

略谈西夏雕版印刷在中国出版史中的地位.徐庄

试论雕刻凹印技术的进步与提高货币印制能力的关系.蔡秀园

饾版印刷术之研究.方晓阳

清吕抚活字泥版印书工艺与泥活字印书工艺之比较.白莉蓉

十九世纪中文拼合活字研制史续考.韩琦

世界上最早一批汉文铅活字的制备和大批中国人参与了这项创造性工作.叶再生

关于中国印刷术传入欧洲几个问题的探讨.罗树宝

用大印刷史观研究印刷史势在必行.黄浮云

大印刷观的形成及其对印刷工业发展的意义和作用.尹铁虎

中国古代的公文印刷.田涛

两书一札 同而别之——馆藏契约初探.李思源

世界大背景下的中国印刷术.陈春生

十九世纪中国传道会印刷所的字体传到日本.小宫山博史

中国印刷史论丛[史篇上册(史部)].许瀛鑑 主编.台北:中国印刷学会,1997年.366页.大32开

中韩两国古活字印刷技术之比较研究.曹炯镇 著.台北:学海出版社,1986年.358页.32开

印刷发明前的中国书和文字记录.钱存训 著.北京:印刷工业出版社,1988年.180页.图28.大32开

中国安徽文房四宝.穆孝天等 著.合肥:安徽科学技术出版社,1983年.163页.插图.大32开

中国文房四宝.孙敦秀 著.北京:新华出版社,1993年.152页.大32开(神州文化集成丛书)

中国、韩国与欧洲早期印刷术的比较.潘吉星 著.北京:科学出版社,1997年.295页.大32开

其 他

中国工艺沿革史略.许衍灼 编.上海:商务印书馆,1917年初版(铅印本).1918年再版.134页.有表32开

轻工史话选编.于彩祥,张文杰 编.北京:轻工业出版社,1986年.357页.32开

苏州手工业史.段本洛,张圻福 著.南京:江苏古籍出版社,1986年.629页.大32开(江苏经济史丛书)

宋代工艺史.盖瑞忠 编著.台北:台湾省立博物馆,1986年.299页.16开

佛教与工艺杂项.潘守永 著.天津:天津人民出版社,1996年.173页.图.32开

中国古代民间工艺.王冠英 著.北京:中共中央党校出版社,1991年.115页.小32开(中国文化史知识丛书)

中华文化集粹丛书·工巧篇.王振铎 著.北京:中国青年出版社,1991年.243页.图.大32开

汉代手工业.宋治民 著.成都:巴蜀书社,1992年.158页.大32开

中国灯烛.李仁溥 编.广州:广东科技出版社,1990年.76页.32开

中国灯具简史.高丰,孙建君 著.北京:北京工艺美术出版社,1991年.141页.32开

我国民间的家具艺术.杨耀 著.北京:北京大学.11页.16开

中国古代家具.胡德生 著.上海:上海文化出版社,1992年.158页.32开

历代失传绝技探奇.刘俊 编.海口:海南出版社,1994年.286页.大32开

中国古代衣食住行.许嘉璐 著.北京:北京出版社,1988年.152页.小32开

衣食住行话由来.王庆新等 编著.北京:中国商业出

版社,1992年.235页.32开

中国历代衣冠服饰制.陈茂同 著.北京:新华出版社,1993年.324页.大32开

建 筑

总 论

中国建筑与中华民族.龙庆忠 著.广州:华南理工大学出版社,1990年.274页.16开

中国古代建筑与周易哲学.程建军 著.长春:吉林教育出版社,1991年.304页.照片.大32开

西域文明与华夏建筑的变迁.常青 著.长沙:湖南教育出版社,1992年.226页.照片.大32开(博士论丛)

土木营造与科技发明.张企华,张竹 主编.济南:山东科学技术出版社,1992年.322页.彩图37幅.32开(中国文化精华文库)

中华古建文化.王红 撰.北京:首都师范大学出版社,1994年.109页.插图.小32开

中国古典建筑文化探源.王鲁民 著.上海:同济大学出版社,1997年.144页.16开

中国建筑形态与文化.楼庆西 著.台北:艺术家出版社,1997年.183页.照片.32开

土木构筑的艺术:中国古代建筑.诸雄潮,绍卿 著.北京:人民日报出版社,1995年.183页.小32开

中国建筑史.乐嘉藻 著.1933年.177页

中国建筑史.(日)伊东忠太 著.陈清泉 译补.上海:商务印书馆,1938年.324页.有图.32开(1984年上海书店据商务印书馆1938年版影印收入中国文化史丛书)

中国建筑简史.毛心一 著.沈季梅 校.上海:说文月刊社,1941年.46页.16开

中国建筑.王壁文 著.国立华北编译馆,1943年.218页.60图.32开(现代知识丛书)

中国建筑史.梁思成 著.北京:中华人民共和国高等教育部教材编审处,1955年.184页.32开(高等学校交流讲义)

中国建筑史参考图.刘敦桢 编辑.陈从周 校订.南京工学院建筑系、同济大学建筑系.1953年.174页.16开

中国建筑.中国科学院土木建筑研究所.清华大学建筑系 合编.北京:文物出版社,1957年.203页.32开

中国建筑简史.建筑工程部建筑科学研究院建筑理论及历史研究室中国建筑史编辑委员会 编.北京:中国工业出版社,1962年.

第1册:中国古代建筑简史.358页.16开.

第2册:中国近代建筑简史.195页.16开

中国古代著名建筑.鲁向 著.香港:中华书局香港分局,1975年.56页.32开(中华文库)

中国建筑史.黄宝瑜 编著.台北:正中书局,1977年.246页.32开(本书1973年第1版.这是第3版)

★中国古代建筑艺术.李甲孚 著.台北:台北市北屋出版事业公司,1977年

中国的建筑艺术.张绍载 著.台北:东大图书公司,1979年.153页.照片.大32开

中国建筑史.叶大松 编著.台北:中国电机技术出版社,1977-1978年.2册.图.大32开

中国建筑图集.梁思成等 著.台北:明文书局,1981年.175页.照片.16开

明、清建筑二论.汉宝德 著.台北:境与象出版社,1982年.96页.32开(中国建筑史论丛一)

中国古建筑.中国建筑科学研究院 编.北京:中国建筑工业出版社,1983年.255页.8开

中国古代建筑史.史连江 编著.太原:太原工学院,1983年.2册(293页).16开

中国古代建筑史.刘敦桢 主编.①北京:中国建筑工业出版社,1984年.423页.大16开(本书1980年.第1版,这是第2版)②台北:明文书局,1985年.429页.16开

中国建筑史论文选辑.明文书局编辑部 编.台北:明文书局,1984年.2册.照片及图.16开

中国古代建筑.滕道民 编写.北京:中国青年出版社,1985年.172页.插图.32开(祖国丛书)

中国古代建筑.清华大学建筑系 编.北京:清华大学出版社,1985年.146页.12开

中国古代建筑技术史.中国科学院自然科学史研究

所 主编.北京:科学出版社,1985年.616页.8开(1993年台北博远出版公司出版,署北京科学出版社 主编)

漫谈中国建筑.纪国骅 编著.台北:希代书版有限公司,1985年.285页.32开

中国建筑史.《中国建筑史》编写组 编.北京:中国建筑工业出版社,1986年.293页.16开(本书1982年.第1版,这是第2版)

中国建筑史新编.台北:明文书局,1986年306页.16开

中国古典建筑猎奇.罗哲文等 著.北京:中国展望出版社,1986年.188页.32开

中国古代建筑史话.孙大章 编著.北京:中国建筑工业出版社,1987年.183页.32开(中国古建筑知识丛书)

中国古建筑.刘奇俊 著.台北:艺术家出版社,1987年.232页.大32开

建筑史话.喻维国等 编著.上海:上海科学技术出版社,1987年.283页.32开(中国科技史话丛书)

中国古建筑简说.缪启珊 著.济南:山东教育出版社,1988年.107页.32开(中国文化史知识丛书)

中国建筑史.梁思成 著.台北:明文书局,1989年.275页(新版、附插图).16开(本书1981年第1版,1984年第2版.32开.这是第3版)

古建春秋.庄裕光 编著.成都:四川科学技术出版社,1989年.213页.32开

中国古代建筑.罗哲文 主编.①上海:上海古籍出版社,1990年.613页.大32开②台北:南天书局,1994年.614页.大32开

中华古建筑.张驭寰,郭湖生 主编.北京:中国科学技术出版社,1990年.349页.16开

中国古代建筑.楼庆西 著.①北京:中共中央党校出版社,1991年.151页.32开②北京:商务印书馆,1997年增订版.204页.彩图.32开(中国文化史知识丛书)

图像中国建筑史(汉英双语版).梁思成,莫文原 著.梁从诚 译.北京:中国建筑工业出版社,1991年.222页.18开

中国古建筑美术博览.白文明 著.沈阳:辽宁美术出版社,1991年.16开.

第1册:古建筑的门类和造型.245页

第2册:中国古建筑的构件和单体.496页

第3册:古建筑的材质和工艺.248页

中国古代高建筑.屈浩然 著.天津:天津科学技术出版社,1991年.93页.大32开

中国古代建筑辞典.北京市文物研究所 主编.北京:中国书店,1992年.438页.32开

建筑历史研究.贺业钜等 著.北京:中国建筑工业出版社,1992年.261页

中国建筑史《中国建筑史》编写组 编.北京:中国建筑工业出版社,1993年新1版.320页.16开(高等学校参考书)

中国古建筑大系.黄明山 主编.中国建筑工业出版社、光复书局企业股份有限公司 编.北京:中国建筑工业出版社,1993年.10册.16开

第1册,宫殿建筑:末代皇都.茹竞华,彭华亮 著.195页

第2册,帝王陵寝建筑:地下宫殿.王伯扬 著.186页

第3册,皇家苑囿建筑:琴棋射骑御花园.程里尧 著.191页

第4册,文人园林建筑:意境山水庭园院.程里尧 著.187页

第5册,民间住宅建筑:圆楼窑洞四合院.王其钧 著.183页

第6册,佛教建筑:佛陀香火塔寺窟.韦然 著.191页

第7册,道教建筑:神仙道观.乔匀 著.179页

第8册,伊斯兰教建筑:穆斯林礼拜清真寺.邱玉兰 著.178页

第9册,礼制建筑:坛庙祭祀.孙大章 著.182页

第10册,城池防御建筑:千里江山万里城.乔匀 著.183页

中国近代建筑总览:北京篇.汪坦,(日)藤森照信 主编.王世仁等 编.北京:中国建筑工业出版社,1993年.252页.大16开

中国近代建筑总览:重庆篇.汪坦,(日)藤森照信 主编.杨嵩林等 编.北京:中国建筑工业出版社,1993年.72页.图.大16开

中国近代建筑总览:厦门篇.汪坦,(日)藤森照信 主编.郭湖生等 编.北京:中国建筑工业出版社,1993年.95页.大16开

中国近代建筑总览:庐山篇.汪坦,(日)藤森照信 主编.彭开福等 编.北京:中国建筑工业出版社,1993年.58页.图.大16开

中国近代建筑总览:昆明篇.汪坦,(日)藤森照信 主

编.蒋高宸等 编.北京:中国建筑工业出版社,1993年.70页.图.大16开

中国建筑史.萧默 著.台北:文津出版社,1994年.366页.图.32开

和谐成趣的中国建筑.韩雪临 著.沈阳:辽宁古籍出版社,1995年.193页.图.32开(中华民族优秀传统文化丛书·艺术卷)

中国古建筑全览.杨永生 主编.天津:天津科学技术出版社,1996年.539页.照片.16开

山西古建筑通览.李玉明 主编.太原:山西人民出版社,288页.8开

大同古建筑调查报告(附云岗石窟中所表现的北魏建筑).梁思成,刘敦桢 编著.北平:中国营造学社,1933年初版.1936年再版.218页.有图像.16开

北京古建筑.建筑工程部建筑科学研究院等 编.北京:文物出版社,1959年.照片222幅.8开

上党古建筑.山西省晋东南专员公署文教局编.长治:山西省晋东南专员公署,1963年.140页.大16开

新疆维吾尔族建筑图案.刘定陵等 编绘.北京:人民美术出版社,1983年.209.页.32开

台湾建筑史.李乾朗 著.台北:北屋出版事业股份公司,1984年.322页.大16开(本书1979年第1版,1980年第2版,1982年第3版,这是第4版)

北京古建筑.城乡建设环境保护部、中国建筑技术发展中心建筑历史研究所 编.北京:文物出版社,1986年.1册.8开

曲阜孔庙建筑.南京工学院建筑系、曲阜文物管理委员会 著.北京:中国建筑工业出版社,1987年.469页.8开

天津古代建筑.谢国祥 主编.王永发等 编写.天津:天津科学技术出版社,1989年.213页.16开(天津城市建筑丛书)

上海近代建筑史稿.陈从周,章明 主编.上海:三联书店,1990年.226页.16开

泉州古建筑.泉州历史文化中心 主编.天津:天津科学技术出版社,1991年.181页.16开(丝绸之路建筑文化丛书)

陕西古建筑.赵立瀛 主编.西安:陕西人民出版社,1992年.319页.彩图.16开

西南民族建筑研究.斯心直 著.昆明:云南教育出版社,1992年.283页.彩照.大32开

浙江古今建筑.魏廉 主编.上海:上海科学技术文献出版社,1993年.406页.彩照.大32开

山东古建筑.藤新乐,张润武 主编.济南:山东科学技术出版社,1993年.87页.彩照.16开

湖南传统建筑.杨慎初 主编.湖南省文物事业管理局等 编.长沙:湖南教育出版社,1993年.322页.大16开

大同古建筑览要.王志芳 主编.昝凯 著.太原:山西人民出版社,1994年.90页.16开

上海百年建筑史:1840—1949.伍江 编著.上海:同济大学出版社,1997年.210页.插图.大32开

宣南鸿雪图志.王世仁 主编.北京市宣武区建设管理委员会、北京市古代建筑研究所 编.北京:中国建筑工业出版社,1997年.551页.8开

明代建筑大事年表.单士元,王壁文.合编.北平:中国营造学社,1937年.767页.32开

营造算例.梁思成 著.北平:中国营造学社,1932年初版.1934年增改再版.164页.有表.16开

清式营造则例(附营造算例).梁思成 著.北平:中国营造学社,1934年初版.1941年再版.200页.有图.12开.1981年中国建筑工业出版社据1934年版重印

清代匠作则例汇编.王世襄 校辑.1963年.油印本.111页.16开

姚承祖营造法原图.陈从周 整理.上海:同济大学建筑系.1979年.图文.35页.8开

营造法式大木作研究.陈明达 著.北京:文物出版社,1981年.2册.16开

战国细木工榫接合工艺研究.林寿晋 著.香港:中文大学出版社,1981年.169页.图版27.16开

华夏意匠——中国古典建筑设计原理分析.李允稣 著①香港:华风书局,1982年.447页.大16开②北京:中国建筑工业出版社,1985年.477页.大16开

中国古建筑修缮技术.文化部文物保护科研所 主编.北京:中国建筑工业出版社,1983年.380页.大32开

中国古建筑修缮技术.杜仙洲 主编.①台北:明文书局,1984年.522页.照片.大32开②台北:丹青图书公司,1984年.378页.大32开

清式大木作操作工艺.井庆升 著.北京:文物出版社,1985年.131页.16开

中国古代建筑的保护与维修.祁英涛 著.北京:文物出版社,1986年.143页.16开(中国古代建筑研究丛书)

中国古建筑琉璃技术.李全庆,刘建业 编著.北京:中国建筑工业出版社,1987年.194页.彩图5页.16开

古建筑勘查与探究.张驭寰 著.南京:江苏古籍出版社,1988年.319页.16开

宋营造法式图注.清华大学建筑系 编印.36页.32开

营造法原.(清)姚承祖原著.张至刚 增编.北京:中国建筑工业出版社,1989年.223页.16开(本书1959年第1版,这是第2版)

中国古代木结构建筑技术:战国～北宋.陈明达 著.北京:文物出版社,1990年.68页.图版.16开

中国建筑形制与装饰.程万里 主编.台北:南天书局有限公司.1991年.263页.16开

中国古建筑木作营造技术.马炳坚 著.北京:科学出版社,1991年.327页.16开

中国古代建筑尺寸设计研究——论《周易》蓍尺制度.全其鑫 著.合肥:安徽科学技术出版社,1992年.169页.32开

古代大木作静力初探.王天 著.北京:文物出版社,1992年.187页.16开

营造集.魏克晶 著.天津:天津杨柳青画社,1993年.201页.大32开(华夏五千年艺术不能不知道丛书)

营造法式大木作制度研究.陈明达 著.北京:文物出版社,1993年第2版.2册.264页.16开

中国木构建筑营造技术.喻维国,王鲁民 编著.北京:中国建筑工业出版社,1993年.171页.32开(中国古建筑知识丛书)

梁思成文集(一).梁思成 著.北京:中国建筑工业出版社,1982年.367页.16开

梁思成文集(二).梁思成 著.北京:中国建筑工业出版社,1984年.371页.16开

梁思成文集(三).梁思成 著.北京:中国建筑工业出版社,1985年.399页.16开

梁思成文集(四).梁思成 著.北京:中国建筑工业出版社,1986年.368页.16开

刘敦桢文集(一).刘敦桢 著.北京:中国建筑工业出版社,1982年.390页.16开

刘敦桢文集(二).刘敦桢 著.北京:中国建筑工业出版社,1984年.430页.16开

刘敦桢文集(三).刘敦桢 著.北京:中国建筑工业出版社,1987年.463页.16开

科技史文集.第2辑.建筑史专辑(1).《建筑史专辑》编辑委员会 编.上海:上海科学技术出版社,1979年.138页16开

主要子目:

《宋〈营造法式〉注释》选录.梁思成

故宫本《营造法式》钞本校勘记.刘敦桢

中国廊桥.刘敦桢

元大都平面规划复原的研究.赵正之

昆明东北乡古建筑图录及解说.刘致平

江西贵溪的道教建筑.陈从周

江苏吴县寂鉴寺元代石殿屋.刘叙杰,戚德耀

蓬莱水城.罗勋章

清初太和殿重建工程——故宫建筑历史资料整理之一.王璞子

对少林寺初祖庵大殿的初步分析.祁英涛

山西元代殿堂的大木结构.张驭寰

中国古典建筑凹曲屋面发生、发展问题初探.杨鸿勋

假山浅识.孟兆祯

科技史文集.第5辑.建筑史专辑(2).《建筑史专辑》编辑委员会编.上海:上海科学技术出版社,1980年.156页16开

主要子目:

山西砖石塔研究.张驭寰

斗栱的运用是我国古代建筑技术的重要贡献.于倬云

河姆渡遗址木构水井鉴定及早期木构工艺考察.杨鸿勋

平顺龙门寺.郭黛姮,徐伯安

首山乾明寺元代木构建筑.冬篱

北京四合院住宅的组成与构造.王绍周

(简讯)丹麦艾尔瑟·格兰女士赠给清华大学宋《营造法式》彩画作制度图样《永乐大典》本复印件.郭黛姮

北京明清故宫的蓝图.单士元

易州城和清西陵.卢绳

从隋唐长安城宋东京城看我国一些都城布局的演变.董鉴泓

山海关和附近的万里长城.罗哲文

我国古代建筑屋面防水措施.邓其生

我国古代园林发展概观.潘谷西

绮石"青莲朵"考略.赵光华

科技史文集.第7辑.建筑史专辑(3).《建筑史专辑》编辑委员会编.上海:上海科学技术出版社,1981年.135页16开

主要子目:

莫高窟研究.阎文儒

石窟工程概述.喻维国

实用、结构与艺术的结合——谈中国古代建筑的装饰.赵立瀛

《营造法式》的雕镌制度与中国古代建筑装饰的雕刻.徐伯安,郭黛姮

避暑山庄与颐和园.周维权

扬州个园.吴肇钊

豫西古代建筑遗迹——河南考古调查杂记之一.张驭寰

鸳鸯厅大木施工法.顾祥甫口授,邹宫伍绘图记录,陈从周校阅并跋

莫高窟第196窟檐研究.余鸣谦

关于《鲁般营造正式》和《鲁班经》.郭湖生

略谈清代营造业手抄本的内容和性质.律鸿年

山西"阿育王塔"遗址现状考.冬篱

洪峪寺塔记.曹桂岑,郭友范

夯土技术浅谈.单士元

科技史文集.第11辑.建筑史专辑(4)《建筑史专辑》编辑委员会编.上海:上海科学技术出版社.1984年.184页16开

主要子目:

略论中国古代建筑.汪之力

西周城市初探.张家骥

辽金燕京城坊宫殿述略.王璞子

湘行勘古.陈从周

南方古塔概观.张驭寰

大理崇圣寺三塔勘测报告.姜怀英

南方禅宗寺院建筑及其影响.孙宗文

苏州建筑彩画艺术.毛心一

《营造法式》大木作制度小议.郭黛姮,徐伯安

试论明代从工匠中选拔工部官吏.陈绍棣

《水经注》记载的古代建筑.陈桥驿

关于我国园林发端之探讨.张钧成

北京清代会馆.冬篱

简谈中国古代建筑施工工具.赵继柱

天津近代里弄住宅.王绍周

建筑史论文集(第1辑).清华大学建筑系 编.北京:清华大学出版社,1983年.160页.16开(本辑1964年曾由清华大学印刷,内部发行,1983年正式出版)

主要子目:

《宋"营造法式"注释》序.梁思成

中国古建筑工程技术.赵正之

试论形成苏州园林艺术风格与布局手法的几个问题.齐铉

苏州留园的建筑空间.郭黛姮,张锦秋

颐和园风景点分析之一——龙王庙.张锦秋

《红楼梦》大观园的园林艺术.戴志昂

建筑史论文集(第2辑).清华大学建筑工程系建筑历史教研组 编.北京:清华大学建筑工程系,1979年.306页.16开

主要子目:

扬州鉴真大和尚纪念堂设计方案.梁思成

涞源阁院寺文殊殿.莫宗江

北京西北郊的园林.周维权

雕壁之美,奇丽千秋.徐伯安,郭黛姮

张南垣生卒年考.曹汛

斗拱的运用、安装及榫卯.张静娴

中国古建筑中的鎏金和贴金.高鲁冀

建筑史论文集(第3辑).清华大学建筑工程系建筑历史教研组 编.北京:清华大学建筑工程系,1979年.204页.16开

主要子目:

假山.汪星伯

中国古代木构建筑.郭黛姮,徐伯安

飞檐翼角(上).张静娴

天外云香——记布达拉宫和拉萨城.关肇邺

中国造园艺术在欧洲的影响.窦武

建筑史论文集(第4辑).清华大学建筑系 编.北京:清华大学出版社,1980年.155页.16开

主要子目:

山东潍坊十笏园.周维权,冯钟平

颐和园的排云殿佛香阁.周维权

颐和园霁清轩.付克诚

中国园林中的亭.冯钟平

飞檐翼角(下).张静娴

四川地方建筑采风(速写).单德启

北京十刹海地区的历史概况．常友石

建筑史论文集(第5辑)．清华大学建筑系 编．北京：清华大学出版社，1981年．156页．16开

主要子目：

四川灌县青城山风景区寺庙建筑．李维信

论中国古代木构建筑的模数制．郭黛姮

颐和园的前山前湖．周维权

谐趣园与寄畅园．冯钟平

要生存·要发展——纪念鲁迅一百周年诞辰．史健公

鲁迅论建筑．张静娴

四川羌族民居(速写)．梁鸿文

建筑史论文集(第6辑)．清华大学建筑系 编．北京：清华大学出版社，1984年．184页．16开

主要子目：

宋《营造法式》术语汇释——壕寨、石作、大木作制度部分．徐伯安，郭黛姮

魏晋南北朝园林概述．周维权

古建筑测绘的先进手段——摄影测量．郑国忠

村溪·天井·马头墙——徽州民居笔记．单德启

五台山宗教建筑一瞥(速写)．曹汛

建筑史论文集(第7辑)．清华大学建筑系 编．北京：清华大学出版社，1985年．200页．16开

主要子目：

《营造法式》斗拱型制解疑、探微．徐伯安

《考工记·匠人篇》浅析．张静娴

玉泉山静明园．周维权

大足——北山和宝顶的石刻艺术．梁鸿文

古建筑测绘的先进手段——摄影测量(续)．郑国忠

建筑史论文集(第8辑)．清华大学建筑系 编．北京：清华大学出版社，1987年．167页．16开

主要子目：

试论我国古城抗洪防涝的经验．吴庆洲

肇庆梅庵．吴庆洲

敦煌莫高窟的洞窟形制．萧默

承德的普宁寺与北京颐和园的须弥灵境．周维权

北京清代会馆剧场初探．王亦民

黟县宏村规划探源．单德启

建筑史论文集(第9辑)．清华大学建筑系 编．北京：清华大学出版社，1988年．182页．16开

主要子目：

福州华林寺大殿．杨秉纶等

独乐寺观音阁在建筑史的地位．郭黛姮

开封禹王台菊园初步设计．徐伯安

《营造法式》的一个字误．曹汛

徽州民居和传统建筑空间观．单德启

建筑史论文集(第10辑)．清华大学建筑系 编．北京：清华大学出版社，1988年．209页．16开

主要子目：

中国古代都城演进探析．王贵祥

唐宋楼阁建筑研究．吕江

《工程做法则例》研究．吕舟

略论中国江南古典造园艺术．杨鸿勋

两宋私家园林的景物特征．刘托

戈裕良家世生平材料的新发现．曹汛

《周易·系辞下》大壮卦建筑隐义浅释．王贵祥

旧城历史地段的保护与更新．朱自煊

建筑历史与理论(第一辑)．中国建筑学会建筑历史学术委员会 编．南京：江苏人民出版社，1981年．195页．16开

主要子目：

中国古代建筑史六稿绪论．梁思成

南京灵谷寺无梁殿的建造年代和式样来源．刘敦桢

试论周代两次城市建设高潮．贺业钜

雁北边防城堡调查简报．董鉴泓，阮仪三

从拙政园实例谈苏州古典园林的古为今用．张祖刚

南京瞻园考．刘叙杰

略论我国古代园林叠山艺术的发展演变．曹汛

民居——新建筑创作的重要借鉴．尚廓

歙县明代居住建筑"老屋角(阁)"调查简报．程极悦，胡承恩

中国早期建筑的发展．杨鸿勋

岳麓书院修复问题的探讨．杨慎初

黄鹤楼沿革与历代形制考．范勤年

隋代建筑若干问题初探．张家泰

我国古代建筑材料的发展及其成就．张驭寰

甘肃渭源灞凌桥．孙儒僩

建筑历史与理论(第二辑)．中国建筑学会建筑历史学术委员会 编．南京：江苏人民出版社，1982年．

177页.16开

主要子目:

中国屋瓦的发展过程试探.单士元

斗 起源考察.杨鸿勋

屋角起翘缘起及其流布.萧默

景德镇发现大批珍贵的明代建筑.景德镇博物馆

关于沈阳清故宫早期建筑的考察.铁玉钦,王佩环

懿德太子墓壁画中的盛唐建筑.何修龄,王仁波

灵岩寺辟支塔.黄国康,周福森

明末文震亨氏的造园学说.陈植

造园词义的阐述.陈植

清代造园叠山艺术家张然和北京的“山子张”.曹汛

北海景物述议.赵光华

江南古典园林艺术概论.杨鸿勋

《明中都》提要.王剑英

我国十六世纪的一幅城镇规划图.张驭寰

常州战国淹城遗址踏查纪要.阮仪三

建筑历史与理论(第三、四辑).中国建筑学会建筑历史学术委员会 编.南京:江苏人民出版社,1984年.254页.16开

主要子目:

关于我国古代城市规划体系之形成及其传统发展的若干问题.贺业钜

从北京城的历史来研究北京旧城的保护规划.张祖刚

《园冶注释》疑义举析.曹汛

《鲁班经》与《鲁班营造正式》.陈增弼

试谈中国古代建筑的抗震措施.萧岚

$\sqrt{2}$与唐宋建筑柱檐关系.王贵祥

江西宜丰逢渠桥.李放

江西宜黄县棠阴古建筑初查简报.宜黄古建筑考察组

园林巧异.刘叙杰

东莞可园.邓其生

旧园中的创新——记南京瞻园的修整和改建.刘叙杰

绛守居园池今昔谈.皇甫步高

江南古典园林艺术概论(续).杨鸿勋

建筑历史与理论(第五辑).中国建筑学会建筑史学分会 编.杨鸿勋,刘托 主编.北京:中国建筑工业出版社,1997年.217页.16开

主要子目:

中国古代建筑史:

中国建筑史学的现实意义及其研究的新阶段——在“中国建筑学会建筑史学分会成立暨’93年会”上的发言.杨鸿勋

正式建筑与杂式建筑——兼论建筑遗产的文本阐释.侯幼彬

抗震性能优异的中国古代木构楼阁建筑.郭黛姮

梁思成、林徽因对中外古典建筑综合分析的见解拾零.林宣

古代巴蜀建筑的文化品格.李先逵

岭南古代建筑文化特色.邓其生

清乾隆年间修葺明十三陵遗址考证——兼论各陵明楼、殿庑原有形制.胡汉生

中国近现代建筑史:

正视中国近代建筑的研究价值.王绍周

洋务派与早期民间仿洋式价值.刘先觉

中国近代建筑史研究之回顾与展望.张复合

民族与乡土建筑:

青海东部地区藏传佛教寺院的平面格局.杨昌鸣

试论傣族民居的发展与演变.朱良文

园林:

论文人园林的兴起及早期文人园林.刘托

普希金、俄罗斯园林和中国.孙明

文物建筑保护:

文物建筑保护与文化学——关于整体的哲学.陈薇

文物古建筑的概念与价值评定.程建军

要重视历史地段的保护.王景慧

关于山区古代木构建筑保护问题的思考.刘建华

建筑考古学与历史建筑调查报告:

略论建筑考古学.杨鸿勋

乐平传统戏台.黄浩等

唐造塔博士宋玉及同光禅师塔.张家泰

山西临汾魏村牛王庙元代舞台.柴泽俊

沈阳故宫测绘记实.杨道明

理论:

方位与礼制对中国传统建筑与环境所起的作

用.郑孝燮

浅论我国古代的“尊西”思想及其在建筑中的反映.刘叙杰

中国传统建筑文化与儒释道“三教合一”思想.吴庆洲

象天法地法人法自然——中国传统建筑意匠发微.吴庆洲

中国古建筑学术讲座文集.山西省古建筑保护研究所 编.北京:中国展望出版社,1986年.405页.16开

主要子目:

中国古建筑学科的发展概况.郭湖生

中国早期建筑的发展.杨鸿勋

中国古代城市建设.潘谷西

中国古代宫殿、坛庙、陵墓建筑.潘谷西

宫殿建筑是古代建筑技术的重要鉴证.于倬云

佛教寺院.罗哲文,王世仁

喇嘛教寺院.罗哲文,王世仁

中国古塔.罗哲文

石窟寺.罗哲文,王世仁

谈谈石窟寺的有关问题.余鸣谦

中国古典园林概述.刘叙杰

我国民间居住房屋之一瞥.张驭寰

中国古代建筑和现代建筑结构的内在关联.陶逸钟

理性与浪漫的交织——试论中国古代建筑的美学基础.王世仁

山西古建筑概述.柴泽俊

鉴定古代建筑年代的几个问题.祁英涛

谈谈保护古建筑的必要性和保护的标准.罗哲文

如何保护古建筑.罗哲文

略谈对古建筑的保护和维修工作.陶逸钟

怎样保护古建筑.杜仙洲

有关古建保护工作的几个问题——在山西省古建培训班的发言.傅连兴

如何进行古建筑勘测工作.李竹君

化学材料在木构古建筑维修中的应用.李竹君

附录:

佛教知识点滴.柴泽俊

祁英涛古建论文集.中国文物研究所 编.北京:华夏出版社,1992年.363页.16开

建筑考古学论文集.杨鸿勋 著.北京:文物出版社,1987年.331页.16开(中国环境文化研究中心丛刊)

建筑史研究论文集(1946—1996).吴焕加,吕舟 编.北京:中国建筑工业出版社,1996年.234页.16开

主要子目:

四川成都前蜀永陵研究图录.莫宗江

中国古代建筑装饰.楼庆西

中国古代建筑与汉字汉语文化.徐伯安

北京天宁寺塔三题.王世仁

隋朝建筑巨匠宇文恺的杰作——仁寿宫(唐九成宫).杨鸿勋

战国铜器上的建筑图像研究.傅熹年

中国建筑的等级表征和列等方式.侯幼彬

中国传统建筑的文化特质.郭黛姮

乡土建筑研究三题.李秋香

北京真觉寺金刚宝座塔.廖慧农

中国传统园林中的特殊文物——试论承德避暑山庄园林生态景观.王立平

文物建筑保护与对“真实性”的认识.吕舟

朝鲜时期景福宫营建上所反映的中国宫殿建筑规划理论.韩东洙

刘敦桢建筑史论著选集.刘叙杰 编.北京:中国建筑工业出版社,1997年.198页.16开

建筑历史与理论研究文集:1927—1997.刘先觉 主编.北京:中国建筑工业出版社,1997年.224页.16开

主要子目:

侗族建筑纵横谈.张良皋

我国明代地区中心城市的建设.潘谷西

唐长安大明宫建筑形制初探.郭湖生

南京瞻园考.刘叙杰

中国原始社会城市初探.刘叙杰

自然环境与中国传统民居构筑特征.王文卿,周立军

浮梁明代建筑.杜顺宝

南宋太庙朝向布局考.朱光亚

两汉砖石拱顶建筑探源.常青

《营造法式》变造用材制度探析.张十庆

文物建筑保护与文化学.陈薇

东汉三国时期的造园理水.成玉宁

西藏建筑文化初探.龚恺

论风水术中的理性成分. 方拥
辟雍·泮宫初探. 曹春平
中日传统建筑的比较. 武云霞
徽州明清祠堂建筑. 丁宏伟

中国紫禁城学会论文集. 单士元,于倬云 主编. 北京:紫禁城出版社,1997年.459页.16开
主要子目:
紫禁城建筑思想研究:
紫禁城宫殿体现的真善美. 于倬云
紫禁城宫殿建筑与儒学思想. 乔匀
紫禁城布局规划浅探. 郑孝燮
紫禁城宫殿总体布局的继承与发展. 郑连章
清宫建筑的满洲特色. 阎崇年.
唐代与清代宫廷建筑和生活对照. 茹竞华,周苏琴
紫禁城宫殿建筑的院落文化. 羊嫆,谢玉明
紫禁城文化内涵浅识举隅. 万依
紫禁城建筑形制沿革:
明代南京宫殿与北京宫殿的形制关系. 潘谷西,陈薇
论从元大都到明北京宫阙的演变. 王剑英,王红
营建长陵与迁都北京. 魏玉清
明清东朝东宫对紫禁城建筑的影响. 姜舜源
紫禁城的五重门. 郑志海
北京故宫交泰殿创建年代考. 胡汉生
北京故宫乾清宫东西五所原为七所辨证. 杨文概
北京故宫御花园浮碧亭澄瑞亭沿革考. 周苏琴
北京明清故宫的金莲水草天花. 于善浦
紫禁城排水与北京城沟渠述略
附:清代北京沟渠河道修浚大事记. 蒋博光
明清官修书城北京与都北京记载献疑. 李燮平
古建筑技术与物料研究:
谈明代斗栱的演变. 余鸣谦
明代官式建筑斗栱特点研究
附:神武门下檐山面桁条受力计算
明清部分官式建筑斗拱攒挡距一览表. 郭华瑜
北京故宫太和殿木构架体系的构造特点及静力分析. 吴玉敏,陈祖坪
北京故宫太和殿木构架体系的动力分析. 吴玉敏等
武英殿各殿座晚清修缮诸作述略. 方裕瑾
北京故宫建筑基础. 白丽娟,王景福
房山大石窝与北京明代宫殿陵寝采石——兼谈北京历朝营建用石. 吴梦麟,刘精义
明十三陵建筑用砖考. 宋磊
天坛具有声学效应建筑物的历史考察. 姚安
紫禁城建筑美学与园林艺术:
紫禁城建筑的色彩学. 楼庆西
论天坛审美. 杨辛
清代紫禁城宁寿宫的改建及乾隆的宫廷建筑意匠. 孙大章
宁寿宫花园点睛之笔:禊赏亭索隐. 王其亨,官嵬
宁寿宫花园的树木配植. 许埜屏
紫禁城花园的功能和利用. 杜春林
紫禁城建筑的科学保护:
谈紫禁城保护和利用的几点设想. 常学诗
文物建筑保护的成绩与问题. 杜仙洲
紫禁城保护的几个问题. 杨烈
再论古建筑物与故宫博物院的防雷. 王时煦
北京故宫与古建筑物的防雷. 马宏达
谈古代建筑木结构加固阻燃技术——兼议故宫的防火. 孟繁兴,钟川人
从文物建筑与其环境的关系看文物环境保护的重要性. 常欣
防微杜渐,永不放松. 李润德
综合研究:
《四库全书》与其典藏建筑. 杨道明
清宫建筑与清宫家具. 黄希明,芮谦
关于中国古建筑学科发展的几点看法. 马炳坚
韩国与尼泊尔王宫简述及中韩尼三国宫殿简要比较. 郭黛姮
北京明清故宫文物建筑保护与国际木结构文物建筑保护动向
附:木结构文物建筑的保护标准. 吕舟
紫禁城宫殿建筑与美国《建筑模式语言》. 王其明

民居

干兰——西南中国原始住宅的研究.戴裔煊 著.广州:岭南大学西南社会经济研究所,1948年.80页.32开

中国住宅概说.刘敦桢 著.北京:建筑工程出版社,1957年.134页.有图.16开

徽州明代住宅.张仲一等 合著.北京:建筑工程出版社,1958年.104页.有图.16开

浙江民居.中国建筑技术发展中心建筑历史研究所 编.北京:中国建筑工业出版社,1984年.288页.12开

吉林民居.张驭寰 著.北京:中国建筑工业出版社,1985年.168页.12开

福建民居.高鈊明等 著.北京:中国建筑工业出版社,1987年.287页.12开

丽江纳西族民居.朱良文 主编.昆明:云南科技出版社,1988年.105页.照片.16开

中国居住建筑简史——城市、住宅、园林(附:四川住宅建筑).刘致平 著.王其明 增补.北京:中国建筑工业出版社,1990年.295页.16开

中国传统民居与文化——中国民居学术会议论文集.陆元鼎 主编.北京:中国建筑工业出版社,1991年.261页.16开

主要子目:

中国民居的特征与借鉴.陆元鼎

朴实无华,隽永清新——江西南昌八大山人故居.李嗣垦等

意与境的追求——闽北两个传统村落的启示.黄为隽

风土建筑与环境.魏挹澧

略论云南的汉式民居.朱良文

广东潮州许驸马府研究.吴国智

广东南海民居与乡土文化.林小麟,黎少姬

传统文化与潮汕民居.何建琪

广东民居装饰装修.陆琦

云南丽江古城中的民居保护.何明俊

潮汕民居风采揽胜纪略.钟鸿英

广东侨乡民居.魏彦钧

胶东村镇与民居.胡树志

阆中古民居.曹怀经

山西静昇明清民居.金以康

福建泉州民居.戴志坚

侗族村寨形态初探.邹洪灿

瑶人的住屋——乳源瑶族"深山瑶"住屋浅析.李节

广东客家民居初探.谢苑祥

广东潮州民居丈竿法.陆元鼎

纳西族民居抗震构造的探讨.木庚锡

传统傣族住居设计初探.王加强

西双版纳傣族民居的分析与借鉴.刘业

湿热环境对传统民居的影响.刘岳超,林甫肄

提高北方民居热舒适性的研究.王准勤

广州近代城市住宅的居住形态分析.龚耕,刘业

中国传统民居与文化——中国民居第二次学术会议论文集.陆元鼎 主编.北京:中国建筑工业出版社,1992年.196页.16开

主要子目:

论述:

民居潜在意识钩沉.余卓群

中国民居与俗文化.杨慎初

生态及其与形态、情态的有机统一——试析传统民居集落居住环境的生态意义.单德启

传统合院的阴与阳.南舜薰

文化、环境、人是建筑之本——皖南民居建筑.王文卿

评清代的社会背景与民居的新发展.孙大章

论东阳明清住宅的存在特征.洪铁城

西南地区干栏式民居形态特征与文脉机制.李先逵

西双版纳傣族村寨的方位体系.张宏伟

西双版纳村寨聚落分析.严明

云南民居的类型及发展.饶维纯

民居与文化:

羌族居住文化概观.曹怀经

纳西族民居文化.木庚锡

侗族民间建筑文化探索.李长杰,张克俭

粤北瑶族民居与文化.魏彦钧

福建诏安客家民居与文化.戴志坚

住屋文化的历史转换.杨大禹
民居探查:
中国民居历史的博物馆——云南民居.陈谋德,王翠兰
云南民居中的半开敞空间探悉.朱良文
山东“牟氏庄园”建筑特色初探.张润武
黑龙江省传统民居初探.周立军
湘西典型民居剖析.黄善言
民居的继承与更新:
传统城镇更新中根与质的追求.魏挹澧
民间传统建筑文化的更新.黄为隽
传统民居群落的结构特点及其应用.梁雪
营造与环境:
一颗印的环境.李兴发

中国传统民居与文化——中国民居第三次学术会议论文集.李长杰 主编.北京:中国建筑工业出版社,1995年.159页.16开

主要子目:
桂林山水甲天下,桂北民居冠中华.张开济
侗族建筑环境艺术.赵冬日,杨春风
传统民居与城市风貌.李长杰,张克俭
传统城镇与民居美学.王其钧
城市中介空间与聚合形态.南舜薰
中国传统民居的装饰艺术与借鉴.陆琦
苗族民居建筑文化特质.李先逵
传统民居建筑文化继承与弘扬——传统民居聚落保护,改造规划试探.业祖润
从“道”、“形”、“器”、“材”论黄河流域民居的发展.刘金钟
河南传统民居的中原地区特色.胡诗仙
巫楚之乡,“山鬼”故家.魏挹澧
中国传统民居构筑形态.王文卿,周立军
中国建筑阴阳思维.余卓群
传统与继承——仙游生土民居.戴志坚
江西“三南”围子.黄浩 等
侗族民居建筑的群体意识.吴世华
借鉴传统民居,创造时代建筑.解建才
川西北藏羌族民居特色.蔡家汉
湘西民居.黄善言,黄家瑾
侗族文化与建筑艺术.白剑虹,吴浩
村寨人居环境.李兴发
丽江古城与纳西民居保护.木庚锡
民居与旧城环境改善.张乃昕
从传统到现代——潮州铁铺镇桂林村设计有感.许焯权
北京古城建筑色彩.杨春风
传统民居的研究环境.殷永达

中国传统民居与文化——中国民居第四次学术会议论文集.黄浩 主编.北京:中国建筑工业出版社,1996年.201页.16开

主要子目:
论述:
试论云南民居的建筑创作价值——对传统民居继承问题的探讨之二.朱良文
台湾民居及研究方向.李乾朗
北方汉族传统住宅类型浅议.周立军
试论徽州传统民居及其布局.王治平
鹿港街屋特质与保存问题.阎亚宁
潇洒似江南——济南传统民居特色议.张润武,薛立
北方渔村风貌特点及其发展.梁雪
新疆维吾尔民居类型及其空间组合浅析.黄仲宾
民居与文化:
物境·心境·意境——传统民居美学探讨.李长杰,张克俭
民俗文化对民居型制的制约.王其钧
南平建筑文化概观.戴志坚,程玉流
西藏传统建筑色彩特征.杨春风
民居调查:
中国民居的防洪经验和措施.吴庆洲
江西天井式民居简介.黄浩 等
磡头——徽州古村落的明珠.罗来平
从云南民居的多样性看哈尼族的住房群.王翠兰
“二宜楼”的建筑特色.黄汉民
徽州呈坎古村及明宅调查.殷永达
兴城古城及城内民居.秦剑
赣南客家民居素描——兼谈闽粤赣边客家民居的源流关系及其成因.万幼楠
民居的保护与继承:
田头屯干栏式木楼集落的改建.单德启,贾东
徽州古建筑及其保护和利用.程远
既保护又利用,既继承又发展——常熟传统民居保护、利用与发展初探.朱良钧
呈坎古村保护利用初探.高青山

民居·古城——刍议山西晋中民居与古城保护.金以康

古街坊的保护是古城保护的精华——试谈山塘街的保护、开发和管理.周德泉

营造与环境:

潮州民居板门扇做法算例.吴国智

苏州传统民居的环境、意境和心境.俞绳方

从传统民居中吸取养分,创造宜人的人居环境.茹先古丽

中国传统民居与文化——中国民居第五次学术会议论文集.李先逵 主编.北京:中国建筑工业出版社,1997年.188页.16开

主要子目:

中国民居建筑艺术的象征主义.吴庆洲

中国民居的院落精神.李先逵

民居隐形"六缘"探析.余卓群

清代民居的史学价值.孙大章

巴蜀民居源流初探.庄裕光

原始宗教与民居小议.王翠兰

名人故居文化构想.季富政

四川民居美学思想初探.雍朝勉

传统民居与桂林城市风貌.李长杰,张克俭

湖南湘南民居.黄善言等

云南彝族山寨 井干结构犹存——大姚县桂花乡味尼乍寨闪片式垛木房民居考察记.朱良文

四川茂县地区羌族传统民居初探.郁林,陈颖

新安江上游黄山白岳间的一颗明珠.罗来平

南靖田螺坑建筑特色初探.戴志坚

论高山族建筑与雅美人的房舍.苏儒光

潍坊传统民居拾零.张润武,薛立

湘西民居略识.张玉坤

阆中古城考.谢吾同

重庆传统民居建筑初探.卢伟

徽州民居的砖雕艺术.殷永达

民居侧样之排列构成——侧样系列之一·六柱式.吴国智

山西传统民居及保护对策.颜纪臣,杨平

维吾尔族民居建筑风格及其保护.张国良,徐昌福

创造山水小镇的新景象——凤凰沱江镇保护与更新规划析.魏挹沣

新意盎然 古韵犹存——记北京北池子四合院小区设计.胥蜀辉

继承、革新传统店铺民居的探索——河南三大古都老城区商业街改建述评.胡诗仙,张玉喜

巩义市窑洞民俗文化村浅析.刘金钟,吕全瑞

传统民居的"虚空间"及其对现代住宅设计的启示.杨昌鸣等

老房子:皖南徽派民居.俞宏理,李玉祥 编.天津:天津科技翻译出版公司,1993年.2册.大32开

老房子:江南水乡民居.朱成樑,徐海鸥 编.天津:天津科技翻译出版公司,1993年.424页.大32开

陕西民居.张壁田,刘亚振 主编.《陕西民居》编写组编.北京:中国建筑工业出版社,1993年.191页.照片.16开

云南民居 续篇.王翠兰,陈谋德 主编.北京:中国建筑工业出版社,1993年.200页.图.16开

新疆民居.严大椿 主编.北京:中国建筑工业出版社,1995年.307页.彩图6页.12开

湘西民居.何重义 著.北京:中国建筑工业出版社,1995年.119页.12开

土楼与中国传统文化.林嘉书 著.上海:上海人民出版社,1995年.386页.彩照.大32开

中国穆斯林民居文化.马平,赖存理 著.银川:宁夏人民出版社,1995年.252页.照片.大32开

彝族建筑文化探源:兼论建筑原型及营构深层观念.郭东风 著.昆明:云南人民出版社,1996年.130页.照片及插图.大32开(彝族文化研究丛书)

泉州民居.张千秋,施友义 主编.泉州:海风出版社,1996年.301页.大16开

古村落:和谐的人聚空间.刘沛林 著.上海:三联书店,1997年.210页.大32开

侗寨鼓楼研究.贵州文管会办公室,贵州省文化出版厅文物处 编.贵阳:贵州人民出版社,1985年.98页.32开

宫 殿

★金陵明故宫图考.葛定华 著.国立中央大学出版社,1933年

元大都宫殿图考.朱偰 著.上海:商务印书馆.1936年.56页

元大都宫苑图考.阚铎 编.中国营造学社,118页.有图表.16开

明清两代宫苑建置沿革图考.朱偰 著.上海:商务印书馆,1947年.90页.有图表(故都纪念集)

唐长安大明宫.中国科学院考古研究所 编.北京:科学出版社,1959年.66页.图.16开

清代内廷宫苑.天津大学建筑工程系 编.天津:天津大学出版社,1986年.169页.12开

中国历代都城宫苑.闫崇年.主编.北京:紫禁城出版社,1987年.358页.32开

中国宫殿建筑.赵立瀛,何融 编著.北京:中国建筑工业出版社,1992年.163页.32开(中国古建筑知识丛书)

隋唐宫廷建筑考.杨鸿年 著.西安:陕西人民出版社,1992年.568页.32开

隋唐建筑艺术.萧默 著.西安:西北大学出版社,1996年.160页.32开

禁城营缮纪.故宫博物院 编.北京:紫禁城出版社,1992年.353页.图.大32开

劫灰何处认前朝:皇宫规制.刘韶军,刘晓勤 著.武汉:华中理工大学出版社,1994年.231页.彩图.32开(中国皇室丛书)

中国宫殿史.雷从云等 著.台北:文津出版社,1995年.369页.32开.(中国文化史丛书)

故宫建筑揭秘.姜舜源 著.北京:紫禁城出版社,1995年.158页.彩照.大32开(清宫史丛书)

紫禁城宫殿建筑装饰内檐装修图典.故宫博物院古建管理部 编.北京:紫禁城出版社,1995年.331页.8开

紫禁城建筑研究与保护.于倬云 主编.北京:紫禁城出版社,1995年.513页.插图1张.16开

清小式建筑.苗冠峰 著.北京:北京工业大学出版社,1995年.89页.图.32开

汉代长安未央宫.中国社会科学院考古研究所 编著北京:中国大百科全书出版社,1996年.2册.327页.16开

园 林

中国古代苑囿.刘策 著.银川:宁夏人民出版社,1983年.108页.16开(本书1979年第1版,这是第2版)

说园(插图本).陈从周 著.北京:书目文献出版社,1984年.66页.图8页.大32开

中国园林艺术.中国建筑工业出版社 编.北京:中国建筑工业出版社,1984年.240页.8开

中国造园史.张家骥 著.哈尔滨:黑龙江人民出版社,1986年.246页.图128页.16开

中国古建筑园林观赏.阎长城,晓鹏 著.北京:知识出版社,1986年.155页.32开

中华园艺史.程兆熊 著.台北:台湾商务印书馆,1986年.693页.32开(中华科学技艺史丛书)

中国寺庙的园林环境.赵光辉 著.北京:北京旅游出版社,1987年.203页.16开

中国园林建筑.冯钟平 编著.北京:清华大学出版社,1988年.388页.12开

中国宫苑园林史考.(日)冈大路 著.常瀛生 译.北京:农业出版社,1988年.403页.大32开

中国的塔与亭.陈华英 编著.台北:常春树书坊,1989年.305页.图.32开

中国古楼阁.宓风光,孙音 编绘.北京:轻工业出版社,1990年.130页.图.16开

园林与中国文化.王毅 著.上海:上海人民出版社,1990年.747页.大32开(中国文化史丛书)

中国古代园林.耿刘同 著.北京:中共中央党校出版社,1991年.119页.32开(中国文化史知识丛书)

中国园林史.安怀起 编著.上海:同济大学出版社,1991年.130页.照片及图.16开

避暑山庄的造园艺术.张羽新 著.北京:文物出版社,1991年.216页.大32开

六朝园林.吴功正 著.南京:南京出版社,1992年.

217 页. 32 开(六朝丛书)

中国园林史. 孟亚南 著. 台北:文津出版社,1993 年. 342 页. 图版 6 页. 32 开(中国文化史丛书)

中国园林史. 任常泰等 著. 北京:北京燕山出版社,1993 年. 339 页. 大 32 开

清代园林图录. 郭俊纶 编著. 上海:上海人民美术出版社,1993 年. 213 页. 图. 16 开

泉州古园林钩沉. 陈允敦 著. 福州:福建人民出版社,1993 年. 211 页. 图. 大 32 开

中国古亭. 高珍明,覃力 著. 北京:中国建筑工业出版社,1994 年. 281 页. 16 开

中国园林.(德)玛丽安娜·鲍榭蒂 著,闻晓萌等 译. 北京:中国建筑工业出版社,1996 年. 247 页. 大 16 开

图解中国园林建筑艺术. 张浪 编著. 合肥:安徽科学技术出版社,1996 年. 280 页. 16 开

唐代园林别业考论(修订版). 李浩 著. 西安:西北大学出版社,1996 年. 331 页. 大 32 开

宗教建筑

我们所知道的唐代佛寺与宫殿. 梁思成 著. 北平:中国营造学社,1932 年. 40 页. 有图像. 16 开

云冈石窟中所表现的北魏建筑. 梁思成等 著. 北平:中国营造学社,1933 年. 74 页. 有插图. 16 开

承德古建筑. 天津大学建筑系,承德市文物局 编著. 北京:中国建筑工业出版社,1982 年. 329 页. 8 开

山东灵岩寺. 张鹤云 编. 济南:山东人民出版社,1983 年. 83 页. 大 32 开

庆阳北石窟寺. 甘肃省文物工作队,庆阳北石窟寺文管所 编. 北京:文物出版社,1985 年. 156 页. 图版 80. 16 开

大昭寺. 西藏工业建筑勘测设计院 编. 北京:中国建筑工业出版社,1985 年. 131 页. 彩照. 12 开

中国伊斯兰教建筑. 刘致平 著. 乌鲁木齐:新疆人民出版社,1985 年. 249 页. 16 开

莫高窟壁画中的古建筑. 孙儒僩 著. 兰州:甘肃人民出版社,1986 年. 33 页. 图版. 24 开(敦煌艺术小丛书)

塔尔寺建筑. 陈梅鹤 著. 北京:中国建筑工业出版社,1986 年. 282 页. 8 开

敦煌建筑研究. 萧默 著. 北京:文物出版社,1989 年. 328 页. 16 开

巩县石窟寺. 河南省文物研究所 编. 北京:文物出版社,1989 年. 324 页. 8 开

永靖炳灵寺. 甘肃省文物工作队等 编. 北京:文物出版社,1989 年. 268 页. 16 开

敦煌建筑. 萧默 编. 乌鲁木齐:新疆美术摄影出版社,新西兰. 霍兰德出版有限公司联合出版,1992 年. 172 页. 附录. 32 开

中国伊斯兰教建筑. 邱玉兰,于振生 编著. 北京:中国建筑工业出版社,1992 年. 216 页. 32 开

应县木塔. 陈明达 编著. 北京:文物出版社,1980 年. 243 页. 8 开(本书 1966 年第 1 版,这是第 2 版)

中国古塔. 刘策 编著. 银川:宁夏人民出版社,1981 年. 110 页. 附图. 16 开

应县木塔. 山西省古建筑保护研究所,山西省应县木塔保管所 编. 北京:文物出版社,1982 年. 34 页. 32 开

安阳修定寺塔. 河南省文物研究所等 编. 北京:文物出版社,1983 年. 135 页. 16 开

中国古塔. 罗哲文 编著. 北京:文物出版社,1983 年. 48 页. 32 开(中国文物小丛书)

中国名塔. 张驭寰 编著. 北京:中国旅游出版社,1984 年. 51 页. 32 开

中国古塔. 罗哲文 著. 北京:中国青年出版社,1985 年. 322 页. 32 开

大理古塔. 李朝真,张锡禄 编著. 昆明:云南人民出版社,1985 年. 127 页. 图版. 32 开

中国古塔. 徐华铛 编著. 北京:轻工业出版社,1986 年. 227 页. 图. 16 开

中国古塔精萃. 张驭寰,罗哲文 著. 北京:科学出版社,1988 年. 216 页. 16 开

宁夏古塔. 许成,吴峰云 著. 银川:宁夏人民出版社,1988 年. 73 页. 32 开(宁夏史地丛书)

应县木塔史话. 马良 编著. 太原:山西人民出版社,1989 年. 97 页. 图. 32 开

世界奇塔莺莺塔之谜. 丁士章等 著. 西安:西安交通大学出版社,1989 年. 72 页. 32 开(科学文化史丛书)

泉州东西塔. 王寒枫 编著. 福州:福建人民出版社,

1992年.241页.32开

大理三塔史话.姜怀英,邱宣充 著.昆明:云南人民出版社,1992年.90页.照片.32开

西夏佛塔.雷润泽等 著.北京:文物出版社,1995年.300页.彩图.4开(中国古代建筑)

中国古塔.夏志峰,张斌远 著.杭州:杭州人民出版社,1996年.266页.彩照.大32开(造型文化丛书)

中国古塔概览.罗哲文 编著.北京:外文出版社,1996年.201页.插图.32开

城市城关

东蒙古辽代旧城探考记.(法)穆里(Mullie.J.)著.冯承钧 译.上海:上海商务印书馆,1930年.1册(尚志学会丛书)(1956年北京中华书局铅印本.有图)

明清北京的城垣与宫阙之研究.卓克华 著.台北:台湾学生书局,1980年.147页

中国古代都城概况.李洁萍 编,于美成等 插图.哈尔滨:黑龙江人民出版社,1981年.272页.32开

曲阜鲁国故城.山东省文物考古研究所等 编.济南:齐鲁书社,1982年.228页.图版135.16开

中国城市史纲.何一民 著.成都:四川大学出版社,1984年.382页.大32开

中国古都研究.第1辑.中国古都学会 编.杭州:浙江人民出版社,1985年.351页.大32开

中国古都研究.第2辑.中国古都学会 编.杭州:浙江人民出版社,1986年.235页.大32开

中国古都研究.第3辑.中国古都学会 编.杭州:浙江人民出版社,1987年.283页.大32开

中国古都研究.第4辑.中国古都学会 编.杭州:浙江人民出版社,1989年.386页.大32开

中国古都研究.第7辑.中国古都学会 编.太原:山西人民出版社,1991年.311页.大32开

中国古都研究.第9辑.中国古都学会,银川古都学会 编.西安:三秦出版社,1994年.273页.大32开

考工记营国制度研究.贺业钜 著.北京:中国建筑工业出版社,1985年.180页.32开

中国运河城市发展史.傅崇兰 著.成都:四川人民出版社,1985年.432页.照片.附图7张.大32开

中国古代的城市与建筑.谢敏聪 译著.台北:大立出版社,1985年.154页.照片 大32开

北京的城墙和城门.(瑞典)喜仁龙(Siren.O.)著,许永全 译.北京:北京燕山出版社,1985年.193页.插图.32开

华夏文化的丰碑:唐都建筑风貌.葛秉雍 编.西安:陕西人民出版社,1987年.238页.图.32开(当代史学丛书)

中国历史文化名城保护与建设.中国历史文化名城研究会(筹)编.北京:文物出版社,1987年.394页.32开

旧城新录.阮仪三 编著.上海:同济大学出版社,1988年.178页.大32开

中国古代城市建设.董鉴泓 主编.北京:中国建筑工业出版社,1988年.120页.32开

明清江南市镇探微.樊树志 著.上海:复旦大学出版社,1990年.534页.32开

中国古代都城.吴松弟 著.北京:中共中央党校出版社,1991年.114页.32开(中国文化史知识丛书)

先秦都城复原研究.曲英杰 著.哈尔滨:黑龙江人民出版社,1991年.461页.32开

登封王城岗与阳城.河南省文物研究所,中国历史博物馆考古部 编.北京:文物出版社,1992年.343页.图版104.16开

中国古代都城制度史研究.杨宽 著.上海:上海古籍出版社,1993年.613页.图.大32开

西安古城墙研究:建筑结构和抗震.俞茂宏等 著.西安:西安交通大学出版社,1994年.227页.32开

高句丽.渤海古城址研究汇编.王禹浪,王宏北 编著.哈尔滨:哈尔滨出版社,1994年.1062页.32开

楚国的城市与建筑.高介华,刘玉堂 著.武汉:湖北教育出版社,1995年.472页.大32开(楚学文库)

中国古代城市防洪研究.吴庆洲 著.北京:中国建筑工业出版社,1995年.334页.32开

中国古代城市规划史.贺业钜 著.北京:中国建筑工业出版社,1996年.678页.16开

北京历代城坊·宫殿·苑囿.于德源 著.北京:首都师范大学出版社,1997年.251页.32开

长城.罗哲文 著.北京:北京出版社,1982年.126页.有照片.32开

桥 梁

清官式石桥做法.附:石闸石涵洞做法.王壁文 著.北平:中国营造学社,1936年.105页.16开

中国石桥.罗英 著.北京:人民交通出版社,1959年.310页.32开

中国桥梁史料.罗英 编著.上海:上海科学技术出版社,1959年.442页(中国科学史料丛书)

赵州桥史话.张彬 编写.北京:中华书局,1979年.(本书1962年第1版,这是第2版)

赵州桥.张彬 编.北京:中华书局,1962年.20页.32开

桥梁史话.《桥梁史话》编写组 编.上海:上海科学技术出版社,1979年.320页.32开(中国科技史话丛书)

中国赵州桥.黄梦平,李晋栓 著.上海:上海科学技术出版社,1981年.39页.32开

古代桥梁史话.潘洪萱 编著.北京:中华书局.1982年.38页.32开(中国历史小丛书)

中国的古名桥.潘洪萱 著.上海:上海文化出版社,1985年.152页.照片.32开(神州风物丛书)

中国古桥技术史.茅以升 主编.①北京:北京出版社,1986年.287页.有图版.16开②台北:明文书局,1991年.290页.16开

中国古代桥梁.唐寰澄 编著.北京:文物出版社,1987年.298页.16开(本书1957年第1版.这是第2版)

中国铁路桥梁史.《中国铁路桥梁史》编辑委员会 编.北京:中国铁道出版社,1987年.762页.16开

中国石桥.陆德庆 主编.北京:人民交通出版社,1992年.235页.16开

中国石拱桥研究.罗英,唐寰澄 著.北京:人民交通出版社,1993年.265页.16开

中国古桥.孙波 主编.罗哲文 撰文.北京:华艺出版社,1993年.152页.16开

古籍整理与研究

仿宋重刊营造法式校记.阚铎 著.合肥:著者自刊本.1930年.28页.16开

明鲁般营造正式.上海科学技术出版社,1988年.73页.32开.影印本

建苑拾英——中国古代土木建筑科技史料选编(第1辑).李国豪 主编.①上海:同济大学出版社,1990年.782页.32开②台北:台湾商务印书馆,1992年.1册

建苑拾英——中国古代土木建筑科技史料选编(第2辑).李国豪 主编.上海:同济大学出版社,1997年.2册.32开

中国古代建筑文献译注与论述.李书钧 编著.北京:机械工业出版社,1996年.399页.32开

梓人遗制(永乐大典本).(元)薛景石 著.朱启钤 校注.刘敦桢图释.北平:中国营造学社,1933年.42页.16开

营造法式注释.卷上.梁思成 著.北京:中国建筑工业出版社,1983年.342页.8开

园冶注释.(明)计成 原著,陈植注释.杨伯超 校订.北京:中国建筑工业出版社,1988年.272页.大32开(本书1981年第1版,这是第2版)

园冶全释:世界最古造园学名著研究.张家骥 著.太原:山西人民出版社,1993年.389页.大32开

其 他

中国工程师学会征集工程史料缘起范围与项目.中国史料编纂委员会 编.编者自刊本.1943年.38页.有表.25开

西汉京师仓.陕西省考古研究所 编.北京:文物出版社,1990年.82页.图版.16开

风水与建筑.程建军 编著.南昌.江西科学技术出版社,1992年.173页.16开

中国古代风水与建筑选址.一丁等 著.石家庄.河北

科学技术出版社,1996年.316页.16开

水 利

中国历代水利述要.张念祖 编,李书田 审校.天津:华北水利委员会图书室,1932年.168页.16开

扬子江水利考.钟歆 著.上海:商务印书馆.1936年.197页.大32开

中国之水利.郑肇经 著,喻飞生 校.①长沙:商务印书馆,1939年.207页.有图表.32开(文史丛书17)②上海:上海商务印书馆,1951年.修订本.1册.有图表

中国水利史.郑肇经 著.①长沙:商务印书馆.1939年.347页.有图.32开(中国文化史丛书第2辑)②台北:台湾商务印书馆.1976年.347页.32开③上海:上海书店.347页.32开(1984年据商务印书馆1939年版复印)(中国文化史丛书)④北京:商务印书馆.(1993年据商务印书馆1939年版复印)(中国文化史丛书)

古今治河图说.吴君勉 纂辑.诸青来,武两轩 鉴定.水利委员会.1942年.130页.有图.16开(水利委员会水政丛书.第2种)

都江堰.四川省水利局 编著.成都:编著者刊.1943年.69页.有图表.25开(四川水利工程丛书第6种)

历代治河方略述要.张含英 著.重庆:商务印书馆.1945年初版.1946年沪初版.152页.25开

黄河治本论(初稿).成甫隆 著.笃一轩,1947年.88页.32开

李仪祉先生逝世十周年纪念刊.刘钟瑞等 著.陕西水利季报第10卷第1期.1948年.82页.16开.(抽印本)

我国水利科学的成就.张含英 记.北京:中华全国科普协会,1954年.29页.32开(中央科学讲座讲演速记稿)

中国古代的水利.纪庸 编.上海:四联出版社,1955年.73页.图(祖国文化小丛书)

我国古代的水利工程.方楫 编著.上海:新知识出版社,1955年.94页.图.32开

江浙海塘建筑史.朱偰 著.上海:学习生活出版社,1955年.42页.有图.32开

水利概说.张含英 著.北京:水利出版社,1956年.178页.32开

中国古代水利事业的成就.张含英 著.北京:科学普及出版社,1957年.54页.图.32开

历代黄河堵口经验总结(初稿).杨持白等 著.中国科学院水利电力部水利电力科学研究院,1960年.28页.16开(抽印本)

儒法斗争与我国古代水利事业的发展.武汉水利电力学院编写组 编.北京:人民教育出版社,1974年.97页.大32开

法家路线与水利.水利电力部政治部宣传处 编.北京:水利电力出版社,1975年.65页.32开

儒法斗争与我国水利发展史概况.湖北省水电局水利工程局理论小组,华中师范学院中文系 同编.北京:水利电力出版社,1975年.57页.32开

郑国渠.西北大学历史系考古专业《郑国渠》编写组等 编.西安:陕西人民出版社,1976年.33页.32开

关中水利史话.戴应新 著.西安:陕西人民出版社,1977年.79页.32开

海河史简编.《海河史简编》编写组 编.北京:水利电力出版社,1977年.175页.照片.32开(海河水利考)

长江水利史略.长江流域规划办公室《长江水利史略》编写组 编.北京:水利电力出版社,1979年.224页.大32开

中华水利史.沈百光等 编著.台北:台湾商务印书馆.1979年.634页.32开(中华科学技艺史丛书)

中国水利史稿(上册).武汉水利电力学院,水利水电科学研究院《中国水利史稿》编写组 编.北京:水利电力出版社,1979年.307页.大32开

中国水利史稿(中册).武汉水利电力学院《中国水利史稿》编写组 编.北京:水利电力出版社,1987年.341页.大32开

中国水利史稿(下册).水利水电科学研究院《中国水利史稿》编写组 编.北京:水利电力出版社,1989年.516页.大32开

历代治河方略探讨.张含英 著.北京:水利出版社,1982年.174页.大32开

黄河水利史述要.水利部黄河水利委员会《黄河水利史述要》编写组 编.北京:水利出版社,1982年.397页.大32开

我国古代水利.蔡蕃 编.北京:水利电力出版社,1985年.51页.32开

古代城市水利.郑连第 著.北京:水利电力出版社,1985年.131页.32开(中国水利史小丛书)

都江堰.金永堂 主编.四川省水利电力厅都江堰管理局 编.北京:水利电力出版社,1986年.260页.大32开

灵渠工程史述略.郑连第 著.北京:水利电力出版社,1986年.96页.大32开

运河访古.唐宋运河考察队 编.上海:上海人民出版社,1986年.427页.照片.大32开

明清治河概论.张含英 著.北京:水利电力出版社,1986年.208页.大32开

隋唐时期的运河和漕运.潘镛 著.西安:三秦出版社,1987年.128页.32开

都江堰史研究.四川省水利电力厅都江堰管理局 编.成都:四川省社会科学院出版社,1987年.256页.32开

太湖水利技术史.郑肇经 主编.北京:农业出版社,1987年.288页.大32开(农史研究丛书)

中国水利史纲要.姚汉源 著.北京:水利电力出版社,1987年.599页.大32开

北京古运河与城市供水研究.蔡蕃 著.北京:北京出版社,1987年.234页.32开

中国的运河.史念海 著.西安:陕西人民出版社,1988年.448页.地图.32开(本书1946年由重庆史学书局铅印)

古代海塘工程.汪家伦 著.北京:水利电力出版社,1988年.77页.32开(中国水利史小丛书)

中国水利科学技术史概论.熊达成,郭涛 编著.成都:成都科技大学出版社,1989年.466页.32开

中国运河史.常征,于德源 著.北京:燕山出版社,1989年.623页.大32开

水利史话.《水利史话》编写组 编.上海:上海科学技术出版社,1989年.244页.32开

黄河万古流.邓修身 著.郑州:海燕出版社,1989年.230页.大32开(黄河丛书)

京杭运河治理与开发.邹宝山等 编著.北京:水利电力出版社,1990年.250页.32开

中国古代的水利和交通.岳麟 编.太原:山西教育出版社,1990年.109页.32开(《可爱的中国》丛书第2辑)

淮河水利简史.水利部淮河水利委员会《淮河水利简史》编写组 编.北京:水利电力出版社,1990年.372页.大32开

珠江水利简史.珠江水利委员会《珠江水利简史》编纂委员会 编.北京:水利电力出版社,1990年.278页.32开

滇池水利小史.樊西宁 编著.北京:水利电力出版社,1990年.82页.32开(中国水利史小丛书)

漕河图志.姚汉源等 编.北京:水利电力出版社,1990年.354页.大32开

中国海塘工程简史.张文彩 著.北京:科学出版社,1990年.151页.32开

中国古代著名水利工程.朱学西 著.①天津:天津教育出版社,1991年.125页.彩图及地图.32开.②台北:台湾商务印书馆,1993年.153页.32开(中国文化史知识丛书)

华北平原古河道研究.吴忱等 著.北京:中国科学技术出版社,1991年.329页.32开

山东水利志稿.山东省水利史志编辑室 编.南京:河海大学出版社,1993年.934页.地图.16开

太湖水利史稿.《太湖水利史稿》编写组 编.南京:河海大学出版社,1993年.383页.地图.大32开

中国古代水利工程.蒋超 撰写.北京:北京出版社,1994年.100页.地图.32开(中华全景万卷书.10.科技教育系列.91)

中国水利史简明教程.孙保沭 主编.郑州:黄河水利出版社,1996年.190页.16开

中国治水史鉴.顾浩 主编.北京:中国水利电力出版社,1997年.264页.32开

世界水利史上的丰碑:都江堰.程廷发 主编.都江堰市政协文史文化委员会 编印,1997年.298页.32开

都江堰文物志.钟天康 主笔.四川省文化厅文物处等 编.1997年.226页.32开

★河工图谱.殷同 著.一册

水利史研究会成立大会论文集.中国水利学会水利史研究会 编.北京:水利电力出版社,1984年.180页.16开

主要子目:

太湖流域历代水旱灾害研究.郑肇经,汪家伦

都江堰、都江及《水经注》所叙流路．朱更翎
都江堰兴建史中的疑案．喻权域
“深淘滩、低作堰”随想．谭颖
引泾灌溉技术初探——从郑国渠到泾惠渠．叶遇春
汉代宁夏引黄灌区的开发——两汉宁夏平原农业生产初探．汪一鸣
汉唐时代米兰屯田水利初探．饶瑞符
《水经注》中的鸿沟水道．姚汉源
江汉运河考．黄盛璋
宋代汴河行经试考．涂相乾
北宋时期沙颍——惠民河的水利建设．徐海亮
《梦溪笔谈》中记载的劳动人民对水利技术的贡献．张任
从四川水利技术发展的历史论当前四川水利事业的任务．熊达成
中国古代斜坡通航设施的初步探讨．李思敏
北宋若干水利理论问题的探讨．陶振宇
郭守敬“引沁济卫”建议初探．钮仲勋
历史上对长江源头的认识——兼论今江源的确定．孙仲明，赵苇航

水利史研究会第二次会员代表大会暨学术讨论会论文集．中国水利学会水利史研究会 编．北京：水利电力出版社，1990 年．184 页．16 开

主要子目：

历史上豫北黄河的变徙和堆积形态的一些问题．徐海亮
略论山东南北运河与鲁西北平原旱涝碱综合治理的关系．袁长极
1855 年以来黄河下游河床冲淤演变．赵业安
黄河孟津至桃花峪河段历史河势初探．杨国顺
黄河壶口“旱地行船”考．李思敏
利用卫星遥感、地质、历史资料相结合方法研究太原断陷盆地古湖泊古河道分布及演变规律的初步探讨．桑志达，李乾太
利用遥感影像和历史资料研究淮河水系变迁．唐元海
钱塘江三亹变迁考辨．陶存焕
评蜀王开明开凿都江堰宝瓶口新论．冯广宏
徐光启与天津水利．翟乾祥，徐宏钧
我国古代的泉水灌溉．张芳
浙江省的古代水则．茹民德
南运河上几条减河的变迁．蒋超，宋德武
古代水利工程中的土力学问题．要明伦，周魁一
古文献中的几个数量问题．黎沛虹
张九德与宁夏灵武水利．艾冲
盐池防洪体系的形成与管理．安孝廉
郭守敬对元大都水利的贡献．蔡蕃
对灵渠几个问题的探讨．苏为典
灵渠枢纽工程浅析．魏璟
灵渠的附属建筑物．刘仲桂
《辛卯侍行记》有关新疆水利二三事．钮仲勋
清代治黄史上的人工改道论．查一民

中国科学院水利电力部水利水电科学研究院水利史研究室五十周年学术论文集．水利史研究室 编．北京：水利电力出版社，1986 年．346 页．16 开

主要子目：

历史回顾：

整编清代故宫档案水利资料的回顾．朱更翎

学术论坛：

从历史上看中国水利的特征．姚汉源
略论水利的“历史模型”——水利史研究在水利现代化建设中的意义．周魁一

获奖论文选载：

河工史上的固堤放淤．姚汉源
长江三峡山崩史实初探．周魁一，郭涛
1890 年北京大水．郑连第

已刊论文选载：

江苏水利全书弁言．武同举
李冰守蜀的年代问题——校正《华阳国志》误字所造成的混乱．赵世暹
海河流域解放前 250 年间特大洪涝史料分析．杨持白
中国古代的农田淤灌及放淤问题——古代的泥沙利用问题之一．姚汉源
水利史研究溯源．朱更翎
先秦传说中的大禹治水及其含义的初步解释．周魁一
唐宋船闸初探．郑连第
洪泽湖两百年的水位．郭树
潘季驯的治黄思想．郭涛
元代的坝河——大都运河研究之一．蔡蕃
沁河广利渠古代水工建筑物初探．张汝翼

清代至民国时期的都江堰灌区.谭徐明
清代前期永定河的治理方略.贾振文,姚汉源
青龙湾引河减水石坝位置考.蒋超
清代铜瓦厢改道前的黄河下游河道.颜元亮
近期论文选编:
金代的黄河下游.姚汉源
唐代关中地区的农田水利和水资源.周魁一
中国古代堰坝.郑连第
1788年长江大水及万城堤溃决原因的探讨.杨光,郭树
成都水灾史研究.郭涛
元代的通惠河——大都运河研究之二.蔡蕃
明清广利渠的管理.张汝翼
论宋以前都江堰的演进.谭徐明
清代黄河的管理.颜元亮

黄河水利史论丛.中国水利学会水利史研究会 编.西安:陕西科学技术出版社,1987年.255页.32开

主要子目:

二千七百年来黄河下游真相的概略分析.姚汉源
黄河下游河道滩区治理的历史演变.徐福龄
先秦时期黄河下游治水初探.杨钧
先秦传说中的大禹治水及其含义的初步解释.周魁一
明代黄河下游的河患及前期的分流.郭涛
略论明代黄河治理的复杂性.吴萍
治河方略演变的若干历史问题.王涌泉
郑国修渠辨疑——中国水利人物之一.姚汉源
关于宁夏秦渠的成渠时代.汪一鸣,卢德明
豫北地区农田水利开发的历史研究.钮仲勋
沁河广利渠历史演变的探讨.张汝翼
历史时期古黄河在渤海湾入海口初探.高善明
"丘夷"与"浊河"——先秦时期黄土高原侵蚀与黄河泥沙的文献记载.杨秀伟
明清淮河上游黄泛南界.徐海亮
黄河下游1855年铜瓦厢决口以前的河势特征及决口原因.孙仲明
《开归陈汝四郡河图碑》及其价值.陈代光
西华县古河道开发与利用.盛福尧
试论历史时期汾河中游地区的水文变迁及其原因.张荷,李乾太

长江水利史论文集.长江水利委员会 编.陈青 主编.南京:河海大学出版社,1990年.215页.16开

主要子目:

清代后期几种治江意见.姚汉源
荆江大堤的历史发展和长江防洪初探.周魁一,程鹏举
荆江堤防与江湖水系变迁.周凤琴
荆湖关系的历史评鉴.汤鑫华
古代人工裁弯工程初探.俞俊
江南海塘间接护岸工程技术的出现与发展.查一民
清代淮水入江工程的盛衰.徐炳顺
先秦时期长江流域开发治理史料考.席珍国
清人研究涪陵石鱼题刻的成就.朱更翎
四川通济堰.谭徐明
先秦至两宋唐白河水利考略.毛振培
六门堨钳卢陂灌溉水利工程的规划及其在明代的兴衰.徐海亮
湖北平原湖区排水涵闸的起源与发展.唐才雄
安徽古代的灌溉事业.王瑞琛
试论北宋引白水入石塘河通漕工程.杨国顺
将军岭古"江淮运河"的考察及发现.马骐等
长江中下游河道的历史演变和早期治理.罗海超
长江下游分汊河道的历史演变.黄南荣
汉江下游明代水患与水利格局.王绍良
《禹贡》江水辨析.陈怀荃
《汉书·地理志》中的长江水系.冯广宏
历史上的长江水利职官和水利机构.潘允一
中国古代灌溉工程的行政管理——灌溉管理研究之一.陈菁
荆江大堤决溢及重要修筑的初步分析.程鹏举

山西水利史论集.中国水利史研究会 编.太原:山西人民出版社,1991年.436页.大32开

鉴湖与绍兴水利:纪念鉴湖建成1850周年暨绍兴平原古代水利研讨会论文集.盛鸿郎 主编.中国水利学会水利史研究会、浙江省绍兴市水利电力局 编.北京:中国书店.1991年.243页.照片.16开

水利史研究论文集(第1辑)——纪念姚汉源先生八十华诞.中国水利学会水利史研究会 编.南京:河海大学出版社,1994年.179页.16开

主要子目：

社会进步对洪水灾害影响的历史研究.周魁一

中国城市水利史的研究现状及趋势.郭涛

郭守敬开通京航运河的杰出贡献.蔡蕃

浅探水利建设中的几个历史问题.张汝翼

中国水利机械的起源、发展及其中西比较研究——古代水利机械研究之一.谭徐明

论历史上的引泾灌区.郭迎堂

清代乾隆年间华北地区的水旱灾害及减灾备荒措施研究.陈茂山

浦阳江源流考辨.杨钧

吐鲁番地区水利开发的历史研究.钮仲勋

水力在中国古代农业上的应用.闵宗殿

西汉时期黄河人工改道方略的历史分析.查一民

东汉永平后黄河有关问题的再研究.杨国顺

李冰研究.冯广宏

中国古代耕作农业的发展与环境、水利的关系.徐海亮

历史上有关荆湖关系的论著述评.汤鑫华

清史河渠志.(清)赵尔巽等 纂.汪胡桢句读.徐砚农校勘.南京:中国水利工程学会,1936年.136页.32开(中国水利珍本丛书第1辑)

至正河防记.(元)欧阳玄 撰.汪胡桢 句读.茅乃文,徐砚农 校.南京:中国水利工程学会,1936年1月初版.1936年5月再版.16页.32开(中国水利珍本丛书第1辑)

河防一览.(明)潘季驯 著.汪胡桢 句读.徐砚农 校.南京:中国水利工程学会,1936年.4册.570页.有图.32开(中国水利珍本丛书第1辑)

河防通议.(元)沙克什 撰.钱熙祚 原校.茅乃文,徐砚农 校.汪胡桢句读.南京:中国水利工程学会,1936年1月初版.1936年5月再版.62页.32开(中国水利珍本丛书第1辑)

河务所闻集.(清)李大镛 著.汪胡桢 句读.徐砚农校.南京:中国水利工程学会,1937年.178页.有图.32开(中国水利珍本丛书第2辑)

问水集.(明)刘天和 著.汪胡桢 句读.徐砚农,吴慰祖 校勘.南京:中国水利工程学会,1936年2月初版.1936年5月再版.134页+8页.有图.32开(中国水利珍本丛书第1辑)

复淮故道图说.(清)丁显 著.徐砚农 校勘.南京:中国水利工程学会.1936年.66页.有图表.32开(中国水利珍本丛书第1辑)

畿辅河道水利丛书.(清)吴邦庆 辑.许道龄 校.北京:农业出版社,1964年.638页.大32开

灵渠文献粹编.唐兆民 编.北京:中华书局,1982年.334页.大32开

浙西水利书校注.(明)姚文灏 编辑.北京:农业出版社,1984年.122页.32开

治水筌蹄.(明)万恭原 著.朱更翎.整编.北京:水利电力出版社,1985年.241页.32开(中国水利古籍丛书)

二十五史河渠志注释.周魁一等 注释.北京:中国书店,1990年.711页.32开

中国运河史料选辑.朱偰 编.北京:中华书局,1962年.185页.32开

交 通

道路、车辆

古今交通拾趣.郭欣 编.北京:人民交通出版社,1992年.309页.32开

车马·溜索·滑竿——中国传统交通运输习俗.黄仁军 著.成都:四川人民出版社,1983年.185页.32开

古代交通地理丛考.王文楚 著.北京:中华书局,1996年.400页.32开

中国古代交通.王崇焕著.北京:商务印务馆,1996年增订版.223页.32开(中国文化史知识丛书)

造船与航运

中国航业史.王洸 著.台北:海运出版社,1955年.177页.32开

郑和下西洋之宝船考.包遵彭 著.台北:中华丛书编审委员会,1961年.1册.32开(中华丛书,国立历史博物馆历史文物丛刊第1辑)

航运史话.《航运史话》编写组 编.上海:上海科学技术出版社,1978年.196页.32开(中国科技史话丛书)

造船史话.上海交通大学,上海市造船工业局《造船史话》编写组 编.上海:上海科学技术出版社,1979年.172页.32开

中国古代的造船和航海.金秋鹏 著.北京:中国青年出版社,1985年.175页.32开

我国古代的海上交通.章巽 著.北京:商务印书馆,1986年.101页.大32开(本书1956年第1版,这是第2版)

章巽文集(航海史及中西交通史论文集).章巽 著.北京:海洋出版社,1986年.294页.32开

中国近代造船史.王志毅 著.北京:海洋出版社,1986年.208页.32开

泉州湾宋代海船发掘与研究.福建省泉州海外交通史博物馆 编.北京:海洋出版社,1987年.204页.16开

中国船谱.彭德清 主编.香港:经济导报社,北京:人民交通出版社联合出版,1988年.261页.大16开

中国舰船史.唐志拔 著.北京:海军出版社,1989年.236页.32开

蓬莱古船与登州古港.席龙飞 主编.大连:大连海运学院出版社,1989年.211页.大32开

中国古代造船与航海.张静芬 著.天津:天津教育出版社,1991年.122页.32开(中国文化史知识丛书)

中国古船.王冠倬 编著.北京:海洋出版社,1991年.166页.16开

古代舟车.田久川 著.上海:上海古籍出版社,1996年.139页.图.32开(中华文明宝库)

中国古船扬帆四海.王冠倬,王嘉 著.北京:人民教育出版社,1996年.305页.小32开.(华夏青年文化丛书)

江南造船厂厂史(1865—1949.5).上海社会科学院经济研究所 编.南京:江苏人民出版社,1983年.405页.大32开

福州船政局.沈传经 著.成都:四川人民出版社,1987年.382页.图.32开

昆仑及南海古代航行考.(法)费琊(Ferrand. G)著.冯承钧 译.上海:商务印书馆.1930年.1册(尚志学会丛书).北京中华书局铅印本.1957年上海第1版.75页

中国航海科技史.章巽 主编.北京:海洋出版社,1991年.374页.32开

中国航海史(古代航海史).中国航海学会 编.彭德清 主编.北京:人民交通出版社,1988年.350页.大32开

中国航海史(近代航海史).中国航海学会 编.彭德清 主编.北京:人民交通出版社,1989年.534页.大32开

中国古代航海史.孙光圻 著.北京:海洋出版社,1989年.665页.大32开

航海天文学.刘南威等 编著.北京:科学出版社,1984年.108页.32开

中国古代航海天文.刘南威 主编.广州:科学普及出版社广州分社,1989年.140页.32开

郑和航海图考.范文涛 著.上海:商务印书馆,1943年.59页.32开

明代郑和航海图之研究.徐玉虎 著.台北:台湾学生书局,1976年.176页.图1折.32开

新编郑和航海图集.海军海洋测绘研究所等 编.北京:人民交通出版社,1988年.122页.16开

古航海图考释.章巽 考释.北京:海洋出版社,1980年.145页.12开

近代历史海图研究.汪家居 著.北京:测绘出版社,1992年.316页.图表.32开

唐宋帝国与运河.金汉昇 著.上海:商务印书馆,1946年.127页.32开

中华水运史.王洸 编著.台北:台湾商务印书馆,1985年.664页.32开(中华科学技艺史丛书)

唐宋运河考察记.中国唐史学会唐宋运河考察队 编.西安:陕西省社科院出版社,1985年.142页.

32开

隋唐时期的运河和漕运.潘镛 著.西安:三秦出版社,1987年.128页.32开

中国运河史.常征,余德源 著.北京:燕山出版社,1989年.623页.32开

中国大运河.岳国芳 著.济南:山东友谊书社,1989年.402页.32开

航 空

古代飞行的故事.张鸿 编写.北京:中华书局.1965年.31页.32开(中国历史小丛书)

中国航空史之一:中国古代航空史话.姜长英 著.西安:西北工业大学,1982年.19页.16开

中国航空史之三:中国近代航空史稿.姜长英 著.西安:西北工业大学,1982年.146页.16开

中国航空史.姜长英 著.台北:中国之翼出版社,1993年183页.32开

中国古代航空史话.姜长英 编著.北京:航空工业出版社,1996年.58页.32开

军事技术与兵器

★中国军事史略.张其昀 著.正中书局.1942年

中国军事史.第1卷.兵器.《中国军事史》编写组 编.韦镇福等 执笔.北京:解放军出版社,1983年.281页.大32开

中国古代兵书杂谈.王显臣,许保林 著.北京:战士出版社,1983年.203页.32开

山西军事工业史稿(1898—1949).山西省国防科技工业办公室、山西省国防工业工会 编辑、出版.太原:同编者.1983年.339页.有照片.32开

戈戟之研究.马衡 著.北平:燕京大学学报社,1929年.8页.16开(燕京学报第5期单行本)

中国兵器史稿.周纬 著.北京:三联书店,1957年.356页.图版93.32开

中国兵器史稿.周纬 撰.台北:明文书局股份有限公司,1981年.339页.图版92.32开

中国古兵器论丛.杨泓 著.北京:文物出版社,1985年.308页.图版40.16开(本书1980年第1版,这是第2版)

中国古兵器论丛.杨泓 著.台北:明文书局,1983年.168页.图版28.16开

中国兵工学会兵器科技史研究会第一次年会论文集.赵承庆 主编.北京:兵器科技史研究会,1984年.199页.16开

主要子目:

- 百炼钢刀剑质疑.孙机
- 反舰武器弹药的应用和发展.于文满
- 手榴弹史考初探.谷茂本
- 秦代军工生产标准化的初步考察.王学理
- 撞车考略.陆敬严
- 明代火枪考略.王若昭
- 火箭武器发展简史.严世泽,姜志忠
- 中国压电引信技术发展史.陈江
- 冷兵器时代的火攻和火攻烧具刍议.袁成业
- 论我国元明时期的火铳.王兆春
- 引信出现的初探.马宝华
- 中国古代火炮炮弹初探.刘旭
- 第一次鸦片战争期间的中国水雷.李迪
- 中国先秦时期金属兵器的化学研究.骆萌

中国古代兵器图册.刘旭 编.北京:书目文献出版社,1986年.231页.12开(艺术文献丛书)

古代兵器史话.杨泓 著.上海:上海科学技术出版社,1988年.250页.32开(中国科技史话丛书)

中国古代兵器.刘申宁 著.济南:山东教育出版社,1988年.120页.32开(中国文化史知识丛书)

中国古代兵器图集.成东,钟少异 编著.北京:解放军出版社,1990年.303页.12开

中国古代兵器.王兆春 著.天津:天津教育出版社,1991年.116页.32开(中国文化史知识丛书)

中国古代兵器.陆敬严 著.西安:西安交通大学出版社,1993年.323页.小16开

中国近代兵器工业档案史料.《中国近代兵器工业档案史料》编委会 编.北京:兵器工业出版社,1993年.4册.照片.16开

中国火药火器史话.许会林 编著.北京:科学普及出

版社,1986 年.195 页.32 开

中国火箭技术史稿——古代火箭技术的起源和发展.潘吉星 著.北京:科学出版社,1987 年.194 页.16 开

中国古代火炮史.刘旭 著.上海:上海人民出版社,1989 年.322 页.大 32 开

中国火器史.王兆春.北京:军事科学出版社,1991 年.502 页.32 开.

中国古代火药火器史研究.钟少异 主编.北京:中国社会科学出版社,1995 年.202 页.图 12 幅.32 开

日文论文部分

综　合　类

总论与综述

中国に於ける科学発達史資料.上海:(日偽)上海自然科学研究所.中国文化情報,26.1940年

中国に於ける自然科学の発達.薮内清.学芸,1—7.1943年

中国の科学——その歴史的展望.小宮義孝.思想,274.1947年2月

東洋人の科学性.薮内清.随筆中国,2.1947年9月

中国科学の性格.薮内清.国民の歴史,1—10.1947年10月

科学発達よりみたる東西の比較.薮内清.中国文化,2.1948年1月

中国の自然科学について.能田忠亮.随筆中国,2.1948年9月

最近中国出版科学技術史関係書籍紹介.村松貞次郎.科学史研究,48(P.39).1958年11月

丹の字義の変遷について——仙道と科学技術間の二、三の交渉.佐中壯.東方学,20(P.35—47).1960年6月

官僚政治と中国中世の科学.薮内清.科学史研究,59(P.1—7).1961年7—9月

中国における科学·技術の伝統——J.ニーダムの仕事にふれて.山田慶児.思想,496(P.89—103).1965年10月

宋元時代における科学技術の展開.薮内清.東方学報(京都),37(P.1—40).1966年3月

中国科学の特質.薮内清.東洋学術研究,5—8(P.23—36).1966年11月

宋、元代における科学の発達とその影響.根本誠.東洋学術研究,9—2(P.27—43).1970年10月

儒·道両家の科学発展に対する関係.労榦.問題と研究,1—11(P.1—13).1972年7月

中国の科学と占いの術.Gernet,Jacques著.福井文雅 訳注.東方学,45(P.1—11).1973年1月

中国における近代的科学用語の形成と定着.坂出祥伸.日本の科学と技術,15—1(P.44—51).1974年1月

中国科学社の成立について.坂出祥伸.科学史研究,109(P.8—17).1974年5月

科学古典中国語訳の出版.山田慶児.科学史研究,111(P.140—141).1974年9月

中国科学技術史——ニーダム『中国の科学と文明』に関する覚書.金岡照光.東方宗教(早稲田),52(P.45—49).1978年10月

中国における科学技術導入の系譜——全盤欧化派と土着派との闘争.三箇文夫.精神科学,20(P.39—53).1981年3月

明末の中に伝えられた「科学革命」の成果.橋本敬造.関西大学社會学部紀要,13—1(P.73—86).1981年11月

中国科学史研究をふりかえって.薮内清.東洋の科学と技術——薮内清先生頌寿記念論文集,(P.1—16).1982年11月

科学革命はなぜ中国で起らなかったか——あるいはほんとうに起らなかったのか? Sivin,Nathan著.矢野道雄 訳.東洋の科学と技術——薮内清先生頌寿記念論文集,(P.252—280).1982年11月

清末における科学教育——上海格致書院の場合.坂出祥伸.関西大学文学論集,32—3(P.1—33).1983年2月

中国·日本における科学·技術の問題——近代科学·技術の導入以前の時期について.岩崎允胤.唯物論,28(P.34—40).1983年

中国の"近代化"評価から科学·技術·文明を考える(対談).Needham,Joseph/星野芳郎.ASAHI JOURNAL,27—2(P.113—117).1985年1月

新出土資料に見る中国科学史.薮内清.泊園,22(P.62—71).1985年6月

日本における中国科学史研究の動向.川原秀城.中国——社会と文化,7(P.278—308).1992年6月

柏原学而編『箋注格致蒙求』における自然科学用語について.岩崎鉄志.西欧科学技術導入期における外來技術用語の日本語化過程の総合的研究,東海大学出版會(P.101—106).1994年3月

科学思想

中国古代科学思想の一面——特に音律との関係について.薮内清.中国文化,4.1948年8月

中国の古代科学思想について.薮内清.東光,7.1949年1月

自然——中国古代における自然概念と其の内容の展開(一).笠原仲二.立命館文学,84.1952年5月

天と自然——中国古代に於ける自然概念とその内容の展開(二).笠原仲二.立命館文学,85.1952年6月

上代シナの典籍に見えたる「自然」と天.栗田直躬.フイロソフイア,22.1952年6月

自然と真偽——中国古代における自然概念とその内容の展開(三).笠原仲二.立命館文学,86.1952年7月

清朝経師における科学意識——戴震の北極璿璣四游解を中心として.近藤光男.日本中国学会報,4(P.97—110).1953年3月

自然と性理——中国古代における自然概念とその内容の展開(四).笠原仲二.立命館文学,95(P.32—49).1953年4月

中国古代の自然観.杉村丁.ミュージアム,29(P.9—11).1953年8月

上代シナの典籍に現はれたる自然観の一側面.栗田直躬.東洋思想研究,5(P.87—136).1954年7月

戴震の考工記図について——科学思想史的考察.近藤光男.東方学,11(P.1—22).1955年10月

物類相感志の成立.山田慶児.篠田統先生退官記念論文集(生活文化研究 13),(P.305—320).1965年1月

中国と西洋における人間の法と自然の法則——自然法則は必要であったか.ニーダム,ジョセフ/著.山田慶児/訳注.思想,495(P.74—83).1965年9月

中国と西洋における人間の法と自然の法則(續)——自然法則は必要であったか.ニーダム,ジョしセフ 著.山田慶児 訳注.思想,501(P.108—123).1966年3月

司馬光における自然観とその背景.寺地遵.東方学,32(P.30—42).1966年6月

古代中国における自然哲学.服部武.東洋学術研究,5—8(P.37—49).1966年11月

近代中國における科学技術の地位——その思想史的考察.伊藤秀一.東洋学術研究,5—8(P.65—77).1966年11月

中国における自然観.服部武.東洋学術研究,6—5(P.54—63).1967年8月

方以智の自然哲学「通幾」とその構造——三浦梅園の条理学との関連で.小川晴久.研究紀要(学習院高等科),4[P.(右)1—14].1969年11月

沈括の自然観について.坂出祥伸.東方学,39(P.74—87).1970年3月

合衆国における近年の中国近代科学思想史研究について.寺地遵.史学研究(広島史学研究会),109(P.88—99).1970年12月

張衡の立場——張衡の自然観序章.金谷治.入矢教授·小川教授退休記念中国文学語学論集,(P.201—214).1974年10月

経書より見た天の思想——詩経、書経を中心に.三浦吉明.集刊東洋学,34(P.38—65).1975年11月

中国自然観の研究序説.金谷治.集刊東洋学,35(P.1—11).1976年5月

中国古代の技術観·自然観.吉田光邦.東洋学術研究,16—2(P.79—88).1977年3月

抱朴子の科学思想.村上嘉実.吉岡博士還暦記念道教研究論集(道教の思想と文化),(P.103—124).1977年6月

風水思想と科学の間(上)——風水説批判論の探尋試論.牧尾良海.川崎大師教学研究所研究紀要(仏教文化論集),3(P.153—212).1981年5月

中国の思想と科学.川原秀城.中国——社会と文化,3(P.226—232).1988年6月

物化考——荘子における時空の発現と「道」の世界の崩壊.館野正美.漢学研究,28(P.17—26).1990

年3月

風水思想と自然科学——特に生態学の観点から.岡野忠正.智山学報,39(通巻 53 号)(P.127—138).1990年3月

「嵇康の自然観についての一私見」——聲無哀楽論の聲と心を中心として.玉野井純子.東洋大学大学院紀要(文学研究科),28(P.241—253).1992年2月

中国思想史における「自然」の誕生.池田知久.中国——社会と文化,8(P.3—34).1993年6月

『詩経』に見る哲学と科学思想——序説.栗原圭介.東洋文化(無窮会),73(通刊第 307 号)(P.5—18).1994年9月

『詩経』十五国風に見る科学思想.栗原圭介.東洋文化(無窮会),75(通刊第309号)(P.46—63).1995年9月

中外科技交流

古代に於ける東西交通の問題に関し天文暦法の方面より見たる考察.新城新蔵.歴史と地理,34—4、5合刊.1934年

中国と印度の医学.志賀潔.同仁,8—4.1934年

南懐仁が支那に紹介した世界地理書に就て.鮎沢信太郎.地球,24—5、6.1935年

暦算全書及び幾何原本の渡來.藤原松三郎.文化,6—12.1939年

東西交渉史上に於ける科学の状態.三上義夫.東西交渉史論,下巻.1939年

唐代に於ける天竺暦法の輸入.薮内清.京都漢学大会紀要.1942年

我国に於ける東洋天文学史研究.能田忠亮.科学史研究,4、5.1943年

支那の天文学に及ぼせる西方の影響.飯島忠夫.斯文,25—2.1943年

西洋天文学の東漸——清代の暦法.薮内清.東方学報(京都),15—2.1945年1月

西洋暦法の東漸と回回暦法の運命.田坂興道.東洋学報,30—2.1947年10月

西洋科学文化の渡來と中国及び日本.荒木俊馬.中国文化,4.1948年8月

中国に於けるイスラム天文学.薮内清.東方学報(京都),19.1950年12月

中国に渡った日本の漢方医学.岡西為人.日本東洋医学会誌,3—1(P.64—66).1953年2月

中国における西洋天文学の影響.薮内清 講.科学史研究,30(P.48).1954年7月

近世中国に伝えられた西洋天文学.薮内清.科学史研究,32(P.15—18).1954年12月

明清間における漢訳西洋医学書とその遺説.渡辺幸三.神田博士還暦記念書誌学論集.(P.761—778).1957年11月

唐代における西方天文学に関する二、三の問題.薮内清.塚本博士頌寿記念仏教史学論集,(P.883—893).1961年2月

日鮮中·医学交流史鳥瞰.三木栄.朝鮮学報,21、22(扶桑槿域学術文化交流特集)(P.66—79).1961年10月

製紙法の西伝.藤本勝次.泊園,2(P.22—42).1963年11月

マルコ=ポーロ所伝の火浣市 (salamander) に就いて.愛宕松男.東方学,28(P.78—90).1964年7月

東西の天文観測精度比較について.中山茂.科学史研究,79(P.135—138).1966年9月

東と西の天文学——その発達と特質.薮内清.東洋学術研究,6—9(P.19—36).1968年1月

アラビア医学と中国医学——文化交流史からみて.前島信次.東洋学術研究,6—9(P.37—53).1968年1月

明清間における西洋科学の輸入.薮内清.史林,52—3(P.1—13).1969年5月

明末西学の性格に関する一考察.上田仲雄.社会経済史の諸問題(森嘉兵衛教授退官記念論文集 1),(P.209—227).1969年6月

日中学術用語交流史の1問題——珪·硅·矽考および用語「化学」の由來.田中実.科学史研究,93(P.11—17).1970年3月

紙の伝播と文化交流.長沢和俊.東洋学術研究,9—3(P.23—41).1971年1月

三浦梅園と明清の自然科学.高橋正和.日本中国学会報,24(P.224—229).1972年10月

徐福不老不死の薬を求めて渡來.宮道悦男.薬史学雑誌,9—1、2(P.27—32).1974年

江戸幕府紅葉山文庫旧蔵唐本医書の輸入時期について——主に,内閣文庫所蔵の旧紅葉山本唐本医書についての考察.上野正芳.史泉,51(P.42—74).1977年3月

日本における斉民要術.王永厚 著.田島俊雄 訳.中国研究月報,378(P.37—38).1979年8月

日中数学交流史略.清水達雄.中国研究月報,395(P.25—29).1981年1月

明末の中国に伝えられた「科学革命」の成果.橋本敬造.関西大学社会学部紀要,13—1(神先秀雄・薄田桂・友松芳郎三教授古稀記念特輯)(P.73—86).1981年11月

ライプニッツと易に関する五來欣造の先驅的研究.島尾永康.Aiton,Eric J.東洋の科学と技術——薮内清先生頌寿記念論文集,(P.113—131).1982年11月

潘吉星教授:用語「化学」および「植物学」の初期使用に関する新資料に接して.石山洋.科学史研究,153(P.60—62).1985年春

前近代東亜における紙の国際流通.池田温.東方学会創立四十周年記念東方学論集,(P.57—74).1987年6月

西歐科学と明末の時代.薮内清.日本学士院紀要,44—2(P.69—89).1989年10月

ジョン=フライセー『江南製造局翻訳事業記』訳注.橋本敬造.関西大学社会学部紀要,23—2(橋本真教授退職記念号)(P.1—29).1992年3月

中国医籍渡來年代総目録(江戸期).真柳誠.友部和弘.日本研究(国際日本文化研究センター紀要),7(P.108—110,107).1992年4月

シルク・ロードと犂——トルキスタン型インド犂をめぐる東西交流.応地利明.西南アジア研究,38(P.3—16).1993年3月

織物の東西交渉——経錦と緯錦を中心に.坂本和子.古代オリエント博物館紀要,14(P.233—251).1993年

近代科学用語の漢字訳——中国語と日本語の比較.中山茂.西欧科学技術導入期における外來技術用語の日本語化過程の総合的研究,(P.49—56).1994年3月

後漢におけるインド天文学伝來の可能性について.大橋由紀夫.数学史研究,140(P.17—32).1994年春

龍骨車の中国での発達と日本への伝來について.河野通明.仏教大学総合研究所紀要,2(別冊)(P.52—95).1995年3月

科　学　家*

神農と農家者流.大島利一.羽田博士頌寿記念東洋史論叢.1950年11月

医祖神農像.安西安周.斯文,11(P.31—46).1954年12月

神農伝説の展開とその儀礼民俗.三浦三郎.薬史学雑誌,3—2(P.1—7,13).1968年

華陀と幻人.江上波夫.石田博士頌寿記念東洋史論叢,(P.73—93).1965年8月

華陀は果してペルシャ人か——松木明知先生に対する反論.郎需才.蔡伯英.麻醉,31—2(P.176—181).1982年2月

華陀——中国の外科の父.陳耀真等 著.酒井シヅ訳.臨床眼科,36—10(P.1219—1221).1982年10月

扁鵲考.齊藤彦.同仁会報,10.1942年

扁鵲考.森田伝一郎.日本中国学会報,32(P.15—25).1980年10月

扁鵲伝説.山田慶児.東方学報,60(P.73—158).1988年3月

張衡の宇宙論とその政治的側面.南沢良彦.東方学,89(P.33—47).1995年1月

葛洪の生涯とその風格.佐中壮.東方学論集,2(P.85—103).1954年3月

竹と中国古代の化学者「葛洪」.岡田登.富士竹類植物園報告,38(P.122—129).1994年8月

何承天と祖沖之——六朝時代における自然認識の一側面.中嶋隆蔵.集刊東洋学,35(P.43—54).1976年5月

孫思邈と仏教.坂出祥伸.中国古典研究,37(P.1—19).1992年12月

沈括の自然研究とその背景.寺地遵.広島大学文学部紀要,27—1(日本·東洋)(P.99—121).1967年12月

沈括とその業績.藪内清.科学史研究,48(P.1—6).1958年11月

科学者としての沈括.坂出祥伸.歴史における民衆と文化——酒井忠夫先生古稀祝賀記念論集,(P.313—319).図版1P.1982年9月

陳旉撰農書の成立事情.吉岡義信 講.史学研究,54(P.53).1954年4月

徐霞客とその子.生島横渠.同仁,8—6.1934年

地理学家朱思本.内藤虎次郎.芸文,11—2.1913年

徐光啓逝世三百五十年.榎一雄.東方学,1984—68(P.171—176).1984年7月

岡千仭と王韜.中田吉信.参考書誌研究,13(P.(反)1—21).1976年8月

マルコ·ポーロ異考.吉原公平.歴史,5.1937年

マルコ·ポーロとラシッド·エッヂン.岩村忍.中国文学月報,41.1938年

「マルコポロ」研究の為に.伊藤述史.書誌学,10—6.1938年

マルコポーロと杭州.池田静夫.歴史公論,8—3.1939年

マルコ=ポーロ関係書誌.渡辺宏.文献,10(P.24—38).1965年3月

中国人のマルコ·ポーロ観.渡辺宏.アジア·アフリカ文化研究所研究年報,18(P.34—46).1984年3月

マテオ·リッチと科学.矢島祐利.改造,22—5.1940年

---

* 以人物年代为序

数 学 史

ウィットフォーゲルの支那数学観.小倉金之助.歴史科学,3—4.1934年

支那数学の社会性.小倉金之助.改造,16—1.1934年

算学啓蒙について.中山久四郎.史学雑誌,47—6.1936年

算盤來歴考補遺.遠藤佐佐喜.史学,15—2.1936年

伝世古尺彙考.羅福頤.(偽)満洲史学,3—1.1939年

支那数学史研究1—4.藤原松三郎.東北数学雜誌,46—2.1939年.47—1、2.1940年.48—1.1941年

宋元明数学の史料.藤原松三郎.帝国学士院記事,3—1.1944年

算学啓蒙について.薮内清.中国文化,1.1947年6月

勾股弦の理——中国古代数学史の一断面.小堀憲.東光,7.1949年1月

明代における算書形式の変遷——明代数学の特質序説.武田楠雄.科学史研究,26(P.13—19).1953年7月

唐代の庶民教育に於ける算術科の内容とその布算の方法とに就きて.那波利貞.甲南大学文学会論集,1(P.1—31).1954年1月

明代数学の特質(Ⅰ)(Ⅱ)——算法統宗成立の過程.武田楠雄.科学史研究,28Ⅰ(P.1—12).1954年4月.29Ⅱ(P.8—18).1954年5月

同文算指の成立.武田楠雄.科学史研究,30(P.7—14).1954年7月

李儼"中算史論叢"の新版.清水達雄.科学史研究,38(P.33—35).1956年4月

東西16世紀商算の対決(二)(三).武田楠雄.科学史研究,38(P.10—16).1956年4月.39(P.7—14).1956年7月

古代中国数学の数論における『老子』の「一、二、三」.新田大作.日本中国学会報,18(P.71—85).1966年10月

六十進法の起源と度量衡.吉田隆.古代学,13—3、4(P.164—175).1967年3月

古代における東西の数学的考え方についての一考察.和田義信.東洋学術研究,6—4(P.67—91).1967年7月

インダス文明の尺二例について——中国古代の尺との類似についての覚書.曾野寿彦.比較文化研究,8(P.37—45).1968年3月

中国古代における計算術発達の一要因について——兵法と計算術.新田大作.日本中国学会報,20(P.48—62).1968年10月

古そろばん考.鈴木久男.国士館大学政経論叢,13(P.235—266).1970年11月

梅文鼎の数学研究.橋本敬造.東方学報(京都),44(P.233—279).1973年2月

伏羲六十四卦方位図とライプニッツの二進法算術.鈴木由次郎.宇野哲人先生白寿祝賀記念東洋学論叢,(P.595—617).1974年10月

『禮記』にみられる数表現について.高田克己.大手前女子大学論集,9(P.69—81).1975年11月

中国古代における「一」に関する思想とその数理について——計算術との関連を豫想して.新田大作.中国哲学史の展望と模索,(P.477—499).1976年11月

易緯乾鑿度鄭玄注と周髀算経趙君卿注——その天文記事に関する小考.中村泰雄.フィロソフィア,64(P.113—143).1976年12月

格致算書の円截積とその一解釈.松崎利雄.数学史研究,85(P.1—5).1980年4月

日中数学交流史略.清水達雄.中国研究月報,395(P.25—29).1981年1月

中国における除算法の起源.鈴木久男.国士館大学政経論叢,35(P.91—109).1981年3月

中国における算盤の起源(1)(2).鈴木久男.国士館大学政経論叢,37、38(P.479—500).1981年12月.40(P.79—106).1982年6月

『算法統宗』とその日本数学教育の原点的意義.仲田紀夫.埼玉大学紀要(教育学部.教育科学),30(P.55—56).1981年12月

式盤綜述.厳敦傑 著.橋本敬造.坂出祥伸 訳.東洋の科学と技術——薮内清先生頌寿記念論文集,(P.62—95).1982年11月

趙君卿『勾股円方図注』小考.川原秀城.東洋の科学と技術——薮内清先生頌寿記念論文集,(P.428—447).1982年11月

『九章算術』の構成と数理.武田時昌.中国思想史研究,6(P.69—125).1984年3月

中算から和算へ——関孝和の場合.杉本敏夫.明治学院大学一般教育部付屬研究所紀要,8(P.19—29).1984年3月

漢訳仏典における数詞(大数)について.峰島総市郎.数学史研究,103(P.1—31).1984年12月

楚漢戦争と『九章算術』.清水達雄.数学セミナー,24—7(P.50—52).1985年7月

『暦算全書』の三角法と『崇禎暦書』の割円八線之表の伝來について.小林龍彦.科学史研究,174(P.83—92).1990年6月

中国古代数字の発生と、その段階についての推論—— 一、二、三、二二(2×2)……の系列と別系統の数詞発生史に関する推論(1).岩佐貫三.中央学術研究所紀要,20(P.14—28).1991年12月

術数学——中国の「計量的」科学.川原秀城.中国——社会と文化,8(P.51—63).1993年6月

隋唐時代の補間法の算術的起源.大橋由紀夫.科学史研究,189(P.15—24).1994年

另一種易筮法.川原秀城.名古屋学院大学外国語学部論集,6—2(P.57—60).1995年4月

律暦淵源と河図洛書.川原秀城.中国研究集刊,16(別号)(P.1—21).1995年

もう一つの「天元」術・大衍求一術.城地茂.数学史研究,148(P.1—11).1996年1—3月

一行の正接関数表(724AD).曲安京 著.大橋由紀夫 訳.数学史研究,153(P.18—29).1997年4—6月

中国の三統暦,四分諸暦の起点(暦元,上元)について(1)(2)——上元の算出法を初等整数論の応用問題として扱う.新井正夫.数学史研究,153(P.30—35).1997年4—6月.154(P.26—32).1997年7—9月

物理学史

指南針考. 藤田元春. 外交時報,96—5. 1940 年

中国磁針史略. 今井洧. (日偽)上海自然科学研究所彙報,12—2. 1942 年

中国磁針雑考. 今井洧. 学芸,1—4. 1943 年

中国磁針史雑考. 今井溱. 自然,14. 1944 年

古代中国の尺度について. 関野雄. 東洋学報,35—3、4(P. 1—30). 1953 年 3 月

指南針(磁針)の起源. 李書華 著. 泉水巌 抄訳. 自然科学と博物館,21—5、6(P. 14—21). 1954 年 7 月

指南車. 李書華 著. 泉水巌 抄訳. 自然科学と博物館,21—7、8(P. 1—7). 1954 年 11 月

泉水訳の李書華著「指南針の起源」を読みて. 楊雲竹. 自然科学と博物館,22—3、4、5(P. 14—16). 1955 年 7 月

戦国時代の重量単位. 林巳奈夫. 史林,51—2(史学・地理学・考古学)(P. 109—131). 1968 年 3 月

斉量考. 佐藤武敏. 人文研究,22—4(歴史学)(船津勝雄教授退任記念号), (P. 60—70). 1971 年 3 月

西太后からリルまで. 三島良績. 新金屬工業,30—318(P. 18—23). 1985 年 1 月

先秦時代の鐘の音高測定. 高橋準二. 植田公造. 泉屋博古館紀要,3(P. 60—61). 1986 年

西周時代の重量単位. 松丸道雄. 東洋文化研究所紀要(東京大学),117(創立 50 周年記念論集 Ⅱ)(P. 1—59). 1992 年 3 月

黄鐘の数,十有七万七千百四十七——古代中国度量衡論ノート. 赤井逸. 鳥取大学教養部紀要,27(P. 125—137). 1993 年 11 月

近代中国における物理学者の誕生とその社会的背景. 楊艦. 科学史研究,197(P. 15—25). 1996 年春

中国における物理学の専門教育の成立——第一世代の物理学者の活動をめぐって. 楊艦. 科学史研究,202(P. 73—84). 1997 年夏

化　学　史

東洋化学史の断面 1—6.道野鶴松.知性,5—4～10.1942 年

Tyrian Purple と中国.吉田光邦.科学史研究,43(P.27—28).1957 年 8 月

『斉民要術』の紅の記載について.上村六郎.大阪学芸大学紀要(人文科学),8(P.199—205).1960 年 3 月

斉と錬金·煉丹——「抱朴子」内篇を媒介として.御手洗勝.哲学,16(P.25—40).1964 年 11 月

古代中国における化学.道野鶴松.東洋学術研究,5—8(P.50—64).1966 年 11 月

中国の錬丹術と西洋の錬金術.道野鶴松.東洋学術研究,6—9(P.54—68).1968 年 1 月

『六合叢談』に見える化学記事.坂出祥伸.科学史研究,93(P.38—39).1970 年 3 月

錬金と錬丹——東西の異同.吉田光邦.東洋学術研究,9—3(P.11—22).1971 年 1 月

東洋と西洋の連続——アルケミーと化学にみる.ニーダム,ジョセフ 著.島尾永康 訳.思想,571(P.120—136).1972 年 1 月

唐朝の丹薬問題.佐中壮.皇学館大学紀要,11(P.121—133).1972 年 10 月

本草硝石より黒色火薬への発展.岡田登.薬史学雑誌,13—2(P.45—49).1978 年

爆竹の起源と発展.岡田登.薬史学雑誌,14—2(P.81—86).1979 年

中国の宋、金、元、明、清代および中華民国年代における爆竹、爆杖、煙火.岡田登.薬史学雑誌,15—1(P.17—25).1980 年.15—2(P.62—70).1980 年

『遠西医方名物考遺補』巻 7、8(元素編第一、第二)の原本の一つについて.菅原国秀.化学史研究,17(P.17,19).1981 年 9 月

清末民国初化学史の一側面——元素漢訳名の定着過程.坂出祥伸.東洋の科学と技術——薮内清先生頌寿記念論文集,(P.298—324).1982 年 11 月

最近の中国化学史研究から.島尾永康.化学史研究,30(P.57—67).1985 年 3 月

酒船石と錬金術.佐藤任.薬·自然·文化,1(P.29—60).1992 年 12 月

竹と中国古代の化学者"葛洪".岡田登.富士竹類植物園報告,38(P.122—129).1994 年 8 月

中国における黒色火薬の発明——その発展過程と実用化の時期について.岡田登.東洋文化(無窮会),73(通刊第 307 号)(P.31—148).1994 年 9 月

天文学史

天　文

続支那星座管見.小川清彦.天文月報.27—8～12.1934年

詩経に現はれた星.野尻抱影.同仁,9—4～6.1935年

二十八宿分野説に就いて.酒井忠夫.史潮,5—3.1935年

天文(支那科学思想).新城新蔵.岩波講座東洋思潮,8.1935年

秦の改時改月説と五星聚井の辨.能田忠亮.東方学報(京都),5.1935年

康南海諸天講を読む.新城新蔵.自然,2.1936年

蘇州天文図.新城新蔵.自然,3.1936年

宋代の星宿.薮内清.東方学報(京都),7.1936年

玄武考.橋本増吉 講.史学雑誌,48—7.1937年

古代支那の天文学.飯島忠夫.歴史公論,6—1.1937年

禮記月令の天象.能田忠亮 講.東方学報(京都),8.1937年

堯典に見えた天文.能田忠亮.東方学報(京都),8.1937年

唐開元占経中の星經.薮内清.東方学報(京都),8.1937年

史記天官書に就いて.橋本増吉 講.史学雑誌,49—7.1938年

支那古代の占星学.橋本増吉 講.史学雑誌,49—1.1938年

支那占星術の形式化.飯島忠夫.歴史教育,13—7.1938年

暦象新書の原典に就いて.原種行.歴史学研究,8—2.1938年

新寫訳本暦算全書に就いて.能田忠亮.東洋史研究,5—2.1939年

十二次名について.橋本増吉.池内博士還暦記念東洋史論叢.1940年

飯島博士の「禮記月令天文考を読む」について.薮内清.東洋学報,27—3.1940年

夏小正星象論.能田忠亮.東方学報(京都),12—2.1941年.東方学報(東京),13—2.1942年.史学雜志,53—8.1942年.天文·宇宙物理学彙報(新城博士記念宇宙物理学研究会刊),1—3.1942年

堯典四中星問題について.橋本増吉 講.史学雑誌,53—7.1942年

論語の北辰について.艸野忠次.斯文,24—7.1942年

天文学より見たる儒教経典の完成年代(1—4).飯島忠夫.大東文化学報,5、6.1942年.9、10.1943年

二十八宿と吠陀成立年代.善波周.東方学報(京都),13—1.1943年

郝氏爾雅義疏の天文学説.艸野忠次.斯文,25—10.1943年

我が国に於ける支那天文学史の研究.鎌田重雄.東洋,47—7.1944年

史記天官書恒星考.清永嘉一.東方学報(京都),14—3.1944年

我国における支那天文学史研究の近況.鎌田重雄.史学雑誌,56—1.1945年

中国古代の天文学.能田忠亮.中国文化,創刊号.1947年6月

詩篇の成立と天文学——詩経定之方中篇について.松本雅明.世界史研究,4、5、6(P.42—53).1954年5月

中国·朝鮮及び日本の流星雨古記録.井本進.長谷川一郎.科学史研究,37(P.7—15).1956年1月

中国天文学における五星運動論.薮内清.東方学報(京都),26(P.90—103).1956年3月

大集経の天文記事——その成立問題に関連して.善波周.日本仏教学会年報,22(P.101—116).

1957年3月

漢代における観測技術と石氏星経の成立. 薮内清. 東方学報(京都),30(P.1—38).1959年12月

中国暦における内惑星の光度. 薮内清. 科学史研究,60(P.26).1961年10—12月

消長法の研究(1)——東西観測技術の比較. 中山茂. 科学史研究,66(P.68—84).1963年6月

天文暦数と理気の説. 友枝龍太郎. 支那学研究,30(P.11—24).1965年3月

朱子の宇宙論. 山田慶児. 東方学報(京都),37(P.41—151).1966年3月

中国史料における新星. 薮内清. 橋本敬造. 天文月報,60—12(P.236—240).1967年11月

朱子の天文学(上、下)——朱子の自然学(2). 山田慶児. 東方学報(京都),39(P.223—251).1968年3月.40(P.115—159).1969年3月

中国の極光史料とその世界的価値(上、下). 慶松光雄. 史林,52—2(P.62—93).1969年3月.52—3(P.14—55).1969年5月

中国天文学の発達とその限界. 薮内清. 東洋史研究,28—2、3(P.1—13).1969年12月

清朝初期の中国天文暦算学 (1). 橋本敬造. 科学史研究,92(P.210—214).1969年12月

天地瑞祥志について——附、引書索引. 中村璋八. 漢魏文化,7[P.(左)90—74].1968年12月

梅文鼎の暦算学——康熙年間の天文暦算学. 橋本敬造. 東方学報(京都),41(創立40周年記念論集)(P.491—518).1970年3月

天文要録について. 中村璋八. 櫻美林大学中国文学論叢,2(P.50—77).1970年12月

展望:中国天文学史. 薮内清. 科学史研究,99(P.145—149).1971年9月

中国における星座の成立過程. 薮内清. 龍谷大学論集,400、401(龍谷大学論集第四百号親鸞聖人誕生八百年記念特集)(P.558—571).1973年3月

『暦象新書』および志築忠雄の研究史(4)——日本史家による評価について(2). 大森実. 法政史学,26(P.17—25).1974年3月

老人星見はる. 岡村貞雄. 中国中世文学研究,10(P.45—51).1974年7月

「星隕如雨」考. 福田俊昭. 大東文化大学紀要(人文科学),13(P.135—148).1975年3月

梁武の蓋天説. 山田慶児. 東方学報(京都),48(P.99—134).1975年12月.

中国星座名義考. 大崎正次. 天文月報,69—3(P.78—82).1976年3月.69—5(P.153—159).1976年5月

合と犯——中国における天体間距離の測定について. 橋本敬造. 科学史研究,119(P.140—146).1976年11月

『太玄』の構造的把握. 川原秀城. 日本中国学会報,30(P.45—58. 表1枚).1978年10月

精度の思想と伝統中国の天文学. 橋本敬造. 関西大学社会学部紀要,11—1(P.93—114).1979年11月

古代中国人の宇宙観——その無限性の認識について. 橋本敬造. 関西大学社会学部紀要,12—1(P.171—182).1980年12月

先秦時代の星座と天文観測. 橋本敬造. 東方学報(京都),53(P.189—232).1981年3月

『崇禎暦書』の成立と『科学革命』. 橋本敬造. 関西大学社会学部紀要,12—2(P.67—84).1981年3月

前漢時代(206B. C. ～A. D. 23)の天文史料(1)(2)——その分類・日付および天文年代学の検証. 斉藤国治. 科学史研究,138(P.95—103).1981年7月.139(P.144—152).1981年10月

中国における天文学史研究三十年. 席沢宗 著. 大竹茂雄 訳. 群馬県和算研究会会報,16(P.13—19).1981年11月

現代天文学にも貴重な中国の天文文物. 宮島一彦. 天文と気象,47—11(P.33—35).1981年11月.(古い天文学にふれてみよう「特集」)

中国天文学の旅. 宮島一彦. 天文月報,75—2(P.47—49).1982年1月

古代東洋の天文記録と現代天文学への応用. 席沢宗 著. 橋本敬造 訳. 東方学,63(P.118—124).1982年1月

後漢時代(A. D. 24～220)の天文史料(1) (2)——その分類・日付および天文年代学的検証. 斉藤国治. 科学史研究,141(P.27—36).1982年4月.142,(P.70—80).1982年7月

"気"の思想の中国古代天文学への影響. 席沢宗 著. 川原秀城. 坂出祥伸 訳. 東洋の科学と技術——薮内清先生頌寿記念論文集,(P.154—169).1982年11月

『天経或問後集』について.中山茂.東洋の科学と技術——薮内清先生頌寿記念論文集,(P.199—208).1982年11月

『崇禎暦書』にみる科学革命の一過程.橋本敬造.東洋の科学と技術——薮内清先生頌寿記念論文集,(P.370—390).1982年11月

馬王堆三号漢墓出土の「五星占」について.薮内清.小野勝年博士頌寿記念東方学論集,(P.1—12).1982年12月

『晋書』の中の天文史料(A.D.221—420)——その天文年代学的な検証.斉藤国治.科学史研究,145(P.21—34).1983年4月

七星剣の図様とその思想——法隆寺·四天王寺·正倉院所蔵の三剣をめぐって.杉原たく哉.美術史研究,21(P.1—21).1984年3月

『三国志』の中の天文史料(A.D.220—280)——その天文年代学的な検証.斉藤国治.科学史研究,149(P.12—19).1984年4月

中国古代天文暦学思想と陰陽五行説——astronomyと astrology.岩佐貫三.東洋学研究,16(P.21—32).1982年3月

周礼「天官」篇形成における時間論.栗原圭介.東洋研究,76(P.1—34).1985年10月

『天経或問』の受容.吉田忠.科学史研究,156(P.215—224).1986年2月

「『左伝』の占星記事について」補論.塩出雅.中国研究集刊,3(玄号)(P.15—20).1986年6月

春秋時代(B.C.722—479)の日食その他天文記事の再検討.斉藤国治.小沢賢二.科学史研究,161(P.24—36).1987年8月

八風と二十八宿——史記律書における暦之應律付、爾雅の"星名"に就て.佐藤邦一.東洋文化(無窮会),61(総第295期)(P.21—44).1988年10月

中国古代の気または雲気による占い——漢代以後における望気術の発達.坂出祥伸.関西大学中国文学会紀要,10(芝田稔·山口一郎両先生退休記念特輯)(P.1—24).1989年3月

雲夢睡虎地秦墓竹簡「日書」より見た秦·楚の二十八宿占い——先秦社会における文化の地域性を普遍性をめぐって.工藤元男.古代,88(P.195—215).1989年9月

雲夢秦簡「日書」の歳星占いから見た古代中国人の天文図法.申英秀.早稲田大学大学院文学研究科紀要別冊,16(P.129—140).1990年1月

雲夢睡虎地秦墓竹簡「日書」と道教的習俗.工藤元男.東方宗教(追手門学院),76(P.43—61).1990年11月

王充の「蓋天説」支持をめぐって.流王法子.論叢アジアの文化と思想,1(P.162—170).1992年6月

王充の天人相関説批判と蓋天説.横内哲夫.東洋大学大学院紀要(文学研究科),29(P.289—298).1992年

天文志における視空間構造論について.苧阪良二.愛知学院大学人間文化研究所紀要(人間文化),9(P.1—7).1994年9月

四神の一·朱鳥について.林巳奈夫.史林,77—6(P.125—143).1994年11月

乾隆帝と天文.佐藤明達.天界,76—836(P.14—16).1995年1月

賈逵の天文定数観について.大橋由紀夫.数学史研究,153(P.1—17).1997年4—6月

历　　法

春秋暦法考.橋本増吉.史学雑誌,45—4、5.1934年

干支十二支考(連載).橋本増吉.東洋学報,21—2、4.1934年.22—1.1934年.22—3.1935年.24—2.1937年

両周金文の暦法.橋本増吉.史学雑誌,46—7.1935年.史学,15—3.1936年

唐代に於ける占婆の暦法に就いて.杉本直治郎講.史学雑誌,46—7.1935年

卜辭中の暦法を繞る論爭.大島利一.東洋史研究,1—4.1936年

詩経の日蝕に就て.能田忠亮.東方学報(京都),6.1936年

豳風七月の暦法について.橋本増吉.史学,16—2.1937年

補正録——『両周金文の暦法』の補正.橋本増吉.史学,15—4.1937年

橋本氏の十干十二支考を読む．飯島忠夫．東洋学報,24—4．1937年
干支考．高橋盛孝．漢学会雜誌,5—2．1937年
天文と暦法より観たる詩経の詩篇製作の年代．野本清一．史学雜誌,49—5．1938年
周易と尚書の月の四分法に就いて．高橋峻 講．斯文,20—12．1938年．又大阪漢学大会研究報告
回教暦に就て．回教事情,1—3．1938年
西蔵暦考．酒井紫郎．密教研究,65．1938年
牽牛初度と冬至點．橋本増吉 講．史学雜誌,50—7．1939年
支那暦法の近世的展開．淺海正三．歷史教育,14—12．15—1、2．1940年
殷墟文字に対する疑問と顓頊暦の起源．橋本増吉 講．史学雜誌,51—6．1940年
両漢暦法考．藪内清．東方学報(京都),11—3．1940年
支那の暦法に就いて．飯島忠夫．東洋大学紀要,2．1941年
支那の暦学者果して月食の原因を知らざりしか．広瀬秀雄．天文月報,34—11．1941年
殷周より隋に至る支那暦法史．藪内清．東方学報(京都),12—1．1941年．天文·宇宙物理学彙報(新城博士記念宇宙物理学研究会刊),1—3．1942年
牽牛初冬至點の測定年代について．飯島忠夫．東洋学報,28—2．1941年
顓頊暦考．橋本増吉．加藤博士還暦記念東洋史集説,1941年
春秋命暦序に就いて．久野昇一 講．史学雜誌,53—7．1942年
牽牛初冬至點の問題に就いて．清永嘉一．東洋学報,29—1．1942年
禮記月令の暦法思想．橋本増吉．東洋学報,29—3．1942年．29—4．1943年
唐代暦法に於ける日躔月離術．藪内清．天文·宇宙物理学彙報,2—3．1943年
唐代暦法に於ける歩日躔月離術．藪内清．東方学報(京都),13—2．1943年
唐宋暦法史．藪内清．東方学報(京都),13—4．1943年．天文·宇宙物理学彙報,2—2．1943年
回教暦について(1) (2)．橋本増吉．回教圈,7—8．1943年．8—8．1944年
回教暦の構成と用法(1) (2)．鏡島寛之．回教圈,8—2、3．1944年
元明暦法史．藪内清．東方学報(京都),14—2．1944年
太初改暦とその暦法．天文暦算研究室．東方学報(京都),15—3．1945年11月
近年に於ける古代暦法研究．藪内清．天文月報,43—6．1950年5月
日曜に「蜜」字を標記した具注暦に就いて．石田幹之助．日本歷史,26．1950年7月
殷代の暦法——董作賓氏の論文について．藪内清．東方学報(京都),21．1952年3月
錢曉徵の三統術衍の後に書す．近藤光男．東京支那学会報,10．1952年3月
日曜に蜜字を標記した具注暦．石田幹之助．国学院雜誌,53—2．1952年
女真語の十二支．山路広明．言語集録,2．1952年7月
女真語の十干．山路広明．言語集録,3．1952年9月
チベット族におけるチユルク文明の流入——青唐吐蕃と十二獣紀年法．岡崎精郎．古文化,1—1．1952年11月
敦煌古暦に就いて．中村清二．学鐙,53—1(P．6—8)．1956年1月
再び敦煌古暦に就いて．中村清二．学鐙,53—3(P．7)．1956年3月
大衍暦考．加地哲定．密教文化,33(P．1—11)．1956年4月．34(P．1—12)．1956年6月．35(P．1—18)．1956年8月
殷暦に関する二、三の問題．藪内清．東洋史研究,15—2(P．66—82)．1956年10月．
中国最古の天文暦法．艸野忠次．甲南女子短期大学論叢,3(P．81—106)．1958年3月
両漢推步占法史序説(2·終)．佐藤邦一．大東文化大学漢学会誌,3(P．21—26、40)．1960年6月
敦煌·居延出土の漢暦について．森鹿三．史泉,22(P．1—10)．1961年10月
漢牘暦譜考．市川任三．東京都立武蔵丘高等学校研究紀要,1(P．12)．1966年3月
長慶元年の暦．平岡武夫．東方学報(京都),37(P．341—344)．1966年3月
春夏秋冬試探．大西正男．香川中国学会報,6(P．1—20)．1966年9月
卜辭上の殷暦——殷暦譜批判．島邦男．日本中国学

会報,18(P.1—22).1966年10月

干支紀年法は何時頃から行はれ始めたか.小嶋政雄.大東文化大学紀要(文学部),6(P.1—22)1968年1月.7(P.77—103).1969年2月

観智院所蔵九曜秘暦について.中野玄三.ミュージアム,218(P.13—24).1969年5月

橢圓法の展開——『暦象考成後編』の内容について.橋本敬造.東方学報(京都),42(P.245—272).1971年3月

元嘉暦法による暦日の推算について.内田正男.朝鮮学報,65[P.(左)1—28],1972年10月

二年引き上げられた干支紀年法の源流.友田吉之助.原弘二郎先生古稀記念東西文化史論叢,(P.337—353).1973年1月

敦煌暦日譜.藤枝晃.東方学報(京都),45(P.377—441).1973年9月

チベットの暦学.山口瑞鳳.鈴木学術財団研究年報,10(P.77—94).1974年5月

左伝の日蝕記事考.福田俊昭.大東文化大学漢学会誌,14(影山教授·小嶋教授退休記念号),(P.146—161).1975年3月

再び嚴一萍氏に答える——殷暦譜の問題など.池田末利.甲骨学,11(P.3—14).1976年6月

三統暦の世界——経学成立の一側面.川原秀城.中国思想史研究(1977年度論文集),(P.67—105).1977年9月

中日暦談.太田辰夫.神戸外大論叢,31—3(P.19—28).1980年11月

後漢·四分暦の世界——蔡邕の律暦思想.川原秀城.中国思想史研究,4(湯浅幸孫教授退官記念論集),(P.71—104).1981年3月

春秋の暦歩に就いての試論.小嶋政雄.大東文化大学紀要(人文科学),20(P.101—118).1982年3月

唐曹士蔿の符天暦について.藪内清.ビブリア,78(P.2—18).1982年4月

後漢四分暦の成立過程.大橋由紀夫.数学史研究,93(P.1—27).1982年6月

関の授時発明への注意.杉本敏夫.明治学院論叢,364(P.21—37).1984年11月

関の授時暦経立成の折衷性.杉本敏夫.明治学院論叢,375(P.1—30).1985年3月

緯書の三正説について.峯崎秀雄.大正大学綜合仏教研究所年報,7(P.71—85).1985年3月

西周金文と暦.浅原達郎.東方学報(京都),58(P.71—120.折込1枚).1986年3月

顓頊暦元と歳星紀年法.橋本敬造.東方学報(京都),59(P.323—343).1987年3月

景初四年暦法の解明(1) (2)——景初暦の諸問題(続).岡本正太郎.古代文化を考える,17(P.159—179).1987年12月.(P.180—187).1987年12月

夏小正に見る思想史的展開——特に古代中国の原始農耕暦的思惟について.栗原圭介.東洋研究,89(P.77—114).1988年12月

月相相対幅差と春秋長暦.浅原達郎.古史春秋,5(P.68—101).1989年3月

モンゴル文暦学書『ソリブッアン·バリホ·ボドロル·ビチグ』——時憲暦暦学書のモンゴル語訳について.松川節.日本モンゴル学会紀要,19(P.40—62).1989年3月

戴震と西洋暦算学.川原秀城.中国思想史研究,12(P.1—35).1989年12月

暦法の発達と政治過程——漢代を中心に.新井晋司.東方学報(京都),62(創立六十周年記念論集),(P.31—67).1990年3月

「日加某時」考——漢代の時法とその変遷.藤山和子.お茶の水女子大学中国文学会報,9(P.1—16).1990年4月

擇日の争いと「康熙暦獄」.黄一農 著.伊東貴之 訳.中国——社会と文化,6(P.174—203).1991年6月

日本古代の具注暦と大唐陰陽書.大谷光男.二松学舎大学東洋学研究所集刊,22(P.1—17).1992年3月

授時暦の計算について.藤井康生.数学史研究,139(P.12—29).1993年12月

符天暦の謎.中山茂.数学史研究,141(P.41—43).1994年6月

殷代卜辭にみえる「一日の始まり」.末次信行.東方学,88(P.17—32).1994年7月

"元和改暦"の受命改制的性格について——『続漢書』志類研究序説.小林春樹.東洋文化(無窮会),75(通刊第309号)(P.67—81).1995年9月

大衍暦の補間法について.大橋由紀夫.科学史研究,195(P.170—176).1995年

宋代の時法と開封の朝.久保田和男.史滴,17(P.

17—33).1995年12月
紀元暦(1106年)の中の逆関数.曲安京 著.大橋由紀夫 訳.数学史研究,150(P.13—21).1996年7—9月

天文仪器

景符.今井湊.学海,4—5.1947年5月
戴東原の周髀北極璿璣四游解について.近藤光男.東京支那学会報,大会臨時号.1951年5月
中国の時計.藪内清.科学史研究,19.1951年8月
渾儀と渾象.吉田光邦.(京都大学人文科学研究所)創立二十五周年記念論文集,(P.331—348).1954年10月
『元史』天文志記載のイスラム天文儀器について.宮島一彦.東洋の科学と技術——藪内清先生頌寿記念論文集,(P.407—427).1982年11月
『隋書』天文志の漏刻記事について.広瀬秀雄.東洋の科学と技術——藪内清先生頌寿記念論文集,(P.46—61).1982年11月
漢詩の中に漏刻を探る.村上康蔵.滋賀県立短期大学学術雑誌,37(P.12—17).1990年3月
.中国における水時計(漏壷)の起源——付·飛鳥の水時計.成家徹郎.科学史研究,176(P.225—236).1990年12月
六壬式盤と時間表現.藤山和子.お茶の水女子大学中国文学会報,11(P.1—15).1992年4月

地 学 史

地 学

黄河の水源探検の史的考察．薄井三郎．史観，7．1934年

咸豊五年北流後に於ける黄河河口の歴史地理学的研究．太田喜久雄．地理論叢，8．1936年

禹と九州．高橋盛孝 講．斯文，20—12．1938年．又大阪漢学大会研究報告

商代「卜辞」に現はれた気象記録．Karl August Wittfogel 著．鈴江言一 訳．（偽）満鉄調査月報，22—5．1942年

明代地震概況．慶松光雄．自然と文化，2．1951年4月

水位の変化と中国史——特に華北における原始景観の破壊に関して．宮崎市定．自然と文化，3（P．145—149）．1953年2月

1604年12月29日（萬曆三十二年十一月九日）福建省大地震と陳継疇の詩．慶松光雄．金沢大学法文学部論集（哲史篇），1（P．46—76）．1953年

1605年（明·萬曆三十三年）海南島大地震．慶松光雄．地震，6—1（P．1—6）．1953年8月

海南島地震小史並びに年表．慶松光雄．地震，6—3（P．31—41）．1953年12月

十七世紀山西省北東部に起りたる二大地震——A—1626年霊邱県地震．B—1683年原平鎮地震．慶松光雄．地震，6—4（P．1—13）．1954年3月

中国古代地理思想考——空間認識を中心として．海野一隆．大阪学芸大学紀要 A（人文科学），2（P．115—134）．1954年3月

中国人の雪の観察．田村専之助．史観，45（P．25—31）．1955年9月

寧夏省地震略史並びに年表．慶松光雄．金沢大学法文学部論集（哲史篇），4（P．57—74）．1956年11月

上代中国人の“大気中の水蒸気の認識”について．田村専之助．科学史研究，41（P．33—34，26）．1957年1月

地理的世界観の変遷——鄒衍の大九州説に就いて．御手洗勝．東洋の文化と社会，6（P．1—24）．1957年12月

崑崙四水説の地理思想史的考察——仏典及び旧約聖書の四河説との関連において．海野一隆．史林，41—5（P．27—41）．1958年9月

王充の気象観——中国一世紀代の唯物論者．田村専之助．史観，57、58（清水先生古稀祝賀記念号）（P．54—67）．1960年3月

古代中国における地理思想——崑崙四水説について．御手洗勝．民族学研究，24—1、2（P．84—96）．1960年3月

史実と見なされ来た中国古代の地震記事に対する批判——特に国語を中心として．慶松光雄．金沢大学法文学部論集（哲学史学篇），8（P．66—93）．1961年1月

渠水考——中国古代を中心にして宋代に及ぶ．長瀬守．東京都立杉並高校紀要，1（P．3—24）．1961年3月

緯書における地理的世界観の考察——特に大九州説について．安居香山．漢文学会会報，20（P．1—11）．1961年6月

再び鄒衍の大九州説について——安居氏の批判に答える．御手洗勝．哲学，13（P．69—83）．1961年10月

1739年1月3日（乾隆三年十一月二四日）寧夏大地震——故宮档案地震史料のことども．慶松光雄，金沢大学法文学部論集（哲学史学篇），11（P．137—164）．1964年3月

朱子の気象学——朱子の自然学（3）．山田慶児．東方学報（京都），42（P．209—243）．1971年3月

宋元時代の潮汐論とその社会的背景．寺地遵．広島大学文学部紀要，34（P．96—118）．1975年3月

宋代黄河史研究の成果と展望——吉岡義信著『宋代黄河史研究』を読んで．西岡弘晃．中国水利史研究，9（P．30—38）．1979年5月

中国古代の海陸変遷に関する認識．陳瑞平 著．張麗旭 訳·注解．地学雑誌，90—5（P．352—354）．

1981年10月

中国古代における風の観念とその展開. 坂出祥伸. 関西大学中国文学会紀要, 9(壷井義正先生退休記念特輯), (P.18—37). 1985年3月

中国における風の観測と観測器具の発達. 坂出祥伸. 関西大学文学論集, 35—1[P.1—19(右)]. 1985年12月

中国古代の地理思想の思想史的研究——『淮南子』地形訓と『漢書』地理志について. 薄井俊二. 中国——社会と文化, 4(P.294—300). 1989年6月

『山海経』の山岳観. 松田稔. 国学院中国学会報, 38(西岡弘博士喜寿記念号)(P.38—57). 1992年10月

地图与测量

近代西洋交通以前の支那地図に就いて. 小川琢治. 地理学誌, 21. 1910年

利瑪竇の世界地図に就いて. 鮎沢信太郎. 地球, 26—4. 1936年

月令広義所載の山海輿地全図と其の系統. 鮎沢信太郎. 地理学評論, 12—10. 1936年

利瑪竇の両儀玄覧図に就いて. 鮎沢信太郎. 歴史教育, 11—7. 1936年

明代の地図について. 青山定雄. 歴史学研究, 7—11. 1937年

皇輿全覧図について. 黒田源次. (偽)満洲史学, 1—1. 1937年

再び皇輿全覧図について. 黒田源次. (偽)満洲史学, 1—2. 1937年

盛京路程図——乾隆四十三年に於ける盛京三陵の進謁について. 黒田源次. (偽)満洲史学, 2—4. 1938年

支那地図史研究論文要目. 森鹿三 編. 東洋史研究, 3—5. 1938年

裴秀禹貢地域図のスケールについて. 森鹿三. 東洋史研究, 3—5. 1938年

元代の地図について. 青山定雄. 東方学報(東京), 8. 1938年

支那の古地図について. 青山定雄 講. 東方学報(東京), 8. 1938年

明広輿図考. 福克司. 稲葉博士還暦記念満鮮史論叢. 1938年

南懐仁著の坤輿図説に就いて. 秋岡武次郎. 地理教育, 29—1、2、6. 1938年

地図に現れたる後套水道の変遷. 日比野丈夫. 東洋史研究, 4—4、5. 1939年

乾隆北京図に就いて. 今西春秋. 東洋史研究, 4—6. 1939年

大連図書館所蔵南懐仁の坤輿図説について. 鮎沢信太郎 講. 史潮, 9—4. 1939年

『大宋諸山図』. 白石虎月. 歴史地理, 74—4. 1939年

南宋淳祐の石刻墜理図について. 青山定雄. 東方学報(東京), 11—1. 1940年

宋代の地図とその特色. 青山定雄. 東方学報(東京), 11—2. 1940年

栗棘庵所蔵輿地図解説. 森鹿三. 東方学報(京都), 11—4. 1940年

黄運河口古今図説. 福田仁志 訳. 東洋, 43—7. 1940年

清末直隷省の村図三種について. 百瀬弘. 加藤博士還暦記念東洋史集説, 1941年

日本で出來た支那地図(日清戰爭前に). 松本忠雄. 東亜問題, 4—4. 1942年

宋代の地図と民族運動. 増田忠雄. 史林, 27—1. 1942年

清末より現在に至る支那の測量地図. 日比野丈夫. 東方学報(京都), 13—3. 1943年

清朝末期・胡鳳丹刻『航海図』訳注. 福間武雄. 華北航業, 25. 1943年

明朝初期・対日航路・使倭針経図説訳注(1) (2). 福間武雄. 華北航業, 28、29. 1943年

鄭氏の台湾地図. 田中克己. 和田博士還暦記念東洋史論叢. 1951年11月

康熙時代におけるゼスイットの測図事業. 三上正利. 史淵, 51. 1952年3月

マテオ・リッチの両儀玄覧図について. 鮎沢信太郎. 地理学史研究, 1(P.1—21). 1957年6月

天理図書館所蔵大明国図について. 海野一隆. 大阪学芸大学紀要(A・人文科学), 6(P.60—67). 1958

年 3 月

江戸時代刊行のシナ図.海野一隆.大阪学芸大学紀要(人文科学),9(P.129—138).1961 年 3 月

北京の明代世界図.Fuchs,W.地理学史研究,2.1962 年

アル・クヮーリズミー図説(概報).小川琢治.地理学史研究,2.1962 年

康熙時代のシベリア地図——羅振玉旧蔵地図について.船越昭生.東方学報(京都),33(P.199—218).1963 年 3 月.

1667 年シベリア地図の目録原文の公刊.三上正利.人文地理,15—6(P.103—109).1963 年 12 月

1673 年のシベリア地図.三上正利.人文地理,16—1(P.19—39).1964 年 2 月

朱思本の輿地図について.海野一隆.史林,47—3(P.84—108).1964 年 5 月

廣輿図の諸版本.海野一隆.研究集録,14(人文・社会科学),(P.147—164).1966 年 3 月

『混一疆理歴代国都之図』再考.小川琢治.龍谷史壇,56、57 合併号.1966 年

廣輿図の資料となった地図類.海野一隆.研究集録(人文・社会科学)(大阪大学教養部),15(P.19—46).1967 年 3 月

廣輿図と模倣した地図帖——廣輿考・皇明職方地図・輿図要覧について.海野一隆.研究集録(人文・社会科学)(大阪大学),20(P.53—84.内図版 12).1972 年 3 月

在華イエズス会士作成地図と鎖国時代の地図——『坤輿万国全図』『康熙図』の評価・従來の研究をめぐつて.船越昭生.人文地理,24—2(P.59—79).1972 年 4 月

『混一疆理歴代国都之図』続考.小川琢治.龍谷大学論集,400、401 合併号.1973 年

『廣輿図』の反響——明・清の書籍に見られる広輿図系の諸図.海野一隆.研究集録(人文・社会科学)(大阪大学),23(P.1—34).1975 年 4 月

博多の中国陶磁地図(上).亀井明徳.日本美術工芸,447(P.15—24).1975 年 12 月

元代地図の一系譜——主として李沢民図系地図について.高橋正.待兼山論叢(日本学篇),9(P.15—31).1975 年 12 月

博多の中国陶磁地図(上)(下).亀井明徳.日本美術工芸,448(P.54—62).1976 年 1 月.449(P.62—70).1976 年 2 月

『古今形勝之図』について.榎一雄.東洋学報,58—1、2(P.1—48.地図 1).1976 年 12 月

近年出土の漢代地図について——長沙馬王堆出土帛書地図と和林格爾出土壁畫地図.船越昭生.鷹陵史学,3、4(森鹿三博士頌寿記念特集号)(P.21—45).1977 年 7 月

支那関係古地図資料の集成と発現——海外東方学界消息(53).榎一雄.東方学,54(P.141—148).1977 年 7 月

ヨーロッパにおける広輿図——シナ地図学西漸の初期状況.海野一隆.研究集録(人文・社会科学)(大阪大学教養部),26[P.(左)1—28].1978 年 2 月

地図学的見地よりする馬王堆出土地図の検討.海野一隆.東方学報(京都),51(P.59—82).1979 年 3 月

古代中国の地図と馬王堆出土地図.武田通治.地理,27—11(P.23—46.巻頭図 3P).1982 年 11 月

『皇輿全覧図』について——チベット図作成をめぐって.太田美香.早稲田大学大学院文学研究科紀要別冊,11(哲学・史学編)(P.131—144).1984 年 1 月

『坤輿万国全図』収載の東南アジア東部諸島嶼(2)——東南アジア東部島嶼地域の歴史地理学的研究(9).木村宏.COSMICA,15(P.109—128).1985 年 3 月

『皇輿全覧図』についての新史料——『宮中档康熙朝奏摺』収録の地図関係奏摺.太田美香.史観,113(P.56—69).1985 年 9 月

档案史料から見た『皇輿全覧図』とヨーロッパ技術.沢美香.史観,121(P.53—64).1989 年 9 月

帛書地図.辻正博.古代文化,43—9(通巻第 392 号)(特輯中国秦漢時代の出土文字資料)(P.34—39).1991 年 9 月

『康熙図』と日本地図史——研究の回顧と展望.船越昭生.研究年報(奈良女子大学文学部),35[P.1—20(右)].1992 年 3 月

『皇輿図』考.青木千枝子.北の丸(国立公文書館報),25(P.133—139).1993 年 3 月

『陝西四鎮図説』所載西域図略について.海野一隆.東洋学報,74—3、4(P.1—37).1993 年 3 月

古籍整理与研究

古代支那の地理学文献について.小川琢治.地理と経済,2—2～6.1936年

最近の水経注研究.森鹿三 講.東洋史研究,2—2.1936年

マルコ·ポーロ旅行記の近刊諸校注本に就いて.藤枝晃.東洋史研究,3—3、5.1938年

マルコ·ポーロ旅行記の近刊諸校注本に就いて——補遺二則.藤枝晃.東洋史研究,4—3.1939年

ムールリオ版『マルコ·ポーロ旅行記』に就いて.岩村忍.東亜問題,2—9.1940年

アラビア地理書の明代寫本の存在について.前島信次.回教圏,5—10.1941年

支那の山川誌——宋代以前.青山定雄.龍谷学報,332.1942年

五蔵山経について(1)(2).赤津健寿.大東文化学報,6.1942年;9.1943年

大陸地誌の権威異域録に就いて.彌吉光長.資料公報,4—11.1943年

水経注に引用せる史籍.森鹿三.羽田博士頌寿記念東洋史論叢,1950年11月

籌海図編の成立.田中健夫.日本歴史,57(P.18—23).1953年2月

海国図志とその時代.北山康夫.大阪学芸大学紀要(A·人文科学),3(P.96—103).1955年3月

『日本図纂』『籌海図篇』の諸本とその成立事情.大友信一.日本歴史,132(P.91—100).1959年6月

水経注沂水篇を読む.日比野丈夫.立命館文学,180(橋本博士古稀記念東洋学論叢)(P.382—391).1960年6月

海国図志小考.百瀬弘.岩井博士古稀記念典籍論集,(P.691—696).1963年6月

国朝柔遠記の巻十九·二十について——『海国聞見録』及び『瀛海論』との関係.和田博徳.岩井博士古稀記念典籍論集,(P.822—830).1963年6月

マルコ·ポーロ旅行記地名考訂——(1)福建の二地Vuguenと Tyunju.(2)腹裏の三地 Ydifu,Cachar Modun,Singiu Matu.愛宕松男.集刊東洋学,13(P.56—68).1965年5月.14(P.67—80).1965年10月

鞏珍『西洋番国志』について.船越昭生.人文地理,18—2(P.20—50).1966年4月

『水経注』にあらわれた大夏河について.佐藤長.鷹陵史学,3、4(森鹿三博士頌寿記念特集号)(P.1—19).1977年7月

『海国図志』と『瀛環志略』——中国近代における最初の開明地理書.大谷敏夫.鹿大史学,27(P.1—30).1979年11月

森鹿三先生(1906—1980)と『水経注』研究.船越昭生.地理,26—3(P.66—72).1981年3月

『海国図志』余談.佐佐木正哉.近代中国,17(P.143—184).1985年7月

梁廷枏と『海国四説』——魏源と『海国図志』を意識しながら.村尾進.中国——社会と文化,2(P.160—175).1987年6月

生物学史

江南格物論．今井洧．学芸，1—7．1943年

洛陽牡丹考．瀧川政治郎．北方圏，3．1945年

中国栽培植物の起源．北村四郎．東方学報（京都），19．1950年12月

金魚の馴化史と品種形成の要因．陳楨 著．泉水巌 訳．自然科学と博物館，23—3、4（P．1—68）．1956年8月

先秦中国の一発明——蒺藜．駒井和愛．古代，25、26（P．32—35）．1957年

支那に於ける外來植物について．中山久四郎 講．史学雑誌，66—12（P．85—87）．1957年12月

安陽殷墟哺乳動物群について．林巳奈夫．甲骨学，6（P．16—54）．1958年3月

初期から第四世紀までの中国生物学史．Nugyen Tran Huan，S．Y 抄訳．科学史研究，46（P．42—43）．1958年5月

中国古代の接木技術．譚彼岸 著．鈴木善次 抄録．科学史研究，47（P．41）．1958年8月

欧亜大陸の東西栽培植物の交流．北村四郎．東方学報（京都），29（P．111—138）．1959年3月

徐衷の南方草木状について．和田久徳．岩井博士古稀記念典籍論集，（P．810—821）．1963年6月

「自然」の受容と表現——詩経国風篇における植物の繁茂．植村雄太郎．城南漢学，5（P．10—16）．1963年10月

『本草綱目』における李時珍の近代植物学的寄与．森村謙一．科学史研究，112（P．162—165）．1974年12月

虫の植物誌——詩経の博物学的研究（1）．加納喜光．茨城大学人文学部紀要（人文学科論集），15（P．47—77）．1982年3月

古代正史に見える生物と生物観．森村謙一．東洋の科学と技術——薮内清先生頌寿記念論文集，（P．281—297）．1982年11月

中国と免疫学の起源．Needham，Joseph．魯桂珍 著．大塩春治 訳．東洋の科学と技術——薮内清先生頌寿記念論文集，（P．17—45）．1982年11月

明清時代における花譜の盛行——目録と解題．合山究．文学論輯，29（P．63—92）．1983年3月

中国古代の有用自然物——その産地分布と原本草体系の推察．森村謙一．新発現中国科学史資料の研究・論考篇，（P．369—403）．1985年12月

「四庫提要」の『博物志』評価について．松本幸男．学林，11（P．80—112）．1988年11月

中医药学史

中　　医

中国の医薬に及ぼした道佛二教の影響．本多秀彦．同仁，8—9．1934年

漢方に於ける五行説の意義．田中吉左衛門．本草，25、26．1934年

中国疾病史考．本多秀彦．同仁，9—1、3．1935年

中国医史考．本多秀彦．同仁，9—2、4．1935年

周時代の医学．鳥栖刀伊亮．同仁，9—5．1935年

漢時代の医学．鳥栖刀伊亮．同仁，9—6．1935年

史に見る中国の時疫．桃谷文治．同仁，10—5．1936年

中国法医学史．孫逵方．張養吾．同仁，10—11．1936年

支那国民性に現れたる古代養生思想と攝生法．守中清．松崎先生還暦祝賀記念文集，1936年

地方志に記載された中国痘疹略考．井村哮全．同仁，11—1．1937年

癭雜考．森鹿三．東洋史研究，3—2．1937年

清の康熙帝と解剖学——複製された稀覯書．石田幹之助．文化交流，2(P．17—20)．1953年5月

逸文より観たる張仲景の医学．大塚敬節．日本東洋医学会誌，5—1(P．35—39)．1954年7月

気と陰陽．黒田源次 講．日本東洋医学会誌，5—1(P．15—28)．1954年7月

気(二)．黒田源次．東方宗教(東洋文化研究所)，7(P．16—44)．1955年2月

清涼寺釋迦胎内五蔵研究序説．森田幸門．日本医史学雑誌，7—1、2、3(P．1—4)．1956年9月

五蔵入胎の意義について．石原明．日本医史学雑誌，7—1、2、3(P．5—29)．1956年9月

清涼寺釋迦胎内五蔵の解剖学的研究——中国伝統医学よりの研究．渡辺幸三．日本医史学雑誌，7—1、2、3(P．30—63)．1956年9月

現存する中国近世までの五蔵六府図の概説．渡辺幸三．日本医史学雑誌，7—1、2、3(P．88—182)．1956年9月

荘子における性の思想——養生説と享楽主義との萌芽．森三樹三郎．東方学，18(P．1—8)．1959年6月

詩の「勺薬」とその信仰の発生背景について．水上静夫．大東文化大学漢学会誌，2(P．39—45，29)．1959年10月

中国古代の疾病観と療法．宮下三郎．東方学報(京都)，30(P．227—252)．1959年12月

唐朝政府の医療機構と民庶の疾病に対する救済方法に就きての小考．那波利貞．史窓，17、18(史学科創立十周年記念号)(P．1—34)．1960年10月

中国における仏教医学．道端良秀．宗教研究，185(P．47—69)．1965年7月

先秦の養生説試論——その思想と系譜．澤田多喜男．日本中国学会報，17(P．19—35)．1965年10月

中国医学の特質．山崎宏．東洋学術研究，5—8(P．100—112)．1966年11月

古代中国の民間医療(3)——『山海経』の研究．伊藤清司．史学，43—4(P．39—87)．1971年5月

中国に於ける眼鏡(靉靆)の起源について——史海片帆(7)．原田淑人．聖心女子大学論叢，37(P．3—14)．1971年6月

中国人の身体観．呉老擇．大正大学研究紀要(文学部・仏教学部)，57(創立45周年記念論文集)(P．413—424)．1972年3月

中国古代の妊娠祈願に関する咒的薬物——『山海経』の民俗学的研究．伊藤清司．中国学誌，7(P．21—54)．1973年4月

太平廣記神仙類にみられる治病法について．山田利明．東洋大学大学院紀要，10(P．127—140)．1974年2月

中国古代祭天思想の展開——巫祝と医術．好並隆司．思想，608(P．94—114)．1975年2月

中国古典と現代医学との接点を求めて．森田伝一郎．二松学舎大学人文論叢，9(P．49—58)．1976年

4月
九宮八風説と少師派の立場.山田慶児.東方学報(京都),52(P.199—242).1980年3月
王充の養生論.鬼丸紀.中国哲学,9(P.1—11).1980年8月
中国口腔医学発展簡史(学会特別講演).周大成.日本歯科医史学会会誌,8—1(P.51—52).1980年9月
中国古代における呪術と医術.丸山敏秋.宗教研究,54—3(P.285—287).1981年2月.55—2(P.27—47).1981年9月
中国古代における精神疾病観——中国古代における非「理性」の問題.石田秀実.日本中国学会報,33(P.29—42).1981年10月
拡充する精神——中国古代における精神と身体の問題.石田秀実.東方学,63(P.1—15).1982年1月
唐代における太医署の太常寺への所属をめぐって——太医署の職務の史的変遷.山本徳子.東洋の科学と技術——薮内清先生頌寿記念論文集,(P.209—222).1982年11月
後漢初期の医学の一断面——王充の『論衡』を中心として.赤堀昭.東洋の科学と技術——薮内清先生頌寿記念論文集,(P.170—189).1982年11月
禁忌と邪視.宮下三郎.東洋の科学と技術——薮内清先生頌寿記念論文集,(P.223—237).1982年11月
『中国医学史』(陳邦賢著)と『支那中世医学史』(廖温仁著)とのかかわりあい.山本徳子.医史学研究,56(P.1—12).1982年
古代中国における心身観の一側面——「内経医学」の場合.丸山敏秋.倫理学,1(P.29—40).1983年3月
ホログラフィー理論と東洋的身体観——中国伝統医学における身体観との接点をめぐって.丸山敏秋.倫理学,2(P.13—28).1984年3月
『論衡』と医術.石田秀実.集刊東洋学,51(P.1—17).1984年5月
経絡的発現与『周易』.猪飼祥夫.東洋史苑,24、25(故小笠原宣秀博士追悼号)(P.363—377).1985年3月
中国医学史の35年.李経緯.日本医史学雑誌,31—2(P.165—169).1985年4月
中国古代医学と医心方.三迫初男.日本医史学雑誌,31—3(P.317—325).1985年7月
中国古代における精神療法.加納喜光.中国——社会と文化,1(P.1—19).1986年6月
傷寒論とその処方.葛山輝清.大谷学報,66—3(P.26—39).1986年12月
七損八益考.猪飼祥夫.東洋史苑,32(P.57—78).1988年9月
『飲膳正要』の食養生観.中野道子.東方宗教,73(P.41—62).1989年4月
『呂氏春秋』「尽数篇」にみる中国古代医学思想の原初形態(1)——中国古代における医学思想の哲学的研究・序説.館野正美.呂子春秋研究,4(P.11—19).1990年7月
『呂氏春秋』「尽数篇」にみる中国古代医学思想の原初形態(2)——中国古代における医学思想の哲学的研究・序説.館野正美.漢学研究,29(P.1—16).1991年3月
孟子の心と気——儒家における身体論序説.橋本敬司.哲学,42(P.83—97).1990年10月
風の病因論と中国伝統医学思想の形成.石田秀実.思想,799(P.105—124).1991年1月
『黄帝内経』における陰陽説から陰陽五行説への変容.林克.大東文化大学漢学会誌,30(山井教授追悼号)(P.59—82).1991年3月
『三洞珠嚢』の医薬に就いて.瀧島義勝.大正大学大学院研究論集,15(P.119—131).1991年3月
一陰一陽と三陰三陽——象数易と『黄帝内経』の陰陽説.白杉悦雄.中国思想史研究,15(1992度論文集)(P.29—40).1992年12月
『素問』四気調神大論の養生の時令.林克.大東文化大学漢学会誌,32(創立七十周年記念論文集)(P.93—133).1993年3月
「気」と養生・風水——感応する身体・大地.坂出祥伸.関西大学中国文学会紀要,14(P.1—12).1993年3月
伝統医学の自然観.石田秀実.中国——社会と文化,8(P.64—80).1993年6月
『黄帝内経』における真気について.林克.中国研究集刊,13(辰号)(P.24—62).1993年9月
『呂氏春秋』中に見える中国古代医学思想に関する吉益東洞の論評について——吉益東洞『古書医言』中の、特に『呂氏春秋』の項を中心に.館野正

美.研究紀要(日本大学人文科学研究所),46(P.23—35).1993年9月

九宮八風図の成立と河図·洛書伝承——漢代学術世界の中の医学.白杉悦雄.日本中国学会報,46(P.16—30).1994年10月

唐代における医療について——制度史的観点より.山本徳子.立命館文学,537(P.116—130).1994年12月

仏像の"姿勢"と"気"について——気功体操からのアプローチー.金田英子.長崎大学教養部紀要(人文科学),35—2(P.193—208).1995年1月

"気"糸の病因論——張家山漢簡を中心として.大形徹.人文学論集(大阪府立大学人文学会),13(P.33—50).1995年3月

吉益東洞の所謂「論説の辞」について——吉益東洞『古書医言』における『呂氏春秋』の項の第五則を中心に.館野正美.研究紀要(日本大学人文科学研究所),49(P.63—76).1995年3月

『呂氏春秋』に見える中国古代の医学思想と吉益東洞の病理学的思維——吉益東洞『古書医言』における『呂氏春秋』の項の第一則および第二則を中心に.館野正美.漢学研究,33(P.67—83).1995年

中　　药

漢方秘薬の起源.本多秀彦.同仁,8—1～4.1934年

中国阿片考拾遺.王世恭.同仁,10—2.1936年

陶弘景の諸病通用薬に就いての文献学的考察.渡辺幸三.日本東洋医学会誌,4—2(P.56—61).1953年12月

孫思邈千金要方食治篇の文献学的研究——陶氏本草経復原資料としての文献的価値.渡辺幸三.日本東洋医学会誌,5—3(P.21—34).1955年2月

いわゆる「神農の称」について——傷寒論の度量衡に関する試論.長沢元夫.薬史学雑誌,5—1(P.1—8).1970年

"雷公薬対"に関する研究.後藤志朗等.薬史学雑誌,10—1、2(P.22—33).1975年

"徐之才薬対"に関する研究.後藤志朗等.薬史学雑誌,11—2(P.1—11).1976年

"張苗薬対"に関する研究.後藤志朗.薬史学雑誌,12—1(P.15—18).1977年

新出土医薬資料における自然品目の探究.森村謙一.東方学報,53(P.341—385).1981年3月

宋代以前の医薬書に記された朮類の名称と基源について.野上真理等.生薬学雑誌,39—1(P.35—45).1985年3月

華佗の麻酔薬について.松木明知.日本医史学雑誌,31—2(P.170—173).1985年4月

『列仙伝』にみえる仙薬について——『神農本草経』の薬物との比較を通して.大形徹.人文学論集(大阪府立大学人文学会),6(P.61—79).1988年3月

中国古文献に見える沈香について——その香と薬効.高橋庸一郎.阪南論集(人文·自然科学),24—1(故沢田允夫教授追悼号)(P.27—38)(右).1988年6月

(続)中国古文献に見える沈香にいつて——その木と名称.高橋庸一郎.阪南論集(人文·自然科学),24—2(P.1—8).1988年9月

謎の麻酔薬——中国薬学史上の奇跡.加納喜光.薬·自然·文化,1(P.1—27).1992年12月

密教と薬の不思議な関係史.正木晃.薬·自然·文化,2(P.123—141).1993年8月

仙人になる薬——中国の煉丹術と薬害.加納喜光.薬·自然·文化,2(P.17—42).1993年8月

中国伝統薬学理論の形成過程.石田秀実.薬·自然·文化,3(P.21—42).1994年4月

本草学

中国本草の変遷.曹炳章.同仁,8—6、7.1934年

本草綱目の麹.原攝祐.本草,20.1934年

本草綱目の奴に就て.原攝祐.本草,21.1934年

本草の思潮.中尾萬三.岩波講座東洋思潮,3.1934年

本草に就て.中尾萬三.東方学報(京都),6.1936年

六朝古写本神農本草経の残缺に就て.黒田源次.松崎先生還暦祝賀記念文集,1936年

本草の研究に就いて.木村康一.東方学報(京都),10—4.1939年

新修本草と小島宝素.森鹿三.東方学報(京都),11—3.1940年

『食物本草』に就いて.岩井大慧 講.史学雑誌,52—7.1941年

食物本草に就いて(白鳥博士記念論文集).岩井大慧.東洋学報,29—3.1942年.29—4.1943年

本草学と中国の文化.木村康一.中国文化,4.1948年8月

陶弘景の本草に対する文献学的考察.渡辺幸三.東方学報(京都),20.1951年3月

唐愼微の経史証類備急本草の系統とその版本.渡辺幸三.東方学報(京都),21.1952年3月

宋代における本草学の新展開.鈴木亮.東洋学報,34—1、2、3、4.1952年3月

御纂本草品彙精要.岡西為人.塩野義研究所年報,2.1952年

本草序例の神農本経の文に就いて.渡辺幸三.日本東洋医学会誌,3—2、4—1(合冊)(P.29—31).1953年5月

李時珍の本草綱目とその版本.渡辺幸三.東洋史研究,12—4(P.37—61).1953年6月

敦煌出土本草集注序録の文献学的性格.渡辺幸三.日本東洋医学会誌,4—3(P.49—57).1954年3月

羅振玉先生の敦煌本本草集注序録跋を評す.渡辺幸三.日本東洋医学会誌,5—1(P.29—34).1954年7月

神農本経所載薬品について.森鹿三.(京都大学人文科学研究所)創立25周年記念論文集,(P.658—673).1954年10月

(批評).渡辺幸三.東洋史研究,13—6(P.101—104).1955年3月

伝統的本草書の七情表に対する文献学的研究.渡辺幸三.日本東洋医学会誌,5—2(P.20—27).1954年11月

中央亜細亞出土本草集注残簡に対する文献学的研究.渡辺幸三.日本東洋医学会誌,5—4(P.35—43).1955年3月

太平御覧所引本草経の文献学的性格——神農本草経復元の一資料として.渡辺幸三.日本東洋医学会誌,6—1(P.28—39).1955年8月

読証類本草須知.渡辺幸三.池坊学園短期大学紀要,1(A)(P.1—9).1965年

大陸文化導入の先覚者たち(4)——本草学をめぐって(上).青木恵一郎.東亜時論,7—12(P.27—30).1965年12月

本草綱目と日本の博物学.上野益三.甲南女子大学研究紀要,7(P.153—163).1971年3月

本草の「類」概念.宮下三郎.東方学,51(P.104—113).1976年1月

神農本草経収載品目対校表.浜田善利.薬史学雑誌,12—2(P.62—69).1977年

神農本草経の収載薬品の品別について.浜田善利.薬史学雑誌,13—2(P.67—76).1978年

神農本草経の収載薬品の配列について——1.鉱物性および動物性薬品.浜田善利.薬史学雑誌,14—2(P.87—94).1979年

神農本草経の収載薬品の配列について——2.植物性薬品.浜田善利.薬史学雑誌,15—1(P.26—28).1980年

中国本草史.森村謙一.科学史研究,128(P.193—198).1979年2月

岩崎滝園『本草図譜』に関する思い出.木村陽二郎.科学医学資料研究,84(P.1—8).1981年4月

中国本草学.森村謙一.発明,79—2(P.15—19).1982年2月

本草と方士の関係について.大形徹.人文学論集(大阪府立大学人文学会),8(P.47—66).1990年3月

古籍整理与研究

支那産婦人科書考略.岡西為人.佐土丁.東亜医学研究,2.1939年

傷寒論章句の読み方について.森田之皓.日本東洋医学会誌,3—1(P.62—64).1953年2月

黄帝内経の書誌学的研究.石原明 講.日本東洋医学会誌,5—1(P.57).1954年7月

『飲膳正要』について.石田幹之助.史泉,15(P.40—58).1959年7月
句法·韻律よりみた擬張撰『五蔵論』の唱誦部分.田中謙二.東方学報(京都),35(敦煌研究)(P.331—336).1964年3月
西域出土医薬関係文献総合解説目録.三木栄.東洋学報,47—1(P.左1—26).1964年6月
宋代の医書校勘に関する二三の知見.岡西為人.篠田統先生退官記念論文集(生活文化研究13),(P.277—282).1965年1月
多紀氏舊蔵宋槧本『太平聖恵方巻第八十一』について.樋口秀雄.ミュージアム,179(P.32—34).1966年2月.金沢文庫研究,17—9(P.1—4).1971年9月
劉涓子鬼遺方考.瀧川政次郎.古代文化,23—7(P.145—152).1971年7月
葛仙翁『肘後備急方』について.安藤維男.東方宗教(早稲田),41(P.36—50).1973年4月
葛洪の著書について——『肘後備急方』.下見隆雄.福岡女子短大紀要,7(P.97—106).1973年12月
『黄帝内経』の成立.山田慶児.思想,662(P.94—108).1979年8月
南宋における医学教育の一資料——『太医局諸科程文格』について.吉田寅.東洋教育史研究,3(P.1—14).1979年11月
馬王堆出土の帛書『足臂十一脈灸経』札記——(1)(2).趙有臣.日本医史学雑誌,27—1(P.1—5).1981年1月.27—2(P.157—162).1981年4月
『陰陽十一脈灸経』の研究.赤堀昭.東方学報(京都),53(P.299—339).1981年3月
漢墓新発現の医書と抱朴子.村上嘉実.東方学報(京都),53(P.387—421).1981年3月
新出土医学資料——馬王堆医帛と武威医簡.赤堀昭.書論,18(P.111—119).1981年5月
東北大学付属図書館狩野文庫蔵「喜多村直寛自筆本『黄帝内経素問』講義」をめぐって.石田秀実.文化(東北大学文学会),45—1、2(P.70—77).1981年6月
『黄帝内経素問』における宣明五気篇及び血気形志篇の分析.藤山和子.お茶の水女子大学人文科学紀要,35(P.1—16).1982年3月
全元起注『黄帝内経素問』の成立について——「長夏」からの一考察.藤山和子.お茶の水女子大学中国文学会報,2(P.15—30).1983年4月
全元起注『黄帝素問』の成立について——診脈法からの考察.藤山和子.東方学,70(P.18—32).1985年7月
『黄帝内経素問』のいわゆる運気論諸篇についての初歩的考察——六節蔵象論篇·王氷増補部分、および天元紀大論篇について.松村巧.東洋文化(東京大学東洋文化研究所),66(P.199—228).1986年2月
『外科精要』研究序説.瀧島義勝.大正大学大学院研究論集,11(P.171—180).1987年2月
『黄帝内経太素』と道家思想.村上嘉実.東方宗教(追手門学院),71(P.1—19).1988年4月
『素問』と『霊樞』について——南宋の道士会慥の『道樞』と『類説』を中心として.宮沢正順.沼尻博士退休記念中国学論集,(P.255—280).1990年11月
『黄帝内経素問』「全元起注本」の復元と「王氷注本」の構成.松木きか.集刊東洋学,66(P.60—82).1991年11月
道家的『導引図』に関する研究——文字解読と体操姿態.福宿孝夫.宮崎大学教育学部紀要(人文科学),72(P.1—17).1992年9月
『黄帝内経』所引の古医書について.松木きか.集刊東洋学,69(P.18—33).1993年5月
馬王堆『南方禹臧』図考.猪飼祥夫.龍谷史壇,103、104(P.47—69).1994年12月
『黄帝蝦蟇経』について——成書時期を中心に.坂出祥伸.関西大学文学論集,44—1～4(P.447—472).1995年3月

农学史

总论与农艺

グードリッチ氏の落花生支那移植年代考を読みて.岩井大慧 講.史学雑誌,51—7.1940年

支那に於ける稲作特にその品種の発達に就いて.加藤繁.東洋学報,31—1.1947年2月

明代に於ける木棉の普及に就いて(上).西嶋定生.史学雑誌,57—4.1948年8月

中国に於ける水稲農業の発達.西山武一.農業綜合研究,3—1.1949年1月

糞肥考.天野元之助.東光,7.1949年1月

代田と區田——漢代農業技術考.天野元之助.松山商大論集,1.1950年2月

中国の米作.大橋育英.農業綜合研究,4—3.1950年7月

唐代米粟考.濱田麟一.高知大学研究報告(人文科学),1951年3月

五穀の起源.篠田統.自然と文化,2.1951年4月

火耕水耨について.西嶋定生.和田博士還暦記念東洋史論叢,1951年11月

『火耕水耨』の辯——中国古代江南水稲作技術考.天野元之助.史学雑誌,61—4.1952年4月

唐宋時代に於ける「穀」の語義用法.日野開三郎.社会経済史学,18—2.1952年6月

中国農業技術史上の若干の問題.天野元之助.東洋史研究,11—5、6.1952年7月

禾——唐宋用語解之六.日野開三郎.東洋史学,8(P.1—12).1953年9月

唐宋時代に於ける粟の語義・用法.日野開三郎.東洋学報,36—3(P.33—64).1953年12月

中国における農業の起源.松崎寿和.史学研究,59(P.1—28).1955年7月

應劭『火耕水耨』注より見たる後漢江淮の水稲作技術について.米田賢次郎.史林,38—5(P.1—18).1955年9月

代田法の新解釈——前一世紀における農業技術の改革とその性格について.西嶋定生 講.東洋文化研究所紀要,11(P.15—16).1956年11月

中国における施肥技術の展開(一).天野元之助.松山商大論集,10—2(P.1—29).1959年7月

中国における施肥技術の展開(二).天野元之助.松山商大論集,10—4(P.57—76).1960年1月

中国の黍稷粟粱考——中国作物史の一齣.天野元之助.東亜経済研究,4—1(P.1—33).1959年10月

中国の稲考——中国作物史の一齣.天野元之助.人文研究,10—10(P.51—73).1959年10月

中国蚕桑気象学史序説.田村専之助.史観,68(P.24—49).1963年5月

秦漢時代の農学.西嶋定生.古代史講座,8(P.264—294).1963年8月

中国古代の肥料について——二年三毛作成立の一側面.米田賢次郎.滋賀大学学芸学部紀要,13(P.33—44).1963年12月

中国古代農業経済論——養蚕の起源と殷・周代の蚕絲業.広沢吉平.農村研究,26、27(我妻東策先生古稀記念論文集)(P.1—28).1967年12月

三国史記にあらわれた麦と麦作について.鋳方貞亮.朝鮮学報,48(高橋亨先生記念号)(P.37—57).1968年7月

蔬菜・果実の中国および日本における渡来と受容の歴史について.渡辺正.大阪市立大学家政学部紀要,17(P.1—15).1970年2月

古代中国の江南地方における農業についての若干の考察——火耕(而)水耨を中心として.田野倉光男.史觀,83(P.74—77).1971年3月

中国農耕文化の原初形態——仰韶文化の原始農業について.田河禎昭.史学研究(広島史学研究会),120(P.75—96.表2).1974年3月

宋代の蝗害対策について.吉田寅.木村正雄先生退官記念東洋史論集,(P.165—179).1976年12月

春耕考——中国の伝統的乾地農法における春耕の

役割.加藤祐三.横濱市立大学論叢(人文科学系列),28—2、3(波多野太郎教授記念号)(P.55—94).1977年3月

耦耕芻言.米田賢次郎.東洋学報,60—3、4(P.33—68).1979年3月

自然立地的土地利用の思想——蔡温における土地利用観.井手久登.応用植物社会学研究,10(P.3—11).1981年3月

漢六朝間の稲作技術について——火耕水耨の再検討を併せて.米田賢次郎.鷹陵史学,7(P.1—44).1981年3月

陂渠潅漑下の稲作技術.米田賢次郎.史林,64—3(P.1—32).1981年5月

中国古代麦作考——二年三毛作成立の再検討.米田賢次郎.鷹陵史学,8(森鹿三・竹田聴洲両博士追悼特集号)(P.1—54).1982年2月

中国新石器時代の稲作について.杉浦裕幸.歴史と構造,12(P.17—36).1984年3月

中国新石器時代の稲作について(2).杉浦裕幸.歴史と構造,13(P.107—125).1985年3月

中国果樹史概要(1)(2).孫雲蔚 著.青木二郎 訳.農業および園芸,60—4(P.531—534).1985年4月.60—5(P.667—670).1985年5月

明清時代長江下流の水稲作発展——耕地と品種を中心として.足立啓二.文学部論叢(熊本大学),21(史学篇)(P.27—50).1987年3月

中国の古代稲作史——先史時代より宋代まで・游修齢.アジア稲作文化の展開——多様と統一,(P.167—202).1987年5月

宋代以降の江南稲作.足立啓二.アジア稲作文化の展開——多様と統一,(P.203—234).1987年5月

火耕水耨の背景——漢・六朝の江南農業.渡辺信一郎.論集:中国社会・制度・文化史の諸問題——日野開三郎博士頌寿記念,(P.5—23).1987年10月

漢代陂塘稲田模型に見える中国古代稲作技術.渡部武.アジア諸民族の歴史と文化——白鳥芳郎教授古稀記念論叢,(P.255—268).1990年11月

16・17世紀中国における稲の種類・品種の特性とその地域性.川勝守.九州大学東洋史論集,19(P.1—56).1991年1月

明末清初における甘蔗栽培の新技術——その出現及び歴史的意義.Daniels,Christian(au.).清朝と東アジア——神田信夫先生古稀記念論集,(P.467—485).1992年3月

『火耕水耨』再考.福井捷朗.河野泰之.史林,76—3(P.108—143).1993年5月

农田水利

支那農業に於ける水の意義.天野元之助.(偽)満蒙,17—8~11.1936年

煕寧の農政——特に農田水利——と二郟の水学(江南のクリーク史論).池田静夫.文化,5—1、2.1938年

古代支那農業史における水の問題.柴三九男.小野武夫博士還暦記念東洋農業経済史研究,1948年5月

宋代特に治平煕寧年間に於ける唐襄二州の水利田の開発について.河原由郎.東洋史学,8(P.13—38).1953年9月

清代における農田水利の一問題.森田明 講.史渊,76(P.117).1958年6月

清代湖広における治水潅漑の展開.森田明.東方学,20(P.63—76).1960年6月

中国古代の潅漑——漢代の河内郡を中心として.五井直弘.古代史講座,8(P.112—136).1963年8月

元朝における農田水利の若干の規定について——宋代の規定と対比して.長瀬守.東京都立杉並高等学校若杉研究所紀要,4(P.13—26).1963年12月

『新唐書』地理志に見える農業水利記事——唐代水利史料研究の一.佐藤武敏.中国水利史研究,1(P.18—38).1965年11月

漢代における農地と水利.木村正雄.歴史教育,16—10(P.16—21).1968年10月

中国古代における小陂・小渠・井戸潅漑について——馬王堆出土駐軍図の紹介によせて.池田雄一.中央大学アジア史研究,1(P.21—39).1977年3月

明末清初・長江デルタにおける棉作と水利(1).川

勝守.九州大学東洋史論集,6(P.77—90).1977年10月

明末清初·長江デルタにおける棉作と水利(2).川勝守.九州大学東洋史論集,8(P.98—106).1980年3月

宋元時代江南デルタにおける水利·農業の技術的展開——華北との対比において.長瀬守.歴史人類,9(P.43—102).1980年12月

天野元之助先生追悼中国農業史研究の明日——関中での潅漑形態を手がかりに.原宗子.中国近代史研究,2(P.59—169).1982年7月

『晋祠志』よりみた晋水四渠の水利·潅漑.好并隆司.史学研究,170(P.1—22).1986年2月

8—13世紀江南の潮と水利·農業.北田英人.東洋史研究,47—4(P.79—108).1989年3月

中国江南の潮汐潅漑.北田英人.史朋,24(P.41—65).1991年1月

农　具

支那古代の農具.西田保.歴史学研究,1—3.1934年

古代南支那の田器·鎛(鎒)に就いて.江上波夫.歴史学研究,8—6.1938年

唐犂の歴史.天野元之助.北方圏,2.1945年

中国におけるスキの発達.天野元之助.東方学報(京都),26(P.104—172).1956年3月

新耒耜考.関野雄.東洋文化研究所紀要,19(P.1—77).1959年12月

新耒耜考餘論.関野雄.東洋文化研究所紀要,20(P.261—274).1960年3月

中国における農具の発達——劉仙洲「中国古代農業機械発明史」を読んで.天野元之助.東洋学報,47—4(P.57—84).1965年3月

西域における潅漑設備——トルファンにおけるカーレーズの起源の問題を中心として.嶋崎昌.歴史教育,16—10(P.29—35).1968年10月

王禎農書·水車考.西山武一.農村研究,36(P.1—14).1973年3月

三輔の三犂と遼東の耕犂——パルチアから中国へ.古賀登.東西文化交流史,(P.75—89).1975年5月

中国古代犂耕図再考——漢代画像に見える二つのタイプの犂をめぐって.渡部武.古代文化,40—11(P.1—16).1988年11月

唐·陸亀蒙の『耒耜経』と曲轅犂の成立.渡部武.東洋史研究,48—3(P.60—88).1989年12月

畜牧、兽医与蚕桑

漢代の家畜(上下).宮川尚志.東洋史研究,(新)1—5、6.1947年7月.1—10.1947年12月

中国の養蚕原始.天野元之助.東方学,12(P.1—8).1956年6月

中国先秦時代の馬(一).林巳奈夫.民族学研究,23—4(P.39—50).1959年11月

中国先秦時代の馬(二).林巳奈夫.民族学研究,24—1、2(P.33—57).1960年3月

中国蚕糸業起源論序説——養蚕起源の伝説について.広沢吉平.農村研究,20(P.144—163).1964年12月

新石器時代中国の家畜——羊の問題をめぐって.田河禎昭.史学研究(広島史学研究会),124(P.69—79).1974年9月

中国における獣医事情について.亀谷勉.日本獣医史学雑誌,9(P.33—35).1976年10月

中国律令制期の蚕桑に関する若干の問題について——栽桑の規模と夏蚕の飼養を中心に.松井秀一.史学雑誌,90—1(P.1—35).1981年1月

古籍整理与研究

耕織図の研究.大谷健夫.松崎先生還暦祝賀記念文集,1936年

明嘉靖版農書の二種.長沢規矩也.書誌学,15—2.1940年

氾勝之書について.大島利一.東方学報(京都),15—3.1945年11月

徐光啓『農政全書』と除蝗考.天野元之助.東光,9.1949年6月.松山商大論集,1—4.1950年12月

陳旉の『農書』と水稲作技術の展開(上).天野元之助.東方学報(京都),19.1950年12月

陳旉の『農書』と水稲作技術の展開(下).天野元之助.東方学報(京都),21.1952年3月

補農書の成立とその地盤.古島和雄.東洋文化研究所紀要,3.1952年6月

『農桑輯要』と綿作の展開(上、中、下).天野元之助.東洋学報,37—1(P.1—45).1954年6月.37—2(P.61—94).1954年9月.37—3(P.52—82).1954年12月

陸耀の『煙譜』——中国のタバコ文献の一種.喜多壯一郎.学燈,53—3(P.36—39).1956年3月

斉民要術について.蓬左文庫本を中心に.杉浦豊治.東洋文化,1.1956年6月

茶経の版本における三種の百川学海本と明鈔説郛本.布目潮渢.神田博士還暦記念書誌学論集,(P.367—380).1957年11月

『茶経』著作年代考.布目潮渢.立命館文学,150、151合併号(P.370—380).1957年12月

南宋の農書とその性格——特に王禎『農書』の成立と関連して.周藤吉之.東洋文化研究所紀要,14(P.133—203).1958年3月

茶経考異.布目潮渢 講.日本中国学会報,10(P.150).1958年10月

斉民要術と二年三毛作.米田賢次郎.東洋史研究,17—4(P.1—24).1959年3月

解題漢籍農書.熊代幸雄.宇都宮大学農経教室研究資料,59(第五稲の日本史)(P.229—256).1963年4月

明·俞宗本著『種樹書』について·天野元之助.東方学,26(P.78—84).1963年7月

元の魯明善『農桑衣食撮要』.天野元之助.農業総合研究,17—3(P.155—161).1963年7月

明·徐光啓『農政全書』について.天野元之助.農業総合研究,18—1(P.191—204).1964年1月

明代における救荒作物著述考.天野元之助.東洋学報,47—1(P.32—59).1964年6月

所謂『斉民要術巻頭雑説』について.米田賢次郎.史林,48—1(P.126—142).1965年1月

清·蒲松齢『農桑経』考.天野元之助.立命館文学,240(P.24—50).1965年6月

元·司農司撰『農桑輯要』について.天野元之助.東方学,30(P.50—67).1965年7月

大陸文化導入の先覚者たち(1)——「ぶどう」と『斉民要術』.青木恵一郎.東亜時論,7—9(P.13—16).1965年9月

唐の韓鄂『四時纂要』について.天野元之助.東洋史研究,24—2(P.68—84).1965年9月

斉民要術巻十之復原附注(1).杉浦豊治.金城学院大学論集,31(国文学特集10)(P.99).1967年3月

宋元地方農書考.西山武一.農村研究,30(P.29—36).1969年12月

斉民要術の日中の今釈について.熊代幸雄.アジア経済,12—6(P.30—42).1971年6月

中国の五大農書考——『中国古農書考』の上梓にあたって.天野元之助.追手門学院大学創立十周年記念論集(文学部篇),(P.161—179).1976年10月

華北乾地農法と一莊園像——『斉民要術』の背景.米田賢次郎.鷹陵史学3、4(森鹿三博士頌寿記念特集号)(P.75—116).1977年7月

19世紀中葉江蘇の蚕桑書について.田尻利.中山八郎教授頌寿記念明清史論叢,(P.333—358).1977年12月

明末清初の一農業経営——『沈氏農書』の再評価.足立啓二.史林,61—1(P.40—69).1978年1月

王禎『農書』における水利潅漑とその背景——水田形態と翻車.長瀬守.中国水利史研究,12(P.18—29).1982年10月

『呂氏春秋』上農等四篇と水利潅漑. 佐藤武敏. 中国水利史研究, 12(P.1—17). 1982年10月

陳旉『農書』と南宋初期の諸状況. 寺地遵. 東洋の科学と技術——薮内清先生頌寿記念論文集, (P.339—353). 1982年11月

陳旉『農書』の基礎的研究(1). 大沢正昭. 埼玉大学紀要(人文・社会科学), 22[P.1—30(右)]. 1986年

中国農書『耕織図』の流伝とその影響について. 渡部武. 東海大学紀要(文学部), 46(P.1—36. 図版39P). 1987年3月

『氾勝之書』の耕作法と渭河盆地の水文條件. 有薗正一郎. 愛知大学文学論叢, 85(P.228—254). 1987年7月

『茶経』その(1)——一之源. 布目潮渢. 日本美術工芸, 601(P.44—50). 1988年10月

『探幽縮図』中の『耕織図』と高野山遍照尊院所蔵の『織図』について——中国農書『耕織図』の流伝とその影響について(補遺一). 渡部武. 東海大学紀要(文学部), 50(P.19—27). 1989年3月

『管子』地員篇の糧食作物. 原宗子. 学習院史学, 30(柳田節子先生退任記念号)(P.16—36). 1992年3月

中国の歴代『茘枝譜』に見える茘枝栽培の歴史と技術. 周肇基 著. 渡部武 訳. アジア・アフリカ言語文化研究, 45(P.127—142). 1993年3月

技 术 史

总 论

周官考工記の考古学的検討.原田淑人.東方学報(東京),6.1936年

支那に於ける代表的な技術書——宋應星の『天工開物』.三枝博音.支那文化談叢,1942年

東洋的技術思想への反省.島恭彦.人文科学,1—1、2.1946年7月

日本の技術と中国.小宮義孝.新中国,2—3.1947年3月

『中国技術史』(現代中国辞典·西山武一氏執筆)批判と反批判.天野元之助.西山武一.中国研究,15.1952年1月

殷代技術小記.吉田光邦.東方学報(京都),23(P.167—179).1953年3月

周禮考工記の一考察.吉田光邦.東方学報(京都),30(P.167—226).1959年12月

紡績と潅漑——中国·日本技術史の指標.吉田光邦.科学史研究,56(P.33—37).1961年1月

清代の機匠について——『中国近代手工業史資料』第一巻所収の刊部档案によって.田尻利.中国史研究,2(P.34—43).1963年

周官考工記の性格とその製作年代とについて——史海片帆(2).原田淑人.聖心女子大学論叢,30(P.15—27).1967年12月

中国における技術観の一端について.服部武.東京水産大学論集,3(P.25—29).1968年3月

『天工開物』について.三箇文夫.精神科学,10(P.62—73).1971年3月

ある技術書の軌跡——『天工開物』の三枝博音解説に導かれて.田中正俊.歷史評論,350(P.146—151).1979年6月

出土文物にみる古代技術.下間頼一.史泉,56(P.33—38).1981年11月

『考工記について』.張道一.愛知県立芸術大学紀要,18(P.1—23).1989年3月

矿冶与金属加工

古代利器の化学的研究.山内淑人等.東方学報(京都),11—2.1940年

四五の尊彝の化学成分に就て.梅原末治.池内博士還暦記念東洋史論叢.1940年

殷墟出土品型金属器の化学的研究.道野鶴松.加藤博士還暦記念東洋史集説,1941年

漢金銀錯青銅戟.水野清一.宝雲,32.1944年

古代雲南地方の鉱物資源.藤沢義美.岩手史学研究,13(P.19—26).1953年3月

熔范(鋳型について).吉田光邦 講.科学史研究,30(P.48).1954年7月

『方諸考』補説——中国錬銅技術史上の一こま.佐中壮.大阪府立大学紀要,7(P.61—68).1959年3月

中国古代の金属技術.吉田光邦.東方学報(京都),29(P.51—110).1959年3月

中国山地における砂鉄産地——地形的立地と地形変形.赤木祥彦.史学研究,75(P.47—65).1970年1月

中国古代の銅と鉄.薮内清.龍谷史壇,64(P.1—24).1971年6月

中国の古代冶金——豊富な金属文物,悠久な冶金の歴史.志村宗昭.孫本栄.金属,51—11(P.57—59).1981年11月

中国の古代冶金——青銅の冶金鋳造技術.志村宗昭.孫本栄.金属,51—12(P.56—59).1981年12月

中国の古代冶金——製鉄の技術,製鋼の技術,歴史的経験から何を学ぶか.志村宗昭.孫本栄.金属,52—1(P.80—88).1982年1月

中國湖北銅緑山(Tong lu shan)における古代銅鉱山——1981年秋古代冶金国際討論会における夏鼐(Xia Nai)教授の報告.志村宗昭.日本鉱業史研究,11(P.13—17).1982年5月

古代の冶金技術——解明されつつある中国および日本の青銅器文化.亀井清.泊園,22(P.49—61).1985年6月

漢代の製鉄技術について.佐原康夫.古史春秋,6(P.26—52).1990年2月

中国古代の鉄.五井直弘.専修史学,23(P.34—49).1991年4月

中国青銅器に製作の痕跡——製作と形式.中野徹.和泉市久保惣記念美術館久保惣記念文化財団東洋美術研究所紀要,6(P.2—80).1995年

机　械

宜蘭附近出土の紡錘車.吉田茂.南方土俗,3—4.1935年

千八百年前の地震計.今村明恒.支那文化談叢,1942年

張衡の候風地動儀における都柱の復原.関野雄.東方学会創立二十五周年記念東方学論集,(P.433—449).1972年12月

漢代の機械.橋本敬造.東方学報(京都),46(P.189—222).1974年3月

龍骨車の中国での発達と日本への伝来について.河野通明.仏教大学総合研究所紀要,2(別冊)(P.52—95).1995年3月

陶　瓷

青磁窰を探る.米内山庸夫.同仁,8—8、10、11.1934年

(明代の)陶磁器.尾崎洵盛.世界文化史大系,18.明の興亡と西力の東漸.1935年

遼代の素焼土器に就いて.駒井和愛.東洋史会紀要,1.1936年

支那先史土器の一例,尖底壷について——鬲と縄文技術.水野清一.考古学雑誌,26—3.1936年

玻璃質で被ぶた中国の古陶.梅原末治.大和文華,15(P.8—13).1954年9月

歴史と科学から見た元·明の焼物(1)—(4).内藤匡.日本美術工芸,216(P.7—15).1956年9月.217(P.8—16).1956年10月.218(P.9—18).1956年11月.219(P.9—15).1956年12月

中国古代ガラス.梅原末治.MUSEUM,67(P.25—29).1956年10月

唐三彩釉薬考.加藤土師萠.古美術,1(P.38—46).1963年1月

明代陶磁史私見.長谷部楽爾.ミュージアム,150(P.14—19).1963年9月

清時代の陶磁.田中佐太郎.ミュージアム,151(P.2—5).1963年10月

中国陶磁史における二、三の問題.長谷部楽爾.ミュージアム,170(P.2—8).1965年5月

中国陶磁とイスラーム陶器の関係に関する二、三の問題——初期イスラーム多彩陶器の系譜.三上次男.西南アジア研究,14(P.1—12).1965年6月

隋唐の陶磁.ダヴィッド,マドレーヌ 著.金子重隆 訳.ミュージアム,234(P.14—20).1970年9月

宋代陶磁の変遷.長谷部楽爾.ミュージアム,234(P.21—28).1970年9月

元明の陶磁.メドレー,マーガレット 著.金子重隆 訳.ミュージアム,234(P.29—34).1970年9月

中国における施釉陶器の起源とその社会的·技術的側面——鄭州における殷代中期の出土品を中心として.三上次男.中国古代史研究,4(P.9—59).1976年3月

中国陶磁器の発達——パリ,ギリ美術館の所蔵品を通して(学術研究の動向).Desroches, Jean-Paul R. 著,渡部道子 訳.学術月報,34—5(P.364—376).1981年8月

陶磁用ろくろをめぐって.吉田光邦.東洋の科学と技術——薮内清先生頌寿記念論文集,(P.132—142).1982年11月

染付起源考.佐佐木達夫.佐久間重男教授退休記念

中国史·陶磁史論集,(P.377—401).1983年3月
元時代の窯業技術.佐佐木達夫.考古学雑誌,70—2(P.235—275).1984年12月
中国博物館めぐり——陶芸史雑話.藤岡了一.京都国立博物館学叢,8(P.105—112).1986年3月
中国福建省徳化窯の伝統白釉について.柳元悦.冲縄県立芸術大学美術工芸学部紀要,5(P.75—84).1992年3月
春秋戰国～漢代における土器·陶器焼成窯の構造:黄河流域を中心に.渡辺芳郎.鹿児島大学法文学部紀要(人文学科論集),42(P.97—124).1995年

食品加工

中国葡萄酒史考.板橋倫行.桃源,2.1947年1月
中国粉食の起源.原田淑人.日本学士院紀要,7—2.1949年6月
熬波図と宋元時代の製塩技術.吉田寅.歴史教育,11—9(P.38—43).1963年9月
宋竇苹撰『酒譜』に関する覚書き.天竹薫信.鷹陵史学,2(P.151—152).1976年9月
『熬波図』考(1)——宋·元塩業技術資料の一考察·附訳注(上).吉田寅.東京学芸大学附属高等学校研究紀要,14(P.1—26).1977年2月
『熬波図』考(2)——宋·元塩業技術資料の一考察·附訳注(中).吉田寅.東京学芸大学附属高等学校研究紀要,15(P.13—25).1978年2月
『熬波図』考(3)——宋·元塩業技術資料の一考察·附訳注(下).吉田寅.東京学芸大学附属高等学校研究紀要,16(P.17—33).1979年2月
斉民要術(せいみんようじゅつ)の鼓(し)(古典への回帰—1).中野政弘.味噌の科学と技術,329(P.2—10).1981年7月
斉民要術の醬(古典への回帰—2).中野政弘.味噌の科学と技術,330(P.2—8).1981年8月
倭名鈔(わみょうしょう),箋注倭名類聚鈔(せんちゅうわみょうるいじゅうしょう)および和漢三才図会(わかんさんさいづえ)(古典への回帰—3).中野政弘.味噌の科学と技術,331(P.11—19).1981年9月
古代中国における加工食品について——考古学的出土遺物を通じて.大島新一.風俗,23—4(P.29—33).1984年12月
『斉民要術』にみる醸造の呪術.小林清市.中国思想史研究,12(P.1—32).1989年12月
『北山酒経』の造酒法について——北宋時代浙江の一造酒法.中村喬.東洋史研究,50—3(P.29—57).1991年12月
中国製塩図の一考察.吉田寅.立正史学,71(P.1—11).1992年3月
宋元時代の麪食(麪類).中村喬.立命館文学,532(P.84—109).1993年10月

纺织与印染

支那絨毯考.高木英彦.東洋,38—1、3～6、10、12.1935年
周官考工記の設色之工に就て.米沢嘉圃.国華,47—9.1937年
東亜の織物とその技術.太田英蔵.東亜に於ける衣と食,1948年8月
古代中国の機織技術.太田英蔵.史林,34—1、2.1951年2月
支那の古代染色と本草学.上村六郎.古文化,1—1.1952年11月
織物の東西交渉——経錦と緯錦を中心に.坂本和子.古代オリエント博物館紀要,14(P.233—251).1993年

造纸与印刷

典籍と印刷術.長沢規矩也.世界文化史大系,7(隋唐の盛世)1934年

文献を通じて観た支那紙の製法.長沢規矩也.書苑,5—1.1941年

支那に於ける紙の歴史.中山久四郎 講.史学雑誌,64—1、2(P.74—75).1955年12月

製紙法の西伝.藤本勝次.泊園,2(P.22—42).1963年11月

紙祖·蔡倫とその前後の時代(1)、(2).鈴木敏夫.印刷界,192(P.34—41).1969年11月.193(P.58—64).1969年12月

紙の伝播と文化交流.長沢和俊.東洋学術研究,9—3(P.23—41).1971年1月

シルクロード出土西漢麻紙と赫蹏について.夏見知章.武庫川国文,23(山口義男教授古稀記念)(P.21—29).1984年3月

近年の考古学的発見とその科学的研究による製紙の起源について.潘吉星 著.大沢真澄等 訳.化学史研究,31(P.77—80).1985年6月

前近代東亜における紙の国際流通.池田温.東方学会創立四十周年記念東方学論集,(P.57—74).1987年6月

16~17世紀福建の竹紙製造技術——『天工開物』に詳述された製紙技術の時代考証.Daniels, Christian(au.).アジア·アフリカ言語文化研究,48、49(P.243—294).1995年1月

建　筑

漢長安都城考3.伊藤清造.考古学雑誌,24—5.1934年

奉天の天壇を探る.三浦浩.(偽)満蒙,16—8.1935年

奉天·天壇の歴史.村田治郎.(偽)満蒙,16—8.1935年

支那宮苑園林史考1—4.岡大路.(偽)南満洲工業専門学校·建築叢刊,7、8、11、18.1935年

奉天宮殿建築概説.村田治郎.(偽)南満洲工業専門学校·建築叢刊,3.1935年

天を祭る建築.村田治郎.(偽)南満洲工業専門学校·建築叢刊,5.1935年

支那建築の発生と発達.伊東忠太 講.東方学報(東京),7.1936年

北魏の三角状飾りの源流.村田治郎.考古学雑誌,29—6.1938年

建築史上より見たる蒙古包.竹島卓一.蒙古学,2.1938年

遼代の建築.村田治郎 講.史林,24—1.1939年

喇嘛廟と精舎建築.飯田須賀斯.東方学報(東京),11—1.1940年

喇嘛廟とその文献.長尾雅人.東方学報(京都),11—2.1940年

遼金の建築.村田治郎 講.史学雑誌,51—8.1940年

北京城の用甎に就いて.島田正郎.考古学雑誌,31—8.1941年

魏書釈老志の耆闍崛山殿.水野清一.支那仏教史学,6—1.1942年

漢式建築の細部.村田治郎.建築学研究,104、106.1942年

建築——特に北平の変遷に就いて.朱啓鈐.葉公超述.竹島卓一 訳.支那文化論叢.1942年

文献より見たる虎邱斜塔と虎邱山.廣田俊彦.(日偽)上海自然科学研究所彙報,12—4.1942年

唐長安式都城の起源に就いての小考.駒井和愛.人類学雑誌,57—3.1942年

支那建築史より見たる法隆寺糸建築様式の年代.村田治郎.宝雲,36.1946年4月

北平妙應寺ラマ塔の創建年代.村田治郎.建築史論叢.1947年10月

居庸関過街塔の建造.藤枝晃.建築史論叢.1947年10月

臺榭考——中国古代の高臺建築について.関野雄.建築史論叢,1947年10月

漢·六朝·飛鳥の格狹間.福山敏男.建築史研究,2.1950年8月.3.1951年1月

古代遊牧民族に於ける土木建造技術——特にトランスバイカリア発見の匈奴営壘址を中心に.内田吟風.東洋史研究,11—2.1951年3月

中国の樓閣形塔婆の起源.村田治郎.日本建築学会研究報告,18.1952年5月

(批評)京都大学工学研究,16

隋唐建築の日本に及ぼせる影響——長安城と平城京の都市計画について.飯田須賀斯.文化,19—1

(P.24—38).1955 年 1 月.
唐代五輪塔の研究.斎藤彦松.印度学仏教学研究,6—2(P.108—109).1958 年 3 月
漢の井戸——井壁の構築技術を中心に.伊藤清司.東方学,16(P.89—96).1958 年 6 月
圓明園の研究.後藤末雄.史学,32—3(P.1—54).1959 年 11 月
東洋建築史研究の展望と課題.村田治郎.建築雑誌,84—1005(主集:東洋建築史の展望)(P.3—7).1969 年 1 月
営造法式の価値——ものをいう資料.竹島卓一.建築雑誌,84—1005(主集:東洋建築史の展望)(P.19—26).1969 年 1 月
東洋建築史文献目録——1936—1966.文献抄録小委員会第 7 部会.建築雑誌,84—1005(主集:東洋建築史の展望)(P.78—83).1969 年 1 月
中国建築史年表.文献抄録小委員会第 7 部会.建築雑誌,85—1028(P.685—690).1970 年 9 月
東洋建築史文献目録(続).文献抄録小委員会第 7 部会.建築雑誌,85—1028(P.691—693).1970 年 9 月
中国における拱式架構の出現.長谷川誠一.考古学雑誌,57—4(P.1—18).1972 年 3 月
中国の造瓦技法.Hommel,Rudorf P. 著.佐原真 訳.考古学雑誌,58—2(P.65—72).1972 年 9 月
中国の鴟尾略史.村田治郎.仏教芸術,100(P.3—22).1975 年 2 月
中国壁画古墳の建築図と初唐建築の様式について.田中淡.東方学報(京都),49(P.67—122).1977 年 2 月
苑囿——中国における自然観の一側面.蘆立一郎.集刊東洋学,37(P.24—47).1977 年 9 月
先秦時代宮室建築序説.田中淡.東方学報(京都),52(P.123—197).1980 年 3 月
干闌式建築の伝統——中国古代建築史談からみた日本.田中淡.建築雑誌,96—1175(P.1—43).1981 年 2 月
石造アーチ橋「中国伝来説」の確認——我国における木造·石造アーチ橋の伝来と成立.太田静六.日本建築学会論文報告集,300(P.133—139).1981 年 2 月
シルクロードの建築.山田幸一.史泉,56(P.25—32).1981 年 11 月.
漢代小磚の寸法比例に関する一考察.山田幸一.関西大学東西学術研究所創立三十周年記念論文集,(P.345—394).1981 年 12 月
中国両浙の宋元古建築(1)——両浙宋代古塔と木造様式細部.関口欣也.仏教芸術,155(P.38—62.図版 3P).1984 年 7 月
中国両浙の宋元古建築(2)——両浙宋元木造遺構の様式と中世禅宗様.関口欣也.仏教芸術,157(P.79—113).1984 年 11 月
古代廟建築についての一考察——唐代の廟形式より想像しうる日本建築への若干の影響について.丸山茂.建築史学,4(P.2—22).1985 年 3 月
中国建築からみた寝殿造の源流.田中淡.古代文化,39—11(P.7—27).1987 年 11 月
中国における排水管の歴史.谷豊信.下水文化研究,2(P.126—157).1988 年 3 月
明代の建築——徽州訪問記.臼井佐知子.明代史研究,19(P.33—40),1991 年 3 月
明清時代の華南における都市壁の建設について.伊原弘.比較都市史研究,10—2(P.4—5),1991 年 12 月
周王朝に見る築城の構想と科学思想.栗原圭介.東洋研究,103(P.1—38).1992 年 3 月
古代中国の庭について.高木智見.名古屋大学東洋史研究報告,16(P.31—66).1992 年 3 月
中国の民家·住居史研究.浅川滋男.建築史学,20(P.102—126).1993 年 3 月
東アジア石橋の比較技術史——中国江南虹橋と日本九州眼鏡橋における環境の役割.川勝守.九州文化史研究所紀要,39(P.399—452).1994 年 3 月
戦国秦漢時代の軒丸瓦製作技法——東京国立博物館保管資料の紹介を兼ねて.谷豊信.ミュージアム,519(P.4—24).1994 年 6 月

水　利

泰西水法考——近代東洋に伝来されし西洋水利技術に就いて.米倉二郎.東亜問題,4—5.1942年

王安石の黄河治水策.宮崎市定.東亜問題,4—1.1942年

黄河の治水問題.渡辺義晴.地理学,10—1.1942年

漢末の水論.木村正雄 講.史学雑誌,54—7.1943年

治河方略とその異本.彌吉光長.資料公報,5—1.1944年

殷周時代の水利問題.佐藤武敏.人文研究,12—8(P.32—46).1961年9月

中国の治水·水利に関する調査研究.野間清.農業経済研究論集,8(P.66—69).1961年10月

元の世祖の通恵河開河.高橋琢二.史学,36—4(P.97—102).1963年12月

宋代における陂湖の利——越州·明州·杭州を中心として.小野寺郁夫.金沢大学法文学部論集(哲学史学篇),11(P.205—231).1964年3月

晋代の水利について.佐久間吉也.福島大学学芸学部論集,16—1(P.51—73).1964年10月

宋代水則考.吉岡義信.鈴峰女子短大人文社会科学研究集報,11(P.1—16).1964年

元朝における郭守敬の水利事業.長瀬守.中国水利史研究,1(P.39—48).1965年11月

元代における任仁発の水利学.長瀬守.中国水利史研究,2(P.1—13).1967年1月

敦煌発見唐水部式残巻訳注——唐代水利史料研究の二.佐藤武敏.中国水利史研究,2(P.42—57).1967年1月

中国水利史研究の問題点——宋代以降の諸研究をめぐって.好並隆司.史学研究(広島史学研究会),99(P.53—60).1967年2月

明清時代浙東における水利事業——三江閘を中心に.佐藤武敏.集刊東洋学,20(東洋史学特集号)(P.93—110).1968年10月

清代水利史研究序説.森田明.九州産業大学商経論叢,9—1(P.25—53).1968年11月

宋代黄河堤防考.吉岡義信.中国水利史研究,4(P.1—21).1970年5月

中国水利史文献目録稿——宋·元.吉岡義信.長瀬守.中国水利史研究,4(P.22—34).1970年5月

中国水利史文献目録稿——明·清.森田明.中国水利史研究,4(P.35—49).1970年5月

明代練湖の水利問題.森田明.福岡大学研究所報,13(中国社会構造の研究4)(P.1—13).1970年7月

唐宋時代の練湖.佐藤武敏.中国水利史研究,5(P.1—12).1971年12月.

宋元時代の建康周域における各縣の水利開発(1).長瀬守.中国水利史研究,5(P.13—27).1971年12月

宋元時代の建康周域における各縣の水利開発(2)——特に溧陽·溧水·江寧三縣について.長瀬守.中国水利史研究,8(P.1—16).1977年10月

明清時代の西湖水利について.森田明.中国水利史研究,5(P.28—46).1971年12月

宋代江南における水利開発——とくに鄞縣とその周域を中心として.長瀬守.青山博士古稀記念宋代史論叢,(P.315—337).1974年9月

宋代における陝西の水利開発——豊利渠の構築を中心として.西岡弘晃.中国水利史研究,6(P.20—36).1974年10月

宋代婺州の水利開発——陂塘を中心に.本田治.社会経済史学,41—3(P.1—24).1975年10月

近着『文物』所載水利史関係論文.中村圭爾.中国水利史研究,7(P.26—31).1975年11月

山西省洪洞縣の渠冊について——『洪洞縣水利志補』簡介.森田明.中国水利史研究,8(P.16—32).1977年10月

明·清期の治水と水利について.Elvin,Mark 著.石田浩 訳.中国水利史研究,8(P.33—45).1977年10月

江西宜春の李渠(809—1871)について.斯波義信.東洋史研究,36—3(P.1—24).1977年12月

明末洞庭湖周辺の垸堤の発達とその歴史的意義.呉金成 著.中村智之 訳.史朋,10(P.22—40).1979年4月

宋·元時代浙東の海塘について.本田治.中国水利史研究,9(P.1—13).1979年5月

清代淮安の都市水利について.森田明.中国水利史研究,9(P.13—29).1979年5月
中国水利史文献目録稿(古代).藤田勝久.中国水利史研究,10(P.36—50).1980年10月
宋元時代の夏蓋湖水利について.本田治.佐藤博士還暦記念中国水利史論集,(P.155—178).1981年3月
元朝における賈魯の水利学.長瀬守.佐藤博士還暦記念中国水利史論集,(P.179—218).1981年3月
王景の治水について.佐藤武敏.佐藤博士還暦記念中国水利史論集,(P.375—398).1981年3月
北宋前半期における汴河の水路工事.古林森広.中国水利史研究,11(P.1—16).1981年10月
『中国水利』について.鉄山博.中国水利史研究,12(P.62—67).1982年10月
嘉靖・萬暦の交における徐淮の河工.谷光隆.小野勝年博士頌寿記念東方学論集,(P.453—477).1982年12月
黄淮交匯と潘季馴の河工.谷光隆.東洋学報,64—34(P.1—32).1983年3月
漢代における水利事業の展開.藤田勝久.歴史学研究,521(P.1—16,61).1983年10月
日本における宋・元水利史研究の成果と課題.長瀬守.中国水利史研究,13(P.16—28).1983年10月
中国における最近の水利史研究.藤田勝久.中国水利史研究,13(P.29—46).1983年10月
敦煌発見のいわゆる唐水部式残巻について.佐藤武敏.東洋研究,73(P.1—32).1985年1月
前漢末・王莽期の治水論をめぐる思想的諸問題——災異説と経書の実践化を中心に.薄井俊二.哲学年報,47(P.151—177).1988年2月
中国都市の水利史研究(基調報告).松田吉郎.中国水利史研究,22(『中国都市の水利問題シンポジウム』特集)(P.14—24).1992年10月
中国における都市水利史研究.郭涛 著.鉄山博訳.中国水利史研究,22(『中国都市の水利問題シンポジウム』特集)(P.1—13).1992年10月
漢唐長安の都市水利.藤田勝久.中国水利史研究,22(『中国都市の水利問題シンポジウム』特集)(P.25—54).1992年10月
南宋杭州の都市水利.西岡弘晃.中国水利史研究,22(『中国都市の水利問題シンポジウム』特集)(P.55—67).1992年10月
中国古代鑑湖の興廃とその歴史的教訓.周魁一.蔣超.九州産業大学教養部紀要,30—2(P.115—153).1993年
長江流域規画弁公室『長江水利史略』編集組 著.高橋裕 監修.鏑木孝治 訳.『長江水利史』——書評.西岡弘晃.中国水利史研究,23、24(P.49—55).1995年

交 通

支那出土の有叉車軸頭に就いて.駒井和愛.東方学報(東京),6.1936年
周禮考工記の車制.林巳奈夫.東方学報(京都),30(P.275—310).1959年12月
鄭和の航海——その航海法について.橋本敬造.東方学報(京都),39(P.261—288).1968年3月
鄭和の宝船についての試験.山形欣哉.海事史研究,42(P.48—52).1985年10月
宋代の縫合外航商船.黒山一夫.史滴,13(P.43—50).1992年1月
雍正・乾隆時期における琉球来航の中国船について.山形欣哉.海事史研究,52(P.46—67).1995年7月
明清時代の使琉球封舟について.松浦章.関西大学文学論集,45—2(P.45—84右).1995年12月

军事技术与兵器

支那に於ける戦車.清野謙六郎.支那,34—8.1943年

中国古代の戦車.増田精一.MUSEUM,23(P.30—31).1953年2月

弓と弩.吉田光邦.東洋史研究,12—3(P.82—92).1953年3月

四川·雲南の剣をめぐって——附·構造と材質調査.高濱秀.(附)石川陸郎.ミュージアム,312(P.4—11).1977年3月

中国,宋代における火器と火薬兵器.岡田登.薬史学雑誌,16—2(P.50—70).1981年12月

古代中国の戦闘技術——武器と武術.川又正智.考古学論考——小林行雄博士古稀記念論文集,(P.1029—1052.図版1P).1982年5月

北宋の軍事火器とその使用法について.岡田登.東洋文化(無窮会),75(通刊第309号)(P.139—157).1995年9月

其　他

明清の漆工芸と髹飾録.荒川浩和.ミュージアム,151(P.16—21).1963年10月

マルコ·ポーロ所伝の火浣布(Salamander)に就いて.愛宕松男.東方学,28(P.78—90).1964年7月

工芸史雑筆(1)——中国陶磁とヨーロッパ.吉田光邦.日本美術工芸,412(P.36—44).1973年1月

工芸史雑筆(2)——『遠西奇器図説』をめぐって.吉田光邦.日本美術工芸,413(P.60—67).1973年2月

工芸史雑筆(6)——貴金属の美.吉田光邦.日本美術工芸,417(P.36—42).1973年6月

工芸史雑筆(8)——『出土文物展』.吉田光邦.日本美術工芸,421(P.38—45).1973年10月

工芸史雑筆(9)——錬金術と錬丹術.吉田光邦.日本美術工芸,422(P.48—55).1973年11月

漆工芸工芸史の二三の問題.荒川浩和.ミュージアム,318(P.13—24).1977年9月

唐代の茶碾.布目潮渢.日本美術工芸,686(P.11—15.図版4P).1995年11月

日文图书部分

综 合 类

总论与综述

支那科学·経済史.『支那地理歴史大系』刊行会 編.東京:白楊社,1942年3月.B6.531P

北支の自然科学.高野正男.東京:第一書房,1942年7月.B6.274P.参考書目録8P

支那の自然科学.大東亜文化会 編.聯合出版社,1943年3月.B6.240P

東洋人の科学と技術.田村専之助.東京:淡路書房新社,1958年4月.A5.279P

中国中世科学技術史の研究.薮内清 編.東京:角川書店,1963年3月.B5.540P

中世科学技術史の展望(薮内清).P.6—44

郭璞評伝(篠田統).P.45—54

中世の自然観(山田慶児).P.55—110

数学(薮内清).P.111—134

天文学(薮内清).P.135—198

中世の化学(煉丹術)と仙術(吉田光邦).P.199—258

隋唐時代の医療(宮下三郎).P.259—288

中国医学における丹方(岡西為人).P.289—306

食経考(篠田統).P.307—320

中世の酒(篠田統).P.321—339

唐詩植物釈(篠田統).P.341—362

酉陽雑俎の植物記事(北村四郎).P.363—381

中世農業の展開(天野元之助).P.383—442

(書評)中山茂.科学史研究,69(P.46—47).1964年3月

(書評)黄元九.人文科学,17(P.85—88).1967年6月

中国古代の科学.薮内清.東京:角川書店(角川新書),1964年2月.B40.179P.

(書評)村上嘉実.東方宗教,24(P.52—53).1964年5月

宋元時代の科学技術史.薮内清 編.京都:京都大学人文科学研究所,1967年3月.B5.468P

宋元時代における科学技術の展開(薮内清).P.1—32

宋の自然哲学——宋学におけるその位置について(山田慶児).P.33—52

宋元時代の数学(薮内清).P.53—88

宋元時代の天文学(薮内清).P.89—122

宋元の医療(宮下三郎).P.123—170

中国本草の伝統と金元の本草(岡西為人).P.171—210

宋元の軍事技術(吉田光邦).P.211—234

宋代の生産技術(吉田光邦).P.235—278

宋元酒造史(篠田統).P.279—328

飲膳正要について(篠田統).P.329—340

元の王禎『農書』の研究(天野元之助).P.341—468

(書評)広瀬秀雄.天文月報,60—9(P.184).1967年8月

(書評)Peng-Yoke. HO JAOS,88—3(P.607—610).1968年

(書評)中山茂.科学史研究,89(P.32—33).1969年3月

明清時代の科学技術史.薮内清.吉田光邦 編.京都:京都大学人文科学研究所,1970年3月(京都大学人文科学研究所研究報告).B5.582P

明清時代の科学技術史(薮内清).P.1—26

戴震の暦算学(薮内清).P.27—34

乾坤體義雑考(今井溱).P.35—47

暦象考成の成立——清代初期の天文暦算学(橋本敬造).P.49—92

方以智の思想——質測と通幾をめぐって(坂出祥伸).P.93—134

耶蘇会士の科学研究(山田慶児).P.135—146

明清の本草(岡西為人).P.147—182

明清の植物名物学(北村四郎).P.183—203

薬名詩の系譜(田中謙二).P.205—229

本草綱目内容の評価(木村康一).P.231—241
本草綱目の薬物分類(宮下三郎).P.243—256
本草綱目の植物記載——李時珍の形態·色の表現について(森村謙一).P.257—325
近世食経考(篠田統).P.327—410
明末清初における蔬菜·果実の渡来と受容(渡辺正).P.411—428
明代の服飾——『金瓶梅』にみる服飾の一考察(相川佳予子).P.429—464
明代の農業と農民(天野元之助).P.465—528
景徳鎭の陶磁生産と貿易(吉田光邦).P.529—582

中国の科学文明.薮内清.東京:岩波書店,1970年8月第一刷,221P.1979年3月第七刷

中国の科学と日本.薮内清.東京:朝日新聞社,1972年8月.B6.290P

中国科学技術史論集.吉田光邦.東京:日本放送出版協会,1972年10月.A5.628P.索引22P

中国文明の形成.薮内清.東京:岩波書店,1974年2月.A5.340P.索引12P

文明の滴定——科学技術と中国の社会.Needham, Joseph 著.橋本敬造 訳.東京:法政大学出版局,1974年6月.B6.427P.(叢書·ウニベルシタス)

中国の科学と文明(第1巻)序篇.ニーダム,ジョセフ(Needham, Joseph) 著.王鈴 協力.礪波護等 訳.東畑精一.薮内清 監修.東京:思索社,1974年7月.B5.360P.1991年5月新版

中国の科学と文明(第2巻)——思想史(上).ニーダム,ジョセフ(Needham, Joseph) 著.王鈴 協力.吉川忠夫.木全徳雄等 訳.東畑精一.薮内清 監修.東京:思索社,1974年12月.B5.388P.1991年6月新版.

(書評)木全徳雄.東方宗教,43(P67—80),1974年4月

中国の科学と文明(第3巻)——思想史(下).ニーダム,ジョセフ(Needham, Joseph) 著.王鈴 協力.吉川忠夫.高橋壮 訳.東畑精一.薮内清 監修.東京:思索社,1975年7月.B5.383P.1991年9月新版.

中国の科学と文明(第4巻)——数学.ニーダム,ジョセフ(Needham, Joseph) 著.王鈴 協力.芝原茂.山田慶児等 訳.東畑精一.薮内清 監修.東京:思索社,1975年12月.B5.209P

中国の科学と文明(第5巻)——天の科学.ニーダム,ジョセフ(Needham, Joseph) 著.王鈴 協力.吉田忠.宮島一彦等 訳.東畑精一.薮内清 監修.東京:思索社,1976年7月.B5.437P.1991年9月新版

中国の科学と文明(第6巻)——地の科学.ニーダム,ジョセフ(Needham, Joseph) 著.王鈴 協力.海野一隆.山田慶児.橋本敬造 訳.東畑精一.薮内清 監修.東京:思索社,1976年12月.B5.387P.1991年9月新版

(書評)石山洋.地理学評論,50—9(P.538—539).1977年9月.

中国の科学と文明(第7巻)——物理学.ニーダム,ジョセフ(Needham, Joseph) 著.王鈴 協力.橋本萬平.野矢弘.大森実.宮島一彦 訳.東畑精一.薮内清 監修.東京:思索社,1977年8月.B5.515P.1991年10月新版.

中国の科学と文明(第8、9巻)——機械工学(上、下).ニーダム,ジョセフ(Needham, Joseph) 著.王鈴 協力.中岡哲郎等 訳.東畑精一.薮内清 監修.東京:思索社,1978年3月、10月.B5.449P.543P.1991年11月新版

中国の科学と文明(第10巻)——土木工学.ニーダム,ジョセフ(Needham, Joseph) 著.王鈴 協力.田中淡等 訳.東畑精一.薮内清 監修.東京:思索社,1979年7月.B5.554P

中国の科学と文明(第11巻)——航海技術.ニーダム,ジョセフ(Needham, Joseph) 著.王鈴 協力.坂本賢之等 訳.東畑精一.薮内清 監修.東京:思索社,1981年1月.B5.21,591P

中国の科学.薮内清 編.東京:中央公論社,1975年3月.B6.506P.(世界の名著続1)Sivin, N. (Isis, LXVIII,3)P.478—479

中国科学と医療の諸相.柘植秀臣.東京:恒星社厚生閣,1977年4月.B6.272P

中国の科学と日本.薮内清.東京:朝日新聞社,1978年4月.264P

夢溪筆談(全3巻).沈括 著.梅原郁 訳注.東京:平凡社,1978年12月

中国の科学.薮内清.東京:中央公論社,1979年1月.B40.506P(世界の名著12)

中国科学技術史.薮内清.東京:日本放送出版協会,1979年4—9月.143P

授時暦の道——中国中世の科学と国家. 山田慶児. 東京:みすず書店,1980年4月. B6. 325P

シーボルトと日本の植物·東西文化交流の源泉. 木村陽二郎. 恒和出版,1981年2月. 235P(恒和選書5)

科学史からみた中国文明. 薮内清. 東京:日本放送出版協会,1982年2月第一刷. 6月第二刷. 241P. 図表

東アジアの科学. 吉田忠 編. 東京:勁草書房,1982年7月. A5. 317P. 図表

唐代官制における医術者の地位(山本徳子)

中国の本草学と本草学者(森村謙一)

西洋天文学の導入と徐光啓の役割(橋本敬造)

(書評)石山洋. 科学史研究,148(P.232—233). 1984年2月

東洋の科学と技術——薮内清先生頌寿記念論文集. 薮内清先生頌寿記念論文集出版委員会 編. 京都:同朋舍,1982年11月. A5. 20,449P

中国科学史研究をふりかえって(薮内清)

中国と免疫学の起源(ジョセフ·ニーダム. 魯桂珍 著. 大沢春治 訳)

『隋書』天文志の漏刻記事について(広瀬秀雄)

式盤綜述(厳敦傑 著. 橋本敬造. 坂出祥伸 訳)

朝鮮李朝時代の星食記事の検証(齊藤国治)

ライプニッツと易に関する五来欣造の先駆的研究.(島尾永康. E·J·アイトン)

陶磁用ろくろをめぐって(吉田光邦)

『地鏡図』の研究(何丙郁)

"気"の思想の中国古代天文学への影響(席沢宗 著. 川原秀城. 坂出祥伸 訳)

後漢初期の医学の一断面——王充の『論衡』を中心として(赤堀昭)

新羅銅と高麗銅——東アジア古代青銅技術研究のための一試論(全相運)

『天経或問後集』について(中山茂)

唐代における太医署の太常寺への所属をめぐって——太医署の職務の史的変遷(山本徳子)

禁忌と邪視(宮下三郎)

科学革命はなぜ中国で起らなかったか——あるいはほんとうに起らなかったのか?(N·セビン 著. 矢野道雄 訳)

古代正史に見える生物と生物観(森村謙一)

清末民国初化学史の一側面——元素漢訳名の定着過程(坂出祥伸)

中国の刺繡技法——『雪宧繡譜』と現代蘇繡および日本刺繡について(相川佳予子)

陳旉『農書』と南宋初期の諸状況(寺地遵)

志築忠雄『混沌分判図説』再考(吉田忠)

『崇禎暦書』にみる科学革命の一過程(橋本敬造)

『元史』天文志記載のイスラム天文儀器について(宮島一彦)

趙君卿『勾股円方図注』小考(川原秀城)

中国科学の流れ. Needham, Joseph(au.) 著. 牛山輝代 訳. 薮内清 解説. 東京:思索社,1984年2月. B6. 201P

(書評)白鳥富美子. 中国研究月報,438.(P.46—47). 1984年8月

中国文明の成立. 松丸道雄. 永田英正. 東京:講談社. 1985年2月. 277P.『ビジュアル版』世界の歴史5

東西暦法の対立——清朝初期中国史. グレロン,アドリアン 著. 矢沢利彦 訳. 東京:平河出版社,1986年6月,373P

古代中国·驚異の知恵と技術. 佐藤鉄章. 東京:徳間書店,1988年10月. 245P

新発現中国科学史資料の研究——訳注篇. 山田慶児 編. 京都:京都大学人文科学研究所,1985年3月. A5. 455P

五星占(川原秀城. 宮島一彦 訳注)

天文気象雜占(武田時昌. 宮島一彦 訳注)

足臂十一脈灸經. 陰陽十一脈灸経(赤堀昭 訳注)

脈法·陰陽脈死候(坂出祥伸. 山田慶児 訳注)

五十二病方(赤堀昭. 山田慶児 訳注)

却穀食気篇(坂出祥伸等 訳注)

養生方(麦谷邦夫 訳注)

武威漢代医簡(赤堀昭. 山田慶児 訳注)

流沙墜簡と居延漢簡の医方簡(赤堀昭 訳注)

竜門石窟薬方碑文(勝村哲也 訳注)

(書評)Pregadio, Fabrizio.(CEA. V),(P.381—386)1989年—1990年

新発現中国科学史資料の研究——論考篇. 山田慶児. 京都:京都大学人文科学研究所,1985年12月. A5. 604P

（書評）Pregadio, Fabrizio.（CEA. V），（P.381—386）.1989年—1990年

黄土地帯——先史中国の自然科学とその文化.Andersson,Johan,Gunnar（au.） 著.松崎寿和 訳.東京:六興出版,1987年4月.375P.

（書評）村田紀亜夫.史学研究,178（P.107—114）.1988年1月

中国古代科学史論.山田慶児 編.京都:京都大学人文科学研究所,1989年3月(京都大学人文科学研究所研究報告).719P

中国古代科学史論(続編).山田慶児.田中淡 編.京都:京都大学人文科学研究所,1991年3月.832P（京都大学人文科学研究所研究報告）

『中国科学史国際会議:1987年京都シンポジウム』報告書.山田慶児.田中淡 編.京都:京都大学人文科学研究所,1992年3月.A5.197P

古代中国の開発と環境——『管子』地員篇研究.原宗子.東京:研文出版,1994年9月.A5.443P

中国科学技術史(上、下).杜石然等 著.川原秀城等 訳.東京:東京大学出版会,1997年2月.686P

科学思想

(支那思想)科学(数学).三上義夫.東京:岩波書店,1934年

(支那思想)科学(本草の思潮).中尾萬三.東京:岩波書店,61P.1934年

(支那思想)科学(医学).富士川游.東京:岩波書店,63P.1934年

(支那思想)科学(天文).新城新蔵.東京:岩波書店,47P.1935年

支那自然科学思想史.アルフレッド,フオルケ 著.小和田武紀 訳.東京:生活社,1939年12月.A5.363P.附録6P

東西数学思想史.細田淙.東京:共立出版株式会社,1955年再版.225,12P.共立全書65.XTAMⅡ.書末附有事項索引及人名索引

気の研究(改訂).平岡禎吉.東京:理想社,A5.458P.1968年10月

宋代自然観の研究.寺地遵.1975年.論文集一冊(作者自行出版)

気の思想——中国における自然観と人間観の展開.小野沢精一.福永光司.山井湧 編.東京:東京大学出版会,1978年3月.A5.580P

（書評）内山俊彦.東洋学術研究,17—6（P.105—114）.1978年11月

古代中国人の『数観念』——甲骨文字の科学的考察を中心として.酒井洋.東京:つくも出版,1981年8月.A5.550P

中国人の自然観と美意識.笠原仲二.東京:創文社,1982年2月.A5.458P(東洋学叢書)

混沌の海へ——中国的思考の構造.山田慶児.東京:朝日新聞社,1982年6月.349P

中国近代の思想と科学.坂出祥伸.東京:同朋舎,1983年3月.A5.586,20P

（書評）野村浩一.東洋史研究,43—1（P.192—199）.1984年6月

中国の風水思想——古代地相術のバラード.ホロート,デ 著.牧尾良海 訳.東京:第一書房,1986年.275P.図

中国古代思想史における自然認識.内山俊彦.東京:創文社,1987年1月 .A5.409,18P(東洋学叢書)

（書評）池田知久.中国——社会と文化,3（P.302—312）.1988年6月

中国の時空論——甲骨文字から相対性理論まで.劉文英 著.堀池信夫等 訳.東京:東方書店,1992年.225P

中国の科学思想——両漢天学考.川原秀城.大阪:創元社,1996年.320P

科　学　家

陸羽と茶経.諸岡存.非売品,1936年2月.146P

マテオ・リッチと支那科学.小野忠重.東京:双林社,1944年8月.A5.143P

マルコ・ポーロ.岩村忍.東京:岩波書店(岩波新書),1951年6月.216P

マルコ・ポーロ——西洋と東洋を結んだ最初の人.岩村忍.東京:岩波書店,1956年.5刷.211P.図.岩波新書67

マルコ・ポーロ.トマス,M.Z 著.早川東三 訳.東京:白水社,1964年5月.A5.288P

東と西の学者と工匠——中国科学技術史講演集(上).ニーダム,ジョセフ(Needham,Joseph)著.山田慶児等 訳.東京:河出書房新社,1974年6月.A5.354P.文献目録等14P

東と西の学者と工匠——中国科学技術史講演集(下).ニーダム,ジョセフ(Needham,Joseph)著.山田慶児 訳.東京:河出書房新社,1977年7月.A5.389P.索引等54P

中国を変えた西洋人顧問.Spence,Jonathan D. 著.三石善吉 訳.東京:講談社,1975年9月.B6.526P

(書評)麦谷誠子.言語文化,13.P.97—101.1977年2月

中国の科学と科学者.山田慶児 編.京都:京都大学人文科学研究所,1978年3月.B5.753P

授時暦への道——元朝治下的天文台と天文学者.山田慶児.P.1—207

隋朝建築家の設計と考証.田中淡.P.209—306

陶弘景と『集注本草』.赤堀昭.P.309—367

後魏の賈思勰『斉民要術』の研究.天野元之助.P.369—570

中国人の惑星観・序論.宮島一彦.P.691—717

歴代総合本草書における植物新入品目の考察.森村謙一.P.719—752

朱子の自然学.山田慶児.東京:岩波書店,1978年4月.B6.475P

(書評)市来津由彦.集刊東洋学,41(P.89—95).1979年5月

中国のコペルニクス.セビン,N. 著.中山茂.牛山輝代 訳.東京:思索社,1984年11月.B6.216P

(書評)白鳥富美子.中国研究月報,448(P.26—27).1985年6月

ジョセフ・ニーダムの世界——名誉道士の生と思想.中山茂等 編.東京:日本地域社会研究所,1988年10月.441P

数　学　史

(支那思想)科学(数学).三上義夫.東京:岩波書店,1934年

支那数学史.薮内清.東京:生活社,1940年10月.221P

支那数学史.李儼 著.島本一男.薮内清 訳.東京:生活社,1940年10月.A5.225P

支那数学史概説.薮内清.山口書店,1944年3月.B6.185P(自然科学史叢書)

東西数学物語.平山諦.東京:恒星社,1956年9月.A5.484P

東西算盤文献集.(1).山崎与右衛門.東京:森北出版株式会社,1956年12月.194P

東西算盤文献集.(2).山崎与右衛門.東京:森北出版株式会社,1962年3月.494P

中国古尺集説.薮田嘉一郎 編訳.京都:綜芸舎,1969年3月.A5.103P.序等6P

16世紀末明刊の珠算書.児玉明人.東京:富士短期大学出版部,1970年10月.B5.243P

中国·日本の数学——小倉金之助著作集3.小倉金之助.東京:勁草書房,1973年12月.350P

中国の数学.薮内清.東京:岩波書店,1974年9月.B40.208P(岩波新書)

中国の科学と文明(第4巻)——数学.ニーダム,ジョゼフ(Needham, Joseph)著.王鈴 協力.芝原茂.山田慶児 等訳.東畑精一.薮内清 監修.東京:思索社,1975年12月.B5.209P

中国天文学·数学集(科学の名著2).薮内清 編.橋本敬造.川原秀城 訳.東京:朝日出版社,1980年11月.429,40P

中国数学史.錢宝琮 編.川原秀城 訳.東京:みすず書房,1990年2月.A5.406P

(書評)武田時昌.科学史研究,179(P.191—193).1991年9月

数学の文化史——敦煌から斑鳩へ.横地清.東京:森北出版,1991年.199P.図(彩色)

物理、化学史

中国物理雑識.今井溱.全国書房,1946年3月.B6.200P

東洋の楽器とその歴史.岸辺成雄.東京:弘文堂,1948年.270P.図

中国の科学と文明(第7巻)——物理学.ニーダム,ジョセフ(Needham,Joseph)著.王鈴 協力.橋本萬平.野矢弘.大森宝,宮島一彦 訳.東畑精一·薮内清 監修.東京:思索社,1977年8月初版.B5.515P.1991年10月新版

中国物理論史の伝統.東条栄喜.東京:海鳴社,1983年7月.84P

中国古代度量衡図集.邱隆等 編.山田慶児.浅原達郎 訳.東京:みすず書房,1985年8月.A5.416P

老子と現代物理学の対話——21世紀の哲学を求めて.長谷川晃.京都:PHP研究所,1988年6月.220P

中国の時空論——甲骨文字から相対性理論まで.劉文英 著.堀池信夫等 訳.東京:東方書店,1992年.225P

東洋錬金術.近重真澄.東京:内田老鶴圃,1929年.107P.図(彩色)表

中国の錬金術と医術.セビン,N. 著.中山茂.牛山輝代 訳.東京:思索社,1985年.B6.235P

中国化学史話(上、下).曹元宇 著.木田茂夫.山崎昶 訳.東京:裳華房,1990年12月.上冊228P.下冊275P

中国化学史.島尾永康.東京:朝倉書店,1995年1月.356P

本草と夢と錬金術と——物質的想像力の現象学.山田慶児.東京:朝日新聞社,1997年3月.309P

天文学史

天　文

支那古代史論.飯島忠夫.東京:東洋文庫,1925年12月.541P

周髀算経の研究.能田忠亮.京都:東方文化学院京都研究所,1933年5月.159P

(支那思想)科学(天文).新城新蔵.東京:岩波書店,1935年.47P.図表

詩経の日蝕に就て.能田忠亮.1936年.29P(東方学報(京都),第六冊抜刷)

東西天文学史.山本一清.東京:恒星社厚生閣,1937年10月初版.1950年8月再版.1954年12月三版.216P.圖版.

禮記月令天文考.能田忠亮.京都:東方文化学院京都研究所,1938年3月.197,46P

支那古代史と天文学.飯島忠夫.東京:恒星社,1939年2月初版.1942年8月再版.333P.図表.

天文暦法と陰陽五行説.飯島忠夫.東京:恒星社,1939年5月.376P

星と東西文学.野尻抱影.東京:研究社,1940年4月.370P

(補訂)支那古代史論.飯島忠夫.東京:恒星社厚生閣,1941年4月.809P

支那の天文学.薮内清.東京:恒星社,1943年10月.B6.271P

(書評)山本一清.天界,24—271.1943年

東洋天文学史論叢.能田忠亮.東京:恒星社,1943年10月.A5.680P

中国の天文学.薮内清.東京:恒星社厚生閣,1949年8月.B6.173P

天文学史.薮内清.東京:朝倉書店,1955年6月.A5.224P

(書評)岡邦雄.科学史研究,37(P.35—36).1955年

星と東西民族.野尻抱影.東京:恒星社厚生閣,1957年11月.222P

東洋占星術——あなたの運命をさぐる.張耀文著.佐藤文栞 訳.東京:久保書店,1968年7月.B6.322P

東洋占星術.河野守宏.東京:大和書房,1969年3月.B40.212P

中国の天文暦法.薮内清.東京:平凡社,1969年8月初版第1刷.1975年11月初版第3刷.345,16,7P

(書評)中山茂.科学史研究,93(P.41—42).1970年3月

占星術——その科学史上の位置.中山茂.東京:紀伊国屋書店,1964年3月第1刷.1971年3月第3刷.195P

中国の科学と文明(第5巻)——天の科学.ニーダム,ジョセフ(Needham, Joseph)著.王鈴 協力.吉田忠.宮島一彦等 訳.東畑精一.薮内清 監修.東京:思索社,1976年7月.1991年9月新版.B5.437P

中国天文学·数学集.薮内清 編.橋本敬造.川原秀城 訳.東京:朝日出版社,1980年11月.B6.469P

支那古代史と天文学.飯島忠夫.東京:第一書房,1982年2月.1939年刊の復製.333P

星の古記録.斉藤国治.東京:岩波書店,1982年210P.図表.岩波新書(黄版)207

中国古代天文学簡史.陳遵嬀 著.浅見遼 訳.滝川巌 補筆.近代出版,1983年6月.268,31P

中国のコペルニクス.セビン,N. 著.中山茂.牛山輝代 訳.東京:思索社,1984年11月.216P

中国の星座の歴史.大崎正次.東京:雄山閣,1987年4月初版.1987年7月再版.B5,369P.図表

東洋天文学史研究.新城新蔵.京都:臨川書店,1989年,復刻版.671P.図表

東洋天文学史論叢.能田忠亮.東京:恒星社厚生閣,1989年.673P.図表

(増補改訂)中国の天文暦法.薮内清.東京:平凡社,1990年11月増補改訂版.395,16P

中国占星術の世界.橋本敬造.東京:東方書店,1993

年2月.203P(東方選書22)
中国の科学思想——両漢天学考.川原秀城.大阪:創元社,1996年.320P
復元水運儀象台——11世紀中国の天文観測時計塔.山田慶兒等 著.東京:新曜社,1997年3月.225P

历　法

三正綜覧.内務省地理局編纂.東京:帝都出版社,1932年.424P
支那の古代曆法史研究.橋本増吉.東京:東洋文庫,1943年10月.大形590P.索引20P.独文摘要15P(東洋文庫論叢第29)
隋唐曆法史の研究.薮内清.東京:三省堂,1944年1月.B5.260P
漢書律曆志の研究.能田忠亮.薮内清.全国書房,1947年6月,A5.300P(東方文化研究所研究報告第19冊)
唐代の曆.平岡武夫 編.京都大学人文科学研究所索引編集委員会,1954年8月.B5.383P(唐代研究のしおり第一).京都:同朋舎,1985年9月.383P(唐代研究のしおり第一)
日辰考.三沢玲爾.神戸:作者自行出版,1966年5月.A5.44P
十二支考(1).南方熊楠 著.飯倉照平 校訂.東京:平凡社,1972年8月.B40.342P(東洋文庫)
十二支の文様.岡登貞治 編.東京:造形社,1972年11月.A5.238P
漢書律曆志の研究.能田忠亮.薮内清.京都:臨川書店,1979年6月.300P(東方文化研究所研究報告第19冊)
日食月食宝典——日本·朝鮮·中国.渡辺敏夫.東京:雄山閣,1979年5月.1994年10月.B5.553P
支那曆法起源考.飯島忠夫.東京:第一書房,1979年10月.復刻原1930年1月刊本.351P
授時曆の道——中国中世の科学と国家.山田慶児.東京:みすず書店,1980年4月.B6.325P
支那古代曆法史研究.橋本増吉.東京:東洋書林,1982年9月.復刻原東洋文庫1943年刊本.B5.633P
東西曆法の対立——清朝初期中国史.グレロン,アドリアン.東京:平河出版社,1986年6月.B6.373P
(増訂)隋唐曆法史の研究.薮内清.京都:臨川書店,1989年11月増訂版.260,42P
曆と易と文字の話——中国五千年の文化.楠考雄.益田:古代中国文明仰楠塾,1992年.393P.図(彩色)表

地 学 史

地 学

支那水利地理史研究.池田静夫.東京:生活社,1940年4月.A5.341P.図版3P.地図1P

支那地震史の研究Ⅰ——古代より西紀265年に至る.慶松光雄.中央気象台,1941年6月.A5.314P.地図1P.非売品

支那地質学発達史.章鴻釗 著.前田能吉 訳.東京:人文閣,1943年6月.B6.202P.索引11P

中国蚕桑気象学史序説.田村専之助.49P(史観第68冊抜刷)

明・清1368—1644・1644—1911の地震史料による中国サイスミシテイの研究——特にマグニチウドフ以上と推測される地震を中心として.慶松光雄.金沢:金沢大学,1961年.28P.図表

唐宋時代の交通と地誌地図の研究.青山定雄.東京:吉川弘文館,1963年3月.A5.617P.索引18P.図版8P

(書評)前田正名.東洋史研究,22—3(P.147—152).1963年12月

中国気象学史研究(上).田村専之助.三島:中国気象学史研究刊行会,1976年7月.811P

中国気象学史研究(中).田村専之助.三島:中国気象学史研究刊行会,1973年6月.553P

中国気象学史研究(下).田村専之助.三島:中国気象学史研究刊行会,1977年1月.768,62P

中国の科学と文明(第6巻)——地の科学.ニーダム,ジョセフ(Needham,Joseph) 著.王鈴協力.海野一隆.山田慶児.橋本敬造 訳.東畑精一.薮内清 監修.東京:思索社,1976年12月初版.1991年9月新版.B5.387P

(書評)石山洋.地理学評論,50—9(P538—539).1976年9月

殷代気象卜辞の研究.末次信行.京都:玄文社,1991年4月.B5.318P(折込2枚)

中国災害史年表.佐藤武敏 編.東京:国書刊行会,1993年2月.B5.422P

(書評)松田吉郎.中国水利史研究,23、24(P.72—74).1995年

古代中国の開発と環境——『管子』地員篇研究.原宗子.東京:研文出版,1994年9月.A5.443P

(書評)鶴間和幸.史学,65—1、2(P.147—154).1995年.渡部武.中国水利史研究,23、24(P.56—65).1995年

風水探源——中国風水の歴史と実際.何暁昕 著.宮崎順子 訳.京都:人文書院,1995年3月.292P

地図与测量

故宫博物院清内務府蔵京城全図(即乾隆北京地図).乾隆年繪製影印一帙.1940年.208張

乾隆京城全図・附解説索引.(日偽)興亜院華北連絡部政務局調査所,1940年

輿地図.拓本写真.青山定雄 著『唐宋時代の交通と地誌地図の研究』附図.1963年刊.6P

天下九辺万国人跡路程全図.1663年(康熙二年)蘇州王君甫原刊.元祿末期京都梅村彌白(彌右衛門)刊,1P.附説明,1P.海野一隆 蔵

坤輿万国全図.利瑪竇 編.李朝粛宗三十四年朝鮮写本(復製件).1P.『坤輿万国全図』与鎖国日本附図之三.北村芳郎 蔵

元代地図の一系譜——主として李沢民図糸地図について.高橋正.復製件.P.17.『待兼山論叢』(日本学篇).9(P.15—31)1975年12月

マテオ・リッチの両儀玄覽図.リッチ,マテオ絵.万暦三十一年(1603)刊本.(朝鮮)黄炳仁氏旧蔵.(日)中村拓蔵照片.1982年翻拍.4P

附:『マテオ・リッチの両儀玄覽図について』論文.鮎沢信太郎等(復印件)

鎖国日本にきた『康熙図』の地理学史的研究. 船越昭生. 東京:法政大学出版局,1986 年 4 月. A5. 354P. 図版 80P

(書評)矢守一彦. 日本歴史,467. P.(102—105). 1987 年 4 月

古籍整理与研究

洛陽伽藍記·水経注(抄). 入矢義高. 森鹿三. 日比野丈夫 訳. 東京:平凡社,1974 年 9 月. A5. 390P

(書評)船木勝馬. 史学雜誌,84—9(P.83—84). 1975 年 9 月

マルコ·ポーロ旅行記. マルコ·ポーロ(Marco Polo)著. 深沢正策 訳. 東京:改造社,1939 年 11 版. 462P

マルコ·ポーロ大旅行記. 吉原公平. 東京:大同館,1939 年. 330P. 図

マルコ·ポーロ旅行記. 青木富太郎 訳. 東京:河出書房,1954 年 3 月. B6,361P. 図版. 地図

マルコ·ポーロの旅·東方見聞録 1. マルコ·ポーロ著. 愛宕松男 訳. 東京:平凡社,1983 年,270P. 図(彩色). 書末付録:地図 1 枚

マルコ·ポーロ東方見聞録. マルコ·ポーロ(Marco, Polo) 著. 青木富太郎 訳. 東京:社会思想社,1983 年. 260P. 図. 巻末付:マルコ·ポーロ行程図

マルコ·ポーロの旅·東方見聞録 2. マルコ·ポーロ著. 愛宕松男 訳. 東京:平凡社,1984 年. 276P. 図(彩色). 書末付録:地図 1 枚

生 物 学 史

支那草木虫魚記.沢村幸夫.東京:東亜研究会,1941年

中国古代の植物学の研究.水上静夫.東京:角川書店,1977年.781P

食物本草.中村璋八.佐藤達全.東京:明徳出版社,1987年5月.216P

物のイメージ本草と博物学への招待.山田慶児編.東京:朝日新聞社,1994年4月.409P

東アジアの本草と博物学の世界(上).山田慶児編.京都:国際日本文化研究センター,1995年6月.333P

東アジアの本草と博物学の世界(下).山田慶児編.京都:国際日本文化研究センター,1995年7月.350P

中医药学史

中　　医

支那中世医学史.廖温仁.京都:カニヤ書店,1932年10月.420P

(支那思想)科学(医学).富士川游.東京:岩波書店,1934年.63P.岩波講座.東洋思潮(東洋思潮の展開)

(支那思想)科学(本草の思潮).中尾萬三.東京:岩波書店,1934年.61P.岩波講座.東洋思潮(東洋思潮の展開)

支那医学史:陳邦賢 撰.山本成之助 訳.東京:大東出版社,1940年.350P(支那文化史大系8)

東洋医学史.大塚敬節.東京:山雅房,1941年.科学史叢書.本書与西洋医学史合訂

漢方——中国医学の精華.石原明.東京:中央公論社,1963年11月.B40,210P

中国漢方の歴史——漢方·針·灸·養生.張明澄.東京:久保書店,1974年6月.274P

素問医学の世界——古代中国医学の展開.藤木俊郎.東京:續文堂出版,1976年4月.A5.154P

中国科学と医療の諸相.柘植秀臣.東京:恒星社厚生閣,1977年4月.B6,272P

鍼灸医学と古典の研究——丸山昌朗東洋医学論集.丸山昌朗.大阪:創元社,1977年.397P.図表

東洋医学通史——漢方·針灸·導引医学の史的考察.石原保秀 著.早島正雄 編.東京:自然社,1933年1月原著発行.1979年12月新編発行.336P

支那中世医学史.廖温仁.東京:科学書院,1981年7月.420,13,55P

支那中世医学史.廖温仁.東京:霞ケ関出版,1981年7月.A5

東洋医学講座15(気学九星編)——気学原理から人理·人体を知る.小林三剛.東京:謙光社,1981年.406P.図表

日中傷寒論シンポジウム記念論集.東洋学術出版社,1982年.384P

東洋医学の謎を解く.川村昇山.東京:現代書林,1984年12月.B6.300P

中国の錬金術と医術.セビン,N. 著.中山茂.牛山輝代 訳.東京:思索社,1985年.B6.235P

(書評)八耳俊文.科学史研究,158(P.107—108).1986年8月

中国古代医学思想の研究.森田伝一郎.東京:雄山閣,1985年.651P.図

中国医学の誕生.加納喜光.東京:東京大学出版会,1987年.316P

(書評)渥海和久.思想,1987—12(P.92—95).1987年12月

中国古代養生思想の総合的研究.坂出祥伸等.吹田:関西大学文学部,1987年3月.B5.81P

(書評)中村璋八.東方宗教,73(P.82—88).1989年4月

鍼灸古典入門——中国伝統医学への招待.丸山敏秋.京都:思文閣,1987年.A5.214P

(書評)真柳誠.科学史研究,163(P.179—180).1987年9月

中国古代養生思想の総合的研究.坂出祥伸 編.東京:平河出版社,1988年2月.A5.825P

中国漢方医学体系.張明澄.東京:東明社,1988年10月.A5,342P

中国のランセット——針灸の歴史と理論.魯桂珍.J·ニーダム 著.橋本敬造 訳.大阪:創元社,1989年1月.363P

中国医学史.陳邦賢 著.山本成之助 訳.東京:科学書院,1989年4月.『支那医学史』(大東出版社昭和15年刊)およびその原書『中国医学史』(医学書局中華民国9年刊)の合本複製.発売:霞ケ関出版

夜鳴く鳥——医学·呪術·伝説.山田慶児.東京:岩波書店,1990年5月.B6.311P.地図2枚

アジアの医学——インド·中国の伝統医学.ユアー

ル,ピエール等 著.赤松明彦等 訳.東京:セリカ書房,1991年10月.B6.270P

三千年の知恵中国医学のひみつ——なぜ効き、治るのか.小高修司.東京:講談社,1991年.225P.図

中国医学思想史——もう一つの医学.石田秀実.東京:東京大学出版会,1992年7月.B6.332P(東洋叢書7)

周易と中医学.楊力 著.伊藤美重子 訳注.横須賀:医道の日本社,1992年9月.A5.224P

近代中国の伝統医学——なぜ中国で伝統医学が生き残ったのか.Croizier, Ralph C.(au.)難波恒雄等訳.大阪:創元社,1994年9月.A5.322P

中国医学古典と日本·書誌と伝承.小曽戸洋.東京:塙書房,1996年2月.674,32P

中　药

和漢薬考·後編.小泉栄次郎.東京:南江堂書店,1927年増訂4版.722P.図表

北支那の薬草.石戸谷勉.東京:同仁会,1931年7月初版.1934年8月訂正第二版.1942年12月第三版.94P

支那及日本本草学の沿革及本草家の伝記.白井光太郎.東京:岩波書店,1933年増訂版.57P.図表

本草学論考.白井光太郎.東京:春陽堂,1933年7月.第一冊.522P.1934年3月.第2冊.496P.1934年12月.第3冊.518P.1936年.第4冊

本艸辨疑巻1—5.遠藤元理 著.難波恒雄 編.茨木:漢方文献刊行会,1971年9月.B6.354P(漢方文献叢書1)

本草概説.岡西為人.大阪:創元社,1977年12月.A5.561P(東洋医学選書)

東西生薬考.大塚恭男.大阪:創元社,1993年2月.310P

物のイメージ本草と博物学への招待.山田慶児編.東京:朝日新聞社,1994年4月.409P

東アジアの本草と博物学の世界(上).山田慶児編.京都:国際日本文化研究センター,1995年6月.333P

東アジアの本草と博物学の世界(下).山田慶児編.京都:国際日本文化研究センター,1995年7月.350P

本草と夢と錬金術と——物質的想像力の現象学.山田慶児.東京:朝日新聞社,1997年3月.309P

古籍整理与研究

本草図譜1—93.岩崎常正.東京:本草図譜刊行会,1916—1921年.線裝.93冊.図(彩色)

(漢書芸文誌より本草衍義に至る)本草書目の考察.中尾萬三.京都:京都薬学専門学校薬窓会,1928年.170P

新修本草.残巻4、5、12、17、19.(梁)陶弘景 原著.(唐)李勣等 改編.大阪:本草図書刊行会,1936年珂羅影印.附唐新修本草之解説一冊

新修本草.巻15.獸禽部.(梁)陶弘景 原著.(唐)李勣等 改編.大阪:本草図書刊行会.1937年珂羅影印.28P

国立国会図書館支部上野図書館所蔵·本草関係図書目録(上).国立国会図書館支部上野図書館編.東京:編者出版,1952年3月.B5.134P

国立国会図書館支部上野図書館所蔵·本草関係図書目録(下).国立国会図書館支部上野図書館編.東京:編者出版,1953年.B5.51P.図版4

全訳精解大同類聚方.(上、下).槇佐知子.東京:平凡社,1965年

全訳金匱要略.丸山清康 訳注.東京:明徳出版社,1967年11月.A5.410P

(書評)宗田一.科学史研究,89(P.32).1969年3月

紹興校定経史証類備急本草二十八巻坿解題索引.(南宋)王継先等 奉敕.解題索引(日本)岡西為人.東京:春陽堂,1971年11月.據京都龍谷大学蔵鈔本影印

小野蘭山本草綱目啓蒙——本文·研究·索引.杉本つとむ.東京:早稲田大学出版社,1974年1月再版.864P.索引114P

(訓注)銅人腧穴鍼灸図経.丸山昌朗 訓注.東京:績久堂.1974年.207P.図

中国医書本草考.岡西為人.大阪:前田書店,1974年5月.643,17,86P

新注校訂国訳本草綱目(3)(5).東京:春陽堂書店,1974年5月.A5.735P.1974年10月.A5.628P

新注校訂国訳本草綱目(12)—(14)——本草綱目拾遺.木村康一等.東京:春陽堂書店,1977年4月.A5.568P.1977年9月.A5.438P.1977年12月.A5.643P

新注校訂国訳本草綱目(15)——度量衡·索引.木村康一等.東京:春陽堂書店,1978年10月.A5.97P.索引367P

重輯新修本草.岡西為人.川西:学術図書刊行会,1978年4月.196P.索引87P

本草綱目·附図(上)(金陵胡承竜刻本).李時珍.東京:春陽堂書店,1979年6月.248,36P

本草綱目·附図(下)(合肥張紹棠刻本).李時珍.東京:春陽堂書店,1979年6月.332P

康治本傷寒論の研究.長沢元夫.東京:健友館,1982年.305P.図表

(原色)中国本草図鑑1.人民衛生出版社 編.京都:株式会社雄渾社,1982年9月.437P

(原色)中国本草図鑑2.人民衛生出版社 編.京都:株式会社雄渾社,1982年12月.441P

(原色)中国本草図鑑3.人民衛生出版社 編.京都:株式会社雄渾社,1983年6月.441P

(原色)中国本草図鑑4.人民衛生出版社 編.京都:株式会社雄渾社,1983年6月.441P

(原色)中国本草図鑑5.人民衛生出版社 編.京都:株式会社雄渾社,1984年11月.441P

(原色)中国本草図鑑6.人民衛生出版社 編.京都:株式会社雄渾社,1985年5月.443P

(原色)中国本草図鑑7.人民衛生出版社 編.京都:株式会社雄渾社,1985年10月.442P

(原色)中国本草図鑑8.人民衛生出版社 編.京都:株式会社雄渾社,1986年11月.442P

本草図譜総合解説.(1).北村四郎等.京都:同朋舎,1986年.531P.図

本草図譜総合解説.(2).北村四郎等.京都:同朋舎,1988年.P.535—1227.図

本草図譜総合解説.(3).北村四郎等.京都:同朋舎,1990年6月.P.1231—1827

本草図譜総合解説.(4).北村四郎等.京都:同朋舎,1991年.P.1831—2169,1049P.図

食物本草.中村璋八.佐藤達全.東京:明徳出版社,1987年5月.216P

傷寒論文字考.湯浅幸孫 編.伊藤鳳山 撰.東京:汲古書院,1987年.404P.図

本草書の研究.渡辺幸三 著.杏雨書屋 編.大阪:武田科学振興財団出版,1987年11月.517P

黄帝内経と中国古代医学——その形成と思想的背景および特質.丸山敏秋.東京:東京美術,1988年2月.A5.426P

(書評)真柳誠.科学史研究,168(P.224—225).1989年3月

本草図説——1植物.高木春山 著.八坂安守 校注.東京:リブロポート,1988年4月.117P

本草図説——3.動物.高木春山 著.新妻昭夫.渡辺政隆 校注.東京:リブロポート,1989年4月.119P

本草(復刻版)(1).気賀林一 編.東京:春陽堂,1988年復刻版.128P[據1932年原版復刻]

本草(復刻版)(2).気賀林一 編.東京:春陽堂,1988年5月復刻版.P.129—244[據1932年8月原版復刻]

本草(復刻版)(3).気賀林一 編.東京:春陽堂,1988年6月復刻版.P.257—375[據1932年9月原版復刻]

黄帝内経太素(仁和寺本ニ写)·付蕭延平本.小曾戸丈夫 監修.東京:築地書館,1989年.293P

翻刻宋版傷寒論——復刻版.稲木一元.東京:自然と科学社,1991年6月.A5.593P

本草綱目啓蒙1.小野蘭山.東京:平凡社,1991年.345P.東洋文庫531

本草綱目啓蒙2.小野蘭山.東京:平凡社,1991年.335P.図表.東洋文庫536

本草綱目啓蒙3.小野蘭山.東京:平凡社,1991年.335P.東洋文庫540

本草綱目啓蒙4.小野蘭山.東京:平凡社,1992年.146,199P.東洋文庫552

中国本草図録.蕭培根 主編.真柳誠 訳.編集.大塚恭男等 監修.東京:中央公論社,巻1.1992年.巻2—10.1993年.別巻(総索引).1993年

小品方·黄帝内経明堂·古鈔本残巻.東京:北里研究所附属東洋医学総合研究所,1992年3月.98P

农学史

中国農書(上).W·ワグナー 著.天野元之助 閲.高山洋吉 訳.東京:生活社,1940年9月.A5.273P.地図2P

斉民要術九巻·坿斉民要術伝承考.(後魏)賈思勰 撰.坿録:(日本)闕名 撰.東京:農林省農業総合研究所,1948年3月.B5.265P

中国蚕桑気象学史序説.田村専之助.49P(史観第六十八冊抜刷)

(校訂訳注)斉民要術(上).(後魏)賈思勰 撰.西山武一.熊代幸雄 訳.東京:農林省農業総合研究所,1957年3月A5.365P(翻訳叢書第12号)

(校訂訳注)斉民要術(下).(後魏)賈思勰 撰.熊代幸雄.西山武一 訳.東京:農林省農業総合研究所,1959年3月.A5.354P.索引49P.図版6P(翻譯叢書第13号)

斉民要術(上).賈思勰 撰.西山武一.熊代幸雄 共訳.東京:東京大学出版会,1957年11月.A5.352P

(書評)米田賢次郎.東洋史研究,17—1(P.114—119).1957年

中国農業史研究.天野元之助.東京:お茶の水書房.1962年8月.A5.918P.索引116P

(書評)横山英.歴史学研究,275(P.45—50).1963年4月.米田賢次郎.東洋史研究,22—3(P.141—147).1963年12月

中国古歳時記の研究——資料復元を中心として.守屋美都雄.東京:帝国書院,1963年.492P.図表

斉民要術.(後魏)賈思勰 撰.西山武一.熊代幸雄共訳.東京:アジア経済出版会,1969年12月再版.A5.844P

中国農書(上、下).ワグナー,W. 著.高山洋吉 訳.東京:刀江書院.1972年4月.A5.263P,697P

中国農学書録.復刻版.王毓瑚 著.天野元之助 校訂.東京:龍溪書舍,1975年7月.354P.據1964年9月原本復刻

中国古農書考.天野元之助.東京:龍溪書舍,1975年7月.A5.496P

中国の茶書.布目潮渢.中村喬 編訳.東京:平凡社,1976年5月.B40.374P(東洋文庫)

中国養馬史.謝成俠 著.千田英二 訳.東京:日本中央競馬会弘済会,1977年3月.B5.300P

養蚕の起源と古代絹.布目順郎.東京:雄山閣,1979年1月.A5.484P.図(彩色)表

中国農業史研究.増補版.天野元之助.東京.お茶の水書房,1962年8月第一版.1979年7月増補版.1049,20P

中国江南の稲作文化——その学際的研究.渡部忠世.桜井由躬雄 編.東京:日本放送出版協会,1984年4月.285,22P

氾勝之書——原文·英訳·和訳中国最古の農書.東京:農山漁村文化協会,1986年9月.A5.113P

中国の稲作起源.陳文華.渡部武 編.東京:六興出版,1989年1月.B6.292P(人類史叢書7)

中国古代農業技術史研究.米田賢次郎.京都:同朋舎,1989年3月.A5.529P(東洋史研究叢刊43)

(書評)古賀登.東洋史研究,48—4(P.183—191).1990年3月

中国農業の伝統と現代.郭文韜等 著.渡部武 訳.東京:農山漁村文化協会,1989年9月.547P

中国古代農業博物誌考.胡道静 著.渡部武 訳.東京:農山漁村文化協会,1990年.304P.図表

ヘルシーなテイータイム·中国茶の本.太田季江等 著.東京:株式会社CBS.ソニー出版,1990年11月.95P

中国新蚕農書考——『蚕務条陳』と『農学報』.池田憲司.狛江:池田憲司,1991年5月.A5.198P

陳旉農書の研究——12世紀東アジア稲作の到達点.大沢正昭.東京:農山漁村文化協会,1993年3月.A5.285P

(書評)木村茂光.上智史学,38(P.187—193).1993年11月

中国先史·古代農耕関係資料集成.古川久雄.渡部武 編.京都:京都大学東南アジア研究センター,1993年3月.B5.691P

中国漁業史の研究.中村治兵衛.東京:刀水書房,1995年4月.A4.183P(中村治兵衛著作集2)

技 术 史

总 论

天工開物——坿解説.宋應星 原著.三枝博音 解説.東京:十一組出版部,1943年9月·B6.本文467P.研究94P.諸名詞注釋24P.各版本合校表19P

天工開物の研究——天工開物訳文·原文.薮内清 編.東京:恒星社,1953年9月.1955年1月.487P.索引51P(京都大学人文科学研究所研究報告)

天工開物.(明)宋應星 著.薮内清 訳注.東京:平凡社,1969年1月.1974年1月.小B6.379P(東洋文庫130)

(書評)富田徹男.自然,24-5(P.100-101).1969年5月.科学史研究,98(P.66-68).1971年7月

中国の技術創造.赤木昭夫.佐藤森彦.東京:中央公論社,1975年3月.1980年3月.B6.272P

戦国·宋初間の信仰と技術の関係.佐中壯.伊勢:皇学館大学出版部,1975年7月.A5.320P

(書評)村上嘉実.東方宗教,46(P.63—67).1975年10月

古代中国——驚異の知恵と技術.佐藤鉄章.東京:徳間書店,1988年10月.245P

日本と中国——技術と近代化.吉田光邦.東京:三省堂,1989年5月.B6.238P

技術と政治——日中技術近代化の対照.星野芳郎.東京:日本評論社,1993年3月.649,29P·図(彩色)表

(書評)小島麗逸.アジア経済,35-3(P.57-62).1994年3月.植村幸生.科学史研究,194(P.157-159).1995年6月

中国技術史の研究.田中淡 編.京都:京都大学人文科学研究所,1998年2月.932P

矿冶与金属加工

漢三国六朝紀年鏡図説.梅原末治.東京:桑名文星堂,1943年5月

(古代支那工芸史に於ける)帯鉤の研究.東方文化研究所 編.東京:桑名文星堂,1943年

中国古鏡の研究.駒井和愛.東京:岩波書店,1953年.1973年.236P.図版26P(彩色)

中国古代金属遺物.バーナード,N(Barnard,Noel).佐藤保.東京:日應社,1975年9月.B4.343P

唐鏡大観.梅原末治 編著.京都:同朋舎,1984年2月初版.図120枚.據1945年12月京都帝国大学文学部考古学資料叢刊第三冊影印

紹興古鏡聚英.梅原末治 編.京都:同朋舎,1984年8月初版.63P.據1939年桑名文星堂版影印

古銅器形態の考古学的研究.梅原末治.京都:同朋舎,1984年12月.53,13P.図53P.據1940年3月東方文化研究所研究報告第15冊刊印

戦国式銅器の研究.梅原末治.京都:同朋舎,1984年12月.99P.図126枚.據1936年3月東方文化学院京都研究所研究報告第7冊刊印

漢以前の古鏡の研究.梅原末治.京都:同朋舎,1984年12月復刻版,57,20,4P.図34枚.據1935年12月東方文化学院京都研究所研究報告第6冊刊印

漢代の銅器陶器.天理大学天理教道友社 編.奈良:天理教道友社,1986年1月.212P.天理大学附屬天理参考館蔵品

図説中国古代銅鏡史.孔祥星.劉一曼 著.高倉洋彰等 訳.福岡:中国書店,1991年1月.B5.303P

陶　瓷

西域糸支那古陶磁の考察．中尾萬三．大連：匋雅会，1925年4月(匋雅集第6)

支那陶磁の時代的研究．上田恭輔．東京：大阪屋号書店，1929年6月初版．1940年8月6版．233P

支那陶磁器史．渡辺素舟．東京：中央出版社，1929年11月3版．15,223,8P

支那古陶磁器解説．(偽満)旅順市関東庁博物館編．名古屋：扶桑社，1930年3月．42P

支那陶磁雑談．上田恭輔．東京：大阪屋号書店，1930年3月．380P

陶説六卷．(清)朱琰 述．楊井勇三 訳．大連：楊井勇三発行，1933年4月．167P

支那古陶磁器．(偽満)関東庁博物館 編．旅順：編者出版，1934年3月初版．1936年再版．1938年5月3版．20,41P．図表(関東庁博物館叢書第1冊)

支那陶磁小考．尾崎洵盛．東京：宝雲舎，1934年5月．177P

支那古陶磁研究の手引．上田恭輔．東京：大阪屋号書店，1937年10月初版．1941年再版．9,722P

支那古代陶磁器．旅順博物館 編．旅順：旅順博物館，1938年5月3版．39P．図20枚

明代の陶磁各説1-2．尾崎洵盛．東京：雄山閣，1938年

支那陶磁器史．渡辺素舟．東京：成光館出版社，1939年6月5版．223P

(新注匋雅)支那陶器精鑑．(清)寂園叟 著．塩田力蔵 訳．東京：雄山閣，1939年6月．582P

支那陶磁の諸考察．上田恭輔．東京：大阪屋号書店，1940年10月．384P

支那陶磁図説．小林太市郎．京都：日本湖舟写真工芸部，1940年12月初版．1943年5月再版．5,44P．図69P

明初の景徳鎮窯器．ブランクストン，エーデー(Brankston. A. D)著．薮野道子 訳．東京：宝雲舎，1942年3月．B6．216P

支那の陶磁．久志卓眞．東京：宝雲舎，1942年6月初版．1942年9月再版．A5．376P

明代の陶磁．尾崎洵盛．東京：雄山閣，1942年12月．A6．658P

支那陶磁見聞録．ダントルコール 著．小林太一郎 訳．東京：第一書房，1943年3月．B6．474P

支那明初陶磁図鑑．久志卓眞．東京：宝雲舎，1943年7月．大形96P

宋磁．小山富士夫．東京：聚楽社，1943年．珂羅版．線精裝本再版．48P．図77枚

支那青磁史稿．小山富士夫．東京：文中堂，1943年12月．A5．330P

支那陶説三卷(対訳新注)(清)朱琰 原著 塩田力蔵 訳解．東京：アルス，1944年2月．506P

支那古陶磁の鑑賞．尾崎洵盛．東京：北原出版株式会社，1944年9月．406P

中国の染付と赤絵．久志卓眞．京都：河原書店，1949年．400P

明代の染付と赤絵．日本陶磁協会 編．東京：創芸社，1953年．51,200P．図(彩色)

唐宋の青磁．小山富士夫．東京：平凡社，1957年64,22P．図(彩色)．陶磁全集10

宋磁．三彩社 編．東京：編者出版，1959年．65P．図(彩色)

中国陶磁奥義．久志卓眞．東京：徳間書店，1964年．224P．図(彩色)

清の官窯．杉村勇造．東京：平凡社，1973年3月初版第1刷．1979年5月初版第6刷．127P(陶磁大系46)

磁州窯．長谷部楽爾．東京：平凡社，1974年1月初版第1刷．1979年5月初版第3刷．145P(陶磁大系39)

遼の陶磁．杉村勇造．東京：平凡社，1974年6月初版第1刷．1980年7月初版第3刷．129P(陶磁大系40)

元の染付．矢部良明．東京：平凡社，1974年12月初版第1刷．1980年9月初版第3刷．147P(陶磁大系41)

明の染付．藤岡了一．東京：平凡社，1975年4月初版第1刷．1979年5月初版第2刷．135P(陶磁大系42)

白磁．佐藤雅彦．東京：平凡社，1975年9月初版第1刷．1979年5月初版第3刷．127P(陶磁大系37)

唐三彩.水野清一.東京:平凡社,1977年3月初版第1刷.1979年5月初版第2刷.149P(陶磁大系35)

東洋のガラス——中国·朝鮮·日本.由水常雄.棚橋淳二.東京:三彩社,1977年12月.204P

中国陶磁史.佐藤雅彦.東京:平凡社,1978年3月初版第1刷.1985年8月初版第5刷.269P

青磁.小山富士夫.東京:平凡社,1978年4月初版第1刷.1979年5月初版第2刷.139P(陶磁大系36)

古代中国の土器.秋山進午.東京:平凡社,1978年10月.B5.141P(陶磁大系33)

日本出土の中国陶磁.東京国立博物館 編.東京:東京美術,1979年.205P

景徳鎮陶録.浦浜南 原著.鄭廷桂 補集.永竹威.片山一 共訳.東京:五月書房,1980年.237P

中国青花磁器の源流——宋·元の染付.李汝寛 著.井垣春雄 訳.東京:雄山閣,1982年4月.A5.292P

殷虚出土白色土器の研究.梅原末治.京都:同朋舎,1984年12月.58P.図41枚(據1932年12月東方文化学院京都研究所研究報告第1冊影印)

元明時代窯業史研究.佐々木達夫.東京:吉川弘文館,1985年12月.553,17P

景徳鎮陶録1-2.藍浦 著.愛宕松男 訳注.東京:平凡社,1987年.東洋文庫464-5

中国陶磁通史.中国硅酸塩学会 編.西村俊範等 訳.佐藤雅彦等(日本語版)監修.東京:平凡社,1991年9月.403P

中国陶磁の八千年——乱世の峻厳美、泰平の優美.矢部良明.東京:平凡社,1992年3月初版第1刷.1992年7月初版第3刷.474P図(彩色)

中国古陶磁.小松正衛.大阪:保育社,1993年5月.152P(カラーブックス847)

食品加工

中国食物史.篠田統.東京:柴田書店,1974年6月.A5.387P

(書評)Hayford, Charles w.(JAS. XXXVⅡ,4).(P.738-740).1978年

中国食物史の研究.篠田統.東京:八坂書房,1978年9月.A5.449P.索引9P

元代製塩技術資料『熬波図』の研究——附『熬図』訳注.吉.田寅.東京:汲古書院,1983年1月.B5.138P

黄土に生まれた酒——中国酒·その技術と歴史.花井四郎.東京:東方書店,1992年.289P.図表.東方選書20

宋代塩業史の基礎研究.河上光一.東京:吉川弘文館,1992年5月.484,9P.図表

纺织与印染

支那絨毯考.高木英彦.東京:泰山房,1936年6月.181P

中国の染織(1)-(8).西村兵部 編.京都:芸艸堂,1972年3月.4月.5月.7月.9月.10月.11月.12月.図版80.解説13枚.43P

中国の染織(上、下)西村兵部 編集·解説.京都:芸艸堂,1973年6月初版.A3.上巻図版50P.図版解説21P.下巻図版50P.図版解説11P

漢唐の染織——シルクロードの新出土品.新疆維吾爾自治区博物館出土文物展覧工作組 編.岡崎敬.西村兵部 訳 解説.東京:小学館,1973年6月.A3.167P.図版66

(書評)池田温.史学雑誌,84-1(P.96)1975年1月

中国古代絹織物史研究(上、下).佐藤武敏.東京:風間書房,1977年3月.A5.474P.576P

(書評)松井秀一 史学雑誌,87-11(P.83-90).1978年11月.斯波義信.社会経済史学,47-2(P.97-101).1981年8月

造纸与印刷

東洋印刷史序説.禿氏祐祥.平楽寺書店,1951年5月.A5.120P.図版20P

(書評)小笠原.仏教史学,2-3.魚澄惣五郎.ヒストリア2

和漢書の印刷とその歴史.長沢規矩也.東京:吉川弘文館,1952年.1956年増訂版.220P

明朝活字·その歴史と現状.矢作勝美.東京:平凡社,1976年.197P

中国の印刷術——その歴史的発展と影響.張秀民 著.広山秀則 訳.東京:関書院,1960年7月.B6.210P

(書評)滋賀.大谷学報,40-3(P.93)1960年

図解和漢印刷史.長沢規矩也.東京:汲古書院,1976年2月.B5.262P.別冊86P

中国の印刷術1-2——その発明と西伝.カータ,T.F(Carter,Thomas Francis)著.藪内清等 訳.東京:平凡社,1977年

中国古代書籍史——竹帛に書す.銭存訓 著.宇都木章等 訳.東京:法政大学出版局,1980年9月.B6.298P

中国製紙技術史.潘吉星 著.佐藤武敏 訳.東京:平凡社,1980年11月.462P.図表

東洋印刷史研究.禿氏祐祥.東京:青裳堂書店,1981年.417P

印刷発明物語.馬渡力.東京:日本印刷技術協会,1981年.244P.図

造紙の源流.久米康生.東京:雄松堂,1985年10月.135P

建　筑

日本建築史·支那建築史.岸田日出刀.藤島亥治郎.東京:雄山閣,1932年5月.177,168P

遼金時代の建築と其の仏像/図版上冊.関野貞.竹島卓一.東京:東方文化学院東京研究所,1934年.464倍版.図版80P

支那の仏塔.村田治郎.富山房,1940年9月.B6.160P(支那地理歴史叢書8)

東洋建築の研究2巻.伊東忠太.東京:龍吟社,1943年.図表

遼金時代の建築と其の仏像——東方文化学院研究報告.竹島卓一.龍文書局,1944年12月.B5.345P.図版163P.地図1P

(書評)田村実造.史林,31-3、4.1948年

建築文化の交流·中国篇.村田治郎.京都:高桐書院,1947年.138P.図

中国建築の日本建築に及ぼせる影響——特に細部に就いて.飯田須賀斯.東京:相模書房,1953年10月第1刷.1976年12月第2刷.361P.図版40P

(書評)大西.読書春秋,5-2(P.19).1953年

(改訂増補)建築学大系 4-Ⅱ.東洋建築史.建築学大系編委会 編.東京:彰国社,1957年1月第1版.1958年1月第2版.1960年5月第3版.1972年5月新訂1版.502P

中国古代の塼と画像石.天理ギャラリー 編.東京:天理教館,1965年.24P

園冶.(明)計無否 著.橋川時雄 解説.東京:渡辺書店,1970年1月.A5.396P.解説63P

中国の建築.竹島卓一.東京:中央公論美術,1970年4月.B6.154P

営造法式の研究(1).竹島卓一.東京:中央公論美術,1970年10月.B5.460P

営造法式の研究(3).竹島卓一.東京:中央公論美術,1972年12月.B6.703P.用語解説等87P

中国の住宅.劉敦楨 著.田中淡.沢谷昭次 訳.東京:鹿島出版会,1976年7月.213P

中国の古い橋と新しい橋——趙州橋から南京長江大橋まで.茅以昇.北京:外文出版社,1976年初版.62P.図50枚

中国の建築と都市.アンドリュー·ボイド 著.田中淡 訳.東京:鹿島出版会,1979年2月.270P

中国の科学と文明(第10巻)——土木工学.ニーダム,ジョセフ(Needham,Joseph)著,王鈴 協力.田中淡等 訳.東畑精一.藪内清 監修.東京:思索社,1979年7月.B5.554P

中国建築の歴史.中国工程部建築科学研究院建築理論および歴史研究室中国建築史編集委員会 編.田中淡 訳編.東京:平凡社,1981年10月.A4.393P

中国の建築.中国建築科学研究院 編.鄧健吾.田中淡 監修.末房由美子 訳.東京:小学館,1982年4月.B4.242P

東洋建築史の研究(上).伊東忠太.東京:原書房,1982年7月.594P(伊東忠太著作集3)

東洋建築史の研究(下).伊東忠太.東京:原書房,1982年7月.500P(伊東忠太著作集4)

中国の名庭——蘇州古典園林.劉敦楨 著.田中淡 訳.中国建築工業出版社·小学館 編.東京:小学館,1982年7月.B4.414P

中国古代の城——中国に古代城址を訪ねて.五井直弘.東京:研文出版,1983年9月.B6.253P

中国建築·名所案内.中国建築工業出版社 編.尾島俊雄 訳.東京:彰国社,1983年11月.B6.394P

支那建築装飾(1-5巻).伊東俊太郎.東京:原書房,1983年.

中国建築史叢考——仏寺·仏塔篇.村田治郎.東京:中央公論美術,1988年6月.A5.399P.図版2P

中国建築史の研究.田中淡.東京:弘文堂,1989年7月.510,39P

中国の庭園·山水の錬金術.木津雅代.東京:東京堂,1994年9月.255P

中国都市と建築の歴史·都市の史記.張在元 編.東京:鹿島出版会,1994年10月.280P

水 利

支那水利地理史研究.池田靜夫.東京:生活社,1940年4月.341P.図版3P.地図1P

支那水利史.鄭肇経 著.田辺泰 訳.東京:大東出版社,1941年2月.A5.308P

黄河治水に関する資料.福田秀夫.横田周平 .東京:コロナ社,1941年9月.323P

清代水利史研究.森田明.東京:亜紀書房,1974年3月.A5.567P

(書評)濱島敦俊.史学雑誌,86-11(P.76-84).1977年11月

宋代黄河史研究.吉岡義信.東京:お茶の水書房,1978年1月.A5.429P.索引10P

(書評)寺地遵.史学研究(広島史学研究会),140(P.89-94).1978年7月.斯波義信.社会経済史学,44-2(P.86-89).1978年7月

魏晋南北朝水利史研究.佐久間吉也.東京:開明書院,1980年2月.A5.531P

(書評)森田明.東洋史研究,40-3(P.155-161).1981年12月.関尾史部.歴史学研究,514(P.60-66).1983年3月

中国水利史論集——佐藤博士還暦記念.中国水利史研究会 編.東京:国書刊行会,1981年3月.398P

(書評)斯波義信.社会経済史学,48-4(P.112-114).1982年12月

大運河発展史——長江から黄河へ.星斌夫 訳注.東京:平凡社,1982年6月.408P

宋元水利史研究.長瀬守.東京:国書刊行会,1983年1月.A5.749P.索引12P

(書評)西岡弘晃.中国水利史研究,13(P.47-55).1983年10月

中国水利史論叢——佐藤博士退官紀念.中国水利史研究会 編.東京:国書刊行会,1984年10月.525P

中国水利史.鄭肇経 著.東亜研究所第二調查委員会 訳.岡本書店,1984年10月.411P

明代河工史研究.谷光隆.京都:同朋舎,1991年3月.A5.603P

中国水利史研究論考.好並隆司.岡山:岡山大学文学部,1993年12月.A5.260P

(書評)上谷浩一.中国水利史研究,23、24(P.66-71).1995年

中国水利史の研究——中国水利史研究会創立三十周年記念.森田明 編.東京:国書刊行会,1995年3月.551P

交　通

支那古器図考・舟車馬具篇.原田淑人.駒井和愛 同編.東京:東方文化学院東京研究所,1937年.64,38P.附図60枚.英語解説5P

上代日支交通史の研究.藤田元春.東京:刀江書院,1943年9月.455P

明清時代交通史の研究.星斌夫.東京:山川出版社,1971年3月.380P.図

中国の科学と文明(第11巻)——航海技術.ニーダム,ジョセフ(Needham, Joseph) 著.王鈴 協力.坂本賢之等 訳.東畑精一.薮内清 監修.東京:思索社,1981年1月.B5.21,591P

军事技术与兵器

中国殷周時代の武器.林巳奈夫.京都:京都大学人文科学研究所,1972年2月.644,4P

中国における黒色火薬・火薬兵器・花火の起源.岡田登.名古屋:采華書林,1979年.81P

中国古兵器論叢.楊泓 著.来村多加史 訳.綱干善教 監訳.吹田:関西大学出版部,1985年3月.B5.208P

東アジア兵器交流史の研究——15~17世紀における兵器の受容と伝播.宇田川武久.東京:吉川弘文館,1993年1月.A5.454P

(書評)福川一徳.軍事史学,29-2(P.88-93).1993年9月.春名徹.国史学,151(P.75-82).1993年12月

其　他

東洋漆工史.六角紫水.東京:雄山閣,1932年

支那化学工業史.李喬苹 著.実藤恵秀 訳.東京:大東出版社,1941年8月.A5.262P.(支那文化史大系12)

支那漢代紀年銘漆器図説.梅原末治 編.東京:桑名文星堂,1943年10月初版.1944年2月再版

中国の科学と文明(第8巻)——機械工学(上).ニーダム,ジョセフ(Needham, Joseph) 著.王鈴 協力.中岡哲郎等 訳.東畑精一.薮内清 監修.東京:思索社,1978年3月初版,1991年11月新版.449P

中国の科学と文明(第9巻)——機械工学(下).ニーダム,ジョセフ(Needham, Joseph)著.王鈴 協力.中岡哲郎等 訳.東畑精一.薮内清 監修.東京:思索社,1978年10月初版.1991年11月新版.543P

中文论文作者索引

a

b

c

d

e

f

g

h

k

m

n

o

p

q

t

W

y

Z

中文图书作者索引

d

e

f

j

k

l

m

n

o

p

q

t

Z

日文著译者索引

英文

假名

二画

三画

四画

五画

六画

七画

八画

九画

十画

十一画

十二画

十三画

十四画

十五画

十六画

十七画及其以上

附　　录

中文论文引用期刊一览

二画

力行月刊.重庆:力行月刊社
九州学刊.香港:香港中华文化促进中心
人文.上海:人文编辑所
人文杂志.西安:人文杂志社
人文学报.台北县新庄镇:辅仁大学人文学报编辑委员会
人物杂志.上海:人物杂志社

三画

广东史志.广州:《广东史志》编辑部
工业标准与度量衡.重庆:经济部全国度量衡局
工商学志.天津:工商学院
工程.上海:中国工程师学会
大中华.上海:中华书局
大自然探索.成都:四川科学技术出版社
大陆.上海:南京书店大陆杂志社
大陆杂志.台北:大陆杂志社
大学.成都:大学月刊社
大学生活.香港:友联书报发行公司
上海天文台台刊.上海:科学技术出版社
上海师范大学学报(哲学社会科学版)(原名:上海师范学院学报).上海:该校
上智编译馆馆刊.北平:上智编译馆
山东大学学报(社会科学版).济南:山东大学(哲学社会科学版)编辑部
山东大学学报(自然科学版).济南:山东大学
山东民政公报.济南:山东省政府民政厅
山东省立图书馆季刊.济南:山东省立图书馆
女师大学术季刊.北平:国立北平大学女子师范学院图书馆出版委员会
女师专学报.台北:台北市立女子师范专科学校

四画

方志月刊.南京:中国方志学会
文艺复兴.台北:华冈学会
文化月刊.上海:大众出版社
文化杂志(中文版).澳门:澳门文化司署
文化建设.上海:文化建设月刊社
文史汇刊.广州:国立中山大学研究院文科研究所
文史杂志.苏州:文史杂志社
文史杂志.成都:四川省文史研究馆
文史知识.北京:《文史知识》编辑部
文史荟刊.台南:台南市文史协会
文史季刊.江西:泰和国立中正大学
文史学报.台中:国立中心大学
文史哲.济南:《文史哲》编辑部
文史哲学报.台北:国立台湾大学文史哲学报编辑委员会
文史哲季刊.南京:国立中央大学
文字同盟.北京:文字同盟社
文华图书科季刊.武汉:文华图书馆
文学年报.北平:燕京大学国文学会
文物.北京:文物出版社(原名为文物参考资料)
文物季刊.太原:《文物季刊》编辑部
文物研究.合肥:黄山书社(总1、2期为非正式出版物)
文物保护与考古科学.上海:上海博物馆文物保护与考古科学实验室
文理.杭州:浙江大学文理学院
文博.西安:陕西人民出版社
文献.北京:书目文献出版社
文献专刊.北平:故宫博物院
文献特刊.北平:故宫博物院
文澜学报.杭州:浙江省立图书馆
天文学报.北京:科学出版社

天文通讯.台北:私立天文科学教育馆
天体物理学报.北京:科学出版社
云南文史丛刊.昆明:《云南文史丛刊》编辑部
云南天文台台刊.昆明:中国科学院云南天文台台刊编辑部
云南民族学院学报(哲学社会科学版).昆明:《云南民族学院学报》编辑部
云南师范大学学报(哲学社会科学版).昆明:《云南民族学院学报》编辑部
艺文印刷月刊.上海:艺文印刷月刊社
艺文杂志.上海:艺文社
艺林丛录.香港:香港商务印书馆
太白.上海:生活书店
太湖流域水利季刊.苏州:太湖流域水利委员会
书目季刊.台北:书目季刊社
书林.广州:市立中山图书馆
孔子研究.济南:齐鲁书社
历史地理.上海:上海人民出版社
历史学报(国立台湾师范大学).台北:国立师范大学历史研究所历史学系
历史学报(国立成功大学).台南:国立成功大学历史学系
历史研究.北京:中国社会科学出版社
中大季刊.北京:中国大学
中山大学学报(自然科学版).广州:中山大学
中山大学学报(社会科学版).广州:广东人民出版社
中山文化季刊.重庆:中山文化教育馆
中山文化教育馆季刊.南京:中山文化教育馆
中山学报.广东:坪石国立中山大学农学院
中央民族学院学报.北京:中央民族学院学报编辑部
中央亚细亚.北京:中央亚细亚协会
中央研究院历史语言研究所集刊.台北:中央研究院历史语言研究所
中央研究院民族学研究所集刊.台北:中央研究院民族学研究所
中央研究院近代研究所集刊.台北:中央研究院近代研究所
中央研究院院刊.台北:国立中央研究院编辑部
中外文化交流.北京:中外文化交流杂志社
中农月刊.南京:中国农民银行总管理处
中州学刊.郑州:中州学刊社
中华农学会丛刊.南京:农业学校中华农学会
中华农学会报.南京:农业学校中华农学会
中法大学月刊.北平:中法大学
中国文化.北京:中国文化杂志社(94年前为三联书店出版)
中国文化研究.北京:北京语言文化大学出版社
中国文化研究汇刊.成都:中国文化研究汇刊编委会
中国文字.台北:中国文字社
中国文学.台北:台湾大学文学院古文学研究室
中国文学季刊.上海:中国公学中国文学系
中国天文学会会报.南京:中国天文学会
中国天文学会年报.南京:中国天文学会
中国天文学会会刊.南京:中国天文学会
中国天文学会会务年报.南京:中国天文学会
中国历史地理论丛.西安:陕西师范大学中国历史地理研究所
中国历史博物馆馆刊.北京:文物出版社
中国气象学会会刊.上海:中国气象学会
中国古陶瓷研究.北京:故宫博物院紫禁城出版社
中国民族学通讯.台北:中国民族学会
中国史学.重庆:中国史学会
中国史研究.北京:中国社会科学出版社
中国农史.南京:农业出版社
中国农报.北京:农业杂志社
中国社会.南京:中国社会问题研究会
中国社会经济史研究.厦门:厦门大学中国社会经济史研究编辑部
中国学报.北京:中国学报社
中国建设.上海:中国建设出版社
中国建筑.上海:中国建筑师学会
中国典籍与文化.南京:江苏古籍出版社
中国科技史料.北京:科学出版社
中国科学.北京:科学出版社
中国科学技术大学学报.合肥:《中国科学技术大学学报》编辑部
中国科学院上海天文台年刊.上海:科学技术出版社
中国养鸡杂志.上海:中国养鸡学社
中国陶瓷(原名:陶瓷).景德镇:《中国陶瓷》杂志社
中国造纸.北京:《中国造纸》编辑部
中国留日同学会季刊.中国留日同学会
中国营造学社汇刊.四川:南溪中国营造学社
中国植物学杂志.北京:中国植物学会
中国棉讯.南京:中国棉讯半月刊社
中国数学杂志.中国:数学杂志编委会
中国藏学(汉文版).北京:中国藏学出版社

中国酿造.北京:《中国酿造》编辑部
中和.北京:中和月刊社
中南民族学院学报(哲学社会科学版).武汉:中南民族学院学报编辑部
中原文化.北京:国立北京大学中原文化社
中原文物.郑州:中原文物编辑部(1981 年前名为河南文博通讯)
中庸.上海:中庸学社
中德学志(原名:研究与进步).北京:中德学会
内蒙古大学学报(自然科学版).呼和浩特:内蒙古大学学报编辑部
内蒙古大学学报(社会科学版).呼和浩特:内蒙古大学学报编辑部
内蒙古师范大学学报(自然科学版).呼和浩特:《内蒙古师大学报》编辑部
内蒙古师范大学学报(哲学社会科学版).呼和浩特:《内蒙古师大学报》编辑部
水利.南京:中国水利工程学会
气象杂志.上海:中国气象学会
气象学报.上海:中国气象学会
风雨谈.上海:风雨谈社
化学.北京:中国化学会
化学工业.上海:中华化学工业会
化学通报.北京:科学出版社

五画

汉学研究.台北:汉学研究资料及服务中心
汇报科学杂志.上海:科学杂志编委会
宁夏社会科学.银川:哲学社会科学研究所
正论.南京:正论社
世界历史.北京:世界历史杂志社
世界农业.上海:科技出版社
甘肃社会科学[原名:社会科学(甘肃)].兰州:社会科学编辑部
古今农业.北京:中国农业博物馆
古学丛刊.北京:古学院
古建园林技术.北京:《古建园林技术》期刊编辑部
古籍整理研究学刊.长春:东北师大古藉整理研究所
东方文化.香港:香港大学出版社
东方杂志.上海:商务印书馆东方杂志社
东方杂志复刊.台北:东方杂志社
东北大学周刊.四川:三台东北大学
东北丛刊.沈阳:辽宁教育厅编译处
东北师范大学学报(哲学社会科学版).长春:东北师大学报编辑部
东岳论丛.济南:东岳论丛杂志社
东南文化.南京:《东南文化》杂志社
民大中国文学系丛刊.北平:民国大学
民主评论.香港:民主评论社
民主潮.台北:民主潮社
民俗.广州:国立中山大学
民铎杂志.上海:学术研究会
辽宁大学学报(哲学社会科学版).沈阳:辽宁大学学报编辑部
圣教杂志.上海:圣教杂志社
北方文物.哈尔滨:北方文物杂志社
北方论丛.哈尔滨:哈尔滨师院《北方论丛》编辑部
北平北海图书馆月刊.北平:国立北平图书馆
北京大学月刊.北京:北京大学
北京大学学报(社会科学版).北京:北京大学出版社
北京大学研究所国学门月刊.上海:开明书店
北京文博.北京:北京市文物局信息资料中心《北京文博》编辑部
北京天文台台刊.北京:北京天文台
北京农业大学学报.北京:北京农业大学
北京师范大学学报(社会科学版).北京:北京师范大学出版社
北京近代科学图书馆馆刊.北京:北京近代科学图书馆
北京高师数理杂志.北京:北京高等师范学校
北强月刊.北平:民友书局
申报月刊.上海:申报馆
史地丛刊.上海:大厦大学
史地杂志.杭州:国立浙江大学
史地学报.南京:东南大学史地研究会
史学与地学.上海:中国史地学会
史学专刊.广州:中山大学文科研究所
史学月刊.郑州:河南人民出版社
史学汇刊.台北:中华学术院中华史学协会·中国文化学院史学研究所
史学论丛.北京:国立北京大学潜社
史学年报.北平:燕京大学历史学会
史学杂志.南京:中国史学会
史学季刊.成都:史学季利社
史学集刊.北京:中国科学院考古研究所
史学集刊.长春:吉林大学《史学集刊》编辑委员会

史林.上海:社会科学院历史所
四川大学学报(哲学社会科学版).成都:四川大学编辑部
四川文献.台北:四川文献社
四存月刊.北京:四存学会
生物学通报.北京:《生物学通报》编辑部
台湾文献.台北:台湾银行经济研究室
台湾风物.台湾风物杂志社
台湾省立师范大学国文研究所集刊.台北:台湾省师范大学国文研究所
幼狮学报(幼狮学报编辑委员会).台北:幼狮书店

六画

江汉论坛.武昌:江汉论坛编辑部
江汉考古.武汉:《江汉考古》编辑部
江汉学报.武汉:江汉学报社
江苏研究.上海:江苏研究社
江海学刊.南京:江海学刊杂志社
江淮论坛.合肥:江淮论坛杂志社
宇宙.南京:天文学会
安大季刊.安庆:安徽大学编审委员会
安阳发掘报告.北平:北平国立中央研究院历史语言研究所
安雅.武昌:安雅月刊社
安徽大学月刊.安庆:安徽大学编译委员会
安徽大学学报(社会科学版).合肥:安徽大学报刊社
安徽史学.合肥:安徽省社会科学院
安徽师范大学学报(哲学社会科学版).芜湖:安徽师范大学学报编辑部
交大学生.上海:交通大学交大半月刊社
交大季刊.上海:交通大学出版委员会
交大唐院季刊.交通大学唐山工程学院
齐大月刊.济南:齐鲁大学
齐鲁学刊.曲阜:曲阜师范学院
齐鲁学报.济南:齐鲁大学国学研究所
农业考古.北京:农业出版社
农业机械学报.北京:中国工业出版社
农业学报.北京:科学出版社
农声.广州:国立中山大学农学院
农学.上海:东南大学
农事月刊.广州:岭南大学农科学院
农林新报.南京:金陵大学农学院
农矿月刊.吉林:农矿厅
动物学杂志.北京:科学出版社
考古.北京:科学出版社
考古与文物.西安:《考古与文物》编辑部
考古学报(58年前名为中国考古学报).北京:科学出版社
考古学社社刊.北平:燕京大学考古学社
考古通讯.北京:科学出版社
机械工程学报.北京:中国工业出版社
地学杂志.北平:中国地学会
地学季刊.上海:中华地学会
地理之友.上海:中华地理教育研究会
地理与产业.台北:私立敷明产业地理研究所
地理杂志.南京:中国方志学会
地理研究.北京:科学出版社
地理科学.北京:科学出版社
地球物理学报.北京:科学出版社
协大学术.福州:协合大学出版委员会
西北大学学报(人文科学版)(哲学社会科学版).西安:西北大学学报编辑部
西北大学学报(自然科学版).西安:西北大学学报编辑部
西北史地.兰州:兰州大学《西北史地》编辑部
西北史地季刊.西安:西北史地学会
西北论衡.西安:西北论衡社
西北实业月刊.太原:西北实业建设公司
西南边疆.昆明:西南边疆月刊社
西南研究.昆明:西南学会
西域研究.乌鲁木齐:新疆社会科学杂志社
西湖博物馆馆刊.杭州:浙江省立西湖博物馆
西藏研究.拉萨:西藏研究编辑部(自创刊号至1986年2期出版地为四川成都)
观象丛报.北京:中国天文学会
光华大学半月刊.上海:光华大学
同行月刊.上海:商务印书馆
同愿.北京:佛教同愿会编委会
回族研究.银川:《回族研究》编辑部
回教论坛.重庆:回教论坛社
师大月刊.北平:北平师范大学
师大史学丛刊.北平:国立北平师范大学史学会
先导.广州:先导社
华文月刊.成都:华西大学文学院
华冈文科学报.台北:中国文化学院
华冈学报.台北:中华文化学院

华北水利月刊. 天津:华北水利委员会
华东师范大学学报(自然科学版). 上海:华东师范大学出版社
华东师范大学学报(哲学社会科学版). 上海:华东师范大学出版社
华西协合大学中国文化研究所专刊. 成都:华西协合大学中国文化研究所
华西协合大学中国文化研究所集刊. 成都:华西协会大学中国文化研究所
华年. 上海:华年周刊社
华国. 上海:华国月刊社
华南农业大学学报(1984 年 3 期前名为华南农学院学报). 广州:华南农业大学学报编委会
华南农业科学. 广州:农业科学院
华南师范大学学报(社会科学版). 广州:华南师范大学学报杂志社
华夏文化. 西安:陕西省轩辕黄帝研究会(主办)
华夏考古. 郑州:《华夏考古》编辑部
自然杂志. 上海:科学技术出版社
自然界. 上海:自然界杂志社
自然科学. 中国全国自然科学专门学会联合会(主办)
自然科学史研究. 北京:科学出版社(1982 年前名为科学史集刊)
自然辩证法杂志. 上海:人民出版社
自然辩证法研究. 北京:中国自然辩证法研究会编辑出版委员会
自然辩证法研究通讯. 北京:自然辩证法研究通讯编辑部
自然辩证法通讯. 北京:中国科学院自然辩证法研究通讯杂志社
妇女杂志. 上海:妇女杂志社
传统文化与现代化. 北京:中华书局

七画

应用数学学报. 北京:科学出版社
社会半月刊. 上海:市社会局
社会科学研究. 成都:四川省社会科学研究所
社会科学战线. 长春:《社会科学战线》杂志社
社会科学辑刊. 沈阳:社会科学辑刊编辑部
进步杂志. 上海:进步杂志社
志学月刊. 四川:温江志学月刊社
苏州大学学报(哲学社会科学版). 苏州:苏州大学学报编辑部
抖擞. 香港:抖擞杂志社
求知. 香港
求是学刊. 哈尔滨:黑龙江大学求是学刊编辑部
励学. 青岛:国立山东大学励学社
时与潮副刊. 上海:时与潮社
园艺学报. 北京:农业出版社
我存杂志. 浙江:杭州天主教我存杂志社
纺织染. 上海:纺织染杂志社
纺织染工程. 上海:中国纺织染工程研究所
纸史研究. 福州:福建省造纸学会
作物学报. 北京:中国农学会

八画

河北学刊. 石家庄:河北学刊杂志社
河南建设. 开封:河南省政府建设厅
河南博物馆馆刊. 开封:河南博物馆
学文. 北平:国立北平图书馆
学艺. 上海:中华学艺社
学风. 安庆:安徽省立图书馆
学术. 上海:学术社
学术月刊. 上海:学术月刊社
学术研究. 广州:《学术研究》杂志社
学林. 上海:学林社
学思. 成都:学思社
学原. 南京:学原社
学衡. 上海:学衡杂志社
郑州大学学报(人文版)(哲学社会科学版). 郑州:郑州大学学报编辑部
郑和研究. 南京:郑和研究会
京沪周刊. 上海:京沪周刊社
青年中国季刊. 重庆:青年中国季刊社
现代史学. 重庆:国立中山大学史学研究会
现代评论. 上海:现代评论社
现代学报. 南京:现代学报社
责善半月刊. 成都:私立齐鲁大学国学研究所
杭州大学学报(自然科学版). 杭州:杭州大学学报编辑部
杭州大学学报(哲学社会科学版). 杭州:杭州大学学报编辑部
林学. 重庆:中华林学会
瓯风杂志. 浙江:瑞安区瓯风杂志社
矿冶. 南京:中国矿冶工程学会

建筑技术.北京:建筑工程局科技处
建筑学报.北京:中国建筑学会
陕西文化.西安:陕西省文化运动委员会
陕西师大学报(哲学社会科学版).西安:陕西师范大学学报编委会
明报月刊.香港:香港明报有限公司
国专月刊.无锡:国学专修学校
国风.南京:中山书局
国立历史博物馆丛刊.北京:历史博物馆
国立历史博物馆馆刊.台北:国立历史博物院
国立中山大学文史学研究所月刊.广州:国立中山大学
国立中山大学图书馆报.广州:国立中山大学图书馆
国立中山大学图书馆周刊.广州:国立中山大学
国立中山大学语言文学研究所周刊.广州:国立中山大学语言文学研究所
国立中山大学语言历史学研究所周刊.上海:国立中山大学语言历史研究所
国立中正大学学报(人文分册).台北:嘉义县民雄乡.国立中正大学
国立中央大学文艺丛刊.南京:国立中央大学文学院
国立中央大学农学院旬刊.南京:国立中央大学农学院
国立中央图书馆馆刊.台北:国立中央图书馆
国立中央研究院历史语言研究所集刊.上海:国立中央研究院历史语言研究所
国立中央研究院院务月报.南京:国立中央研究院文书处
国立北平图书馆馆刊.北平:国立北平图书馆
国立北平故宫博物院年刊.北平:国立北平故宫博物院
国立北平研究院院务汇报.北平:国立北平研究院
国立台湾大学考古人类学刊.台北:国立台湾大学文学院考古人类学系
国立台湾师范大学国文研究所集刊.台北:台湾师范大学
国立武汉大学文史哲季刊.武昌:国立武汉大学
国立武汉大学理科季刊.武昌:国立武汉大学
国立武昌高等师范学校数理学会杂志.武昌:国立武昌高等师范学校
国立浙江大学师范学院院刊.遵义:国立浙江大学师范学院
国立浙江大学季刊.杭州:国立浙江大学
国立浙江大学科学报告.杭州:国立浙江大学
国立清华大学土木工程学会会刊.北平:国立清华大学
国立第一中山大学语言历史研究所周刊.广州:国立第一中山大学语言历史研究所
国学论丛.北平:清华学校研究院
国学季刊.北平:国立北京大学季刊编委会
国文周报.上海:国文周报社
国粹学报.上海:国粹学报馆
图书月刊.重庆:国立中央图书馆
图书评论.南京:图书评论社
图书季刊.北平:国立北平图书馆
图书展望.杭州:浙江省立图书馆
图书馆学季刊.北平:中华图书馆协会
图书集刊.成都:四川省立图书馆
岭南学报.广州:岭南大学岭南学报社
制言.上海:制言月刊社
周易研究.济南:山东大学《周易研究》编委会
物理.北京:科学出版社
物理通报.保定:物理通报编辑部
金属学报.北京:冶金工业出版社
金陵学报.成都:金陵大学
经世.重庆:经世社

九画

测绘学报.北京:科学出版社
测绘通报.北京:测绘出版社
说文月刊.重庆:说文社
南开大学周刊.天津:南开大学
南开学报(哲学社会科学版).天津:南开大学学报编辑部
南开周刊.天津:南开大学
南方文物(1992 年前名为江西文物).南昌:江西省文化厅
南京大学学报(自然科学版).南京:南京大学学报编委会
南京大学学报(哲学社会科学版).南京:南京大学学报编辑部
南洋大学学报.新加坡:南洋大学
南洋学报.新加坡:南洋学会
南都学坛(哲学社会科学版).南阳:南都学坛编辑部
南瀛文献.台南:台南县文献委员会
故宫文物月刊.台北:国立故宫博物院

故宫季刊.台北:国立故宫博物院
故宫学术季刊.台北:国立故宫博物院
故宫博物院院刊.北京:紫禁城出版社
茶业通报.合肥:安徽省茶业学会
思与言.台北:思与言杂志社
思想与时代.杭州:思想与时代社
思想战线.昆明:云南大学《思想战线》编辑部
贵州文史丛刊.贵州:文史丛刊编辑部
贵州师大学报(哲学社会科学版).贵阳:贵州师范大学学报编辑部
复旦学报(自然科学版).上海:上海科学技术出版社
复旦学报(社会科学版).上海:复旦学报(社会科学版)编辑部
科学.上海:中国科学社(1985 年复刊.上海科学技术出版社)
科学月刊.上海:科学文化社
科学月刊.台北:科学月刊社
科学世界.南京:中华自然科学社
科学史译丛.北京:中国科学院自然科学史研究所
科学史通讯.台北:国际科学史与科学哲学联合会科学史组中华民国委员会
科学技术与辩证法.太原:《科学技术与辩证法》编辑部
科学时代.上海:中国科学工作者协会
科学时报.北京:世界科学社
科学的中国.南京:中国科学化运动协会
科学通报.北京:科学出版社
香港大学中文系季刊.香港:香港大学
香港大学中文学会会刊.香港:香港大学中文学会
香港中文大学中国文化研究所学报.香港:香港中文大学出版社
胜流.杭州:胜流半月刊社
禹贡半月刊.北平:禹贡学会
食货.北平:食货半月刊社
食货月刊复刊.台北:食货月刊社

十画

浙江农业科学.杭州:浙江人民出版社
浙江学刊.杭州:《浙江学刊》杂志社
浙江图书馆馆刊.杭州:浙江省立图书馆
浙江省建设月刊.杭州:浙江省建设厅
浙江省昆虫局年刊.杭州:浙江省昆虫局
浙江省通志馆馆刊.杭州:浙江省通志馆
海天.开封:海天学术研究社
海交史研究.泉州:中国海外交通史研究编辑部
唐都学刊.西安:唐都学刊编辑部
读书通讯.上海:中国文化服务社
珞珈月刊.武昌:国立武汉大学珞珈月刊社
晋阳学刊.太原:《晋阳学刊》编辑部
真理杂志.重庆:真理杂志社
盐业史研究.自贡:盐业历史博物馆(1986 年前名为井盐史通讯)
陶瓷研究(原名:陶瓷杂志).醴陵:《陶瓷杂志》编辑部
蚕丝杂志.苏州:中国蚕丝杂志社
逢甲学报.台中:逢甲大学
航空机械月刊.成都:航空机械季刊社
钱业月刊.上海:钱业同业公会

十一画

淡江史学.台北县:淡江大学历史系
清史研究.北京:中国人民大学清史研究所书报资料中心
清华大学学报(哲学社会科学版).北京:清华大学出版社
清华学报.北平:国立清华大学
清华学报.台北:清华学报社
清华周刊.北京:国立清华大学
理学杂志.上海:宏文馆
辅仁广东同学会半年刊.北京:辅仁广东同学会
辅仁学志.北平:辅仁大学
辅仁学志.台北:辅仁大学(文学院之部)
硅酸盐学报.北京:中国建筑工业出版社
盘石杂志.北平:辅仁大学公教青年会盘石杂志社
船山学报.长沙:湖南船山学社
船史研究.上海:《船史研究》编辑部
逸经.上海:人间书屋

十二画

敦煌学辑刊.敦煌:敦煌学辑刊编辑部
敦煌研究.敦煌:《敦煌研究》编辑部
朝晖.广州:朝晖社
博物杂志.上海:中华博物学研究会
博物学杂志.上海:中华博物学研究会
植物杂志.北京:科学出版社
植物学杂志.北京:科学出版社

雅言.上海:雅言杂志社
厦门大学学报(哲社科学版).厦门:厦门大学学报哲学社会科学版编辑部
厦门大学季刊.厦门:厦门大学
厦门图书馆声.厦门:厦门大学图书馆
厦大图书馆报.厦门:厦门大学图书馆
紫金山天文台台刊.南京:紫金山天文台台刊编辑部
黑龙江民族丛刊.哈尔滨:黑龙江民族丛刊编辑部
遗族校刊.南京:遗族学校
焦作工学生.河南:焦作工学院
禽声月刊.上海:德园家禽函授学校

十三画

新中华.上海:新中华杂志社
新月.上海:新月杂志社
新世界.上海:新世界月刊社
新东方.上海:新东方社
新北辰.北平:新北辰杂志社
新史学.台北:新史学编委会
新农通讯.南京:新中国农学会
新亚学报.香港:新亚书院图书馆
新亚细亚.上海:新亚细亚月刊社
新青海.南京:新青海社
新苗.北平:国立北平大学女子文理学院
新科学.上海:中国新科学月刊社
新疆文物.乌鲁木齐:新疆维吾尔自治区文化厅
福建文化.福州:福州协和大学福建文化研究会
福建史志.福州:《福建史志》编辑部
福建论坛(文史哲版).福州:福州论坛杂志社
数学杂志.上海:中国数学会
数学学报.北京:科学出版社(第1—4卷为中国科学院出版)
数学通报.北京:科学出版社
数理杂志.北京:北京大学数理学会
鼎.香港:圣神研究中心
微生物学通报.北京:科学出版社

十四画以上

满族研究.沈阳:《满族研究》编辑部
暨南大学文学院集刊.上海:暨南大学文学院
暨南学报(哲学社会科学版).广州:暨南大学学报编辑部(1982年前名为暨南大学学报)
管子学刊.淄博:《管子学刊》编辑部
燕京大学图书馆报.北平:燕京大学

日文论文引用期刊·论文集一览

假名　英文

アジア·アフリカ文化研究所研究年報.東京:東洋大学アジア·アフリカ文化研究所
アジア·アフリカ言語文化研究.東京:東京外国語大学アジア·アフリカ言語文化研究所
アジア経済.東京:アジア経済研究所
アジア稲作文化の展開——多様と統一.東京:小学館
アジア諸民族の歴史と文化——白鳥芳郎教授古稀記念論叢(白鳥芳郎教授古稀記念論叢刊行会編).東京:六興出版
お茶の水女子大学人文科学紀要.東京:お茶の水女子大学
お茶の水女子大学中国文学会報.東京:お茶の水女子大学中国文学会
ひのもと.東京:ひのもと社
ビブリア.天理:天理図書館
フイロソフイア.東京:早稲田大学哲学会
ミュージアム.東京:東京国立博物館
COSMICA.京都:京都外国語大学
MUSEUM(国立博物館編).東京:美術出版社

二画

二松学舎大学東洋学研究所集刊.東京:二松学舎大学東洋学研究所
二松学舎大学論叢.東京:二松学舎大学人文学会
九州大学東洋史論集.福岡:九州大学文学部東洋史研究会
九州文化史研究所紀要.福岡:九州大学九州文化史研究所
九州産業大学商経論叢.福岡:九州産業大学商経学会
人文地理.京都:(京都大学文学部地理学教室内)人

文地理学会
人文学論集．堺：大阪府立大学人文学会
人文研究．大阪：大阪市立大学文学部
人文科学（京都大学人文科学研究所内人文学会）．京都：弘文堂
人類学雑誌．東京：（東京大学理学部人類学教室内）日本人類学会
入矢教授·小川教授退休記念中国文学語学論集．京都：（京都大学文学部中国語学文学研究室）入矢教授·小川教授退休記念会

三画

下水文化研究．東京：下水文化研究会
大手前女子大学論集．西宮：大手前女子大学
大正大学大学院研究論集．東京：大正大学大学院
大正大学研究紀要（文学部·仏教学部）．東京：大正大学
大正大学綜合仏教研究所年報．東京：大正大学綜合仏教研究所
大阪市立大学家政学部紀要．大阪：大阪市立大学家政学部
大阪学芸大学紀要（人文科学）．大阪：大阪学芸大学
大阪府立大学紀要．大阪：大阪府立大学
大東文化大学紀要（人文科学）．東京：大東文化大学
大東文化大学紀要（文学部）．東京：大東文化大学
大東文化大学漢学会誌．東京：大東文化大学漢学会
大東文化学報．東京：大東文化学院研究室
大谷学報．京都：大谷大学内大谷学会
大和文華．大阪府道明寺：大和文華館
大黄河．大阪：毎日新聞社
上海自然科学研究所彙報．上海：（日偽）上海自然科学研究所
小野武夫博士還暦記念東洋農業経済史研究．東京：日本評論社
小野勝年博士頌寿記念東方学論集．京都：朋友書店
山梨大学学芸学部研究報告．甲府：山梨大学学芸学部
川崎大師教学研究所研究紀要（仏教文化論集）．川崎：大本山川崎大師平間寺

四画

文化．仙台：東北大学文学会
文化交流．東京：東西文化交流研究所
文学部論叢（史学篇）．熊本：熊本大学文学会
文学論輯．福岡：九州大学教養部文学研究会
文献．東京：特殊文庫連合協議会
天文月報．東京：（東京天文台内）日本天文学会
天文宇宙物理学彙報．京都：（京都大学理学部宇宙物理学教室編）新城博士記念宇宙物理研究会
支那．東京：東亜同文会
支那文化談叢．東京：名取書店
支那文化論叢．東京：生活社
支那仏教史学（支那仏教史学会編）．京都：法蔵館
支那学研究．広島：（広島大学文学部内）広島支那学会
木村正雄退官記念東洋史論集．東京：木村正雄先生退官記念事業会東洋史論集編集委員会
日本の科学と技術．東京：日本科学技術振興財団
日本モンゴル学会紀要．東京：日本モンゴル学会
日本中国学会報．東京：日本中国学会
日本医史学雑誌．東京：日本医史学会
日本仏教学会年報．京都：（大谷大学内）日本仏教学会
日本学士院紀要．東京：日本学士院
日本東洋医学会誌．千葉：千葉大学日本東洋医学会
日本建築学会研究報告．東京：日本建築学会
日本美術工芸．大阪：日本美術工芸社
日本研究（国際日本文化研究センター紀要）．京都：国際日本文化研究センター
日本歴史（日本歴史学会編）．東京：吉川弘文館
中央大学アジア史研究．東京：（中央大学文学部東洋史学研究室編）白東史学会
中央学術研究所紀要．東京：中央学術研究所
中国文化．京都：中国文化協会
中国文化情報．上海：（日偽）上海自然科学研究所
中国文学月報．東京：中国文学研究会
中国中世文学研究．広島：（広島大学中国文学研究室内）中国中世文学研究会
中国水利史研究．大阪：（大阪市立大学文学部内）水利史研究会
中国古代史研究（中国古代史研究会編）．東京：雄山閣
中国古典研究．東京：早稲田大学中国古典研究会
中国史研究．大阪：大阪市立大学中国史研究会
中国——社会と文化．東京：中国社会文化学会
中国近代史研究．東京：中国近代史研究会

中国学誌.東京:泰山文物社
中国研究.東京:日本評論社
中国研究月報.東京:中国研究所
中国研究集刊.豊中:大阪大学文学部中国哲学研究室
中国思想史研究.京都:京都大学文学部中国哲学史研究室
中国哲学.札幌:(北海道大学文学部内)北海道中国哲学会
中国哲学史の展望と摸索(木村英一博士頌寿記念会編).東京:創文社
比較文化研究.東京:東京大学教養学部
比較都市史研究.東京:比較都市史研究会
仏教大学総合研究所紀要.京都:仏教大学総合研究所
仏教芸術(仏教芸術学会編)大阪:毎日新聞社

五画

立正大学論叢.東京:立正大学論叢編集部
立正史学.東京:立正大学史学会
立命館文学.京都:立命館大学人文科学研究所
広島大学文学部紀要.広島:広島大学文学部
古文化.大阪:大阪学芸大学人類学研究室
古史春秋.京都:朋友書店
古代.東京:早稲田大学考古学会
古代オリエント博物館紀要.東京:古代オリエント博物館
古代文化.京都:古代学協会
古代文化を考える.東京:同人誌分科
古代史講座(石母田正等編).東京:学生社
古代学.大阪:古代学協会
古美術.東京:三彩社
世界文化史大糸.東京:新光社
世界史研究.熊本:(熊本大学法文学部内)世界史研究会
本草.東京:春陽堂
本草学論考.東京:春陽堂
石田博士頌寿記念東洋史論叢.東京:石田博士古稀記念事業会
民族学研究.東京:日本民俗学協会
加藤博士還暦記念東洋史集説.(東京大学文学部内加藤博士還暦記念論文集刊行会編).東京:富山房
甲南大学文学会論集.神戸:甲南大学文学会
甲南女子大学研究紀要.神戸:甲南女子大学
甲南女子短期大学論叢.神戸:甲南女子短期大学
甲骨学.東京:日本甲骨学会
北の丸(国立公文書館報).東京:国立公文書館
北方圈.長春:(偽滿)北方圈学会
史学.東京:(慶応義塾大学文学部内)三田史学会
史学研究(広島史学研究会).京都:柳原書店
史学雑誌(東京大学文学部内史学会編).東京:山川出版社
史林.東京:史学研究会
史林.京都:(京都大学文学部内)史学研究会
史明.札幌:北海道大学文学部東洋史談話会
史泉.吹田:関西大学史学会
史窓.京都:京都女子大学史学会
史淵.福岡:九州大学文学部
史滴.東京:早稲田大学東洋史懇話会
史潮.東京:大塚史学会
史観.東京:早稲田大学史学部
外交時報.東京:外交時報社

六画

池内博士還暦記念東洋史論叢(池内博士還暦記念東洋史論叢刊行会編).東京:座右実
池坊学園短期大学紀要.京都:池坊学園短期大学
宇都宮大学農経教室研究資料.宇都宮:宇都宮大学農経教室
宇野哲人先生白寿祝賀記念東洋学論叢.東京:宇野哲人先生白寿祝賀記念会
考古学雑誌.東京:日本考古学会
考古学論考——小林行雄博士古稀紀念論文集(小林行雄博士古稀記念論文集刊行委員会編).東京:平凡社
地理と経済.東京:日本経済地理学会
地理学.東京:古今書院
地理学史研究(地理学史研究会編).京都:柳原書店
地理学評論(東京大学理学部地理学教室内日本地理学会編).東京:古今書院
地理教育.東京:地理教育研究会
地理論叢.東京:古今書院
地震.東京:地震学会
西歐科学技術導入期における外来技術用語の日本語化過程の総合的研究.東京:東海大学出版会

西南アジア研究.京都:(京都大学文学部内)西南アジア研究会
羽田博士頌寿記念典籍論集.東京:岩井博士古稀記念事業会
早稲田大学大学院文学研究科紀要別冊.東京:早稲田大学大学院文学研究科
同仁.東京:同仁会
同仁会報.東京:同仁会
呂子春秋研究.東京:呂子春秋研究会
回教事情(外務省調査部編).東京:改造社
回教圏.東京:回教圏研究所
自然.上海:(日偽)上海自然科学研究所俱楽部学芸部
自然と文化.京都:(京都大学人文科学研究所内)自然史学会
自然科学と博物館.東京:国立科学博物館
名古屋学院大学外国語学部論集.瀬戸:名古屋学院大学産業科学研究所
名古屋大学東洋史研究報告.名古屋:名古屋大学文学部東洋史研究室
印刷界.東京:日本印刷新聞社
印度学仏教学研究.東京:日本印度学仏教学会
阪南論集(人文·自然科学).松原:阪南大学

七画

沖縄県立芸術大学美術工芸学部紀要.那覇:沖縄県立芸術大学美術工芸学部
言語集録.東京:アジア·アフリカ言語研究室
社会経済史の諸問題(森嘉兵衛教授退官記念論文集1).東京:法政大学出版局
社会経済史学(慶応義塾図書館内社会経済史学会編).東京:有斐閣
改造.東京:改造社
佐久間重男教授退休記念中国史·陶磁史論集.佐久間重男教授退休記念中国史·陶磁史論集編集委員会
佐藤博士還暦記念中国水利史論集(中国水利史研究会編).東京:国書刊行会
近代中国.東京:厳南堂書店

八画

法政史学.東京:法政大学史学会
沼尻博士退休記念中国学論集.東京:汲古書院
泊園.吹田:(関西大学内)泊園記念会
学芸(北海道学芸大学機関誌).北海道:北海道学芸大学
学芸評論.津:三重大学学芸学部
学林.京都:中国芸文研究会
学海.大阪:秋田屋
学習院史学.東京:学習院大学史学会
学鐙.東京:丸善出版株式会社
宝雲.京都:宝雲刊行会
宗教研究.東京:(東京大学文学部宗教研究室内)日本宗教学会
京都国立博物館学叢.京都:京都国立博物館
京都漢学大会紀要(龍谷学会編).京都:興教書院
長崎大学教養部紀要(人文科学).長崎:長崎大学教養部
青山博士古稀記念宋代史論叢(東洋文庫宋代史研究室内青山博士古稀記念宋代史論叢刊行会編).東京:省心書房
武庫川国文.西宮:武庫川女子大学·女子短期大学文学会
東方学.東京:東方学会
東方学会創立二十五周年記念東方学論集(東方学会編).東京:東方学会
東方学会創立四十周年記念東方学論集.東京:東方学会
東方学報.京都:京都大学人文科学研究所(原編輯機構為東方文化学院京都研究所)
東方学報.東京:東方文化学院東京研究所
東方学論集.東京:東方学会
東方宗教.東京:(早稲田大学文学部内)日本道学会
東方宗教.東京:(東洋文化研究所窪研究室内)日本道教学会
東方宗教.茨木:(追手門学院大学文学部内)日本道教学会
東北数学雑誌.仙台:東北大学数学教室
東西文化交流史.東京:雄山閣
東西交渉史論(東京大学文学部内史学会編).東京:富川房
東光.京都:弘文堂
東京支那学会報.東京:(東京大学文学部内)東京支那学会
東京水産大学論集.東京:東京水産大学
東京学芸大学附属高等学校研究紀要.東京:東京学

芸大学附属高等学校
東洋.東京:東洋協会
東洋の文化と社会.京都:京都大学支那哲学史研究室
東洋の科学と技術——薮内清先生頌寿記念論文集(薮内清先生頌寿記念論文集出版委員会編).京都:同朋舎
東洋大学大学院紀要.東京:東洋大学大学院
東洋大学紀要.東京:東洋大学文学部
東洋文化.東京:(東京大学東洋文化研究所内)東洋文化学会
東洋文化.町田:無窮会
東洋文化研究所紀要.東京:東京大学東洋文化研究所
東洋史会紀要.東京:東洋史会
東洋史学.福岡:九州大学文学部東洋史研究室
東洋史苑.京都:龍谷大学東洋史学研究会
東洋史研究.京都:京都大学文学部東洋史研究会
東洋学研究.東京:東洋大学東洋学研究所
東洋学術研究.東京:東洋哲学研究所
東洋学報.東京:(東洋文庫内)東洋学術協会
東洋研究.東京:大東文化大学東洋研究所
東洋思想研究(早稲田大学東洋思想研究室編).東京:岩波書店
東洋教育史研究.八王子:(中央大学内)東洋教育史学会
東海大学紀要(文学部).平塚:東海大学文学部
東亜に於ける衣と食(東方学術協会編).全国書房
東亜医学研究.瀋陽:(偽満)(医科大学内)東亜医学研究会
東亜時論.東京:霞山会
東亜問題.東京:生活社
東亜経済研究.山口:(山口高等商業学校内)東亜経済研究会
松山商大論集.松山商科大学商経研究会
松崎先生還暦祝賀記念文集.大連:(偽満)柔父会
建築史学.東京:建築史学会
建築史研究.東京:(東京大学第一工学部建築学科教室内)建築史研究会
建築史論叢.京都:高桐書院
建築学研究.京都:(京都大学工学部建築学教室内)建築学研究会
建築雑誌.東京:日本建築学会
国士館大学政経論叢.東京:国士館大学政経学会
国民の歴史(国民の歴史研究会編).東京:実業之日本社
国学院中国学会報(西岡弘博士喜寿記念号).東京:国学院大学中国学会
国学院雑誌.東京:国学院大学
国華.東京:国華社
明代史研究.東京:明代史研究会
岩井博士古稀記念典籍論集.東京:岩井博士古稀記念事業会
岩手史学研究(岩手史学会編).盛岡:新岩手社
岩波講座東洋思潮.東京:岩波書店
和田博士還暦記念東洋史論叢(大日本雄辯会).東京:講談社
知性.東京:河出書房
金沢大学法文学部論集(哲学史学篇).金沢:金沢大学法文学部
金沢文庫研究.横浜:金沢文庫
金城学院大学論集.名古屋:金城学院大学
参考書誌研究.東京:国立国会図書館

九画

帝国学士院記事.東京:帝国学士院
神女大史学.神戸:神戸女子大学史学会
神戸外大論叢.神戸:神戸市外国語大学研究所
神田博士還暦記念書誌学論集(神田博士還暦記念会).東京:岩波書店
美術史研究.東京:早稲田大学美術史学会
美術研究.東京:美術院附属美術研究会
南方土俗.台北:(日偽)(帝国大学土俗人種学研究室内)南方土俗学会編
南満洲工業専門学校·建築叢刊.(偽満)満洲建築雑誌
城南漢学.東京:立正大学漢文研究会
研究年報.東京:日本大学文理学部
研究年報(奈良女子大学文学部).奈良:奈良女子大学
研究紀要.東京:学習院高等科
研究紀要.東京:東京都立武蔵丘高等学校
研究紀要.東京:日本大学人文科学研究所
研究集録(人文·社会科学).大阪:大阪大学教養部
茨城大学人文学部紀要.水戸:茨城大学人文学部
思想.東京:岩波書店

科学史研究(科学史研究編集委員会編).東京:岩波書店
香川中国学会報.高松:(香川大学教育学部漢文学研究室内)香川中国学会
皇学館大学紀要.伊勢:皇学館大学出版部
泉屋博古館紀要.京都:泉屋博古館
追手門学院大学創立十周年記念論集(文学部篇).茨木:追手門学院大学
待兼山論叢.豊中:大阪大学文学部
(東京都立杉並高等学校若杉研究所)紀要.東京:都立杉並高等学校
(東京都立杉並高等学校)紀要.東京:都立杉並高等学校
専修史学.川崎:専修大学歷史学会

十画

桜美林大学中国文学論叢.東京:桜美林学園
海事史研究.東京:日本海事史学会
宮崎大学教育学部紀要(人文科学).宮崎:宮崎大学教育学部
高知大学研究報告(人文科学).高知:高知大学
哲学.広島:広島大学文学部広島哲学会
哲学年報.福岡:九州大学文学部
桃源.東京:吉晶社
原弘二郎先生古稀記念東西文化史論叢.吹田:(関西大学文学部史学科内)原弘二郎先生古稀記念会
書苑.東京:三省堂
書誌学.東京:日本書誌学会
問題と研究.台北:国際関係研究所
倫理学.茨城県新治郡:築波大学倫理学原倫研究会

十一画

清朝と東アジア——神田信夫先生古稀記念論集.東京:山川出版社
密教文化.高野山:(高野山大学内)密教研究会
密教研究.高野山:(高野山大学内)密教研究会
鹿大史学.鹿児島:鹿児島大学法文学部史学地理学研究室
鹿児島大学法文学部紀要(人文科学論集).鹿児島:鹿児島大学法文学部
埼玉大学紀要(人文·社会科学).浦和:埼玉大学
華北航業.青島:(日偽)華北航業総公会
随筆中国(日華文化会).東京:東方書局

十二画

滋賀大学学芸学部紀要.大津:滋賀大学学芸学部
滋賀県立短期大学学術雑誌.彦根:滋賀県立短期大学
満洲史学.瀋陽:(偽満)満洲史学会
満鉄調査月報.大連:(偽満)南満鉄道株式会社
満蒙.大連:(偽満)満洲文化協会
朝鮮学報.天理:(天理大学朝鮮学科研究室内)朝鮮学会
斯文.東京:斯文会
智山学報.東京:智山勧学会
集刊東洋学.仙台:東北大学中国文史哲研究会
(京都大学人文科学研究所)創立二十五周年記念論文集.京都:京都大学人文科学研究所

十三画

漢文学会会報.東京:国学院大学漢文学会
漢学会雑誌.東京:東京大学文学部漢学会
漢学研究.東京:日本大学中国文学会
漢魏文化.東京:(大正大学内)漢魏文化研究会
新中国.東京:実業之日本社
福岡大学研究所報.福岡:福岡大学研究所
福岡女子短大紀要.福岡:福岡女子短期大学
福島大学学芸学部論集.福島:福島大学学芸学部
数学史研究.東京:日本数学史学会
資料公報.長春:(偽満)滿洲中央図書館
聖心女子大学論叢.東京:聖心女子大学
塚本博士頌寿記念仏教史学論集.京都:塚本博士頌寿記念会
塩野義研究所年報.塩野義制薬株式会社
蒙古学.東京:善隣協会
関西大学文学論集.吹田:関西大学文学会
関西大学中国文学会紀要.吹田:関西大学中国文学会
関西大学社会学部紀要.吹田:関西大学社会学部
関西大学東西学術研究所創立三十周年記念論文集.吹田:関西大学出版部
農村研究.東京:東京農業大学農業経済学会
農業経済研究論集.東京:農林経済局農政課
鈴木学術財団研究年報.東京:鈴木学術財団
鈴峰女子短大人文社会科学研究集報.広島:鈴峰女

子短期大学
稲葉博士還暦記念満鮮史論叢.京城:稲葉博士還暦記念会
愛知大学文学論叢.豊橋:愛知大学国際問題研究所
愛知県立芸術大学紀要.愛知県愛知郡:愛知県立芸術大学
愛知学院大学人間文化研究所紀要(人間文化).日進:愛知学院大学人間文化研究所

十四画

精神科学.東京:日本大学文理学部哲学研究室
歴史.東京:白楊社
歴史と地理.京都:史学地理学同考会
歴史と構造.名古屋:南山大学大学院文化人類学研究室
歴史における民衆と文化.東京:図書刊行会
歴史人類.茨城県新治郡:築波大学歴史·人類学糸
歴史公論.東京:雄山閣
歴史地理.東京:日本歴史地理学会
歴史学研究(歴史学研究会刊.注:1981年以後改為歴史学研究会編).東京:青木書店
歴史科学.東京:白楊社
歴史教育.東京:歴史教育研究会(注:1963年以後改由東京日本書店刊)
歴史評論(歴史科学協議会編).東京:校倉書店

十五画

論集.中国社会·制度·文化史の諸問題——日野開三郎博士頌寿記念(日野開三郎博士頌寿記念論集刊行会編).福岡:中国書店
論叢アジアの文化と思想.東京:早稲田大学大学院文学研究科
横浜市立大学論叢(人文科学).横浜:横浜市立大学学術研究会

十六画及十六画以上

篠田統先生退官記念論文集(生活文化研究).大阪:生活文化同好会
薬·自然·文化.町田:昭和薬科大学
龍谷大学論集(龍谷学会編)京都:百華苑
龍谷史壇.京都:龍谷大学史学会
龍谷学報.京都:龍谷学会
鷹陵史学.京都:仏教大学歴史研究所

总　跋

凡是听到编著《中国科学技术史》计划的人士，都称道这是一个宏大的学术工程和文化工程。确实，要完成一部30卷本、2000余万字的学术专著，不论是在科学史界，还是在科学界都是一件大事。经过同仁们10年的艰辛努力，现在这一宏大的工程终于完成，本书得以与大家见面了。此时此刻，我们在兴奋、激动之余，脑海中思绪万千，感到有很多话要说，又不知从何说起。

可以说，这一宏大的工程凝聚着几代人的关切和期望，经历过曲折的历程。早在1956年，中国自然科学史研究委员会曾专门召开会议，讨论有关的编写问题，但由于三年困难、“四清”、“文革”，这个计划尚未实施就夭折了。1975年，邓小平同志主持国务院工作时，中国自然科学史研究室演变为自然科学史研究所，并恢复工作，这个打算又被提到议事日程，专门为此开会讨论。而年底的“反右倾翻案风”，又使设想落空。打倒“四人帮”后，自然科学史研究所再次提出编著《中国科学技术史丛书》的计划，被列入中国科学院哲学社会科学部的重点项目，作了一些安排和分工，也编写和出版了几部著作，如《中国科学技术史稿》、《中国天文学史》、《中国古代地理学史》、《中国古代生物学史》、《中国古代建筑技术史》、《中国古桥技术史》、《中国纺织科学技术史(古代部分)》等，但因没有统一的组织协调，《丛书》计划半途而废。1978年，中国社会科学院成立，自然科学史研究所划归中国科学院，仍一如既往为实现这一工程而努力。80年代初期，在《中国科学技术史稿》完成之后，自然科学史研究所科学技术通史研究室就曾制订编著断代体多卷本《中国科学技术史》的计划，并被列入中国科学院重点课题，但由于种种原因而未能实施。1987年，科学技术通史研究室又一次提出了编著系列性《中国科学技术史丛书》(现定名《中国科学技术史》)的设想和计划。经广泛征询，反复论证，多方协商，周详筹备，1991年终于在中国科学院、院基础局、院计划局、院出版委领导的支持下，列为中国科学院重点项目，落实了经费，使这一工程得以全面实施。我们的老院长、副委员长卢嘉锡慨然出任本书总主编，自始至终关心这一工程的实施。

我们不会忘记，这一工程在筹备和实施过程中，一直得到科学界和科学史界前辈们的鼓励和支持。他们在百忙之中，或致书，或出席论证会，或出任顾问，提出了许多宝贵的意见和建议。特别是他们关心科学事业，热爱科学事业的精神，更是一种无形的力量，激励着我们克服重重困难，为完成肩负的重任而奋斗。

我们不会忘记，作为这一工程的发起和组织单位的自然科学史研究所，历届领导都予以高度重视和大力支持。他们把这一工程作为研究所的第一大事，在人力、物力、时间等方面都给予必要的保证，对实施过程进行督促，帮助解决所遇到的问题。所图书馆、办公室、科研处、行政处以及全所的同仁，也都给予热情的支持和帮助。

这样一个宏大的工程，单靠一个单位的力量是不可能完成的。在实施过程中，我们得到了北京大学、中国人民解放军军事科学院、中国科学院上海硅酸盐研究所、中国水利水电科学研究院、铁道部大桥管理局、北京科技大学、复旦大学、东南大学、大连海事大学、武汉交通科技大学、中国社会科学院考古研究所、温州大学等单位的大力支持，他们为本单位参加编撰人员提供了种种方便，保证了编著任务的完成。

为了保证这一宏大工程得以顺利进行，中国科学院基础局还指派了李满园、刘佩华二位同志，与自然科学史研究所领导(陈美东、王渝生先后参加)及科研处负责人(周嘉华参加)组成协调小组，负责协调、监督工作。他们花了大量心血，提出了很多建议和意见，协助解决了不少困难，为本工程的完成做出了重要贡献。

在本工程进行的关键时刻，我们遇到经费方面的严重困难。对此，国家自然科学基金委员会给予了大力资助，促成了本工程的顺利完成。

要完成这样一个宏大的工程，离不开出版社的通力合作。科学出版社在克服经费困难的同时，组织精干的专门编辑班子，以最好的纸张，最好的质量出版本书。编辑们不辞辛劳，对书稿进行认真地编辑加工，并提出了很多很好的修改意见。因此，本书能够以高水平的编辑，高质量的印刷，精美的装帧，奉献给读者。

我们还要提到的是，这一宏大工程，从设想的提出，意见的征询，可行性的论证，规划的制订，组织分工，到规划的实施，中国科学院自然科学史研究所科技通史研究室的全体同仁，特别是杜石然先生，做了大量的工作，作出了巨大的贡献。参加本书编撰和组织工作的全体人员，在长达10年的时间内，同心协力，兢兢业业，无私奉献，付出了大量的心血和精力。他们的敬业精神和道德学风，是值得赞扬和敬佩的。

在此，我们谨对关心、支持、参与本书编撰的人士表示衷心的感谢，对已离我们而去的顾问和编写人员表达我们深切的哀思。

要将本书编写成一部高水平的学术著作，是参与编撰人员的共识，为此还形成了共同的质量要求：

1. 学术性。要求有史有论，史论结合，同时把本学科的内史和外史结合起来。通过史论结合，内外史结合，尽可能地总结中国科学技术发展的经验和教训，尽可能把中国有关的科技成就和科技事件，放在世界范围内进行考察，通过中外对比，阐明中国历史上科学技术在世界上的地位和作用。整部著作都要求言之有据，言之成理，经得起时间的考验。

2. 可读性。要求尽量地做到深入浅出，力争文字生动流畅。

3. 总结性。要求容纳古今中外的研究成果，特别是吸收国内外最新的研究成果，以及最新的考古文物发现，使本书充分地反映国内外现有的研究水平，对近百年来有关中国科学技术史的研究作一次总结。

4. 准确性。要求所征引的史料和史实准确有据，所得的结论真实可信。

5. 系统性。要求每卷既有自己的系统，整部著作又形成一个统一的系统。

在编写过程中，大家都是朝着这一方向努力的。当然，要圆满地完成这些要求，难度很大，在目前的条件下也难以完全做到。至于做得如何，那只有请广大读者来评定了。编写这样一部大型著作，缺陷和错讹在所难免，我们殷切地期待着各界人士能够给予批评指正，并提出宝贵意见。

《中国科学技术史》编委会

1997 年 7 月